U0159343

工程岩土体
物理力学参数分析与取值研究

中国电建集团成都勘测设计研究院有限公司

李文纲　贺如平　廖明亮　邓忠文　王建洪　◎著

中国电力出版社
CHINA ELECTRIC POWER PRESS

内 容 提 要

本书从岩土力学的基本概念、基本理论入手，论述了岩土体的工程性质，包括岩石（体）的物理性质、力学性质、弹性波速、岩体应力，土的物理水理性质、力学性质，特殊土的工程性质，岩土体工程分类；岩土物理力学试验方法及其适用范围；岩土体的物理力学参数取值研究及地应力研究等。本书还收集了众多水利水电工程岩土体物理力学参数的取值成果。

本书是一部集知识性、实用性于一体的岩土力学方面重要的参考书，可供水利、水电、铁路、公路、地质、矿业等领域的勘察、设计、施工、科研人员使用，也可供高等院校有关师生参考阅读和使用。

图书在版编目（CIP）数据

工程岩土体物理力学参数分析与取值研究 / 李文纲等著. —北京：中国电力出版社，2022.10（2023.10重印）
ISBN 978-7-5198-6918-2

Ⅰ. ①工… Ⅱ. ①李… Ⅲ. ①岩土工程–物理力学–参数–研究 Ⅳ. ①TU4

中国版本图书馆 CIP 数据核字（2022）第 146017 号

出版发行：中国电力出版社
地　　址：北京市东城区北京站西街 19 号（邮政编码 100005）
网　　址：http://www.cepp.sgcc.com.cn
责任编辑：王晓蕾（010-63412610）　杨云杉
责任校对：黄　蓓　常燕昆
装帧设计：张俊霞
责任印制：杨晓东

印　　刷：北京锦鸿盛世印刷科技有限公司
版　　次：2022 年 10 月第一版
印　　次：2023 年 10 月北京第二次印刷
开　　本：787 毫米×1092 毫米　16 开本
印　　张：27.5
字　　数：594 千字
定　　价：158.00 元

序

我国岩石力学的研究起于 20 世纪 50 年代初。为适应长江三峡水利枢纽建设的需要，在国家科学技术委员会领导下成立了三峡岩基研究组，以国务院长江流域规划办公室和中国科学院为主体，在陈宗基教授指导下，以三峡工程中的岩石工程问题为对象，在室内、现场开展了大量试验研究工作，为我国岩石力学的发展奠定了基础。改革开放以来，岩石力学得到突飞猛进的发展，在国际上产生了广泛的影响。随着我国基础设施建设的蓬勃发展，在水利水电工程、核电工程、铁路工程、公路工程、地质工程、采矿工程、防灾减灾工程、地下空间利用、环保工程等方面的岩石力学研究得到了长足进展。

我国土力学的研究始于 1945 年黄文熙教授在中央水利实验处创立第一个土工试验室，大规模的研究则是在新中国成立后才开始的。60 多年来，各方面都取得了长足的进展，进入 21 世纪，我国相继开工建设了一大批巨型和大型工程，开启了土力学研究的新阶段。

水能是清洁的可再生能源，具有技术成熟、成本低廉、运行灵活的特点。发展水电是国际上公认的应对气候变化和实现节能减排最有效的方式之一。我国水能资源丰富，总量居世界首位，但水电开发程度较低，因此，当前和今后一个时期，是我国全面建成小康社会的关键时期，是深化改革开放、加快转变经济发展方式的重要战略机遇期，也是水电科技创新、加快发展的重要时期。开发利用水电是增加清洁能源供应、保障能源安全、应对气候变化、实现能源可持续发展的重要措施。

改革开放以来，我国已建成三峡、二滩、李家峡、构皮滩、拉西瓦、小湾、龙滩、瀑布沟、溪洛渡、向家坝、观音岩、官地、糯扎渡、锦屏一级和二级、大岗山、长河坝等水电站，正在建设两河口、双江口、乌东德、白鹤滩、叶巴滩等水电站，正在勘测设计孟底沟、旭龙、如美、同卡、怒江桥、罗拉、松塔、马吉等水电站，使我国在 21 世纪初迅速成为水电开发的大国和强国。目前，我国水电总装机容量超过 3 亿 kW，居世界第一，约占全球水电装机总量的 1/4。我国水电资源总量位居世界第一，但开发程度仍较低，开发率仅约 40%，水电开发还任重道远。

在我国西部水电、交通等基础设施工程的建设中，将遇到一系列复杂的工程地质技术难题，这些重大工程地质问题关系到工程建设的成败，也涉及工程建设的技术可行性和经济合理性。重大工程地质问题的研究是一项系统工程，不仅要深入分析和研究地质条件及存在的地质缺陷，还要研究工程岩土体的物理力学性能及其参数，为工程设计和建设提供重要依据。

岩土力学是一门既富理论内涵，又有很强实践性的应用学科。现代岩土工程的规模日益宏大，其勘察、设计和施工方面的技术课题也越趋复杂，如何将源于工程和生产，从实践中产生的问题上升到理性高度，运用科学实验与测试以及数学力学、计算机科学等现代化手段使其能从本质与机理上来认识、理解与探讨，进而得以深刻地论述、剖析与鉴别问题的实质；再将分析结果返回到实践中去检验，经过多次反馈、修正与进一步升华，最终得到问题的优化抉择与解决。这种研究问题的方法与手段就构成了现代工程岩土体物理力学参数取值研究的主要内容。

工程岩土体物理力学参数是研究工程建筑物地基、边坡、地下洞室围岩稳定的重要依据，它直接关系到工程的安全性和经济性。尽管岩土力学在研究方法和内容上取得了一定的成果，但由于岩土体结构与力学性质的复杂性和试验成果一定程度的局限性，给岩土体物理力学参数的选取带来一定的难度。随着我国社会经济向新的战略目标迈进，为了实现岩土力学的发展和工程应用，与岩土力学密切相关的科学问题和研究方法、技术问题及参数取值应用问题的研究还需不断改进、提高，特别是结合工程应用的岩土参数研究更是少见，尤其显得越来越重要，亟须建立一套岩土体物理力学参数研究的完整的方法体系。

为系统总结我国改革开放 40 多年来水电工程岩土体参数研究所取得的经验和成就，中国电建集团成都勘测设计研究院有限公司组织编著了《工程岩土体物理力学参数分析与取值研究》一书，从岩石力学、土力学的基本概念、基本理论入手，在论述岩土体工程性质、试验研究方法的基础上，进行岩土体物理力学性质试验成果整理与参数取值原则、方法的总结研究，并收集了国内主要水电工程岩土体参数取值研究成果，内容丰富、系统，是一部集知识性、实用性于一体的技术参考书。

本书作者长期从事水利水电工程地质和岩土体试验研究工作，具有丰富的工程实践经验和深厚的学术造诣。我深信《工程岩土体物理力学参数分析与取值研究》的出版，必将推动我国岩土力学与工程研究工作的发展。为此，我向广大从事岩土工程勘察设计和建设工作者推荐本书，并欣然作序。

中国工程院院士

中国岩石力学与工程学会原理事长 王思敬

前　言

　　岩土力学参数是研究地基、边坡、地下洞室稳定性和加固处理设计的重要依据，它直接关系到工程的安全性、经济性。岩土力学的研究经历了漫长的过程，半个多世纪以来，我国岩土力学研究方面已积累了大量经验和成果，在研究思路、内容和方法上已形成较为完整的体系。由于岩土体结构和力学性质的复杂性、试验成果的局限性，给岩土体物理力学参数的选取带来一定的困难；长期以来，岩土体物理力学性质试验成果的整理和参数的取值方法也不统一。随着我国水利水电、铁路、公路等基础设施建设的蓬勃发展，对岩土力学的研究和应用提出了更高的要求，特别是岩土体工程稳定性分析评价所需的岩土物理力学参数研究显得越来越重要，亟须总结出一套完整的岩土体物理力学参数取值研究的方法体系。因此，开展《工程岩土体物理力学参数分析与取值研究》研究具有重要的理论意义和工程应用价值。

　　本书从岩石力学、土力学的基本概念、基本理论入手，在论述岩土体工程性质、试验研究方法的基础上，进行岩土体物理力学性质试验成果整理与参数取值原则、方法的总结研究，研究成果已成功应用于二滩、小湾、溪洛渡、锦屏一级、大岗山、白鹤滩、两河口、双江口、长河坝等一系列 200～300m 级特高坝巨型—大型水电工程的岩土体物理力学参数的取值，为工程设计奠定了坚实的基础。

　　本书共分 8 章。第 1 章概述，介绍了岩土力学研究的历史、目前国内外岩土体物理力学参数取值的研究现状，根据工程实践经验进一步研究参数取值方法体系的重大意义；第 2 章岩土力学的基本概念，介绍岩土力学的基本概念，包括其研究内容和方法；第 3 章介绍岩石（体）的工程性质，包括物理性质、力学性质、弹性波速及岩体应力；第 4 章介绍土的工程性质，包括土的分类、物理水理性质、力学性质、特殊土的工程性质；第 5 章介绍岩土物理力学试验方法及其适用范围，包括岩石（体）试验方法、土工试验方法、岩土化学分析及水质分析；第 6 章介绍岩体的物理力学参数取值研究，包括岩体参数取值原则与方法、物理力学参数经验值及工程实例等；第 7 章介绍土体物理力学参数取值研究，包括土体参数取值原则与方法、物理力学参数经验值及工程实例等；第 8 章介绍地应力与测试，包括地应力的组成与分布、围岩二次应力、研究意义、测试方法及工程实例。

　　本书出版得到了中国电建集团成都勘测设计研究院有限公司的大力资助，作者在此深表谢意！同时，对参与本专著相关内容研究的张伯骥、李小泉、崔长武、杨静熙四位教授级高级工程师和费大军、曾纪全两位高级工程师的大力指导和帮助，在此也表示衷心感谢！

在本书的撰写过程中，参阅了国内外相关专业领域的大量文献资料，在此向所有论著的作者表示由衷的感谢！

最后，作者对王思敬院士为本书作序并给予高度评价表示衷心的感谢！

因时间紧迫，书中疏漏和不妥之处在所难免，敬请读者批评指正。

中国工程勘察设计大师

国家能源水电工程研发中心技术委员会委员

目　录

序

前言

第1章　概述 …………………………………………………………………… 1

第2章　岩土力学的基本概念 ………………………………………………… 4

　2.1　岩石力学概述 …………………………………………………………… 4

　　2.1.1　研究内容 …………………………………………………………… 4

　　2.1.2　研究方法 ………………………………………………………… 21

　2.2　土力学概述 …………………………………………………………… 24

　　2.2.1　研究内容 ………………………………………………………… 24

　　2.2.2　研究方法 ………………………………………………………… 38

第3章　岩石（体）的工程性质 …………………………………………… 46

　3.1　岩石的物理性质 ……………………………………………………… 46

　3.2　岩石（体）的力学性质 ……………………………………………… 50

　　3.2.1　岩石（体）的变形性质 ………………………………………… 50

　　3.2.2　岩石（体）的强度性质 ………………………………………… 51

　　3.2.3　岩石（体）的流变性质 ………………………………………… 52

　3.3　弹性波速 ……………………………………………………………… 53

　3.4　岩体应力 ……………………………………………………………… 54

第4章　土的工程性质 ……………………………………………………… 55

　4.1　土的工程分类 ………………………………………………………… 55

　　4.1.1　中华人民共和国国家标准 ……………………………………… 55

　　4.1.2　中华人民共和国电力行业标准 ………………………………… 60

　　4.1.3　中华人民共和国水利行业标准 ………………………………… 64

　　4.1.4　中华人民共和国公路行业标准 ………………………………… 71

　　4.1.5　中华人民共和国铁路行业标准 ………………………………… 74

　　4.1.6　中华人民共和国建筑行业标准 ·· 79

　　4.1.7　北京市地方标准对细粒土的分类 ·· 83

　4.2　土的物理水理性质 ·· 84

　　4.2.1　土的基本物理性质 ·· 84

　　4.2.2　黏性土的水理性质 ·· 85

　　4.2.3　无黏性土的相对密度 ·· 89

　　4.2.4　毛细管水的上升高度 ·· 89

　4.3　土的力学性质 ·· 89

　　4.3.1　土的压缩特性 ·· 89

　　4.3.2　土的强度特性 ·· 92

　　4.3.3　土的渗透特性 ·· 95

　　4.3.4　土的胀缩特性 ·· 98

　　4.3.5　土的动力特性 ·· 99

　4.4　特殊土的工程性质 ·· 101

　　4.4.1　黄土 ·· 101

　　4.4.2　软土 ·· 103

　　4.4.3　膨胀土（岩） ·· 105

　　4.4.4　红黏土 ·· 107

　　4.4.5　冻土 ·· 109

　　4.4.6　盐渍土（岩） ·· 114

第5章　岩土物理力学试验方法及其适用范围 ································ **117**

　5.1　常用的岩石和岩体试验方法及其适用范围 ···································· 117

　　5.1.1　岩石（岩块）试验 ·· 117

　　5.1.2　岩体试验 ·· 122

　5.2　常用的土工试验方法及其适用范围 ·· 132

　　5.2.1　室内土工试验 ·· 132

　　5.2.2　原位及现场土工试验 ·· 144

　　5.2.3　钻孔土工试验 ·· 146

　5.3　岩土化学分析试验及其适用范围 ·· 149

　　5.3.1　风干含水率试验 ·· 149

　　5.3.2　酸碱度试验 ·· 149

　　5.3.3　易溶盐试验 ·· 149

　　5.3.4　中溶盐试验 ·· 150

　　5.3.5　难溶盐试验 ·· 150

　　5.3.6　有机质试验 ·· 151

　　　5.3.7　化学成分分析试验 ·· 151

　　　5.3.8　阳离子交换量试验 ·· 151

　　　5.3.9　比表面积试验 ·· 152

　　　5.3.10　X–射线衍射分析 ·· 152

　　　5.3.11　差热分析试验 ·· 153

　　5.4　水质分析试验 ·· 153

　　　5.4.1　物理性质的测定 ·· 154

　　　5.4.2　主要化学成分的测定 ·· 156

　　　5.4.3　主要特殊项目的测定 ·· 164

第6章　岩体的物理力学参数取值研究 ··· **168**

　　6.1　岩石（体）的工程地质特性 ·· 168

　　　6.1.1　岩石坚硬程度 ·· 168

　　　6.1.2　岩石（体）风化程度 ·· 168

　　　6.1.3　岩体完整程度 ·· 170

　　　6.1.4　岩体紧密程度 ·· 170

　　　6.1.5　岩体结构类型 ·· 171

　　　6.1.6　岩体围压效应 ·· 171

　　　6.1.7　岩体含水透水性 ·· 172

　　6.2　岩体与结构面分类 ·· 172

　　　6.2.1　坝基岩体工程地质分类 ·· 172

　　　6.2.2　边坡岩体分类 ·· 174

　　　6.2.3　地下洞室围岩分类 ·· 175

　　　6.2.4　结构面工程分类 ·· 177

　　6.3　岩石（体）参数取值原则与方法 ·· 178

　　　6.3.1　岩石（体）物理力学试验成果整理与参数取值原则 ···························· 178

　　　6.3.2　岩石的物理力学参数取值方法 ·· 179

　　　6.3.3　岩体及结构面力学参数取值方法 ·· 179

　　6.4　岩石（体）物理力学参数经验值 ·· 182

　　　6.4.1　岩石物理力学参数经验值 ·· 182

　　　6.4.2　岩体和结构面力学参数经验值 ·· 185

　　6.5　工程实例 ·· 187

　　　6.5.1　金沙江长江流域 ·· 187

　　　6.5.2　雅砻江流域 ·· 211

　　　6.5.3　大渡河流域 ·· 233

　　　6.5.4　岷江流域 ·· 245

6.5.5 嘉陵江流域 ……………………………………… 249

6.5.6 澜沧江流域 ……………………………………… 257

6.5.7 红水河流域 ……………………………………… 267

6.5.8 黄河流域 ………………………………………… 270

第7章 土体物理力学参数取值研究 ………………… 275

7.1 土的工程地质特性 …………………………………… 275

7.1.1 一般土的工程地质特性 ………………………… 275

7.1.2 特殊土的工程地质特性 ………………………… 279

7.1.3 不同成因类型土的工程地质特性 ……………… 280

7.2 土体物理力学参数取值原则与方法 ………………… 282

7.2.1 土体物理力学试验成果整理与参数取值原则 … 282

7.2.2 土体物理力学参数取值方法 …………………… 282

7.3 土体物理力学参数经验值 …………………………… 288

7.3.1 土体的物理水理性质参数经验值 ……………… 288

7.3.2 土体的力学性质参数经验值 …………………… 290

7.3.3 特殊土的物理力学性质参数经验值 …………… 295

7.3.4 土体物理力学参数经验关系公式 ……………… 298

7.4 工程实例 ……………………………………………… 302

7.4.1 金沙江流域 ……………………………………… 302

7.4.2 雅砻江流域 ……………………………………… 304

7.4.3 大渡河流域 ……………………………………… 307

7.4.4 岷江流域 ………………………………………… 326

7.4.5 涪江流域 ………………………………………… 336

第8章 地应力与测试 …………………………………… 342

8.1 地应力的组成与分布 ………………………………… 342

8.1.1 地应力基本组成 ………………………………… 342

8.1.2 影响地应力状态的自然因素 …………………… 343

8.1.3 地应力分布与变化规律 ………………………… 344

8.1.4 初始地应力的分级与岩爆分级 ………………… 346

8.2 围岩二次应力 ………………………………………… 349

8.2.1 概述 ……………………………………………… 349

8.2.2 围岩二次应力的确定方法 ……………………… 349

8.2.3 影响围岩二次应力的因素 ……………………… 351

8.3 地应力研究的工程意义 ……………………………… 352

8.4 地应力的研究与测试方法 ………………………………………… 354
    8.4.1 地应力场的研究方法 …………………………………… 354
    8.4.2 常用岩体地应力测试方法 ……………………………… 354
8.5 工程实例 …………………………………………………………… 357
    8.5.1 金沙江长江流域 ………………………………………… 357
    8.5.2 雅砻江流域 ……………………………………………… 386
    8.5.3 大渡河流域 ……………………………………………… 405
    8.5.4 澜沧江流域小湾水电站工程 …………………………… 418
    8.5.5 黄河流域拉西瓦水电站工程 …………………………… 421
    8.5.6 广州抽水蓄能电站 ……………………………………… 424

参考文献 ……………………………………………………………… 426

第1章 概　　述

在人类的生产实践中，人类早就与岩石有了密切关系，如原始人利用岩石做成简陋的工具和兵器；后来，为开采矿石而开挖采石坑、巷道和开凿竖井；古埃及金字塔，中国万里长城、都江堰等都以岩石为建筑材料。这些都说明了古代劳动人民在岩石工程上和使用岩石上已有悠久的历史。

尽管人类在生产实践中与岩石打交道已有悠久的历史，但是岩石力学却是一门新兴学科，它是伴随岩石工程建设和数学、力学等学科的进步而逐步发展形成的：20 世纪初为其萌芽初始阶段；20 世纪 30 年代为经验理论阶段；20 世纪 60 年代为经典理论阶段，该阶段是岩石力学学科形成的重要阶段，弹性力学和塑性力学被引入岩石力学，确立了一些经典计算公式，形成围岩和支护共同作用的理论，结构面对岩体力学性质的影响也受到广泛的重视，岩石力学已发展为一门独立的学科；20 世纪 60 年代至今为现代发展阶段，是岩石力学理论和实践的新进展阶段。

1956 年 4 月，在美国的科罗拉多矿业学院举行的一次专业会议上，开始使用"岩石力学"这一名词，并由该学院汇编了《岩石力学论文集》。论文集的序言中说："它是与过去作为一门学科而发展起来的土力学有着相似概念的一种学科，对这种有关岩石的力学方面的学科，现取名为岩石力学"。1957 年在巴黎出版的塔洛布尔的专著《岩石力学》是这方面最早的一本较系统的著作。其后，有关刊物又发表了许多论文，并开始形成了不同的学派（如法国学派，侧重从弹塑性理论方面来研究；奥地利学派，侧重地质构造方面来研究）。1959 年法国马尔帕塞拱坝失事以及 1963 年意大利瓦依昂水库岸坡的大规模滑坡，都与岩石强度弱化密切有关。这两次事件都引起了世界各国岩石力学研究者的极大关注，进一步促进了岩石力学研究的发展。1963 年在奥地利萨尔茨堡成立了国际岩石力学学会。1966 年在里斯本召开了第一次国际岩石力学会议，从此每四年召开一次，迄今已开了十四次。

20 世纪 50 年代初，为适应长江三峡水利枢纽建设的需要，国家科学技术委员会领导并成立了三峡岩基研究组，以长江流域规划办公室及中国科学院为主体，在陈宗基教授的指导下，以三峡工程中的岩石工程问题为对象，在室内外开展了大量试验研究工作，为我国岩石力学的发展奠定了基础。

改革开放以来，随着我国大规模基础设施的建设，岩石力学得到突飞猛进的发展。1979年 9 月以陈宗基先生为团长、谷德振先生为副团长的中国 10 人代表团参加了在瑞士蒙特勒召开的第 4 届国际岩石力学大会。陈宗基先生分别在国际岩石力学学会理事会及学术大会上做了介绍中国岩石力学学科发展的报告，在国际上产生了广泛的影响。此后，在陈宗基先生倡导下，我国于 1985 年成立了中国岩石力学与工程学会，对外为国际岩石力学学会中国国家小组。在学会历届理事长陈宗基、潘家铮、孙钧、王思敬、钱七虎、冯夏庭的努力推动下，学会工作得到很大发展。

近年来我国已建成世界上装机容量最大的三峡水利枢纽（总装机容量 22 500MW）、世界上坝高最高的锦屏一级拱坝（坝高 305m）、世界上第一埋深深度的锦屏二级引水隧洞（埋深 2525m）、世界上最大的跨流域长距离调水工程之一——南水北调工程、世界上最大跨度的水电站地下厂房洞室——白鹤滩水电站（地下厂房跨度 34m）。随着这些大型工程的建设，解决了一系列有关的岩石力学及工程实践问题，极大丰富了岩石力学的理论。

众所周知，我国西部为地质构造活动剧烈、地形陡峻的地区，随着西部大开发战略进一步的推进，水利、水电、铁路、公路等基础设施建设及采矿工程规模的不断扩大，必将遇到比现在难度更大的岩石力学难题的挑战。21 世纪的国家大规模经济建设将是推动新世纪岩石力学与工程发展的强大动力。

为了实现岩石力学的新发展，岩石力学与工程的理论概念和技术方法应该相应地转变。转变的方向是由解决相对比较单一、范围比较小的裂隙岩体问题转向研究和解决复杂的、大范围的地质体系统问题。研究对象的多种因素相互作用，极大地增强了问题的不确定性和非线性。岩石力学中的耦合问题和系统分析变成不可回避的研究任务。

要解决复杂的系统耦合问题，采取系统的综合集成显然是明智的选择。认识问题的思想方法同被认识问题的实际理应具有一致性，多重综合集成途径包括多源知识的综合集成、多尺度的综合集成、多场及多过程综合集成，以及多种手段的综合集成等。

随着我国社会经济向新的战略目标迈进，岩石力学工作者将会看到一个光耀夺目的岩石力学与工程新时代，并为祖国的可持续发展做出贡献。

人类在土基上或土体中建造房屋和挡土建筑物，以及用土作为工程材料建造堤、坝和路等构筑物方面上有悠久的历史。

土力学的发展经历了感性认识、理性认识、形成独立学科和新的发展四个阶段。

土力学最早为感性认识阶段，直到 18 世纪中叶，随着大量具有较大技术含量的建筑物的兴建，促使人们对土做出进一步的研究，才开始对积累的经验进行理论上的探讨。

1773 年，法国科学家库伦发表了著名的滑动楔体理论，1776 年又发表了土的抗剪强度理论，形成了至今仍广泛使用的库伦理论。进入 19 世纪 50 年代，很多学者进行了在土压力和渗流方面的研究。1856 年法国工程师达西在研究沙土渗流规律的基础上提出了著名的达西定律。1857 年英国朗肯假定挡土墙后土体为均匀的半无限空间体，应用塑性理论来研究土压力问题，该土压力理论与库伦压力理论统称古典土压力理论。以后，很多学者对土力学的专门课题进行了研究，如瑞典彼得森提出、继而由美国泰勒和瑞典费伦纽斯等进一步发展的用于土坡稳定计算的圆弧滑动法；法国普朗特尔提出的用于地基承载力计算的地基滑动面计算的数学公式等。这一时期属于在经验积累感性认识基础上的理性认识提高的阶段。

1925 年，太沙基著名教科书《土力学》的出版，被公认为近代土力学形成独立学科的开始。他在总结实践经验和大量试验的基础上提出了许多独特的见解，其中著名的土的有效应力原理和固结理论，是对土力学学科的突出贡献。有了这个原理，就可以将土的许多主要力学性质，如应力—应变—强度—时间等因素相互联系起来，并有效地运用于解决一系列的土工问题。

20世纪50至60年代，基本处于对土力学理论和测试技术的完善和发展阶段。1955年毕肖普提出土坡稳定计算中考虑竖向条间力的方法，应用有效强度计算土坡稳定。20世纪50年代后期，詹布与摩根斯坦等人相继提出了考虑条间力，滑动面取任意形状的土坡稳定计算方法，在强度理论、计算等方面进一步发展了莫尔—库伦理论。随着电子计算机的广泛应用，土力学已进入了全新发展的阶段，新的非线性应力应变关系和应力应变模型的建立、土的微观结构的观测和分析、对于非饱和土的研究等，将土的基本特性、有效应力原理、固结理论、土的动力特性以及湿化、流变特性研究推向了新的阶段。

岩土体物理力学参数是研究地基、边坡、地下洞室围岩稳定的重要依据，它直接关系到工程使用的安全性和建设的经济性。尽管岩土力学的研究在思路、内容、方法上取得了一定的成果，但由于岩土体结构和力学性质的复杂、试验成果的局限和分散，给岩土体物理力学参数的选取带来困难；长期以来岩土体物理力学性质试验成果整理方法和物理力学参数取值标准也不统一。随着我国社会经济向新的战略目标迈进，为了实现岩土力学的发展和工程应用，与岩土力学密切相关的科学技术问题和研究方法还需不断改进、提高，特别是结合工程应用的岩土力学参数分析与取值研究更是少见，尤其需要一套完整的岩土体物理力学参数研究的方法体系出现。随着我国水利水电工程勘察、设计和建设积累了大量的经验和成果，开展工程岩土体物理力学参数分析与取值研究具有重要的指导意义和工程应用价值。

第2章 岩土力学的基本概念

2.1 岩石力学概述

岩石是天然形成的具有一定结构构造的、由一种或多种矿物组成的集合体；岩体是指包括各种结构面和结构体的原位岩石的综合体。岩石力学是指研究岩石（体）的力学性态的理论和应用的科学，是探讨岩石（体）对其周围物理环境中的力场反应的学科，研究内容包括岩石（体）在荷载作用下的应力、变形和破坏规律以及工程岩体稳定性等问题。由于岩石力学中的许多研究对象是岩体，所以岩石力学也称为岩体力学。

2.1.1 研究内容

1. 理论研究

（1）基本性质。

1）岩石（体）的强度。岩石抵抗外力破坏的能力称为岩石的强度，包括抗压强度、抗拉强度和抗剪强度，岩体的强度取决于岩块的强度和结构面的强度。通常所讲的岩石强度，一般是指岩石试件试验所得出的，它实际上是代表岩体内岩块的强度。

a. 岩石（体）的破坏形式。岩石（体）的破坏常常主要为下列三种形式（见图2.1）。

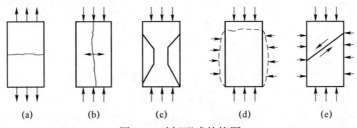

图 2.1 破坏形式的简图

（a）、（b）脆性断裂破坏；（c）脆性剪切破坏；（d）延性破坏；（e）弱面剪切破坏

（a）脆性破坏：岩石（体）在荷载作用下没有显著变形就突然破坏，产生这种破坏的原因是岩石（体）中裂隙的发生和发展的结果。大多数坚硬完整岩石（体）多表现出脆性破坏的性质。

（b）延性破坏：岩石（体）在破坏之前的变形很大，表现出显著的塑性变形、流动或挤出。塑性变形是岩石内结晶晶格错位的结果。在一些软弱岩石（体）中这种破坏较为明显。坚硬岩石（体）一般属于脆性破坏，但在两向或三向受力较大的情况下，或者在高温的影响下，也可能发生延性破坏。

（c）弱面剪切破坏：由于岩石（体）中存在节理、裂隙、层理、软弱夹层等结构面，岩石（体）的整体性受到破坏。在荷载作用下，这些结构面上的剪应力大于该面上的强度时，岩石（体）就会发生沿着弱面的剪切破坏。

b. 岩石的抗压强度。岩石试件在单轴轴向压力下抵抗破坏的极限能力或极限强度，它在数值上等于破坏时的最大压应力。

c. 岩石的抗拉强度。岩石试件在单轴拉力作用下抵抗破坏的极限能力或极限强度，它在数值上等于破坏时的最大拉应力。对岩石直接采用轴向拉伸法进行抗拉强度试验在试件加工、与试验机的连接以及对中控制偏心等方面存在诸多困难，因此常用劈裂法（也称巴西试验法）间接测定岩石的抗拉强度。

劈裂法试验时沿着圆柱体的直径方向施加集中荷载，试件受力后可能沿着受力方向的直径裂开，见图2.2。

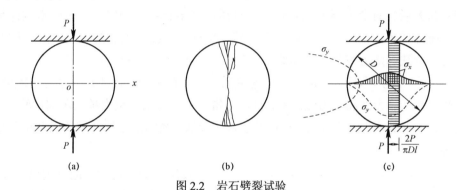

图2.2 岩石劈裂试验

（a）试验加荷情况；（b）试件开裂情况；（c）试件内应力分布情况

d. 岩石（体）的抗剪强度。岩石（体）的抗剪强度是岩石（体）抵抗剪切破坏（滑动）的能力，可用凝聚力 c 和内摩擦角 ϕ 来表示。测定岩石（体）抗剪强度的方法可分为室内岩石和现场原位岩体两大类。室内试验常采用直接剪切试验和三轴压缩试验测定岩石的抗剪强度指标。现场原位试验主要以直接剪切试验为主，也可进行三轴强度试验。

岩石在直接剪切时的应力—应变关系见图2.3和表2.1。

2）岩石的变形。

a. 岩石（体）的变形特性。岩石（体）的变形是指岩石（体）在任何物理因素作用下形状和大小的变化。工程上最常研究的变形是由于外力作用下引起的。

岩石（体）的变形特性常用弹性模量 E 和泊松比 μ 两个常数来表示。应当指出，仅仅用这些弹性

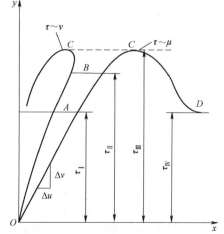

图2.3 岩石在直接剪切时的
应力—应变关系图

x—水平剪切位移μ；y—抗剪强度τ

表 2.1   岩石剪切时应力—应变曲线及各变形阶段的特征

变形阶段		主要特征	备注
τ_I	比例极限（弹性阶段）	岩石所受剪切力与相应的剪切变形，和垂直变形基本上呈直线关系即处于弹性变形阶段	软弱岩石的 $\tau-\mu$ 曲线 τ_I 段斜率较坚硬岩石缓，半坚硬岩石介于两者之间
τ_{II}	屈服极限（屈服点）	剪切力继续增加，曲线 $A\sim B$ 段逐渐变缓下弯，$\Delta\tau/\Delta\mu$ 和 $\Delta\tau/\Delta\nu$ 减小，至 B 点时变形出现较大变化。在 $\tau-\nu$ 曲线上，B 点有时是拐点	一般情况 τ_{II} 介于 τ_I 和 τ_{III} 之间，对于坚硬岩石或一般脆性材料，τ_{II} 与 τ_I 或与 τ_{III} 重合
τ_{III}	强度极限（峰值强度）	剪切力达到破坏值（C）时，岩石即被剪断，这时 $\Delta\tau/\Delta\mu=0$，$\Delta\tau/\Delta\nu$ 或为零（坚硬岩）或显著增加（软弱破碎岩）	—
τ_{IV}	残余强度	岩石破坏后残余强度，τ_{III} 与 τ_{IV} 之差值近似于凝聚力 c 值，τ_{IV} 一般低于 τ_{III}，有时与 τ_{III} 相等，$\Delta\tau/\Delta\mu$ 为 0 或为较小的负值	—

常数来表征岩石的变形性质是不够的，因为许多岩石（体）的变形是非弹性的。所谓弹性是指荷载卸去后岩石变形能够完全恢复的性质。许多新鲜坚硬岩石的试验室试件是弹性的。但是在现场条件下，岩石（体）有裂隙、层理面、黏土夹层等，大多数岩体不是完全弹性的，荷载卸除后变形不完全恢复，有永久变形（残余变形）。

岩石（体）变形指标以及应力—应变关系，可以在试验室内测定，也可在现场测定。试验方法可分为静力法和动力法两种，目前用得较多的方法是室内单轴压缩试验、室内三轴试验、室内或现场的波速测定、现场原位承压板法、径向液压枕法试验以及钻孔膨胀计法测试等。

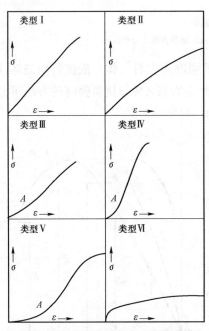

图 2.4 岩石的典型应力—应变曲线
类型 I—弹性；类型 II—弹—塑性—应变曲线；
类型 III—塑—弹性；类型 IV—塑—弹—塑性；
类型 V—塑—弹—塑性；类型 VI—弹—塑—蠕变

b. 岩石（体）应力—应变关系曲线类型。岩石（体）压缩时的应力—应变关系曲线根据岩石（体）的性质有各种不同类型。奥地利米勒采用 28 种岩石进行了大量的单轴试验后，将岩石的应力—应变曲线分成 6 种类型，如图 2.4 所示。

类型 I：表示应力与应变的关系是一直线或者近似直线，直到试样发生突然破坏为止。具有这种变形类型的代表性岩石有玄武岩、石英岩以及坚硬的石灰岩等。由于塑性阶段不明显，这些材料具有弹性性质。

类型 II：在应力较低时，应力—应变关系近似于直线。当应力增加到一定数值后，应力—应变曲线向下弯曲变化，且随着应力逐渐增加，曲线斜率也越来越小，直至破坏。具有这种变形性质的代表性岩石有较软弱的石灰岩、泥岩以及凝灰岩等。这些材料具有弹—塑性性质。

类型Ⅲ：在应力较低时，应力—应变曲线略向上弯曲。当应力增加到一定数值后（如曲线上的 A 点），应力—应变曲线就逐渐变为直线，直至试样发生破坏。具有这种变形性质的代表性岩石有砂岩、花岗岩、片理平行于压力方向的片岩以及某些辉绿岩等。从力学属性来看，这种变形性质属于塑—弹性性质。

类型Ⅳ：压力较低时，曲线向上弯曲。当压力增加到一定值后，变形曲线就成为直线。最后，曲线向下弯曲。曲线似 S 形。这种变形类型的代表性岩石大多数是变质岩，例如大理岩、片麻岩等。这种材料具有塑—弹—塑性性质。

类型Ⅴ：基本上与类型Ⅳ相同，也呈 S 形，不过曲线的斜率较平缓。一般发生在压缩性较高的岩石中。压力垂直于片理的片岩具有这种性质。

类型Ⅵ：应力—应变曲线开始先有很小一段直线部分，然后有非弹性的曲线部分，并继续不断地蠕变。岩盐具有这种变形性质，某些软弱岩石也具有类似特性。这种材料属弹—塑—蠕变性质。

c. 岩石（体）抗力系数。当水工有压隧洞受到洞内水压力作用时，衬砌就向围岩岩体方向变形，这时衬砌一定会遭到岩石（体）的抵抗，也就是说岩石（体）会对衬砌发生一定的反力，这个反力称为弹性抗力。

岩石（体）弹性抗力的大小用岩石（体）弹性抗力系数 K 来表示。由于弹性抗力系数不仅与岩石性质有关，而且与隧洞的尺寸也有关系，即隧洞的半径越大，则岩石（体）的弹性抗力系数越小。为了便于比较，对于承受内水压力的圆形隧洞，工程上多采用单位弹性抗力系数 K_0，即隧洞半径等于 1m 时的岩石（体）弹性抗力系数。

围岩单位弹性抗力系数可按式（2.1）估算：

$$K_0 = \frac{E}{100(1+\mu)} \tag{2.1}$$

式中　K_0——围岩的单位弹性抗力系数（MPa/cm）；

　　　E——围岩的弹性模量或变形模量（MPa）；

　　　μ——围岩泊松比。

岩石（体）抗力系数的现场测定方法是在专门试验洞内，采用径向液压枕法或水压法进行。多根据围岩类别和已建工程类比，确定各类围岩的单位弹性抗力系数。

3）岩石的流变。

a. 岩石（体）的流变力学特性。岩石（体）的流变性质就是指岩石（体）的应力—应变关系与时间因素有关的性质，岩石（体）变形过程中具有时间效应的现象称为流变现象。岩石（体）流变特性是其重要的力学特性之一。岩石（体）的变形不仅表现出弹性和塑性，而且也具有流变性质。岩石（体）的流变力学特性一般包括以下几个方面：

（a）蠕变：在常应力作用下，变形随时间发展增大的过程。

一般而言，岩石（体）的蠕变曲线可以分为三个阶段，见图 2.5。在阶段Ⅰ内，应变—时间曲线向下弯曲，在这个阶段内的蠕变叫作初期蠕变或减速蠕变。这一阶段结束后就进入阶段Ⅱ（图 2.5 上的 B 点开始），在该阶段内，曲线具有近似不变的斜率，这一阶段的蠕变

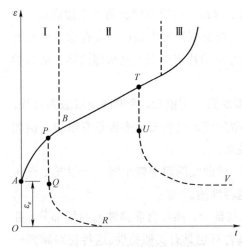

图 2.5　典型蠕变曲线的三阶段

称为二次蠕变或稳定蠕变。最后，阶段Ⅲ称为加速蠕变或第三期蠕变，这种蠕变导致迅速破坏。

（b）应力松弛：在恒应变水平下，应力随时间衰减直至某一限值的过程。

岩石（体）的应力松弛特性也可分三种类型：立即松弛、完全松弛和不完全松弛。在同一变形条件下，不同岩石（体）具有不同类型的松弛特性。同一岩石（体），在不同变形条件下也可能表现为不同类型的应力松弛特性。

（c）滞后效应和弹性后效：加载过程中弹性变形随时间的增长称为滞后效应，它也包括在蠕变中。卸载后弹性变形随时间的逐渐恢复称为弹性后效，也可将滞后效应称为弹性后效。

（d）流动：随时间延续而发生的塑性变形，反映应变速率随应力的变化。流动分为黏性流动和塑性流动，黏性流动是指微小外力作用下发生的流动，塑性流动是指外力达到某一极限值后才开始的流动。

（e）长期强度：强度随时间延长的降低，即在长期荷载作用下的强度。

岩石（体）长期强度的确定方法有多种，可以在岩石（体）蠕变试验中将稳定蠕变速度为零时的最大荷载值定为岩石（体）的长期强度；或者在蠕变曲线族中选取各曲线上骤然上升的拐点作为流动极限，相应地找到经历各时间后的流动极限值，从而得到流动极限的衰减曲线。当流动极限不再随时间的增长而降低时，即为岩石（体）的长期强度。

b. 岩石（体）的流变力学模型。就微观而言，任何固体都是聚集体，它是由固体（弹性的或塑性的）骨架和充填其间的液体、半液体或半气态的物质所共同组成，因而才能产生蠕变（或称流变）现象。然而，从这些微观结构着手来研究固体的蠕变可能相当困难。为了描述岩石（体）的蠕变现象，常用简单的机械模型来模拟岩石（体）的流变性状，再将这些简单的机械模型进行不同的组合，就可求得岩石（体）的不同蠕变方程式，以模拟不同岩石（体）蠕变。常用的简单模型有弹性模型和黏性模型两种。

（a）弹性模型，或称弹性单元。这种模型是线性弹性的，完全服从虎克定律，所以也称虎克物质。因为在应力作用下应变瞬时发生，而且应力与应变成正比关系，剪应力 τ 与剪应变 γ 的关系为：

$$\tau = G\gamma \tag{2.2}$$

所以这种模型可用刚度为 G 的弹簧来表示，见图 2.6（a）。

（b）黏性模型，或称黏性单元。这种模型完全服从牛顿黏性定律，它表示应力与应变速率成比例，剪应力 τ 与剪应变速率 $\dot{\gamma}$ 的关系为：

$$\tau = G\dot{\gamma} \tag{2.3}$$

这种模型也可称为牛顿物质，它可用充满黏性液体的圆筒形容器内的有孔活塞（称它为缓冲壶）来表示，见图 2.6（b）。

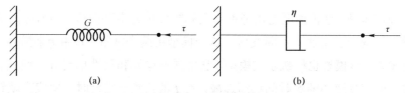

图 2.6　线性黏弹性模型单元

（a）线性弹簧（弹性单元）；（b）线性缓冲壶（黏性单元）

大多数岩石（体）都表现出瞬时变形（弹性变形）和随着时间而增长的变形（黏性变形）。因此，可以说岩石（体）是黏弹性的。

将这两种简单的机械模型（弹性单元和黏性单元）用各种不同方式加以组合，就可得到不同介质的蠕变模型。图 2.7 表示带有多个常数的几种可能的模型。

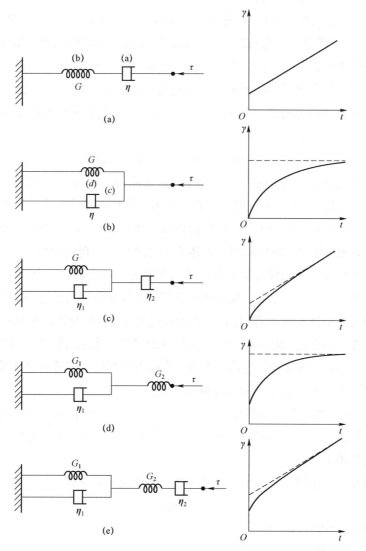

图 2.7　线性黏弹性模型及其蠕变曲线

（a）马克斯威尔模型；（b）伏埃特模型；（c）广义马克斯威尔模型；（d）广义伏埃特模型；（e）鲍格斯模型

马克斯威尔模型：这种模型是用弹性单元和黏性单元串联而成。当剪应力骤然施加并保持为常量时，变形以常速率不断发展。这个模型用两个常数，G 和 η 来描述。

伏埃特模型：该模型也称凯尔文模型，它由弹性单元和黏性单元并联而成。当骤然施加剪应力时，剪应变速率随着时间逐渐递减，在 t 增长到一定值时，剪应变就趋于零。这个模型用两个常数 G 和 η 来描述。

广义马克斯威尔模型：该模型由伏埃特模型与黏性单元串联而成。用三个常数，G、η_1 和 η_2 描述。剪应变开始以指数速率增长，逐渐趋近于常速率。

广义伏埃特模型：模型由伏埃特模型与弹性单元串联而成，用三个常数，G_1、G_2 和 η_1 表示该种材料的性状。开始时产生瞬时应变，随后剪应变以指数递减速率增长，最终应变速率趋于零，应变不再增长。

鲍格斯模型：这种模型由伏埃特模型与马克斯威尔模型串联而组成。模型用四个常数，G_1、G_2、η_1 和 η_2 来描述。蠕变曲线上开始有瞬时变形，然后剪应变以指数递减的速率增长，最后趋于不变速率增长。从形成一般的蠕变曲线的观点来看，这种模型是用来描述第三期蠕变以前的蠕变曲线的较好而最简单的模型，该模型已获得较广泛的应用。当然，用增加弹性单元和黏性单元及塑性单元的办法还可组成更复杂而合理的反映岩体非线性流变特性的模型。

4）岩体应力。岩体应力按成因划分为天然应力（初始应力）和二次应力两类。岩体天然应力包括自重应力、构造应力（活动的和残余的）及变异应力（岩体物理、化学变化及岩浆侵入所形成的）。岩体中任何一点都受到力的作用，处于受力状态中。在工程开挖之前岩体中已经存在着的地应力场，称为初始应力场。岩体二次应力是人类从事工程活动时，在岩体初始应力场内，因挖除部分岩体或增加结构物引起的应力。在工程开挖后，初始地应力场受到扰动，产生应力重分布，形成围岩的应力状态，称为二次应力场。

岩体天然应力状态是复杂的，随地区的地形、地质条件和所经历的地质历史而异，并制约着岩体的力学特征和破坏机制。在工程地质勘察中，应对岩体天然应力的形成、量级、空间状态进行测试和研究。地下洞室群开挖形成的围岩二次应力状态更为复杂，它既取决于岩体天然应力场，同时又与洞室群的布置、规模以及开挖程序等密切相关，需要结合开挖期围岩变形监测开展数值反馈分析及测试研究。

5）岩石的渗透性。水普遍存在于岩石（体）之中，当存在水力比降时，水就会透过岩石（体）中的裂隙而流动，即渗流。岩石（体）的渗透性是指在水压力作用下，岩石（体）的裂隙透过水的能力。

当渗流服从达西定律即层流时，渗流速度 v 与水力比降 i 成正比，即

$$v = Ki \tag{2.4}$$

式中　v——渗流速度（cm/s）；

　　　K——渗透系数（cm/s）。

岩石（体）的渗透性指标一般采用岩体透水率（q）表示，可在现场通过钻孔压水试

验获取；岩体中软弱岩带的渗透系数与抗渗比降，也可现场采取原状样在实验室内通过渗透试验确定。

6）岩石的动力特性。岩石（体）的动力特性是指岩石（体）在各种动荷载作用下的力学性质及其工程效应。动荷载主要包括爆炸、冲击或撞击、地震或瞬时构造应力、潮汐或风等随时间而快速变化的力。

岩石（体）弹性波（声波、地震波）测试技术系利用弹性波在岩石（体）中传播所获得的声学信息（如波速、振幅、频率等）来研究岩石（体）的动力特性，计算动弹性模量、动泊松比、动剪切模量等。

（2）基本理论。岩石力学中常用的理论主要有：

1）莫尔理论及莫尔—库伦准则。莫尔强度理论是莫尔在 1900 年提出，并在岩土力学中应用最为广泛的一种理论。该理论假设材料内某一点破坏主要决定于它的大主应力 σ_1 和小主应力 σ_3，而与中间主应力无关，这样就可以平面应力状态进行研究，在 $\tau-\sigma$ 的坐标平面上，绘制一系列的极限应力圆，称为莫尔应力圆；作出一系列极限应力圆的包络线，称为做莫尔包络线。在包络线上的所有各点都反映材料破坏时的剪应力（即抗剪强度）τ_f 与正应力 σ 的关系，即

$$\tau_f = f(\sigma) \tag{2.5}$$

这就是莫尔理论破坏准则的普遍形式。

由此可知，材料的破坏与否，一方面与材料内的剪应力有关，同时与正应力也有很大的关系，因为正应力直接影响着抗剪强度的大小。

关于岩石的包络线的形状，有人假定为抛物线，也有人假定为双曲线或摆线。一般而言，对于软弱岩石，可认为是抛物线；对于坚硬岩石，可认为是双曲线或摆线。大部分岩石力学工作者认为，当压力不大时（如 $\sigma < 10\text{MPa}$），采用直线在实用上也够了。为了简化计算，在岩石力学研究中大多采用直线形式的包络线。因此，岩石的强度准则可用式（2.6）来表示：

$$\tau_f = c + \sigma \tan\varphi \tag{2.6}$$

式中　c——岩石凝聚力（MPa）；
　　　φ——岩石内摩擦角（°）。

这个方程式为库伦首先提出，后为莫尔用理论加以解释，因此，常被称为莫尔—库伦方程式或莫尔—库伦准则，它是岩石力学中用得最多的强度理论。按照上述理论列出莫尔—库伦破坏准则为：

$$\tau \geqslant \tau_f = c + \sigma \tan\varphi \tag{2.7}$$

式中　τ——岩石内任一平面上的剪应力（MPa），由应力分析求得。

有时为了分析和计算的需要，常用大、小应力 σ_1 和 σ_3 来表示莫尔—库伦方程式或破坏准则。正应力 σ 和剪应力 τ 可写为：

$$\sigma = \frac{\sigma_1 + \sigma_3}{2} + \frac{\sigma_1 - \sigma_3}{2}\cos 2\alpha \tag{2.8}$$

$$\tau = \frac{\sigma_1 - \sigma_3}{2}\sin 2\alpha \tag{2.9}$$

式中 α —— σ_3 方向与滑动所在面的夹角或大主应力 σ_1 方向与滑动面法线的夹角（°）。

2）格里菲斯理论。格里菲斯认为：材料内部存在着许多细微裂隙，在力的作用下，这些细微裂隙的周围，特别是缝端，可以产生拉应力集中现象。材料的破坏往往从缝端开始，裂缝扩展，最后导致材料的完全破坏。

假设岩石中含有大量的方向杂乱的细微裂隙，它们的长轴方向与大主应力 σ_1 成 β 角（见图 2.8）。按照格里菲斯概念，假定这些裂隙是张开的，并且形状近似于椭圆（见图 2.9）。研究证明，即使在压应力情况下，只要裂隙的方位合适，裂隙的边壁上也会出现很高的拉应力。一旦这种拉应力超过材料的局部抗拉强度，在这些张开裂隙的边壁上就开始破裂。

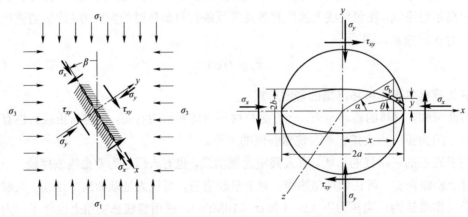

图 2.8　细微裂隙受力示意图　　　图 2.9　椭圆裂隙周围材料上的应力

为确定张开的椭圆裂隙边壁周围的应力，做出以下简化假定：

a. 该椭圆可以作为半无限弹性介质中的单个孔洞处理，即假定相邻的裂隙之间不相互影响，并忽略材料特性的局部变化；

b. 椭圆及作用于其周围材料上的应力系统可作为二维问题处理，即把裂缝的三维空间形状和裂缝平面内的应力 σ_z 的影响忽略不计。

由此，格里菲斯强度理论的破坏准则为：

$$\left.\begin{array}{l} \text{裂隙方位角} \beta = \dfrac{1}{2}\arccos\dfrac{\sigma_1 - \sigma_3}{2(\sigma_1 + \sigma_3)} \\[2mm] \sigma_1 + 3\sigma_3 > 0 \text{时,} \ (\sigma_1 - \sigma_3)^2 - 8R_t(\sigma_1 + \sigma_3) = 0 \end{array}\right\} \tag{2.10}$$

$$\left.\begin{array}{l} \text{裂隙方位角} \beta = 0 \\[2mm] \sigma_1 + 3\sigma_3 \leqslant 0 \text{时,} \ \sigma_3 = -\sigma_t \end{array}\right\} \tag{2.11}$$

c. 修正的格里菲斯理论。格里菲斯理论是以张开椭圆裂隙为前提的。如果在压应力占优势的情况下，则在受压过程中材料的裂隙往往会发生闭合。这样，压应力就可以从一边的缝壁传递到另一边的缝壁，从而缝壁间产生摩擦。在这种情况下，裂隙的发展就与张开裂隙的情况有所不同，在裂隙面上既能承受正应力，又能承受剪应力。因此，麦克林托克等考虑了这一影响（主要是裂隙间的摩擦条件），对格里菲斯理论作了修正，称为修正格里菲斯理论。这个理论的强度条件可以写成：

$$\sigma_1\left(\sqrt{f^2+1}-f\right)-\sigma_3\left(\sqrt{f^2+1}+f\right)=4R\sqrt{1+\frac{\sigma_c}{R_t}}-2f\sigma_c \qquad (2.12)$$

式中　　σ_c——裂隙闭合所需的压应力，由实验决定；

f——裂隙面间摩擦系数。

勃雷斯认为使裂隙闭合所需的压应力 σ_c 甚小，一般可以忽略不计。因此，式（2.12）简化为：

$$\sigma_1\left(\sqrt{f^2+1}-f\right)-\sigma_3\left(\sqrt{f^2+1}+f\right)=4R_t \qquad (2.13)$$

岩石力学理论除上述主要理论外，还有最大正应力理论、最大正应变理论、最大剪应力理论、八面体应力理论等。

2. 应用研究

（1）岩石（体）物理力学性质指标的应用。岩石（体）物理力学性质的研究成果，应用于论证评价岩基承载与变形、坝基（肩）抗滑稳定、坝基渗漏与渗透稳定、地下洞室围岩稳定、岩质边坡稳定等问题，也是建筑石料原岩质量评价的依据。岩石（体）常用物理力学性质指标的应用见表2.2。

表 2.2　　　　　　　　　　　岩石（体）常用物理力学性质指标的应用

指标	符号	主要应用
天然密度 干密度 饱和密度	ρ_0 ρ_d ρ	1）计算岩石其他物理性质指标； 2）计算岩石块体质量； 3）计算岩体的应力
含水率	W	计算岩石其他物理性质指标；
孔隙比 孔隙率	e n	1）计算岩石的饱和系数； 2）计算岩石的水下质量
天然抗压强度 烘干抗压强度 饱和抗压强度	R_0 R_d R_b	1）计算岩石的软化系数和围岩强度应力比等； 2）评价岩石的坚硬程度； 3）评价岩基承载性能； 4）评价岩基、边坡、洞室围岩质量； 5）评价建筑石料原岩质量； 6）结合地应力测试成果用于岩爆预测
天然抗拉强度 烘干抗拉强度 饱和抗拉强度	σ_{t0} σ_{td} σ_{tb}	评价岩石（体）的抗拉能力
变形模量 弹性模量	E_0 E	1）计算单位弹性抗力系数、地应力、坝（地）基变形等； 2）评价坝（地）基的抗变形能力； 3）评价岩基、边坡、洞室围岩质量

指标	符号	主要应用
摩擦角 凝聚力	φ c	1) 分析计算坝（地）基承载性能； 2) 分析计算坝基、抗力体抗滑稳定性； 3) 分析计算岩质边坡稳定性； 4) 分析计算洞室围岩稳定性
侧压力系数 泊松比	λ、N μ	1) 计算单位弹性抗力系数、岩石（体）变形模量及弹性模量； 2) 分析岩体应力、应变
坚固系数 单位弹性抗力系数 弹性抗力系数	f_k K_0 K	1) 评价围岩的质量及抗变形能力； 2) 计算围岩支护结构
地应力	σ	1) 计算围岩强度应力比； 2) 地应力分级及岩爆预测； 3) 评价地应力对岩基、边坡、洞室围岩开挖的影响
透水率 渗透系数	q K	1) 评价岩体渗透性能，为渗控工程设计提供依据； 2) 计算基坑的涌水量、基坑抽排水设计； 3) 指导灌浆参数选择及灌浆质量检测
纵波波速 横波波速	v_p v_s	1) 计算岩体完整性系数、动泊松比、动弹性模量、动剪切模量等； 2) 评价岩体质量； 3) 固结灌浆质量检测

（2）岩基稳定与变形问题研究的应用

包括重力坝、拱坝等坝基在内的各种岩基的稳定与变形问题主要有坝基与抗力体抗变形稳定问题、抗滑稳定问题及渗漏与抗渗稳定问题。

1) 岩基变形稳定。

a. 岩石（体）强度与承载能力。岩石（体）的强度指标主要应用于水电水利工程混凝土重力坝地基岩体承载能力的评价。

岩石强度即为岩块（完整岩石）的强度，岩体强度应包括节理裂隙在内的岩体的强度。岩石（体）强度包含岩石（体）抗压强度、岩石（体）抗拉强度和岩石（体）抗剪强度。所谓岩基的极限承载力是指岩基所能承受的最大荷载（或称极限荷载）。当岩基承受极限荷载时，岩基中的某一区域将处于塑性状态，形成塑性区（或称为极限平衡区），这时基础多沿地基中的潜在剪切面产生滑动破坏，或地基产生单轴压缩破坏、冲切破坏、弯曲破坏、劈裂破坏等。因此，在岩基承载性能评价中，所需要的力学指标主要是岩体抗压强度。岩体抗压强度与岩基允许承载力确定的方法有以下四种：

（a）对于硬质岩体，由于试验加力设备的限制，其抗压强度及承载能力试验在现场原位难以进行。因此，硬质岩体主要依据室内岩石试验获取的岩石饱和单轴抗压强度指标，并综合考虑岩体结构、裂隙发育程度及岩体完整性，做相应折减后确定岩基的允许承载力。

（b）对于软质岩体或破碎岩体，可采用现场原位载荷试验，选取比例极限作为其允许承载力，如嘉陵江流域的侏罗系、白垩系红层，黄河上游的第三系红层，一些断层破碎带等。还可采用钻孔超重型动力触探试验或三轴压缩试验确定其允许承载力。当软质岩的天然饱和度接近100%时，其天然状态下岩石的单轴抗压强度可视为岩石饱和单轴抗压强度，做相应折减后确定岩体的允许承载力。

（c）采用弹性波速测试确定的岩体完整性系数（岩体与岩石纵波波速之比的平方），折减岩石饱和单轴抗压强度，近似地确定岩体的抗压强度（准岩体抗压强度），进一步分析岩体的承载能力。

（d）采用霍克·布朗经验准则估算岩体的承载力。岩体的二维霍克·布朗强度准则表达式为：

$$\sigma_1 - \sigma_3 = \sqrt{m\sigma_c\sigma_3 + s\sigma_c^2} \tag{2.14}$$

式中　σ_1——岩体破坏时的最大主应力（压力为正）

　　　　σ_3——岩体破坏时的最小主应力（压力为正）；

　　　　σ_c——岩石的单轴抗压强度；

　　m、s——与岩体质量有关的参数，主要取决于岩石坚硬程度和岩体完整程度等。

注：m 的取值范围为 $0.001\sim25$，对软弱破碎岩体最小可取 0.001，对坚硬完整岩体最大可取 25；s 的取值范围为 $0\sim1$，对软弱破碎岩体最小可取 0，对坚硬完整岩体最大可取 1。

确定岩体特性参数 m、s 后，当 $\sigma_3=0$ 时，代入式（2.14），可得到岩体的单轴抗压强度（σ_{mc}），见式（2.15）；当 $\sigma_1=0$ 时，代入式（2.14），可得到岩体的单轴抗拉强度（σ_{mt}），见式（2.16）。

$$\sigma_{mc} = \sqrt{s}\sigma_c \tag{2.15}$$

$$\sigma_{mt} = \frac{\sigma_c}{2}\left(m - \sqrt{m^2 + 4s}\right) \tag{2.16}$$

还可根据霍克·布朗强度包络线，进一步估算岩体的抗剪强度参数。在得到岩体的单轴抗压强度后，进一步求解岩基的极限承载力时，需假设在半无限体上作用条形均布荷载，且岩基的破坏属于压剪破坏模式。

b. 岩体抗变形稳定。岩体的变形指标主要应用于水电水利工程混凝土拱坝地基岩体抗变形与不均匀变形、坝基岩体与坝体之间变形协调能力的评价。

影响坝基岩体变形与不均匀变形的因素主要包括岩质类型、地质构造、风化卸荷、岩体结构、受力状态、围压状态和时间效应等。岩体的抗变形能力常用岩体变形模量来表示。坝基及其他地基岩体根据岩体质量进行工程地质分类（级），不同的岩类（级）具有不同的变形模量。为深入研究坝基岩体不均匀变形问题，除不同岩类（级）岩体的变形试验外，尚需重点针对软弱夹层、断层破碎带、层间错动带、蚀变岩带、节理裂隙密集带、风化夹层、深卸荷带等软弱岩带进行变形试验。针对层状各向异性岩体需分别垂直和平行层状结构面方向加力的变形试验；针对软弱岩带可开展饱水条件下变形试验及压缩蠕变特性试验研究。

岩体的变形指标可以采用以下三种方法获得：

（a）现场原位岩体及软弱岩带变形试验，如刚性承压板法、大面积中心孔承压板法、径向液压枕法等。这些岩体变形性质的原位试验应根据岩体实际承受工程作用力方向和大小进行，并采用压力—变形曲线上建筑物预计最大荷载下相应的变形关系选取标准值。

（b）建立岩体声波纵波速 V_{pm}（单位为 m/s）与变形模量 E_0（单位为 GPa）之间的相关关系，通过岩体声波纵波速推求岩体变形模量，见式（2.17）：

$$E_0 = aV_{pm}^b \tag{2.17}$$

式中　a、b——常数，通过回归方程求得。

c. 通过钻孔径向加压法取得孔周岩体变形模量。

2）坝基（肩）抗滑稳定。坝基（肩）抗滑稳定是指坝体在水库上下游水头差等的综合作用下，坝基（肩）岩体抵抗坝体沿建基面、软弱结构面或岩体内发生剪切滑移破坏的能力。评价坝基（肩）抗滑稳定问题时，需分析构成可能滑移块体的滑移面、侧滑面或侧裂面及临空面等边界条件，并重点研究特定的软弱结构面，如断层、错动带、软弱夹层等的分布和物理力学特性，以及节理裂隙发育的特征、区段性、间距及连通率等。混凝土拱坝应重点研究两岸拱座及抗力体的抗滑稳定条件，混凝土重力坝应重点研究河床坝段的抗滑稳定条件。坝基（肩）岩体和结构面抗剪（断）强度指标主要应用于论证和评价坝基（肩）岩体抗滑稳定问题。坝基（肩）岩体抗剪（断）强度指标需采用现场原位试验与室内试验相结合的方法获取，针对软弱岩带可开展饱水条件下的抗剪（断）强度试验、三轴剪切试验及剪切流变特性试验研究。

岩体和结构面的抗剪（断）强度指标可以采用以下两种方法获得：

a. 现场原位岩体及结构面的直剪试验，采用平推法或斜推法，测定岩体、结构面（包括刚性结构面和软弱结构面）、混凝土与岩体接触面的抗剪（断）强度指标。

b. 现场原位岩体的三轴试验，采用等侧压加压法，测定岩体的抗剪（断）强度参数。

3）坝基渗漏与渗透稳定。水普遍存在于岩体之中，当有水力比降存在时，水就会透过岩体中的裂隙（岩溶地区存在溶洞）而流动，即所谓的渗流。同时，水又是促使岩体性状发生变化的主要因素。坝基岩体渗漏与渗透稳定性评价，需在研究坝址河谷水动力条件和坝基岩体水文地质结构的基础上，论证坝基岩体的透水性和软弱夹层或软弱岩带的渗透变形特性。坝基岩体的透水率和软弱岩带的渗透比降是评价坝基岩体渗漏与渗透稳定性的重要指标。

a. 岩体渗透性。岩体渗透性的大小取决于岩体的物理特性和结构特征，如岩体中裂隙（或溶洞）的大小、张开程度以及连通情况等。坝基岩体的透水率需要通过钻孔压水试验取得，并以此为依据，结合坝型、坝高确定坝基防渗帷幕的深度与范围。

b. 坝基软弱岩带的渗透破坏。坝基软弱岩带在长期渗流作用下可能发生的渗透破坏型式有机械管涌和化学管涌两种。软弱夹层或断层带中的细粒物质在长期渗透水流作用下，产生颗粒移动和掏空现象属机械管涌。坝基岩体易溶盐类岩层，如岩盐、钾盐、石膏等，在流动水的作用下，尤其是在高压地下水循环比较剧烈的部位，易溶矿物被溶蚀、淘刷，称化学管涌。渗透变形破坏导致其结构松散、强度降低、渗透性增强、细粒物质或易溶物质被冲蚀，危及坝基稳定。

机械管涌依软弱岩带中的细粒物质类型及含量的不同分为四种类型：流土、管涌、接触冲刷和接触流失。为判别坝基岩体有无发生机械管涌的可能以及可能发生的管涌破坏类型，需要进行以下工作：

在查明坝基范围内软弱夹层或断层破碎带的分布，包括产状、延伸长度、宽度、组成物质等的基础上，首先对软弱岩带中的细粒物质进行详细的物性研究，分析其矿物成分、化学成分、颗粒组成、结构构造、密实程度等，以便判别可能出现的机械管涌破坏型式。

其次，采用现场渗透变形试验的方法，绘制软弱岩带的比降 J 与流量 Q、渗透系数 K 的关系曲线，在 J–Q 关系曲线上，找出初次拐点，结合试验中出现浑水、掉块等现象，判别临界比降和破坏比降，根据不同建筑物的安全要求确定允许比降。

多年来，我国大中型水电工程的渗透变形试验成果表明，由于岩基内软弱岩带性状的不均一性，其破坏比降变化较大，往往相差几倍至几十倍，但一般均远大于 1，并具有变形破坏区段性的特点。

现场渗透变形试验主要有三种方法：

（a）室内渗透变形试验，为减少试样长途运输过程中的扰动，采取原状样后，在现场试验室进行渗透变形试验。探洞内采用人工扩帮至取样点，用电锤钻进、手工精心加工，以保证原状样结构的完整性。如金沙江溪洛渡水电站坝基层间错动带、雅砻江锦屏一级水电站坝基断层破碎带、大渡河大岗山水电站坝基岩脉破碎带均采用的是这种方法。

（b）现场原位渗透变形试验，直接在现场探洞内进行，如澜沧江糯扎渡水电站坝基花岗岩全强风化夹层、山东泰安抽水蓄能电站上水库坝基断层破碎带则采用该种方法。

（c）利用钻孔对软弱岩带进行压水试验、高压劈裂试验，获得其渗透与抗渗透变形指标。

（3）岩质边坡稳定问题研究的应用。影响岩质边坡稳定性的因素较多，包括地形地貌，地层岩性与岩体结构特征，断层、软弱夹层、软弱岩带和节理裂隙的展布、产状、充填物，结构面的组合和连通率，边坡岩体风化、卸荷程度及深度，岩体和潜在滑动面、切割面等结构面的物理力学性质参数，岩体地应力，岩体渗透特性，地下水的水位、水压、流量及其动态，水的作用（降雨、蓄水、泄洪雾化）、地震和人类活动等，其中最基本的是控制岩质边坡稳定性的边界条件和岩体与结构面的物理力学性质参数。

评价岩质边坡稳定性时，应重点分析影响边坡稳定性的主要因素、边坡当前稳定状况，确定边坡可能的变形破坏模式、规模及边界条件，确定边坡岩体密度、泊松比与变形模量，组成边坡滑动块体边界结构面（潜在底滑面、切割面）的抗剪（断）强度参数。岩体密度、泊松比需采用岩石室内物理力学性质试验成果分析确定，岩体变形模量、岩体和结构面抗剪（断）强度指标需采用现场原位试验与室内试验相结合的方法获取。

（4）围岩稳定问题研究的应用。岩石力学理论在水电水利工程地下建筑物中的应用主要是在地下洞室围岩分类评价和围岩稳定性分析中的应用。

1）岩石（体）物理力学指标在地下洞室围岩分类中的应用。

a. 岩石饱和单轴抗压强度 R_b。岩石物理力学性质重要指标之一的饱和单轴抗压强度 R_b（MPa）可以用于水电工程地下洞室围岩分类，其中，初步分类的岩质类型划分、详细分类中的岩石强度评分见表 2.3。

表 2.3　　　　　　　　　　岩质类型划分与岩石强度评分

岩质类型	硬质岩		软质岩	
	坚硬岩	中硬岩	较软岩	软岩
岩石饱和单轴抗压强度 R_b（MPa）	$R_b>60$	$60{\geq}R_b>30$	$30{\geq}R_b>15$	$15{\geq}R_b>5$
岩石强度评分 A	30~20	20~10	10~5	5~0

b. 围岩强度应力比 S。围岩强度应力比 S 是反映围岩应力大小与围岩强度相对关系的定量指标，为地下洞室围岩分类中的一个限定判据。Ⅰ类围岩稳定，Ⅱ类围岩基本稳定，均要求 $S>4$，否则围岩类别应降低；Ⅲ类围岩局部稳定性差，Ⅳ类围岩不稳定，均要求 $S>2$，否则围岩类别应降低。

2）在地下洞室围岩失稳机制及破坏形式分析中的应用。

a. 在洞室塌方分析中的应用。围岩失稳破坏机制可通过对勘探平洞、施工导洞、施工支洞、地下洞室开挖发生的塌方实例进行调查研究，查明围岩失稳破坏的控制因素及影响因素，分析围岩变形破坏的力学机制及其破坏形式，评价围岩的稳定性。

围岩塌方的产生，往往是多种不利因素综合作用的结果。已有的工程实例表明，有断层破碎带与其他结构面的不利组合、又有地下水活动时所产生的塌方，一般均较严重；不及时支护的小规模塌方酿成大塌方的实例也较多。

（a）围岩强度与塌方的关系分析。围岩强度越小，塌方规模越大。塌方大多发生在围岩岩体强度较低的强风化带、卸荷松弛带、断层破碎带及交汇带、软弱蚀变岩带和软弱岩层中。

（b）体结构与塌方的关系分析。散体和碎裂结构岩体塌方的概率最高。由结构面的不利组合形成的塌方概率较高，其中以顶拱组成的屋脊形和边墙组成的倾向洞内中陡倾角的楔形块体最为典型。

（c）地下水活动与塌方的关系分析。地下水的活动，对围岩稳定性恶化从而导致塌方具重要影响。在断层、裂隙发育及水敏性强的软岩洞段，地下水将因洞室开挖而富集，对围岩不仅产生外压（静压），而且将产生动水压力，从而促进塌方产生。

（d）围岩应力与塌方的关系分析。洞室开挖前，岩体处于三向受力的状态。随洞室的开挖，形成二次应力场。当围岩不能承受集中的应力，且松弛变形不能控制时，围岩应力不平衡，产生了向洞内方向的山岩压力，围岩失稳发生塌方。在硬脆岩体高地应力地区，洞室开挖产生岩爆也是围岩应力不平衡，围岩强度不能适应过高的应力集中而突发的失稳破坏现象。

　　b. 地下洞室围岩变形破坏的机制与形式。根据大量围岩变形破坏及塌方调查分析，从岩石力学观点出发，按导致失稳破坏的主控因素，可将围岩变形失稳的机制归纳为围岩强度—应力控制型、弱面控制型和混合控制型三种基本类型，见表 2.4。

表 2.4　　　　　　　　　　　　　　围岩失稳机制及破坏形式

失稳机制类型	破坏形式		力学机制	岩质类型	岩体结构类型
围岩强度—应力控制型	脆性破裂	岩爆	压应力高度集中突发脆性破坏	硬质岩	块状及厚层状结构
		劈裂剥落	压应力集中导致拉裂		
		张裂塌落	拉应力集中导致拉裂破坏		
	弯曲折断		压应力集中导致弯曲拉裂	硬质岩	层状、薄层状结构
	塑性挤出		围岩应力超过围岩屈服强度，向洞内挤出	软弱夹层	互层状结构
	内挤塌落		围压释放，围岩吸水膨胀，强度降低	膨胀性软质岩	层状结构
	松脱塌落		重力及拉应力作用下松动塌落	软质岩、硬质岩	散体、碎裂、块裂结构
弱面控制型	块体滑移塌落		重力作用下块体失稳	硬质岩（弱面组合）	块状及层状结构
混合控制型	碎裂松动		压应力集中导致剪切破碎及松动	硬质岩（结构面密集）	碎裂、块裂、镶嵌结构
	剪切滑移		压应力集中导致滑移拉裂	硬质岩（结构面组合）	块状及层状结构

　　当围岩强度小于围岩应力时，围岩失稳机制属围岩强度—应力控制型；当围岩中存在软弱结构面不利组合块体时，围岩失稳机制属弱面控制型；当压应力集中导致剪应力超限，大于结构面抗剪强度，围岩发生剪切破坏，既受围岩强度—应力控制，又受结构面控制时，围岩失稳机制属混合控制型。

　　3）在地下洞室围岩局部稳定性计算中的应用。当围岩应力小，围岩存在软弱结构面不利组合块体时，只考虑重力作用，合理选取结构面物理力学参数，采用块体极限平衡方法计算块体的稳定性。当围岩为散体结构、碎裂结构时，可采用普氏塌落拱理论计算可能塌落拱高度和山岩压力。

　　4）在地下洞室围岩岩爆预测中的应用。岩爆是高地应力地区地下洞室开挖中出现的特殊工程地质问题，表现为围岩突然释放大量弹性应变能的剧烈脆性破坏。其产生的机制是洞室开挖围岩应力集中超过或接近于岩体强度。岩爆发生的地质因素分析，应从岩性及岩体强度、岩体结构特征及完整性、地应力量级及方向、地下水活动状态等方面进行。

　　前期岩爆预测应在围岩工程地质分段分类基础上，根据岩石强度应力比（岩石饱和单轴抗压强度与岩体最大主应力量级之比），结合探洞开挖过程中的高地应力释放岩体破裂及钻孔岩芯饼裂等现象进行。岩爆烈度分级见表 2.5。

表 2.5   岩 爆 烈 度 分 级

岩爆分级	主要现象	岩爆判别	
		临界埋深（m）	R_b/σ_m
轻微岩爆	围岩表层有爆裂脱落、剥离现象，内部有噼啪、撕裂声，人耳偶然可听到，无弹射现象；主要表现为洞顶的劈裂—松脱破坏和侧壁的劈裂、松胀、隆起等。岩爆零星间断发生，影响深度小于0.5m；对施工影响较小	$H \geqslant H_{cr}$	4～7
中等岩爆	围岩爆裂脱落、剥离现象较严重，有少量弹射，破坏范围明显；有似雷管爆破的清脆爆裂声，人耳常可听到围岩内的岩石的撕裂声。岩爆有一定持续时间，影响深度0.5～1.0m；对施工有一定影响		2～4
强烈岩爆	围岩大片爆裂脱落，出现强烈弹射，发生岩块的抛射及岩粉喷射现象；有似爆破的爆裂声，声响强烈。岩爆持续时间长，并向围岩深度发展，破坏范围和块度大，影响深度1～3m；对施工影响大		1～2
极强岩爆	围岩大片严重爆裂，大块岩片出现剧烈弹射，震动强烈；有似炮弹、闷雷声，声响剧烈。岩爆迅速向围岩深部发展，破坏范围和块度大，影响深度大于3m；对施工影响严重		<1

施工开挖期岩爆复核预测宜在围岩工程地质分段分类复核基础上，进一步结合洞室开挖中发生的岩爆现象、地下水活动情况，以及围岩二次应力、微地震、声发射特征、氡气逸出量等测试监测资料综合分析进行。

（5）石料原岩质量评价的应用。天然建筑材料中的石料主要用作堆石料、砌石料、加工人工骨料，不同用途的天然石料对原岩物理力学性质指标有不同的要求。岩石的物理力学性质指标是评价石料原岩质量的依据。

1）堆石料原岩质量要求。堆石料原岩质量技术指标要求见表2.6。

表 2.6   堆石料原岩质量技术指标

序号	项目		指标
1	岩石饱和抗压强度	坝高≥100m	>40MPa
		坝高<100m	>30MPa
2	冻融损失率		<1.0%
3	干密度		>2.4g/cm³
4	硫酸盐及硫化物含量（换算成 SO_3）		<1.0%

2）砌石料原岩质量要求。砌石料原岩质量技术指标要求见表2.7。

表 2.7   砌石料原岩质量技术指标

序号	项目		指标
1	岩石饱和抗压强度	坝高≥70m	>40MPa
		坝高<70m	>30MPa
2	冻融损失率		<1.0%
3	天然密度		≥2.4g/cm³

续表

序号	项目	指标
4	硫酸盐及硫化物含量（换算成 SO_3）	<0.5%
5	饱和吸水率	≤10.0%
6	线胀系数（$1 \times 10^{-6}/℃$）	宜小于 8

3）混凝土人工骨料原岩质量要求。混凝土人工骨料原岩质量技术指标要求见表 2.8。

表 2.8　　　　　　　　　　　混凝土人工骨料原岩质量技术指标

序号	项目	指标
1	岩石饱和抗压强度	>40MPa
2	冻融损失率	<1.0%
3	硫酸盐及硫化物含量（换算成 SO_3）	<0.5%

注　高强度等级或有特殊要求的混凝土应按设计要求确定。

2.1.2　研究方法

1. 试验研究

（1）室内试验。20 世纪 80 年代至 90 年代，我国已经形成了一套完整的岩石力学室内试验方法体系。该体系包括两大类，一类为研究岩石基本物理力学性质的试验（见表 2.9），需在现场采集试样样品，实验室进行加工、试验；另一类为研究工程力学状态的地质力学模型试验、光测模型试验等。

表 2.9　　　　　　　　　　　室内试验项目一览表

名称	试验项目	试验成果
岩石物理性质试验	比重试验	比重
	密度试验	干密度、天然密度、饱和密度
	含水率试验	含水率
	吸水性试验	吸水率、饱和吸水率
	膨胀性试验	自由膨胀率、侧向约束膨胀率、膨胀压力
	耐崩解性试验	耐崩解指数
岩石力学性质试验	单轴抗压强度试验	天然、烘干、饱和单轴抗压强度
	冻融试验	冻融质量损失率、冻融单轴抗压强度、冻融系数
	单轴压缩变形试验	弹性模量、泊松比
	剪切试验（直接剪切试验、三轴试验）	内摩擦角、凝聚力
	抗拉强度试验（劈裂法抗拉强度试验、轴向拉伸法抗拉强度试验）	天然、烘干、饱和单轴抗拉强度
	点荷载强度试验	点荷载强度指数
	岩块声波测试	声波纵波速度、横波速度

地质力学模型试验需要合理概化模拟地质条件，配制力学性质与岩体相似的材料，按一定比例制作工程岩体和相关建筑物的模型，遵照相似律的要求，进行开挖或加载、卸载试验，以研究工程岩体的力学状态变化。国内对高拱坝开展的整体地质力学模型试验，观察大坝与坝基在静力和动力荷载作用下的力学响应、开裂部位与特征，量测坝体与坝基的应力和位移，分析坝体与坝基的稳定程度和超载能力，结合有关数值分析成果，对研究坝体与坝基的工程处理设计具有重要意义。

（2）现场原位试验。岩体力学性质现场原位试验主要包括岩体变形试验、岩体载荷试验、岩体强度试验、岩体地应力测试和声波测试等，它们是研究岩体和结构面力学性质的基本方法，是岩石工程稳定性分析评价和处理设计的基础。原位试验项目见表2.10。

表2.10　　　　　　　　　　　　　原位试验项目一览表

名称	试验项目	试验成果	备注
岩体变形试验	刚性承压板法试验	弹性（变形）模量	适用于各类岩体
	柔性承压板中心孔法试验	弹性（变形）模量	适用于完整和较完整岩体
	狭缝法试验	弹性（变形）模量	液压枕加压，适用于完整和较完整岩体
	双（单）轴压缩法试验	弹性（变形）模量	液压枕加压，适用于完整和较完整岩体
	破碎软弱岩体压缩蠕变试验	瞬时变形模量、蠕变变形模量、长期变形模量、瞬时承载力、长期承载力	适用于较破碎和较软弱岩体、岩带
	径向液压枕法试验	弹性（变形）模量、抗力系数、单位抗力系数	液压枕径向加压，适用于有自稳能力的岩体，在专门的试验洞内进行
	水压法试验	弹性（变形）模量、抗力系数、单位抗力系数	适用于有自稳能力的岩体，在专门的试验洞内进行
	钻孔径向加压法试验	弹性（变形）模量	适用于完整和较完整岩体
岩体载荷试验	刚性承压板法浅层静力载荷试验	弹性（变形）模量、承载力	适用于各类岩体
岩体强度试验	岩体直剪试验	内摩擦角、凝聚力	适用于各类岩体
	结构面直剪试验	内摩擦角、凝聚力	适用于岩体中的各类结构面
	混凝土与岩体接触面直剪试验	内摩擦角、凝聚力	适用于各类岩体
	岩体软弱结构面剪切流变试验	瞬时抗剪强度（内摩擦角、凝聚力）、流变抗剪强度（内摩擦角、凝聚力）、长期剪切流变强度（内摩擦角、凝聚力）	适用于软弱结构面和较破碎、较软弱岩体、岩带
	岩体三轴试验	内摩擦角、凝聚力	适用于各类岩体，在专门的试验洞内进行
岩体应力测试	孔壁应变法测试	岩体应力参数	适用于完整和较完整岩体
	孔底应变法测试	岩体应力参数	适用于完整和较完整岩体
	孔径变形法测试	岩体应力参数	适用于完整和较完整岩体
	水压致裂法测试	岩体应力参数	适用于完整和较完整岩体
	表面应变法测试（表面解除法、表面恢复法）	岩体应力参数	适用于完整和较完整岩体
岩体声波测试	岩体声波测试	岩体纵波速度、横波速度	适用于各类岩体

　　岩体现场原位试验大多在勘探洞、井、孔内进行，以利试验荷载的施加。有时，在建基面、边坡地表也开展岩体变形、承载和强度试验，如承台堆载法测试软质岩地基承载力；又如中国电建成都院研制的岩体变形测试仪（YBKC—70），采取在受力岩体之外的锚固施力方式，测试建基岩体的变形参数，已成功应用于国内多座高拱坝建基岩体质量复核与检测。

　　（3）原型观测。岩体原型观测是在现场对工程岩体施工期及运行期的性状进行监测。工程岩体是指工程影响范围内的岩体，工程建设使其边界条件和荷载条件发生变化，因而工程岩体的应力、应变、环境（如水的赋存）等性状有所改变，这种变化对其稳定性的影响是岩石工程设计中重点关注的问题。对工程岩体的性质和状态进行量测和测试——工程岩体原型观测是认识工程岩体性状及其变化最直接的途径，也是验证前期设计、模拟、计算最可靠的途径，同时还是工程安全监控的一个重要手段。

　　水电水利工程岩体原型观测的对象主要是大坝岩基、地下洞室围岩、岩石边坡等，工程岩体原型观测主要项目见表2.11。

表2.11　　　　　　　　　　　　工程岩体原型观测项目一览表

观测项目	主要仪器	观测内容
围岩收敛观测	卷尺式收敛计	围岩表面两点之间的相对位移（收敛值）
钻孔轴向岩体位移观测	杆式轴向多点位移计	不同深度孔壁岩体沿钻孔轴线方向的位移
钻孔横向岩体位移观测	伺服加速度式滑动测斜仪	不同深度孔壁岩体与钻孔轴线垂直的位移
岩体表面观测	全球导航卫星系统（global navigation satellite system，GNSS）、合成孔径雷达干涉测量（interferometric synthetic aperture radar，InSAR）、三维激光扫描仪、微芯桩、水准仪、沉降仪、测缝计、倾角计	岩体表面变形、角位移
岩体应变观测	应变计	岩体表面应变值、不同深度孔壁岩体应变值
岩体压力观测	液压式应力计	岩体应力、混凝土与岩体接触面压力
岩体锚杆（索）观测	锚杆应力计、锚索测力计	锚杆（索）轴力、实际载荷值
岩体渗压观测	测压管、测绳或水位计、渗压计	地下水位、渗透压力值
岩体波速观测	声波仪、地震波仪	岩体纵波速度、横波速度

　　2. 理论分析

　　岩石（体）力学理论分析方面以往常采用连续体介质力学即固体力学的知识，这些理论无论在过去和现在对岩石（体）力学的发展都起到重大的作用。然而，岩石（体）是属于非连续的裂隙介质体，其理论分析是岩石（体）力学研究中仍需不断创新、完善的重要课题。

　　（1）主要理论。

　　1）固体力学理论。

　　a. 弹性力学：又称为弹性理论，是固体力学的一个分支，研究弹性体由于受外力作用、边界约束或温度改变等原因而发生的应力、形变和位移。

b. 塑性力学：是固体力学的又一分支，研究固体塑性变形特性（如弹塑性本构关系、极限分析理论、塑性破坏准则等）。

2）流体力学理论。流体力学是力学的一个分支，研究流体本身的静止状态和运动状态，以及流体和固体界壁间有相对运动时的相互作用和流动的规律。

3）断裂力学理论。研究裂纹体强度以及裂纹扩展规律。它不再把介质看成均质的连续体，而是将其视为存在许多缺陷和裂纹的复合结构体。注重研究缺陷和裂纹周边的应力集中现象，认为应力集中是导致介质产生脆断的重要原因。

4）损伤力学理论。研究材料在一定载荷与环境条件下，其损伤随变形发展最后导致破坏的规律。在外载作用下，由细观结构缺陷（如微裂纹、微孔隙等）萌生、扩展等不可逆变化引起的材料宏观力学性能的劣化称为损伤。

5）工程地质学理论。由于岩石（体）力学的研究对象是岩石、岩体，而它涉及的问题又多与各种工程建设有关，故在岩石（体）力学的研究中，还需运用工程地质学的理论和研究方法。

（2）分析方法。在岩体工程问题分析中，最常用的数值方法包括有限单元方法、离散单元方法和边界单元法，这些方法有其各自的长处及适用条件，应当根据具体工程问题的特点及其边界条件加以选用。

为了解决复杂的岩体工程问题，数值方法的耦合分析也有了长足的进步，如有限元与边界元耦合，有限元与离散元耦合及边界元与离散元耦合。

近些年来，随着工程岩体复杂问题的不断出现，模拟岩体变形及稳定的数值分析方法得到进一步发展，出现了一些新的数值方法，如块体理论、不连续变形分析、快速拉格朗日分析法、块体弹簧元法、无网格伽辽金法和数值流形元法等。

2.2 土力学概述

土是地壳表层岩体经强烈风化（包括物理、化学及生物风化作用）、搬运、沉积等地质作用的产物，是各种矿物颗粒的集合体，颗粒间的联结强度远比颗粒本身小。一般情况下，土颗粒间存在大量孔隙，孔隙中常含有水和气体。因此，土体是一种由矿物颗粒、液体水和空气组成的孔隙松散介质体。土力学是研究土体的强度、变形、渗透及其工程土体稳定性的一门学科。由于土体是孔隙松散介质体，具有可压缩性大、强度低等特性，有其特殊的力学性质，与一般的弹性体、塑性体及流体等有较大的区别，故把一般连续体介质力学的规律运用于土力学时还要结合土的特殊性质，采用专门的土工试验技术来研究土的物理力学特性。

2.2.1 研究内容

1. 理论研究

（1）基本性质。土一般由固体颗粒、水和空气三种不同状态（相）的物质组成，三者之间的相互作用及它们之间的比例关系，反映出土的物理性质和物理状态，且与土的力学性质有着密切的关系。

　　土的固相是土颗粒构成的骨架部分。土粒的尺寸、形状、矿物成分以及土粒表面附着的胶结物对土的形状和性质有明显的影响。颗粒粗大的砾石和砂，大多数为表面粗糙的浑圆或棱角状的颗粒，没有黏性，具有较大的透水性。颗粒细小的黏土，则是片状或针状的黏土矿物。常见的黏土矿物为蒙脱石、伊利石和高岭石等，它们具有很大的比表面积，导致颗粒间的物理、化学作用以及和水之间的相互作用复杂，使黏土具有黏性、低透水性以及一定的膨胀和干缩特性。

　　1）土的物理水理性。土中三相的数量以及它们之间的相互定量比例关系，决定着土的物理力学性质，表示三相定量比例关系的指标被称为土的物理性质指标。土的物理性质指标很多，其中密度、比重和含水率三个指标要通过试验测定，其他指标则通过这三个指标换算获得。

　　a. 土的密度是指土体单位体积的质量。在天然状态下土的密度值变化较大，一般1.8～2.3。当土中孔隙不存在水时、或孔隙完全充满水时的密度、或土完全被水淹没时土的有效密度，分别被称为干密度、饱和密度及浮密度。

　　b. 土粒的质量与相同体积4℃水的质量之比称为土粒的比重。土粒比重的大小与土粒的矿物化学成分与结构有关，砂土比重一般2.63～2.67，黏土比重一般2.67～2.74，泥炭则为0.5～0.8。

　　c. 土中水的质量与土粒的质量之比称为土的含水率，用百分数表示。不同的土天然含水率变化很大，砂土可从0%到20%，黏土可从3%到100%，泥炭的含水率甚至更高。

　　d. 土的孔隙比和孔隙率是反映土的松密程度的指标。土中孔隙的体积与土粒体积之比称为孔隙比；土中孔隙体积占土体总体积的百分数称孔隙率。砂土的孔隙比一般0.33～1.0，黏土的孔隙比一般0.6～1.5，若黏土中含有大量有机质，则孔隙比更高。

　　e. 饱和度即为土中所含水分的体积与土中孔隙体积之比，以百分数计，表示孔隙被水充满的程度。

　　f. 无黏性土的松密程度还可用相对密度来表述。它通过测定无黏性土的最大干密度、最小干密度计算而得。

　　g. 黏性土含水率变化时，使土颗粒间的距离增加或减少，也会使土的结构几何排列、联结强度发生变化，从而使黏性土具有不同的软硬或稀稠状态。常用如下几个指标表述：

　　（a）塑限：可塑态与半固态的界限含水率称塑限含水率（简称塑限）。

　　（b）液限：可塑态与液态的界限含水率称液限含水率（简称液限）。

　　（c）塑性指数：液限和塑限的差值，用以表述土的可塑性的大小。

　　（d）液性指数：土的天然含水率与塑限含水率之差除以塑性指数，用以表征土的稠度。

　　2）土的矿物成分及其对土的性质的影响。土中的无机矿物是岩石风化后的产物，它是土中矿物的主要部分，由于母岩成分及风化程度不同，形成不同的矿物类型，包括原生矿物、次生矿物及水溶盐。此外，土中还含有少量有机质，通常富集于局部土层。

a. 原生矿物。土体中的原生矿物是母岩经物理风化后保留的矿物，仅形状和颗粒大小发生变化，化学成分没有变化。土体中的原生矿物主要是由于其化学性质比较稳定，在岩石中含量丰富，不容易被完全化学风化。其主要矿物有石英、长石、云母类矿物等，亲水性较弱，抗风化能力较强。

b. 次生矿物。土体中的次生矿物是岩石在风化成土过程中新生成的矿物，由原生矿物进一步氧化、水化、水解及溶解等化学作用而形成。在土体中最常见的次生矿物有黏土矿物、含水倍半氧化物及次生二氧化硅。其颗粒细小，是构成黏粒、胶粒的主要矿物成分，即使在土中的含量相对较少，对土的工程性质也有极大的影响。

c. 水溶盐。水溶盐实际上是具有可溶性的次生矿物，以固体形式存在于土体中。土体中的水溶盐根据其在水中溶解度的大小，可分为易溶盐、中溶盐及难溶盐三类。易溶盐包括全部氯盐及钾、钠的硫酸盐、碳酸盐；中溶盐主要有钙的碳酸盐；难溶盐主要有钙、镁的碳酸盐等。土中盐类的溶解和结晶会影响到土的工程性质，硫酸盐还对金属和混凝土有一定的腐蚀作用。

d. 有机质。土中的有机质由动物残骸分解物组成，分解彻底的称为腐殖土。有机质含量对土的性质影响巨大，随着有机质含量的增加，土的分散性加大，天然含水率增高，干密度减小，胀缩性增加，压缩性加大，强度减小，承载力降低，对工程极为不利。

3）土的变形。土的变形主要是指土在静荷载作用下的可压缩性，是导致地基产生变形，建筑物发生沉降的根本原因。

a. 土的压缩性一般由压缩系数和压缩模量来表达。它是通过室内有侧限压缩试验测定的。土的变形特性用变形模量来表示，它是通过现场载荷试验（土体无侧限）测定的。

b. 土体在自身重量及外部压力下，压缩量随时间增长的过程称为土的固结。依赖于孔隙水压力变化而产生的固结称为主固结。不依赖于孔隙水压力变化，即在有效应力不变时，由于颗粒间位置变动引起的固结称为次固结。

地基固结的程度称为固结度。它是地基在一定压力下，经某段时间产生的变形量与地基最终变形量的比值，它反映了地基固结或超静水压力消散的程度。

反应地基固结速率大小的参数是固结系数，它可以根据地基土体的渗透系数、孔隙比和压缩系数来进行计算，也可根据实验室固结试验的曲线来确定。

4）土的强度。由于土颗粒本身的强度远大于颗粒间的联结强度，致使土体在外力作用下颗粒沿接触处相互错动而剪坏，表现为土颗粒间的联结被破坏或是土颗粒间产生了过大的相对位移。因此，土体的强度实质是土体的抗剪强度，土体的破坏多表现为剪切破坏。土体的剪切破坏过程可描述为土体在外力作用下土的弹塑性应力应变关系变化的过程。

土的抗剪强度是土在力系作用下抵抗剪应力破损的极限强度，其强度值与正应力呈直线关系，通常用内摩擦角和凝聚力来表达，它与土的级配、密度、含水率及土体的结构性质有关。

土的抗剪强度有两种表示方法，一种是用总应力表示剪切破坏面上的法向应力，称为总应力法，相应的抗剪强度指标称为总应力强度指标；另一种为以有效应力表示剪切破坏面上的法向应力，称为有效应力法，相应的抗剪强度指标称为有效应力强度指标。

实验室测定土的抗剪强度的常用方法主要有两种，一是直接剪切试验，二是三轴剪切试验。无侧限抗压强度试验是三轴试验中围压为零时的一种特殊情况。

a. 直接剪切试验分为快剪、固结快剪、慢剪和反复剪四种试验方法。

（a）快剪（Q）试验是在试样上施加垂直压力后，立即施加水平剪切力；用于在土体上施加垂直压力和剪切过程中都不发生固结排水的情况。

（b）固结快剪（CQ）试验是在试样上施加垂直压力，待排水固结稳定后，施加水平剪切力；用于施加垂直压力下达到完全固结，但剪切过程中不产生排水固结的情况。

（c）慢剪（S）试验是在试样上施加垂直压力和水平剪切力的过程中均应使试样排水固结；用于在施加垂直压力下试样达到完全固结稳定，而在剪切过程中孔隙水压力的变化与剪应力的变化相适应。

（d）反复剪（R）试验是在每一次剪切完成后，启动反推装置将剪力盒推回原位再次进行剪切，直至剪切力最大读数达到稳定值为止。剪切的次数不应少于 5 次。

b. 三轴剪切试验可分为不固结不排水剪（UU）试验、固结不排水剪（CU）试验、固结不排水剪测孔隙水压力（$\overline{CU}$）试验、固结排水（CD）试验四种。

（a）不固结不排水剪（UU）试验是对试样施加周围压力后，立即施加轴向压力，使试样在不固结不排水条件下剪切，用于土体受力而孔隙压力不消散的情况。

（b）固结不排水剪（CU）和固结不排水剪测孔隙水压力（$\overline{CU}$）试验是使试样先在围压作用下排水固结，然后在保持不排水的条件下，增加轴向压力直至破坏，用于地基土在先期已固结的情况下承受突然增加的附加荷载时的情况。

（c）固结排水剪（CD）试验是使试样先在围压作用下排水固结，然后在排水条件下缓慢增加轴向压力直至破坏，用于地基土已完全固结的条件下承受附加荷载时的长期稳定情况。

无侧限抗压强度试验是三轴压缩试验的一种特例，即将试样置于无侧限的条件下进行的强度试验，此时试样所受的小主应力为零，而大主应力的极限值为无侧限抗压强度。对于饱和软黏土，其抗剪强度值等于无侧限抗压强度值的一半。

5）土的渗透及渗透稳定。水在重力作用下穿过土的孔隙发生运动，这一现象称为渗透。土体被渗流水穿透的性能称为土的渗透性，它同变形和强度一样是土力学中所研究的土的主要力学性质。

土的渗透性能用渗透系数 K 来表达，在层流情况下它等于渗透水流过土体的平均流速与作用于土体的水力比降之比。这是水在土中渗流的基本规律，称为达西定律。

当土的渗透系数大于或等于 1cm/s 时，为极强透水层；

当土的渗透系数小于 1cm/s、大于或等于 10^{-2}cm/s 时，为强透水层；

当土的渗透系数小于 10^{-2}cm/s、大于或等于 10^{-4}cm/s 时，为中等透水层；

当土的渗透系数小于 10^{-4}cm/s、大于或等于 10^{-5}cm/s 时，为弱透水层；

当土的渗透系数小于 10^{-5}cm/s、大于或等于 10^{-6}cm/s 时，为微透水层；

当土的渗透系数小于 10^{-6}cm/s 时，为极微透水层。

水在渗透比降作用下在土体中流动会对土体骨架产生沿水流方向的一种力称之为渗透力，它等于水力比降与水的容重之积，是引起土体产生渗透破坏的重要原因。

渗透破坏是土体在渗流作用下发生破坏的现象，包括流土、管涌、接触冲刷和接触流失四种形式。

a. 流土：在上升的渗流作用下局部土体表面的隆起、顶穿，或者粗细颗粒群同时浮动而流失称为流土。前者多发生于表层为黏性土与其他细粒土组成的土体或较均匀的粉细砂层中，后者多发生在不均匀的砂土层中。

b. 管涌：土体中的细颗粒在渗流作用下，由骨架孔隙通道流失称为管涌，主要发生在砂砾石地基中。

c. 接触冲刷：当渗流沿着两种渗透系数不同的土层接触面或建筑物与地基的接触面流动时，沿接触面带走细颗粒称为接触冲刷。

d. 接触流失：在层次分明、渗透系数相差悬殊的两土层中，当渗流垂直于层面将渗透系数小的一层中的细颗粒带到渗透系数大的一层中的现象称为接触流失。

通过土的室内或现场渗透变形试验可获得临界比降和破坏比降。根据试验建立的渗透比降与渗透流速关系曲线的斜率变化，并结合试验过程中细粒开始跳动或被水流带出时的比降称为临界比降；当水头继续增加，试样中细粒不断被冲出，渗透流量变大，试样失去抗渗强度时的比降称为破坏比降。以土的临界水力比降除以安全系数，可确定其允许水力比降。

6）土的动力特性。土在各种动荷载作用下的力学性质，称为土的动力特性。动荷载包括地震、爆破、机械振动、冲（撞）击等。土的动力特性指标包括动弹性模量、动剪切模量、阻尼比、动强度、动孔隙水压力、液化应力比等，试验研究分为现场和室内两个部分。

现场试验的主要方法是弹性波（声波、地震波）法测定土的动弹性模量和动剪切模量等。

室内试验主要有五种基本方法，即振动三轴、共振柱、振动单剪、振动扭剪和振动台法，用以测定土的动强度、动弹性模量、动剪切模量与阻尼比等指标。

（2）基本理论。土力学中常用的理论主要有：

1）土的有效应力原理。1925 年太沙基在大量试验的基础上提出了饱和土的有效应力原理：饱和土是由土骨架和水组成的两相体，作用在土体上的总应力等于有效应力和孔隙水压力之和，见式（2.18）。

$$\sigma' = \sigma - u \qquad (2.18)$$

式中　　σ'——有效应力；

　　　　σ——总应力；

　　　　u——孔隙水压力。

2）太沙基固结理论。一定外荷作用下，饱和土层不同深度处各点的孔隙水压力不断消散，有效应力相应增长的过程，即孔隙水压力向有效应力转化的过程，而且土层在这一固结过程中，荷载强度始终等于孔隙水压力与有效应力之和。为此，太沙基提出通过建立一维固结微分方程而得到孔隙水压力的解析解。

首先假设：

a. 土层是均质饱和的；

b. 土层压缩和孔隙水排出只沿一个方向；

c. 土的固体颗粒和水是不可压缩的，土的压缩速率取决于孔隙水的排出速度；

d. 土的压缩符合压缩定律，且固结过程中压缩系数为常量；

e. 孔隙水的流动符合达西定律，且固结过程中渗透系数不变。

由此推出一维固结微分方程：

$$C_v \frac{\partial^2 u}{\partial z^2} = \frac{\partial u}{\partial t} \tag{2.19}$$

式中 C_v——土的固结系数，$C_v = \dfrac{(1+e)K}{\gamma_w a}$。

3）达西定律。1956 年法国学者达西通过对饱和砂土试验研究发现，在层流状态时水在砂土中的渗透流量与流经试样的水头差成正比，并与渗径成反比，可表达为如下关系式：

$$Q = K\left(\frac{h_1 - h_2}{L}\right)A \tag{2.20}$$

式中 Q——渗透流量（cm³/）s；

A——垂直于渗流方向试样的截面积（cm²）；

K——土的渗透系数（cm/s）；

$\dfrac{h_1 - h_2}{L}$——水力比降 i。

则平均流速：

$$v = Ki \tag{2.21}$$

4）莫尔—库伦强度理论。库伦通过对砂土和黏土的剪切试验发现，砂土的抗剪强度与剪切面上的法向应力成正比，其抗剪强度仅决定于土颗粒间的摩擦分量，见式（2.22）；而黏性土的抗剪强度除与摩擦分量有关外，还取决于颗粒间的凝聚力，见式（2.23）。均符合抗剪强度与正应力之间呈直线关系这一规律。

$$\tau_f = \sigma \tan \varphi \tag{2.22}$$

$$\tau_f = \sigma \tan \varphi + c \tag{2.23}$$

式中 τ_f——土的抗剪强度（kPa）；

σ——作用于剪切面的法向应力（kPa）；

φ——土的内摩擦角（°）；

c——土的凝聚力（kPa）。

根据太沙基的有效应力原理，在排水条件时，土体内的剪应力只能由土骨架承担，此时的库伦抗剪强度定律可用有效应力形式表示。

1910 年莫尔在采用应力圆表示一点的应力状态的基础上，提出破裂面的法向应力与抗剪强度之间有一曲线的函数关系，可取与应力圆相切的包线（莫尔包线）反映两者的关系，并指出，在实用的应力范围内，可用一直线简单地代替相应曲线。该直线就是库伦公式表达的抗剪强度线。可用如下公式表达：

$$\frac{1}{2}(\sigma_1 - \sigma_3) = c\cos\varphi + \frac{1}{2}(\sigma_1 + \sigma_3)\sin\varphi \tag{2.24}$$

式中　σ_1——大主应力（kPa）；

　　　σ_3——小主应力（kPa）。

5）朗肯土压力理论。朗肯土压力理论系古典土压力理论之一，在其基本理论推导中作了如下假定：

a. 墙是刚性的，墙背铅直；

b. 墙后填土表面水平；

c. 墙背光滑，墙背与填土之间没有摩擦力。

因此，墙背后土体可视为一个半无限体，而墙背可假想为半无限弹性体内部的一个铅直平面。根据墙的移动方向和大小，可设想半无限土体中产生水平向的伸长与压缩，以致产生主动的和被动的两种极限平衡状态相应的土压力。

当铅直墙被土推离土体时，水平地面无限土体受水平向拉伸产生向两侧位移，使土体达到极限平衡状态。根据极限平衡条件可得主动土压力强度：

$$p_a = \gamma z K_a - 2c\sqrt{K_a} \tag{2.25}$$

式中　P_a——地面下深度为 z 处的主动土压力（kPa）；

　　　γ——墙后土的容重（kN/m³）；

　　　K_a——主动土压力系数，无因次，$K_a = \tan^2\left(45° - \dfrac{\varphi}{2}\right)$；

　　　c——墙后土的凝聚力（kPa），对于无黏性土其值为 0。

当无限土体受水平向挤压产生位移，使土体达到被动极限平衡；其被动土压力可用式（2.26）表达。

$$p_p = \gamma z K_p + 2c\sqrt{K_p} \tag{2.26}$$

式中　P_p——地面下深度为 z 处的被动土压力（kPa）；

　　　γ——墙后土的容重（kN/m³）；

　　　K_p——被动土压力系数，无因次，$K_p = \tan^2\left(45° + \dfrac{\varphi}{2}\right)$；

　　　c——墙后土的凝聚力（kPa），对于无黏性土其值为 0。

6）库伦土压力理论。库伦理论假定挡土墙是刚性的，墙背填土是无黏性的。当墙背受土推力向前移动达到某数值时，土体中一部分有沿着某一滑动面发生整体滑动的趋势，以致达到主动极限平衡状态。其主动土压力的表达式为：

$$p_{a} = \frac{1}{2}\gamma H^{2} K_{a} \tag{2.27}$$

式中　γ——填土的容重；

　　　H——挡土墙的高度；

　　　K_{a}——主动土压力系数，为φ（墙后填土的内摩擦角）、α（墙背倾角）、β（地面坡角）、δ（墙背与填土间的摩擦角）之函数，无因次。

当墙身受外力作用被推向填土，使填土达到被动极限平衡状态时，土楔将沿着某个滑动面向上移动，这时土楔对于墙身移动的阻力就是被动土压力。其表达式为：

$$p_{p} = \frac{1}{2}\gamma H^{2} K_{p} \tag{2.28}$$

式中　K_{p}——被动土压力系数，为φ（墙后填土的内摩擦角）、α（墙背倾角）、β（地面坡角）、δ（墙背与填土间的摩擦角）之函数，无因次。

2. 应用研究

（1）土体物理力学性质指标的应用。土体物理力学性质的研究成果，应用于论证评价土基的承载与不均匀变形、坝基抗滑稳定、坝基渗漏与渗透稳定、坝基饱和砂土地震液化与软土震陷、土质边坡稳定等问题，也是建材土料质量评价的依据。土常用物理力学性质指标的应用见表 2.12。

表 2.12　　　　　　　　　　土常用物理力学性质指标的应用

指标	符号	主要应用
密度 容重 水下浮容重	ρ γ γ'	1）计算干密度； 2）计算土的自重压力； 3）计算地基的稳定性和地基土的承载力； 4）计算斜坡的稳定性； 5）计算挡土墙的土压力
比重	G_{s}	计算其他物理性质指标
含水率	W	1）计算其他物理性质指标； 2）评价土的承载力； 3）评价土的冻胀性
干密度	ρ_{d}	1）计算其他物理性质指标； 2）评价土的密实度； 3）控制填土的质量
孔隙比 孔隙率	e n	1）评价土的密实度； 2）计算土的水下浮容重； 3）计算压缩系数和压缩模量； 4）评价土的承载力
有效粒径 平均粒径 不均匀系数 曲率系数	d_{10} d_{50} C_{u} C_{c}	1）砂土的级配及分类； 2）大致估计土的渗透性； 3）计算过滤器孔径或计算反滤层； 4）评价砂土和粉土液化的可能性

指标	符号	主要应用
液限 塑限 塑性指数 液性指数	W_L W_p I_p I_L	1）黏性土分类； 2）划分黏性土的状态； 3）评价土的承载力； 4）估计土的最优含水率； 5）估计土的力学性质； 6）评价少黏性土液化的可能性
相对含水率	W_u	1）评价老黏性土和红黏土的承载力； 2）评价少黏性土液化的可能性
饱和度	S_r	1）划分砂土的湿度； 2）研究与土的力学性质的关系
活动度	A	评价黏性土的活动性
自由膨胀率 膨胀率 膨胀力	δ_{ef} δ_{ep} P_e	1）评价黏性土的膨胀性； 2）设计基底压力
崩解量	A_t	评价黏性土的崩解性
最大孔隙比 最小孔隙比 相对密度	e_{max} e_{mix} D_r	1）评价砂土密实度； 2）评价砂土体积的变化； 3）评价砂土液化的可能性
渗透系数	K	1）计算基坑的涌水量； 2）设计排水构筑物； 3）计算沉降所需时间； 4）人工降低水位的计算
最大干密度 最优含水率	ρ_{dmax} W_{op}	控制填土质量
压缩系数 压缩模量 压缩指数 体积压缩系数	$a_{0.1\sim0.2}$ E_s C_c m_s	1）计算地基变形； 2）评价土的承载力
固结系数	C_v	计算沉降时间及固结度
先期固结压力 超固结比	p_c OCR	判断土的应力状态和压密状态
内摩擦角 凝聚力	φ c	1）评价地基的稳定性、计算承载力； 2）计算斜坡的稳定性； 3）计算挡土墙的土压力
侧压力系数 泊松比	λ γ	1）研究土中应力与应变的关系； 2）计算变形模量
孔隙水压力系数	A B	研究土应力与孔隙水压力的关系
无侧限抗压强度	q_u	1）估计土的承载力； 2）估计土的抗剪强度； 3）评价软土震陷的可能性
灵敏度	S_t	1）评价土的结构性； 2）评价软土震陷的可能性

（2）土基稳定与变形问题研究的应用。

1）土基承载与不均匀变形。土基的承载与抗变形性能，是指地基土体在建筑物自重、水重等荷载作用下，承担基础底面应力和抵抗不允许的变形或不均匀变形的能力。当河床覆盖层各层次的性状和厚度变化，特别含有易变形的黏性土或软土夹层，以及谷底基岩形态强烈起伏时，均可能引起建筑物的不均匀沉陷。

　　a. 土基变形破坏机理。土基变形包括初始小压力范围内的弹性变形和超过比例极限以后的大部分残余变形。大致可分三个阶段，如图 2.10 所示。

　　（a）压密阶段：即地基土受压后的固结阶段。在比例极限以前，主要表现为颗粒间的挤密和起骨架作用之大颗粒的弹性变形两部分，即 $P\text{-}S$ 关系曲线的直线段（0～a 段）。

　　（b）剪切变形阶段：随外力不断增加，颗粒间由于应力状态的变化，使一部分颗粒产生相对位移，相互靠近，土粒终将产生破坏，使地基出现塑性变

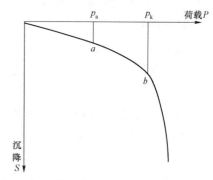

图 2.10　荷载-沉降关系曲线

形；之后，破坏的土粒又和其他土粒重新组成了新的地基土（此时级配、结构均已改变），仍能继续承受外荷，变形仍可达到暂时平衡，如此可循环多次。剪切变形阶段，压力与沉降的关系呈曲线，斜率增大，曲线开始跳动，出现陡缓交替的阶梯形，如图 2.10 线 a～b 段所示。

　　（c）破坏阶段：外荷不断增大，破坏土粒不断增多，土体的结构大规模地改变，总沉降不断增大，地基土体较大范围内产生滑动、破坏。$P\text{-}S$ 关系呈斜率显著增大的曲线，与上阶段呈明显的折线型。如图 2.10 线 b 后的曲线所示。

　　b. 影响因素。从土基变形破坏全过程来看，从局部剪切到全面剪切破坏有一定历时过程，当密实度大，粗粒含量高，内摩擦角大时，这个过程也越长。而砂性土由于密实度小，破坏历时较短。

　　c. 土基承载与不均匀变形问题评价。土基变形是在外荷作用下，使地基土压密，从而引起基础和上部建筑物的变形与不均匀沉陷。为此，合理确定地基土的承载能力及变形控制标准，是地基变形问题评价的两个重要方面。NB/T 35023《水闸设计规范》要求，在各种计算情况下，闸室平均基础底面应力不大于地基允许承载力，最大基础底面应力不大于地基允许承载力的 1.2 倍；同时闸室基础底面应力的最大值与最小值之比不大于 1.5（松软地基）～3.0（坚实地基）。

　　运用现场原位载荷试验、钻孔标准贯入、动力触探及静力触探等确定地基土的承载力指标、变形模量及允许承载力取值时，要注意其代表性，即试验点的布置应结合地基土的不均一性及不同的建筑部位来考虑。

　　2）坝基抗滑稳定。坝基抗滑稳定是指坝体在水库上、下游水头差等的综合作用下，坝基土体抵抗坝体沿建基面、软弱土层发生剪切滑移破坏的能力。评价坝基抗滑稳定问题时，需重点研究多层次粗细粒沉积物相间组合的土基，尤其是受力范围内黏性土、砂性土等软弱土层的埋深、厚度、分布和物理力学性质，研究其可能构成滑移面的滑移模式。

坝基各土层的抗剪强度参数宜通过现场原位剪切试验和室内直剪、三轴剪试验取得，并应重点研究提出可能构成滑移面的软弱土层抗剪强度参数。

3）坝基渗漏与渗透稳定。坝基渗漏是指水库蓄水后库水沿坝基土体向下游产生漏失的现象。渗透稳定是指在坝体上、下游水头差形成的渗透水流作用下，坝基土体发生变形或破坏的现象。

坝基渗漏与渗透稳定性评价，应根据现场及室内原状样渗透和渗透变形试验及地下水动态长期观测所取得的各土层渗透系数、渗透变形参数及地下水位等资料，结合坝基土体水文地质结构条件进行渗流场分析，确定坝基各土层的渗漏量和渗透水力比降，评价坝基土体渗漏和渗透稳定问题，提出防渗、排水处理建议。

4）地基饱和砂土液化。液化是指饱和无黏性土或少黏性土在地震动力作用下，孔隙水压力上升，土粒间有效正应力降低为零时，土粒悬浮和滚动的现象。

饱和无黏性土和少黏性土地震液化的影响因素分析应从地层沉积时代、土层特性、松密程度、埋藏条件、排水条件、地下水位、地貌条件和地震特性等方面进行。

无黏性土或少黏性土应进行钻孔标准贯入试验、跨孔剪切波测试等和室内动三轴试验、直剪试验，无黏性土相对密度或少黏性土界限含水率试验及相对含水率、液性指数计算，提供地震液化的判别和地震动力反应分析的资料。重要工程宜进行专门研究论证。凡判定为可液化土的坝基，应根据坝基的地质条件和工程特点，提出抗液化处理建议。

5）地基软土震陷。软土震陷是指地震动力作用下软弱土层塑性区的扩大或强度的降低而使建筑物或地面产生的附加下沉。

无侧限抗压强度小于或等于 50kPa，灵敏度大于 4，标贯击数小于或等于 4 的软土，存在震陷危害，对此应予以专门论证。软土应进行钻孔标准贯入试验、十字板剪切试验、无侧限抗压强度试验和灵敏度试验。

（3）土质边坡稳定问题研究的应用。影响土质边坡稳定性的因素较多，包括地形地貌，土体的组成与级配，结构特征，土体和潜在滑动面物理力学性质参数，土体的渗透特性，地下水水位、水压、流量及其动态，水的作用（降雨、蓄水、泄洪雾化），地震和人类活动等。其中最基本的是控制土质边坡稳定性的土体结构、土体与潜在滑动面的物理力学性质。

评价土质边坡稳定性时，应重点分析影响边坡稳定性的主要因素、边坡目前稳定状况、确定边坡可能的变形破坏模式、规模及边界条件。均质与似均质边坡可收搜圆弧型滑动模式。具有特定可能滑动的软弱土层，应予重点研究。可采用室内物理力学性质试验成果，分析确定边坡土体密度、含水率、泊松比、变形模量与抗剪强度参数。

（4）土料质量评价的应用。天然建筑材料中的土料主要包括砂砾料和土料。不同类型的土体可作为工程所需要的相应的土料利用，冲洪积堆积的砂砾石可用作混凝土骨料、坝壳填筑料、反滤料和胶凝砂砾石料等，其中粒径≥5mm 的混凝土骨料为粗骨料，粒径<5mm 的混凝土骨料为细骨料。坡积、残积、冲积、洪积、风成堆积等成因的细粒土具有颗粒细、抗渗性良好、压缩变形较大等特点，可用作防渗土料、接触黏土料和槽孔固壁土

料。坡残积、坡洪积、冲洪积等混合成因的碎（砾）石类土料，指大于 5mm 颗粒的质量占总质量的 20%～50% 的宽级配砾石类土，可作为高坝防渗土料。风化土料是指用作防渗体的以岩石全风化层为主，以及下伏部分完整性较差的强风化层构成的材料。

各类土料的物理力学性质指标是评价土料质量的依据，其质量要求如下。

1）混凝土用细骨料（砂）质量技术指标见表 2.13。

表 2.13　混凝土用细骨料（砂）质量技术指标

序号	项目		指标
1	堆积密度		≥1.50g/cm³ 为宜
2	表观密度		≥2.50g/cm³
3	云母含量		≤2%
4	含泥量（黏、粉粒）	≥$C_{90}30$ 和有抗冻要求的	≤3% 且不应存在黏土块、黏土薄膜
		<$C_{90}30$	≤5% 且不应存在黏土块、黏土薄膜
5	硫酸盐及硫化物含量（换算成 SO_3）		≤1%
6	水溶盐含量		≤1%
7	有机质含量		浅于标准色
8	轻物质含量		≤1.0
9	细度	细度模数	2.0～3.0 为宜
		平均粒径	0.29～0.43mm 为宜
10	碱活性		宜采用非活性骨料，有碱活性反应时，应进行专门论证

2）混凝土用粗骨料（砾石）质量技术指标见表 2.14。

表 2.14　混凝土用粗骨料（砾石）质量技术指标

序号	项目		指标
1	混合堆积密度		≥1.60g/cm³
2	表观密度		≥2.55g/cm³
3	吸水率	无抗冻要求的	≤2.5%
		有抗冻要求的	≤1.5%
4	冻融损失率		≤10%
5	针片状颗粒含量		≤15%
6	软弱颗粒含量	≥$C_{90}30$ 和有抗冻要求的	≤5%
		<$C_{90}30$	≤10%
7	含泥量		≤1% 且不应存在黏土球块、黏土薄膜
8	硫酸盐及硫化物含量（换算成 SO_3）		≤0.5/%
9	有机质含量		浅于标准色

序号	项目	指标
10	轻物质含量	不允许存在
11	碱活性	宜采用非活性骨料，有碱活性反应时，应进行专门论证

3）坝壳填筑用砂砾料质量技术指标见表 2.15。

表 2.15 坝壳填筑用砂砾料质量技术指标

序号	项目	指标
1	砾石含量	5mm 至相当 3/4 填筑层厚度的颗粒宜大于 60%
2	含泥量（黏、粉粒）	≤10%
3	内摩擦角	碾压后≥30°
4	渗透系数	碾压后>1×10⁻³cm/s

4）反滤层用料的质量要求，见表 2.16。

表 2.16 反滤层用料的质量技术指标

序号	项目	指标
1	不均匀系数	≤8
2	片状、针状颗粒	≤5%
3	含泥量（黏、粉粒）	≤5%
4	对于塑性指数大于 20 的黏土地基，第一层粒度 D_{50} 的规定：当不均匀系数 C_u≤2 时，D_{50}≤5mm；当不均匀系数为 2≤C_u≤5 时，D50≤5～8mm	

5）胶凝砂砾石所需砂砾料的质量技术指标见表 2.17。

表 2.17 胶凝砂砾石所需砂砾料的质量技术指标

序号	项目	指标
1	表观密度	≥2.45g/cm³
2	最大粒径	≤150mm 或应小于碾压层厚度的 2/3
3	含水率	应相对稳定，拌和时其中砂的含水率≤6.0%
4	含泥量	不宜超过 5.0%，泥块含量不宜超过 0.5%，并避免泥块集中
5	颗粒级配	粒径小于 5mm 的砂料含量宜在 18%～35%，粗骨料中粒径为 5～40mm 的含量宜为 35%～65%

6）土石坝防渗土料的质量技术指标见表 2.18。

表 2.18 土石坝防渗土料质量技术指标

序号	项目	细粒土料质量技术指标		风化土料质量技术指标	碎（砾）石类土料质量技术指标
		均质坝土料	防渗体土料	防渗体土料	防渗体土料
1	最大粒径	—		<150mm 或碾压铺土厚度的 2/3	不宜>150mm 或不超过碾压铺土层厚度的 2/3
2	击实后>5mm 碎、砾石含量	—		宜为 20%～50%,填筑时不得发生粗料集中、架空现象	不宜>50%,高坝应为 20%～50%,特高坝应为 30%～50%,填筑时不得发生粗料集中、架空现象
3	<0.075mm 的颗粒含量	—		应>15%	
4	<0.005mm 的黏粒含量	10%～30%为宜	15%～40%为宜	>8.0%为宜	全级配中宜不低于 6.0%～8.0%
5	塑性指数	7～17	10～20	>8	>6
6	击实后渗透系数	<1×10⁻⁴cm/s	$<1×10^{-5}$cm/s		<1×10⁻⁵cm/s,允许比降宜为 2～3
7	天然含水率	与最优含水率接近,宜在 −2%～+3%范围内			
8	有机质含量,以质量计	<5.0%	<2.0%		
9	水溶盐含量,指易溶盐和中溶盐总量,以质量计	<3.0%			
10	硅铁铝比（SiO_2/R_2O_3）	2～4			
11	土的分散性	宜采用非分散性土			

7）接触黏土料的质量技术指标见表 2.19。

表 2.19 接触黏土料质量技术指标

序号	项目		指标
1	颗粒组成	>5mm	<10%
		<0.075mm	>60%
		<0.005mm	不应低于 20%～30%
2	塑性指数		>10
3	最大粒径		20～40mm
4	SiO_2/Al_2O_3		2～4
5	渗透系数		<1×10⁻⁶cm/s
6	允许比降		宜>5
7	有机质含量		<2.0%
8	水溶盐		<3.0%
9	天然含水率		宜略大于最优含水率
10	分散性		宜采用非分散性土

8）槽孔固壁土料的质量技术指标见表 2.20。

表 2.20　　　　　　　　　　槽孔固壁土料质量技术指标

序号	项目		指标
1	颗粒组成	>0.075mm	<10%
		<0.005mm	>30%
		<0.002mm	>15%
2	塑性指数		>17
3	SiO_2/Al_2O_3		3~4
4	pH 值		>7.0
5	活动性指数		<1
6	有机质含量		<1.0%

2.2.2　研究方法

1. 试验研究

（1）室内试验。土工室内试验的发展历史比较悠久，主要包括两大类：一类为研究土的基本物理力学性质试验（见表 2.21），另一类为研究工程力学状态的模型试验（如离心机模型试验）。

表 2.21　　　　　　　　　　室内试验项目一览表

名称	试验项目	试验成果
土的物理性质试验	颗粒分析试验	小于某粒径的试样质量占试样总质量的百分数、颗粒大小分布曲线
	比重试验	比重
	密度试验	密度、干密度
	含水率试验	含水率
	界限含水率试验	塑限含水率、液限含水率、塑性指数、液性指数、体缩率、缩限、缩性指数
	砂的相对密度试验	最小干密度、最大干密度、最大孔隙比、最小孔隙比、相对密度
	湿化试验	崩解量
	收缩试验	线缩率、收缩系数、体缩率
土的力学性质试验	击实试验	干密度与含水率关系曲线、最大干密度、最优含水率、饱和含水率
	毛细管水上升高度试验	毛细管水上升高度
	渗透试验	渗透系数
	渗透变形试验	临界水力比降、破坏水力比降
	固结试验	孔隙比与压力关系曲线、压缩系数、压缩模量、体积压缩系数、先期固结压力、压缩指数、回弹指数、固结系数
	黄土湿陷性试验	湿陷系数、自重湿陷系数、溶滤变形系数、湿陷起始压力
	直接剪切试验	内摩擦角、凝聚力

名称	试验项目	试验成果
土的力学性质试验	三轴剪切试验	不固结不排水剪（UU）：不排水剪内摩擦角与凝聚力 固结不排水剪（CU 或 $\overline{CU}$）：孔隙水压力系数、有效应力内摩擦角与凝聚力、总应力内摩擦角与凝聚力 固结排水剪（CD）：体应变、有效应力内摩擦角与凝聚力
	三轴应力应变参数试验	$E-\mu$ 模型参数、$E-B$ 模型参数、$K-G$ 模型参数
	孔隙压力消散试验	孔隙压力系数、消散系数
	无侧限抗压强度试验	无侧限抗压强度、灵敏度
	无黏性土天然休止角试验	休止角
	静止侧压力系数试验	侧向压力、静止侧压力系数
	膨胀试验	自由膨胀率、无荷载膨胀率、有荷载膨胀率、膨胀压力
	单轴抗拉强度试验	轴向拉应变、轴向抗拉强度
土的动力特性试验	振动三轴试验（饱和固结不排水剪）	动剪应力与振次关系曲线、总剪应力与有效法向应力关系曲线、液化应力比与振次关系曲线、动孔隙水压力比与振次关系曲线、动摩擦角、动凝聚力、动弹性模量、阻尼比
	共振柱试验	动剪切模量、扭转向阻尼比、动弹性模量、轴向阻尼比、剪应变幅、轴应变幅

（2）现场原位试验。土体物理力学性质现场原位试验主要包括密度试验、渗透试验、渗透变形试验、直接剪切试验、载荷试验、无黏性土天然休止角试验、钻孔土工试验等，它们是研究土体物理力学性质的基本方法，也是岩土工程稳定性分析评价和处理设计的基础（见表 2.22）。

表 2.22　　　　　　　　　　　　原位试验项目一览表

名称	试验项目	试验成果	备注
土体密度试验	灌砂法密度试验	密度	适用于粒径不大于 60mm 的粗粒类土
	灌水法密度试验	密度	适用于各类土体
土体含水率试验	核子射线法含水率试验	含水率	一般用于大体积施工质量快速检测
土体渗透试验	双环试坑注水试验	渗透系数	
土体渗透变形试验	垂直渗透变形试验	临界水力比降、破坏水力比降	适用于黏性粗粒土原状样现场试验
	水平渗透变形试验	临界水力比降、破坏水力比降	适用于具有一定黏结力的各类土体
土体直接剪切试验	应力控制平推法直剪试验	内摩擦角、凝聚力	适用于粗粒类土和其中的细粒土层，以及混凝土与地基土体接触面的快剪试验
土体载荷试验	刚性承压板法载荷试验	荷载—沉降关系曲线、比例极限、极限压力值、变形模量	适用于各类土体
无黏性土天然休止角试验	无黏性土天然休止角试验	休止角	适用于无黏性粗粒土

名称	试验项目	试验成果	备注
钻孔土工试验	十字板剪切试验	十字板剪切强度	适用于饱和软黏土
	标准贯入试验	标准贯入击数	适用于细粒类土和砂类土
	静力触探试验	比贯入阻力、锥头阻力、侧壁摩阻比、孔隙水压力、固结系数、消散度、静探孔压系数	适用于细粒类土和砂类土
	动力触探试验	轻型动力触探锤击数（N_{10}）、动贯入阻力	适用于细粒类土
		重型动力触探锤击数（$N_{63.5}$）、动贯入阻力	适用于砂类土和砾石类土
		超重型动力触探锤击数（N_{120}）、动贯入阻力	适用于砾石类土和卵石类巨粒土
	旁压试验	孔壁土体表面压力、承载力基本值、不排水抗剪强度、静止土压力系数、旁压模量	适用于细粒类土和砂类土
	波速试验（单孔法、跨孔法、面波法）	波速（纵波 V_p、横波 V_s、瑞利波 V_R）、动剪切模量、动弹性模量、动泊松比、动拉梅系数、动体积模量	适用于各类土

（3）原型观测。土体原型观测是在现场对工程土体施工期及运行期的性状进行监测。工程土体是指工程影响范围内的土体，工程建设使其边界条件和荷载条件发生变化，因而工程土体的应力、应变、环境（如水的赋存）等性状有所改变，这种变化对其稳定性的影响是工程设计中重点关注的问题。对工程土体的性质和状态进行量测和测试——工程土体原型观测是认识工程土体性状及其变化最直接的途径，也是验证前期设计、模拟、计算最可靠的途径，同时还是工程安全监控的一个重要手段。

土体原型观测主要包括表面变形观测、内部沉降观测、内部水平位移观测、孔隙水压力观测和土压力观测等。工程土体原型观测主要项目见表 2.23。

表 2.23   工程土体原型观测项目一览表

观测项目	主要仪器	观测内容
表面变形观测	GNSS、InSAR、三维激光扫描仪、微芯桩、水准仪、经纬仪、全站仪	表面垂直位移（表面沉降）、表面水平位移
内部沉降观测	电磁式或干簧管式沉降仪、深式标点或剖面沉降仪、水管或钢弦式沉降仪	不同深度的沉降大小、有效压缩层厚度
内部水平位移观测	测斜仪、引张线式水平位移计、电位器式位移计、钢弦式或差动电阻式位移计	水平位移、裂缝开度及相对位移
孔隙水压力观测	测压管式、水管式、气压式、钢弦式、差动电阻式、电阻应变片式和压阻式等孔隙水压力计	孔隙水压力
土压力观测	土压力计	总应力
	土压力计、孔隙水压力计	有效应力

2. 理论分析

通过试验可以揭示出土体的应力应变关系中的许多规律。但试验是将受力条件作了简化,即使真三轴试验,施加三个主应力,测三个主应变,也只能针对某种特定应力状态、特定应力增量、特定应力路径进行试验。而实际工程土体中的初始应力状态、应力路径是千变万化的,试验无法模拟这种复杂的变化。因此必须通过假定、推理、验证,建立某种符合实际应力应变规律的理论计算方法,将少量特定条件下的试验得出的结果推广到一般,运用于工程。确定反映工程土体宏观力学性质的数学模型即本构关系,应用数值分析方法揭示工程土体的应力应变规律,这就是工程土体力学性质理论分析的方法。

(1)土力学中常见的本构关系。

1)线弹性模型。线弹性模型是最简单的一种模型,即假定土是弹性材料,弹性参数不随应力状态而变化,应力应变关系符合广义虎克定律。通过简单的试验可得出弹性模量 E 和泊松比 ν。

剪切模量 G 为剪应力与相应的剪应变之比,弹性体积模量 K 为球应力与体积应变之比,它们与 E 和 ν 的关系为:

$$G = \frac{E}{2(1+\nu)} \tag{2.29}$$

$$K = \frac{E}{3(1-2\nu)} \tag{2.30}$$

2)非线性弹性模型。土体变形最显著的特性是非线性,假定弹性参数随应力状态而变化,通过试验得出的弹性参数随应力变化的规律,从而建立相应公式。

根据应力应变全量的广义虎克定律:弹性模量 E 为应力 σ 与应变 ε 之比;泊松比 ν 为轴向应变与侧向应变之比;弹性体积模量 K 为球应力与体积应变之比;剪切模量 G 为剪应力与相应的剪应变之比。当采用三轴试验资料时,切线弹性模量为:

$$E_t = \frac{\mathrm{d}(\sigma_1 - \sigma_3)}{\mathrm{d}\varepsilon_\mathrm{a}} \tag{2.31}$$

切线泊松比为:

$$\nu_t = \frac{-\mathrm{d}\varepsilon_\mathrm{r}}{\mathrm{d}\varepsilon_\mathrm{a}} \tag{2.32}$$

切线体积模量为:

$$K = \frac{\mathrm{d}p}{\mathrm{d}\varepsilon_\mathrm{a}} \tag{2.33}$$

切线剪切模量为:

$$G = \frac{q}{3\varepsilon_\mathrm{s}} \tag{2.34}$$

式中　q——偏应力;

　　　ε_s——广义剪应变。

3）邓肯—张模型。邓肯和张依据三轴应力应变试验结果提出了双曲线模型。在围压不变条件下施加偏应力，并测出轴向应变和体积应变，点绘成关系曲线，可以确定弹性模量、泊松比和体积模量。表达式为：

$$\sigma_1 - \sigma_3 = \frac{\varepsilon_\mathrm{a}}{a + b\varepsilon_\mathrm{a}}$$ （2.35）

式中 a、b——试验常数。

根据假定的不同，分为 E—μ 和 E—B 两种模型。E—μ 模型假定侧向应变与轴向应变之间呈关系，求得 φ、c、K、n、R_f、G、F、D 共八个参数；E—B 模型假定体积应变与轴向应变之间呈双曲线关系，求得 φ、c、K、n、R_f、K_b、m 共七个参数，两种双曲线模型参数分别见表 4.63、表 4.64。

4）弹塑性模型。弹塑性模型把在荷载作用下发生的变形分成两部分：一是弹性变形，即可恢复的变形；二是塑性变形，即不可恢复的变形。土体在荷载作用下的变形为二者之和。弹性变形可以用广义虎克定律来求解，模量和泊松比假定为常量不考虑非线性；塑性变形则要用塑性力学的方法来建立应力应变关系。

为了建立塑性变形的关系式，需假定：破坏准则和屈服准则，硬化规律，流动法则。对这三个假定采用的具体形式不同就形成了不同的弹塑性模型。

屈服准则和破坏准则：屈服是土体在荷载作用下发生塑性变形的下限应力状态，破坏则是其上限应力状态；判断是否达到其状态的标准即是屈服准则和破坏准则。

硬化规律：材料在荷载作用下各应力分量的某种函数组合达到一个临界值 K 时材料才会屈服；对于土体来说当达到屈服后屈服的标准即 K 值要发生变化，K 随什么因素而变，如何变化，就是所谓的硬化规律。K 的变化有三种情况：一是屈服后 K 增加，这意味着材料变硬了，叫硬化；二是 K 减小了，叫软化；三是不变，叫理想塑性变形。这三种情况统称为硬化。

流动准则：屈服函数和硬化规律给出了判别屈服的标准以及屈服后这个标准如何发展，但是没有给出达到屈服以后应变增量各分量之间按什么比例变化，也就是说没有给出应变增量的方向；流动规则就是用于塑性应变增量方向的假定。

a. 剑桥模型。剑桥模型适用于正常固结或弱超固结黏土。它假定屈服只与平均应力和偏应力有关，与第三应力不变量无关：

$$q = Mp$$ （2.36）

式中 M——试验常数。

假定塑性变形符合相关联的流动法则，则其屈服方程为：

$$\left(1 + \frac{q^2}{M^2 p^2}\right) p = p_0$$ （2.37）

p_0 与体积应变有关，隐含了硬化的意义。一个确定的 p_0 值对应一条屈服轨迹；p_0 增加，屈服轨迹由一条曲线扩展到另一条曲线。

剑桥模型是一种"帽子"形模型，在许多情况下能较好地反映土的变形特性，它较适合剪缩，但不能反映剪胀。

b. 拉德模型。拉德和邓肯根据砂土真三轴试验提出的破坏准则：

$$\frac{I_1^3}{I_3} = k_f \tag{2.38}$$

第一应力不变量：$I_1 = \sigma_1 + \sigma_2 + \sigma_3$

第二应力不变量：$I_2 = \sigma_1\sigma_2 + \sigma_2\sigma_3 + \sigma_1\sigma_3$

第三应力不变量：$I_3 = \sigma_1\sigma_2\sigma_3$

进一步假定屈服面与破坏面相似，将屈服函数写成与破坏函数相同的形式。

$$f = \frac{I_1^3}{I_3} = k \tag{2.39}$$

式中　k——随塑性功能变化的变量，不是常数，也是以塑性功 W_p 为硬化参数的函数。

假定相应的变形符合相关联的流动法则，则屈服方程为：

$$f = \left(\frac{I_1^3}{I_3} - 27\right)\left(\frac{I_1}{p_a}\right)^m \tag{2.40}$$

塑性函数势为：

$$g = I_1^3 - \left[27 + k_2\left(\frac{p_a}{I_1}\right)^m\right]I_3 \tag{2.41}$$

式中　p_a——取作大气压力；

m、k_2——试验参数。

拉德模型能较好地反映剪胀和剪缩，但所含参数较多。

c. 空间滑动面（spatially mobilized plane，SMP）模型。按照摩尔、库伦强度理论，一点的应力状态达到破坏须满足：

$$\sigma_1 = \sigma_3 \tan^2\left(45° + \frac{\varphi}{2}\right) \tag{2.42}$$

如果在大小主应力面方向截取单元体且边长的比为 $\sqrt{\sigma_1}/\sqrt{\sigma_3}$，则对角线与大主应力面的夹角为 $45° + \dfrac{\varphi}{2}$，这恰恰是破坏角，可见对角线就是滑动面。松岗元等人提出，破坏应考虑三向应力状态，三个主应力构成三个摩尔图，用同样的方法可得到三条对角线，这三条对角线构成一个空间平面。松岗元称其为空间滑动面 SMP，认为土体的破坏将沿 SMP 面发生。由此可推得该破坏面上剪应力与法向应力之比为：

$$x = \sqrt{\frac{I_1 I_2 - 9I_3}{9I_3}} \tag{2.43}$$

当 x 达到某一值时，土体破坏。这就是松岗破坏准则。

根据三轴压缩和拉伸试验结果，提出了空间滑动面的屈服方程：

$$f = \ln\left(\frac{\sigma}{p_x}\right) - \frac{\alpha}{1-\alpha}\ln\left[1 - (1-\alpha)\frac{\tau}{\sigma}\right] = 0 \qquad (2.44)$$

式中　　p_x——前期固结压力；

　　　　α——试验参数。

按照相关联的流动法则，则可确定压力应变矩阵。

d. 椭圆—抛物双屈面模型。单屈服面弹塑性模型在反映土体变形特性方面是有局限性的，锥形单屈服面模型只反映剪胀，不反映剪缩，也不能反映各向相等的压力增加引起的塑性体积应变；"帽子"形单屈服面，往往不能很好地反映剪胀，也不能反映压力减小时引起的塑性剪应变。把这两种屈服面结合起来，形成双屈服模型，就可能综合两方面的优点，避免其缺点。

假定土体的塑性变形由两部分组成，一是与压缩有关，主要表现那些滑移后引起体积压缩的颗粒的位移特性；二是与土体的膨胀有关，体现滑移后引起体积膨胀的颗粒的位移特性。采用两种不同形式的屈服准则和硬化规律来反映这两种不同的塑性应变。

根据大量的三轴试验资料提出以下屈服方程。

a. 与压缩相应的屈服方程：

第一屈服面
$$p + \frac{q^2}{M_1^2(p+p_r)} = p_0 = \frac{h\varepsilon_v^{p1}}{1 - m\varepsilon_v^{p1}} p_a \qquad (2.45)$$

b. 与剪切膨胀相应的屈服方程：

第二屈服面
$$\frac{aq}{G}\sqrt{\frac{q}{M_2(p+p_r)-q}} = \varepsilon_s^{p2} \qquad (2.46)$$

式中　　ε_v^{p1}——与第一屈服面对应的塑性体积应变；

　　　　ε_s^{p2}——与第二屈服面对应的塑性广义剪应变；

　　　　G——弹性剪切模量，随 p 而改变。

注：参数 p_r，M_1，M_2，h，m，a，k_G 及 n 由三轴试验确定。

$$G = k_G p_a \left(\frac{p}{p_a}\right)^n \qquad (2.47)$$

（2）分析方法。最常用的数值分析方法为有限单元法。有限元的建立涉及两类关系：一是材料的应力与应变关系，也称物理关系；二是应变与位移的关系，也称几何关系。如果这些关系都是线性的，则形成的荷载位移关系也是线性的，有限元法称为线性有限元法；如果其中一个关系是非线性的，就使所加荷载与所产生的位移之间呈非线性关系，就要使用非线性有限元方法。而土体应力应变关系的显著特点就是非线性，因而在土工问题上基本采用非线性有限元方法。非线性有限元法主要有迭代法、增量法和增量迭代法。

1）迭代法。迭代法是用修正劲度的方法（变劲度法）或保持劲度不变而用调整荷载的方法（常劲度法），重复试算逐步逼近真实解，在每次试算中作一次线性有限元计算。

割线迭代法、余量迭代法、初应力迭代法和初应变迭代法等。

2）增量法。增量法是将全荷载分为若干级微小增量，逐级用有限元法进行计算。对于每一级增量，在计算时假定材料性质不变，作线性有限元计算，解得位移、应变和应力的增量而各级荷载之间，材料性质变化，刚度矩阵变化，反映了非线性的应力应变关系。它可分为基本增量法、中点增量法等。

3）增量迭代法。对每一级荷载增量，用迭代法多次计算，使其收敛于真实解，再加下一级荷载。迭代的方法可以用前面讲的任何一种，也可以反复使用中点增量法，直到前后两次的计算结果相当接近。

第3章 岩石(体)的工程性质

3.1 岩石的物理性质

岩石的物理性质是指岩石固有的物质组成和结构特征所决定的基本物理属性,主要包括比重、密度、孔隙率、含水率、吸水性(吸水率、饱和吸水率、饱和系数、饱和度)、透水性(渗透系数、水力比降)、膨胀性(自由膨胀率、侧向约束膨胀率、膨胀压力)、耐崩解性(耐崩解性指数)、抗冻性(冻融质量损失率)、可溶性(溶解度、相对溶解速度)等。岩石物理性质的名称、定义、单位、公式等见表3.1。

表 3.1　　　　　　　　　　　　　岩石的物理性质和水理性质

名称	符号	定义	单位	公式	说明	试验或计算方法
比重	G_s	岩石在 105～110℃ 温度下烘至恒量时的质量与同体积 4℃时 水质量的比值		$G_s = \dfrac{m_s}{m_1 + m_s - m_2} \cdot G_{WT}$	m_s——干岩粉质量,g; m_1——瓶、试液总质量,g; m_2——瓶、试液、岩粉总质量,g; G_{WT}——与试验温度同温度的试液比重	比重瓶法
				$G_s = \dfrac{m_d}{m_d - m_w} \cdot G_w$	m_d——烘干试件质量,g; m_w——强制饱和试件在水中的称量,g; G_w——水的比重	水中称量法
密度	干密度 ρ_d	岩石质量与岩石体积之比。根据岩石含水状态,岩石块体密度可分为天然密度、烘干密度(干密度)和饱和密度(湿密度)	g/cm³	$\rho_d = \dfrac{m_s}{AH}$	m_s——烘干试件质量,g; A——试件截面积,cm²; H——试件高度,cm	量积法(能制备规则试件的岩石)
				$\rho_d = \dfrac{m_s}{m_p - m_w} \cdot \rho_w$	m_s——烘干试件质量,g; m_p——试件经强制饱和后的质量,g; m_w——强制饱和试件在水中的称量,g; ρ_w——水的密度,g/cm³	水中称量法(除遇水崩解、溶解、干缩湿胀外的岩石)
				$\rho_d = \dfrac{m_s}{\dfrac{m_1 - m_2}{\rho_w} - \dfrac{m_1 - m_s}{\rho_p}}$	m_1——密封试件质量,g; m_2——密封试件在水中的称量,g; ρ_p——密封材料的密度,g/cm³	密封法(遇水崩解、溶解、干缩湿胀的岩石)

续表

名称		符号	定义	单位	公式	说明	试验或计算方法
密度	干密度	ρ_d	岩石质量与岩石体积之比。根据岩石含水状态，岩石块体密度可分为天然密度、烘干密度（干密度）和饱和密度（湿密度）	g/cm^3	$\rho_d = \dfrac{\rho \text{或} \rho_0}{1+0.01W}$	W —— 岩石的含水率，%	计算值
	天然密度	ρ_0		g/cm^3	$\rho_0 = \dfrac{m_0}{AH}$	m_0 —— 天然试件质量，g；A —— 试件截面积，cm^2；H —— 试件高度，cm	量积法（能制备规则试件的岩石）
					$\rho_0 = \dfrac{m_0}{m_p - m_w} \cdot \rho_w$	m_0 —— 天然试件质量，g；m_p —— 试件经强制饱和后的质量，g；m_w —— 强制饱和试件在水中的称量，g；ρ_w —— 水的密度，g/cm^3	水中称量法（除遇水崩解、溶解、干缩湿胀外的岩石）
					$\rho_0 = \dfrac{m_0}{\dfrac{m_1-m_2}{\rho_w} - \dfrac{m_1-m_s}{\rho_p}}$	m_0 —— 天然试件的质量，g；m_1 —— 密封试件质量，g；m_2 —— 密封试件在水中的称量，g；ρ_p —— 密封材料的密度，g/cm^3	密封法（遇水崩解、溶解、干缩湿胀的岩石）
	饱和密度（湿密度）	ρ		g/cm^3	$\rho = \dfrac{m_p}{AH}$	m_p —— 试件经强制饱和后的质量，g；A —— 试件截面积，cm^2；H —— 试件高度，cm	量积法（能制备规则试件的岩石）
					$\rho = \dfrac{m_p}{m_p - m_w} \cdot \rho_w$	m_p —— 试件经强制饱和后的质量，g；m_w —— 强制饱和试件在水中的称量，g	水中称量法（除遇水崩解、溶解、干缩湿胀外的岩石）
					$\rho = \dfrac{m_p}{\dfrac{m_1-m_2}{\rho_w} - \dfrac{m_1-m_s}{\rho_p}}$	m_p —— 试件经强制饱和后的质量，g；m_1 —— 密封试件质量，g；m_2 —— 密封试件在水中的称量，g；ρ_p —— 密封材料的密度，g	密封法（遇水崩解、溶解、干缩湿胀的岩石）
孔隙率		n	岩石中孔隙的体积与岩石的体积之比	%	$n = \dfrac{V_V}{V} \times 100$	V_V —— 岩石中孔隙的体积；V —— 岩石的体积，cm^3	—
					$n = \left(1 - \dfrac{\rho}{G_s}\right) \times 100$	ρ —— 岩石的密度，g/cm^3；G_s —— 岩石的比重	计算值
含水率		W	试件在 105～110℃ 下烘至恒量时所失去的水的质量与试件干质量的比值	%	$W = \dfrac{m_0 - m_s}{m_s} \times 100$	m_0 —— 试件烘干前的质量，g；m_s —— 试件烘干后的质量，g	烘干法

名称		符号	定义	单位	公式	说明	试验或计算方法
吸水性	吸水率	W_a	岩石在大气压力和室温条件下吸入水的质量与岩石固体质量的比值	%	$W_a = \dfrac{m_0 - m_s}{m_s} \times 100$	m_0 ——试件浸水 48h 的质量，g；m_s ——烘干试件质量，g	自由浸水法（遇水不崩解、不溶解、不干缩湿胀的岩石）
	饱和吸水率	W_{sa}	岩石在强制饱和状态下的最大吸水量与岩石固体质量的比值	%	$W_{sa} = \dfrac{m_p - m_s}{m_s} \times 100$	m_p ——试件经强制饱和后的质量，g；m_s ——烘干试件质量，g	煮沸法真空抽气法（遇水不崩解、不溶解、不干缩湿胀的岩石）
	饱和系数	K_W	岩石的吸水率与饱和吸水率的比值		$K_W = \dfrac{W_a}{W_{sa}}$	W_a ——岩石吸水率，%；W_{sa} ——岩石饱和吸水率，%	计算值
	饱和度	S_r	岩石中孔隙被水占据的体积与总孔隙体积之比	%	$S_r = \dfrac{V_W}{V_V}$	V_W ——孔隙被水占据的体积；V_V ——总孔隙体积	计算值
透水性	透水率	q	岩体透水性指标	Lu	$q = \dfrac{Q_3}{l P_3}$	l ——试段长度，m；Q_3 ——最大压力阶段的压入流量，L/m³；P_3 ——最大压力阶段的试验压力，MPa	钻孔压水试验
	渗透系数	K	在层流条件下，渗透速度与水力比降的比值	cm/s	$K = \dfrac{q}{I}$	q ——水在岩石（体）中的渗透速度，cm/s；I ——水力比降	现场或室内渗透试验（软弱岩带）
	水力比降	I	两点间的水位差与两点间的流线长度的比值	—	$I = \dfrac{\Delta H}{\Delta L}$	ΔH ——两点间的平均水位差；cm；ΔL ——两点间的距离，cm	现场或室内渗透变形试验（软弱岩带）
膨胀性	自由膨胀率	V_H V_D	岩石试件在浸水后产生的径向和轴向变形分别与试件原直径和高度之比	%	$V_H = \dfrac{\Delta H}{H} \times 100$ $V_D = \dfrac{\Delta D}{D} \times 100$	V_H ——岩石轴向自由膨胀率，%；V_D ——岩石径向自由膨胀率，%；ΔH ——试件轴向变形值，mm；H ——试件高度，mm；ΔD ——试件径向平均变形值，mm；D ——试件直径或边长，mm	岩石自由膨胀率试验（遇水不易崩解的岩石）
	侧向约束膨胀率	V_{HP}	岩石试件在有侧限条件下，轴向受有限荷载时，浸水后产生的轴向变形与试件原高度之比	%	$V_{HP} = \dfrac{\Delta H_1}{H} \times 100$	ΔH_1 ——有侧向约束试件的轴向变形值，mm	岩石侧向约束膨胀率试验
	膨胀压力	p_e	岩石试件浸水后保持原形体积不变所需的压力	MPa	$p_e = \dfrac{F}{A}$	F ——轴向载荷，N；A ——试件截面积，mm²	膨胀压力试验

名称		符号	定义	单位	公式	说明	试验或计算方法
耐崩解性指数		I_{d2}	岩石试件在经过干燥和浸水两个标准循环后，试件残留的质量与其原质量之比	%	$I_{d2}=\dfrac{m_r}{m_s}\times100$	I_{d2}——岩石二次循环耐崩解性指数，%； m_s——试验前烘干试件质量，g； m_r——残留试件烘干质量，g	耐崩解性试验（遇水易崩解岩石）
冻融质量损失率		M	岩石试件在经过多次冻融循环后，试件损失的质量与其原质量之比	%	$M=\dfrac{m_p-m_{fm}}{m_s}\times100$	m_p——冻融前饱和试件质量，g； m_{fm}——冻融后饱和试件质量，g； m_s——试验前烘干试件质量，g	直接冻融法（能制备规则试件的岩石）
冻融系数		K_{fm}	岩石试件冻融后单轴抗压强度试验平均值与饱和单轴抗压强度平均值之比	—	$K_{fm}=\dfrac{\overline{R}_{fm}}{\overline{R}_b}$	$\overline{R}_{fm}$——冻融后单轴抗压强度平均值，MPa； $\overline{R}_b$——饱和单轴抗压强度平均值，MPa	直接冻融法（能制备规则试件的岩石）
可溶性	溶解度	S	在一定温度下，可溶岩在100g水溶剂中达到饱和状态时所溶解的质量	g/100g	$S=\dfrac{m_{rz}}{m_{rj}}\times100$	m_{rz}——溶质的质量，g； m_{rj}——溶剂的质量，g； m_{ry}——溶液的质量，$m_{ry}=m_{rz}+m_{rj}$，g	溶蚀试验
	相对溶解速度	v	单位时间内可溶岩溶解量与标准试样（大理石粉）溶解量之比	1/s	$v=\dfrac{m_{rzk}}{m_{rzb}t}$	m_{rzk}——可溶岩溶解量，g； m_{rzb}——标准试样溶解量，g； t——时间，s	溶蚀试验
	比溶解度	K_{CV}	表征溶蚀速度，指岩石试件单位体积的溶解量与标准样的单位溶解量之比	—	$K_{CV}=\dfrac{\left(C_{CaCO_3}+C_{MgCO_3}\right)/V}{\left(C'_{CaCO_3}+C'_{MgCO_3}\right)/V'}$	C_{CaCO_3}——试样 $CaCO_3$ 的溶解量，mg； C_{MgCO_3}——试样 $MgCO_3$ 的溶解量，mg； C'_{CaCO_3}——标准试样平均 $CaCO_3$ 的溶解量，mg； C'_{MgCO_3}——标准试样平均 $MgCO_3$ 的溶解量，mg； V——试样体积，cm³； V'——标准试样平均体积，cm³	溶蚀试验
	比溶蚀度	K_V	表征溶蚀强度，指岩石试件单位体积的溶蚀量与标准样的单位溶蚀量之比	—	$K_V=\dfrac{(m_0-m_1)/V}{(m'_0-m'_1)/V'}$	m_0——溶蚀前试样质量，mg； m_1——溶蚀后试样质量，mg； V——试样体积，cm³； m'_0——溶蚀前标准试样平均质量，mg； m'_1——溶蚀后标准试样平均质量，mg； V'——标准试样平均体积，cm³	溶蚀试验

3.2 岩石（体）的力学性质

3.2.1 岩石（体）的变形性质

岩石（体）的变形性质指标见表 3.2。

表 3.2　　　　　　　　　　　　岩石（体）的变形性质指标

名称		符号	定义	单位	公式	说明	试验或计算方法
变形参数	变形模量	E_0	岩石（体）受压变形时，压力与全变形之比值	GPa	$E_0 = \sigma / \varepsilon_0$	σ ——应力； ε_0 ——总变形量	岩体变形试验［承压板法、狭缝法、双（单）轴压缩法、钻孔径向加压法、径向液压枕法、水压法］
	弹性模量	E	岩石（体）受压变形时，压力与弹性变形之比值	GPa	$E = \sigma / \varepsilon$	σ ——应力； ε ——弹性变形量	岩石单轴压缩变形试验（电阻应变片法或千分表法）、岩体变形试验［承压板法、狭缝法、双（单）轴压缩法、钻孔径向加压法、径向液压枕法、水压法］
	泊松比	μ	岩石（体）在单向载荷作用下横（径）向应变与纵（轴）向应变之比值	—	$\mu = \dfrac{\varepsilon_d}{\varepsilon_1}$	ε_d ——横（径）向应变值； ε_1 ——纵（轴）向应变值	岩石单轴压缩变形试验（电阻应变片法或千分表法）、岩体变形试验［双（单）轴压缩法］
	剪切弹性模量	G	在比例极限范围内，岩石（体）受剪切载荷作用时，剪应力与剪切位移的比值	MPa	$G = \dfrac{\tau}{u_h}$	τ ——剪应力（MPa）； u_h ——剪切位移（cm）	岩石直剪试验（平推法）、岩体直剪试验（平推法或斜推法）
					$G = \dfrac{E}{2(1+\mu)}$	E ——弹性模量（GPa）； μ ——泊松比	计算值
	法向刚度系数	K_n	岩石（体）在一定的法向应力和剪应力作用下，相应的法向应力与法向位移的比值	MPa/cm	$K_n = \dfrac{P}{u_v}$	P ——法向应力（MPa）； u_v ——法向位移（cm）	岩石直剪试验（平推法）、岩体直剪试验（平推法或斜推法）
	剪切刚度系数	K_s	岩石（体）在一定的法向应力和剪应力作用下，相应的剪应力与剪切位移的比值	MPa/cm	$K_s = \dfrac{\tau}{u_h}$	τ ——剪应力（MPa）； u_h ——剪切位移（cm）	岩石直剪试验（平推法）、岩体直剪试验（平推法或斜推法）
	弹性抗力系数	K	使洞室围岩沿径向产生一个单位长度变形时所需施加的压力	MPa/cm	$K = \dfrac{p}{\Delta R} \cdot \varphi$	p ——作用于岩体表面的压力（MPa）； ΔR ——试验段中间主断面岩体表面半径向变形（cm）； φ ——中间断面变形修正系数，根据试验段长度 L、试验洞直径 D、岩体泊松比 μ 确定	岩体变形试验（径向液压枕法）

续表

名称		符号	定义	单位	公式	说明	试验或计算方法
变形参数	弹性抗力系数	K	使洞室围岩沿径向产生一个单位长度变形时所需施加的压力	MPa/cm	$K = \dfrac{2p}{\Delta D}$	p ——作用于岩体表面的压力（MPa）；ΔD ——试验段中间主断面岩体表面直径向变形（cm）	岩体变形试验（水压法）
					$K = \dfrac{E}{(1+\mu)r}$	E ——弹性模量或变形模量（GPa）；μ ——泊松比；r ——隧洞半径（cm）	计算值
	单位弹性抗力系数	K_0	洞室半径为100cm时的弹性抗力系数	MPa/cm	$K_0 = K\dfrac{R}{100}$	R ——试验洞半径（cm）	岩体变形试验（径向液压枕法）
					$K_0 = K\dfrac{D}{200}$	D ——试验洞直径（cm）	岩体变形试验（水压法）
					$K_0 = \dfrac{E}{1+\mu}$	E ——弹性模量或变形模量（GPa）；μ ——泊松比	计算值

3.2.2 岩石（体）的强度性质

岩石（体）的强度性质指标见表 3.3。

表 3.3　　　　　　　　　　岩石（体）的强度性质

名称		符号	定义	单位	公式	说明	试验或计算方法
岩石单轴抗压强度	天然抗压强度	R_0	岩石抵抗单轴压缩破坏的能力，数值上等于岩石试件破坏时的最大压应力。根据试件不同含水状态，分为天然抗压强度、烘干抗压强度及饱和抗压强度	MPa	$R = \dfrac{P}{A}$	P ——破坏载荷（N）；A ——试件截面积（mm²）	岩石单轴抗压强度试验
	烘干抗压强度	R_d					
	饱和抗压强度	R_b					
	软化系数	K_R	岩石饱和抗压强度与烘干抗压强度的比值	—	$K_R = \dfrac{R_b}{R_d}$	R_b ——饱和抗压强度（MPa）；R_d ——烘干抗压强度（MPa）	计算
	冻融系数	K_{fm}	岩石冻融试验后饱和单轴抗压强度平均值与冻融试验前饱和单轴抗压强度平均值的比值	—	$K_{fm} = \dfrac{\overline{R}_{fm}}{\overline{R}_b}$	$\overline{R}_{fm}$ ——冻融后单轴抗压强度平均值（MPa）；$\overline{R}_b$ ——饱和单轴抗压强度平均值（MPa）	岩石冻融和饱和单轴抗压强度试验；计算
岩石抗拉强度	天然抗拉强度	σ_{t0}	在瞬时载荷作用下导致岩石黏性破坏的极限压力。根据试件不同含水状态，分为天然抗拉强度、烘干抗拉强度及饱和抗拉强度	MPa	$\sigma_t = \dfrac{2P}{\pi Dh}$（劈裂法）　$\sigma_t = \dfrac{P}{A}$（轴向拉伸法）	P ——破坏载荷（N）；D ——试件直径（mm）；h ——试件厚度（mm）；P ——破坏载荷（N）；A ——试件截面积（mm²）	岩石劈裂法或轴向拉伸法抗拉强度试验
	烘干抗拉强度	σ_{td}					
	饱和抗拉强度	σ_{tw}					

名称		符号	定义	单位	公式	说明	试验或计算方法
岩石点荷载强度		I_s	岩石受点荷载力达到破坏时的抗拉或抗压强度	MPa	$I_s = \dfrac{P}{D_e^2}$	P ——破坏载荷（N）；D_e ——等价岩芯直径（mm）	岩石点荷载强度试验
岩石(体)抗剪强度	抗剪断强度	τ'	在法向压应力作用下，岩石（体）抵抗剪断破坏的最大能力	MPa	$\tau' = \sigma \cdot \tan\varphi' + c'$	σ ——作用于剪切面上的法向应力（MPa）；$\tan\varphi'$ ——剪切面上的摩擦系数，即f'；c' ——剪切面上的凝聚力（MPa）	岩石平推法直剪试验 岩体平推法或斜推法直剪试验
	抗剪强度	τ	在法向压应力作用下，岩石（体）抵抗剪切破坏的最大能力	MPa	$\tau = \sigma \cdot \tan\varphi + c$	σ ——作用于剪切面上的法向应力（MPa）；$\tan\varphi$ ——剪切面上的摩擦系数，即f；c ——剪切面上的凝聚力（MPa）	
	抗切强度	τ	没有法向压应力作用下，岩石（体）抵抗剪断破坏的最大能力	MPa	$\tau = c$	c ——剪切面上的凝聚力（MPa）	
岩石(体)三轴强度	三轴抗压强度	σ_1	在三向压力作用下，岩石（体）抵抗压缩破坏的最大轴向应力	MPa	$\sigma_1 = \dfrac{P}{A}$	P ——不同侧压条件下的试件轴向破坏载荷（N）；A ——试件截面积（mm²）	岩石（体）三轴试验
	三轴抗剪强度	f, c	根据计算的最大主应力σ_1及相应施加的侧向压力σ_3，在$\tau \sim \sigma$坐标图上绘制莫尔应力圆，根据莫尔—库伦强度准则确定岩石在三向应力状态下的抗剪强度参数f、c值	MPa	$f = \dfrac{F-1}{2\sqrt{F}}$ $c = \dfrac{R}{2\sqrt{F}}$	F ——$\sigma_1 - \sigma_3$关系曲线的斜率；R ——$\sigma_1 - \sigma_3$关系曲线在σ_1轴上的截距，等同于试件的单轴抗压强度（MPa）	
岩体承载力	岩体允许承载力	$[R]$	地基岩体单位面积所能承受的荷载	MPa	—	—	岩体载荷试验

3.2.3 岩石（体）的流变性质

岩石（体）的流变性质包括：蠕变、应力松弛、弹性后效、长期变形与长期强度参数等。其定义、单位、表达式见表 3.4。

表 3.4 岩石（体）的流变性质指标

名称	符号	定义	单位	分析方法	说明	试验或计算方法
压缩蠕变（长期变形模量）	$E_{0\infty}$	当应力不变时，压缩变形随时间增加而增长的现象	MPa	（1）利用试验数据拟合得出流变经验方程及曲线；	模量损失率为模量损失与瞬时模量之比（%）	岩石（体）压缩蠕变试验

续表

名称	符号	定义	单位	分析方法	说明	试验或计算方法
剪切流变（长期剪切强度）	f_∞ c_∞	当应力不变时，剪切变形随时间增加而增长的现象	MPa	（2）在对试验曲线进行分析的基础上进行模型识别，确定适合于相应工程的最佳流变模型；	强度损失率为强度（f、c）损失与瞬时强度之比（%）	岩石（体）剪切流变试验
应力松弛	—	当应变不变时，应力随时间增加而减小的现象	—	（3）进行流变参数的理论反演；（4）进行流变参数的数值反演；（5）数值反演与理论反演结果比较，选取反演计算分析方法；	—	—
弹性后效	—	加载或卸载时，弹性应变滞后于应力的现象	—	（6）建立适合于相应工程的流变参数计算公式，求取相应的流变参数	—	—

3.3　弹性波速

岩石（体）弹性波波速值是岩石（体）坚硬程度、完整程度及嵌合紧密程度等工程地质性状的综合指标。弹性波速值的获得采用动力法测试技术，根据工作频率的高低和测试对象，分为超声波法、声波法和地震波法。超声波法（脉冲超声法和共振法）主要应用于岩石试件（岩块）的测试，声波法（穿透法和平透法）应用于范围较小的工程岩体，地震波法则应用于范围较大的岩体。岩块波速值与岩体波速值的定义、表达式见表 3.5。

表 3.5　　　　　　　　　　　　　　岩块波速值与岩体波速值

名称		符号	定义	单位	公式	说明
波速值	岩块声波速度	v_p v_s	岩块声波速度测试是测定声波的纵、横波在试件中传播的时间或共振频率，据此计算声波在岩块中的传播速度及岩块的动弹性参数	m/s	$v_p=\dfrac{L}{t_p-t_0}$ $v_s=\dfrac{L}{t_s-t_0}$ $E_d=\rho v_p^2\dfrac{(1+\mu)(1-2\mu)}{1-\mu}\times10^{-3}$	v_p——纵波速度（m/s）；v_s——横波速度（m/s）；L——发、收换能器中心间的距离（m）；t_p——直透法纵波的传播时间（s）；t_s——直透法横波的传播时间（s）；t_0——仪器系统的零延时（s）；E_d——动弹性模量（MPa）；G_d——动刚性模量或动剪切模量（MPa）；K_d——动体积模量（MPa）；μ——动泊松比；ρ——岩石密度（g/cm³）；K_v——岩体完整性系数，精确至0.01；v_{pm}——岩体纵波速度（m/s）；v_{pr}——岩块纵波速度（m/s）
	岩体声波速度	v_p v_s	岩体声波速度测试是利用换能器、电脉冲、电火花、锤击等方式激发声波，测试声波在岩体中的传播时间，据此计算声波在岩体中的传播速度及岩体的动弹性参数	m/s	$E_d=2\rho v_s^2(1+\mu)\times10^{-3}$ $\mu=\dfrac{\left(\dfrac{v_p}{v_s}\right)^2-2}{2\left[\left(\dfrac{v_p}{v_s}\right)^2-1\right]}$	
	岩体地震波速度	v_p v_s	通常采用人工爆破或锤击的方法，在岩体中激发一定频率的弹性波，在不同的地点用拾震器进行测量，这种方法适用于测试较大范围岩体的平均物性	m/s	$G_d=\rho v_s^2\times10^{-3}$ $K_d=\rho\dfrac{3v_p^2-4v_s^2}{3}\times10^{-3}$ $K_v=\left(\dfrac{v_{pm}}{v_{pr}}\right)^2$	

3.4 岩体应力

岩体应力测试方法主要有钻孔应力解除法（孔壁应变法、孔底应变法、孔径变形法）、钻孔水压致裂法和表面应变法（表面解除法、表面恢复法）。不同测试方法岩体应力参数的计算公式见表 3.6。

表 3.6 岩 体 应 力 参 数

项目		计算公式	说明
钻孔应力解除法	空间主应力	$\sigma_1 = 2\cos\dfrac{\omega}{3}\sqrt{-\dfrac{P}{3}} + \dfrac{1}{3}J_1$ $\sigma_2 = 2\cos\dfrac{\omega+2\pi}{3}\sqrt{-\dfrac{P}{3}} + \dfrac{1}{3}J_1$ $\sigma_3 = 2\cos\dfrac{\omega+4\pi}{3}\sqrt{-\dfrac{P}{3}} + \dfrac{1}{3}J_1$ $\alpha_i = \arcsin n_i$ $\beta_i = \beta_0 - \arcsin\dfrac{m_i}{\sqrt{1-n_i^2}}$	σ_1、σ_2、σ_3——岩体空间主应力（MPa）; α_i——主应力 σ_i 的倾角（°）; β_0——大地坐标系 X 轴方位角（°）; β_i——主应力 σ_i 在水平面上投影线的方位角（°）
	平面主应力	$\sigma_1 = \dfrac{1}{2}[(\sigma_x+\sigma_y)+\sqrt{(\sigma_x-\sigma_y)^2+4\tau_{xy}^2}]$ $\sigma_2 = \dfrac{1}{2}[(\sigma_x+\sigma_y)-\sqrt{(\sigma_x-\sigma_y)^2+4\tau_{xy}^2}]$ $\alpha = \dfrac{1}{2}\arctan\dfrac{2\tau_{xy}}{\sigma_x-\sigma_y}$	α——σ_1 与 x 轴夹角（°）
水压致裂法		$S_h = p_s \quad S_H = 3p_s - p_r - p_0 \quad \sigma_t = p_b - p_r$	S_h——钻孔横截面上岩体平面最小主应力（MPa）; S_H——钻孔横截面上岩体平面最大主应力（MPa）; σ_t——岩体抗拉强度（MPa）; p_s——瞬时关闭压力（MPa）; p_r——重张压力（MPa）; p_b——破裂压力（MPa）; p_0——岩体孔隙压力（MPa）
表面应变法	表面解除法	$\sigma_1 = \dfrac{E}{1-\mu^2}(\varepsilon_1 + \mu\varepsilon_3)$	σ_1、σ_3——最大、最小主应力（MPa）; ε_1、ε_1——最大、最小主应变; E——岩石弹性模量; μ——岩石泊松比
	表面恢复法	$\sigma_3 = \dfrac{E}{1-\mu^2}(\varepsilon_3 + \mu\varepsilon_1)$	

第4章 土的工程性质

4.1 土的工程分类

鉴于各行业在工程中对土的分类有各自专门的需要，故本书除列入 GB/T 50145—2007《土的工程分类标准》、DL/T 5355—2006《水电水利工程土工试验规程》，还列入水利、公路、铁路、建筑行业及北京市地方的分类标准。

4.1.1 中华人民共和国国家标准

1. 基本规定

根据中华人民共和国国家标准 GB/T 50145—2007《土的工程分类标准》，土的工程分类应根据以下指标确定：土颗粒组成及其特征、土的塑性指标（液限 W_L、塑限 W_P 和塑性指数 I_P）、土中有机质含量。

（1）土的粒组应根据表 4.1 规定的土颗粒粒径范围划分。

表 4.1 粒 组 划 分 与 名 称

粒组划分与名称			粒径 d 的范围 mm
巨粒	漂石（块石）		$d>200$
	卵石（碎石）		$200 \geqslant d>60$
粗粒	砾粒	粗砾	$60 \geqslant d>20$
		中砾	$20 \geqslant d>5$
		细砾	$5 \geqslant d>2$
	砂粒	粗砂	$2 \geqslant d>0.5$
		中砂	$0.5 \geqslant d>0.25$
		细砂	$0.25 \geqslant d>0.075$
细粒	粉粒		$0.075 \geqslant d>0.005$
	黏粒		$d \leqslant 0.005$

（2）土颗粒级配特征应根据土的不均匀系数 C_u 和曲率系数 C_c 确定，并应符合下列规定：

1）不均匀系数 C_u，应按式（4.1）计算：

$$C_{\mathrm{u}} = \frac{d_{60}}{d_{10}} \qquad\qquad (4.1)$$

2）曲率系数 C_{c}，应按式（4.2）计算：

$$C_{\mathrm{c}} = \frac{(d_{30})^2}{d_{10}d_{60}} \qquad\qquad (4.2)$$

式中　d_{30}——土的粒径分布曲线上的某粒径，小于该粒径的土粒质量为总质量的 30%。

（3）土按其不同粒组的相对含量可划分为巨粒类土、粗粒类土和细粒类土，并应符合下列规定：

1）巨粒类土应按粒组划分。

2）粗粒类土应按粒组、级配、细粒土含量划分。

3）细粒类土应按塑性图、所含粗粒类别以及有机质含量划分。

（4）细粒土应按塑性图分类如图 4.1 所示，液限 W_{L} 为用碟式仪测定的液限含水率或用质量 76g、锥角为 30° 的液限仪锥尖入土深度 17mm 对应的含水率；虚线之间区域为黏土至粉土过渡区。

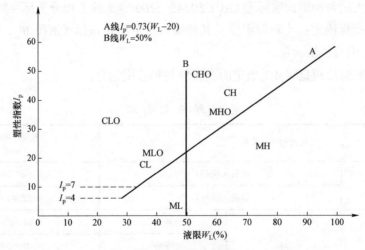

图 4.1　塑性分类图

W_{L}—土的液限；I_{p}—塑性指数；C—黏土；H—高液限；L—低液限；M—粉土；O—有机质土

2. 巨粒类土的分类和定名

巨粒类土的分类应符合表 4.2 的规定。

表 4.2　　　　　　　　　　　　　　　　巨 粒 类 土 的 分 类

土类	粒组含量		土类名称	土类代号
巨粒土	巨粒含量>75%	漂石（块石）>卵石（碎石）	漂石（块石）	B
		漂石（块石）≤卵石（碎石）	卵石（碎石）	Cb
混合巨粒土	50%<巨粒含量≤75%	漂石（块石）>卵石（碎石）	混合土漂石（块石）	BSl
		漂石（块石）≤卵石（碎石）	混合土卵石（碎石）	CbSl

土类	粒组含量		土类名称	土类代号
巨粒混合土	15%＜巨粒含量≤50%	漂石（块石）＞卵石（碎石）	漂石（块石）混合土	SlB
		漂石（块石）≤卵石（碎石）	卵石（碎石）混合土	SlCb

3. 粗粒类土的分类和定名

（1）粗粒类土的分类应符合下列规定：

1） 试样中粗粒组含量大于 50%的土为粗粒类土。

2） 粗粒类土中：砾粒组含量大于砂粒组含量的土为砾类土，砂粒组含量大于或等于砾粒组含量的土为砂类土。

（2）砾类土的分类应符合表 4.3 的规定。

表 4.3　　　　　　　　　砾　类　土　的　分　类

土类	细粒组含量		土类名称	土类代号
砾	细粒含量＜5%	级配：$C_u \geqslant 5$，$1 \leqslant C_c \leqslant 3$	级配良好砾	GW
		级配：不同时满足上述要求	级配不良砾	GP
含细粒土砾	5%≤细粒含量＜15%		含细粒土砾	GF
细粒土质砾	15%≤细粒含量＜50%	细粒组中粉粒含量不大于50%	黏土质砾	GC
		细粒组中粉粒含量大于50%	粉土质砾	GM

（3）砂类土的分类应符合表 4.4 的规定。

表 4.4　　　　　　　　　砂　类　土　的　分　类

土类	细粒组含量		土类名称	土类代号
砂	细粒含量＜5%	级配：$C_u \geqslant 5$，$1 \leqslant C_c \leqslant 3$	级配良好砂	SW
		级配：不同时满足上述要求	级配不良砂	SP
含细粒土砂	5%≤细粒含量＜15%		含细粒土砂	SF
细粒土质砂	15%≤细粒含量＜50%	细粒组中粉粒含量不大于50%	黏土质砂	SC
		细粒组中粉粒含量大于50%	粉土质砂	SM

4. 细粒类土的分类和定名

（1）试样中细粒组含量不小于 50%的土为细粒类土。

（2）粗粒组含量不大于 25%的土为细粒土；细粒土的分类应按土的塑性指标在塑性分类图中的位置确定，符合表 4.5 的规定。

（3）粗粒组含量大于 25%、小于或等于 50%的土称含粗粒的细粒土；含粗粒的细粒土应根据所含细粒土的塑性指标在塑性图中的位置及所含粗粒类别，按下列规定划分：

1）粗粒中砾粒含量大于砂粒含量，称含砾细粒土，应在细粒土代号后加代号 G。

2）粗粒中砾粒含量不大于砂粒含量，称含砂细粒土，应在细粒土代号后加代号 S。

表 4.5 细 粒 土 的 分 类

土的塑性指标		土名称	土代号
塑性指数 I_p	液限 W_L		
$I_p \geqslant 0.73（W_L - 20）$ 和 $I_p \geqslant 7$	$W_L \geqslant 50\%$	高液限黏土	CH
	$W_L < 50\%$	低液限黏土	CL
$I_p < 0.73（W_L - 20）$ 和 $I_p < 4$	$W_L \geqslant 50\%$	高液限粉土	MH
	$W_L < 50\%$	低液限粉土	ML

（4）有机质含量小于 10%且不小于 5%的土为有机质土，在各相应土类代号之后应加代号 O。

土的含量或指标等于界限值时，可根据使用目的按偏于安全的原则分类。

5. 土的简易鉴别、分类和描述

（1）简易鉴别方法。

1）目测法鉴别。将研散的风干试样摊成一薄层，估计土中巨、粗、细粒组所占的比例确定土的分类。

2）干强度试验。将一小块土捏成土团，风干后用手指捏碎、掰断及捻碎，并应根据用力的大小进行下列区分：

a. 很难或用力才能捏碎或掰断为干强度高。

b. 稍用力即可捏碎或掰断为干强度中等。

c. 易于捏碎或捻成粉末者为干强度低。

当土中含碳酸盐、氧化铁等成分时会使土的干强度增大，其干强度宜再将湿土作手捻试验，予以校核。

3）手捻试验。将稍湿或硬塑的小土块在手中捻捏，然后用拇指和食指将土捏成片状，并应根据手感和土片光滑度进行下列区分：

a. 手滑腻，无砂，捻面光滑为塑性高。

b. 稍有滑腻，有砂粒，捻面稍有光滑者为塑性中等。

c. 稍有黏性，砂感强，捻面粗糙为塑性低。

4）搓条试验。将含水率略大于塑限的湿土块在手中揉捏均匀，再在手掌上搓成土条，并应根据土条不断裂而能达到的最小直径进行下列区分：

a. 能搓成直径小于 1mm 土条为塑性高。

b. 能搓成直径为 1～3mm 土条为塑性中等。

c. 能搓成直径大于 3mm 土条为塑性低。

5）韧性试验。将含水率略大于塑限的土块在手中揉捏均匀，并在手掌中搓成直径为 3mm 的土条，并应根据再揉成土团和搓条的可能性进行下列区分：

a. 能揉成土团，再搓成条，揉而不碎者为韧性高。

b. 可再揉成团，捏而不易碎者为韧性中等。

c. 勉强或不能再揉成团，稍捏或不捏即碎者为韧性低。

6）摇震反应试验。将软塑或流动的小土块捏成土球，放在手掌上反复摇晃，并以另一手掌击此手掌。土中自由水将渗出，球面呈现光泽；用两个手指捏土球，放松后水又被吸入，光泽消失。并应根据渗水和吸水反应快慢，进行下列区分：

a. 立即渗水及吸水者为反应快。

b. 渗水及吸水中等者为反应中等。

c. 渗水、吸水慢者为反应慢。

d. 不渗水、不吸水者为无反应。

（2）鉴别分类。

1）巨粒类土和粗粒类土可根据目测结果按 4.1.1 的分类定名。

2）细粒类土可根据干强度、手捻、搓条、韧性和摇震反应等试验结果按表 4.6 的分类定名。

3）土中有机质系未完全分解的动、植物残骸和无定形物质，可采用目测、手摸或嗅感判别，有机质一般呈灰色或暗色，有特殊气味，有弹性和海绵感。

表 4.6　　　　　　　　　　　　　细 粒 土 的 简 易 分 类

干强度	手捻试验	搓条试验		摇震反应	土类代号
		可搓成土条的最小直径（mm）	韧性		
低一中	粉粒为主，有砂感，稍有黏性，捻面较粗糙，无光泽	3～2	低一中	快一中	ML
中一高	含砂粒，有黏性，稍有滑腻感，捻面较光滑，稍有光泽	2～1	中	慢一无	CL
中一高	粉粒较多，有黏性，稍有滑腻感，捻面较光滑，稍有光泽	2～1	中一高	慢一无	MH
高一很高	无砂感，黏性大，滑腻感强，捻面光滑，有光泽	<1	高	无	CH

注　表中所列各类土凡呈灰色或暗色且有特殊气味的，应在相应土类代号后加代号 O，如 MLO、CLO、MHO、CHO。

（3）土的描述。土的描述宜包含下列内容：

1）巨粒类土、粗粒类土：通俗名称及当地名称；土颗粒的最大粒径；土颗粒风化程度；巨粒、砾粒、砂粒组的含量百分数；巨粒或粗粒形状（圆、次圆、棱角或次棱角）；土颗粒的矿物成分；土颜色和有机质；天然密实度；所含细粒土类别（黏土或粉土）；土或土层的代号和名称。

2）细粒类土：通俗名称及当地名称；土颗粒的最大粒径；巨粒、砾粒、砂粒组的含量百分数；天然密实度；潮湿时土的颜色及有机质；土的湿度（干、湿、很湿或饱和）；土的稠度（流塑、软塑、可塑、硬塑、坚硬）；土的塑性（高、中或低）；土的代号和名称。

4.1.2　中华人民共和国电力行业标准

根据中华人民共和国电力行业标准 DL/T 5355—2006《水电水利工程土工试验规程》，土的工程分类如下。

1. 粒组划分

（1）构成土的粒组颗粒粒径范围划分与名称应符合表 4.7 的规定。

表 4.7　　　　　　　　　　　　粒 组 划 分 与 名 称

粒组划分与名称			粒径 d 的范围（mm）
巨粒	漂石（块石）		$d>200$
	卵石（碎石）		$200\geq d>60$
粗粒	砾（圆砾、角砾）	粗砾	$60\geq d>20$
		中砾	$20\geq d>5$
		细砾	$5\geq d>2$
	砂	粗砂	$2\geq d>0.5$
		中砂	$0.5\geq d>0.25$
		细砂	$0.25\geq d>0.075$
细粒	粉粒		$0.075\geq d>0.005$
	黏粒		$0.005\geq d$

（2）土类的基本名称和代号应符合下列规定：

漂石（块石）	B（B_a）
卵石（碎石）	Cb（Cb_a）
砾（圆砾、角砾）	G
含砾	g
砂	S
含砂	s
粉土	M
黏土	C
细粒土（粉土、黏土合称）	F
混合土（粗、细粒土合称）	Sl
级配良好	W
级配不良	P
高液限	H
低液限	L

（3）表示土类的代号构成应符合下列规定：

1) 1 个代号即表示土的名称。

2) 由 2 个基本代号构成时：第 1 个基本代号表示土的主成分；第 2 个基本代号表示土的副成分，或土的级配特征，或土的液限。

3) 由 3 个基本代号构成时：第 1 个基本代号表示土的主成分；第 2 个基本代号表示土的混合成分，或土的级配特征，或土的液限；第 3 个基本代号表示土的副成分或次要成分。

（4）土的分类应根据下列土的特性指标确定：

1) 土的颗粒组成及级配特征。土的颗粒组成试验应符合颗粒分析试验的规定。

2) 土的塑性指标，包括液限、塑限、塑性指数。土的塑性指标试验应符合界限含水率试验的规定。

（5）土的级配特征根据土的级配指标确定，应符合下列规定：

1) 按下列公式计算不均匀系数和曲率系数：

$$C_u = \frac{d_{60}}{d_{10}} \tag{4.3}$$

$$C_c = \frac{(d_{30})^2}{d_{10}d_{60}} \tag{4.4}$$

式中　C_u——不均匀系数；

　　　C_c——曲率系数；

　　　d_{10}——有效粒径（mm），颗粒大小分布曲线上小于该粒径的土颗粒含量为 10% 的粒径；

　　　d_{30}——颗粒大小分布曲线上小于该粒径的土颗粒含量为 30% 的粒径（mm）；

　　　d_{60}——限制粒径（mm），颗粒大小分布曲线上小于该粒径的土颗粒含量为 60% 的粒径。

2) 土的级配特征划分应符合下列规定：

a. 级配良好：$C_u \geqslant 5$，$C_c = 1 \sim 3$。

b. 级配不良：不能同时满足上述要求。

2. 细粒土的基本分类和定名

细粒土的基本分类应符合下列规定：

（1）细粒土的基本分类应依据塑性分类图，见图 4.2。塑性分类图的横坐标为液限，纵坐标为塑性指数。图中三条线的方程式应符合下列规定：

A 线：$I_p = 0.73 (W_L - 20)$。

B 线：$W_L = 50\%$。

C 线：$I_p = 10$。

（2）细粒土的基本分类和定名按土的塑性指标在塑性分类图中的位置确定，应符合表 4.8 的规定。

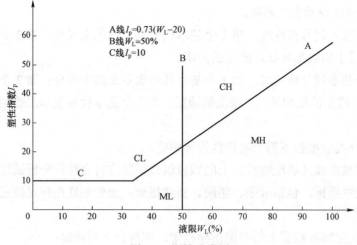

图 4.2　塑性分类图

表 4.8　　　　　　　　　　　　　　　细粒土的基本分类和定名

土的塑性指标		土名称	土代号
塑性指数 I_p	液限 W_L		
$I_p \geq 0.73（W_L-20）$ 和 $I_p \geq 10$	$W_L \geq 50\%$	高液限黏土	CH
	$W_L < 50\%$	低液限黏土	CL
$I_p < 0.73（W_L-20）$ 和 $I_p < 10$	$W_L \geq 50\%$	高液限粉土	MH
	$W_L < 50\%$	低液限粉土	ML

3. 巨粒类土的分类和定名

巨粒类土的分类和定名应符合下列规定：

（1）试样中巨粒组含量大于 75% 的土为巨粒土。

（2）试样中巨粒组含量大于 50%、小于或等于 75% 的土为混合巨粒土。

（3）试样中巨粒组含量大于 15%、小于或等于 50% 的土为巨粒混合土。

（4）巨粒组中：漂石（块石）含量大于卵石（碎石）含量的土为漂石（块石），卵石（碎石）含量大于或等于漂石（块石）含量的土为卵石（碎石）。

（5）试样中巨粒组含量小于或等于 15% 时，可剔除巨粒组后，按粗粒类土或细粒类土的规定进行分类和定名。

（6）巨粒类土的分类和定名应符合表 4.9 的规定。

表 4.9　　　　　　　　　　　　　　　巨粒类土的分类和定名

土类	粒组含量		土名称	土代号
巨粒土	巨粒含量>75%	漂石（块石）>卵石（碎石）	漂石（块石）	B（B$_a$）
		漂石（块石）≤卵石（碎石）	卵石（碎石）	Cb（Cb$_a$）
混合巨粒土	巨粒含量 >50%，≤75%	漂石（块石）>卵石（碎石）	混合土漂石（块石）	B（B$_a$）Sl
		漂石（块石）≤卵石（碎石）	混合土卵石（碎石）	Cb（Cb$_a$）Sl

土类	粒组含量		土名称	土代号
巨粒混合土	巨粒含量 >15%，≤ 50%	漂石（块石）>卵石（碎石）	漂石（块石）混合土	SlB（B$_a$）
		漂石（块石）≤卵石（碎石）	卵石（碎石）混合土	SlCb（Cb$_a$）

（7）当细粒土含量对巨粒类土的性质产生影响时，巨粒类土应作进一步细分。细粒组含量等于或大于 5%、小于 15% 时称为含细粒巨粒类土，在其代号后加 F；细粒组含量等于或大于 15%、小于 50% 时称为细粒质巨粒类土，在其代号后加细粒组的基本代号 C 或 M。

4. 粗粒类土的分类和定名

（1）粗粒类土的分类应符合下列规定：

1）试样中粗粒组含量大于 50% 的土为粗粒类土。

2）粗粒类土中：砾粒组含量大于砂粒组含量的土为砾类土，砂粒组含量大于或等于砾粒组含量的土为砂类土。

（2）砾类土的分类和定名应符合下列规定：

1）砾类土应根据试样中的细粒组含量及类别、试样的级配特征进行分类和定名。

2）砾类土的分类和定名应符合表 4.10 的规定。

表 4.10 砾类土的分类和定名

土类	细粒组含量及名称		级配特征	土名称	土代号
砾	≤5%		C_u>5，C_c=1～3	级配良好砾	GW
			不同时满足上述要求	级配不良砾	GP
含细粒土砾	>5%，≤15%		—	含细粒土砾	GF
细粒土质砾	>15%，<50%	黏土	—	黏土质砾	GC
		粉土	—	粉土质砾	GM

（3）砂类土的分类和定名应符合下列规定：

1）砂类土应根据试样中的细粒组含量及类别、试样的级配特征进行分类和定名。

2）砂类土的分类和定名应符合表 4.11 的规定。

表 4.11 砂类土的分类和定名

土类	细粒组含量及名称		级配特征	土名称	土代号
砂	≤5%		C_u>5，C_c=1～3	级配良好砂	SW
			不同时满足上述要求	级配不良砂	SP
含细粒土砂	>5%，≤15%		—	含细粒土砂	SF
细粒土质砂	>15%，<50%	黏土	—	黏土质砂	SC
		粉土	—	粉土质砂	SM

5. 细粒类土的分类和定名应符合下列规定：

（1）试样中细粒组含量等于或大于 50%的土为细粒类土。

（2）试样中粗粒组含量小于或等于 15%时为细粒土，其分类和定名应符合表 4.8 的规定。

（3）试样中粗粒组含量大于 15%、小于或等于 30%时称含粗粒细粒类土。粗粒组中砾粒组含量大于砂粒组含量时称含砾细粒土，在细粒类土代号后加 g；粗粒组中砂粒组含量大于或等于砾粒组含量时称含砂细粒类土，在细粒类土代号后加 s。

（4）试样中粗粒组含量大于 30%、小于或等于 50%时称粗粒质细粒类土。粗粒组中砾粒组含量大于砂粒组含量时称砾质细粒类土，在细粒类土代号后加 G；粗粒组中砂粒组含量大于或等于砾粒组含量时称砂质细粒类土，在细粒类土代号后加 S。

4.1.3　中华人民共和国水利行业标准

根据中华人民共和国水利行业标准 GB/T 50123—2019《土工试验方法标准》，土的工程分类应根据如下指标确定：土颗粒组成及其特征、土的塑性指标（液限 W_L、塑限 W_P 和塑性指数 I_P）、土中有机质含量。

1. 粒组划分

（1）构成土的粒组颗粒粒径范围划分与名称应符合表 4.12 的规定。

表 4.12　　　　　　　　　　粒 组 划 分 与 名 称

粒组统称	粒组划分		粒径 d 的范围（mm）
巨粒组	漂石（块石）组		$d>200$
	卵石（碎石）组		$200 \geqslant d>60$
粗粒组	砾粒（角砾）	粗砾	$60 \geqslant d>20$
		中砾	$20 \geqslant d>5$
		细砾	$5 \geqslant d>2$
	砂粒	粗砂	$2 \geqslant d>0.5$
		中砂	$0.5 \geqslant d>0.25$
		细砂	$0.25 \geqslant d>0.075$
细粒组	粉粒		$0.075 \geqslant d>0.005$
	黏粒		$d \leqslant 0.005$

（2）土颗粒组成特性应以土的级配指标（不均匀系数 C_u 和曲率系数 C_c）表示。

1）不均匀系数 C_u：反映土中颗粒级配均匀程度的一个系数，应按式（4.5）计算：

$$C_u = \frac{d_{60}}{d_{10}} \qquad (4.5)$$

式中　d_{10}、d_{60}——在粒径分布曲线上粒径累积质量分别占总质量 10%和 60%的粒径（mm）。

2）曲率系数 C_c：反映粒径分布曲线的形状，是颗粒级配优劣程度的一个系数，应按式（4.6）计算：

$$C_c = \frac{(d_{30})^2}{d_{10}d_{60}} \tag{4.6}$$

式中 d_{30}——在粒径分布曲线上，粒径累积质量占总质量的 30%的粒径（mm）；其余符号见式（4.5）。

（3）土类基本代号应符合下列规定。

漂石（块石）　　　　　　　　　　　B

卵石（碎石）　　　　　　　　　　　Cb

砾（角砾）　　　　　　　　　　　　G

砂　　　　　　　　　　　　　　　　S

粉土　　　　　　　　　　　　　　　M

黏土　　　　　　　　　　　　　　　C

细粒土（C 和 M 合称）　　　　　　F

混合土（粗、细粒土合称）　　　　　SI

有机质土　　　　　　　　　　　　　O

黄土　　　　　　　　　　　　　　　Y

膨胀土　　　　　　　　　　　　　　E

红黏土　　　　　　　　　　　　　　R

盐渍土　　　　　　　　　　　　　　St

级配良好　　　　　　　　　　　　　W

级配不良　　　　　　　　　　　　　P

高液限　　　　　　　　　　　　　　H

低液限　　　　　　　　　　　　　　L

（4）表示土类的代号按下列规定构成。

1）1 个代号即表示土的名称。

示例：Cb—卵石、碎石；

　　　M—粉土。

2）由 2 个基本代号构成时，第 1 个基本代号表示土的主成分，第 2 个基本代号表示土的特性指标（土的液限或土的级配）。

示例：GP——不良级配砾；

　　　CL——低液限黏土。

3）由 3 个基本代与构成时，第 1 个基本代号表示土的主成分，第 2 个基本代号表示液限的高低（或级配的好坏），第 3 个基本代号表示土中所含次要成分。

示例：CHG——含砾高液限黏土；

　　　MLS——含砂低液限粉土。

2. 巨粒土和含巨粒土的分类和定名

（1）试样中巨粒组质量大于总质量的 50%的土称巨粒类土。

（2）试样中巨粒组质量为总质量的 15%～50%的土为巨粒混合土。

（3）试样中巨粒组质量小于总质量的 15%的土，可扣除巨粒，按粗粒土或细粒土的相应规定分类、定名。

（4）巨粒土和含巨粒土的分类、定名，应符合表 4.13 的规定。

表 4.13　　　　　　　　　　　巨粒土和含巨粒土的分类

土类	粒组含量		土类代号	土类名称
巨粒土	巨粒含量 100%～75%	漂石粒含量>50%	B	漂石
		漂石粒含量≤50%	C_b	卵石
混合巨粒土	巨粒含量 小于75%，大于50%	漂石粒含量>50%	BSL	混合土漂石
		漂石粒含量≤50%	C_bSI	混凝土卵石
巨粒混合土	巨粒含量 50%～15%	漂石含量>卵石含量	SIB	漂石混合土
		漂石含量≤卵石含量	SIC_b	卵石混合土

3. 粗粒土的分类和定名

（1）试样中粗粒组质量大于总质量的 50%的土称粗粒类土。

（2）粗粒类土中砾粒组质量大于总质量的 50%的土称砾类土；砾粒组质量小于或等于总质量的 50%的土称砂类土。

（3）砾类土应根据其中细粒含量及类别、粗粒组的级配，按表 4.14 分类和定名。

表 4.14　　　　　　　　　　　砾 类 土 的 分 类

土类	粒组含量		土的代号	土名称
砾	细粒含量 小于5%	级配：$C_u \geq 5$；$C_c = 1 \sim 3$	GW	级配良好砾
		级配：不同时满足上述要求	GP	级配不良砾
含细粒土砾	细粒含量 5%～15%		GF	含细粒土砾
细粒土质砾	15%<细粒含量≤50%	细粒为黏土	GC	黏土质砾
		细粒为粉土	GM	粉土质砾

注　表中细粒土质砾土类，应按细粒土在塑性图中的位置定名。

（4）砂类土应根据其中细粒含量及类别、粗粒组的级配，按表 4.15 分类和定名。

表 4.15　　　　　　　　　　　砂 类 土 的 分 类

土类	粒组含量		土的代号	土名称
砂	细粒含量 小于5%	级配：$C_u \geq 5$；$C_c = 1 \sim 3$	SW	级配良好砂
		级配：不同时满足上述要求	SP	级配不良砂

土类	粒组含量		土的代号	土名称
含细粒土砂	细粒含量5%～15%		SF	含细粒土砂
细粒土质砂	15%＜细粒含量≤50%	细粒为黏土	SC	黏土质砂
		细粒为粉土	SM	粉土质砂

注 表中细粒土质砂土类，应按细粒土在塑性图中的位置定名。

4. 细粒土分类和定名

（1）试样中细粒组质量大于或等于总质量50%的土称细粒类土。

（2）细粒类土应按下列规定划分。

1）试样中粗粒组小于总质量25%的土称细粒土。

2）试样中粗粒组质量为总质量的25%～50%的土称含粗粒的细粒土。

3）试样中含有部分有机质（有机质含量5%≤O_u≤10%）的土称有机质土。

（3）细粒土应根据塑性图分类（见图4.3）。塑性图的横坐标为土的液限（W_L），纵坐标为塑性指数（I_p）。塑性图中有A、B两条界限线。

1）A线方程式：$I_p = 0.73（W_L - 20）$。A线上侧为黏土，下侧为粉土。

2）B线方程式：$W_L = 50\%$。$W_L \geq 50\%$ 为高液限，$W_L < 50\%$ 为低液限。

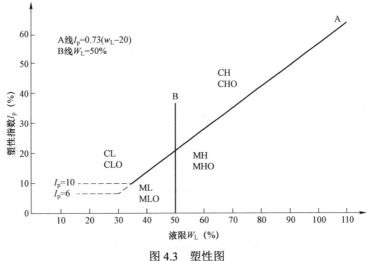

图4.3 塑性图

（4）细粒土应按塑性图中的位置确定土的类别，并按表4.16分类和定名。

表4.16　　　　　　　　　　细 粒 土 的 分 类

土的塑性指标		土代号	土名称
塑性指数（I_p）	液限（W_L）		
$I_p \geq 0.73（W_L - 20）$ 和 $I_p \geq 10$	$W_L \geq 50\%$	GH	高液限黏土
	$W_L < 50\%$	CL	低液限黏土

土的塑性指标		土代号	土名称
$I_p < 0.73 (W_L - 20)$ 和 $I_p < 10$	$W_L \geqslant 50\%$	MH	高液限粉土
	$W_L < 50\%$	ML	低液限粉土

（5）含粗粒土的细粒土先按表 4.16 规定确定细粒土名称，再按下列规定最终定名。

1）粗粒中砾粒占优势，称含砾细粒土，应在细粒土名代号后缀以代号 G。

示例：CHG——含砾高液限黏土；

MLG——含砾低液限粉土。

2）粗粒中砂粒占优势，称含砂细粒土，应在细粒土代号后缀以代号 S。

示例：CHS——含砂高液限黏土；

MLS——含砂低液限粉土。

5. 特殊土分类

（1）黄土、膨胀土和红黏土等特殊土类在塑性图中的基本位置见图 4.4。其相应的初步判别见表 4.17。

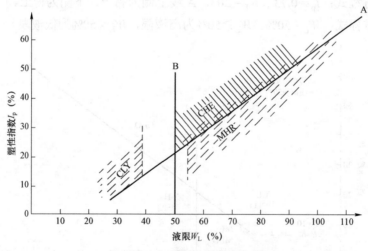

图 4.4 特殊土塑性图

表 4.17 黄土、膨胀土和红黏土的判别

土的塑性指标		土代号	土名称
塑性指数（I_p）	液限（W_L）		
$I_p \geqslant 0.73 (W_L - 20)$	$W_L < 40\%$	CLY	低液限黏土（黄土）
	$W_L > 50\%$	CHE	高液限黏土（膨胀土）
$I_p < 0.73 (W_L - 20)$	$W_L > 55\%$	MHR	高液限粉土（红黏土）

（2）黄土、膨胀土、红黏土等特殊土的最终分类和定名尚应遵照相应的专门规范。本规程仅规定在塑性图中的基本位置和相应的名称。

6. 有机质土的判定

根据土中未分解的动植物残骸和无定形物质判定是有机质土还是无机土。有机质呈黑色、青黑色或暗色，有臭味，手触有弹性和海绵感。

当不能简易鉴别时，可将试样在 105～110℃的烘箱中烘焙一昼夜，烘焙后试样的液限降低到未烘焙试样液限的 3/4 时，则试样为有机质土。

有机质土可按表 4.15 规定划分定名，在各相应土类代号之后缀以代号 O。

示例：CHO——有机质高液限黏土；

MLO——有机质低液限粉土。

7. 土的简易鉴别、分类和描述

（1）简易鉴别方法。

1）简易鉴别方法是用目测法代替筛析法确定土颗粒组成及其特征；用干强度、手捻、搓条、韧性和摇振反应等定性方法代替用仪器测定土的塑性。

2）土的有机质可按前述的规定鉴定。

3）土粒粒组含量的确定：可将研碎的风干试样摊成一薄层，凭目测估计土中巨、粗、细粒组所占的比例。再按本规程的有关规定确定其为巨粒土、粗粒土（砾类土或砂类土）和细粒土。

4）干强度试验。将一小块土捏成土团风干后用手指掰断、捻碎。根据用力大小区分为：

a. 干强度高——很难或用力才能捏碎或掰断；

b. 干强度中等——稍用力即可捏碎或掰断；

c. 干强度低——易于捏碎或捻成粉末。

5）手捻试验。将稍湿或硬塑的小土块在手中揉捏，然后用拇指和食指将土捻成片状，根据手感和土片光滑度可区分为：

a. 塑性高——手感滑腻，无砂，捻面光滑；

b. 塑性中等——稍有滑腻感，有砂粒，捻面稍有光泽；

c. 塑性低——稍有黏性，砂感强，捻面粗糙。

6）搓条试验。将含水率略大于塑限的湿土块在手中揉捏均匀，再在手掌上搓成土条。根据土条断裂而能达到的最小直径可区分为：

a. 塑性高——能搓成直径小于 1mm 土条；

b. 塑性中等——能搓成直径为 1～3mm 土条；

c. 塑性低——搓成直径大于 3mm 的土条即断裂。

7）韧性试验。将含水率略大于塑限的土块在手中揉捏均匀，然后在手掌中搓成直径为 3mm 的土条，再揉成土团。根据再次搓条的可能性可区分为：

a. 韧性大——能揉成土团，再搓成条，捏而不碎；

b. 韧性中等——可再揉成团，捏而不易碎；

c. 韧性小——勉强或不能揉成团，稍捏或不捏即碎。

8）摇振反应试验。将软塑至流动的小土块捏成土球，放在手掌上反复摇晃，并用另一手振击该手掌，土中自由水渗出，球面呈现光泽；用两手指捏土球，放松手水又被吸入，光泽消失。根据上述渗水和吸水反应快慢。可区分为：

　　a. 反应快——立即渗水和吸水；

　　b. 反应中等——渗水和吸水中等；

　　c. 反应慢（或无反应）——渗水和吸水慢或不渗不吸。

（2）鉴别分类。

1）巨粒土和粗粒土简易鉴别方法的目估结果，按表 4.13、表 4.14 和表 4.15 的规定进行分类和定名。

2）细粒土可根据简易鉴别方法的试验结果，按表 4.18 进行分类和定名。

表 4.18　　　　　　　　　　　细 粒 土 简 易 分 类

半固态时的干强度	硬塑—可塑状态时的手捻感和光滑度	土在可塑状态时		软塑—流动状态时的摇振反应	土类代号
		可搓成最小直径（mm）	韧性		
低—中	灰黑色，粉粒为主，稍黏，捻面粗糙	3	低	快—中	MLO
中	砂粒稍多，有黏性，捻面较粗糙，无光泽	2~3	低	快—中	ML
中—高	有砂粒，稍有滑腻感，捻面稍有光泽，灰黑色者为 CLO	1~2	中	无—很慢	CL CLO
中	粉粒较多，有滑腻感，捻面较光滑	1~2	中	无—慢	MH
中—高	灰黑色，无砂，滑腻感强，捻面光滑	<1	中—高	无—慢	MHO
高—很高	无砂感，滑腻感强，捻面有光泽，灰黑色者为 CHO	<1	高	无	CH CHO

（3）土状态描述。

1）在现场采样和试验开启土样时，应按下述内容描述土的状态。

　　a. 巨粒土和粗粒土：通俗名称及当地名称；土颗粒的最大粒径；漂石粒、卵石粒、砾粒、砂粒组的含量百分数；土颗粒形状（圆、次圆、棱角或次棱角）；土颗粒矿物成分；土的颜色和有机物含量；细粒土成分（黏土或粉土）；土的代号和名称。

　　示例：粉质砂土，含砾约 20%，最大粒径约 10mm，砾坚，带棱角；砂粒由粗到细，粒圆；含约 15% 的无塑性粉质土，干强度低，密实，天然状态潮湿，系冲积砂（SM）。

　　b. 细粒土：通俗名称及当地名称；土粒的最大粒径；巨粒、砾粒、砂粒组的含量百分数；潮湿时颜色及有机质含量；土的湿度（干、湿、很湿或饱和）；土的状态（流动、软塑、可塑或硬塑）；土的塑性（高、中或低）；土的代号和名称。

　　示例：黏质粉土，棕色，微有塑性，含少量细砂，有无数垂直根孔，天然状态坚实，系黄土（CLY）。

2）土的状态应根据不同用途按下列各项分别描述。

　　a. 当用作填土时：不同土类的分布层次和范围。

b. 当用作地基时：土类的分布层次及范围；土层结构、层理特征；密实度和稠度。

4.1.4　中华人民共和国公路行业标准

根据中华人民共和国公路行业标准 JTG C20—2011《公路工程地质勘察规范》，土的工程分类如下。

1. 按成因分类

土可根据其地质成因分为残积土、坡积土、崩积土、冲积土、洪积土、风积土、湖积土、海积土和冰积土等。

2. 按工程地质特性分类

土可根据其所具有的工程地质特性分为黄土、冻土、膨胀土、盐渍土、软土、红黏土和填土等。

3. 按颗粒成分分类

土可根据颗粒成分分为碎石土、砂土、粉土和黏性土，其划分应符合以下规定：

（1）粒径大于 2mm 的颗粒质量超过总质量 50% 的土，应定名为碎石土，并按表 4.19 进一步分类。

表 4.19　　　　　　　　　　　　碎 石 土 分 类

土的名称	颗粒形状	颗粒级配
漂石	圆形及亚圆形为主	粒径大于 200mm 的颗粒质量超过总质量的 50%
块石	棱角形为主	
卵石	圆形及亚圆形为主	粒径大于 20mm 的颗粒质量超过总质量的 50%
碎石	棱角形为主	
圆砾	圆形及亚圆形为主	粒径大于 2mm 的颗粒质量超过总质量的 50%
角砾	棱角形为主	

注　定名时，应根据颗粒级配由大到小以最先符合者确定。

（2）粒径大于 2mm 的颗粒质量不超过总质量的 50%，且粒径大于 0.075mm 的颗粒质量超过总质量 50% 的土，应定名为砂土，并按表 4.20 进一步分类。

表 4.20　　　　　　　　　　　　砂 土 分 类

土的名称	颗粒级配
砾砂	粒径大于 2mm 的颗粒质量占总质量的 25%～50%
粗砂	粒径大于 0.5mm 的颗粒质量超过总质量的 50%
中砂	粒径大于 0.25mm 的颗粒质量超过总质量的 50%
细砂	粒径大于 0.075mm 的颗粒质量超过总质量的 85%
粉砂	粒径大于 0.075mm 的颗粒质量超过总质量的 50%

注　定名时，应根据颗粒级配由大到小以最先符合者确定。

（3）塑性指数 I_p≤10，且粒径大于 0.075mm 的颗粒质量不超过总质量 50%的土，应定名为粉土。

（4）塑性指数 I_p＞10，且粒径大于 0.075mm 的颗粒质量不超过总质量 50%的土，应定名为黏性土，并按表 4.21 进一步分类。

表 4.21 黏 性 土 分 类

土的名称	粉质黏土	黏土
塑性指数 I_p	10＜I_p≤17	I_p＞17

注　液限、塑限分别采用 76g 锥试验确定。

4. 碎石土的密实度

（1）碎石土的密实度，宜根据圆锥动力触探锤击数按表 4.22 和表 4.23 确定。表中 $N_{63.5}$ 和 N_{120} 应根据杆长修正。

表 4.22 碎石土密实度划分（一）

重型圆锥动力触探锤击数 $N_{63.5}$	$N_{63.5}$＞20	10＜$N_{63.5}$≤20	5＜$N_{63.5}$≤10	$N_{63.5}$≤5
密实度	密实	中密	稍密	松散

注　本表适用于平均粒径小于或等于 50mm，且最大粒径不超过 100mm 的碎石土。

表 4.23 碎石土密实度划分（二）

超重型圆锥动力触探锤击数 N_{120}	N_{120}＞11	6＜N_{120}≤11	3＜N_{120}≤6	N_{120}≤3
密实度	密实	中密	稍密	松散

注　本表适用于平均粒径大于 50mm，或最大粒径大于 100mm 的碎石土。

（2）碎石土的密实度，可根据其野外特征按表 4.24 鉴别。

表 4.24 碎石土密实度野外鉴别

密实度	骨架颗粒含量和排列	可挖性	可钻性
密实	骨架颗粒质量大于总质量的 70%，呈交错排列，连续接触	锹镐挖掘困难，用撬棍方能松动，井壁较稳定	钻进极困难，冲击钻探时，钻杆、吊锤跳动剧烈，孔壁较稳定
中密	骨架颗粒质量为总质量的 60%～70%，呈交错排列，大部分接触	锹镐可挖掘，井壁有掉块现象，从井壁取出大颗粒处，能保持颗粒凹面形状	钻进较困难，冲击钻探时，钻杆、吊锤跳动不剧烈，孔壁有坍塌现象
稍密	骨架颗粒质量为总质量的 55%～60%，排列混乱，大部分不接触	锹镐可挖掘，井壁易坍塌，从井壁取出大颗粒后，立即塌落	钻进较容易，冲击钻探时，钻杆稍有跳动，孔壁易坍塌
松散	骨架颗粒质量小于总质量的 55%，排列十分混乱，绝大部分不接触	锹镐可挖掘，井壁极易坍塌	钻进很容易，冲击钻探时，钻杆无跳动，孔壁极易坍塌

注　密实度应按表中所列各项特征综合确定。

5. 砂土的密实度

砂土的密实度应按表4.25 划分。

表4.25 砂 土 密 实 度 划 分

标准贯入试验锤击数 实测值 N	$N>30$	$15<N\leqslant30$	$10<N\leqslant15$	$N\leqslant10$
密实度	密实	中密	稍密	松散

6. 粉土的密实度

粉土的密实度应按表4.26 划分。

表4.26 粉 土 密 实 度 划 分

密实度	孔隙比 e
密实	$e<0.75$
中密	$0.75\leqslant e\leqslant0.90$
稍密	$e>0.90$

7. 黏性土的压缩性

黏性土的压缩性应按表4.27 划分。

表4.27 黏 性 土 压 缩 性 划 分

压缩性	压缩系数 $a_{0.1\sim0.2}$（MPa^{-1}）
低压缩性	$a_{0.1\sim0.2}<0.1$
中压缩性	$0.1\leqslant a_{0.1\sim0.2}<0.5$
高压缩性	$a_{0.1\sim0.2}\geqslant0.5$

注 表中 $a_{0.1\sim0.2}$ 为 0.1～0.2MPa 压力范围内的压缩系数。

8. 砂土的湿度

砂土的湿度应按表4.28 划分。

表4.28 砂 土 的 湿 度 划 分

湿度	饱和度 S_r（%）
稍湿	$S_r\leqslant50$
潮湿	$50<S_r\leqslant80$
饱和	$S_r>80$

9. 粉土的湿度

粉土的湿度应按表4.29 划分。

表 4.29 粉 土 的 湿 度 划 分

湿度	天然含水率 W（%）
稍湿	$W<20$
湿	$20 \leqslant W<30$
很湿	$W>30$

10. 黏性土的状态

黏性土的状态应按表 4.30 划分。

表 4.30 黏 性 土 的 状 态 划 分

状态	液性指数 I_L
坚硬	$I_L \leqslant 0$
硬塑	$0<I_L \leqslant 0.25$
可塑	$0.25<I_L \leqslant 0.75$
软塑	$0.75<I_L \leqslant 1.00$
流塑	$I_L>1.00$

11. 黏性土的分类

黏性土分类可按表 4.31 划分。

表 4.31 黏 性 土 划 分

黏性土分类	地质年代
老黏土	第四纪晚更新世（Q_3）及以前
一般黏土	第四纪全新世（Q_4）文化期以前
新近沉积黏性土	第四纪全新世（Q_4）文化期以来

12. 土的描述

土的描述应包括名称、地质年代和成因类型，并应符合下列规定：

（1）碎石土应描述颜色、颗粒级配、颗粒形状、碎石成分、风化程度、充填物的类型、充填程度和密实度等。

（2）砂土应描述颜色、颗粒级配、颗粒形状、矿物成分、黏粒含量、湿度和密实度等。

（3）粉土应描述颜色、湿度、密实度、含有物等。

（4）黏性土应描述颜色、状态、含有物等。

（5）特殊性土除应描述上述相应土类规定的内容外，尚应描述其特殊成分和特殊性质。

4.1.5 中华人民共和国铁路行业标准

根据中华人民共和国铁路行业标准 TB 10077—2019《铁路工程岩土分类标准》，土的工程分类如下。

1. 一般规定

（1）土按照堆积时代、地质成因、土颗粒的形状、级配或塑性指数等进行分类。

1）按照堆积时代可划分为老堆积土（Q_3 及其以前堆积的土层）、一般堆积土（Q_4^1堆积的土层）、新近堆积土（Q_4^2堆积的土层）。

2）按照地质成因可划分为残积土、坡积土、崩积土、洪积土、冲积土、海积土、湖积土、冰碛土、冰积土和风积土等。

3）按照土颗粒的形状、级配或塑性指数可划分为碎石类土、砂类土、粉土和黏性土。

（2）呈韵律沉积的土层，薄层与厚层厚度之比为 1/10～1/3 时，宜定名为夹层，厚层的土名写在前面；当厚度之比大于 1/3 时，宜定名为互层；当厚度之比小于 1/10，宜定名为夹薄层。

（3）由坡积、洪积、冰水沉积等成因形成的颗粒级配不连续，粗细颗粒混杂的土，应定名为混合土，在土名前冠以主要含有物的名称。当主要含有物的质量占总质量的 5%～25% 时应定名为微含，大于或等于 25% 时应定名为含。

2. 一般土的分类

（1）颗粒分组。土的颗粒分组应符合表 4.32 的规定。

表 4.32　　　　　土　的　颗　粒　分　组

颗粒名称		粒径 d（mm）
漂石（浑圆、圆棱）或块石（尖棱）	大	$d>800$
	中	$400<d\leq800$
	小	$200<d\leq400$
卵石（浑圆、圆棱）或碎石（尖棱）	大	$100<d\leq200$
	小	$60<d\leq100$
粗圆砾（浑圆、圆棱）或粗角砾（尖棱）	大	$40<d\leq60$
	小	$20<d\leq40$
细圆砾（浑圆、圆棱）或细角砾（尖棱）	大	$10<d\leq20$
	中	$5<d\leq10$
	小	$2<d\leq5$
砂粒	粗	$0.5<d\leq2$
	中	$0.25<d\leq0.5$
	细	$0.075<d\leq0.25$
粉粒		$0.005<d\leq0.075$
黏粒		$d<0.005$

（2）碎石类土。

1）按照土颗粒形状和级配的划分，应符合表 4.33 的规定。

表 4.33 碎石类土的划分

土的名称	颗粒形状	颗粒级配
漂石土	浑圆或圆棱状为主	粒径大于 200mm 的颗粒的质量超过总质量的 50%
块石土	尖棱状为主	
卵石土	浑圆或圆棱状为主	粒径大于 60mm 的颗粒的质量超过总质量的 50%
碎石土	尖棱状为主	
粗圆砾土	浑圆或圆棱状为主	粒径大于 20mm 的颗粒的质量超过总质量的 50%
粗角砾土	尖棱状为主	
细圆砾土	浑圆或圆棱状为主	粒径大于 2mm 的颗粒的质量超过总质量的 50%
细角砾土	尖棱状为主	

注 定名时应根据粒径分组，由大到小，以最先符合者确定。

2）密实程度定性描述可根据结构特征、地貌、天然坡形态、开挖及钻探情况，按表 4.34 确定。

表 4.34 碎石类土密实程度的划分

密实度	结构特征	天然坡和开挖情况	钻探情况
密实	骨架颗粒交错紧贴连续接触，孔隙填满、密实	天然陡坡稳定，坎下堆积物较少。镐挖掘困难，用撬棍方能松动，坑壁稳定。从坑壁取出大颗粒处，能保持凹面形状	钻进困难。钻探时，钻具跳动剧烈，孔壁较稳定
中密	骨架颗粒排列疏密不匀，部分颗粒不接触，孔隙填满，但不密实	天然坡不易陡立或陡坎下堆积物较多。天然坡大于粗颗粒的安息角。镐可挖掘，坑壁有掉块现象。充填为砂类土时，坑壁取出大颗粒处，不易保持凹面形状	钻进较难。钻探时，钻具跳动不剧烈，孔壁有坍塌现象
稍密	多数骨架颗粒不接触，孔隙基本填满，但较松散	不易形成陡坎，天然坡略大于粗颗粒的安息角。镐较易挖掘。坑壁易掉块，从坑壁取出大颗粒后易塌落	钻进较难。钻探时，钻具有跳动，孔壁较易坍塌
松散	骨架颗粒间有较大孔隙，充填物少，且松散	锹可以挖掘。天然坡多为主要颗粒的安息角。坑壁易坍塌	钻进较容易，钻进中孔壁易坍塌

3）对于平均粒径等于或小于 50mm，且最大粒径小于 100mm 的碎石土，密实度应按表 4.35 进行定量评价。

表 4.35 碎石类土密实度按 $N_{63.5}$ 分类

重型圆锥动力触探实测锤击数 $N_{63.5}$	$N_{63.5} \leq 5$	$5 < N_{63.5} \leq 10$	$10 < N_{63.5} \leq 20$	$N_{63.5} > 20$
密实度	松散	稍密	中密	密实

4）对于平均粒径大于 50mm，或最大粒径大于 100mm 的碎石土，密实度应按表 4.36 进行定量评价。

表4.36   碎石类土密实度按 N_{120} 分类

超重型圆锥动力触探锤击数 N_{120}	$N_{120} \leq 3$	$3 < N_{120} \leq 6$	$6 < N_{120} \leq 11$	$11 < N_{120} \leq 14$	$N_{120} > 14$
密实度	松散	稍密	中密	密实	很密

5）碎石土的潮湿程度应根据饱和度按表4.37划分。

表4.37   碎石土潮湿程度的划分

分级	饱和度 S_r（%）
稍湿	$S_r \leq 50$
潮湿	$50 < S_r \leq 80$
饱和	$S_r > 80$

（3）砂类土。

1）砂类土根据土的颗粒级配的划分，应符合表4.38的规定。

表4.38   砂　类　土　的　划　分

土的名称	土的颗粒级配
砾砂	粒径大于 2mm 颗粒的质量占总质量的 25%～50%
粗砂	粒径大于 0.5mm 颗粒的质量超过总质量的 50%
中砂	粒径大于 0.25mm 颗粒的质量超过总质量的 50%
细砂	粒径大于 0.075mm 颗粒的质量超过总质量的 85%
粉砂	粒径大于 0.075mm 颗粒的质量超过总质量的 50%

注　定名时应根据粒径分组，由大到小，以最先符合者确定。

2）砂类土的密实程度，应根据标准贯入实测击数或相对密度按表4.39划分。

表4.39   砂类土密实度的划分

密实程度	标准贯入实测锤击数 N	相对密度 D_r
密实	$N > 30$	$D_r > 0.67$
中密	$15 < N \leq 30$	$0.40 < D_r \leq 0.67$
稍密	$10 < N \leq 15$	$0.33 < D_r \leq 0.40$
松散	$N \leq 10$	$D_r \leq 0.33$

3）砂类土的潮湿程度，应根据饱和度按表4.40划分。

表 4.40   砂类土潮湿程度的划分

分级	饱和度 S_r（%）
稍湿	$S_r \leqslant 50$
潮湿	$50 < S_r \leqslant 80$
饱和	$S_r > 80$

（4）粉土。塑性指数等于或小于 10，且粒径大于 0.075mm 颗粒的质量不超过全部质量 50%的土，应定名为粉土。

1）粉土的密实程度应根据孔隙比按表 4.41 划分。

表 4.41   粉土密实程度的划分

密实程度	孔隙比 e
密实	$e < 0.75$
中密	$0.75 \leqslant e \leqslant 0.90$
稍密	$e > 0.90$

2）粉土的潮湿湿度，应根据天然含水率按表 4.42 划分。

表 4.42   粉土潮湿湿度的划分

分级	天然含水率 W（%）
稍湿	$W < 20$
潮湿	$20 \leqslant W \leqslant 30$
饱和	$W > 30$

（5）黏性土。塑性指数大于 10 的土应定名为黏性土。

1）黏性土应根据土的塑性指数，按表 4.43 划分。

表 4.43   黏 性 土 的 划 分

土的名称	塑性指数
粉质黏土	$10 < I_p \leqslant 17$
黏土	$I_p > 17$

注 塑性指数 I_p 等于土的液限含水率与塑限含水率之差，液限和塑限采用液塑限联合测定法，液限为 10mm 液限。

2）黏性土的压缩性按表 4.44 划分。

表 4.44 黏性土压缩性的划分

压缩性分级		压缩系数 $a_{0.1\sim0.2}$（MPa^{-1}）
低压缩性		$a_{0.1\sim0.2}<0.1$
中压缩性	中低压缩性	$0.1\leq a_{0.1\sim0.2}<0.3$
	中高压缩性	$0.3\leq a_{0.1\sim0.2}<0.5$
高压缩性		$a_{0.1\sim0.2}\geq0.5$

注 表中 $a_{0.1\sim0.2}$ 为 0.1~0.2MPa 压力范围内的压缩系数。

3）黏性土的塑性应按表 4.45 划分。

表 4.45 黏性土塑性状态的划分

塑性状态	液性指数 I_L
坚硬	$I_L\leq0$
硬塑	$0<I_L\leq0.5$
软塑	$0.5<I_L\leq1.0$
流塑	$I_L>1.0$

3. 特殊土的分类

根据土中特殊物质的含量、结构特征和特殊的工程地质性质等因素，可将特殊土划分为黄土、红黏土、膨胀土、软土、盐渍土、多年冻土、季节冻土、填土等。

4.1.6 中华人民共和国建筑行业标准

根据中华人民共和国建筑行业国家标准 GB 55017—2021《工程勘察通用规范》，土的分类如下。

1. 按沉积年代分类

（1）老沉积土：晚更新世（Q_3）及其以前沉积的土。

（2）新近沉积土：第四纪全新世中近期沉积的土。

2. 按地质成因分类

可划分为残积土、坡积土、洪积土、冲积土、淤积土、冰积土和风积土等。

3. 按土中的有机含量分类

土根据有机质含量分类，按表 4.46 划分为无机土、有机质土、泥炭质土和泥炭。

表 4.46 土按有机质含量分类

分类名称	有机质含量 W_u（%）	现场鉴别特征	说明
无机土	$W_u<5\%$	—	—
有机质土	$5\%\leq W_u\leq10\%$	深灰色，有光泽，味臭，除腐殖质外尚含少量未完全分解的动植物体，浸水后水面出现气泡，干燥后体积收缩	1）如现场能鉴别或有地区经验时，可不做有机质含量测定； 2）当 $W>W_L$，$1.0\leq e<1.5$ 时，称淤泥质土； 3）当 $W>W_L$，$e\geq1.5$ 时称淤泥

分类名称	有机质含量 W_u（%）	现场鉴别特征	说明
泥炭质土	10%＜W_u≤60%	深灰或黑色，有腥臭味，能看到未完全分解的植物结构，浸水体胀，易崩解，有植物残渣浮于水中，干缩现象明显	可根据地区特点和需要按 W_u 细分为：弱泥炭质土（10%＜W_u≤25%）；中泥炭质土（25%＜W_u≤40%）；强泥炭质土（40%＜W_u≤60%）
泥炭	W_u＞60%	除有泥炭质土特征外，结构松散，土质很轻，暗无光泽，干缩现象极为明显	—

注　有机质含量 W_u 按灼失量试验确定；W 为天然含水率，W_L 为液限含水率，e 为孔隙比。

4. 按颗粒级配或塑性指数分类

（1）碎石土。粒径大于 2mm 的颗粒质量超过总质量 50%的土，应定名为碎石土，并按表 4.47 进一步分类。

表 4.47　　　　　　　　　碎 石 土 的 分 类

土的名称	颗粒形状	颗粒级配
漂石	圆形及亚圆形为主	粒径大于 200mm 的颗粒质量超过总质量 50%
块石	棱角形为主	
卵石	圆形及亚圆形为主	粒径大于 20mm 的颗粒质量超过总质量 50%
碎石	棱角形为主	
圆砾	圆形及亚圆形为主	粒径大于 2mm 的颗粒质量超过总质量 50%
角砾	棱角形为主	

注　定名时，应根据颗粒级配由大到小以最先符合者确定。

（2）砂土。粒径大于 2mm 的颗粒质量不超过总质量的 50%，粒径大于 0.075mm 的颗粒质量超过总质量 50%的土，应定名为砂土，并按表 4.48 进一步分类。

表 4.48　　　　　　　　　砂 土 的 分 类

土的名称	颗粒级配
砾砂	粒径大于 2mm 的颗粒质量占总质量 25%～50%
粗砂	粒径大于 0.5mm 的颗粒质量超过总质量 50%
中砂	粒径大于 0.25mm 的颗粒质量超过总质量 50%
细砂	粒径大于 0.075mm 的颗粒质量超过总质量 85%
粉砂	粒径大于 0.075mm 的颗粒质量超过总质量 50%

注　定名时，应根据颗粒级配由大到小以最先符合者确定。

（3）粉土。粒径大于 0.075mm 的颗粒质量不超过总质量 50%，且塑性指数等于或小于 10 的土，应定名为粉土。

（4）黏性土。塑性指数大于 10 的土，应定名为黏性土。

黏性土应根据塑性指数分为粉质黏土和黏土。塑性指数大于 10 且小于或等于 17 的土，应定名为粉质黏土；塑性指数大于 17 的土，应定名为黏土。

5. 土的综合定名

除按颗粒级配或塑性指数定名外，土的综合定名应符合下列规定：

1）对特殊成因和年代的土类应结合其成因和年代特征定名。

2）对特殊性土，应结合颗粒级配或塑性指数定名。

3）对混合土，应冠以主要含有的土类定名。

4）对同一土层中相间呈韵律沉积，当薄层与厚层的厚度比大于 1/3 时，宜定为"互层"；厚度比为 1/10～1/3 时，宜定为"夹层"；厚度比小于 1/10 的土层，且多次出现时，宜定为"夹薄层"。

5）当土层厚度大于 0.5m 时，宜单独分层。

6. 土的鉴定与描述

土的鉴定应在现场描述的基础上，结合室内试验的开土记录和试验结果综合确定。土的描述应符合下列规定：

1）碎石土宜描述颗粒级配、颗粒形状、颗粒排列、母岩成分、风化程度、充填物的性质和充填程度、密实度等；

2）砂土宜描述颜色、矿物组成、颗粒级配、颗粒形状、细粒含量、湿度、密实度等；

3）粉土宜描述颜色、包含物、湿度、密实度等；

4）黏性土宜描述颜色、状态、包含物、土的结构等；

5）特殊性土除应描述上述相应土类规定的内容外，尚应描述其特殊成分和特殊性质，如对淤泥尚应描述嗅味，对填土尚应描述物质成分、堆积年代、密实度和均匀性等；

6）对具有互层、夹层、夹薄层特征的土，尚应描述各层的厚度和层理特征；

7）需要时，可用目力鉴别描述土的光泽反应、摇振反应、干强度和韧性，按表 4.49 区分粉土和黏性土。

表 4.49　　目力鉴别粉土和黏性土

鉴别项目	摇振反应	光泽反应	干强度	韧性
粉土	迅速、中等	无光泽反应	低	低
黏性土	无	有光泽、稍有光泽	高、中等	高、中等

7. 土的密实度与状态

1）碎石土的密实度可根据圆锥动力触探锤击数按表 4.50 或表 4.51 确定，表中的 $N_{63.5}$ 和 N_{120} 应根据杆长修正。定性描述可按表 4.52 的规定执行。

表 4.50 碎石土密实度按 $N_{63.5}$ 分类

重型动力触探锤击数 $N_{63.5}$	$N_{63.5} \leqslant 5$	$5 < N_{63.5} \leqslant 10$	$10 < N_{63.5} \leqslant 20$	$N_{63.5} > 20$
密实度	松散	稍密	中密	密实

注 本表适用于平均粒径等于或小于 50mm，且最大粒径小于 100mm 的碎石土；对于平均粒径大于 50mm，或最大粒径大于 100mm 的碎石土，可用超重型动力触探或用野外观察鉴别。

表 4.51 碎石土密实度按 N_{120} 分类

超重型动力触探锤击数 N_{120}	$N_{120} \leqslant 3$	$3 < N_{120} \leqslant 6$	$6 < N_{120} \leqslant 11$	$11 < N_{120} \leqslant 14$	$N_{120} > 14$
密实度	松散	稍密	中密	密实	很密

表 4.52 碎石土密实度野外鉴别

密实度	骨架颗粒含量和排列	可挖性	可钻性
松散	骨架颗粒质量小于总质量的 60%，排列混乱，大部分不接触	锹可以挖掘，井壁易坍塌，从井壁取出大颗粒后，立即塌落	钻进较易，钻杆稍有跳动，孔壁易坍塌
中密	骨架颗粒质量为总质量的 60%~70%，呈交错排列，大部分接触	锹镐可挖掘，井壁有掉块现象，从井壁取出大颗粒处，能保持颗粒凹面形状	钻进较困难，钻杆、吊锤跳动不剧烈，孔壁有坍塌现象
密实	骨架颗粒质量大于总质量的 70%，呈交错排列，连续接触	锹镐挖掘困难，用撬棍方能松动，井壁较稳定	钻进困难，钻杆、吊锤跳动剧烈，孔壁较稳定

注 密实度应按表中所列各项特征综合确定。

2）砂土的密实度应根据标准贯入试验锤击数实测值 N 划分为密实、中密、稍密和松散，并应符合表 4.53 的规定。当用静力触探探头阻力划分砂土密实度时，可根据当地经验确定。

表 4.53 砂 土 密 实 度 分 类

标准贯入锤击数 N	$N \leqslant 10$	$10 < N \leqslant 15$	$15 < N \leqslant 30$	$N > 30$
密实度	松散	稍密	中密	密实

3）粉土的密实度应根据孔隙比 e 划分为密实、中密和稍密；其湿度应根据含水量 W 划分为稍湿、湿、很湿。密实度和湿度的划分应分别符合表 4.54 和表 4.55 的规定。

表 4.54 粉 土 密 实 度 分 类

孔隙比 e	密实度
$e < 0.75$	密实
$0.75 \leqslant e \leqslant 0.90$	中密
$e > 0.90$	稍密

表 4.55　　　　　　　　　　　　　　　粉　土　湿　度　分　类

含水量 W（%）	湿度
$W<20$	稍湿
$20\leqslant W\leqslant 30$	湿
$W>30$	很湿

4）黏性土的状态应根据液性指数 I_L 划分为坚硬、硬塑、可塑、软塑和流塑，并应符合表 4.56 的规定。

表 4.56　　　　　　　　　　　　　　黏　性　土　状　态　分　类

液性指数 I_L	状态
$I_L\leqslant 0$	坚硬
$0<I_L\leqslant 0.25$	硬塑
$0.25<I_L\leqslant 0.75$	可塑
$0.75<I_L\leqslant 1.00$	软塑
$I_L>1.00$	流塑

4.1.7　北京市地方标准对细粒土的分类

根据《北京地区建筑地基基础勘察设计规范》DBJ 11–501–2009，按塑性指数对细粒土中的粉土、黏性土进行了进一步的划分。

1. 粉土

粒径大于 0.075mm 颗粒的质量不超过总质量 50%，且塑性指数 I_p 小于或等于 10 的土为粉土，并按表 4.57 进一步分类。

表 4.57　　　　　　　　　　　　　　　粉　土　的　分　类

土的名称	塑性指数 I_p
砂质粉土	$3<I_p\leqslant 7$
黏质粉土	$7<I_p\leqslant 10$

注　塑性指数由相应于 76g 圆锥体沉入土样中深度为 10mm 时测定的液限计算而得。

2. 黏性土

塑性指数 I_p 大于 10 的土为黏性土，并按表 4.58 进一步分类。

表 4.58　　　　　　　　　　　　　　　黏　性　土　的　分　类

土的名称	塑性指数 I_p
粉质黏土	$10<I_p\leqslant 14$
重粉质黏土	$14<I_p\leqslant 17$
黏土	$I_p>17$

注　塑性指数由相应于 76g 圆锥体沉入土样中深度为 10mm 时测定的液限计算而得。

4.2 土的物理水理性质

4.2.1 土的基本物理性质

表示土的物理性质指标主要有两类：即颗粒级配组成和土所处的基本物理状态指标，包括密度、含水率、比重、孔隙比和饱和度等（见表 4.59）。

工程中对饱和土进行地震液化判别时，常需划分无黏性土和少黏性土。

无黏性土：黏粒含量小于或等于 3%，塑性指数小于或等于 3 的土。

少黏性土：黏粒含量大于 3% 且小于或等于 25%，塑性指数大于 3 且小于或等于 15 的土。

表 4.59   土的基本物理性质指标

名称	符号	定义	单位	公式	说明	试验或计算方法
比重	G_s	土粒质量与同体积 4℃水质量之比值	—	$G_s = \dfrac{m_s}{V_s \rho_w}(\rho_w = 1)$	m_s——土的固体颗粒质量（g）； V_s——土中固体颗粒的体积（cm³）； ρ_w——蒸馏水的密度（g/cm³），一般取 1（g/cm³）	直接试验测定
密度	ρ	土在天然状态下单位体积质量	g/cm³	$\rho = \dfrac{m}{V}$	m——土的总质量（g）； V——土的总体积（cm³）	直接试验测定
干密度	ρ_d	孔隙中完全没有水时土单位体积质量	g/cm³	$\rho_d = \dfrac{m_s}{V}$	V——土的总体积（cm³）； m_s——土的固体颗粒质量（g）； W——土的含水率（%）	$\rho_d = \dfrac{\rho}{1 + 0.01W}$
饱和密度	ρ_{sr}	孔隙中完全充满水时土单位体积质量	g/cm³	$\rho_{sr} = \dfrac{m_s + V_v \cdot \rho_w}{V}$	m_s——土的固体颗粒质量（g）； V——土的总体积（cm³）； ρ_w——水的密度（g/cm³）； V_v——土中孔隙体积（cm³）	$\rho_{sr} = \dfrac{G_s + e}{1 + e}$
浮密度	ρ'	土在水中的单位体积质量	g/cm³	$\rho' = \rho_f - \rho_w = \rho_f - 1$	ρ_f——土的饱和密度（g/cm³）； ρ_w——蒸馏水的密度（g/cm³），一般取 1（g/cm³）； G_s——土的比重	$\rho' = \dfrac{G_s - 1}{1 + e}\rho_w = \dfrac{G_s - 1}{1 + e}$
含水率	W	表示土的湿度，其值为水的质量与土粒质量之比	%	$W = \dfrac{m_w}{m_s} \times 100$	m_s——土的固体颗粒质量（g）； m_w——土中水的质量（g）	直接试验测定
孔隙比	e	土中孔隙所占体积与土粒所占体积的比例	—	$e = \dfrac{V_v}{V_s}$	V_v——土中孔隙体积（cm³）； V_s——土中固体颗粒的体积（cm³）； ρ_d——土的干密度（g/cm³）	$e = \dfrac{G_s}{\rho_d} - 1$
孔隙率	n	土中孔隙体积占土总体积的百分数	%	$n = \dfrac{V_v}{V} \times 100$	V_v——土中孔隙体积（cm³）； V——土的总体积（cm³）； G_s——土的比重； ρ_d——土的干密度（g/cm³）； e——土的孔隙比	$n = \left(1 - \dfrac{\rho_d}{G_s}\right) \times 100$ $n = \dfrac{1}{e + 1} \times 100$
饱和度	S_r	表示土孔隙中充满水的程度	%	$S_r = \dfrac{V_w}{V_v} \times 100$	V_w——土中水所占的体积（cm³）； V_v——土中孔隙体积（cm³）； G_s——土的比重； ρ_d——土的干密度（g/cm³）； e——土的孔隙比	$S_r = \dfrac{WG_s}{e} = \dfrac{W\rho_d}{n}$

4.2.2　黏性土的水理性质

1. 界限含水率—液限、塑限、缩限

黏性土由于所含水分的多少而表现为不同的状态,土由一种状态转入另一种状态时的分界含水率,称为土的界限含水率,包括液限、塑限、缩限等,均需由直接试验测定,其关系如图 4.5 所示。

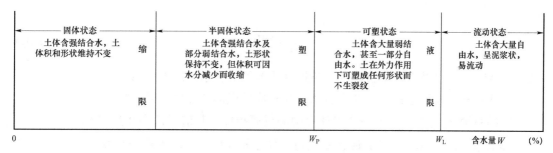

图 4.5　含水率变化与黏性土的状态

2. 塑性指数和液性指数

塑性指数用式（4.7）表示:

$$I_P = W_L - W_P \tag{4.7}$$

塑性指数越大,表示土中黏粒的相对含量越多,可塑性范围越大,土与水间的作用越强烈。

液性指数 I_L 又称稠度,用式（4.8）表示:

$$I_L = \frac{W - W_P}{I_P} \tag{4.8}$$

用液性指数可判断土的状态见表 4.60。

表 4.60　　　　　　　　　黏　性　土　的　状　态

土的状态	坚硬	硬塑	可塑	软塑	流塑
液性指数	$I_L \leqslant 0$	$0 < I_L \leqslant 0.25$	$0.25 < I_L \leqslant 0.75$	$0.75 < I_L \leqslant 1$	$I_L > 1$

3. 收缩性

当黏性土的含水率发生变化时,就会出现收缩、膨胀与湿化现象。黏性土的收缩是湿土变干时含水率减少所引起。反映黏性土收缩性指标有缩限、线缩率、体积率和收缩系数。

缩限:半固体状态与固体状态间的分界含水率称为缩限 W_s,由直接试验测定。

线缩率:线缩率是指土样竖向收缩变形量与土样原始高度之比,用百分数表示,即

$$\delta_{st} = \frac{h_0 - h_t}{h_0} \times 100 \tag{4.9}$$

式中 h_0 ——试样开始时的高度（mm）；

　　　h_t ——试验过程中某时刻测得的土样收缩后的高度（mm）。

根据试验时土样含水率与线缩率的变化，可绘出收缩曲线。土样收缩过程中，随着含水率的减少，线缩率的变化分为三个阶段，即收缩阶段（Ⅰ）、过渡阶段（Ⅱ）和微缩阶段（Ⅲ），如图 4.6 所示。

收缩系数：收缩系数为原状土样在收缩阶段（Ⅰ）含水率每减少 1%时的竖向线缩率，即

$$\lambda_n = \frac{\Delta\delta_{st}}{\Delta W} \qquad\qquad (4.10)$$

式中 ΔW ——收缩工程中直线变化阶段（Ⅰ）两点含水率之差（%）；

　　　$\Delta\delta_{st}$ ——收缩过程中与两点含水率相对应的竖向线缩率之差（%）。

收缩系数 λ_n 是膨胀土地基变形计算中的重要指标，其值通常为 0.2～0.6。

体缩率：是指试样烘干后体积变化与土样原始体积之比，用百分数表示，即

$$\delta_n' = \frac{V_0 - V_d}{V_0} \times 100 \qquad\qquad (4.11)$$

式中 δ_n' ——土的体缩率（%）；

　　　V_0 ——土样原始体积（环刀体积）（cm³）；

　　　V_d ——试样烘干体积（cm³）。

含水率与收缩率的关系曲线如图 4.6 所示。

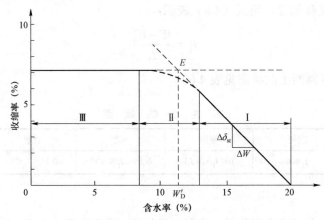

图 4.6 含水率与收缩率的关系曲线

4. 活动度

塑性指数 I_p 与土中粒径＜0.002mm 颗粒含量百分数的比值，称为土的活动度 A。

$$A = \frac{I_p}{p_{<0.002}} \qquad\qquad (4.12)$$

活动度高的土，从液限变动缩限时，体积变化一般较大。正常情况下：$A = 0.75 \sim 1.5$；

$A<0.75$ 的土是比较不活动的；$A>1.5$ 的土是活动的。

5. 含水比

土的天然含水率与液限含水率之比为含水比 α_w。

$$\alpha_w = \frac{W}{W_L} \tag{4.13}$$

式中　W——土的天然含水率（%）；

　　W_L——土的液限含水率（%）。

6. 相对含水率

土的饱和含水率与液限含水率之比，用 W_u 表示：

$$W_u = \frac{W_{sat}}{W_L} \tag{4.14}$$

式中　W_{sat}——土的饱和含水率（%）；

　　W_L——土的液限含水率（%）。

7. 崩解性

土的崩解性是指土在浸水膨胀过程中，相邻土粒的距离超过土粒间的引力作用范围时，或粒间结构联结受到破坏时，使土体发生崩散解体的特性。土的崩解性常用湿化试验测定其崩解量。土在水中崩解的难易，表明了土对水的稳定程度。土湿化性质指标有崩解量和崩解速度。

其中土的崩解量按式（4.15）计算：

$$A_t = \frac{R_t - R_0}{100 - R_0} \times 100 \tag{4.15}$$

式中　A_t——土在时间 t 时的崩解量（%）；

　　R_t——时间 t 时的刻度读数；

　　R_0——试验开始时的刻度读数。

8. 击实性

土的击实是指用重复性的冲击动荷载将土压密。研究土的击实性的目的在于揭示击实作用下土的干密度、含水率和击实功三者之间的关系和基本规律，从而选定适合工程需要的最小击实功。击实试验是把某一含水率的土料填入击实筒内，用击锤按规定落距对土打击一定的次数，即用一定的击实功击实土，测其含水率和干密度的关系曲线，即为击实曲线（见图 4.7）。在击实曲线上可找到某一峰值，称为最大干密度 ρ_{dmax}，与之相对应的含水率，称为最优含水率 W_{op}。它表示在一定击实功作用下，达到最大干密度的含水率。即当击实土料为最佳含水率时，压实效果最好。该图右上侧的一根曲线称为饱和曲线，它表示当土在饱和状态时的含水率与干密度之间的关系。根据土中各项指标的相对关系可以推得饱和曲线的表达式为：

$$W_{sat} = \left(\frac{\rho_w}{\rho_d} - \frac{1}{G_s} \right) \times 100\% \qquad (4.16)$$

式中　W_{sat} ——土的饱和含水率（%）；

　　　　G_s ——土粒比重；

　　　　ρ_w ——水的密度（g/m³）；

　　　　ρ_d ——土的干密度（g/m³）。

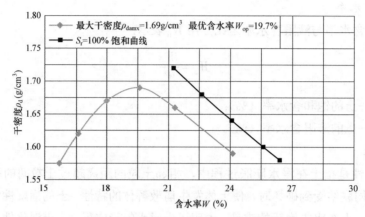

图 4.7　干密度 ρ_d —含水率 W 关系曲线

从图 4.7 中可以看出，饱和线位于击实曲线上方，这是因为在任何含水率下，土都不会被击实到完全饱和状态，土内总留存一定量的封闭气体。实践证明，土被击实到最佳情况时，饱和度一般在 80% 左右。

影响土压实性的因素除含水率的影响外，还与击实功能、土质情况（矿物成分和化学成分）、所处状态、击实条件以及土的种类和级配等有关。

（1）击实功能的影响。击实功能是指压实每单位体积土所消耗的能量，击实试验中的击实功能用式（4.17）表示：

$$N = \frac{W \cdot d \cdot n \cdot m}{V} \qquad (4.17)$$

式中　W ——击锤质量（kg），在标准击实试验中击锤质量为 2.5kg；

　　　　d ——落距（m），标准击实试验中定为 0.30m；

　　　　n ——每层土的击实次数，标准击实试验为 27 击；

　　　　m ——铺土层数，试验中分三层；

　　　　V ——击实筒的体积，为 1×10^{-3}m³。

同一种土，用不同的功能击实，得到的击实曲线，有一定的差异。

1）土的最大干密度和最优含水率不是常量，ρ_{dmax} 随击数的增加而逐渐增大，而 W_{op} 则随击数的增加而逐渐减小。

2）当含水率较低时，击数的影响较明显；当含水率较高时，含水率与干密度关系曲线趋近于饱和线，也就是说，这时提高击实功能是无效的。

（2）粒度和成分的影响。

1）试验证明，最优含水率 W_{op} 约与 W_p 相近。土中所含的细粒越多，黏土矿物越多，则最优含水率越大，最大干密度越小。

2）有机质对土的击实效果有不好的影响。因为有机质亲水性强，不易将土击实到较大的干密度，且能使土质恶化。

3）在同类土中，土的颗粒级配对土的压实效果影响很大，颗粒级配不均匀的容易压实，均匀的不易压实。这是因为级配均匀的土中较粗颗粒形成的孔隙很少有细颗粒去充填。

4.2.3　无黏性土的相对密度

无黏性土在天然条件下的紧密程度，用相对密度 D_r 表示。相对密度的计算公式如下：

$$D_r = \frac{e_{max} - e_0}{e_{max} - e_{min}} \qquad (4.18)$$

式中　e_{max} ——土在最松散状态时的孔隙比；

　　　e_{min} ——土在最密实状态时的孔隙比；

　　　e_0 ——土的天然孔隙比。

4.2.4　毛细管水的上升高度

土的毛细管水上升现象是土粒与水分子间相互吸引及表面张力作用而产生的现象。土的毛细管水上升高度是水在土孔隙中因受水毛细管作用而上升的最大高度。不同类型土的毛细管水上升高度有所差异。对粗砂、中砂一般采用直接观测法，对细砂、细粒类土采用土样管法等试验确定土的毛细管水上升高度。

4.3　土的力学性质

4.3.1　土的压缩特性

土在压力作用下体积减小的特性叫作压缩性。土体积的减小主要是由于孔隙的压缩造成的。土的压缩导致建筑物及地基产生竖向变形和侧向变形，一般以前者为主，表示土的压缩性常用压缩曲线和有关指标。

1. 压缩系数和压缩模量

压缩系数（a）是指压缩曲线上 $M_1 M_2$ 段的斜率（见图 4.8），单位为 MPa^{-1}，公式如下：

$$a = \tan \alpha = \frac{e_1 - e_2}{p_1 - p_2} = \frac{\Delta e}{\Delta p} \tag{4.19}$$

同一种土的压缩系数随压力 p_1、p_2 取值范围的不同而不同，p 取得小，求得的 a 就大。水电水利工程一般取 $p_1 = 0.1 \text{MPa}$ 及 $p_2 = 0.3 \text{MPa}$，求得的压缩系数记为 $a_{0.1 \sim 0.3}$，工业与民用建筑工程取 $p_1 = 0.1 \text{MPa}$ 及 $p_2 = 0.2 \text{MPa}$，求得的压缩系数记为 $a_{0.1 \sim 0.2}$。

压缩模量 E_s 是指在有侧限条件下，受压方向上的应力与应变的比值，单位为 MPa，表示为：

$$E_s = \frac{p_2 - p_1}{e_1 - e_2}(1 + e) = \frac{1 + e_2}{a} \tag{4.20}$$

同一种土的压缩模量同样随压力 p_1、p_2 取值范围的不同而异，有时还需运用回弹再压缩段计算（见图4.9的 cd 段）：

$$E_s = \frac{p_3 - p_2}{e_2 - e_1} \tag{4.21}$$

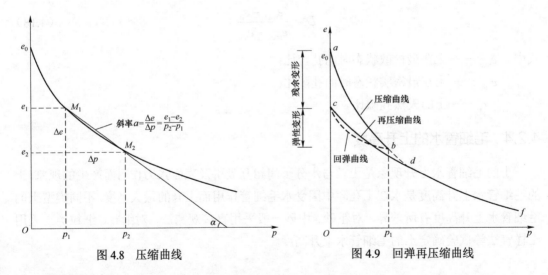

图 4.8 压缩曲线　　　　　　　　图 4.9 回弹再压缩曲线

土的压缩性用 a 和 E_s 的指标范围见表 4.61。

表 4.61　　　　　　　　　　　　　　土 的 压 缩 性 指 标

压缩性	高压缩性	中压缩性	低压缩性
$a_{0.1 \sim 0.3}$（MPa^{-1}）	$a_{0.1 \sim 0.3} \geq 1$	$0.1 \leq a_{0.1 \sim 0.3} < 1$	$a_{0.1 \sim 0.3} < 0.1$
$a_{0.1 \sim 0.2}$（MPa^{-1}）	$a_{0.1 \sim 0.2} \geq 0.5$	$0.1 \leq a_{0.1 \sim 0.2} < 0.5$	$a_{0.1 \sim 0.2} < 0.1$
E_s（MPa）	$E_s < 4$	$4 \leq E_s \leq 15$	$E_s > 15$

注　表中 E_s 值是压力在 $0.1 \sim 0.2 \text{MPa}$ 时的数值。

2. 侧压力系数和泊松比

侧压力系数 λ 为水平方向应力（σ_x）与竖向应力（σ_y）的比值。

$$\lambda = \frac{\sigma_x}{\sigma_y} \tag{4.22}$$

泊松比 μ（又称侧向变形系数），为水平向应变 ε_x 与竖向应变 ε_y 的比值，即

$$\mu = \frac{\varepsilon_x}{\varepsilon_y} \tag{4.23}$$

侧压力系数与泊松比之间的关系见式（4.24）：

$$\lambda = \frac{\mu}{1-\mu} \tag{4.24}$$

或

$$\mu = \frac{\lambda}{1-\lambda} \tag{4.25}$$

侧压力系数可由试验测得，泊松比一般由式（4.25）推算。

3. 土的固结和固结系数

饱和土的压缩又称固结。饱和土承受外加压力，开始时压力全部由孔隙水承担，随着孔隙水逐渐被挤出，土产生压缩，压力也逐渐转移到土粒上，当压力全部由土粒承担时，由于排水而引起的压缩也就停止。这一过程就是饱和土的固结过程。

饱和土的固结过程的快慢取决于孔隙中自由水挤出的速度，与固结土层的厚度、排水条件及固结系数等有关。固结系数（C_V）由式（4.26）求得。

$$C_V = \frac{K(1+e)}{a \cdot \rho_w} \tag{4.26}$$

式中的渗透系数 K、孔隙比 e、压缩系数 a 在固结过程中都随压力变化而有微量变化，计算时宜采用其相应的平均值。

4. 先期固结压力

土的先期固结压力：指土层在过去历史上曾经受过的最大固结压力，通常用 P_c 来表示。先期固结压力也是反映土体压密程度及判别其固结状态的一个指标。固结比：

$$\text{OCR} = p_c/p_o \tag{4.27}$$

目前土层所承受的上覆土的自重压力 p_o 进行比较，可把天然土层分三种不同的固结状态。

（1）$p_c = p_o$，称正常固结土，是指目前土层的自重压力就是该地层在历史上所受过的最大固结压力。

（2）$p_c > p_o$，称超固结土，是指土层历史上曾受过的固结力，大于现有土的自重压力。使土层原有的密度超过现有的自重压力相对的密度，而形成超压状态。

（3）$p_c < p_o$，称欠固结土，即土层在自重压力下尚未完成固结。

新近沉积的土层如淤泥、充填土等处于欠固结状态。一般当施加土层的荷重小于或等于土的先期固结压力时，土层的压缩变形量将极小甚至可以不计；当荷重超过土的先期固结压力时，土层的压缩变形量将会有很大的变化。

在其他条件相同时，超固结土的压缩变形量＜正常固结土的压缩量＜欠固结土的压缩量。

4.3.2 土的强度特性

1. 抗剪强度

（1）基本概念及原理。土的抗剪强度是土在力系作用下抵抗剪应力破损的极限强度（见图4.10）。

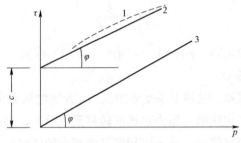

图4.10 抗剪强度τ与法向压力p关系曲线

1—黏土；2—黏土近似线；3—砂土

通常剪切曲线近似一直线，用库伦公式表示为：

$$\tau = \sigma \cdot \tan\varphi + c \tag{4.28}$$

式中 τ——土的抗剪强度（kPa）；

σ——滑动面上的法向压力（kPa）；

φ——内摩擦角；

c——凝聚力（kPa），砂土$c=0$。

内摩擦角和凝聚力的大小，与土的颗粒大小、密度、含水率、结构性等有关。同时由于所采用的试验仪器和试验方法的不同，也会得出不同数值。

剪切试验的方法有直剪和三轴剪两种。直剪试验又包括快剪、固结快剪、慢剪和反复剪（按慢剪方式进行）；三轴剪切试验又分不固结不排水剪、固结不排水剪和固结排水剪等三种类型。

直剪仪不能有效地控制排水，剪切面积随剪切位移的增加而减少，因而使它的应用受到一定的限制。而三轴剪能有效地控制试样的排水条件和大小主应力。

由于土体是由固体颗粒及其孔隙内的水（还有气体）所组成，土体受荷后，其中剪应力是固体颗粒骨架所承受。而任何面上的法向应力为固体颗粒和孔隙水（还有气体）共同承受，即 $\sigma' = \sigma - \mu$。σ' 称为有效应力，μ 为孔隙压力，土的抗剪强度主要取决于有效应力，故式（4.28）又可写成：

$$\tau = c' + \sigma' \tan \varphi' \tag{4.29}$$

式中　c'——有效凝聚力（kPa）；

　　　φ'——有效内摩擦角（°）。

三轴试验的抗剪强度指标可以根据破坏时的最大主应力 σ_1 和最小主应力 σ_3 绘制的摩尔圆及其包线求得（见图 4.11）。

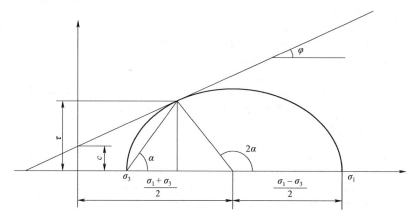

图 4.11　根据莫尔圆求抗剪强度

$$\sigma = \frac{\sigma_1 + \sigma_3}{2} + \frac{\sigma_1 - \sigma_3}{2} \cos 2\alpha \tag{4.30}$$

$$\tau = (\sigma_1 - \sigma_3) \sin 2\alpha \tag{4.31}$$

$$\alpha = 45° + \frac{\varphi}{2} \tag{4.32}$$

（2）各种剪切试验方法的适用条件。各种剪切试验方法的适用条件见表 4.62。

表 4.62　　　　　　　　　　　　各种剪切试验方法的适用条件

试验方法		适用条件
直剪试验	快剪（Q）	适用于在土体上施加荷重和剪切过程中都不发生固结和排水作用的情况
	固结快剪（CQ）	适用于土体上施加荷重下达到完全固结，但剪切过程中不排水固结
	慢剪（S）	适用于土体在荷重作用下，完全固结稳定，而在剪切过程中含水率的变化与剪切的变化相适应的条件
	反复剪（R）	适用于慢剪的条件，是测定土的残余强度的一种有效方法
三轴剪切试验	不固结不排水剪（UU）	适用于土体受力而孔隙水压力不消散的情况
	固结不排水剪（CU）	1）籍测量孔隙水压力求土的有效强度参数 c'、φ'，以便进行土体稳定的有效应力分析； 2）求总应力强度指标或固结强度增长率
	固结排水剪（CD）	1）求土的有效强度指标； 2）求土的变形模量、泊松比和剪切模量

（3）土的三轴应力应变参数。土的三轴应力应变参数应利用三轴仪试验测定，包括 $E-\mu$ 模型八个参数，$E-B$ 模型七个参数等，其简要说明以及数值范围分别见表 4.63、表 4.64。

表 4.63 $E-\mu$ 模型八个参数及简要说明

参数	简要说明	数值范围
c	有效凝聚力，软土较低，砂土中等，堆石较高	$0\sim0.5$MPa
φ	有效内摩擦角	$20°\sim55°$
K	模量数，表示 $\sigma_3 = p_a$ 时的初始切线模量，软土较低，砂土中等，堆石较高	$50\sim2500$
n	模量指数，反映了初始切线模量随 σ_3 增加而增加的急剧程度	$0\sim1.0$
R_f	破坏比，试样破坏时的偏应力 $(\sigma_1-\sigma_3)_f$ 与 $\xi_a \to \infty$ 时的偏应力 $(\sigma_1-\sigma_3)$ 的比值，即 $R_f = \dfrac{(\sigma_1-\sigma_3)_f}{(\sigma_1-\sigma_3)_u}$	$0.5\sim0.95$
G	表示 $\sigma_3 = p_a$ 时的初始切线泊松比	$0.2\sim0.6$
F	表示初始切线泊松比随 σ_3 增加而减小的急剧程度	$0.01\sim0.2$
D	反映了 $\xi_a -(-\xi_a)$ 关系曲线的形态，D 值高，表示 $\xi_a -(-\xi_a)$ 关系曲线在高应力水平下较平缓，也就是说较小的偏应力增量会引起较大的侧向膨胀应变增量。高 D 值的图，往往是剪涨的	$1\sim20.0$

表 4.64 $E-B$ 模型七个参数及简要说明

参数	简要说明	数值范围
c	有效凝聚力，软土较低，砂土中等，堆石较高	$0\sim0.5$MPa
φ	有效内摩擦角	$20°\sim55°$
K	模量数，表示 $\sigma_3 = Pa$ 时的初始切线模量，软土较低，砂土中等，堆石较高	$50\sim2500$
n	模量指数，反映了初始切线模量随 σ_3 增加而增加的急剧程度	$0\sim1.0$
R_f	破坏比，试样破坏时的偏应力 $(\sigma_1-\sigma_3)_f$ 与 $\xi_a \to \infty$ 时的偏应力 $(\sigma_1-\sigma_3)$ 的比值，即 $R_f = \dfrac{(\sigma_1-\sigma_3)_f}{(\sigma_1-\sigma_3)_u}$	$0.5\sim0.95$
K_b	—	$(0.3\sim3.0)K$
m		$0\sim1.0$

2. 无侧限抗压强度及灵敏度

土在无侧向压力条件下抵抗轴向压力的极限强度称无侧限抗压强度。黏性土的结构受扰动而使力学性指标有所改变的特征，称土的结构性，通常用灵敏度（S_t）来表示：

$$S_t = \frac{q_u}{q_0} \tag{4.33}$$

式中　q_u——原状土的无侧限抗压强度（MPa）；

$\quad\quad q_0$——重塑土的无侧限抗压强度（MPa）。

土的灵敏度越高，受扰动后土的强度降低越大。黏性土可按灵敏度分为三类，见表 4.65。

表 4.65　　　　　　　　　　　　黏性土的灵敏度分类表

灵敏度类型	灵敏度 S_t
低灵敏	1～2
中灵敏	2～4
高灵敏	>4

4.3.3　土的渗透特性

1. 渗透系数

渗透系数也称水力传导系数，是反映多孔介质透水性的一个重要的水文地质参数。渗透系数的大小不仅取决于多孔介质的性质（如粒度、成分、颗粒排列、充填状况、裂隙性质及其发育程度等），而且与渗透液体的物理性质（密度、黏滞性等）有关。

在各向同性介质中，渗透系数值和渗流方向无关，是一个标量。

在各向异性介质中，渗透系数值和渗流方向有关。由于水力坡度和渗流方向一般是不一致的，因此渗流速度和水力坡度之间关系不能用矢量来表示，此时渗透系数为张量，在三维空间中有九个分量。

土的渗透系数应通过渗透试验测定。若无渗透系数试验资料，可根据式（4.34）计算近似值：

$$K = 2.34 n^3 d_{20}^2 \tag{4.34}$$

式中　K——土的渗透系数（cm/s）；

$\quad\quad n$——土的孔隙率（以小数计）；

$\quad\quad d_{20}$——占土的总质量 20% 的土粒粒径（mm）。

2. 渗流基本定律

渗流基本定律是达西定律。达西定律可用下列公式表示：

$$v = KJ \tag{4.35}$$

式中　v——渗流速度（m/d）；

$\quad\quad K$——渗透系数（m/d）；

J——水力比降$\left(J = \dfrac{\Delta H}{L}\right)$。

因为在实际的地下水流中，水力比降往往是各处不同的，所以可把达西定律写成一般的表达式如下：

$$v = -K\frac{\mathrm{d}H}{\mathrm{d}s} \tag{4.36}$$

式中　$-\dfrac{\mathrm{d}H}{\mathrm{d}s}$——水力比降。

在绝大多数情况下，地下水运动服从达西定律，当流动加快后，惯性力也逐渐增大，当惯性力接近阻力的数量级时，便不服从达西定律，这时服从非线性渗透定律。即

$$v = K_{\mathrm{m}}\sqrt{J} \tag{4.37}$$

式中　K_{m}——紊流运动时的渗透系数。

3. 渗透力

渗透力：渗透水流作用于单位土体内土粒上的拖曳力称为渗透力（j）。

$$j = \frac{J}{Al} = \frac{\gamma_{\mathrm{w}}hA}{Al} = \gamma_{\mathrm{w}}i \tag{4.38}$$

式中　j——渗流作用于试样是总渗透力（$\mathrm{kN/m^3}$）；

　　　A——试样截面积（$\mathrm{cm^2}$）；

　　　l——试样厚度（cm）；

　　　h——两测压管的水面高差（cm）；

　　　γ_{w}——水的容重（$\mathrm{kN/m^3}$）；

　　　i——表示沿渗流方向单位长度上的水头差，无量纲。

4. 渗透变形类型

渗透变形：土体在渗透水流作用下出现的变形或破坏现象称为渗透变形或渗透破坏。土的渗透变形可分为流土、管涌、接触冲刷、接触流失等4种类型。

1）流土。流土是指在上升渗流作用下，局部土体表面隆起、顶穿，或者粗细颗粒群同时浮动而流失的现象。前者多发生于表层为黏性土与其他细粒土组成的土体或较均匀的粉细砂层中，后者多发生在不均匀的砂土层中。

2）管涌。管涌是指土体中的细颗粒在渗流作用下，由骨架孔隙通道流失的现象，主要发生在砂砾石地基中。管涌的形成主要决定于土本身的性质，如缺乏中间粒径的砂砾石在不大的水力比降下就可以发生管涌。

3）接触冲刷。当渗流沿着两种渗透系数不同的土层接触面或建筑物与地基的接触面流动时，沿接触面带走细颗粒的现象，称为接触冲刷。

4）接触流失。在层次分明、渗透系数相差悬殊的两土层中，当渗流垂直于层面将渗

透系数较小的一层中的细颗粒带到渗透系数大的一层中的现象，称为接触流失。

其中流土、管涌类渗透变形主要出现在单一土层地基中，接触冲刷、接触流失类渗透变形主要出现在多层结构地基中。

除分散性黏性土外，黏性土的渗透变形形式主要是流土。无黏性土的渗透变形型式则与土的颗粒组成、级配和密度等因素相关。不均匀系数小于或等于 5 的无黏性土，其渗透变形形式为流土。不均匀系数大于 5 的无黏性土，当细粒颗粒含量大于或等于 35%时，其渗透变形形式为流土；当细粒含量小于 35%、大于或等于 25%时，其渗透变形形式属过渡型；当细粒颗粒含量小于 25%时，其渗透变形形式为管涌。

5. 水力比降

（1）土的临界水力比降。使土体开始发生渗透变形的水力比降称为临界水力比降。

1）流土型土的临界水力比降。

a. 黏性土发生流土型渗透变形的临界水力比降（$J_{c.cr}$）可采用式（4.39）计算：

$$J_{c.cr} = \frac{4c}{\gamma_w D_0} + 1.25(G_s - 1)(1 - n) \tag{4.39}$$

$$c = 0.2W_L - 3.5 \tag{4.40}$$

式中　　c ——土的抗渗凝聚力（kPa）；

　　　　γ_w ——水的容重（kN/m³）；D_0 取 1.0m；

　　　　W_L ——土的液限含水率（%）。

b. 无黏性土发生流土型渗透变形的临界水力比降（J_{cr}）宜采用式（4.41）计算：

$$J_{cr} = (G_s - 1)(1 - n) \text{ 或 } J_{cr} = \frac{G_s - 1}{1 + e} \tag{4.41}$$

式中　　G_s ——土粒比重；

　　　　n ——土的孔隙率；

　　　　e ——土的孔隙比。

渗流溢出处水力比降为 J_e。当 $J_e < J_{cr}$，则土体处于稳定状态；当 $J_e = J_{cr}$，则土体处于临界状态；当 $J_e > J_{cr}$，则土体处于流土状态。

2）无黏性土发生管涌型或过渡型渗透变形的临界水力比降（J_{cr}）。根据渗流场中单个土粒受到渗流力、浮力以及自重作用时的极限平衡条件，并结合试验资料分析的结果，管涌型或过渡型土的临界水力比降宜采用式（4.42）计算：

$$J_{cr} = 2.2(G_s - 1)(1 - n)^2 \frac{d_5}{d_{20}} \tag{4.42}$$

式中　　d_5、d_{20}——分别占土的总质量 5%和 20%的土粒粒径（mm）。

3）无黏性土发生管涌型渗透变形的临界水力比降（J_{cr}）。管涌型土临界水力比降可采用式（4.43）计算：

$$J_{cr} = \frac{42d_3}{\sqrt{\dfrac{K}{n^3}}} \qquad (4.43)$$

式中　K——土的渗透系数（cm/s）；

d_3——占土的总质量3%的土粒粒径（mm）。

还可根据试验时肉眼观察细颗粒的移动现象和借助于水力比降与流速之间的变化来判断管涌是否出现。当水力比降增加到某一数值后，流速明显增大，这说明细颗粒已被带出，孔隙增大，根据该点对应的水力比降和肉眼观察到细颗粒移动时的水力比降，取两者中的数值较小者作为管涌的临界水力比降 J_{cr}。

4）土层发生接触冲刷型渗透变形的临界水力比降（$J_{k.H.g}$）。两层土均为非管涌型土，其临界水力比降可按式（4.44）计算：

$$J_{k.H.g} = \left(5.0 + 16.5\frac{d_{10}}{D_{20}}\right)\frac{d_{10}}{D_{20}} \qquad (4.44)$$

式中　d_{10}——代表细层的粒径（mm），小于该粒径的土的质量占土的总质量的10%；

D_{20}——代表粗层的粒径（mm），小于该粒径的土的质量占土的总质量的20%。

（2）土的破坏水力比降。土的破坏水力比降是指土体内部结构全部破坏后的水力比降。

（3）土的允许水力比降。土的临界水力比降除以 1.5～2.0 的安全系数可得到允许水力比降。当对水工建筑物的危害较大时，取 2.0 的安全系数；对于特别重要的工程也可用 2.5 的安全系数。

当无试验资料时，无黏性土的允许水力比降可选用经验值（见表 4.66）。

表 4.66　　　　　无黏性土允许水力比降

允许水力比降	渗透变形型式					
	流土型			过渡型	管涌型	
	$C_u \leq 3$	$3 < C_u \leq 5$	$C_u \geq 5$		级配连续	级配不连续
$J_{允许}$	0.25～0.35	0.35～0.50	0.50～0.80	0.25～0.40	0.15～0.25	0.10～0.20

注　本表不适用于渗流出口有反滤层情况。若有反滤层作保护，则可提高2～3倍。

4.3.4　土的胀缩特性

土的胀缩性是指黏土吸水后体积增大和失水后体积减小的一种特性。水是引起黏土膨胀的外界因素，起决定性的内因则是黏土矿物成分，黏土矿物中蒙脱石、伊利石等胀缩性最为显著。土中黏粒含量越多，土的胀缩性越强；塑性指数越大，膨胀能力越高。天然孔隙比越小，膨胀越大，收缩越小。膨胀性的研究除取土样进行一般的物理力学性质试验外，还应进行土的自由膨胀率、膨胀率和膨胀压力试验。

1. 自由膨胀率

将通过 0.5mm 筛的烘干土浸泡于水中，经过充分吸水膨胀后所增加的体积与原干土体积之比称为自由膨胀率（δ_{ef}），用百分数表示，即

$$\delta_{ef} = \frac{V_w - V_0}{V_0} \times 100\% \tag{4.45}$$

式中　V_w——试样在水中膨胀稳定后的体积；

　　　V_0——试样原始体积。

自由膨胀率反映了干土在无结构力及压力作用下的膨胀特性，当自由膨胀率小于40%时，应视为非膨胀土。

2. 膨胀率

在有侧限条件下的土样浸水后，试样增加的高度与原高度之比称为膨胀率，用百分数表示。当预定荷载为零时，即为无荷载膨胀率（δ_e）。

$$\delta_e = \frac{R_e - R_0}{h_0} \times 100$$

式中　R_e——土样浸水膨胀稳定后的高度（mm）；

　　　R_0——土样的原始高度（mm）；

　　　h_0——土样的初始高度（mm）。

当有预定荷载时，即为有荷载膨胀率（δ_{ep}）。

$$\delta_{ep} = \frac{R_e + \lambda - R_{0b}}{h_0 - R_{0b} + R_0} \times 100 \tag{4.46}$$

式中　λ——预定荷载下的压缩变形量（mm）；

　　　R_{0b}——加荷后土样的高度（mm）。

3. 膨胀压力

膨胀压力是指土样在体积不变时，由于浸水膨胀产生的最大内应力。当基底压力大于膨胀压力时，土体发生收缩。

4.3.5　土的动力特性

土的动力特性是指土体在动力作用下所反映的工程性质。常用土的振动三轴试验（又称动力三轴试验）进行研究，目的是测定饱和土在动力作用下的应力、应变和孔隙水压力变化过程，通过试验确定土的动强度（液化）、动模量和阻尼比等。

1. 动强度

动强度是指试样在一定的振动循环次数下，发生破坏（液化）应变时的动剪应力值。由于破坏标准不同，得到的动强度也不同，动强度除动强度曲线外，也可用动应力绘制莫尔圆表示，如图 4.12 所示，图中 c_d 和 φ_d 即为动强度指标。

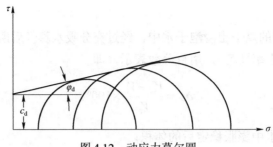

图 4.12　动应力莫尔圆

2. 动模量

动模量分为动弹性模量和动剪切模量。见式（4.47）和式（4.48）。

$$E_d = \frac{\sigma_d}{\varepsilon_d} \tag{4.47}$$

式中　E_d——动弹性模量（kPa）；

　　　σ_d——动应力（kPa）；

　　　ε_d——动应变（%）。

$$G_d = \frac{\tau_d}{\gamma_d} \tag{4.48}$$

式中　G_d——动剪切模量（kPa）；

　　　τ_d——动剪应力（kPa）；

　　　γ_d——动剪应变（%）。

3. 阻尼比

土的阻尼系数与临界阻尼系数之比。即滞回圆面积 $ABCD$ 与三角形面积 AOF 之比（见图 4.13）。土的阻尼比是反映土的动荷载作用下吸收振动能量的特征值，阻尼比按照式（4.49）计算：

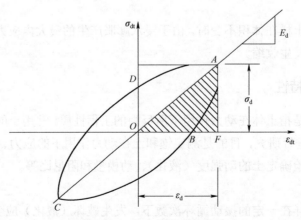

图 4.13　应力应变滞回圈图

$$\lambda_d = \frac{1}{4\pi}\frac{A}{A_s} \tag{4.49}$$

式中　λ_d——阻尼比；

　　　A——滞回圈 $ABCDA$ 的面积（cm^2）；

　　　A_s——三角形 OAF 的面积（cm^2）。

4.4　特殊土的工程性质

4.4.1　黄土

1. 黄土的定义与分类

黄土为第四纪以来，在干旱、半干旱气候条件下形成的陆相沉积物，一般呈黄色或褐黄色，土颗粒成分以粉粒为主、含碳酸钙及少量易溶盐，并具有大孔隙和垂直节理、抗水性能差、易崩解和潜蚀、上部多具湿陷性等工程地质特性的土。未经次生扰动不具层理的称为原生黄土。原生黄土经过流水侵蚀、搬运重新沉积形成的黄土称为次生黄土或黄土状土。

在一定压力下受水浸湿，水溶盐类被溶解或软化，土体结构迅速破坏，并发生显著附加下沉的黄土，称为湿陷性黄土。第四纪各时期都有黄土沉积，可分为老黄土（午城黄土 Q_1、离石黄土 Q_2）、新黄土（马兰黄土 Q_3、黄土状土 Q_4^1 和新近堆积黄土状土 Q_4^2）等（见表 4.67）。

表 4.67　　　　　　　　　　　黄土按堆积时代的划分

地层时代		地层名称	湿陷性及其他特征
全新世 Q_4	近期 Q_4^2	新近堆积黄土状土	一般为自重或非自重湿陷性黄土地基，常具有高压缩性
	早期 Q_4^1	黄土状土	
晚更新世 Q_3		马兰黄土	
中更新世 Q_2		离石黄土	下部不具湿陷性，部分上部土层具有湿陷性
早更新世 Q_1		午城黄土	不具湿陷性

注　Q_2 离石黄土层顶面以下的黄土湿陷性，应根据建筑物的实际压力或上覆土的饱和自重压力进行室内湿陷性试验或现场浸水性试验确定。

黄土按塑性指数，可划分为砂质黄土、黏质黄土（见表 4.68）。

表 4.68　　　　　　　　　　　黄土按塑性指数的分类

名称	塑性指数 I_p
砂质黄土	$I_p \leqslant 10$
黏质黄土	$I_p > 10$

2. 黄土湿陷性判别

（1）黄土湿陷性初判宜采用下列标准：

1）早更新世 Q_1 黄土不具有湿陷性；中更新世下部 Q_2^1 黄土不具有湿陷性；中更新世上部 Q_2^2 顶部部分黄土具有湿陷性；晚更新世 Q_3 和全新世 Q_4 黄土具有湿陷性。

2）在典型黄土塬地区完整的黄土地层剖面中，自地表向下第一层 Q_3 黄土，宜判为强湿陷性或中等湿陷性；第二层 Q_2^2 黄土宜判为轻微湿陷性；第三层 Q_2^1 及以下 Q_1 黄土可判为无湿陷性。第一层 Q_3、第二层 Q_2^2 所夹的古土壤层宜判为轻微湿陷性。

3）晚更新世 Q_3 黄土的天然含水率超过塑限含水率时，宜判为轻微湿陷性或无湿陷性。

（2）黄土湿陷性复判。室内浸水饱和压缩试验测定的湿陷系数等于或大于 0.015 的黄土，应判定为湿陷性黄土。重要工程除进行室内试验外，还应开展现场浸水载荷试验判定黄土湿陷性，在 0.2MPa 压力下现场试验的附加湿陷量与承压板宽度之比等于或大于 0.023 的土，应判定为湿陷性黄土。

1）黄土湿陷程度分类（见表 4.69）。

表 4.69　　　　　　　　　　　黄 土 湿 陷 程 度 分 类

分类名称		分类等级	湿陷系数 δ_s
非湿陷性黄土		I	<0.015
湿陷性黄土	轻微湿陷性黄土	II	$0.015<\delta_s\leq0.03$
	中等湿陷性黄土	III	$0.03<\delta_s\leq0.07$
	强烈湿陷性黄土	IV	$\delta_s>0.07$

2）场地湿陷类型。当自重湿陷量实测值 Δ'_{zs} 或计算值 Δ_{zs} 小于或等于 70mm 时，应定为非自重湿陷性黄土场地；当自重湿陷量实测值 Δ'_{zs} 或计算值 Δ_{zs} 大于 70mm 时，应定为自重湿陷性黄土场地。当自重湿陷量实测值和计算值出现矛盾时，应按实测值判定。

3）地基湿陷等级（见表 4.70）。

表 4.70　　　　　　　　　　　湿陷性黄土地基的湿陷等级[7]

湿陷类型 Δ_{zs}（mm） Δ_s（mm）	非自重湿陷性场地	自重湿陷性场地	
	$\Delta_{zs}\leq70$	$70<\Delta_{zs}\leq350$	$\Delta_{zs}>350$
$\Delta_s\leq300$	I（轻微）	II（中等）	—
$300<\Delta_s\leq700$	II（中等）	II（中等）或III（严重）	III（严重）
$\Delta_s>700$		III（严重）	IV（很严重）

注　当湿陷量的计算值 $\Delta_s>600$mm，自重湿陷量的计算值 $\Delta_{zs}>300$mm 时，可判定为 III 级，其他情况可判定为 II 级。

（3）湿陷性黄土的湿陷起始压力。湿陷性黄土的湿陷起始压力 p_{sh} 值，可按下列方法确定：

1）当按室内压缩试验结果确定时，在 $p-\delta_s$ 曲线上宜取 $\delta_s=0.015$ 所对应的压力值为湿陷起始压力值。

2）当按现场浸水载荷试验结果确定时，应在 $p-s_s$（压力与浸水下沉量）曲线上，取其转折点所对应的压力值为湿陷起始压力。当曲线上的转折点不明显时，可取浸水下沉量（s_s）与承压板直径（d）或宽度（b）之比值等于 0.017 所对应的压力值为湿陷起始压力值。

3）对于非自重湿陷性黄土场地，当地基内土层的湿陷起始压力值大于其附加压力与上覆土的饱和自重压力之和时，可按非湿陷性黄土评价。

（4）湿陷性黄土的物理力学性质。湿陷性黄土的颗粒组成以粉粒为主，塑性较弱，具有欠压密性。含水率及饱和度越小，湿陷性越大。在结构强度未被破坏或软化的压力范围内，表现出压缩性较低、强度较高等特性，但当水溶盐类被溶解、结构遭受破坏时，其力学性质将呈现屈服、软化、湿陷等性状。

4.4.2 软土

1. 软土的定义与分类

软土是指在静水或水流缓慢的环境中沉积、天然孔隙比大于或等于 1.0 且天然含水率大于或等于液限的细粒土。

软土按物理力学性质的分类见表 4.71 和表 4.72。软土一般含有机质，具有压缩性高、强度低、灵敏度高和排水固结缓慢的特点。

表 4.71　　　　　　　　　　软 土 的 分 类

类型	天然孔隙比 e	天然含水率 W（%）	有机质含量 W_u（%）	渗透系数 K（cm/s）	压缩系数 $\alpha_{0.1\sim0.2}$（MPa^{-1}）	不排水抗剪强度 C_U（kPa）	静力触探比贯入阻力 p_s（kPa）	标准贯入锤击数 N
软黏性土	$e \geqslant 1.0$	$W \geqslant W_L$	$W_u < 3$	$K < 10^{-6}$	$\alpha_{0.1\sim0.2} \geqslant 0.5$	$C_U < 30$	$p_s < 800$	$N < 4$
淤泥质土	$1.0 \leqslant e \leqslant 1.5$		$3 \leqslant W_u < 10$					$N < 2$
淤　泥	$e > 1.5$							
泥炭质土	$e > 3.0$	$W \geqslant W_L$	$10 \leqslant W_u \leqslant 60$	$K < 10^{-3}$	—	$C_U < 10$	—	—
泥炭	$e > 10$		$W_u > 60$	$K < 10^{-2}$				

注　1. 表中 W_L 为土的液限含水率（%）；

2. 有机质含量 W_u（%）按烧失量试验确定。

3. 软土及其类型的划分，应以天然孔隙比、天然含水率及有机质含量为主，并结合其他指标综合判断。外业勘察时，可用 p_s 作为初判标准。

表 4.72　　　　　　　　　　　　　　　　　　软　土　的　分　类

类型	天然孔隙比 e	天然含水率 W (%)	有机质含量 W_u (%)	渗透系数 K (cm/s)	压缩系数 $a_{0.1\sim0.2}$ (MPa^{-1})	不排水抗剪强度 C_U (kPa)	静力触探比贯入阻力 P_s (kPa)	静力触探端阻 q_c (kPa)	标准贯入试验锤击数 N	十字板剪切强度 S_u (kPa)	土类指数 I_D
软黏性土	$e\geq1.0$	$W\geq W_L$	$W_u<3$	$K<10^{-6}$	≥0.5	<30	$P_s<700$	$q_c<600$	$N<4$	$\mu S_u<30$	$I_D<0.35$
淤泥质土	$1.0<e\leq1.5$		$3\leq W_u<10$								
淤泥	$e>1.5$								$N<2$		
泥炭质土	$e>3.0$	$W\geq W_L$	$10\leq W_u\leq60$	$K<10^{-3}$	—	<10					
泥炭	$e>10.0$		$W_u>60$	$K<10^{-2}$							

注　1. μ 为修正系数，当 $I_P\leq20$ 时，$\mu=1$；当 $20<I_P\leq40$ 时，$\mu=0.9$。

　　2. 土类指数 I_D 可根据原位扁铲侧胀试验获取。

2. 软土的成因类型与分布

软土成因类型与分布特征见表 4.73。

表 4.73　　　　　　　　　　　　软土成因分类与特征表

成因类型	主要分布区域	地层特征
滨海沉积软土	天津塘沽、连云港、上海、舟山、杭州、宁波、温州、福州、厦门、泉州、漳州、广州	表层常有黄褐色黏性土的硬壳，下部为淤泥或淤泥夹粉砂、细砂透镜体，常含贝壳等生物残骸。三角洲相有明显交错层
湖泊沉积软土	洞庭湖、洪泽湖、太湖、鄱阳湖四周、古云梦湖、仁宗海	具明显层理，时而有泥炭透镜体
河滩沉积软土	长江中下游、珠江下游、淮河平原、松辽平原及其上游山间谷地	成分不均匀，常呈带状或透镜状
沼泽沉积软土	昆明滇池周边、贵州水城、盘县	多伴以泥炭

软土的灵敏度（S_t）应根据无侧限抗压强度试验或现场十字板剪切试验，按表 4.74 判定。

表 4.74　　　　　　　　　　软 土 灵 敏 度 的 划 分

灵敏度分类	灵敏度 S_t
低灵敏性	$S_t\leq2$
中灵敏性	$2<S_t\leq4$
高灵敏性	$4<S_t\leq8$
极灵敏性	$8<S_t\leq16$
流性	$S_t>16$

注　1. 当采用无侧限抗压强度试验确定时，$S_t=q_u/q_u'$；q_u 为原状土的无侧限抗压强度；q_u' 为与原状土密度和含水率相同，但结构彻底破坏的重塑土的无侧限抗压强度。

　　2. 当采用现场十字板剪切试验确定时，$S_t=S_u/S_u'$；S_u 为十字板剪切强度；S_u' 为十字板重塑强度。

3. 软土的物理力学性质

软土多由黏土矿物组成，粉粒和黏粒为主，具典型的蜂窝状和海绵状结构，层理发育，天然状态下含水率高、密度低、孔隙比大、透水性弱、强度低、压缩性高、承载力低，具有一定的触变性和蠕变性。

4.4.3　膨胀土（岩）

1. 膨胀土（岩）的定义

膨胀土（岩）是指含有大量亲水性黏土矿物、吸水膨胀、失水收缩，具有明显胀缩变形且变形受约束时产生较大应力的黏土（岩）。

膨胀土的主要特征是：

（1）粒度组成中<0.002mm 的颗粒含量大于 30%；

（2）黏土矿物中，伊利石、蒙脱石等强亲水性矿物占主导地位；

（3）土体湿度增高时，体积膨胀并形成膨胀压力；土体干燥失水时，体积收缩并形成收缩裂缝；

（4）膨胀、收缩变形可随环境变化反复发生，导致土的强度衰减；

（5）属液限大于 40%的高塑性土。

具有上述（2）、（3）、（4）项特征的黏土类岩石称为膨胀岩。

2. 膨胀土的判别

（1）膨胀土的初判应根据地貌、土的颜色、结构、土质情况、物理地质现象和土的自由膨胀率等特征，按表 4.75 综合判定。

表 4.75　　　　　　　　　　膨 胀 土 的 初 判 标 准

项目	特征
地貌	具垄岗式地貌景观，常呈垄岗与沟谷相间；地形平缓开阔，无自然陡坎，坡面沟槽发育
颜色	多呈棕、黄、褐色，间夹灰白、灰绿色条带或薄膜；灰白、灰绿色多呈透镜体或夹层出现
结构	具多裂隙结构，方向不规则。裂面光滑，可见擦痕。裂隙中常充填灰白、灰绿色黏土条带或薄膜
土质	土质细腻、具滑感，土中常含有钙质或铁锰质结核或豆石，局部可富集成层
物理地质现象	坡面常见浅层溜坍、滑坡、地面裂缝。当坡面有数层土时，其中膨胀土层往往形成凹形坡。新开挖的坑壁易发生坍塌
自由膨胀率 F_s（%）	$F_s \geqslant 40$

（2）膨胀土详判应采用自由膨胀率、蒙脱石含量、阳离子交换量三项指标。当符合表 4.76 中的两项及以上指标时应判定为膨胀土。膨胀土的膨胀潜势应按表 4.77 分级。

表 4.76 膨 胀 土 的 详 判 指 标

名称	判定指标
自由膨胀率 F_s（%）	$F_s \geqslant 40$
蒙脱石含量 M（%）	$M \geqslant 7$
阳离子交换量 CEC（NH_4^+）（mmol/kg）	CEC（NH_4^+）$\geqslant 170$

注 CEC（NH_4^+）表示 1kg 干土的阳离子（NH_4^+）的交换量。

表 4.77 膨胀土的膨胀潜势分级

分级指标	级别		
	弱膨胀土	中等膨胀土	强膨胀土
自由膨胀率 F_s（%）	$40 \leqslant F_s < 60$	$60 \leqslant F_s < 90$	$F_s \geqslant 90$
蒙脱石含量 M（%）	$7 \leqslant M < 17$	$17 \leqslant M < 27$	$M \geqslant 27$
阳离子交换量 CEC（NH_4^+）（mmol/kg）	$170 \leqslant CEC$（NH_4^+）< 260	$260 \leqslant CEC$（NH_4^+）< 360	CEC（NH_4^+）$\geqslant 360$

注 当有 2 项及以上指标符合时，即判定为该等级。

3. 膨胀岩的判别

膨胀岩多见于泥岩、泥质粉砂岩、页岩，风化的泥灰岩，蒙脱石化的凝灰岩以及含硬石膏、芒硝的岩石等。膨胀岩的野外地质特征判别见表 4.78。膨胀岩按其膨胀特性可划分为弱膨胀岩、中膨胀岩、强膨胀岩等（见表 4.79）。

表 4.78 膨胀岩的野外地质特征判别

项目	一般特征
地貌	一般形成波状起伏的低缓丘陵，相对高度 20～30m，丘顶多浑圆，坡面圆顺，山坡坡度缓于 40°，岗丘之间为宽阔的 U 形谷地，当具有砂岩夹层时，常形成一些陡坎
岩性	主要为灰白、灰绿、灰黄、紫红和灰色的泥岩、泥质粉砂岩、页岩，风化的泥灰岩，风化的基性岩浆岩，蒙脱石化的凝灰岩以及含硬石膏、芒硝的岩石等。岩石由细颗粒组成，遇水时多有滑腻感。泥质膨胀岩的分布地层以石炭系、二叠系、三叠系、侏罗系、白垩系、第三系（古近系、新近系）为主
结构构造	岩层多为薄层和中、厚层状，裂隙发育，裂隙多被灰白、灰绿色等富含蒙脱石物质充填
风化	风化裂隙多沿构造面、层面进一步发展，使已被结构面切割的岩块更加破碎；地表岩石碎块风化为鸡粪土，剥落现象明显；天然含水的岩石在暴晒时多沿层理方向产生微裂隙；干燥的岩块泡水后易崩解成碎块、碎片和土状

表 4.79 膨 胀 岩 的 分 类

类别	崩解特征及重量变化	膨胀率 F（%）	膨胀力 P_p（kPa）	饱和吸水率 W_m（%）	自由膨胀率 F_s（%）
非膨胀岩	泡水 24h 岩块完整、不崩解，重量增加小于 10%	<3	<100	<10	<30
弱膨胀岩	泡水后，有少量岩屑下落，几小时后岩块开裂成 0.5～1.0cm 碎片或大片，手可捏碎，重量可增加 10%左右	$3 \leqslant F < 15$	$100 \leqslant P_p < 300$	$10 \leqslant W_m < 30$	$30 \leqslant F_s < 50$
中膨胀岩	泡水后，1～2h 崩解为碎片，部分下落，碎片尚不能捏成土饼，重量可增加 30%～50%	$15 \leqslant F < 30$	$300 \leqslant P_p < 500$	$30 \leqslant W_m < 50$	$50 \leqslant F_s < 70$
强膨胀岩	泡水后，即刻剧烈崩解，成土状撒落，水浑浊，10min 可崩解 50%，20～30min 崩解完毕	$\geqslant 30$	$\geqslant 500$	$\geqslant 50$	$\geqslant 70$

4. 膨胀土的成因类型与分布

膨胀土的成因类型和分布见表 4.80。

表 4.80   膨胀土的成因类型表

成因类型		岩性	分布地区
湖积		黏土、黏土岩，灰白、灰绿色为主，灰黄、褐色次之	平顶山、邯郸、襄樊、宁明县、个旧、鸡街镇、蒙自、曲靖、昭通
		黏土，灰色及灰黄色	
		粉质黏土、泥质粉细砂、泥灰岩，灰黄色	郧县、荆门、枝江、安康、汉中、临沂、成都、合肥、南宁
冲积		黏土，褐黄、灰褐色	
		粉质黏土，褐黄、灰白色	
滨海沉积		黏土，灰白、灰黄色，层理发育，有垂向裂隙，含砂	湛江、海口
		粉质黏土，灰色、灰白色	
残积	碳酸盐岩地区	下部黏土，褐黄、棕黄色	贵县、柳州、来宾
		上部黏土，棕红、褐色等色	昆明、砚山
	老第三系（古近系）地区	黏土、黏土岩、页岩、泥岩，灰、棕红、褐色	开远、广州、中宁、盐池县、哈密
		粉质黏土、泥质砂岩及粉质页岩等	
	火山灰地区	黏土，褐红夹黄、灰黑色	儋州

5. 膨胀土的物理力学性质

膨胀土的液限、塑限和塑性指数均较大，饱和度一般较大，天然含水率较小，常处于硬塑或坚硬状态，强度较高，压缩性一般中等偏低，但在含水率增加或结构扰动时，力学性质向不良方向转化较明显。

4.4.4 红黏土

1. 红黏土的定义与判别

红黏土是指碳酸盐类岩石在湿热气候条件下，经溶蚀和风化淋滤作用，氧化铝和氧化铁相对富集的高塑性黏土。

红黏土的颜色为棕红或褐黄色，覆盖于碳酸盐岩上，其液限大于或等于 50% 的高塑性黏土，应判定为原生残积红黏土。原生红黏土经搬运沉积后，仍保持原有基本特征、且其液限大于 45% 的黏土，可判定为次生红黏土。

红黏土具有遇水软化、失水收缩强烈、裂隙发育、易剥落等工程地质特征，其基本特征见表 4.81。

表 4.81   红黏土的基本特征表

项目	一般特征
地貌	分布在盆地、洼地、谷地、山麓、山坡或丘陵等地区，形成缓坡、陡坎、坡积裙等地貌，有时因塌陷形成土坑、碟形洼地
含水状态	由地表向下，上部呈坚硬或硬塑状态，占红土层的大部分。软塑、流塑状态的土，多埋藏在溶沟或溶槽底部

项目	一般特征
厚度	由于受基岩顶面起伏的影响,土层厚度变化很大,在同一地点相距1m,厚度可有4~5m之差
裂隙	裂隙很发育,常具网状裂隙,一般可延伸到地下3~4m,深达6m,常有裂隙水活动,易形成崩塌或滑坡
土洞	土层中可能有地下水或由于地表水活动形成的土洞

2. 红黏土的成因类型与分布

红黏土是在气候湿热、雨量充沛的条件下,年降水量大于蒸发量,形成酸性介质环境,碳酸盐类岩石经强烈的化学风化成土作用,形成残积、坡积或残—坡积土层,多属上新世及早、中更新世沉积物。红黏土在我国的西部主要分布于溶蚀夷平面及洼地、谷地内;中部主要分布于峰林谷地、孤峰准平原及丘陵洼地;东部主要分布于高阶地以上的丘陵区。

3. 红黏土的物理力学性质

红黏土矿物成分以高岭石和伊利石为主,其次为蒙脱石、绿泥石等黏土矿物,颗粒组成以黏粒、胶粒为主,土层具失水干硬、龟裂、遇水软化的特点,常有铁锰质结核和土洞分布,天然含水率和孔隙比均较高,干密度低,可塑性强,强度和抗压缩性较低,抗渗性能好,但收缩量和膨胀量大,压实性差。红黏土的塑性状态、裂隙状态划分见表4.82和表4.83,其复浸水特性分类见表4.84。

表 4.82　　　　　　　　　　红黏土的塑性状态划分

状态	含水比α_w值	比贯入阻力P_s（MPa）	经验指标
坚硬	$\alpha_w \leq 0.55$	$P_s \geq 2.3$	土质较干、硬
硬塑	$0.55 < \alpha_w \leq 0.70$	$1.3 \leq P_s < 2.3$	不易搓成3mm粗的土条
软塑	$0.70 < \alpha_w \leq 1.00$	$0.2 \leq P_s < 1.3$	易搓成3mm粗的土条
流塑	$\alpha_w > 1.00$	$P_s < 0.2$	土很湿,接近或处于流动状态

注　含水比α_w为土的天然含水率与液限之比,液限采用液塑限联合测定法,液限为10mm的液限。

表 4.83　　　　　　　　　　红黏土的裂隙状态划分

土体结构	裂隙发育特征	裂隙密度（条/m）
致密状	偶见裂隙	<1
巨块状	裂隙较多	1~5
碎块状	裂隙发育	>5

表 4.84　　　　　　　　　　红黏土的复浸水特性分类

类别	I_r与I_r'关系	复浸水特性
I 类	$I_r \geq I_r'$	收缩后再浸水膨胀,能恢复到原位
II 类	$I_r < I_r'$	收缩后再浸水膨胀,不能恢复到原位

注　$I_r = W_L / W_P$,称为液塑比,W_L为液限含水率,W_P为塑限含水率;I_r'为界限液塑比,$I_r' = 1.4 + 0.0066 W_L$。

4.4.5　冻土

1. 冻土的定义与判别

冻土是指具有负温或零温度并含有冰的土。它是由固体矿物颗粒、冰（胶结冰、冰夹层、冰包裹体）、未冻水（强结合水、弱结合水）和气体（空气和水蒸气）组成的四相体系，其特殊性主要表现在它的性质与温度密切相关，温度升高时融化产生沉陷，温度降低时冻结产生膨胀，是一种对温度十分敏感且性质不稳定的土体。

含有固态水、且冻结状态持续二年或二年以上的土，应判定为多年冻土；地壳表层寒季冻结、暖季全部融化的土，应判定为季节冻土。

按冻土含冰特征，可定名为少冰冻土、多冰冻土、富冰冻土、饱冰冻土、含土冰层和纯冰层。

2. 冻土的分类

（1）按冻结状态持续时间分类。按冻结状态持续时间，分为多年冻土、隔年冻土和季节冻土。

1）多年冻土。多年冻土指持续冻结时间在二年或二年以上的土，多年冻土季节融化层是指每年寒季冻结、暖季融化的地壳表层。

根据分布特征，将多年冻土分为高纬度多年冻土和高海拔多年冻土。高纬度多年冻土主要分布在东北大小兴安岭地区，面积约 $3.8 \times 10^5 \text{km}^2$；高海拔多年冻土主要分布在青藏高原和喜马拉雅山、祁连山、天山、阿尔泰山和长白山等高山地区，面积约 $1.7 \times 10^6 \text{km}^2$，其中青藏高原多年冻土面积约 $1.5 \times 10^6 \text{km}^2$。由于气候条件不同，冻结土的深度也不同，我国境内的多年冻土层一般厚 1～20m 不等，最厚达 60m。

2）隔年冻土。隔年冻土指寒季冻结，而翌年暖季并不融化的冻土。

3）季节冻土。季节冻土指地壳表层寒季冻结而暖季又全部融化的土。主要分布在长江流域以北、东北多年冻土南界以南和高海拔多年冻土下界以下的广大地区，面积 $5.14 \times 10^6 \text{km}^2$。

（2）按冻土中的易溶盐含量或泥炭化程度分类。

1）盐渍化冻土。冻土中易溶盐含量超过表 4.85 中数值时，称为盐渍化冻土。

盐渍化冻土的盐渍度（ζ）可按式（4.50）计算：

$$\zeta = \frac{m_g}{g_d} \times 100(\%) \tag{4.50}$$

式中　m_g——冻土中含易溶盐的质量（g）；

　　　g_d——土骨架质量。

表 4.85　盐渍化冻土的盐渍度界限值表

土类	含细粒土砂	粉土	粉质黏土	黏土
盐渍度 ζ（%）	0.10	0.15	0.20	0.25

2）泥炭化冻土。冻土中的有机质含量超过表 4.86 中数值时，称为泥炭化冻土。

泥炭化冻土的泥炭化程度（ξ）可按式（4.51）计算：

$$\xi = \frac{m_\text{p}}{g_\text{d}} \times 100(\%) \tag{4.51}$$

式中　m_p——冻土中含植物残渣和泥炭的质量（g）。

表 4.86　　　　　　　　　　泥炭化冻土的泥炭化程度界限值表

土类	粗颗粒土	黏性土
泥炭化程度 ξ（%）	3	5

（3）按冻土的体积压缩系数（m_s）或总含水率（W）分类。

1）坚硬冻土。坚硬冻土的 $m_\text{s} \leqslant 0.01\text{MPa}^{-1}$，土中未冻含水率很小，土粒由冰牢固胶结，土的强度高。坚硬冻土在荷载作用下，表现出脆性破坏和不可压缩性。坚硬冻土的温度界限（冻结温度）对分散度不高的黏性土为 -1.5℃，对分散度很高的黏性土为 $-5\sim-7\text{℃}$。

2）塑性冻土。塑性冻土的 $m_\text{s} > 0.01\text{MPa}^{-1}$，虽被冰胶结但仍含有多量未冻结的水，具有塑性，在荷载作用下可以压缩，土的强度不高。当土的温度在零度以下至坚硬冻土温度的上限之间、饱和度 $S_\text{r} \leqslant 80\%$ 时，常呈塑性冻土。塑性冻土的负温值高于坚硬冻土。

3）松散冻土。松散冻土的 $W < 3\%$，由于土的含水率较小，土粒未被冰所胶结，仍呈冻前的松散状态，其力学性质与未冻土无多大差别。砂土和碎石土常呈松散冻土。

3. 冻土的物理力学性质

冻土中冰多以结晶颗粒形式存在，并起胶结联结作用。土层在冻结时体积膨胀、孔隙率增大、强度提高；融化时体积缩小、土粒间的联结削弱、力学性能降低、压缩变形较大。当自然条件改变时，冻土将产生冻胀、融沉（陷）、热融滑塌等特殊不良地质现象。

（1）冻土的物理性质。

1）冻土总含水率。冻土总含水率指冻土中所有冰和未冻水的总质量与冻土骨架质量之比。即天然温度的冻土试样，在 $105\sim110\text{℃}$ 下烘至恒重时，失去的水的质量与干土的质量之比，以百分比表示。

2）冻土相对含冰量。冻土相对含冰量指冰的质量与冻土中全部水的质量之比，以百分比表示。

3）冻土质量含冰量

冻土质量含冰量指冻土中冰的质量与冻土中干土质量之比，以百分比表示。

4）冻土体积含冰量。冻土体积含冰量指冻土中冰的体积与冻土总体积之比，以百分比表示。

5）冻土未冻水含量。冻土未冻水含量指在一定负温条件下，冻土中未冻水的质量与干土质量之比，以百分比表示。

（2）冻土的热学性质。

1）热容量。热容量是土蓄热性能的指标。可分为质量热容量（比热容）和体积热容量。

a. 质量热容量（比热容）。质量热容量，是使单位质量的土，升高或降低单位温度所需吸收或释放的热量，以 $J \cdot kg^{-1} \cdot K^{-1}$ 表示。

b. 体积热容量。体积热容量，是使单位体积的土，升高或降低单位温度所需吸收或释放的热量，以 $J \cdot m^{-3} \cdot K^{-1}$ 表示。

体积热容量可以表示为密度与质量热容量的乘积。

2）冻结温度。冻结温度指土体中的毛细水、重力水开始冻结的温度。

3）导热系数。导热系数是表示土体导热能力的指标。当土体两表层温差为 1K 时，在单位时间内通过单位面积、单位厚度土层的热量，即为该土层的导热系数，以 $W \cdot m^{-1} \cdot K$ 表示。

4）导温系数。导温系数表示土体中某一点的温度变化传递到另一点的速率的量度。在数值上等于导热系数与体积热容量的比值，以 m^2/s 表示。

（3）冻土的力学性质。

1）融化下沉系数。融化下沉系数指冻土试件融化过程中，在自重作用下，下沉高度与试件融化前高度之比，以百分比表示。

2）融化压缩系数。融化压缩系数指冻土试件融化后，在单位荷重下所产生的相对压缩变形，以 MPa^{-1} 表示。

3）冻胀率。土的冻胀是土冻结过程中土体积增大的现象。土的冻胀性以冻胀率来衡量。冻胀率为冻土试件冻结后增加的高度与冻结前试件高度之比，以百分比表示。

4）冻胀力。冻胀力指土的冻胀受到约束时产生的力。

基础底面的法向冻胀力指地基土冻结时，随着土体的冻胀，作用于基础底面向上的抬起力，简称法向冻胀力。

基础底面的切向冻胀力指平行向上作用于基础侧表面的抬起力，简称切向冻胀力。

5）冻结力。土中水在负温下变成冰的同时，将土和基础表面通过冰晶胶结在一起，这种胶结力称为冻土与基础材料的冻结力，又称冻结强度。

6）冻土的抗剪强度。冻土的抗剪强度指冻土在外力作用下，抵抗剪切滑动的极限强度。冻土的抗剪强度不仅与外压力大小有关，而且与土的负温度及荷载作用时间有密切关系。

4. 冻土的融沉性和冻胀性

（1）多年冻土的融沉性分级。应根据多年冻土的类型、总含水率、平均融化下沉系数（δ_0）对多年冻土的融沉性进行分级划分（见表 4.87）。

表 4.87 多年冻土的融沉性分级

多年冻土的类型	土的名称	总含水率 W_A（%）	融化后的潮湿程度	平均融化下沉系数 δ_0（%）	融沉等级	融沉类别
少冰冻土	碎石类土，砾、粗砂、中砂（粉黏粒质量不大于15%）	$W_A < 10$	潮湿	$\delta_0 \leqslant 1$	I	不融沉
	碎石类土，砾、粗砂、中砂（粉黏粒质量大于15%）	$W_A < 12$	稍湿			
	细砂、粉砂	$W_A < 14$				
	粉土	$W_A < 17$				
	黏性土	$W_A < W_p$	坚硬			
多冰冻土	碎石类土，砾、粗砂、中砂（粉黏粒质量不大于15%）	$10 \leqslant W_A < 15$	饱和	$1 < \delta_0 \leqslant 3$	II	弱融沉
	碎石类土，砾、粗砂、中砂（粉黏粒质量大于15%）	$12 \leqslant W_A < 15$	潮湿			
	细砂、粉砂	$14 \leqslant W_A < 18$				
	粉土	$17 \leqslant W_A < 21$				
	黏性土	$W_p \leqslant W_A < W_p + 4$	硬塑			
富冰冻土	碎石类土，砾、粗砂、中砂（粉黏粒质量不大于15%）	$15 \leqslant W_A < 25$	饱和出水（出水量小于10%）	$3 < \delta_0 \leqslant 10$	III	融沉
	碎石类土，砾、粗砂、中砂（粉黏粒质量大于15%）		饱和			
	细砂、粉砂	$18 \leqslant W_A < 28$				
	粉土	$21 \leqslant W_A < 32$				
	黏性土	$W_p + 4 \leqslant W_A < W_p + 15$	软塑			
饱冰冻土	碎石土，砾、粗砂、中砂（粉黏粒质量不大于15%）	$25 \leqslant W_A < 44$	饱和出水（出水量小于10%）	$10 < \delta_0 \leqslant 25$	IV	强融沉
	碎石土，砾、粗砂、中砂（粉黏粒质量大于15%）					
	细砂、粉砂	$28 \leqslant W_A < 44$	饱和			
	粉土	$32 \leqslant W_A < 44$				
	黏性土	$W_p + 15 \leqslant W_A < W_p + 35$	软塑			
含土冰层	碎石类土，砂类土，粉土	$W_A \geqslant 44$	饱和大量出水（出水量10%~20%）	$\delta_0 > 25$	V	融陷
	黏性土	$W_A \geqslant W_p + 35$	流塑			
纯冰层	厚度大于25cm 或间隔2~3cm 冰层累计超过 25cm					

注　1. 总含水率包括冰和未冻水。

2. W_p 为塑限含水率。

3. 冻土层的融化下沉系数（δ_0）按下式计算：

$$\delta_0 = \frac{h_1 - h_2}{h_1} \times 100\%(\%) = \frac{e_1 - e_2}{1 + e_1} \times 100\%(\%)$$，其中，h_1、e_1 分别为冻土试件融化前的高度（mm）和孔隙比；h_2、e_2 分别为冻土试件融化后的高度（mm）和孔隙比。

4. 本表不包括盐渍化冻土、冻结泥炭化土、腐殖土、高塑性黏土。

（2）季节冻土和多年冻土季节融化层土的冻胀性分级。根据土的平均冻胀率（η），季节冻土和多年冻土季节融化层土的冻胀性可划分为 5 级（见表 4.88）。

表 4.88　　　　　　　季节冻土和季节融化层土的冻胀性分级

土的名称	冻前天然含水率 W（%）	冻前地下水位距设计冻深的最小距离 h_w（m）	平均冻胀率 η（%）	冻胀等级	冻胀类别
粉黏粒质量不大于 15% 的粗颗粒土（包括碎石类土，砾、粗砂、中砂，以下同），粉黏粒质量不大于 10% 的细砂	不饱和	不考虑	$\eta\leqslant1$	I 级	不冻胀
粉黏粒质量大于 15% 的粗颗粒土，粉黏粒质量大于 10% 的细砂	$W\leqslant12$	>1.0			
粉砂	$12<W\leqslant14$	>1.0			
粉土	$W\leqslant19$	>1.5			
黏性土	$W\leqslant W_p+2$	>2.0			
粉黏粒质量不大于 15% 的粗颗粒土，粉黏粒质量不大于 10% 的细砂	饱和含水	无隔水层时	$1<\eta\leqslant3.5$	II 级	弱冻胀
粉黏粒质量大于 15% 的粗颗粒土，粉黏粒质量大于 10% 的细砂	$W\leqslant12$	$\leqslant1.0$			
	$12<W\leqslant18$	>1.0			
粉砂	$W\leqslant14$	$\leqslant1.0$			
	$14<W\leqslant19$	>1.0			
粉土	$W\leqslant19$	$\leqslant1.5$			
	$12<W\leqslant22$	>1.5			
黏性土	$W\leqslant W_p+2$	$\leqslant2.0$			
	$W_p+2<W\leqslant W_p+5$	>2.0			
粉黏粒质量不大于 15% 的粗颗粒土，粉黏粒质量不大于 10% 的细砂	饱和含水	有隔水层时	$3.5<\eta\leqslant6$	III 级	冻胀
粉黏粒质量大于 15% 的粗颗粒土，粉黏粒质量大于 10% 的细砂	$12<W\leqslant18$	$\leqslant1.0$			
	$W>18$	>0.5			
粉砂	$14<W\leqslant19$	$\leqslant1.0$			
	$19<W\leqslant23$	>1.0			
粉土	$19<W\leqslant22$	$\leqslant1.5$			
	$22<W\leqslant26$	>1.5			
黏性土	$W_p+2<W\leqslant W_p+5$	$\leqslant2.0$			
	$W_p+5<W\leqslant W_p+9$	>2.0			
粉黏粒质量大于 15% 的粗颗粒土，粉黏粒质量大于 10% 的细砂	$W>18$	$\leqslant0.5$	$6<\eta\leqslant12$	IV 级	强冻胀
粉砂	$19<W\leqslant23$	$\leqslant1.0$			

土的名称	冻前天然含水率 W（%）	冻前地下水位距设计冻深的最小距离 h_w（m）	平均冻胀率 η（%）	冻胀等级	冻胀类别
粉土	$22<W\leqslant26$	$\leqslant1.5$	$6<\eta\leqslant12$	Ⅳ级	强冻胀
	$26<W\leqslant30$	>1.5			
黏性土	$W_p+5<W\leqslant W_p+9$	$\leqslant2.0$			
	$W_p+9<W\leqslant W_p+15$	>2.0			
粉砂	$W>23$	不考虑	$\eta>12$	Ⅴ级	特强冻胀
粉土	$26<W\leqslant30$	$\leqslant1.5$			
	$W>30$	不考虑			
黏性土	$W_p+9<W\leqslant W_p+15$	$\leqslant2.0$			
	$W\geqslant W_p+15$	不考虑			

注　1. W_p 为塑限含水率（%）；W 为冻前天然含水率在冻层内的平均值（%）。

　　2. 盐渍化冻土不在表列。

　　3. 塑性指数大于 22 时，冻胀性降低一级。

　　4. 小于 0.005mm 粒径含量≥60%时，为不冻胀土。

　　5. 碎石土当充填物大于全部质量的 40%时，其冻胀性按充填物土的名称判定。

　　6. 隔水层指季节冻结、季节融化活动层内的隔水层。

　　7. 对冻胀变形敏感的工程尚应分析冻胀类别为"不冻胀"土的微冻胀性对工程的影响。

　　8. 冻土层的冻胀率 η 按下式计算：

$$\eta=\frac{\Delta_z}{h-\Delta_z}\times100(\%)$$，其中，Δ_z 为地表冻胀量（mm）；h 为冻结层厚度（mm）。

4.4.6 盐渍土（岩）

1. 盐渍土（岩）的定义与判别

盐渍土（岩）指含有较多易溶的岩盐（NaCl）、石膏（$CaSO_4$）、芒硝（Na_2SO_4）、苏打（Na_2CO_3）等氯盐类、硫酸盐类、碳酸盐类的土（岩）。

易溶盐含量大于 0.3%，并具有溶陷、盐胀、腐蚀等特性的土（岩）应判为盐渍土（岩）。

2. 盐渍土（岩）的成因类型和分布

（1）盐渍土的成因类型和分布。盐渍土是当地下水沿土层的毛细管升高至地表或接近地表，经蒸发作用水中盐分被析出并聚集于地表或地表下土层中形成的。一般形成于干旱半干旱气候的内陆盆地、农田、渠道地区；以及温泉、热泉出溢的泉华沉淀地区。盐渍土的形成具备以下条件：①地下水的矿物度较高，有充分的盐分来源；②地下水位较高，毛细管作用能达到地表或接近地表，有被蒸发作用影响的可能；③气候较干燥，一般年降雨量小于蒸发量的地区易形成盐渍土。

按分布区域，盐渍土可划分为滨海盐渍土、内陆盐渍土、冲积平原盐渍土。滨海盐渍土主要分布在渤海沿岸、江苏北部等地区。内陆盐渍土主要分布于甘肃、青海、宁夏、新疆、内蒙古等地区。冲积平原盐渍土主要分布于东北的松辽平原和山西、河南等地区。盐渍土含盐成分分类见表 4.89；盐渍土盐渍化程度分类见表 4.90。

表 4.89　　　　　　　　　　　　　　　　盐渍土含盐成分分类

盐渍土含盐成分类别	盐分比值 D_1	盐分比值 D_2
氯盐渍土	$D_1 > 2$	—
亚氯盐渍土	$1 < D_1 \leq 2$	—
亚硫酸盐渍土	$0.3 \leq D_1 \leq 1$	—
硫酸盐渍土	$D_1 < 0.3$	—
碱性盐渍土	—	$D_2 > 0.3$

注　表中 $D_1 = \dfrac{c(\text{Cl}^-)}{2c(\text{SO}_4^{2-})}$，$D_2 = \dfrac{2c(\text{CO}_3^{2-}) + c(\text{HCO}_3^-)}{c(\text{Cl}^-) + 2c(\text{SO}_4^{2-})}$，$c(\text{Cl}^-)$ 为 1kg 土中所含氯离子的质量摩尔浓度（mmol/kg），其他离子同。

表 4.90　　　　　　　　　　　　　　　　盐渍土盐渍化程度分类

盐渍化程度类别	土层的平均含盐量 $\overline{DT}$（%）		
	氯盐渍土及亚氯盐渍土	硫酸盐渍土及亚硫酸盐渍土	碱性盐渍土
弱盐渍土	$0.3 < \overline{DT} \leq 1.0$	—	—
中盐渍土	$1.0 < \overline{DT} \leq 5.0$	$0.3 < \overline{DT} \leq 2.0$	$0.3 < \overline{DT} \leq 1.0$
强盐渍土	$5.0 < \overline{DT} \leq 8.0$	$2.0 < \overline{DT} \leq 5.0$	$1.0 < \overline{DT} \leq 2.0$
超盐渍土	$\overline{DT} > 8.0$	$\overline{DT} > 5.0$	$\overline{DT} > 2.0$

注　表中"平均含盐量"按取样所代表的土层厚度加权平均计算。

（2）盐渍岩的成因类型和分布。盐渍岩是由含盐度较高的天然水体（如潟湖、盐湖、盐海等）通过蒸发作用产生的化学沉积所形成的岩石，具有较强的溶解特性。盐渍岩按主要含盐矿物成分可分为石膏盐渍岩、芒硝盐渍岩等，主要分布在四川盆地、湘西、鄂西地区（中三叠统），云南、江西（白垩系），江汉盆地、衡阳盆地、南阳盆地、东濮盆地、洛阳盆地（古近系）和山西（中奥陶统）等。

3. 盐渍土（岩）的物理力学性质

（1）盐渍土的物理力学性质。盐渍土在干燥状态时，强度较高，承载力较大；但在浸水后，强度和承载力迅速降低，压缩性增大。土的含盐量越高，水对强度和承载力的影响越大。氯盐类的溶解度随温度变化甚微，吸湿保水性强，使土体软化；硫酸盐类则随温度的变化而胀缩，使土体变软；碳酸盐类的水溶液有强碱性反应，使黏土胶体颗粒分散，引起土体膨胀。

当溶陷系数 δ 小于 0.01 时，称为非溶陷性土；当溶陷系数 δ 大于或等于 0.01 时，称为溶陷性土。溶陷系数可由室内浸水压缩试验或现场浸水载荷试验测定。溶陷等级划分见表 4.91。

表 4.91 盐渍土地基的溶陷等级划分

地基的溶陷等级	分级溶陷量Δ（cm）
Ⅰ级弱溶陷	7＜Δ≤15
Ⅱ级中等溶陷	15＜Δ≤40
Ⅲ级强溶陷	Δ＞40

注 当Δ值小于7cm时，按非溶陷土考虑。

地基分级溶陷量Δ可按式（4.52）计算：

$$\Delta = \sum_{i=1}^{n} \delta_i h_i \tag{4.52}$$

式中　δ_i——第 i 层土的溶陷系数；

h_i——第 i 层土的厚度（cm）；

n——基础底面（初勘自地面1.5m算起）以下至10m深度范围内全部溶陷性盐渍土的层数，其中 δ 小于0.01的非溶陷性土层不计入。

（2）盐渍岩的物理力学性质。盐渍岩埋藏在地下深处时呈整体结构，一般具有强可溶性、腐蚀性。硫酸盐类盐渍岩吸水后具有不同程度的结晶膨胀性，尤其无水芒硝吸收结晶水后形成水芒硝（$Na_2SO_4 \cdot 10H_2O$），体积增大10倍，膨胀压力可达10MPa，岩石的膨胀将导致岩石强度和弹性模量降低。

第 5 章 岩土物理力学试验方法及其适用范围

5.1 常用的岩石和岩体试验方法及其适用范围

为研究岩石的物理力学性质、岩体的变形和强度特性，进行工程岩体分类，评价工程地质条件，检测岩体工程质量，提供水工建筑物设计和施工所需的岩石和岩体基本参数，需要开展岩石和岩体的物理力学特性试验。

5.1.1 岩石（岩块）试验

1. 比重试验

岩石的比重（G）定义为岩石在 105～110℃ 温度下烘至恒重时的质量与同体积纯水在 4℃时质量的比值。

本试验常采用比重瓶法，适用于各类岩石。将具代表性岩样用粉碎机粉碎成岩粉，取烘干试样约 15g 称量后装入比重瓶中，称试样和瓶的总质量。向比重瓶内注入经过排除气体的试液至满，称瓶、试液和试样总质量，并测定瓶内试液的温度。倒出瓶内悬液，洗净比重瓶，再注入与试验同温度的试液，称瓶和试液总质量。

2. 密度试验

岩石的密度（ρ）定义为单位体积质量。试验常用方法如下：

（1）量积法。本试验为能制备成规则试件的各类岩石，试件尺寸应大于组成岩石最大矿物颗粒直径的 10 倍。试件可用圆柱体、方柱体或立方体。

（2）水中称量法。本试验为除遇水崩解、溶解和干缩湿胀的岩石外，均可采用。当采用自由浸水法饱和试件时，将烘干试件放入水槽，先注水至试件高度的 1/4 处，以后每隔 2h 分别注水至试件高度的 1/2 和 3/4 处，6h 后全部浸没试件。试件在水中自由吸水 48h 后，取出试件并沾去表面水分称量。

（3）密封法。本试验为不能用量积法或水中称量法进行测定的岩石。试件宜为边长 40～60mm 的浑圆形或近似立方体的岩块。密封材料可选用石蜡或高分子树脂涂料。用细线系住试样后称试样质量。持线将试样徐徐浸入刚过熔点的蜡液中，浸没后立即将试样提出，称蜡封试样的质量。将系于蜡封试样上的细线挂在天平的一端，使蜡封试样浸没于纯水中，称蜡封试样在纯水中的质量。利用蜡封试样质量、蜡封试样在水中的质量、蜡的质量和比重计算试样体积。

3. 含水率试验

岩石的含水率（W）定义为试样在 105～110℃温度下烘至恒量时所失去的水的质量与试样干质量的比值，以百分数表示。根据大量试验表明，试件在 105～110℃温度下烘24h，已全部达到恒量。试验时测定试样的湿质量和干质量，二者之差即为试样所含水的质量。

本试验采用烘干法，适用于各类岩石。测定天然含水率时试样应在现场采取，不应采用爆破和湿钻法。试样在采取、运输、储存和制备过程中，含水率的变化不应大于 1%。

4. 吸水性试验

岩石吸水率是岩石在大气压力和室温条件下吸入水的质量与试件固有质量的比值，以百分数表示。岩石饱和吸水率是岩石在强制饱和状态下的最大吸入水的质量与试件固有质量的比值，以百分数表示。

岩石吸水率采用自由浸水法测定，岩石饱和吸水率采用煮沸法或真空抽气法进行强制饱和后测定。本试验方法适用于遇水不崩解、不溶解和不干缩膨胀的岩石。

5. 膨胀性试验

岩石膨胀性试验是测定岩石吸水易膨胀的特性，主要是测定含有遇水易膨胀矿物的黏土岩类岩石。岩石自由膨胀率是岩石试件在浸水后产生的径向和轴向变形分别与试件原直径和高度之比，以百分数表示。岩石侧向约束膨胀率是岩石试件在有侧限条件下，轴向受有限荷载时，浸水后产生的轴向变形与试件原高度之比，以百分数表示。岩石的膨胀压力是岩石试件浸水后保持体积不变所需的压力。

本试验包括岩石自由膨胀率试验、岩石侧向约束膨胀率试验和岩石体积不变条件下的膨胀压力试验。岩石自由膨胀率试验适用于遇水不易崩解的岩石；岩石侧向约束膨胀率试验和岩石体积不变条件下的膨胀压力试验适用于各类岩石。

6. 耐崩解性试验

岩石耐崩解性试验是测定耐崩解性指数，即试件在经过干燥和浸水两个标准循环后，试件残留的质量与原质量之比，以百分数表示。岩石耐崩解性试验主要适用于黏土岩类岩石和风化岩石等遇水易崩解岩石。在现场采取保持天然含水率的试样并密封，试件应采用干法加工，试样制成每个质量为 40～60g 的浑圆状岩块试件，每组试验试件的数量为 10个。试验过程中，水温应保持在 20℃±2℃范围内；试验结束后，应对残留试件、水的颜色和水中沉积物进行描述。根据需要，对水中沉积物进行颗粒分析、界限含水率测定和黏土矿物成分分析。

7. 单轴抗压强度试验

岩石单轴抗压强度试验是测定岩石试件在无侧限条件下，受轴向力作用破坏时，单位面积上所承受的荷载。

本试验采用直接压坏试件的方法来求得岩石单轴抗压强度，也可在进行岩石单轴压缩变形试验的同时，测定岩石单轴抗压强度。本试验适用于能制成规则试件的各类岩石。试件可用岩块或钻孔岩芯制取。试样在采取、运输和制备过程中，应避免产生裂缝。对于各向异性的岩石，应按不同方向或按要求的方向制取试件。试件含水状态可根据需要选择天然含水状态、烘干状态、饱和状态或其他含水状态。试验后，应描述试件的破坏形式，如脆性劈裂破坏、剪切破坏、塑性鼓状破坏等。

8. 冻融试验

岩石冻融试验是指岩石试件经多次反复冻融后，测定其质量损失和单轴抗压强度变化。本试验采用直接冻融法，适用于能制成规则试件的各类岩石。岩石冻融质量损失率是试件在经过多次冻融循环后，饱和试件损失的质量与试验前烘干试件质量之比，以百分数表示。岩石冻融系数是试件冻融后单轴抗压强度试验平均值与饱和单轴抗压强度平均值之比，并以冻融系数表征岩石的抗冻性能。岩石冻融破坏，是由于裂隙中的水结冰后体积膨胀，从而造成岩石胀裂。

试验时，将试件烘干，并称试验前试件的烘干质量。再将试件进行强制饱和，并称试件的饱和质量，将试件在 $-20℃\pm2℃$ 温度下冻 4h，然后取出放在室内常温下，往盒内注水浸没试件，使水温保持在 $20℃\pm2℃$ 下溶解 4h，即为一个循环。冻融循环次数一般为 25 次，根据工程需要和地区气候条件，也可确定为 25 次的倍数，即 50 次或 100 次等。每进行一次冻融循环，应详细检查各试件有无掉块、裂缝等，观察其破坏过程。

9. 单轴压缩变形试验

岩石单轴压缩变形试验是测定试件在单轴压缩条件下的轴向和横向应变值，据此计算岩石的弹性模量和泊松比。本试验采用电阻应变片法或千分表法，适用于能制成规则试件的各类岩石。

电阻应变片法试验选择应变片时，应变片阻栅长度应大于岩石最大矿物颗粒直径的 10 倍，并应小于试件半径；同一试件所选定的工作片与补偿片的规格、灵敏系数等应相同。贴片位置应选择在试件中部相互垂直的两对称部位，以相对面为一组，分别粘贴轴向、径向应变片。首先测初始读数，加载采用一次连续加载法。以 $0.5\sim1.0$MPa/s 的速率加载，逐级测读载荷与各应变片应变值，直至试件破坏。

千分表法试验时，千分表架应固定在试件预定的标距上，在表架上的对称部位分别安装量测试件轴向或径向变形的千分表。首先测初始读数，加载采用一次连续加载法。以每秒 $0.5\sim1.0$MPa 的速率加载，逐级测读载荷与千分表应变值，直至试件破坏。

10. 三轴试验

岩石三轴试验是测定一组岩石试件在不同侧压条件下的三向压缩强度，据此计算岩石在三轴压缩条件下的强度参数。本试验采用等侧向压力，适用于能制成圆柱形试件的各类岩石。侧压力值的选定，主要依据工程特性、试验内容、岩石性质以及三轴试验机性能确定。为了便于成果分析，侧压力级差可选择等差级数或等比级数；同时还需进行岩石单轴抗压强度、抗拉强度试验，有利于成果整理。

加载采用一次连续加载法。以每秒 $0.5\sim1.0$MPa 的加载速率施加轴向载荷，逐级测读轴向载荷及轴向变形，直至试件破坏。

根据莫尔－库伦强度准则确定岩石在三向应力状态下的抗剪强度参数 f、c 值。

11. **劈裂法抗拉强度试验**

岩石劈裂法抗拉强度试验是在试件直径方向上，施加一对线性荷载，使试件沿直径方向破坏，间接测定岩石的抗拉强度。本试验采用劈裂法，适用于能制成规则试件的各类岩石。试件可用钻孔岩芯或岩块制取。根据要求的劈裂方向，通过试件直径的两端，沿轴线方向画两条相互平行的加载基线，将 2 根垫条沿加载基线固定。以每秒 0.3～0.5MPa 的速率加载直至破坏。软质岩宜适当降低加载速率。

12. **轴向拉伸法抗拉强度试验**

岩石轴向拉伸法抗拉强度试验是在圆柱体试件的两端施加相对的轴向拉力，使试件沿弱面破坏，直接测定岩石的抗拉强度。本试验采用轴向拉伸法，适用于能制成规则试件的各类岩石。试件可用钻孔岩芯制取。选择适用于试件烘干状态或含水状态的高强度黏结剂，将黏结剂均匀地涂在试件与夹具的面上。胶结时，应严格对准中心，使试件与夹具保持在同一轴线上，施加压力，使试件与夹具结合紧密，根据黏结剂要求进行养护。试件安装时，用试验机的夹头直接夹持夹具，使试件与试验机拉力方向处于同一轴线上，以防止偏心。以每秒 0.3～0.5MPa 的速率加载直至破坏。软质岩宜适当降低加载速率。

岩石轴向拉伸法抗拉强度试验的对中防偏心定位装置和试件特殊形状历来是制约该试验开展的两大问题。中国电建集团成都院采用双立柱岩石轴向拉伸试验对中定位装置，包括黏结对中装置和拉伸对中装置，相互配合使用，有效消除了岩石试件在黏结和受拉过程中的偏心问题，获得了一些特高拱坝坝基岩石的极限拉应变、抗拉强度、拉应力—拉应变全过程曲线。

13. **直剪试验**

直剪试验是将同一类型的一组 5 个试件，在不同的法向荷载下进行剪切，根据库伦—奈维表达式确定其抗剪强度参数，包括岩石、结构面以及混凝土与岩石接触面的直剪试验，适用于各类岩石。本试验采用应力控制式的平推法直剪试验。

岩石和结构面直剪试验的试件可采用立方体或圆柱体，圆柱体试件高度不应小于直径，结构面应位于试件的中部。混凝土与岩石接触面直剪试验的试件宜为正方体，接触面应位于试件的中部。

将试件置于直剪仪的剪切盒内，试件与剪切盒内壁的间隙用填料填实，使其成为一整体。预定剪切面应位于剪切缝中部。试件受剪方向应与预定受力方向一致。安装试件时，法向载荷和剪切载荷的作用方向应通过预定剪切面的几何中心。法向位移测表和剪切位移测表应对称布置，各测表数量不宜少于两只，预留剪切缝宽度为试件剪切方向长度的 5%，或为结构面的厚度。

抗剪断试验时，在每个试件上分别施加不同的法向载荷，所施加的法向应力最大值不宜小于预定的法向应力。在试件法向应力施加固结稳定后，按预估最大剪切载荷宜分 8～12 级施加剪切载荷，当剪切位移量变大时，可适当加密剪切载荷分级。试件破坏后，应继续施加剪切载荷，直至测出趋于稳定的剪切载荷值为止。在剪切过程中，应使法向载荷始终保持为常数。

根据需要在试件完成抗剪断试验后进行抗剪（摩擦）试验。

绘制各法向应力下的剪应力与剪切位移及法向位移关系曲线，根据曲线确定各剪切阶段特征点的剪应力。再根据各剪切阶段特征点的剪应力和法向应力绘制剪应力与法向应力关系曲线，按库伦—奈维表达式确定相应的抗剪强度参数。剪切阶段特征点主要包括比例极限、屈服极限、峰值强度、残余强度。在提供抗剪强度参数时，首先提供抗剪断的峰值强度和抗剪（摩擦）强度参数值。

14. 点荷载强度试验

岩石点荷载强度试验是将试件置于点荷载仪上下一对球端圆锥之间，施加集中载荷直至破坏，据此求得岩石点荷载强度指数和岩石点荷载强度各向异性指数，也是间接确定岩石强度的一种试验方法。本试验适用于各类岩石。试件可采用钻孔岩芯或从岩石露头、勘探坑槽和洞室中采取的岩块。试件在采取和制备过程中，应避免产生裂缝。试件可根据需要选择天然含水状态、烘干状态、饱水状态或其他含水状态。同一含水状态和同一加载方向下的岩芯试件数量每组不应小于 10 个，方块体或不规则块体试件数量每组不应小于 20 个。

作径向试验的岩芯试件，长度与直径之比应大于 1.0；作轴向试验的岩芯试件，长度与直径之比宜为 0.3～1.0；方块体或不规则块体试件，其尺寸宜为 50mm 左右，两加载点间距与加载处平均宽度之比宜为 0.3～1.0。试验时，稳定地施加载荷，使试件在 10～60s 内破坏，记录破坏载荷。

资料分析整理应进行等价岩芯直径的换算后，再计算岩石点荷载强度指数。

15. 岩块声波测试

岩块声波测试是测定声波的纵波和横波在试件中传播的时间或共振频率，据此计算声波在岩块中的传播速度及岩块的动弹性参数。本测试包括脉冲超声法和共振法，适用于能制成规则试件的各类岩石。脉冲超声法试件的长度与直径之比宜为 2.0～2.5，共振法试件的长度与直径之比宜为 3～5。

脉冲超声法采用直透法或平透法测试，测试纵波速度时，宜采用凡士林或黄油作为耦合剂；测试横波速度时，宜采用铝箔、铜箔或水杨酸苯酯等固体材料作为耦合剂。

非受力状态下的直透法测试，将试件置于测试架上，换能器置于试件轴线的两端，量测两换能器中心距离。对换能器施加约 0.05MPa 的压力，测读纵波或横波在试件中行走的时间。受力状态下的测试，宜与单轴压缩变形试验同时进行。直透法测试结束后，应测读零延时。

平透法测试时，应将一个发射换能器和两个或两个以上接收换能器置于试件的同一侧，量测发射换能器中心至每一接收换能器中心的距离，测读纵波或横波在试件中行走的时间。

共振法测试时，共振的波长与试件直径之比应大于 6。测试纵向共振频率时，换能器与试件的接触处，应满足自由端条件。收、发换能器不应安装在同一刚性支架上，发射功率不宜过大。测试弯曲振动的共振频率时，发射换能器应置于试件长度方向的正中部位，并沿断面径向指向断面中心。准确确定共振点，测定共振点的频率。

16. 岩石磨片鉴定

（1）岩石标本的肉眼观察及描述。本试验适用于各类岩石。试件可采用钻孔岩芯或从岩石露头、勘探坑槽和洞室中采取的岩块。对代表性岩石精心制成岩石手标本。

室内对岩石标本经打磨加工成薄片后的鉴定工作，必须建立在对岩石产地、产状、时代等有所了解，并经野外详细地质观察以及对岩石手标本进行认真观察描述的基础之上。而对岩石手标本的观察描述则应着重从以下几个方面进行：

1）观察岩石的颜色；

2）观察岩石的结构、构造特征；

3）观察岩石的矿物成分及特征；

4）对岩石中各种矿物百分含量的进行测定或估计；

5）观察标本次生变化情况、比重大小及其他特征；

6）写出简要的文字报告，并对岩石进行初步定名。

（2）显微镜下岩石薄片的观察和描述。在手标本肉眼观察的基础上，再在偏光显微镜下对岩石薄片进行更深入的观察描述和鉴定。薄片鉴定中需对组成岩石的矿物成分、特征、含量、岩石的结构、构造、次生变化等方面进行更深入、更精确的观测和描述。最终对岩石进行定名。

5.1.2　岩体试验

1. 岩体变形试验

岩体变形试验是通过测试现场原位岩体应力—应变关系曲线，研究岩体变形性质，取得岩体各种变形参数（弹性模量、变形模量、泊松比、弹性抗力系数等），包括承压板法、狭缝法、双（单）轴压缩法、钻孔径向加压法、径向液压枕法、水压法等。

（1）承压板法试验。

1）常规勘探洞井内岩体承压板法试验。试验采用圆形承压板，按承压板性质可分为刚性承压板法和柔性承压板法。刚性承压板法适用于各类岩体；柔性承压板法适用于完整和较完整岩体。试点可在天然状态下试验，也可在人工浸水条件下试验。试点受力方向宜与工程岩体实际受力方向一致。一般同类岩体可布置水平与铅直受力的两个试点。各向异性的岩体，也可按要求的受力方向制备试点。加工试点的面积应大于承压板，承压板的面积不宜小于 2000cm²。试点中心至临空面的距离应大于承压板直径的 6.0 倍；试点表面以下 3.0 倍承压板直径深度范围内的岩体性质宜相同。

大面积中心孔承压板法采用钻孔轴向位移计进行深部岩体变形量测，应在试点中心垂直试点表面钻孔并取芯，钻孔应符合钻孔轴向位移计对钻孔的要求，孔深不应小于承压板直径的 6.0 倍。

试验最大压力不宜小于预定压力的 1.2 倍。压力宜分为 5 级，按最大压力等分施加，加压前应对测表进行初始稳定读数观测。钻孔轴向位移计各测点及板外测表观测，可在表面测表稳定不变后进行初始读数。每级压力加压后应立即读数，当刚性承压板上所有测表或柔性承压板中心岩面上的测表相邻两次读数差与同级压力下第一次变形读数和前一级压力下最后一次变形读数差之比小于 5%时，可认为变形稳定，并进行退压。退压后的稳定标准，与加压时的稳定标准相同。退压稳定后，按上述依次加压至最大压力后，可结束试验。

根据半无限体空间岩体表面受集中力作用，量测岩体变形，按弹性理论公式计算岩体变形参数。

2）建基面岩体承压板试验。为满足施工期坝基开挖后建基面岩体质量检测需要，在建基面上开展岩体承压板法变形试验，采取刚性承压板法，承压板直径为 $\phi 400\text{mm}$，适用于各类岩体。

该项试验试点的反力部位采取在外侧设置锚拉孔的锚固方式，即在试点两侧 0.8m 处各造一个 $\phi 60\text{mm}$ 反力锚拉孔，两孔与试点中心成一直线。试点中心至两侧锚拉孔间距离，应大于承压板直径的 2.0 倍。采用膨胀螺栓，转动主锚杆上螺母通过支承套，将锥体（二件）压入锥套之中，使锥套膨胀，压紧岩体孔壁（锥套端也可能切入岩体），锥体压入锥套距离越长，锥套与岩体之结合力越大，主锚杆与岩体压紧起到锚固作用。由中国水电顾问集团成都勘测设计研究院研制的该项锚拉孔锚固方法已申报国家专利（用于地表岩体原位变形试验的反力装置，专利号：ZL 2012 2 0140384.3）。

试验最大压力为 5MPa，压力宜分为 5 级，按最大压力等分施加，加压前应对测表进行初始稳定读数观测。每级压力加压后应立即读数，加压和退压稳定标准同前述常规勘探洞井内岩体承压板法试验。

（2）狭缝法试验。本试验是通过埋设在岩体刻槽加工的窄缝中，采用液压枕对狭缝两侧的岩体施加压力，量测岩体变形，并按无限弹性平板由有限长狭缝加压的平面应力问题计算岩体变形参数。适用于完整和较完整岩体。

在预定试验的岩体表面，修凿一平面，其长度及宽度均不宜小于狭缝长度的 3 倍。在此范围内的岩体性质应相同。在岩面长度方向对称轴的中部，垂直岩面刻凿一条狭缝。狭缝长度宜为液压枕长度的 1.05 倍，狭缝深度宜为液压枕的宽度，狭缝宽度宜大于液压枕厚度 1cm。

当液压枕为水平面放置时，放置底部凹槽应用水泥砂浆填平并经养护，用水泥浆将狭缝充填；当液压枕为铅垂向放置时，先在狭缝底部浇灌少量水泥浆，将液压枕放入狭缝内，随后用水泥浆将狭缝充填。液压枕应置于狭缝中央，并将液压枕外侧鼓边出露一半。

试验及稳定标准同前述常规勘探洞井内岩体承压板法试验。

（3）双（单）轴压缩法试验。本试验是在试点周边切开的狭槽内埋入液压枕，通过液压枕对岩体施加压力，量测岩体变形，按弹性力学单向或双向受压公式计算岩体变形参数。适用于完整和较完整岩体。

在预定试验的岩体表面，修凿一正方形平面试点，试点尺寸不宜小于 $50\text{cm} \times 50\text{cm}$。在试点四周，分别刻凿四条狭缝。狭缝长度宜为液压枕长度的 1.05 倍，狭缝深度宜为液压枕的宽度，狭缝宽度宜大于液压枕厚度 1cm。采用双轴压缩法时，同时在四条狭缝内各埋设 1 个液压枕；采用单轴压缩法时，应在工程岩体实际受力方向的两条狭缝内各埋设 1 个液压枕。

侧压力可根据工程岩体实际受力状态确定。进行双轴压缩法试验时，施加压力的两相对液压枕分别等比例同步加压，或同步施加至预定侧压力后另一对液压枕再逐级加压。进行单轴压缩法试验时，施加压力的一对液压枕应同步加压。

（4）钻孔径向加压法试验。本试验是在岩体钻孔内对孔壁施加压力，量测孔壁的径向变形，按弹性理论中的厚壁圆筒解计算岩体变形参数。试验采用钻孔膨胀计、钻孔压力计或钻孔千斤顶。钻孔膨胀计和钻孔压力计适用于完整和较完整的中硬岩和软质岩，钻孔千斤顶适用于完整和较完整的硬质岩。钻孔膨胀计原理是柔性加压，间接量测岩体径向变形（通过量测体积变化换算孔壁径向变形）；钻孔压力计原理是柔性加压，直接量测岩体径向变形；钻孔千斤顶原理是刚性加压，直接量测岩体径向变形。

试验孔应采用金刚石钻头钻进，孔壁应平直光滑。采用钻孔膨胀计和钻孔压力计进行试验时，试验孔应铅直。采用钻孔千斤顶时，钻孔千斤顶适用于任意方向钻孔。可在水下试验，也可在干孔中试验。

试验最大压力应根据需要而定，可为预定压力的 1.2～1.5 倍。压力可分为 5～10 级，按最大压力等分施加。加压方式宜采用逐级一次循环法或大循环法。分别量测钻孔围岩在加压、退压稳定时的径向变形。

（5）径向液压枕法试验。径向液压枕法岩体变形试验采用弹性地基梁关于反力的文克尔假定，即作用于围岩表面的压力与变形成正比，其比值为岩体的抗力系数（K），洞半径为 1m 时的岩体抗力系数即为单位抗力系数（K_0），根据弹性介质受压公式计算岩体变形参数。本试验采用液压枕径向加压法，在专门的试验洞内进行，适用于有自稳能力的岩体。

需按试验设备要求选择试验洞直径。试验洞直径宜为 2～3m，试验洞长度宜为 1～3 倍试验洞直径。在试验段长度 2 倍范围内，岩性应均一。上覆岩体厚度应能满足试验最大压力的要求，试验段与相邻洞室或临空面的距离应大于试验洞直径的 6.0 倍。

在试验段中部应设置 1 个变形量测主断面，在主断面两侧的承力框架安装间距内，宜设置辅助变形量测断面。在底板上应连续浇筑混凝土条块。混凝土条块的长度应为液压枕总长、量测断面间距和预留设备安装间距的三者之和。混凝土条块中轴线应位于试验洞底部中线并平行试验洞轴线。

在经养护后的底板混凝土条块上，安放两面浇有水泥砂浆的液压枕，液压枕的进出口应错开，并预留量测断面和设备安装的间距。在液压枕上由洞里至洞外按承力框架编号依次定向安放承力框架。承力框架应垂直洞轴线，各组承力框架中心轴线应与试验洞轴线重合。

试验最大压力不宜小于预定压力的 1.2 倍。压力宜分为 5～10 级，按最大压力等分施加。在加压、退压过程中，均应测读相应过程压力下测表稳定读数。试验段外变形测表可在读取稳定读数后进行一次测读。

（6）水压法试验。岩体水压法变形试验的原理是在专门的试验洞试验段内或直接在施工后的相关洞段部位进行充水加压，测定围岩及衬砌的变形，根据弹性介质受压公式计算岩体弹性抗力系数。其试验条件与水工隧洞运行情况具有力学上的相似性，是一种较为真实地反映建筑物工作特性并测定岩体抗力系数的较为可靠的试验方法。试验时的受力面积大、代表性强，也是研究压力隧洞岩体抗力和其静力工作条件的比较合理的方法，同时也可以结合衬砌结构进行试验。本试验应在专门的试验洞内进行，适用于有自稳能力的岩体。

试验洞直径宜为 2～3m。试验洞自堵塞段里侧至洞底掌子面或两堵塞段之间的长度应大于试验洞直径的 6.0 倍；堵塞段长度及堵头型式可根据试验压力、围岩强度及其渗透性进行选择。试验洞内试验段的长度应大于试验洞直径的 3.0 倍，试验段的岩性应均一，两端距堵塞段或掌子面的距离应大于试验洞直径的 1.5 倍。试验洞与相邻洞室或临空面的距离应大于试验洞直径的 6.0 倍，上覆岩体厚度应能满足试验最大压力的要求。

在试验段中部应设置 1 个变形量测主断面。在主断面两侧 0.75 倍试验洞直径的部位，宜设置辅助变形量测断面。宜在洞壁岩体表层埋设渗压计。

通过试验洞试验段充水后内水对围岩施加压力，试验最大压力不宜小于预定压力的 1.2 倍。压力宜分为 5～10 级，按最大压力等分施加。加压方式宜采用逐级一次循环法。根据需要，也可采用逐级多次循环法。应缓慢地进行充水加压，在加压、退压过程中，均应测读相应过程压力下测表稳定读数，辅助断面变形测表和渗压计可在读取稳定读数后进行一次读数。

2. 岩体强度试验

岩体强度是在外力作用下岩体所具有的抵抗剪切的能力。岩体强度试验包括现场原位岩体直剪试验和三轴试验。岩体直剪试验是将同一类型的一组试体，在不同的法向荷载下进行剪切，根据库伦表达式确定抗剪强度参数（内摩擦角、凝聚力）。直剪试验包括在剪切面未受扰动的情况下进行的第一次剪断的抗剪断试验、剪断后沿剪切面继续进行剪切的抗剪试验（或称摩擦试验）、试体上不施加法向荷载的抗切试验；根据试验研究对象进一步划分为混凝土与岩体接触面直剪试验、岩体结构面（刚性结构面或软弱结构面）直剪试验、岩体直剪试验。现场原位岩体三轴试验是测定一组试体在不同侧压条件下采用等侧向压力的三向压缩强度，据此计算岩体在三轴压缩条件下的强度参数。

（1）混凝土与岩体接触面直剪试验。混凝土与岩体接触面直剪试验的最终破坏面有以下几种形式：

1）沿接触面剪断；

2）在混凝土试体内部剪断；

3）在岩体内部剪断；

4）上述三种的组合形式。

试验采用平推法或斜推法，适用于各类岩体。试验段的岩性应均一，同一组试验剪切面的岩体性质应相同，剪切面下不应有贯穿性的近于平行剪切面的裂隙通过。每组试验的试体数量不少于 5 个。试验可在天然状态下剪切，也可在人工浸水条件下剪切。

在岩体预定部位加工剪切面时，应符合下列要求：加工的剪切面尺寸宜大于混凝土试体尺寸 10cm，实际剪切面面积不应小于 2500cm²，最小边长不应小于 50cm；剪切面表面起伏差宜为试体推力方向边长的 1%～2%；各试体间距不宜小于试体推力方向的边长；剪切面应垂直预定的法向应力方向，试体的推力方向宜与预定的剪切方向一致。

按要求标出法向载荷和剪切载荷的安装位置，按照先安装法向载荷系统，后安装剪切载荷系统以及量测系统的顺序进行。凝土与岩体接触面直剪试验如图 5.1 所示。

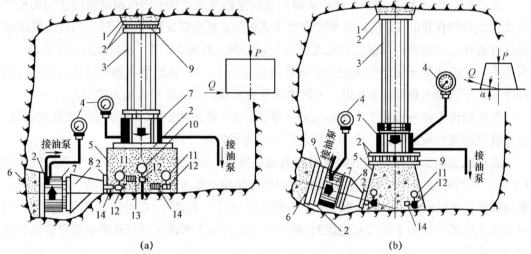

图 5.1　混凝土与岩体接触面直剪试验
（a）平推法；（b）斜推法

1—砂浆；2—垫板；3—传力柱；4—压力表；5—混凝土试体；6—混凝土后座；7—液压千斤顶；8—传力块；9—滚轴排；10—相对垂直位移测表；11—绝对垂直位移测表；12—测量标点；13—相对水平位移测表；14—绝对水平位移测表

在每个试体上分别施加不同的法向载荷，所施加的法向应力最大值不宜小于预定的法向应力，法向荷载宜分 1～3 级施加。在试体法向应力施加固结稳定后，按预估最大剪切载荷宜分 8～12 级施加剪切载荷，当剪切位移量明显增大时，可适当加密剪切载荷分级。试体剪断后，应继续施加剪切载荷，直至测出趋于稳定的剪切载荷值为止。在剪切过程和剪切载荷退零过程中，均应保持法向载荷为常数。

在试体完成抗剪断试验后，保持法向应力不变，沿剪切面进行抗剪（摩擦）试验。抗剪试验结束后，根据需要可在不同的法向载荷下进行重复摩擦试验，即单点摩擦试验。

绘制各法向应力下的剪应力与剪切位移及法向位移关系曲线。根据关系曲线，确定各法向应力下的抗剪断峰值和抗剪值。绘制各法向应力及与其对应的抗剪断峰值和抗剪值关系曲线，按库伦—奈维表达式确定相应的抗剪强度参数。根据需要，在剪应力与剪切位移关系曲线上确定其他剪切阶段特征点，并根据各特征点确定相应的抗剪强度参数。鉴于在剪应力与剪切位移关系曲线上确定比例极限和屈服极限的方法尚未统一，且有一定的随意性，因此，一般要求提供抗剪断峰值和抗剪值强度参数，其他特征点强度参数按经验在峰值强度基础上予以相应折减。

（2）岩体结构面直剪试验。本试验采用平推法或斜推法，适用于岩体中的各类结构面。同一组试验各试体的岩体结构面性质应相同，每组试验试体的数量，不应少于 5 个。试体可在天然含水状态下剪切，也可在人工浸水条件下剪切。

试体中结构面面积不应小于 2500cm^2，试体最小边长不应小于 50cm，结构面以上的试体高度不应小于试体推力方向长度的 1/2。各试体间距不宜小于试体推力方向的边长。作用于试体的法向载荷方向应垂直剪切面，试体的推力方向宜与预定的剪切方向一致。剪切面上的最大法向应力，不宜小于预定的法向应力，但不应使软弱结构面中的夹泥挤出，可适当加大剪切面面积。对于膨胀性较大的夹泥，可采用预锚法。对于倾斜的软弱结构面试体，在试体加工过程中或安装法向加载系统时易发生位移，可采用预留岩柱或支撑的方法固定试体，在施加法向载荷后予以去除。

对于每个试体，法向荷载宜分 1～3 级施加。在试体法向应力施加固结稳定后，按预估最大剪切载荷宜分 8～12 级施加剪切载荷，当剪切位移量明显增大时，可适当加密剪切载荷分级。试体剪断后，应继续施加剪切载荷，直至测出趋于稳定的剪切载荷值为止。在剪切过程和剪切载荷退零过程中，均应保持法向载荷为常数。

抗剪断试验结束后，保持法向应力不变，沿剪断面进行抗剪（摩擦）试验。抗剪试验结束后，根据需要，可在不同的法向载荷下进行重复摩擦试验，即单点摩擦试验。

试验成果整理同混凝土与岩体接触面直剪试验。

（3）岩体直剪试验。本试验采用平推法或斜推法，适用于各类岩体。试验段的岩性应均一，同一组试验各试体的岩体性质应相同，每组试验试体的数量为 5～10 个，试体及剪切面不应有贯穿性裂隙通过。试体可在天然含水状态下剪切，也可在人工浸水条件下剪切。对于坚硬完整的岩体，宜采用室内三轴试验。

在岩体的预定部位加工试体，试体底部剪切面面积不应小于 2500cm^2，试体最小边长不应小于 50cm，试体高度应大于推力方向试体边长的 1/2。各试体间距应大于试体推力方向的边长。施加于试体的法向载荷方向应垂直剪切面，试体的推力方向宜与预定的剪切方向一致。

在每个试体上分别施加不同的法向载荷，可分别为最大法向载荷的等分值，宜分 1～3 级施加。剪切面上的最大法向应力不宜小于预定的法向应力。在施加法向载荷固结稳定后，按预估最大剪切载荷分 8～12 级施加剪切载荷，当剪切位移量明显增大时，可适当加密剪切载荷分级。试体剪断后，应继续施加剪切载荷，直至测出趋于稳定的剪切载荷值为止。在剪切过程和剪切载荷退零过程中，均应保持法向载荷为常数。

抗剪断试验结束后，保持法向应力不变，沿剪断面进行抗剪（摩擦）试验。根据需要，在抗剪（摩擦）试验结束后，可在不同的法向载荷下进行重复摩擦试验，即单点摩擦试验。

设备安装和资料整理同混凝土与岩体接触面直剪试验。

（4）岩体三轴试验。本试验采用等侧压，适用于各类岩体。试验应在专门开挖的试验洞中进行。同一组试验各试体的岩体性质应相同，每组试验试体的数量，不应少于 5 个。试体可在天然状态下试验，也可在人工浸水条件下试验。对于坚硬完整的岩体，宜采用室内三轴试验。

试体采用方柱形,试体底部应与母岩相连,边长不应小于30cm,高度与边长之比宜为2.0~2.5。试体顶部及周围应留有安装法向载荷和侧向载荷设备的足够空间。试体间距应根据设备安装所需空间而定。施加于试体的法向载荷方向应与试体轴线一致,使整个轴向加载系统结合紧密,且应保证轴向加载系统具有足够的刚度和强度。

侧向载荷系统安装时,在试体侧向表面粘贴一垫层。整个侧向加载系统应结合紧密,并应使侧向加载系统在试体对称轴线上,且垂直试体轴线。应保证侧向加载系统具有足够的刚度和强度。

根据工程压力或工程岩体应力确定最大侧压力,并根据试体个数确定各试体所施加的侧压力,侧压力可按等差级数或等比级数确定。轴向载荷的施加采用一次逐级连续加载法,按预估最大轴向载荷分8~12级施加。轴向载荷的施加方法采用时间控制。在施加轴向载荷过程中,侧压力应始终保持为常数。三轴试验在施加轴向载荷过程中,试体将产生侧向膨胀,引起侧向加载的液压千斤顶或液压枕压力升高,为保持侧压力始终为常数,需要退压。

试验成果整理同岩块三轴试验。

3. 岩体载荷试验

岩体载荷试验的主要目的是确定岩体的承载力,采用刚性承压板法浅层静力载荷试验,适用于各类岩体。鉴于加载设备出力的限制,一般软质岩、破碎岩体宜采用现场载荷试验。本试验宜与刚性承压板法岩体变形试验结合进行。

仪器设备及安装同常规勘探洞井内承压板法岩体变形试验。

载荷的施加采用一次逐级连续加载的方式施加载荷,直至试点岩体破坏。破坏前不卸载。载荷的分级,在开始阶段时,每级载荷可按预估极限载荷的10%施加,当载荷与变形关系曲线不再呈直线,或承压板周围岩面开始出现隆起或裂缝时,应及时调整载荷等级,每级载荷可按预估极限载荷的5%施加。当承压板上测表变形速度明显增大,或承压板周围岩面隆起或裂缝扩展速度加剧时,应加密载荷等级,每级载荷可按预估极限载荷的2%~3%施加。

当出现下列情况之一时,即可终止试验:① 在本级载荷下,连续测读2h变形无法稳定;② 在本级载荷下,变形急剧增加,承压板周围岩面发生明显隆起或裂缝持续发展;③ 总变形量超过承压板直径的1/12;④ 已经达到加载设备的最大出力,且已经超过比例极限的15%或预定工程压力(建筑物基础应力)的两倍。

计算各级载荷下的岩体表面压力,绘制压力与板内和板外变形关系曲线。根据关系曲线确定各载荷阶段特征点,确定承载能力。根据关系曲线直线段的斜率,计算岩体变形参数。

4. 岩体流变试验

岩体流变试验是一项专门研究岩体流变性质的特殊试验,包括软弱结构面剪切流变试验、岩体压缩蠕变试验、岩体剪切流变试验等,即通过对现场原位岩体变形与强度时效特性的试验研究，获得在法向和剪切荷载长期恒定作用下的蠕变、长期变形与长期强度参数等成果。

（1）软弱结构面剪切流变试验。本试验是在法向和剪切载荷长期恒定作用下进行，软弱结构面在剪应力作用下，产生瞬时响应后随时间延长的流变一般分为三个阶段：第一阶段为减速流变，应变率随时间增加而减少；第二阶段为等速流变，应变率近似常值；第三阶段为加速流变，应变率随时间增加而增大，最后导致流变破坏。本试验的目的是求得软弱结构面的长期强度参数。

本试验采用平推法，适用于岩体中的各类软弱结构面。试验应在恒温、恒湿的条件下进行。试验段应布置在专门开挖的试验平洞内。同一组试验各试体的岩体软弱结构面性质应相同，每组试验试体的数量，不应少于 5 个。试体加工与制备要求同岩体结构面直剪试验。设备安装同岩体结构面直剪试验，另需增加稳压装置，应对试体采取保湿措施，并应定时观测试验段环境温度，温度变化应控制在±1℃以内。

剪切面上的最大法向荷载，不宜小于预定的法向应力，但不应使软弱结构面中的夹泥挤出，法向载荷宜分 1～3 级施加。在试体法向应力施加固结稳定后，按预估最大剪切载荷宜分 8～12 级施加剪切载荷，当剪切位移量明显增大时，可适当加密剪切载荷分级。在整个剪切过程中，应保持法向应力为常数。每级剪切载荷施加后，应保持剪应力为常数；每级剪切载荷的施加历时宜为 7～15d。根据软弱结构面的性质和工程的重要性，可延长每级历时。应及时分析应力、位移以及时间等资料，当后期由于施加剪切载荷出现等速流变、加速流变并导致流变破坏时，宜加密测读时间。

绘制相同法向应力作用下，各级剪应力施加后的剪切位移与时间关系曲线。绘制各法向应力及其对应的抗剪破坏值关系曲线，按库伦-奈维表达式确定长期强度参数。根据软弱结构面的特性、工程重要性等，选择采用适当的流变数学模型进行流变参数计算。

（2）岩体压缩蠕变试验。以大岗山高拱坝坝基"硬、脆、碎"辉绿岩岩脉、软弱岩带（岩脉断层破碎带）压缩蠕变试验为例，在专门的试验洞内，采用刚性承压板中心孔法。为保证试体的代表性，采用了大直径承压板（ϕ1000mm）。4 台 300t 千斤顶同步加载，最大载荷为 10MPa。

"硬、脆、碎"岩体按 1.0、2.0、3.0、4.0、6.0、8.0、10.0MPa 逐级一次循环加、卸载。加载方向垂直于辉绿岩岩脉。

软弱岩带按 0.5、1.0、1.5、2.0、3.0、4.0、6.0、8.0、10.0MPa 逐级一次循环加、卸载。加载方向垂直于软弱岩带。

1）加载、稳定和卸载程序。加载、传力、量测系统安装完成稳定 2d 后加第一级载荷；

第一级载荷稳定 5d，卸载到 0，稳定 4d；

第二级载荷稳定 6d，卸载到 0，稳定 4d；

第三级载荷稳定 7d，卸载到 0，稳定 4d；

第四级载荷稳定 8d，卸载到 0，稳定 4d；

第五级载荷稳定 9d，卸载到 0，稳定 4d；

第六级载荷稳定 10d，卸载到 0，稳定 4d；

第七级载荷稳定 11d，卸载到 0，稳定 4d；

第八级载荷稳定 12d，卸载到 0，稳定 4d；

第九级载荷稳定 13d，卸载到 0，稳定 4d。

卸载稳定时间可根据变形～时间关系曲线中弹性后效收敛情况适当增减。

2）测读记录程序。安装完成后即刻测记零读数，然后按 10min、20min、40min、1h、1.5h、2h、3h、4h、6h、8h、12h、16h、24h 测读各测表位移，以后均按每间隔 8h 定时测读各位移测表一次直至规定稳定时间。

每一级载荷加到时读数一次，逐级加载到预定载荷时即刻测记瞬时变形，然后按 10min、20min、40min、1h、1.5h、2h、3h、4h、6h、8h、12h、16h、24h 测读各测表位移，以后均按每间隔 8h 定时测读各位移测表一次直至规定稳定时间。

每一级载荷卸到时读数一次，逐级卸载到 0 时即刻测记瞬时变形，然后按 10min、20min、40min、1h、1.5h、2h、3h、4h、6h、8h、12h、16h、24h 测读各测表位移，以后均按每间隔 8h 定时测读各位移测表一次直至规定稳定时间。

3）试验成果整理。对应力、位移、时间等资料进行整理分析。绘制并分析压力—变形关系曲线、变形—深度关系曲线、变形—时间关系曲线，计算并比较瞬时变形模量、蠕变变形模量、长期变形模量；分析每一级应力水平下的应变—时间关系曲线，确定长期承载力。

（3）岩体剪切流变试验。以大岗山高拱坝坝基"硬、脆、碎"辉绿岩岩脉、软弱岩带（岩脉断层破碎带）剪切流变试验为例，在专门开挖的试验洞内，首先清除表面松动岩体，凿出试体初始平面，选定试体位置，再手工开凿试体四周岩体，完成试验点加工；进行试验点地质描述；浇筑钢筋混凝土保护罩，养护 14d 或 28d。安装试验仪器设备，进行岩体剪切流变试验。

1）基本要求。岩体剪切流变试验采用平推法，试体底部剪切面面积不小于 $2500cm^2$，试体最小边长不小于 50cm，试体高度大于推力方向试体边长的 1/2；每组 6～7 个试体。

试验段位于试验洞内埋深约 150m 的位置，试验洞段温度和湿度变化不大。

2）法向载荷。试验法向载荷垂直于剪切面施加，按 1.0、2.0、3.0、4.0、5.0MPa……分别分配给每个试体。对每个试体，法向载荷均分级施加。

法向载荷加载采用时间控制，每 5min 施加一级载荷，加载后立即测读每级载荷下的法向位移，5min 后再测读一次，施加下一级载荷。施加至预定载荷后，仍按每 5min 测读一次，当连续两次测读的法向位移之差不大于 0.01mm 时，视为稳定，开始施加剪切载荷。

3）剪切载荷。按预估的最大剪切载荷分 5～7 级施加，当施加剪切载荷引起的剪切位移明显增大时，可适当增加剪切载荷分级。

每级剪切载荷施加后，立即对各位移测表测读瞬时位移，然后按 10min、20min、40min、1h、1.5h、2h、3h、4h、6h、8h、12h、16h、24h 测读各测表位移，以后均按每间隔 8h 定时测读各位移测表一次。

每级剪切载荷施加后，须保持剪应力为常数；在整个剪切过程中，应保持法向应力为常数。每级剪切载荷的施加历时为 7～15d。

试验完成后不再进行抗剪（摩擦）试验。

4）试验成果整理。对应力、位移、时间等资料进行整理分析。绘制相同法向应力作用下，各级剪应力施加后的剪切位移与时间关系曲线。绘制各法向应力及其对应的抗剪破坏值关系曲线，确定长期强度参数。根据采用的流变数学模型计算岩体流变参数。

5. 岩体弹性波测试

岩体弹性波测试包括声波法或地震波法。声波法可选用单孔声波、穿透声波、声波测井、表面声波、声波反射等；地震波法可选用地震测井、穿透地震波速测试、连续地震波速测试等。

（1）岩体声波测试。岩体声波测试是通过测试声波在岩体中的传播时间，据此计算声波在岩体中的传播速度及岩体的动弹性参数。本测试采用穿透法或平透法，适用于各类岩体。测点可在洞室、钻孔或地表露头选择。声波激发方式有换能器发射、锤击法激发、电火花激发等。

测线应根据岩体特性布置：当测体为各向同性时，测线按直线布置；当测体为各向异性时，测线应分别按平行或垂直岩体的主要结构面布置。

相邻两测点的距离，宜根据声波激发方式确定：当采用换能器发射声波时，测距为 1～3m；当采用锤击法激发声波时，测距不小于 3m；当采用电火花激发声波时，测距为 10～30m。单孔测试时，源距宜为 0.3～0.5m，换能器每次移动距离不宜小于 0.2m。在钻孔中进行孔间穿透测试时，两换能器每次移动距离宜为 0.2～1.0m。

岩体表面平透法测试时，测点表面应修凿平整。岩体穿透测试时，钻孔或风钻孔应冲洗干净，孔内应注满水。测试时，应确定仪器系统的零延时。

（2）岩体地震波测试。岩体地震波测试是通过测试地震波在岩体中的传播时间，据此计算地震波在岩体中的传播速度及岩体的动弹性参数。地震波频率较低，适用于较大规模低速异常带的划分；地震波测试点距较大，波速具有明显的平均效应，主要用于不同岩性、不均一岩体地震波速的测试。测点可在洞室、钻孔或地表露头选择。地震波的震源可选电火花震源、爆炸震源、锤击震源和落重震源等。

地震测井和穿透地震波速测试可采用地面孔口激发、孔中接收的方式测试纵、横波速。孔旁地面激发点至孔口距离可根据试验确定，宜为 2～4m；孔内点距应根据地层波速确定，基岩中宜为 2～3m。穿透地震波速测试宜根据岩层倾向采用同步方式。同一直线上的 3 孔穿透地震波测试宜在边孔发射，另外两孔接收。孔间穿透地震波测试宜选用电火花震源，且有水或泥浆耦合；当孔距较大时，也可选用爆炸震源。洞间或临空面间进行穿透地震波测试时，可视距离或地质条件选择电火花、爆炸或锤击震源。

连续地震波速测试宜选择岩体地表起伏不大的地段，并按岩性、风化卸荷程度、地质构造和岩体完整程度布置测线。在基岩露头测试岩体横波速度时，宜采用叩板等具有定向激发的震源方式；在平洞宜使用洞壁支撑器，采用正反向激发；要求横波获得率不低于纵波的 60%。

5.2 常用的土工试验方法及其适用范围

为研究土的物理力学性质、土体的变形和强度特性，进行土的工程分类，评价工程地质条件，检测土体工程质量，提供水工建筑物设计和施工所需的土体基本参数，需要开展土体的物理力学特性试验。

5.2.1 室内土工试验

1. 土样及试样制备一般要求

（1）土样采取。土样是指对需要进行试验的土体采取的具有代表性的样品。依据采取时对土体结构的扰动状况，土样又分为扰动样和原状样。扰动样的采取可在现场选定后挖取或钻取，如有需要，可取代表性土样进行含水率测定。原状样的采取可在现场选定后挖取、环刀切取、钻孔取样器采取等方式；采取后应立即用蜡封、塑料薄膜包裹、密闭容器封装等措施防止水分散失；搬运过程中应装箱、采取防震措施、小心搬运等防止对其结构扰动。

（2）试样制备。试样是指依据试验要求对采取的土样进行一系列制备程序后得到的可以直接用于试验的样品。不同试验项目对试样的要求各异：

1）扰动样制备。

a. 将土样风干、碾散、筛分；对风干土，需测定风干含水率。

b. 计算并称取试样所需要的土样量。

c. 依据试样要求的含水率和土样含水率计算加水量，均匀喷洒在称取的土样中，拌匀并采取保湿措施防止水分散失后备用。

d. 力学性试验采用击样法或压样法制作成试样。

2）原状样制备。

a. 开启原状土样时，应按包装上标识方向放置，小心剥除密封物，辨别土样上下和层次。

b. 根据试验要求将土样切取制成试样，无特殊要求时，切土方向与天然层次垂直。

c. 试样制作过程中应防止对土样的扰动和水分散失，同一组试样间密度的差值不宜大于 $0.03g/cm^3$，含水率差值不宜大于 2%。

（3）试样饱和。土的孔隙被水充填的过程称为饱和。宜根据土的性质和要求的饱和度，选定饱和方法：

1）无黏性粗粒类土，可直接浸水饱和或在仪器内饱和。

2）渗透系数大于 $10^{-4}cm/s$ 的细粒土，宜采用毛细管饱和法。

3）渗透系数小于 $10^{-4}cm/s$ 的细粒土，应采用抽气真空饱和法。

4）饱和度要求较高的黏性土，可采用二氧化碳或反压力饱和法，并在试验仪器上进行。

2. 颗粒分析试验

颗粒分析试验的目的是测定土中各粒组质量占该土总质量的百分数，确定土中颗粒大小分布情况。试验方法有筛析法、密度计法和移液管法。

试验完成后以小于某粒径的试样质量占试样总质量的百分数（P）为纵坐标、颗粒粒径（d）为横坐标，在单对数坐标纸上绘制土的颗粒大小分布曲线（常称为级配曲线），在曲线上查出土的有效粒径 $d_{10}(P=10)$、限制粒径 $d_{60}(P=60)$、$P=30$ 对应的粒径 d_{30}，计算不均匀系数和曲率系数。

（1）筛析法。本试验方法适用于粒径大于 0.075mm 且不大于 60mm 的粗粒类土。

将取土风干、碾散、搅拌均匀。如取土有粒径超过 60mm 的巨粒，应在量测颗粒粒径并按卵石（碎石）（粒径大于 60mm、小于或等于 200mm）和漂石（块石）（粒径大于 200mm）分组称量后将其剔除。采用四分法取出相应数量的代表性试样：粒径小于 2mm 的土取 100~300g；粒径小于 10mm 的土取 300~1000g；粒径小于 20mm 的土取 1000~2000g；粒径小于 40mm 的土取 2000~4000g；粒径小于 60mm 的土取 4000g 以上。将试样放入烘箱内烘干，称烘干试样质量。烘干时间不应少于 6h。依次放入孔径为 40、20、10、5、2、1、0.5、0.25、0.075mm 的筛内进行筛分，称各级筛上及 0.075mm 筛下试样的质量。计算各粒组质量占试样总质量的百分数和小于某粒径的试样质量占试样总质量的百分数。

（2）密度计法。本试验方法适用于粒径不大于 0.075mm 的细粒类土。

称过 0.075mm 筛的烘干试样 30g，将试样倒入 500mL 锥形瓶内，注水至 200mL。将锥形瓶放在附冷凝管装置的煮沸设备上煮沸。将冷却后的悬液倒入量筒并注水至 1000mL。经搅拌后将密度计放入悬液中，同时开动秒表，测记 1、5、30、120、1440min 时的密度计读数，并量测悬液温度。根据密度计的校正记录，确定密度计的沉降距离、弯液面校正值、分散剂校正值、悬液温度校正值等即可计算土的颗粒粒径、各粒组质量占试样总质量的百分数和小于某粒径的试样质量占试样总质量的百分数。

（3）移液管法。本试验方法适用于粒径小于 0.075mm 且比重大的细粒土。

称过 0.075mm 筛的烘干试样，黏土取 10~15g，粉土取 20g；制取悬液；计算粒径为 0.075、0.01、0.005、0.002mm 的土粒下沉 10cm 所需的静置时间；测读悬液温度；搅拌悬液后开动秒表；将移液管放入悬液中，浸入深度为 10cm，吸取悬液 25mL，每吸取一组粒径的悬液后应重新搅拌，再吸取另一组粒径的悬液；将移液管内的试样悬液洗入烧杯；杯内悬液烘干至恒量，称试样的烘干质量。计算小于某粒径的试样质量占试样总质量的百分数。

3. 比重试验

土的比重（G）定义为土粒在 105~110℃温度下烘至恒重时的质量与同体积纯水在 4℃时质量的比值。试验时测定试样质量和体积。试验常用方法如下：

（1）比重瓶法。本试验方法适用于粒径不大于 5mm 的各类土。取烘干试样约 15g 称量后装入比重瓶中，称试样和瓶的总质量。向比重瓶内注入试液至满，称瓶、试液和试样总质量，并测瓶内悬液温度。倒出瓶内悬液，再注入试液，称瓶和试液总质量。

（2）浮称法。本试验方法适用于粒径不小于 5mm、但大于 20mm 颗粒质量小于总质量 10%的砾类土。

取代表性试样 500～1000g。在浮秤天平的一端加入砝码，使浮秤天平平衡。取出试样放入铁丝筐内，缓缓浸没于水中，称试样在水中的称量。取出试样烘干，称烘干试样质量。

（3）虹吸筒法。本试验方法适用于粒径为大于 5mm、小于或等于 60mm 的中砾、粗砾类土。取代表性试样不小于 500～5000g。将试样称量后浸入水中约 24h 取出，用干布吸干试样表面水分，并进行晾干。称晾干试样质量。将水注入虹吸筒至虹吸管口有水溢出，待管口不再有水溢出时关闭管夹。将晾干试样缓缓放入虹吸筒中，再打开管夹，让试样排开的水通过虹吸管流入盛水容器。称排出水的质量。

4. 密度试验

土的密度（ρ）定义为单位体积的质量。试验时测定试样的体积和质量。试验常用方法如下：

（1）环刀法。本试验方法适用于易切削的细粒类土的原状样和击实样。取尺寸大于环刀的土样，将已知质量和体积的环刀，刃口向下放在试样上并垂直下压，边压边用切土刀削除环刀外围土样，直至环刀内土样高出环刀，切除环刀两端土样并整平。称环刀与环刀内土样的总质量，减去环刀质量即为试样质量。

（2）蜡封法。本试验方法适用于易碎裂、含粗粒或不规则的坚硬土。切取约 30cm³ 的试样，清除试样表面浮土及尖锐棱角，用细线系住试样后称试样质量。持线将试样徐徐浸入刚过熔点的蜡液中，浸没后立即将试样提出，称蜡封试样的质量。将系于蜡封试样上的细线挂在天平的一端，使蜡封试样浸没于纯水中，称蜡封试样在纯水中的称量。利用蜡封试样质量、蜡封试样在水中的质量、蜡的质量和比重计算试样体积。

5. 含水率试验

土的含水率（W）定义为试样在 105～110℃温度下烘干后失去水的质量与烘干后试样干质量的比值，以百分数表示。试验时测定试样的湿质量和干质量，二者之差即为试样所含水的质量。试验常用方法如下：

（1）烘干法。本试验方法适用于最大粒径不大于 60mm 的粗粒类土和细粒类土。取代表性试样，细粒类土取 15～30g，砂类土取 100～500g，砾石类土取 2000～5000g。试验时将试样放入称量盒内，称盒与试样的总质量。将称量盒放入烘箱，在 105～110℃温度烘至恒量。烘干时间细粒类土不应少于 8h，粗粒类土不应少于 6h。有机质土应控制在 65～70℃，含石膏土应控制在不超过 80℃。有机质土、含石膏土烘干时间不应少于 12h。

（2）酒精燃烧法。本试验方法适用于细粒类土。取代表性试样，黏性土取 5～10g，无黏性土取 20～30g。将试样放入称量盒内，称盒与试样的总质量。将酒精注入放有试样的称量盒中，直至盒中出现自由液面，并与试样拌匀；点燃酒精，燃至火焰熄灭，再反复燃烧 2 次；当第 3 次火焰熄灭后，立即盖好盒盖，待冷却后称盒与干试样的总质量。

（3）炒干法。本试验方法适用于最大粒径不大于 60mm 的粗粒类土。按试样的粒径范围取代表性试样 500～5000g。将称重的试样放入金属容器中，并置于热源上翻拌炒干，称干试样的质量。

6. 界限含水率试验

黏性土土体由于土中所含水分的变化而表现为固体、半固体、可塑、流动等状态，这些状态之间发生转化时的含水率称为界限含水率，包括缩限、塑限、液限。界限含水率均由试验直接测定，试验时需将土样中大于 0.5mm 粒径的颗粒筛除。一般情况下只测定土的液限和塑限，试验常用方法如下：

（1）液、塑限联合测定法。本试验方法适用于粒径不大于 0.5mm 的土。取通过 0.5mm 筛的代表性土样约 400g，分成三份分别加入不同数量的水，制备成接近液限、塑限以及介于二者中间状态不同稠度的均匀土膏。将土膏密实地填入试样杯中，分别将试样杯置放在联合测定仪上，测读圆锥仪在自重作用下圆锥沉入土内 5s 时的深度后，取出试样测定含水率。以圆锥下沉深度为纵坐标，含水率为横坐标，将三个圆锥下沉深度与相应的含水率在双对数坐标纸上绘制关系曲线。按图解法通过高含水率的一点将三点连成一直线，直线上圆锥下沉深度为 17mm 所对应的含水率为液限，圆锥下沉深度为 2mm 所对应的含水率为塑限。

（2）碟式仪法液限试验。本试验方法适用于粒径不大于 0.5mm 的土。取通过 0.5mm 筛的代表性土样约 100g，制备不同含水率的试样，每组试样一般为 3 个，分别平铺于碟式液限仪铜碟的前半部，并通过试样中心用划刀将试样划成槽缝清晰的两半。以每秒 2 转的速率转动摇柄，使铜碟反复起落，坠击于底座上，直至试样两边在槽底的合拢长度为 13mm 为止，记录击数并测定试样含水率。以含水率为纵坐标，以击数为横坐标，将 3 个击数与相应的含水率在半对数坐标纸上绘制关系曲线。按图解法将三点连成一直线，直线上 25 击对应的含水率即为液限。

（3）搓滚法塑限试验。本试验方法适用于粒径不大于 0.5mm 的土。取通过 0.5mm 筛的代表性土样约 100g，放在调土皿中加水调拌均匀，加水量应使试样超过塑限。将制备好的试样在手中捏揉至不黏手，然后将试样捏扁，如出现裂缝，表示含水率已接近塑限。取接近塑限的试样一小块，先用手搓成椭圆形，然后用手掌均匀施加压力于土条上在毛玻璃板上轻轻搓滚。当土条直径搓成 3mm 时产生裂缝，并开始断裂，表示试样此时的含水率即为塑限含水率。

（4）收缩皿法缩限试验。本试验方法适用于粒径不大于 0.5mm 的土。采用液限、塑限联合测定仪中的试样杯作为收缩皿。取通过 0.5mm 筛的代表性土样约 200g，放在调土皿中，加水制备成含水率约为液限的试样，用调土刀充分调拌均匀。将试样分层填入收缩皿中，称填满试样后的收缩皿和试样的总质量。将填满试样的收缩皿于室内晾干，颜色变淡，放入烘箱烘至恒量，称收缩皿和烘干试样的总质量，计算试样的含水率。从收缩皿中取出烘干试样，用蜡封法测定烘干试样的体积。计算土的体缩率、缩限和缩性指数。

7. 相对密度试验

无黏性土在天然状态下的紧密程度用相对密度（Dr）表示。相对密度试验方法适用于粒径不大于 5mm 且能自由排水的土。试验时需测定试样的最小干密度（ρ_{dmin}）和最大干密度（ρ_{dmax}）。

（1）最小干密度试验。取代表性的烘干试样约 1500g，将试样缓慢且均匀分布地放入已知体积的试样筒中，使试样达到最疏松状态，待装满并拂平表面后，称试样筒中试样质量。计算土的最小干密度和最大孔隙比。

（2）最大干密度试验。

1）相对密度仪法。先取试样 600～800g，倒入 1000cm³ 金属容器内，用振动叉以每分钟各 150～200 次的速度敲打容器两侧；并在同一时间内，用击锤于试样表面每分钟锤击 30～60 次，直至砂样体积不变为止。重复上述步骤 2 次。第 3 次装样时应先在容器口上安装套环。最后 1 次振毕，取下套环，用修土刀齐容器顶面刮去多余试样，称容器内试样质量。计算土的干密度、孔隙比、相对密度。

2）振动台法。本方法分为干法和湿法，适用于最大粒径为 60mm 且能自由排水的无黏性粗粒土。

a. 干法试验。先将烘干土样拌匀，装填于试样筒中，称筒和试样总质量。装好样的试样筒固定在振动台上，加上套筒，把加重底板放于土面上，依次放好加重物。将振动台调至要求的振幅和频率，振动 8min 后，卸除加重物和套筒。测记试样高度和试样质量。计算土的干密度、孔隙比、相对密度。

b. 湿法试验。在烘干试样中加足够量的水浸泡半小时或用天然的湿土进行试验，用土铲装样，装满试样筒后，将试样筒固定在振动台上振动 6min。对于高含水率的土样，应随时减小振动台的振幅。吸除土表面上的积水，再依次装上套筒、加重物，振动 8min 后，依次卸除加重物和套筒。测记试样高度，称筒和试样总质量，测定试样含水率。计算土的干密度、孔隙比、相对密度。

8. 击实试验

击实试验是测定在一定的击实功能下土的干密度随含水率变化的关系，得出土的最大干密度和最优含水率，为工程设计和施工提供压实参数。

击实试验分为轻型击实和重型击实。轻型击实试验适用于粒径不大于 5mm 的黏性细粒类土，单位体积击实功为 592.2kJ/m³，单位面积冲量 3kN·s/m²；重型击实试验适用于粒径不大于 20mm 的黏性粗粒类土，单位体积击实功为 2687.9kJ/m³，单位面积冲量 7kN·s/m²。

采用干法制备试样时，用四分法取代表性土样 20～50kg（轻型约 20kg，重型约 50kg），风干碾碎后过筛（轻型过 5mm 筛，重型过 20mm 筛），将筛下土样拌匀，并测定土样的风干含水率。根据土的塑限预估最优含水率，制备 5 个不同含水率的一组试样，相邻两个含水率的差值宜为 2%，其中应有 2 个大于塑限，2 个小于塑限，1 个接近塑限。

采用湿法制备试样时，取天然含水状态的代表性土样 20～50kg，同上述干法过筛，并测定土样的天然含水率。根据土的塑限预估最优含水率，同上述干法原则选择至少 5 个不同含水率的一组试样，分别将天然含水率的土样晾干或加水至要求的含水率进行制备。

之后，将击实仪平稳置于刚性基础上，按分层要求分取试样倒入击实筒内，分层击实。轻型击实试样为 2～5kg，分 3 层，每层 25 击；重型击实试样为 4～10kg，分 5 层，每层 56 击。分层按要求的击数将试样击实后，称筒与试样的总质量，并测定试样的含水率及计算试样的湿密度。对剩余试样按以上步骤依次进行击实。

试验成果整理：

（1）根据各点试样测定的含水率，计算试样的干密度。

（2）以干密度为纵坐标，含水率为横坐标，绘制干密度与含水率关系曲线。取曲线的峰值点对应的纵坐标值为土的最大干密度（ρ_{dmax}），与其对应的横坐标值为土的最优含水率（W_{op}）。

（3）根据各击实试样的干密度和比重值计算试样的饱和含水率，绘制饱和曲线。

9. 毛细管水上升高度试验

土中毛细管水上升现象是由于土粒与水分子之间的相互吸引力以及水的表面张力而产生的。测定毛细管水上升高度，可用于预测评价地下水位升高时土层浸没影响问题。测定毛细管水上升高度的原理是根据毛细管水的弯液面所能支持的水柱重力而计算出毛细管水的上升高度。试验方法有直接观测法、土样管法、塑限与含水率曲线交会法（见表 5.1）。

表 5.1　　　　　　　　　　毛管水上升高度的测试方法

方法	适用范围	试验要点
直接观测法	粗砂、中砂	取代表性风干砂约 1500g，碾散拌匀后借漏斗装入毛细管仪的玻璃管中，轻轻捣实，使其密度均匀后插入玻璃容器中，用支架固定好玻璃管，在容器中注水，水面高出管底 5～10mm，试验过程中应使水面保持不变。按一定时间间隔观测毛细管水上升高度至上升稳定，整理出试验时间及毛细水上升高度曲线
土样管法	细砂或毛细管水上升高度较小的细粒类土	取代表性风干土样 500～600g，研散拌匀后逐次倒入玻璃筒并捣实，使其密度均匀，直至达 8cm 高为止。采用原状样时，切取试样 8cm 高，推入玻璃筒中。 调压管通水，使水经调压管上升到试样下部，排水管排气至无气泡后水由下至上饱和试样。 记录测压水面逐渐下降的高度，至管内水面停止下降或开始升高时，此时测压管中的水面读数即为毛细管水的上升高度。应进行两次测定取平均值
塑限与含水率曲线交会法	毛细管水上升高度较大的细粒类土	于试坑壁一定间距（一般为 15～20cm）自上而下采取土样并测定含水率，根据土质变化分层并测定各层土的塑限，绘制深度与含水率关系曲线，用竖线段在图上标出相应土层塑限，竖线段与含水率曲线最上面的交点至地下水位的距离，即为毛细管水的上升高度

10. 渗透试验

水在压力的作用下通过土体中的孔隙发生流动称为水的渗透。土体被水透过的性能，称为土的渗透性，通常用渗透系数来表达。测定土的渗透系数的试验称为渗透试验。室内试验方法分为常水头渗透试验和变水头渗透试验。

（1）常水头渗透试验。常水头渗透试验适用于粗粒类土。取代表性风干土样 3000～

4000g，并测定其风干含水率。将试样分层装入常水头渗透仪内，每层厚 2~3cm，微开供水阀使试样逐渐饱和后，将供水设备提高到预定高度并保持供水设备内水位为常水位。测记试样上、下游水位和单位时间内渗过试样的水量。

（2）变水头渗透试验。本试验方法适用于细粒类土。将试样装入带水头管的渗透仪内，微开供水阀使试样逐渐饱和后，将供水设备提高到预定高度。关闭供水阀，开动秒表，同时测记时段内水头管起始水头和终止水头。

11．渗透变形试验

饱和土体内的水在水位差作用下，将产生水压力而引起水的渗透流动，即发生渗流，水位差也称为渗透压力，一般用水力比降表示。当水力比降达到一定值时，将引起土体结构产生变化即渗透变形或渗透破坏。使土体产生渗透变形时的比降称为临界比降，产生完全破坏时的比降称为破坏比降。

试验方法常采用渗透水流从下向上的垂直渗透变形试验或水平渗透变形试验，均适用于粗粒类土或原状软弱夹层。按预定的渗透比降从低至高分级提高水位，测定各级渗透比降下的稳定渗透水量，至渗水量过大水位不能提高或土体被水冲坏时结束试验。试验中同时观察记录试样表面的变化和土粒是否随渗水移动等情况。试验完成后，绘制渗透比降与渗透流速关系曲线，曲线出现拐点即曲线斜率开始变化时，并观察到细颗粒开始跳动或被水流带出时，认为该试样达到了临界比降，与前一级比降的平均值为土的临界比降；根据渗透比降与渗流速度关系曲线，随水头逐级加大，颗粒不断被冲走，渗透流量变大，当水头增加到试样失去抗渗强度，该比降称为试样的破坏比降，并与前一级比降的平均值为土的破坏比降。当发生流土破坏，破坏时的渗透比降不易测得时，则取破坏前一级的渗透比降作为破坏比降。

12．反滤试验

反滤试验的目的是测定被保护土体在反滤料保护条件下，抵抗渗透及渗透变形的能力。本试验方法适用于粗粒类土。渗透水流可采取从上向下或水平方向，直接使用垂直或水平渗变仪。

试验前应依据反滤原则，计算设计反滤料的级配、密度。试样制备时，将被保护土和反滤料按控制干密度均匀分层装入仪器中，依渗流方向，反滤料应置于被保护土样的下游。被保护土和反滤料的厚度均应不小于 15cm，并在接触面两侧布置测压管。

试验成果整理：计算被保护土和反滤料的干密度、孔隙率；计算各级水头下被保护土和反滤料的渗透比降、渗流速度、渗透系数；在同一颗粒大小分布曲线上，绘制被保护土和反滤料在试验前后的颗粒分析曲线，确定被保护土中带出的土粒量和反滤料的淤填量。

13．固结试验

土体在压力作用下，内部含水排出、体积减小的现象，称为土的固结。固结试验就是试样在有侧限和轴向排水条件下，测定压力与变形或孔隙比的关系、变形与时间的关系，计算土的压缩系数、压缩模量、体积压缩系数、压缩指数、回弹指数、固结系数、先期固结压力等特性指标。

　　细粒类土的固结试验方法包括标准固结试验、快速法固结试验、应变控制连续加荷固结试验，环刀内径为 61.8mm 或 79.8mm，高度为 20mm。粗粒类土固结试验采用浮环式固结仪，固结容器直径不宜小于 300mm，直径与高度之比为 2.0～2.5。

　　试验在固结仪上进行。试验时，根据工程需要，切取原状土试样或制备要求干密度与含水率的扰动土试样装入固结仪内，采用分级增量加荷法，按预定压力从小到大分级施加压力，测定各级压力下试样的变形量。第一级压力的大小视土的软硬程度可分别采用 12.5、25、50kPa，最后一级压力应视工程实际压力确定；每级压力施加后直至变形稳定，再施加下一级压力，依次逐级加压至试验结束。

　　进行压缩试验时，对细粒类土，每一级压力施加后，按每 2h 测记百分表读数一次，直至每 2h 的变形量不大于 0.01mm 为止，依次逐级加压至试验结束；对粗粒类土，施加压力后每 1h 读数一次，当每 1h 各百分表读数差值均不大于 0.05mm 时认为稳定，可施加下一级压力，依次逐级加压至试验结束。

　　如需作回弹试验，可在某级压力下固结稳定后逐级退压至要求压力止，每次退压后的回弹稳定标准时间与加压稳定标准相同，测记每级压力下回弹稳定变形量，退压分级应与加压分级相同。试验结束，如系饱和试样，需测定试样试验后的含水率。试验完成后，绘制压力与变形关系曲线、压力与孔隙比关系曲线、孔隙比与压力对数坐标关系曲线、压力与时间平方根或时间对数关系曲线。

　　14. 黄土湿陷性试验

　　湿陷性黄土浸水后，在自重或压力作用下产生的变形称为湿陷变形；在地下水长期作用下由于盐类溶滤随渗透水排出而产生的变形称为溶滤变形。黄土的湿陷性，常用湿陷系数、自重湿陷系数、溶滤变形系数来判定。

　　黄土湿陷性试验使用的仪器和试验方法同固结试验。进行湿陷系数、自重湿陷系数试验时，各试样按预定的最大压力分级进行加压，变形稳定后施加下一级压力；在要求的最大压力下变形稳定后，向仪器内注水并保持水面始终高出试样表面，测读试样变形量直至变形稳定。进行溶滤变形系数试验时，应在试样要求的最大压力下湿陷稳定后，调节仪器底部出水口高度，使水在约 50cm 负水头作用下在试样内进行渗透，测读试样变形量直至变形稳定为止；必要时，对渗出水进行化学分析。

　　以黄土湿陷变形系数为纵坐标，压力为横坐标，绘制压力与湿陷系数、自重湿陷系数、溶滤变形系数的关系曲线，当湿陷系数为 0.015 时，在压力与湿陷系数、自重湿陷系数关系曲线上对应的压力即为湿陷起始压力。

　　15. 抗剪强度试验

　　土的抗剪强度是土体抵抗剪切破坏的极限强度，一般用凝聚力和内摩擦角表示。土的抗剪强度常用直剪仪或三轴仪测定，因此也称为直接剪切试验和三轴剪切试验。直接剪切试验是测定土的抗剪强度的常用方法，具有设备相对简单、操作简便等优点，但也有不能有效控制排水条件、剪切面积随剪切位移减小等不足。三轴剪切试验具有能控制试样排水条件、受力状态明确、可控制大小主应力、能准确测定孔隙压力和体积变化等优点，但也有仪器设备较复杂、试验周期较长、试样受力为轴对称与实际工程略有差异等不足。

（1）直接剪切试验。直接剪切试验的仪器一般分为小型和大型两种。小型直接剪切仪常为应变控制式，适用于最大颗粒粒径小于 2mm 的土；大型直接剪切仪常为应力控制式。直接剪切试验依据不同剪切速度、土样是否固结、剪切中是否排水等状况，分为快剪（Q）、固结快剪（CQ）、慢剪（S）、反复剪（R）（残余剪）四种方法。粗粒类土一般不进行反复剪试验。

试验的试样不少于 4 个，分别在不同的垂直压力作用下，施加水平剪切力进行剪切，测得试样产生剪切破坏时的剪应力和剪切位移。试验结束后，以剪切位移为横坐标、剪应力为纵坐标，绘制剪切位移与剪应力关系曲线，取曲线上剪应力的峰值为抗剪强度，无峰值时取剪切位移为 6%～10%时所对应的剪应力为抗剪强度。反复剪第一次剪切按上述方法取值作为慢剪强度，最后一次剪切的稳定值作为残余强度。以剪应力为纵坐标，垂直压力为横坐标，点绘各试样抗剪强度并以直线连接，直线与横坐标轴的夹角为土的内摩擦角，直线在纵坐标轴的截距为土的凝聚力。

1）快剪（Q）试验。快剪试验应在施加垂直压力后，立即进行剪切并应在 3～5min 内完成剪切过程。小型试验的剪切速度为 0.8～1.2mm/min，剪切开始后每发生 0.2～0.4mm 剪切位移时测记剪切力 1 次；当剪切力读数有峰值出现时，可在剪切位移达到 4mm 后结束剪切；当剪切力读数无峰值出现时，可在剪切位移达到 6mm 后结束剪切。大型试验剪切荷载应按预估最大剪切荷载的 10%分级施加，每 30s 施加 1 次，并测读水平位移和垂直位移百分表 1 次，当出现水平位移较大时，可适当加密分级；当剪切荷载出现峰值或剪切荷载不再增加而水平位移急剧增加时可结束试验；若无上述两种情况出现，则控制水平位移达试样直径或长度的 10%可结束试验，并将此时的剪切荷载作为破坏值。

2）固结快剪（CQ）试验。在施加垂直压力后，每隔 1h 测记试样的垂直变形一次，直到变形稳定（固结稳定标准为每隔 2h 的变形量不大于 0.01mm）后，再施加剪切力进行剪切。试验的其他要求与快剪试验相同。

3）慢剪（S）试验。慢剪试验和固结快剪试验一样应对试样进行固结。小型试验的剪切速度应不大于 0.02mm/min；大型试验每施加 1 级剪应力，立即测读各位移百分表 1 次，以后每隔 1min 测读 1 次，当两次读数水平位移差不大于 0.01mm 时，施加下一级剪应力。结束试验的标准同快剪试验。

4）反复剪（R）试验。反复剪试验的固结稳定标准和剪切速度与慢剪试验要求相同。当进行反复剪切试验时，在每一次剪切完成后，启动反推装置将剪力盒推回原位再次进行剪切，直至剪切力最大读数达到稳定值为止。剪切的次数不应少于 5 次。

（2）三轴剪切试验。试验常用应变控制式三轴仪，适用于细粒类土和粒径不大于 20mm 的粗粒类土，仪器系统包括压力室、轴向加压系统、围压和反压加压系统、孔隙压力量测系统和变形量测系统。其他粗粒土和巨粒土（超径粗粒土）可采用大型三轴剪切仪，最大试样尺寸直径可达 1200mm、高度可达 2500mm。根据土样性质、工程要求、设计计算方法等的不同，试验分为不固结不排水剪（UU）试验、固结不排水剪（CU）试验、固结不排水剪测孔隙水压力（$\overline{\text{CU}}$）试验、固结排水剪（CD）试验。

试验的试样不少于三个，分别在不同的周围压力下进行，周围压力宜按等比级数施加并在试验中保持稳定，最大周围压力宜根据工程实际荷载确定。UU 试验可采用非饱和试样。试样在制备、安装和饱和后，施加轴向压力按预定的试验方法进行试验。试验结束后，以主应力差为纵坐标，轴向应变为横坐标，绘制主应力差与轴向应变关系曲线，取曲线上主应力差的峰值作为破坏点；无峰值时，取 15%轴向应变时的主应力差值作为破坏点。以剪应力为纵坐标，主应力为横坐标,在横坐标轴以破坏时大小主应力和的平均值为圆心，以破坏时大小主应力差为直径，绘制莫尔应力圆，并绘制不同周围压力下莫尔应力圆的包线，包线在纵坐标轴上的截距为土的凝聚力，包线与横坐标轴的夹角为土的内摩擦角。

1）　不固结不排水剪（UU）试验。施加预定周围压力后，立即施加轴向压力，试样剪切应变速率宜控制为每分钟应变 0.5%～1.0%，试样每产生 0.3%～0.4%的轴向应变，测记一次轴向压力和轴向变形；当轴向应变大于 3%时,试样每产生 0.7%～0.8%的轴向应变，测记一次轴向压力和轴向变形。剪切应继续进行到轴向应变为 15%～20%止。按以上要求对其余试样在不同周围压力下进行试验。

2）　固结不排水剪（CU 或 $\overline{\text{CU}}$）试验。施加预定周围压力，打开排水阀使试样排水固结，待孔隙水压力消散稳定后完成固结，测记孔隙水压力读数。施加轴向压力开始剪切。剪切应变速率黏性土宜为每分钟应变 0.05%～0.10%；其他土宜为每分钟应变 0.1%～0.5%。当进行测孔隙水压力（$\overline{\text{CU}}$）试验时，剪切应变速率宜为 0.5%～1.0%，并开孔隙水压力阀；当进行 CU 试验时，关孔隙水压力阀。同不固结不排水剪（UU）试验一样读记轴向压力、轴向变形，同时测记孔隙水压力。

按以上要求进行其余试样在不同周围压力下的试验。

3）固结排水剪（CD）试验。施加预定周围压力，打开排水阀使试样排水固结，待孔隙水压力消散稳定后完成固结。施加轴向压力，开始剪切。试验过程中应开两端排水阀，剪切速率宜为每分钟应变 0.003%～0.012%。同不固结不排水剪（UU）试验一样读记轴向压力、轴向变形，同时测记孔隙水压力。按以上要求进行其余试样在不同周围压力下的试验。

16. 三轴应力应变参数试验

用土的应力应变关系来分析计算填筑土或地基土的应力、应变及稳定性，是当前大型土体工程设计中的常用方法。长期大量的试验研究证明，土的应力应变关系是非线性弹塑性的，表达这种关系常用的有（$E-\mu$）、（$E-B$）、（$K-G$）等数学模型。这些模型的参数均是通过三轴试验获得。本试验方法适用于各类土，每组试验应制备不少于 3 个尺寸和性质相同的圆柱形试样，分别在各自恒定的周围压力及饱和条件下进行试验。

（$E-\mu$）参数试验应进行固结排水剪（CD）试验，应力应变（$E-\mu$）参数确定需绘制主应力差（$\sigma_1-\sigma_3$）与轴向应变（ε_1）关系曲线，有峰值时取峰值，无峰值时取轴向应变为 15%时的值确定主应力差，由已知周围压力（σ_3）和主应力差绘制莫尔应力圆和强度包线，求得 c、ϕ 参数；通过其他一系列关系曲线、关系式确定 K、n、R_f、G、F、D 参数。

（$E-B$）参数试验应进行固结排水剪（CD）试验，应力应变（$E-B$）参数确定需绘制主应力差（$\sigma_1-\sigma_3$）与轴向应变（ε_1）关系曲线，有峰值时取峰值，无峰值时取轴向应变为 15%时的值确定主应力差，由已知周围压力（σ_3）和主应力差绘制莫尔应力圆和强度包线，求得黏性土的 c、ϕ 参数；对于无黏性土，取 c 为零，按有关公式计算 ϕ。通过其他一系列关系曲线、关系式确定 K、n、R_f、K_b、m 参数。

（$K-G$）参数试验主要应进行体积变形模量（K）、等压固结剪切模量（G）、K_0 固结剪切模量（G）试验，通过一系列关系曲线、关系式，获得切线体积变形模量、切线剪切模量和初始切线剪切模量等参数。

17. 孔隙压力消散试验

受外力作用时，土中的孔隙水压力将产生变化，这种变化随孔隙水的排出而逐渐消散。孔隙水压力的变化及消散程度常用孔隙压力系数、孔隙压力消散百分数和消散系数表示，通过三轴仪测定，用于计算分析土的孔隙压力、固结沉降状态等。

本试验方法适用于饱和度大于 85%的原状细粒土，或含水率不小于最优含水率的扰动细粒土。试验时，按预定压力分 3~4 级对试样施加周围压力或轴向压力，测定各级压力下在时间（0、0.25、1、4、9、16、25、36、49、64min，以及 2、4h，以后每隔 4h）的孔隙压力，直至孔隙压力消散到需要的消散度为止。

试验成果整理时，计算孔隙压力系数、任一时间 t 时的孔隙压力消散百分数、任一消散度的消散系数；以各级周围压力或轴向压力为横坐标，以相应于各级的起始孔隙压力为纵坐标，绘制起始孔隙压力与周围压力或轴向压力的关系曲线；在某一周围压力或轴向压力下，以消散百分数为纵坐标，以时间为横坐标，在半对数纸上绘制消散百分数与时间关系曲线，并可按消散百分数为 50%或任一消散度的时间计算消散系数；以体积变化计算的孔隙比或消散系数为纵坐标，周围压力或轴向压力为横坐标，绘制孔隙比或消散系数与压力关系曲线。

18. 无侧限抗压强度试验

土的无侧限抗压强度是指在无限制条件下抵抗垂直压力的极限强度，土的原状样无侧限抗压强度与扰动样无侧限抗压强度之比即为土的灵敏度。本试验方法适用于原状饱和细粒类土。试验采用应变控制式三轴仪，试验时按每分钟轴向应变 1%~3%的速率施加轴向压力。当轴向压力出现峰值时，应再测读 3%~5%的轴向应变值即可停止试验；如轴向压力无峰值时，则试验应进行到轴向应变达到 20%为止。试验宜在 8~10min 内完成。若需测定灵敏度，应立即将破坏后的试样揉搓、挤压成与原状样尺寸、密度相等的试样，再进行扰动样的无侧限抗压强度试验。

以轴向应力为纵坐标，轴向应变为横坐标，绘制应力应变关系曲线，取曲线上的峰值作为无侧限抗压强度；如峰值不明显，则取轴向应变 15%所对应的应力为无侧限抗压强度。

19. 静止侧压力系数试验

土在有侧限状态下受到的轴向压力增大时，其侧向压力也将增大，两者增量的比值称为土的静止侧压力系数，用于确定天然土体的水平向应力，以及计算挡土结构物在静止状态时水平向压力。本试验适用于粒径小于 0.5mm 的原状土或击实土。试验时按预定最大垂直压力不少于 5 级分级施加垂直压力，测记各级垂直压力下侧压力传感器读数直至变形稳定后再施加下一级垂直压力。根据试验成果计算侧向压力，以垂直压力为横坐标，侧向压力为纵坐标，绘制侧向压力与垂直压力的关系曲线，其斜率即为静止侧压系数。

20. 膨胀试验

膨胀土属于特殊黏性土，由于这类土中含有较多的强亲水性黏土矿物，使其具有吸水时产生剧烈的膨胀或失水时产生剧烈的收缩等特性。黏性土是否具有膨胀性，常用自由膨胀率、膨胀率、膨胀压力、界限含水率、矿物组成等指标判定。

（1）自由膨胀率试验。土的自由膨胀率是采用人工制备无结构的烘干土，在水中浸水膨胀后所增加的体积与原体积的比值，以百分数表示。本试验适用于粒径小于 0.5mm 无结构状况下的黏性土。试验时将烘干的松散土样测定体积后放入量筒中，加水使其自由膨胀并测定膨胀稳定后土样体积，计算土的自由膨胀率。

（2）膨胀率试验。土的膨胀率是土体在一定压力条件下，浸水后土体膨胀所增加的体积与原体积的比值，以百分数表示。本试验适用于细粒类土的原状土和击实土。试验在固结仪中进行。有荷载膨胀率试验是在试样表面施加预定荷载后进行，当预定荷载为零时即为无荷载膨胀率试验。

试验时可分级或一次连续施加至预定荷载。施加荷载后，测记各级荷载试样变形稳定读数。然后将水注入仪器使试样浸水产生膨胀，测记膨胀稳定时的稳定读数。根据需要，可在膨胀稳定后，按加荷的大小，分 3～4 级逐次退荷，并测定各级荷载下膨胀的稳定读数，计算不同荷载下的膨胀率。

（3）膨胀压力试验。土的膨胀压力是土体吸水膨胀时所产生的内应力。试验方法一般采用加荷平衡法，适用于原状土和击实土，保持试样体积不变的条件下，对试样施加的压力即为土的膨胀压力。试验在固结仪中进行。试样开始吸水产生膨胀变形后，立即施加适当荷载将试样压缩回原高度，待试样不再产生膨胀变形时结束试验，此时作用在试样表面的压力，即为土的膨胀压力。

21. 动力特性试验

土的动力学特性参数，包括动弹性模量、动剪切模量、动阻尼比、动强度、动孔隙水压力、液化应力比等，用于土在动力作用下的应力应变状态及其稳定性的计算分析、评价其抵抗动力破坏的能力，室内常用振动三轴试验或共振柱试验测定。

（1）振动三轴试验。振动三轴试验是测定饱和土在动应力作用下的应力、应变和孔隙水压力的变化过程，从而确定土在动应力作用下的破坏强度（包括液化）、应变大于 10^{-4} 时的动弹性模量和动阻尼比等。本试验采用电磁式振动三轴仪，进行饱和、固结不排水剪切试验，适用于砂类土和细粒类土。

进行动强度试验时：对同一组试样分别施加预定动应力使试样持续振动，直到孔隙压力等于侧向压力或应变达 10%时结束试验；记录各试样的动应力、动应变和动孔隙水压力随振动周次变化的时程线。进行动弹性模量、阻尼比试验时：预定动应力分级从小到大施加使试样持续振动，至预定振次（不宜大于 5 次）时结束试验；记录试样的动应力和动应变曲线或动应力和动应变滞回圈曲线，计算动弹性模量和动阻尼比。

（2）共振柱试验。共振柱试验的目的是测定试样在周期荷载作用下，应变量为 $10^{-6} \sim 10^{-4}$ 时的动剪切模量和扭转向阻尼比或动弹性模量和轴向阻尼比。动剪切模量、动弹性模量试验采用稳态强迫振动法或自由振动法，阻尼比测试时宜采用自由振动法。激振方式为扭转振动和轴向振动。本试验方法适用于饱和砂类土和细粒类土。

试样均应按预定要求进行饱和、固结，并在不排水条件下进行试验。进行稳态强迫振动法试验时：施加预定激振力后，连续改变激振频率，由低频逐渐增大，直至系统发生共振，测记共振频率和相应的电压值，由电压值确定动应变或动剪应变；进行阻尼比测定时，当激振频率达到系统共振频率后，继续增大频率，这时振幅逐渐减小，测记每一激振频率和相应的振幅电压值，绘制振幅与频率关系曲线。进行自由振动法试验时：施加预定激振力直至试样发生共振后，切断激振力使试样自由振动，记录振幅衰减曲线。

根据试验成果，计算扭转共振时试样动剪切模量、自由振动时试样扭转向阻尼比、稳态强迫振动法无弹簧—阻尼器时试样扭转向阻尼比、轴向共振时试样动弹性模量、试样轴向阻尼比、试样剪应变幅和轴应变幅。

5.2.2 原位及现场土工试验

1. 原位密度试验

（1）灌砂法。本试验方法在原位进行，适用于粒径不大于 60mm 的粗粒类土。地下水位以下，不宜采用本方法。在工程前期勘察设计阶段，一般要求密度试验与含水率测定、颗粒分析一并进行。在选定的试验部位，清除表面土层至需要测定的位置，平整土体表面后开挖试坑。试坑直径与试样中最大颗粒粒径之比不应小于 5，试坑深度与试坑直径之比宜为 1.2～1.4。试坑直径不宜小于 20cm。挖出土样即为试样，称试样质量，测试样的含水率和颗粒级配。在坑口安放套环，并使套环与坑口紧密接触。用灌砂器将已准备的标准砂沿坑壁周围向中心分层依次灌入试坑直至完全填满试坑，记录灌入砂的质量。利用灌入标准砂的质量和标准砂的密度计算试样（试坑）体积。根据灌入套环内和试坑内标准砂的质量、标准砂的密度、试样质量等试验成果计算土的密度。

（2）灌水法。本试验方法适用于各类土，在取水方便的条件下，宜首先考虑采用灌水法。在选定的试验部位，清除表面土层至需要测定的位置，平整土体表面后开挖试坑。试坑直径与试样中最大颗粒粒径之比不应小于 5，试坑深度与试坑直径之比宜为 1.2～1.4。试坑直径不宜小于 30cm。挖出土样即为试样，称试样质量，测试样的含水率和颗粒级配。在坑口安放套环，并使套环与坑口紧密接触。根据试坑大小，选择塑料薄膜的厚度，将塑料薄膜铺设试坑内，将水缓缓灌入试坑，直至与试坑顶面齐平，记录灌入试坑内水的质量。利用灌入水的质量和水的密度计算试样（试坑）体积。根据灌入套环内和试坑内水的质量、水的密度、试样质量等试验成果计算土的密度。

2. 原位含水率试验

原位含水率试验方法主要为核子射线法，核子射线法是一项快速、无损检测技术，使用核子水分一密度仪，测定土体热中子计数，利用标定曲线确定土体的含水率，但标定曲线建立的工作量较大，一般用于大体积施工土料填筑质量快速检测。

3. 原位渗透试验

原位渗透试验也称为原位注水试验。试验采用双环试坑注水法，适用于渗透系数较小的非饱和的砂类土和细粒土。试验时，在预定部位开挖一面积不小于 1.0m×1.5m 的试坑，深度应达到试验土层。在坑底中心再挖一直径等于外环（内径 45.2cm、高 15cm）、深 15cm 的贮水坑，将外环放入贮水坑中，环外壁与土缝隙应用土填实，再放入内环（内径 22.6cm、高 15cm），使内外环形成同心圆，两环上缘在同一水平面上。在土体表面均匀铺以 2cm 厚的中细砾，然后在内环及两环间隙内注入清水至满，安放支架至水平位置。将两个供水瓶注满清水后倒置于支架上，供水瓶的斜口出水管分别插入内环和内外环之间的水面以下，玻璃管的斜口应调整在同一高度上，供水瓶的数量应视土的渗透性确定。

记录渗水开始试件及供水瓶的水位。经过一段时间后，测读在此时间内由供水瓶渗入土中的水量，直至稳定为止。在 1~2h 内测记渗入土中的水量至少 5~6 次，取其平均值，每次测记的水量与平均水量之差，不应超过 10%。量测环内水的深度及水温。必要时，在离试坑中心 3~4m 处，对称布置 2 个或 4 个钻孔，每个钻孔 3~4m 深，每隔 0.2m 取土样一个，测定其含水率以确定渗透水的入渗深度。根据单位时间的渗水量与内环面积之比，计算土的渗透系数的近似值；再根据水的入渗深度、贮水坑中水的深度、土的毛细管力水柱高度，计算土的渗透系数较精确值。

4. 原位及现场渗透变形试验

本试验适用于对具有一定黏结力的各类土及软弱夹层，可在原位进行水平渗透变形试验；或对具有一定黏结力的粗粒土及软弱夹层，在现场取原状样，由于不宜搬运，故就近择地进行原状样垂直渗透变形试验。可测定土的渗透系数、临界比降、破坏比降。试验过程及资料整理与室内渗透变形试验相似。

5. 原位直接剪切试验

本试验采用应力控制的平推法，主要适用于粗粒类土、粗粒类土中的软弱接触面以及混凝土与地基土接触面的快剪试验。试验可在地表、试洞、试坑或探槽中进行，同一组试件的性质应基本相同，试件应制备成方柱体或圆柱体，边长或直径与试件中最大颗粒粒径之比不宜小于 5，边长或直径不宜小于 30cm（一般采用 50cm 和 70cm），高度与边长或直径之比约为 1/2。每组试的试件应为 4 个，其间距不宜小于试件的边长或直径。试件制取、设备安装选择应考虑工程地质条件、工程荷载特点、可能发生的剪切破坏模式、剪切面的位置及方向、剪切面的应力条件等因数。试验反力装置视设备条件和现场条件确定。在试洞中进行试验时，可利用洞顶和侧壁作为反力部位；在坑（槽）中进行试验时，剪切载荷尽可能利用槽壁或边坡；露天试验时，垂直荷载视设备条件，可采用锚拉桩、地槽锚拉、堆载等方式；当垂直荷载较小，可利用载重汽车、推土机等作为压重。试验过程及资料整理与室内直接剪切试验相似。

6. 原位载荷试验

原位载荷试验是在保持地基土的天然状态下，在一定面积的承压板上，向地基土逐渐施加荷载，测定其变形特性的试验，是评价地基允许承载力和预估建筑物沉降的一个重要试验方法。试验所反映的是承压板以下约 1.5～2.0 倍承压板宽的深度内土层的应力—应变—时间的综合性状。试验采用刚性承压板法，适用于各类土。承压板采用圆形或正方形钢质板，直径或边长与土中最大颗粒粒径之比不宜小于 5，面积不宜小于 1000cm²。反力装置可采用堆载、锚拉桩、试洞洞顶、试坑侧壁等。试验时，通过承压板向地基土逐级施加荷载，每级荷载增量可按预估试验土层极限荷载的 1/8～1/10 施加，每施加一级荷载立即观测沉降量，待沉降速率达到相对稳定后再施加下一级荷载。当出现较大沉降时，可适当减少荷载增量。每级荷载下观测沉降的时间间隔按 10、10、10、15、15min，以后每隔 30～60min 观测 1 次，直到间隔 1h 的沉降量不大于 0.1mm 为止。当出现下列情况之一时，即可终止试验：

（1）在本级荷载下，沉降急剧增加，承压板周边的土出现明显侧向挤出、裂缝或隆起；

（2）在本级荷载下，持续 2h 沉降速率加速发展；

（3）总沉降量超过承压板直径（或宽度）的 1/10；

（4）当设备的出力达不到极限荷载时，试验最大荷载应达到设计荷载的 2 倍。需要观测卸荷回弹时，每级卸荷量可为加荷增量的 2 倍，历时 1h，每隔 15min 观测 1 次，荷载完全卸除后继续观测 3h。试验结束后，可对试验前后土层取样进行土的密度、含水率和颗粒分析试验。试验成果整理，应以荷载为横坐标，以沉降量为纵坐标，绘制荷载～沉降关系曲线，并在曲线上确定荷载特征值。当曲线具有明显直线段时，以直线段的终点所对应的压力定为土的比例极限值，以直线段斜率、土的泊松比经验值、承压板形状系数及承压板直径或边长等计算土的变形模量。以试验的极限荷载定为土的极限压力值；当曲线无明显极限荷载时，以试验结束时的荷载定为土的极限压力值。

5.2.3 钻孔土工试验

1. 十字板剪切试验

十字板剪切试验是现场测定原位饱和软黏土的抗剪峰值强度、残余强度和灵敏度的一种方法。测得的抗剪强度相当于内摩擦角为 0 时的凝聚力值，即不排水抗剪总强度。试验深度一般不超过 30m。在预定部位进行铅垂向钻孔，钻孔直径应大于十字板测头宽度的 2 倍，当孔深距试验土层约 3～5 倍孔径时停止钻进，将套管下至孔底。试验时，将十字板剪切仪测头通过钻孔压至试验深度土中，并以 0.1°/s 的转速顺时针方向旋转，每转 1° 测记测力计读数 1 次，当读数出现峰值后，再继续旋转测读 1min，测记原状土剪切破坏时的稳定读数；继续顺时针方向旋转 6 圈后，可按上述方法测记扰动土的剪切破坏时的稳定读数。孔内两试验点的间距不宜小于十字板板高的 5 倍。根据试验成果计算土的十字板剪切强度。必要时，以试验深度为纵坐标，土的抗剪强度为横坐标，绘制抗剪强度随深度变化的关系曲线。

2. 标准贯入试验

标准贯入试验在钻孔孔底进行，系用 63.5kg 的穿心击锤以 0.76m 的自由落距下落，将标准贯入器在孔底预打入土中 15cm，测记再打入 30cm 的锤击数即为标准贯入锤击数。本试验方法适用于细粒类土和砂类土。标准贯入器按 15～30 击/min 的速度打入土层中 15cm 后，记录每打入 10cm 的锤击数，累计打入 30cm 后的锤击数为标准贯入锤击数。记录灌入深度、试验土层深度和试验情况。当遇密实土层，锤击数已达 50 击，贯入深度仍未达 30cm 时，应终止试验，记录 50 击时的贯入深度。根据所选取贯入的锤击数、对应锤击数的实际贯入深度，换算相应于贯入 30cm 的标准贯入击数。必要时，以每 30cm 的锤击数为横坐标，以钻孔深度为纵坐标，绘制锤击数与钻孔深度关系曲线。

3. 静力触探试验

静力触探试验是将一金属电测探头用静力贯入土层，根据测得的探头贯入阻力大小间接判定土的物理力学性质。本试验方法适用于细粒类土和砂类土。试验时，钻孔至预定测试的土层后，将静力触探探头连接钻杆放入孔底，按（1.2±0.3）m/min 的速度匀速垂直贯入土中，贯入过程中，采用自动记录或按每贯入 0.1～0.2m 测读贯入阻力一次。当测定孔隙水压力消散时，应在预定的深度或土层停止贯入，按适当的时间间隔或自动测读孔隙水压力消散值，直至基本稳定。依据试验成果，计算比贯入阻力、锥头阻力、侧壁摩阻力、摩阻比以及孔隙水压力、固结系数、消散度和静探孔压系数等指标。当采用单用探头时，以贯入深度为纵坐标，比贯入阻力为横坐标，绘制比贯入阻力与贯入深度关系曲线；当采用双用探头时，以贯入深度为纵坐标，锥头阻力、侧壁摩阻力、摩阻比为横坐标，绘制锥头阻力、侧壁摩阻力、摩阻比与贯入深度关系曲线；以贯入深度为纵坐标，初始孔隙水压力为横坐标，绘制初始孔隙水压力与贯入深度关系曲线；必要时，以孔压消散过程 t 时的孔隙水压力为纵坐标，孔压消散时间为横坐标，在半对数坐标上绘制孔隙水压力与时间关系曲线。

4. 动力触探试验

动力触探试验是将一定规格的圆锥探头用锤击的方式贯入土中，根据贯入一定深度的击数或计算动贯入阻力来间接判定土的物理力学性质。贯入度的大小能反映土层力学特性的差异，确定地基持力层的位置和承载力，对地基作出工程地质评价。试验分轻型动力触探、重型动力触探和超重型动力触探。轻型动力触探试验的锤质量为 10kg、落高为 500mm，适用于细粒类土；重型动力触探试验的锤质量为 63.5kg、落高为 760mm，适用于砂类土和砾石类土；超重型动力触探试验的锤质量为 120kg、落高为 1000mm，适用于砾石类土和卵石类土。试验时，钻孔至预定测试的土层后，将探头和触探杆连接并放入孔内，穿心落锤按规定的落高、以 15～30 击/min 的速度自由垂直下落，将探头垂直贯入土中。进行轻型动力触探试验时，记录每贯入土层中 30cm 时所需的锤击数，作为触探贯入指标；如遇密实坚硬土层，当贯入土层 30cm 锤击数超过 100 击时，或贯入土层 15cm 锤击数超过 50 击时，应停止试验。进行重型动力触探试验或超重型动力触探试验时，记录每贯入土层中 10cm 时所需的锤击数，作为触探贯入指标；连续三次每贯入 10cm 大于 50 击时，即可停止试验；如需对土层继续进行试验时，可改用超重型动力触探。轻型动力触探贯入深度不宜大于 4m、重型动力触探贯入深度不宜超过 15m、超重型动力触探贯入深度不宜超过 20m，超过此深度，应考虑触探杆侧壁摩阻的影响。当贯入要求深度的锤击数超过规定的锤击数时，应换算动力触探贯入指标；计算动贯入阻力；以分层触探贯入指标为横坐标，触探深度为纵坐标，绘制触探贯入指标与触探深度关系曲线。

5. 旁压试验

旁压试验是将旁压器通过钻孔放至预定测试土层中并向其周围土体施加压力，测定土体水平向的压力与变形关系来分析计算土的强度指标。旁压仪分为预钻式和自钻式两种。试验时，通过自钻或预钻方式，将旁压器放入钻孔中预定的试验深度，测记初始读数后，按预计极限压力的 1/8～1/12 分级施加压力，记录各级压力下旁压器的体变量。当试验压力接近或达到预定最大压力后，即可终止试验；当施加的压力达到仪器允许最大压力时、或仪器扩张体积相当于中腔的初始固有体积时、或加压时压力不再升高或出现下降趋势时，应立即终止试验。试验结束后，计算作用于孔壁土体表面的压力和土体的体变量；以压力为横坐标、体变量为纵坐标绘制压力与体变量的关系曲线，即该试验深度时的旁压曲线。根据旁压曲线特征，将旁压曲线划分为三个阶段：压密阶段起于原点，终于直线段的起点；线性变形阶段近似为直线，直线段的终点对应的压力为临塑压力；塑性变形阶段，在压力大于临塑压力后，曲线趋向于与纵轴平行的渐近线，对应的压力为极限压力。延长直线段与纵轴相交，通过相交点作横轴的平行线，与曲线交点对应的压力为初始水平土压力。计算临塑压力法地基承载力基本值、极限压力法地基承载力基本值、不排水抗剪强度、静止土压力系数、旁压模量。

6. 波速试验

波速试验是通过测定波在土中传播的时间来计算土的动变形模量、动剪切模量、动弹性模量等动力特性参数。本试验方法适用于各类土，分为单孔法、跨孔法和面波法。

（1）单孔法试验。在所选定的试验点钻孔，将检波器放入孔内试验点深度并与孔壁紧密接触。测试剪切波时在距孔口 1.0～3.0m 处放一长度为 2～3m 的混凝土板或木板，在板上放置质量约 500kg 的重物，用锤沿板长度方向从两个相反方向水平锤击板端，用检波器接受剪切波并记录剪切波初至时间；测试压缩波时，在距孔口 1～3m 处放置钢板，用锤锤击钢板，用检波器接受压缩波并记录压缩波初至时间。

（2）跨孔法试验。在选定的部位钻试验孔，每组试验应布置一个振源孔，在振源孔同一侧同一直线上布置 2 个接收孔，孔距宜为 2～5m。测试剪切波时，宜采用剪切波锤作为振源，并将剪切波锤固定在试验点高程的套管壁上；测试压缩波时，宜采用电火花振源并放置在试验点高程部位。同时分别在两个接收孔试验点高程上，设置检波器并固定在套管壁上。每次测试时，振源和检波器宜位于同一高程上或同一土层中，并记录剪切波和压缩波的初至时间。

（3）面波法试验。选定试验场地并整平后，在预定位置放置振源；以振源中心作为测线零点，在振源一侧同一直线上布置 2～3 个检波器；开启激振器，由检波器接受瑞利波；固定第一个检波器，将第二个检波器放置在预估的波长距离内，沿测线自近向远缓慢移动第二个检波器，当两检波出现同相位波形时，记录瑞利波初至时间，量测两检波器中心的距离即为瑞利波波长。在同一激振频率下，继续移动检波器，量测 2 倍波长和 3 倍波长的距离。

（4）试验成果整理。根据试验成果计算单孔法、跨孔法压缩波、剪切波的波速，面波法瑞利波的波速，计算动剪切模量、动弹性模量、动泊松比、动拉梅系数、动体积模量等动变形参数。以钻孔深度为纵坐标，以各波速、动变形参数为横坐标，绘制各波速和动变形参数与深度的关系曲线。

5.3　岩土化学分析试验及其适用范围

5.3.1　风干含水率试验

试样风干含水率试验是岩土化学分析试验最基本步骤之一，化学分析中各项试验结果均以试样的烘干质量为准，故岩土的化学分析试样风干含水率规定为试样在 105～110℃下烘至恒量时所失去的水的质量与达到恒量后干土质量的比值，以百分数表示。当试样有机质或石膏含量较高时，应采用其他方法或调整烘焙温度。

风干含水率试验采用烘干法，适用于有机质含量不大于5%以及含石膏较少的各类岩石和土。试验时，称取一定量的试样，按相关规定，在温度 105～110℃的条件下烘 3～4h，取出放在干燥器中冷却至室温，称重，如此反复操作，直至前后两次质量之差不大于0.001g；称取过 2mm 筛的风干试样 2～5g（小于 2μm 粒径的试样用量可 1g），再在 105～110℃的温度下烘 6～8h，取出放在干燥器中冷却至室温，称重，如此反复操作，直至前后两次质量之差不大于 0.001g，视为试样已达恒量。根据试验成果计算烘干试样质量和风干试样含水率。

5.3.2　酸碱度试验

岩土的酸碱度通常用 pH 值表示。pH 值的测定可用比色法、电测法。pH 值大于 7 时呈碱性，pH 值小于 7 时呈酸性。通常，碱性土具有塑性较大、强度较低、膨胀性或收缩性较大等特点；酸性土具有强度较高、压缩性较低、不同程度的腐蚀性等特点。酸碱度试验采用电测法，适用于各类岩土。电测法即将带有电极并经校正的酸碱度计插入按规定制备好的岩土风干试样悬液中，直接测读 pH 值并测悬液的温度。

5.3.3　易溶盐试验

岩土中的氯化盐类、硫酸盐和碳酸盐类，遇水时将产生溶解。随岩土中含水率的变化易溶盐的溶解浓度将出现变化，渗流将引起岩土中含盐量的变化，这些变化将导致岩土粒间黏结强度变化而引起岩土体强度的变化；岩土中含盐的类别，对岩土的工程性质影响差异亦较大。因此，易溶盐试验分为易溶盐总量测定和不同盐类测定。

1. 浸出液制取

用水浸提易溶盐时，土水比例和浸提时间合适的选择是既能将易溶盐从土中完全溶解又能尽量减少中、难溶盐溶解的关键。本试验采用烘干试样按土水比例 1:5 加入无 CO_2 的水，搅匀后在电动振荡器上振荡 3min，立即过滤。当发现滤液浑浊时，应重新过滤；若仍浑浊，则应离心机分离。所得的透明滤液即为试样浸出液。

2. 易溶盐总量测定

试验常用烘干法，适用于各类岩土。试验时，称取一定量的试样，按规定比例用水使岩土中易溶盐浸出，浸出液烘干的余留物质量与试样质量之比即为试样的易溶盐总量，以百分数表示。

3. 易溶盐不同盐类的测定

易溶盐不同盐类的测定包括碳酸根和重碳酸根的测定；氯根的测定；硫酸根的测定；钙、镁离子的测定；钾、钠离子的测定。试验时，分别吸取一定量的按规定制备的岩土易溶盐浸出液。采用酸-碱中和滴定法测定碳酸根和重碳酸根，适用于各类岩土；采用硝酸银容量法测定氯根，适用于各类岩土；采用 EDTA 络合滴定法测定硫酸根，适用于硫酸根含量不小于 50mg/L 的岩土；采用比浊法测定硫酸根，适用于硫酸根含量小于 50mg/L 的岩土；采用 EDTA 络合滴定法、原子吸收分光光度法测定钙、镁离子，适用于各类岩土；采用火焰光度法测定钾、钠离子，适用于各类岩土。根据试验结果计算出各种被测离子的含量。

5.3.4 中溶盐试验

中溶盐试验是指测定土中石膏（$CaSO_4 \cdot 2H_2O$）的含量。石膏易受水溶滤，而且溶滤后给工程带来的影响也是较严重的，硫酸钙结晶也是混凝土被侵蚀的原因之一。

试验常采用酸浸提-质量法，适用于含石膏较多的土。试验时，称取一定量按规定制备的试样，按酸浸取法的相关规定使土中石膏浸出。定量吸取浸出液，以氯化钡为沉淀剂，使浸提出的硫酸根沉淀为硫酸钡，沉淀经过滤、洗涤后灼烧至恒量。根据试验结果，按硫酸钡的质量换算成石膏的含量。

5.3.5 难溶盐试验

难溶盐试验是指测定土中钙、镁的碳酸盐含量。土的性质随着碳酸盐含量的增加，大致按下述趋势而变化，即分散度、液塑限、压缩性减小，摩擦系数、渗透系数增大。所以钙、镁碳酸盐对土的物理力学性质有较大影响。

难溶盐的测定采用简易碱吸收容量法或气量法，适用于碳酸盐含量较低的土。根据试验成果计算难溶盐碳酸钙的含量。

5.3.6　有机质试验

土中有机质的组成极为复杂，它们包括未经分解的动植物残体直至高度分解的腐殖质等各种有机化合物。这些有机质在土中有的呈游离状态，有的则与矿物颗粒相结合。一般认为，土中有机质含量较高时，对土的工程性质影响较大。

土中有机质的测定一般采用重铬酸钾容量法，适用于有机质含量不大于 15% 的土。试验时，称取一定量的按规定制备好的风干土样，用重铬酸钾标准溶液等配制试液，记录硫酸亚铁标准溶液滴定的用量。用灼烧后的土样代替被测土样进行空白试验。根据试验结果计算出土中有机质的含量，以百分数表示。

5.3.7　化学成分分析试验

化学成分分析主要是对岩石、土及黏土矿物中的硅、铁、铝、钙、镁、钾、钠的氧化物含量及烧失量含量进行测定。

1. 试样制备

岩土的试样制备：采用干法研磨，适用于各类岩石和土作全样分析时的试样制备。取代表性的岩土样风干，研磨后全部通过 0.075mm 的筛，进行去铁屑和烘干处理；对含有磁性矿物的试样，研磨后全部通过 0.15mm 的筛，进行烘干处理。

黏土矿物的试样制备：由于黏土矿物主要存在于细粒组中，因此在分析黏土矿物组成时需要将它们从土样中分离和富集起来。按"小于 2 微米粒组试样分离与制备"的相关规定进行细粒组的分离与富集。该方法适用于各类土及含黏土矿物的岩石。

2. 氧化物含量的测定

称取一定量的按相关规定制备好的岩石、土或小于 2 微米粒组的试样，按"碳酸钠碱熔法"或"氢氧化钠碱熔法"进行试液的制备。定量吸取试液，采用灼烧法对硅的氧化物进行测定，采用 EDTA 滴定法对铁、钙、镁离子进行测定，采用差减法、EDTA-NaF 容量法对铝离子进行测定，根据试验结果计算出硅、铁、钙、镁、铝的氧化物含量，以百分数表示。采用火焰光度法对钾、钠离子进行测定，根据试验结果计算出氧化钾、氧化钠的含量，以百分数表示。

3. 烧失量的测定

采用灼烧法，适用于各类岩土。试验时，称取一定量的制备样，放于已知质量的瓷坩埚中，在 950℃ 的温度条件下灼烧至恒重。根据灼烧试样质量和烘干试样质量计算出烧失量，以百分数表示。

5.3.8　阳离子交换量试验

阳离子交换量是度量岩土对溶液中的阳离子交换吸附性能强弱的指标，可大致反映出岩土中的黏土矿物成分。岩土中的黏土矿物往往是多种类型混合存在，矿物组成复杂，影响因素较多，矿物成分的鉴定较困难，通常采用多种手段相互配合综合确定，如化学成分分析、X-射线衍射分析、差热分析、阳离子交换量、比表面积试验等。

本试验适用于粒径小于 2 微米粒组试样的非盐渍化岩土，采用三乙醇胺—氯化钡（pH=8.1）缓冲溶液法测定阳离子交换总量。试验时，称取一定量的制备样，放入 1000mL离心管中，加入一定量的氯化钡缓冲液，离心。采用硫酸镁标准溶液和 EDTA-Na$_2$ 标准溶液进行滴定。根据试验结果计算阳离子交换量。

5.3.9 比表面积试验

黏土矿物的比表面积是单位质量颗粒的总表面积。某些具有扩展性晶格的黏土矿物，除晶体外部的表面外，晶格内部也存在有参与物理化学作用的表面积，称为内表面积，总表面积为内表面积和外表面积之和。各种黏土矿物由于分散度和晶格构造的不同，其表面积有着明显差别，可按其确定主要的黏土矿物类型。

试验采用乙二醇吸附法，适用于粒径小于 2μm 粒组试样的各类岩土。试验时，准确称取一定量的试样，放入盛有五氧化二磷的真空干燥器中，将干燥至恒量的试样加入无水乙二醇，将湿润后的试样放入盛有氯化钙—乙二醇溶剂化物的真空干燥器内，干燥后称重。另称取一定量的试样，在 600℃±15℃温度下灼烧，冷却后称重。采用乙二醇吸附法测比表面积的试验装置，按照相关的试验操作步骤进行测定。根据试验结果，计算试样的总比表面积、外比表面积和内比表面积。

5.3.10 X-射线衍射分析

土的矿物组成主要是指土中黏土矿物及伴生矿物的类型和数量。不同的黏土矿物，其晶格构造各异。采用 X-射线衍射分析是研究黏土矿物结晶构造和鉴定黏土矿物类型的主要手段之一。X-射线射入时不同的黏土矿物晶格中会产生不同的衍射图谱，据此可定性或半定量判断黏土矿物类型。

试验采用 X-射线衍射分析方法，适用于粒径小于 2 微米的各类土及黏土岩类岩石。试验时，称取一定量的试样，按相关规定，针对不同的试验目的，分别采用 0.5mol/L 氯化镁溶液将试样制备成镁饱和试样，或采用 0.5mol/L 氯化钾溶液将试样制备成钾饱和试样。再对镁饱和试样和钾饱和试样进行处理，制备成干粉末压制样、水分散定向薄膜试样、甘油化定向薄膜试样、热处理试样和盐酸、硝酸处理的试样。将载有试样的玻璃片插在X-射线衍射仪上，选定技术参数和试验条件后，按仪器使用要求进行操作。当测角器转至所需角度（2θ）后，即可结束试验，关闭仪器。

试样试验排列顺序应符合下列要求：

（1）镁饱和的水分散定向薄膜或干粉末试样。

（2）镁饱和的甘油化定向薄膜或干粉末试样。

（3）热处理过的钾或镁饱和的定向或干粉末试样。

（4）盐酸、硝酸处理的试样。

试验结束后所得到的试验结果为仪器记录的衍射图谱，即以衍射角（2θ）为横坐标，衍射强度（衍射峰的高度）为纵坐标的曲线。根据衍射图谱，由各衍射峰的峰尖向横坐标作垂线，确定衍射峰的衍射角（2θ）。根据衍射峰的衍射角，可在有关手册中查"衍射角与晶面间距换算表"即 $\theta \sim d$ 对照表，求得相应的晶面间距 d 值。根据衍射峰的高度或面积，确定其衍射强度 I。以 θ 值、d 值及 I 值三者之间的关系可大致鉴定出黏土矿物成分。鉴定结果按各种黏土矿物大致含量由多到少依次排列。

5.3.11 差热分析试验

差热分析是研究相平衡与相变的动态方法中的一种试验。利用差热曲线的数据，可以对岩土的黏土矿物、氧化物矿物、盐类等进行分析。差热分析所用的设备主要由加热炉、差热电偶、样品座、差热信号和温度的显示仪表等所组成。

在程序控制温度下，将试样与参比物质在相同条件下加热或冷却，测量试样与参比物之间的温差与温度的关系，从而给出矿物组成变化的相关信息。不同的物质，产生热效应的温度范围不同，差热曲线的形状亦不相同。把试样的差热曲线与相同实验条件下的已知物质的差热曲线作比较，就可以定性地确定试样的矿物组成。差热曲线的峰（谷）面积的大小与热效应的大小相对应，根据热效应的大小，可对试样作定量估计。

5.4 水质分析试验

环境水主要是指天然地表水和地下水，其水化学成分是在循环与滞留过程中，由于溶滤和生物等作用形成的。在水利水电工程中，固态与气态介质直接腐蚀混凝土的情况较少，往往以水溶液的形式对混凝土等产生腐蚀作用。

水质分析又称水化学分析，即用化学和物理方法测定水中各种化学成分的含量。水质分析分为简分析、全分析和特殊项目分析三种。当需要对水的化学类型作一般性了解，评价水对混凝土的侵蚀性时，可进行水质简分析，其测定项目包括水温、外观、嗅味、透明度、悬浮物、沉淀物、硫化氢、pH 值、电导率、游离二氧化碳、侵蚀性二氧化碳、碱度（总碱度、HCO_3^-、CO_3^{2-}、OH^- 离子）、氯离子、硫酸根离子、钙离子、镁离子、总酸度、硬度（总硬度、永久硬度、暂时硬度、负硬度）、钠和钾（计算值）、矿化度（计算值）。当需要对水的物理性质和化学成分作较全面的了解时，应进行水质全分析，除水质简分析测定项目外，可根据需要增加铁（Fe^{2+}、Fe^{3+}）、锰、铵离子、亚硝酸根离子、硝酸根离子、有机氮（或总氮）、磷酸盐、高锰酸盐指数、溶解氧、硫化物、可溶性二氧化硅、甲基橙酸度、总固体、溶解性蒸发残渣、悬浮物、钾、钠。当需要全面了解天然水受污染的程度及饮用、灌溉、水产养殖等水质时，可进行特殊项目分析，包括铜、铅、锌、镉、铬、汞、氰化物、氟化物、砷、锶、阴离子合成洗涤剂、挥发性酚类、溶解氧、化学需氧量、生物化学需氧量等项目的测定。

5.4.1 物理性质的测定

1. 水温

水的物理化学性质与水温有密切关系,水温的改变常导致水的物理性质和化学成分含量的变化,特别是溶于水中的气体,其含量与水温密切相关。水中溶解性气体的溶解度,生物和微生物活动、pH值以及碳酸钙饱和度等都受水温变化的影响。

水温的测定应在采样点进行。试验采用水温计法。将温度计插入一定深度的水中,测定表层水温时放置3min,测定深层水温时放置5min,温度以摄氏度(℃)表示。在测定水温的同时,应测定气温。

2. 外观

测定天然水样的外观宜在采样点进行。采用目视观察法,按相关规定采集一定量的水样,根据肉眼观察到的情况,对水的颜色、上浮物、悬浮物、沉淀物的色泽种类、油类、水样泡沫、臭气等异常状态及肉眼可见的虫藻类等进行记录。

3. 透明度

水的透明度是指水样的清亮程度,当水中含有悬浮物和胶体物时,透明度则大大降低。透明度的测定可采用透明度计进行测定,在河、湖(库)水中,也可采用塞氏盘在现场直接测定。

4. 浊度

浊度是由于水中含有腐殖质、泥砂、浮游生物和微生物等悬浮物质所造成水的浑浊程度。浊度可采用分光光度计对被测水样与标准液的透光强度进行对比测定。试验时,采用福马肼溶液、六次甲基四胺溶液配制成福马肼浊度储备基本液。按相关规定绘制浊度为40～400FTU和浊度为4～40FTU的工作曲线。取充分摇匀的水样,直接注入比色皿中,用绘制工作曲线的相同条件测定透光度,从工作曲线上求其浊度。

对于不太浑浊的水,也可利用透明度和浑浊度的关系曲线,粗略估计水的浊度。

5. 色度

纯水为无色透明。天然水中存在腐殖质、泥土、浮游生物等悬浮物质和铁、锰等金属离子,均可使水体着色。水的颜色可分为"真色"和"表色"两种。"真色"是指去除悬浮物后水的颜色。没有去除悬浮物的水所具有的颜色,称为"表色"。

水的色度可采用铂钴标准比色法测定。试验时,按相关规定配制铂钴标准比色试剂,并用50mL的具塞比色管制备色度为0、5、10、15、20、25、30、40、50、60、70度的色度系列。取50mL的水样于比色管中,将水样与标准色列进行目视比较,记下与水样色度相同的铂钴标准色列的色度,即为水样的色度。

6. 臭

臭是检验原水和处理水质的必测项目之一。水中产生臭的一些有机物和无机物,主要是由于生活污水或工业废水污染、天然物质分解,或细菌活动的结果。臭的种类可分为:硫化氢、泥土、淤泥、藻类、鱼腥、金属、油类、腐烂性的垃圾、下水臭等。

水的臭味可在采样现场直接检验，作为饮用水源，可在室内加热条件下再检验一次。现场检验时，用细口水样瓶采取一定量的水样，在瓶口用手扇动空气，闻水的气味，并按"臭的强度等级"表对水样的气味进行描述。

7. pH 值

水的 pH 值是水质的一项重要指标，是溶液中氢离子浓度（活度）的负对数，表示水的酸碱程度。天然水的 pH 值主要取决于水中的二氧化碳、重碳酸根离子和碳酸根离子的平衡含量。流经黄铁矿床的地下水，其 pH 值由游离酸和酸式盐的含量决定。受工业废水污染的水，pH 值变动的因素较复杂。酸性水对工程金属和混凝土有强腐蚀性，应注意调查酸性物质的来源、酸性水分布的范围及变化规律。强碱性水大多是流经混凝土体内的渗流水，如大坝廊道排水、基础帷幕渗流水中，常出现强碱性水。

pH 值的测定可采用玻璃电极法、试纸法、比色法，以玻璃电极法测定的准确度和精确度最佳。玻璃电极法主要采用 pH 酸度计，试验时按仪器使用说明书规定，用 pH 标准缓冲液对玻璃电极进行校正，取一定量的水样，按相关规定直接用 pH 酸度计测读水样的pH 值；现场测定可采用笔式或携带式酸度计。

8. 电导率

水溶液的电导率是以数字表示溶液传导电流的能力，取决于离子的性质、离子数和离子的迁移率。在同一温度下，稀溶液的电导率与各种离子的总浓度有关。纯水电导率很小，当水中含无机酸、碱或盐时，使电导率增加。

水样的电导率测定应在采样后尽快进行，在离子含量测定之前先行测定，采用铂电极电导率仪测定。试验时，按相关规定配制 0.01mol/L 氯化钾标准溶液，按仪器使用说明书对电导率仪进行校正；取一定量的水样，在恒温水浴中保温至 25℃±0.5℃；将清洗好的电极浸入水中，读取电导率数值。水中含有油脂时会干扰测定准确度。

9. 悬浮物和溶解性总固体

悬浮物指水中含有的腐殖质、泥砂、浮游生物和微生物等，与水库淤积、水产养殖、农业灌溉等密切相关。溶解性总固体也称溶解性蒸发残渣或可滤残渣，其代表水中溶解盐类的总量；如果水中主要离子含量已测定，计算矿化度与溶解性蒸发残渣含量应基本相符。水中的残渣分为总残渣、总可滤残渣和总不可滤残渣三种。总残渣是水或废水在一定温度下蒸发，烘干后剩留在器皿中的物质，包括悬浮物（即总不可滤残渣）和溶解性总固体（即总可滤残渣）。

悬浮物和溶解性总固体可采用古氏坩埚法、滤纸法或滤膜法测定。古氏坩埚法试验时，按相关规定将古氏坩埚在 105～110℃烘箱内干燥，烘至恒重。将已恒重的坩埚置于滤器上，加入适量水样，使干燥后的悬浮物质量在 5mg 以上。慢慢地抽气过滤，至滤液清亮。恒重坩埚。根据试验结果计算水样中悬浮物的质量浓度。另取 100～500mL 的清亮滤液，逐步注入已在 105～110℃烘至恒重的瓷蒸发皿中蒸干，并将含有残渣的蒸发皿放在 105～110℃烘至恒重。根据试验结果计算水样中溶解性总固体的含量。滤纸法适用于较粗颗粒悬浮物的测定。滤膜法适用于较微小悬浮物的测定。

5.4.2 主要化学成分的测定

1. 游离二氧化碳

天然水中的游离二氧化碳主要来源大气、土壤及淤泥质中有机物质分解的产物，矿物盐类和岩石的变质作用也会释放出二氧化碳，溶于深层地下水中。二氧化碳在水中主要以溶解气体分子的形式存在，但也有很少一部分与水作用形成碳酸，通常将两者的总和称为游离二氧化碳。游离二氧化碳在水中极不稳定，采样后应及时进行测定。

水中游离二氧化碳的测定可采样酚酞指示剂滴定法。试验时按相关规定配制和标定0.05mol/L 氢氧化钠标准溶液。用虹吸管吸取待测水样于 100mL 容量瓶中，加入酚酞指示剂，用 0.05mol/L 氢氧化钠标准溶液滴定至终点。根据试验结果计算水样中游离二氧化碳的含量。

2. 侵蚀性二氧化碳

天然水中含有的游离二氧化碳，可与岩石中的碳酸盐建立下列的平衡关系：

$$CaCO_3 + CO_2 + H_2O \Longrightarrow Ca(HCO_3)_2$$
$$MgCO_3 + CO_2 + H_2O \Longrightarrow Mg(HCO_3)_2$$

如果水中游离二氧化碳的含量大于上式的平衡，就会溶解碳酸盐，使平衡向右移动。这部分能与碳酸盐起反应的二氧化碳，称为侵蚀性二氧化碳。

侵蚀性二氧化碳对水工建筑物具有侵蚀破坏作用。因此，对水体进行侵蚀性二氧化碳的测定，有着重要的实用意义。水中侵蚀性二氧化碳的含量是评价环境水对混凝土分解性侵蚀的重要指标。水中未与碳酸盐平衡的那部分二氧化碳，与混凝土接触时，分解混凝土的碳化层（形成碳酸钙的部分），降低混凝土的抗渗能力，使混凝土中大量游离石灰被水带走，导致混凝土强度降低，甚至遭受破坏。

测定侵蚀性二氧化碳的水样应按规定在取样现场进行处理，加 2～3g 大理石粉，石蜡封固。水样中侵蚀性二氧化碳的测定可采用酸滴定法或计算法。试验时，按相关规定配制盐酸标准溶液和碳酸钠标准溶液。定量吸取加大理石粉的水样和未加大理石粉的水样，采用甲基橙作指示剂，用 0.05mol/L 的盐酸标准液分别滴定至终点。根据试验结果计算水样中侵蚀性二氧化碳的含量。计算法适用于重碳酸盐碱度与总硬度之比为 0.75～1.25 的水样。当水中游离二氧化碳和重碳酸根离子含量已测定的条件下，可用计算法复核实测值。

3. 酸度（碱消耗量）

在水中，由于溶质的解离或水解而产生氢离子，它们与碱标准液作用至一定 pH 值所消耗的量，定为酸度。天然水的酸度包括游离强酸、酸式盐和无机盐、有机弱酸类。酸度的测定按滴定指示剂划分为甲基橙酸度（强酸酸度）和酚酞酸度（总酸度）两类，用碳酸钙计，单位为滴定碱的毫摩尔浓度或换算成碳酸钙浓度。当水中的 pH 值小于 4.0 时，应测定酸度；pH 值大于 4.0 时，只测定碱度和游离二氧化碳。含有强酸酸度的水，对工程构成强酸性侵蚀的危害。天然水的酸度主要来自流经黄铁矿床的地下水及酸性工业废水的污染。

pH 值小于 4.0 的水样酸度测定可采用指示剂滴定法或电位测定法。按相关规定配制 0.05mol/L 的氢氧化钠标准溶液。测定总酸度时，量取 100mL 水样，采用酚酞作指示剂，用 0.05mol/L 的氢氧化钠标准溶液滴定至淡红色为终点（pH 值 8.3）。测定强酸酸度时，量取 100mL 水样，采用甲基橙作指示剂，用 0.05mol/L 的氢氧化钠标准溶液滴定至橙红色为终点（pH 值 3.7）。根据试验结果计算水样的酚酞酸度和甲基橙酸度。当水样浑浊、具色或滴定终点难以辨别时，可采用电位测定法测定酸度。

4. 碱度（酸消耗量）

天然水的碱度主要由重碳酸盐、碳酸盐及氢氧化物形成，水中含有磷酸盐、硅酸盐、氨基化合物及有机碱等也会产生碱度。最常见的是重碳酸盐和碳酸盐。碱度以酸消耗量表示，单位为滴定酸的毫摩尔浓度或换算成碳酸钙摩尔浓度。

水样的碱度测定可采用指示剂滴定法或电位测定法。试验时，按相关规定配制 0.025mol/L 的碳酸钠溶液（标定用）、0.05mol/L 盐酸标准溶液、10g/L 酚酞指示剂、1g/L 甲基橙指示剂。取 100mL 水样于 250mL 的三角瓶中，加酚酞指示剂滴定，至试样呈现红色，立即用 0.05mol/L 盐酸标准溶液滴定淡红色刚刚消失（pH 值 8.3），记录盐酸标准溶液滴定用量。当加酚酞指示剂后试样呈无色，或 pH 值明显低于 8.3 时，可在试样中甲基橙指示剂，用 0.05mol/L 盐酸标准溶液滴定至橙红色为终点，记录盐酸标准溶液用量。根据试验结果及相应的计算公式计算水样的总碱度、重碳酸盐碱度、碳酸盐碱度以及重碳酸根、碳酸根、氢氧根离子的含量。当水样浑浊、具色时，可采用电位测定法测定碱度。

5. 硬度

水中钙、镁盐类构成水的硬度，硬度是水质的一项重要指标。总硬度是指钙、镁盐类的总浓度；钙、镁离子的重碳酸盐（已活碳酸盐）称为碳酸盐硬度（即暂时硬度，为水煮沸后消失的硬度）；钙、镁离子的其他盐类称为非碳酸盐硬度（即永久硬度）；钠、钾离子的碳酸盐、重碳酸盐通称为负硬度。硬度单位为毫摩尔浓度。

水样总硬度的测定可采用 EDTA 滴定法。测定范围：$CaCO_3$ 含量 2mg/L 以上。清洁的地表水和地下水可直接测定；水样浑浊、具色，含有铁、铝等干扰时可进行稀释；若水样含有重金属或多量的铁、铝及锰干扰时，应加掩蔽剂。

试验时，按相关规定配制氨缓冲溶液、0.01mol/L EDTA 标准溶液、铬黑 T 指示剂等试剂。取 100mL 水样，加入 5mL 氨缓冲溶液及少量的铬黑 T 指示剂，用 0.01mol/L EDTA 标准溶液滴定至溶液由酒红色变为亮蓝色为止，记录滴定用量。根据试验结果及相应的计算公式计算水样的总硬度，进一步计算碳酸盐硬度、非碳酸盐硬度、负硬度。

6. 钙离子

钙离子广泛地存在于天然水中，这主要是由于水与含钙岩石或土壤接触时，在二氧化碳的作用下，使钙离子进入水中。

水中钙离子的测定可采用 EDTA 滴定法、火焰原子吸收法和等离子发射光谱法。EDTA 滴定法不适用于海水及含盐量高的水；其测定范围：钙离子含量 2~100mg/L，钙离子含量超过 100mg/L 的水应稀释后测定。当采用 EDTA 滴定法有干扰时，可采用火焰原子吸收法；其测定范围：钙离子含量 0.1～6.0mg/L。等离子发射光谱法可以同时测定样品中多元素的含量。

EDTA 滴定法—钙指示剂法试验时，按相关规定配制三乙醇胺溶液、氰化钾溶液（注意，此试剂剧毒）、氢氧化钠溶液、0.01mol/L EDTA 标准溶液、钙指示剂等试剂。取 100mL 水样，用配制的氢氧化钠溶液，使 pH 值大于 12，加入钙指示剂，用 0.01mol/L EDTA 标准溶液滴定至溶液由红色变为亮蓝色为止，记录滴定用量。根据试验结果及相应的计算公式计算水样的钙离子含量。

水样中含有干扰物质使钙指示剂受到封闭时，可改用钙黄绿素作为指示剂进行滴定。

7. 镁离子

镁离子是天然水的一种常见成分，它主要是含碳酸镁的白云岩以及其他岩石的风化溶解产物。天然水中镁离子含量一般低于钙离子，但海水中镁离子含量比钙离子大 2～3 倍。镁离子通常不单独测定，在测定总硬度和钙离子后，计算镁离子的含量。

镁离子的测定可采用 EDTA 滴定法、计算法、火焰原子吸收法、等离子发射光谱法。EDTA 滴定法不适用于含盐量高的水；其测定范围：镁离子含量 2～200mg/L。火焰原子吸收法测定范围：镁离子含量 0.01～0.60mg/L。

EDTA 滴定法试验时，按相关规定配制三乙醇胺溶液、氢氧化钠溶液、氨缓冲溶液、盐酸（1+1）、0.01mol/L EDTA 标准溶液及酸性铬蓝 K－萘酚绿 B 混合指示剂等。取 100mL 水样，用酸性铬蓝 K－萘酚绿 B 混合指示剂代替钙指示剂进行钙的测定。而后加入盐酸（1+1），至刚果红试纸刚变蓝色。再加氨缓冲溶液，用 0.01mol/L EDTA 标准溶液滴定至溶液由酒红色变亮蓝色为终点，记录滴定用量。根据试验结果及相应的计算公式计算水样的镁离子含量。

8. 硫酸根离子

硫酸盐在自然界分布广泛。地表水和地下水中的硫酸盐主要来源于岩石及土壤中矿物组分的风化和溶淋，金属硫化物氧化也会使硫酸盐含量增大。

水样中硫酸根离子的测定可采用 EDTA 滴定法（适用于硫酸根离子含量为 10～400mg/L 的天然水）、硫酸钡重量法（适用于硫酸根离子含量为 10～5000mg/L 的天然水）、铬酸钡分光光度法（适用于清洁的地表水和地下水，硫酸根离子含量为 10～100mg/L）、硫酸钡浊度法（适用于硫酸根离子含量为 10～100mg/L 的天然水）、离子色度法、铬酸钡间接原子吸收法（适用于硫酸根离子含量为 0.2～12.0mg/L 的天然水）。

EDTA 滴定法试验时，按相关规定配制乙醇（95%）、盐酸（1+1）、盐酸（1+6）、三乙醇胺（1+2）、0.02mol/L 钡镁混合液、10g/L 氯化钡溶液、100g/L 盐酸羟胺溶液、氨缓冲溶液、0.01mol/L EDTA 标准溶液、铬黑 T 指示剂。取一定量的水样，加盐酸（1+1）、10g/L 氯化钡溶液，投入刚果红试纸，加盐酸（1+6）溶液，至刚果红试纸变蓝，加热煮沸数分钟，定量加入 0.02mol/L 钡镁混合液，继续加热至微沸，静置 2～4h。加入 10mL 乙醇（95%）、5mL 氨缓冲溶液、适量铬黑 T 指示剂，用 0.01mol/L EDTA 标准溶液滴定至溶液由酒红色变亮蓝色为终点，记录滴定用量。根据试验结果及相应的计算公式计算水样的硫酸根离子含量。

9. 氯离子

氯离子是水中常见的主要阴离子之一，常以钠、钙、镁盐类的形式存在于水中。在河流、湖泊、沼泽地区，氯离子含量一般较低，而在海水、盐湖及含盐地下水中，含量可高达数十克/升。

水中氯离子的测定可采用硝酸银滴定法（适用于清洁的天然水）、硝酸汞滴定法（适用于天然水及含磷酸盐的水）、电位法（可用于浑浊、具色水样）、离子色谱法、离子选择电极流动注射法。

硝酸银滴定法试验时按规定配制 300g/L 过氧化氢溶液、10g/L 酚酞乙醇溶液、0.025mol/L 硫酸溶液、0.05mol/L 氢氧化钠溶液、氢氧化铝悬浮液、0.02mol/L 氯化钠溶液（标定用）、0.02mol/L 硝酸银标准溶液、50%铬酸钾溶液等。取适量水样，按规范要求对水样进行预处理。加 1mL 铬酸钾指示剂，用 0.02mol/L 硝酸银标准溶液滴定至淡砖红色不褪为终点，记录滴定用量。另取 50mL 蒸馏水进行空白试验。根据试验结果及相应的计算公式计算水样的氯离子含量。

10. 钾、钠离子

钾、钠离子存在于大多数天然水中，含量从几十微克每升至几十克每升不等。钾是植物的基本营养元素。尽管钾盐在水中有较大的溶解度，但因受土壤及岩石的吸附及植物吸收与固定的影响，使得水中钾离子的含量为钠离子的 4%～10%。

水中钾、钠离子的测定可采用火焰光度法、原子吸收分光光度法、等离子发射光谱法。

火焰光度法试验时按相关规定配制 1mol/L 硫酸铝溶液，钾、钠标准储备溶液及钾、钠混合标准溶液。按仪器使用说明书对火焰光度仪进行校正。取钾、钠混合标准溶液 0.00、1.00、2.00、3.00、4.00、6.00、8.00mL 绘制仪器指针读数（辉度）——钾、钠浓度校准曲线，或给出回归方程。水样测量时，将水样进行喷雾，记录仪器指针读数，从同时制作的校准曲线上查得钾、钠离子的含量。考虑稀释倍数，计算求得水样中钾、钠离子的质量浓度。

11. 铁

地表水和地下水中铁离子含量一般均较少，这与铁容易析出沉淀有关。在某些酸性地下水或酸性工矿企业排水中，常出现高含量的铁，铁离子在地下水中常以亚铁的重碳酸盐或硫酸盐形式存在，接触空气后，亚铁离子很容易被氧化成高价铁，而在 pH 值大于 3 的溶液中，三价铁水解析出黄色的氧化铁水合物，并以黄褐色的胶体或悬浮颗粒等形式存在于水中。与锰结合时，则呈褐色或黑褐色。根据 GB 5749《生活饮用水卫生标准》的要求，铁的含量限值为 0.3mg/L。

水中铁的测定可采用邻菲啰啉分光光度法或原子吸收分光光度法；铁含量高时，也可采用 EDTA 滴定法、火焰原子吸收法、等离子发射光谱法。原子吸收法、光谱法可与锰一起测定。由于铁离子在水中不稳定，采样后应立即测定或酸化后保存。测定溶解性铁含量时，如果水带浊度，应先进行过滤，而后酸化至 pH 值为 2。地下水中亚铁离子含量对于研究水的氧化还原环境有重要意义。

邻菲啰啉分光光度法适用于清洁的地表水、地下水的测定。测定范围：铁含量 0.1～5.0mg/L。

EDTA 滴定法适用于总铁含量大于 50mg/L 的地表水、地下水，含干扰物质较多的水样必须经沉淀分离后测定。

原子吸收分光光度法测定范围：铁含量 0.1～5.0mg/L。在空气—乙炔火焰中，于波长 248.3nm 和 279.5nm 处进行测定。

火焰原子吸收法测定范围：铁含量 0.03～5.00mg/L。

等离子发射光谱法可以同时测定样品中多元素的含量。

12. 锰

锰广泛存在于地下水中，多数以低价的硫酸盐或重碳酸盐的形式与铁伴存。当水抽出地面接触空气后，低价锰迅速被氧化，呈悬胶体与铁一起黏附在物体表面，呈黄褐色或黑褐色。由于锰的沉积，锰细菌易在管道、水池中繁殖，根据 GB 5749《生活饮用水卫生标准》的要求，锰的含量限值为 0.1mg/L。

水中锰的测定可采用高碘酸盐氧化分光光度法、甲醛肟分光光度法、原子吸收分光光度法、火焰原子吸收法、等离子发射光谱法。

高碘酸盐氧化光度法测定范围：锰含量 0.1～2.5mg/L。

甲醛肟分光光度法适用于地表水、地下水和轻度污染水。测定范围：锰含量 0.05～4.00mg/L。

原子吸收分光光度法测定范围：锰含量 0.05～3.00mg/L。

火焰原子吸收法测定范围：锰含量 0.01～3.00mg/L。

等离子发射光谱法可以同时测定样品中多元素的含量。

13. 阳离子总量

水中的阳离子总量测定采用离子交换柱法。试验时水样通过阳离子交换柱，置换出的 H^+ 用碱滴定。由于碳酸盐和重碳酸盐通过阳离子交换柱后析出的碳酸，无法准确测定，故先用盐酸将碳酸盐定量地转变为氯化物，通过交换柱后析出盐酸，可以用碱滴定。滴定前试样先煮沸，其目的是驱出 CO_2，以免影响终点。

14. 高锰酸盐指数

高锰酸盐指数原称高锰酸钾法耗氧量（COD_{Mn}），因高锰酸钾法不能完全氧化水中有机物质，只是代表在一定条件下氧化量的一个值，故称高锰酸盐指数。高锰酸盐指数值的大小，在某种意义上反映了水受污染的程度。严重污染的水，特别是工业废水不能用高锰酸盐氧化方法测定，而应用重铬酸钾氧化法。

水的高锰酸盐指数可采用酸性高锰酸钾法和碱性高锰酸钾法测定。

酸性高锰酸钾法适用于水中氯离子含量小于 300mg/L 或经稀释后氯离子含量小于 300mg/L 水样的测定，测定范围：高锰酸盐含量 0.5～4.5mg/L。不适用于测定工业废水中有机污染的负荷量。

碱性高锰酸钾法适用于氯离子含量超过 300mg/L 水样的测定，测定范围：高锰酸盐含量 0.5～4.5mg/L。

15. 铵

地表水和地下水中无机含氮化合物除铵离子外，还有亚硝酸盐和硝酸盐，有机含氮化合物主要有氨基酸、多肽及蛋白质等。天然宇宙中各种无机含氮化合物大多来自含氮有机物质在生物化学作用的过程中不断演变的产物。通过氨及各种氮化合物的分析，可以了解水的污染及自净作用过程，为环境水质评价提供必要的依据。水溶液中的氨以游离氨（非离子氨）和离子氨状态存在，在天然水中主要为铵离子。

水中铵离子的测定方法较多，作为标准测定方法有纳氏试剂分光光度法、蒸馏滴定法、水杨酸-次氯酸盐分光光度法、离子选择电极法、气相分子吸收光谱法。离子选择电极法测定准确度和精确度稍差，但适用浓度范围宽，在粗略测定时也有一定意义。

纳氏试剂分光光度法适用于清洁的地表水和地下水，水样浑浊时必须用硫酸锌—氢氧化钠溶液预处理后测定。测定范围：铵离子含量 0.04～2.00mg/L。

蒸馏滴定法适用于铵离子含量大于 2mg/L 水样的测定，水样如含挥发性胺类，则将使测定结果偏高。测定范围：铵离子含量 0.2～1000.0mg/L。

水杨酸-次氯酸钠盐分光光度法适用于地表水、地下水及含肼处理水中铵离子的测定。测量范围：铵离子含量 0.05～1.00mg/L。

离子选择电极法适用于清洁的地表水、地下水中测定铵离子含量，水样具色、浑浊对测定无影响，温度及溶解离子总浓度影响测定结果。测定范围：铵离子含量 0.1～1400.0mg/L。

气相分子吸收光谱法测定范围：铵离子含量 0.08～100.00mg/L。

16. 亚硝酸根离子

亚硝酸盐是氮循环的中间产物，是水体受污染的一种标志。亚硝酸盐在水中极不稳定，在细菌的生物化学作用下，亚硝酸盐进一步氧化生成硝酸盐，也可被还原成氨，水中如同时出现氨和亚硝酸盐，说明水体正在受污染。

水中亚硝酸根离子的测定可采用 N-（1-荼基）乙二胺分光光度法、α-荼胺分光光度法、固体试粉法、离子色谱法、气相分子吸收光谱法。亚硝酸根离子在水中极不稳定，采样后应尽快进行测定，必要时在 4～10°C 下暂时保存。

N-（1-荼基）乙二胺分光光度法、α-荼胺分光光度法和固体试粉法这三种方法的测定范围：亚硝酸根离子含量 0.008～0.600mg/L。固体试粉法适用于野外或快速测定。水样浑浊、具色必须进行预处理。

离子色谱法适用于地表水、地下水中无机阴离子的测定。该方法测定范围由电导检测器的量程确定。

气相分子吸收光谱法的测定范围：在 213.9nm 波长处亚硝酸根离子含量 0.012～10.000mg/L。其测定不受水样颜色及小于 100 浑浊度的影响。

17. 硝酸根离子

硝酸根离子在流动的地表水中含量较低，而在地下水中有时含量很高。硝酸根离子一般认为是水自净作用的最终产物，但在一定的温度和还原条件下，硝酸根离子仍有可能转化为亚硝酸根离子。

水中硝酸根离子的测定可采用酚二磺酸分光光度法、镉粒还原法、紫外吸收直接光度法、离子色谱法、离子选择电极流动注射法、气相分子吸收光谱法。

酚二磺酸分光光度法测定范围：硝酸根离子含量 $0.2\sim26.0mg/L$。

镉粒还原法测定范围：硝酸盐氮含量 $0.05\sim0.20mg/L$。

紫外吸收直接光度法适用于清洁的地表水、地下水。测定范围：硝酸根离子含量 $1\sim45mg/L$。

离子选择电极流动注射法测定范围：硝酸根离子含量 $1\sim1000mg/L$。

气相分子吸收光谱法测定范围：硝酸根离子含量 $0.03\sim10.00mg/L$。

18. 有机氮

有机氮是水中氮化合物的一个组成部分，主要来自生活废水的污染。刚受污染的天然水中，有机氮含量往往较高，经微生物的降减作用，有机氮化合物会逐渐转化为无机氮化合物。凯氏法测定的有机氮化合物包括易受分解析出氨的氨基酸、多酞和蛋白质类、尿素等，不包括叠氮、联氮、偶氮等工业性生产含氮污染物。此类含氮化合物在本操作条件下不被分解析出氨。

有机氮的测定应在采样后立即进行，水样加盐酸或硫酸调节 pH 值小于 2，在 4℃保存，24h 内测定。测定采用蒸馏法，以汞盐作催化剂，加硫酸和硫酸钾加热分解。在碱性溶液中蒸馏出氨后用硫酸或硼酸溶液吸收，用吸光光度法或滴定法测定氨的含量，并换算成有机氮的含量。水中有机氮的测定可采用蒸馏分光光度法或蒸馏滴定法。

蒸馏分光光度法适用于低含量水样的测定，测定范围：有机氮含量 $0.02\sim2.00mg/L$。蒸馏滴定法适用于有机氮含量较高的水样，测定范围：有机氮含量 $2\sim160mg/L$。

19. 总氮

总氮含量通常采用分别测定无机氮化合物（氨氮、亚硝酸盐氮、硝酸盐氮）和有机氮含量后，再加和的方法得出。也可采用过硫酸钾氧化法、气相分子吸收光谱法直接测定。水样采集后用硫酸酸化，使 pH 值小于 2，在 4℃保存，24h 内测定。采用加压消解方法，可以加快消解速度，适用于污染不严重的江、湖、水库中总氮的测定。

过硫酸钾氧化–紫外分光光度法测定范围：总氮含量 $0.05\sim4.00mg/L$。

过硫酸钾氧化–镉粒还原法测定范围：总氮含量 $0.05\sim0.20mg/L$。

气相分子吸收光谱法测定范围：总氮含量 $0.01\sim10.00mg/L$。

20. 溶解氧

溶于水中的氧，称为溶解氧。在环境水质检测中，溶解氧的测定是一个重要项目。在地面水中，溶解氧常呈饱和状态。水体受污染时，有机物分解要消耗水中的氧。当有机物很多时，氧化作用很快，水体来不及从空气中吸收足够的氧来补充，就会使水呈现气状态，厌氧细菌大量繁殖，水质恶化、发臭。水中氧的溶解量还与水温、大气压力、水的含盐量及水的埋藏深度等有关。溶解氧与二氧化碳共存时，会增强水对铁的锈蚀作用。

水中溶解氧的测定可采用碘量法、叠氮化钠改良法、隔膜电极法、便携式溶解氧仪法。溶解氧的测定，一般应在现场直接测定或将溶解氧固定后，迅速带回室内测定。碘量法和叠氮化钠改良法适用于室内测定，隔膜电极法适用于现场测定。

碘量法适用于亚硝酸根离子含量低于 0.16mg/L 的水样。测定范围：溶解氧含量 0.2～20.0mg/L。

叠氮化钠改良法适用于亚硝酸根离子含量低于 15.0mg/L 的水样。测定范围：溶解氧含量 0.2～20.0mg/L。

隔膜电极法适用于各种类型的水样，具色不干扰，含有重金属悬浮物及表面活性物质时，易使电极污染，仪器应经常用叠氮化钠法进行校正。测定范围：普通仪器仅适用于溶解氧大于 0.1mg/L 的水样测定。

21. 硫化物

水中硫化物主要来自工业废水的直接污染或含硫有机物质分解的产物。地下水中硫化物也有来自含硫矿物（如温泉水）及硫酸盐的脱硫作用（如油田水）。清洁的水样一般很少含有硫化物。

水中硫化物的测定可采用定性检定法、碘量法、对氨基二甲基苯胺分光光度法、间接火焰原子吸收法、气相分子吸收光谱法。水中溶解硫化物极不稳定，应单独采样，并在现场使硫化物固定，尽快测定。

定性检定 – 乙酸铅试纸法适用于初步检定水中是否含有硫化物及大致含量。

碘量法适用于硫化物（S^{2-}）含量在 0.5mg/L 以上的水样。

对氨基二甲基苯胺分光光度法适用于硫化物含量低于 1mg/L 的水样。测定范围：硫化物含量 0.02～1.00mg/L。

间接火焰原子吸收法最低检出限为硫化物含量 0.02mg/L。

气相分子吸收光谱法测定范围：硫化物含量 0.02～10.00mg/L。

22. 磷酸盐

磷化合物是水库及湖泊富营养化的主要营养盐，对环境水质评价有重要意义。水中磷化合物包括有机磷化合物和无机磷化合物两类，合称总磷化合物。测定时由于预处理条件的不同，又分为溶解磷化合物、悬浮状磷化合物、正磷酸盐及正磷酸盐以外的缩合磷酸盐（包括焦磷酸盐、偏磷酸盐和多磷酸盐）等。

水中磷化合物主要来自生活污水和工业废水。磷酸盐在水中不稳定，易受生物化学作用改变其含量，采样后需及时测定。如需临时保存，加酸调节 pH 值至 2，在 2～5℃冰箱中可保存 24h。分析可滤性磷酸盐时，水样通过 0.45nm 滤膜，滤液也可以加氯化汞防腐（每升水中加 40mg）。

塑料瓶的瓶壁对磷化合物有吸附作用，水样宜装在用酸清洗过的干净玻璃瓶内。

水样应进行预处理，其方法有过滤法和消解法。采用不同的预处理方法，所测得的磷形态不同。可滤性正磷酸盐是指能通过 0.45nm 滤膜的溶解正磷酸盐。测定方法有氯化亚锡还原分光光度法和钼酸铵分光光度法。

总磷的测定一般都要先消解,以氧化有机磷化合物及转化其他不同形态的磷化合物为正磷酸盐。消解的方法较多,硫酸-过硫酸钾直接加热消解和过硫酸钾-压力锅消解法适用于一般地表水、地下水和污染较轻的水,受严重污染的水宜用硫酸-高氯酸或硝酸-高氯酸法消解。

水中磷化合物的测定可采用钼酸铵分光光度法、氯化亚锡还原分光光度法、离子色谱法。

钼酸铵分光光度法适用于清洁的地表水和地下水及受污染水中正磷酸盐的测定,测定范围:磷含量 0.02~0.60mg/L。

氯化亚锡还原分光光度法适用于清洁的地表水和地下水或经预处理后水样的测定,测定范围:磷含量 0.02~1.00mg/L。

离子色谱法适用于地表水和地下水中无机阴离子的测定。当进样量为 50μL 时,该方法测定的可溶性磷酸盐下限为 0.028mg/L。

5.4.3　主要特殊项目的测定

1. 铜

水中微量铜的测定可采用二乙氨基二硫代甲酸钠萃取光度法、直接吸入火焰原子吸收法、APDC-MIBK 萃取火焰原子吸收法、在线富集流动注射火焰原子吸收法、石墨炉原子吸收法、阳极溶出伏安法、示波极谱法、等离子发射光谱法。其中原子吸收法、溶出伏安法可与铅、锌、镉一起测定。根据 GB 5749《生活饮用水卫生标准》的要求,铜的含量限值为 1.0mg/L。

二乙氨基二硫代甲酸钠萃取光度法的测定范围:铜含量 0.02~0.60mg/L。

直接吸入火焰原子吸收法测定范围:铜含量 0.05~5.00mg/L。

APDC-MIBK 萃取火焰原子吸收法适用于清洁的地表水和地下水。测定范围:铜含量 1~50μg/L。

在线富集流动注射火焰原子吸收法测定范围:铜最低检出浓度 2μg/L。

石墨炉原子吸收法测定范围:铜含量 0.01~1.00mg/L。

阳极溶出伏安法适测定范围:铜含量 1~1000μg/L。水样用硝酸或高氯酸作固定剂,酸化至 pH 值小于 2。

示波极谱法适用于测定污染水。对于未污染的地表水和地下水,需富集后方可测定。测定范围:0.005~0.100mg/L。

等离子发射光谱法可以同时测定样品中多元素的含量。

2. 锌

水中锌的测定可采用双硫腙分光光度法、直接吸入火焰原子吸收法、在线富集流动注射火焰原子吸收法、阳极溶出伏安法、示波极谱法、等离子发射光谱法。根据 GB 5749《生活饮用水卫生标准》的要求,锌的含量限值为 1.0mg/L。

双硫腙分光光度法测定范围:锌含量 0.05~0.50mg/L。

直接吸入火焰原子吸收法测定范围：锌含量 0.05～1.00mg/L。

在线富集流动注射火焰原子吸收法测定范围：锌最低检出浓度 2μg/L。

阳极溶出伏安法测定范围：锌含量 1～1000μg/L。

示波极谱法适用于测定生活污水,对于未污染的地表水和地下水,需富集后方可测定,测定范围：锌最低检出浓度 10^{-6}mol/L。

3. 铅

铅对人体有较大的危害,受工矿废水污染的水中常含有铅,根据 GB 5749《生活饮用水卫生标准》的要求,铅的含量限值为 0.01mg/L。

水中铅的测定可采用双硫腙分光光度法、直接吸入火焰原子吸收法、APDC-MIBK 萃取火焰原子吸收法、在线富集流动注射火焰原子吸收法、石墨炉原子吸收法、阳极溶出伏安法、示波极谱法、等离子发射光谱法。

双硫腙分光光度法测定范围：铅含量 0.02～0.30mg/L。

直接吸入火焰原子吸收法测定范围：铅含量 0.2～10.0mg/L。

APDC-MIBK 萃取火焰原子吸收法适用于清洁的地下水和地表水。分析生活污水和受污染的地表水时,样品应预先消解。测定范围：铅含量 10～200μg/L。

在线富集流动注射火焰原子吸收法测定范围：铅最低检出浓度 5μg/L。

石墨炉原子吸收法适用于清洁的地下水和地表水。分析样品前应检查是否存在基体干扰并采取相应的校正措施。在分析波长为 283.3nm 时,测定范围：铅含量 1～5μg/L。

阳极溶出伏安法适用于测定饮用水、地表水和地下水,测定范围：铅含量 1～1000μg/L。

示波极谱法适用于测定生活污水,对于未污染的地表水和地下水,应富集后测定,测定范围：铅含量 0.1～10.0mg/L。

等离子发射光谱法可以同时测定样品中多元素的含量。

4. 镉

镉在地表水、地下水中不常见,但受工业废水污染的水中可能会有镉。镉对人体毒害较大,在环境水质监测中,常需检测镉的含量。根据 GB 5749《生活饮用水卫生标准》的要求,镉的含量限值为 0.005mg/L。

水中镉的测定可采用双硫腙分光光度法、直接吸入火焰原子吸收法、APDC-MIBK 萃取火焰原子吸收法、在线富集流动注射火焰原子吸收法、石墨炉原子吸收法、阳极溶出伏安法、示波极谱法、等离子发射光谱法。

双硫腙分光光度法的测定范围：镉含量 1～50μg/L。

直接吸入火焰原子吸收法测定范围：镉含量 0.05～1.00mg/L。

APDC-MIBK 萃取火焰原子吸收法适用于清洁的地下水和地表水。分析生活污水和受污染的地表水时,样品需预先消解。测定范围：镉含量 1～50μg/L。

在线富集流动注射火焰原子吸收法测定范围：镉最低检出浓度 2μg/L。

石墨炉原子吸收法适用于清洁的地下水和地表水。仪器分析线波长为 228.8nm 时,测定范围：镉含量 0.1～2.0μg/L。

阳极溶出伏安法测定范围：1～1000μg/L。

不波极谱法适用于测定生活污水。对于未污染的地表水和地下水，需富集后方可测定。测定范围：镉最低检出浓度 10^{-6}mol/L。

等离子发射光谱法可以同时测定样品中多元素的含量。

5. 六价铬

六价铬的毒性很强，并有致癌作用。由于铬的污染源很多，故铬是一项重要的水质指标。根据 GB 5749《生活饮用水卫生标准》的要求，六价铬的含量限值为 0.05mg/L。

水中六价铬的测定可采用二苯碳酰二肼分光光度法。测定范围：六价铬含量 0.008～1.000mg/L。水样具色、浑浊及含氧化性、还原性物质时，对测定有干扰，必须进行预处理。

6. 汞

汞是环境水质监测的必测项目，有机汞化合物对人体的毒害比无机汞大，环境样品中需测总汞含量，有条件时应对汞的形态进行分析。根据 GB 5749《生活饮用水卫生标准》的要求，汞的含量限值为 0.001mg/L。

水中汞的测定可采用冷原子吸收分光光度法、双硫腙分光光度法。冷原子吸收分光光度法适用于地表水、地下水中痕量汞的测定；测定范围：汞含量 0.2～50.0μg/L。双硫腙分光光度法测定范围：汞含量 2～40μg/L。

7. 砷

大多数砷的化合物均有较强的毒性，并有致癌作用。地表水、地下水中很少含砷，砷的污染主要来自含砷"三废"的排放和含砷农药的施用，地下水中有时也可能含有砷。不同价的砷其毒性有所不同，一般只测定无机砷总量。根据 GB 5749《生活饮用水卫生标准》的要求，砷的含量限值为 0.01mg/L。

水中砷的测定可采用新银盐分光光度法、二乙氨基二硫代甲酸银光度法、氢化物发生原子吸收法、原子荧光法、等离子发射光谱法。

新银盐分光光度法适用于地表水、地下水中痕量砷的测定。测定范围：砷含量 0.4～12.0μg/L。

二乙氨基二硫代甲酸银光度法适用于清洁无浊度的水样的直接测定。测定范围：砷含量 7～50μg/L。

氢化物发生原子吸收法适用于测定地表水、地下水和基体不复杂的水样中的痕量砷。适用浓度范围与仪器特性有关，普通装置适用浓度范围：砷含量 1～12μg/L。

原子荧光法适用于地表水和地下水中痕量砷的测定。水样经适当稀释后也可用于污水的测定。该方法每测定一次所需溶液为 2～5mL。测定范围：砷含量 0.000 1～0.000 2mg/L。

等离子发射光谱法可以同时测定样品中多元素的含量。

8. 锶

水中锶主要以二价自由阳离子存在，但在富硫水中，则以离子对 $SrSO_4$ 大量存在。

锶的测定可采用 EDTA-火焰原子吸收分光光度法、高浓度镧-火焰原子吸收分光光度法、石墨炉原子吸收分光光度法、等离子发射光谱法等。

EDTA–火焰原子吸收分光光度法测定范围：锶含量 0.1～0.5 mg/L。水中大量阳离子对锶测定的干扰，可用 EDTA 络合消除。

高浓度镧–火焰原子吸收分光光度法测定范围：锶含量 0.01～0.50mg/L。

石墨炉原子吸收分光光度法因石墨管质地检测范围有差异，普通进样量为 20μL 时，最佳测定范围：锶含量 10～250μg/L。

等离子发射光谱法测定范围：锶含量 0.005～1.000mg/L。

9. 氰化物

清洁的地表水和地下水中不含有氰化物，氰化物主要来自工业废水的污染。氰化物在水中以简单的氰化物及络合氰化物形式存在，其毒性与存在形态差别很大。游离氰毒性很强，与锌、镉、铜、镍等络合的氰化物，也易析出游离氰；亚铁氰离子、铁氰离子在相同条件下较稳定，毒性也较弱。根据 GB 5749《生活饮用水卫生标准》的要求，氰化物的含量限值为 0.05mg/L。

水中氰化物的测定可采用异烟酸–吡唑啉酮分光光度法、硝酸银滴定法。

异烟酸–吡唑啉酮分光光度法的测定范围：氰化物含量 0.02～0.25mg/L。

硝酸银滴定法适用于受污染的水。当水样中氰化物含量在 1mg/L 以上时，可用硝酸银滴定法进行测定。测定范围：氰化物含量 0.25～100.00mg/L。

10. 氟化物

氟是人体必要的微量元素之一，但饮用水中氟含量高于 2mg/L 时将给人的牙齿及骨骼带来危害。根据 GB 5749《生活饮用水卫生标准》的要求，氟化物的含量限值为 1.0mg/L。水中氟离子含量的测定广泛采用离子选择电极法，其次是氟试剂分光光度法或茜素磺酸锆目视比色法、离子色谱法。

离子选择电极法测定范围：氟化物含量 0.1～1900.0mg/L。

氟试剂分光光度法的测定范围：氟化物含量 0.1～2.0mg/L。

离子色谱法适用于地表水、地下水中无机阴离子的测定。当电导检测器的量程为 10μS、进样量为 25μL 时，氟化物含量检出限为 0.02mg/L。

茜素磺酸锆目视比色法取 50mL 试样直接测定时，测定范围为：氟化物含量 0.4～1.5mg/L。高含量样品可经稀释后测定。

第6章　岩体的物理力学参数取值研究

6.1　岩石（体）的工程地质特性

所有水电工程在进行建筑物工程地质条件勘察时，不论大坝、边坡还是地下洞室均需要勘察研究岩石（体）的工程地质特性。水电工程岩石（体）工程地质特性的勘察研究主要包括以下内容。

6.1.1　岩石坚硬程度

岩石坚硬程度应采用实测的岩石饱和单轴抗压强度确定，岩体坚硬程度主要取决于岩石的饱和单轴抗压强度。

对风化岩石，可用点荷载强度试验获取的岩石点荷载强度指数（$I_{s(50)}$）换算确定岩石饱和单轴抗压强度（R_b），即 $R_b=22.82\,I_{s(50)}^{0.75}$。对软弱岩石，当天然条件下岩石已接近饱和时，可用天然状态单轴抗压强度代替饱和抗压强度。

按岩石饱和单轴抗压强度对岩质类型的划分应按照 GB 50287—2019《水力发电工程地质勘察规范》和 NB/T 10339—2019《水电工程坝址工程地质勘察规程》，见表 6.1。

表 6.1　　　　　　　　　　　　　岩 质 类 型 划 分

岩质类型	硬质岩		软质岩	
	坚硬岩	中硬岩	较软岩	软岩
岩石饱和单轴抗压强度 R_b（MPa）	$R_b>60$	$60{\geqslant}R_b>30$	$30{\geqslant}R_b>15$	$15{\geqslant}R_b>5$

软质岩的地质成因类型划分见表 6.2。

表 6.2　　　　　　　　　　　　软质岩的地质成因类型划分[8]

软质岩类型	代表性岩石
火山型	部分凝灰岩、凝灰质页岩
沉积型	泥质页岩、钙质页岩、油页岩、泥岩、泥质粉砂岩、疏松砂岩、斑脱岩、泥灰岩、贝壳灰岩、白垩、石膏、石膏质砾岩
变质型	绿泥石片岩、滑石片岩、石墨片岩、蛇纹片岩、绢云母千枚岩、钙质千枚岩、泥质板岩、蚀变岩

6.1.2　岩石（体）风化程度

岩石（体）风化程度鉴定应以野外地质特征为主要标志，根据新鲜岩石和风化岩石的相对比例、岩石表观和裂隙面的褪色程度、分解和崩解程度、矿物风化蚀变、次生矿物和次生夹泥，以及锤击反应等综合确定。

岩体风化带的划分应按照 GB 50287—2019《水力发电工程地质勘察规范》的规定，见表 6.3。碳酸盐岩以溶蚀风化为主时，风化带划分见表 6.4。

表6.3 岩体风化带划分

风化带	主要地质特征	风化岩纵波速与新鲜岩纵波速之比α
全风化	全部变色，光泽消失； 岩石的组织结构完全破坏，已崩解和分解成松散的土状或砂状，有很大的体积变化，但未移动，仍残留有原始结构痕迹； 除石英颗粒外，其余矿物大部分风化蚀变为次生矿物； 锤击有松软感，出现凹坑，矿物手可捏碎，用锹可以挖动	$\alpha<0.4$
强风化	大部分变色，只有局部岩块保持原有颜色； 岩石的组织结构大部分破坏，小部分岩石已分解或崩解成土，大部分岩石呈不连续的骨架或心石，风化裂隙发育，有时含大量次生夹泥； 除石英外，长石、云母和铁镁矿物已风化蚀变； 锤击哑声，岩石大部分变酥，易碎，用镐撬可以挖动，坚硬部分需爆破	$0.4\leqslant\alpha<0.6$
弱风化（中等风化）	岩石表面或裂隙面大部分变色，但断口仍保持新鲜岩石色泽； 岩石原始组织结构清楚完整，但风化裂隙发育，裂隙壁风化剧烈； 沿裂隙铁镁矿物氧化锈蚀，长石变得浑浊、模糊不清； 锤击发音较清脆，开挖需用爆破	$0.6\leqslant\alpha<0.8$
微风化	岩石表面或裂隙面有轻微褪色； 岩石组织结构无变化，保持原始完整结构； 大部分裂隙闭合或为钙质薄膜充填，仅沿大裂隙有风化蚀变现象，或有锈膜浸染； 锤击发音清脆，开挖需用爆破	$0.8\leqslant\alpha<1.0$
新鲜	保持新鲜色泽，仅大的裂隙面偶见褪色； 裂隙面紧密，完整或焊接状充填，仅个别裂隙面有锈膜浸染或轻微蚀变； 锤击发音清脆，开挖需用爆破	$\alpha=1.0$

表6.4 碳酸盐岩溶蚀风化带划分

风化带		主要地质特征
强溶蚀风化带		岩体全部或大部分呈黄褐色，沿断层、裂隙及层面等溶蚀强烈，溶隙、溶沟、溶槽、溶缝及风化裂隙发育，充填黏土、碎块石，溶蚀风化宽度多达数厘米至数十厘米不等； 岩石断口色泽较新鲜，组织结构清楚、完整； 岩体完整性较差至完整性差，岩体强度低
弱溶蚀风化带（中等溶蚀风化）	上亚带	岩体少部分呈黄褐色，沿断层、裂隙及层面等溶蚀较强烈，以发育溶蚀裂隙或层间软弱夹层为主，充填夹泥现象普遍或胶结物蚀变明显，溶蚀风化宽度一般大于1cm； 岩石组织结构无变化，断口色泽新鲜，岩石表面或裂隙面溶蚀、风化蚀变或褪色明显； 岩体完整性受结构面溶蚀风化明显，岩体强度明显降低
	下亚带	岩体颜色基本新鲜，沿断层、裂隙及层面等溶蚀较强烈，溶蚀裂隙密度或层间夹层泥化程度呈减弱趋势，充填夹泥现象较普遍或胶结物蚀变较明显，溶蚀风化宽度一般大于0.5cm； 岩石组织结构清楚，岩石表面或裂隙面普遍有褪色； 岩体完整性受结构面溶蚀风化明显，岩体强度有所降低
微溶蚀风化带		岩体色泽新鲜，沿断层、长大裂隙、个别层面等溶蚀扩展或发育溶孔、晶洞等现象，充填和夹泥现象较少，溶蚀风化宽度一般小于0.5cm； 岩石组织结构清楚、无变化，岩石表面或裂隙面有轻微褪色； 岩体完整性受溶蚀影响轻微，整体力学强度降低不明显，结构面或层面受溶蚀影响部位力学强度有所降低

6.1.3 岩体完整程度

岩石（体）完整程度应根据结构面发育程度（组数、平均间距）、岩体完整性系数 K_v、岩体体积节理数 J_v 等指标综合确定。

岩石完整程度的划分应按照 NB/T 10339—2019《水电工程坝址工程地质勘察规程》的规定，见表 6.5。

表 6.5 　　　　　　　　　　　　　　　　岩 体 完 整 程 度 划 分

岩体完整程度		完整	较完整		完整性差		较破碎	破碎
结构面发育程度	结构面组数	1～2	1～2	2～3	2～3	2～3	>3	无序
	平均间距 m	>1.0	1.0～0.5	0.5～0.3	0.3～0.1	≤0.1	≤0.1	—
	发育程度	不发育	轻度发育	中等发育	较发育	发育	很发育	—
岩体完整性系数 K_v		>0.75	0.75～0.55		0.55～0.35		0.35～0.15	≤0.15
岩体体积节理数 J_v 条/m³		<3	3～10		10～20		20～35	>35

注　1. 岩体完整性系数 $K_v=(V_{pm}/V_{pr})^2$，其中，V_{pm} 为岩体的纵波速（m/s），V_{pr} 为岩石的纵波速（m/s）。
　　2. 体积节理数 J_v 系各组节理平均间距（单位为 m）的倒数和（单位为条/m³）。

6.1.4 岩体紧密程度

岩石（体）紧密程度应根据结构面的张开状况、充填物性状、岩体风化卸荷程度及次生结构面发育情况等综合确定。

岩体卸荷带划分应按照 GB 50287—2019《水力发电工程地质勘察规范》的规定，岩体紧密程度划分应按照 NB/T 10339—2019《水电工程坝址工程地质勘察规程》的规定，见表 6.6、表 6.7。

表 6.6 　　　　　　　　　　　　　　　　岩 体 卸 荷 带 划 分

卸荷带	主要地质特征
强卸荷	卸荷裂隙发育较密集，普遍张开，一般开度为几厘米至几十厘米；多充填次生泥及岩屑、岩块，有架空现象，部分可看到明显的松动或变位错落，卸荷裂隙多沿原有结构面张开，岩体多呈整体松弛
弱卸荷	卸荷裂隙发育较稀疏，开度一般为几毫米至几厘米，多有次生泥充填，卸荷裂隙分布不均匀，常呈间隔带状发育，卸荷裂隙多沿原有结构面张开，岩体部分松弛
深卸荷	深部裂缝松弛段与相对完整段相间出现，成带发育，张开宽度几毫米至几十厘米不等，一般无充填，少数有锈染或夹泥，岩体弹性波纵波波速变化较大

注　对于整体松弛卸荷作用不强烈时，可不分带。

表 6.7　　　　　　　　　　　　**岩 体 紧 密 程 度 划 分**

类型	紧密程度特征
紧密	结构面未张开或张开度小于 0.5mm，岩体新鲜，未卸荷，无次生结构面发育
较紧密	主要结构面张开 0.5～1.0mm，无次生泥和岩屑充填，岩体微风化—新鲜，未卸荷，次生结构面不发育
中等紧密	主要结构面张开 1～5mm，一般结构面张开 0.5～3.0mm，充填少量岩屑或次生泥膜，岩体微风化–弱风化，未卸荷–弱卸荷，出现次生结构面
较松弛	结构面普遍张开 5～10mm，充填次生泥或岩屑，岩体弱风化，弱卸荷，次生结构面发育
松弛	结构面普遍张开大于 10mm，充填次生泥或岩屑，岩体全—强风化，强卸荷，次生结构面很发育

6.1.5　岩体结构类型

岩石（体）结构类型应根据岩体完整程度、岩体块度和岩体紧密程度综合确定。

岩体结构类型划分应按照 GB 50287—2019《水力发电工程地质勘察规范》的规定，见表 6.8。

表 6.8　　　　　　　　　　　　**岩 体 结 构 类 型 划 分**

类型	亚类	岩体结构特征
块状结构	整体状结构	岩体完整，呈巨块状，结构面不发育，间距大于 100cm
	块状结构	岩体较完整，呈块状，结构面轻度发育，间距一般 100～50cm
	次块状结构	岩体较完整，呈次块状，结构面中等发育，间距一般 50～30cm
层状结构	巨厚层状结构	岩体完整，呈巨厚层状，结构面不发育，间距大于 100cm
	厚层状结构	岩体较完整，呈厚层状，结构面轻度发育，间距一般 100～50cm
	中厚层状结构	岩体较完整，呈中厚层状，结构面中等发育，间距一般 50～30cm
	互层状结构	岩体较完整或完整性差，呈互层状，结构面较发育或发育，间距一般 30～10cm
	薄层状结构	岩体完整性差，呈薄层状，结构面发育，间距一般小于 10cm
镶嵌结构	镶嵌结构	岩体完整性差，岩块嵌合紧密～较紧密，结构面较发育～很发育，间距一般 30～10cm
碎裂结构	块裂结构	岩体完整性差，岩块间有岩屑和泥质物充填，嵌合中等紧密～较松弛，结构面较发育～很发育，间距一般 30～10cm
	碎裂结构	岩体较破碎，岩块间有岩屑和泥质物充填，嵌合较松弛～松弛，结构面很发育，间距一般小于 10cm
散体结构	碎块状结构	岩体破碎，岩块夹岩屑或泥质物，嵌合松弛
	碎屑状结构	岩体极破碎，岩屑或泥质物夹岩块，嵌合松弛

6.1.6　岩体围压效应

在高地应力峡谷或原生隐微节理发育的"硬、脆、碎"岩性的地区，应研究开挖、卸荷松弛条件下和处于围压状态下，岩体嵌合紧密程度和力学特性的变化，为建筑物岩体质量评价、物理力学性质指标选取以及合理的开挖与处理设计提供依据。

6.1.7 岩体含水透水性

岩体含水透水性应主要包括下列内容：

（1）不同岩质类型水理性质；

（2）河谷地下水动力条件；

（3）坝基岩体渗透特性。

岩石（体）体渗透性分级应根据钻孔压水试验成果，按 GB 50287—2019《水力发电工程地质勘察规范》的岩土渗透性分级标准划分，见表 6.9。

表 6.9   岩石（体）渗透性分级

渗透性等级	标准 透水率 q（Lu）	岩体特征
极微透水	$q<0.1$	完整岩体，含等价开度小于 0.025mm 裂隙的岩体
微透水	$0.1 \leqslant q < 1.0$	含等价开度 0.025～0.050mm 裂隙的岩体
弱透水	$1.0 \leqslant q < 10.0$	含等价开度 0.050～0.100mm 裂隙的岩体
中等透水	$10.0 \leqslant q < 100.0$	含等价开度 0.100～0.500mm 裂隙的岩体
强透水	$q \geqslant 100.0$	含等价开度 0.500～2.500mm 裂隙的岩体
极强透水		含连通孔洞或等价开度大于 2.500mm 裂隙的岩体

注 1. Lu 为吕荣单位，系 1MPa 压力下，每米试段的平均压入流量，以 L/min 计。

    2. 对于其中的弱透水（$q=1\sim10$Lu）岩体，可针对水电工程不同坝型、坝高并结合防渗需要，将其细分为 1Lu$\leqslant$ $q<$3Lu、3Lu$\leqslant q<$5Lu、5Lu$\leqslant q<$10Lu 三个亚级。

6.2 岩体与结构面分类

6.2.1 坝基岩体工程地质分类

坝基岩体工程地质分类主要根据岩质类型、岩体风化卸荷、岩体结构类型、岩体紧密程度、地下水状况、地应力状态等因素综合进行，应符合 NB/T 10339—2019《水电工程坝址工程地质勘察规程》的相关规定（见表 6.10）。

表 6.10   坝基岩体工程地质分类

类别	A 坚硬岩（$R_b>60$MPa）		B 中硬岩（$R_b=60\sim30$MPa）		C 软质岩（$R_b\leqslant30$MPa）	
	岩体特征	岩体工程性质评价	岩体特征	岩体工程性质评价	岩体特征	岩体工程性质评价
I	I_A：岩体新鲜～微风化，完整，紧密，整体状或巨厚层状结构，结构面不发育，延展性差，多闭合，具各向同性力学特性	岩体强度高，抗滑、抗变形性能强，不需作专门性地基处理。属优良高混凝土坝地基	—	—	—	—

续表

类别	A 坚硬岩（$R_b > 60MPa$）		B 中硬岩（$R_b = 60 \sim 30MPa$）		C 软质岩（$R_b \leqslant 30MPa$）	
	岩体特征	岩体工程性质评价	岩体特征	岩体工程性质评价	岩体特征	岩体工程性质评价
II	II_A：岩体新鲜～微风化，较完整，较紧密，呈块状或次块状，厚层结构，结构面轻度－中等发育，软弱结构面分布不多，或不存在影响坝基或坝肩稳定的楔体或棱体	岩体强度高，抗滑、抗变形性能较高，专门性地基处理工作量不大，属良好高混凝土坝地基	II_B：岩体新鲜，完整，紧密，整体状或巨厚层状结构，结构特征同 I_A，各向同性力学特性	岩体强度高，抗滑、抗变形性能较强，专门性地基处理工作量不大，属良好高混凝土坝地基	—	—
III	III_{1A}：岩体弱风化下带，较完整～局部完整性差，较紧密，次块状或中厚层状结构，结构面中等～较发育。对影响岩体变形和稳定的结构面应作专门处理	岩体强度较高，抗滑、抗变形性能在一定程度上受结构面中分布有缓倾角或陡倾角（坝肩）的软弱结构面或存在影响坝基（肩）稳定的楔体或棱体	III_{1B}：岩体微风化，较完整，较紧密，岩体呈块状或次块状或厚层状结构，结构面轻度发育，结构特征基本同 II_A	岩体有一定强度，抗滑、抗变形性能受岩石强度控制	III_C：岩体新鲜～微风化，完整，紧密，强度大于 15MPa，岩体呈整体状或巨厚层状结构，结构面不发育～中等发育，岩体具各向同性力学特性	岩体抗滑、抗变形性能受岩石强度控制
III	III_{2A}：岩体弱风化下带～上带，完整性差，中等紧密～较紧密，呈互层状或镶嵌状或中厚层状结构，结构面发育，但贯穿结构面不多见，结构面延展差，多闭合，岩块间嵌合较好	岩体强度仍较高，抗滑、抗变形性能受结构面和岩块间嵌合能力以及结构面剪强度特性控制，对结构面应做专门处理	III_{2B}：岩体微风化，较完整，较紧密，呈次块或中厚层或互层状结构，结构面中等发育，多闭合，岩块间嵌合较好，贯穿性结构面不多见	岩体抗滑抗变形性能在一定程度上受结构面和岩石强度控制		
IV	IV_{1A}：岩体弱风化上带～强风化，完整性差～较破碎，较松弛，呈互层状或薄层状结构或块裂结构，结构面较发育～发育，明显存在不利于坝基及坝肩稳定的软弱结构面、楔体或棱体	岩体抗滑、抗变形性能明显受结构面和岩块间嵌合能力控制。能否作为高混凝土坝地基，视处理效果而定	IV_{1B}：岩体弱风化，完整性差，较松弛，呈互层状或薄层状或块裂结构、存在不利于坝基（肩）稳定的软弱结构面、楔体或棱体	评价同 IV_{1A}	IV_C：岩体新鲜～微风化～弱风化，完整～较完整，紧密～较紧密，厚层或中厚层状、互层状或薄层状结构，强度大于 15MPa、结构面发育或岩体强度小于 15MPa、结构面中等发育	岩体强度低，抗滑、抗变形性能差，不宜作为高混凝土坝地基，当局部存在该类岩体，需专门处理
IV	IV_{2A}：岩体强风化，较破碎，松弛，呈碎裂或块裂结构，结构面很发育，且多张开，夹碎屑和泥，岩块间嵌合弱	岩体抗滑、抗变形性能差，不宜作高混凝土坝地基。当局部存在该类岩体，需作专门性处理	IV_{2B}：岩体弱风化，完整性差－较破碎，较松弛～松弛，呈碎裂状或块裂状或薄层状结构，结构面发育～很发育，多张开，岩块间嵌合差	评价同 IV_{2A}		
V	V_A：岩体强风化，破碎，松弛，呈散体结构，由岩块夹泥或泥包岩块组成，具松散连续介质特征	岩体不能作为高混凝土坝地基。当坝基局部地段分布该类岩体，需作专门性处理	V_B：岩体强风化，破碎，松弛，散体结构，岩体结构特征同 V_A	评价同 V_A	V_C：岩体强风化，较破碎，松弛，薄层状、块裂或碎裂结构或散体状结构，岩体结构特征同 V_A	评价同 V_A

注　R_b 为新鲜岩石的饱和单轴抗压强度。

6.2.2 边坡岩体分类

边坡岩体分类根据 NB/T 10513《水电工程边坡工程地质勘察规程》，首先对边坡岩体基本质量进行分级，见表 6.11。岩体基本质量指标 BQ 按式（6.1）计算：

$$BQ = 90 + 3R_b + 250K_v \qquad (6.1)$$

然后根据不同坡高并考虑地下水、地表水、初始应力场、结构面的组合、结构面的产状与边坡坡面间的关系等因素对边坡岩体进行详细分类。分类采用积差评分模型，根据式（6.2）得出岩质边坡的 $CSMR$ 评分，确定边坡岩体类别，可半定量评价边坡岩体质量和稳定性（见表 6.12）。

$$CSMR = \xi \cdot RMR - \lambda \cdot F_1 \cdot F_2 \cdot F_3 + F_4 \qquad (6.2)$$

式中 ξ ——边坡高度系数，$\xi = 0.57 + 34.4/H$，H 为边坡高度；

RMR ——岩体基本质量，是对岩石强度、RQD 值、结构面间距、结构面特征、地下水状态等控制岩体质量的地质因素评分；

λ ——结构面条件系数；

F_1 ——反映结构面倾向与边坡倾向之间关系的系数；

F_2 ——与结构面倾角相关的系数；

F_3 ——反映边坡倾角与结构面倾角之间关系的系数；

F_4 ——边坡开挖方法的系数。

表 6.11   岩 体 基 本 质 量 分 级

基本质量级别	岩体基本质量的定性特征	岩体基本质量指标（BQ）
I	坚硬岩，岩体完整	＞550
II	坚硬岩，岩体较完整； 较坚硬岩，岩体完整	550～451
III	坚硬岩，岩体较破碎； 较坚硬岩或软硬岩互层，岩体较完整； 较软岩，岩体完整	450～351
IV	坚硬岩，岩体破碎； 较坚硬岩，岩体较破碎～破碎； 较坚硬岩或软硬岩互层，且以软岩为主，岩体较完整～较破碎； 软岩，岩体完整～较完整	350～251
V	较软岩，岩体破碎； 软岩，岩体较破碎～破碎； 全部极软岩及全部极破碎岩	≤250

表 6.12   边坡岩体 $CSMR$ 分类

类别	V	IV	III	II	I
$CSMR$	0～20	21～40	41～60	61～80	81～100
岩体质量	很差	差	中等	好	很好
稳定性	很不稳定	不稳定	基本稳定	稳定	很稳定

6.2.3　地下洞室围岩分类

围岩工程地质分类，可分为围岩初步分类和围岩详细分类。根据分类结果，评价围岩的稳定性，并可作为确定支护类型的基础。围岩分类应符合 GB 50287—2019《水力发电工程地质勘察规范》的规定（见表 6.13）。

表 6.13　　　　　　　　　　　　　围 岩 工 程 地 质 分 类

围岩类别	围岩稳定性评价	支护类型
I	稳定。 围岩可长期稳定，一般无不稳定块体	不支护或局部锚杆或喷薄层混凝土。大跨度时，喷混凝土，系统锚杆加钢筋网
II	基本稳定。 围岩整体稳定，不会产生塑性变形，局部可能产生组合块体失稳	
III	局部稳定性差。 围岩强度不足，局部会产生塑性变形，不支护可能产生塌方或变形破坏。完整的较软岩，可能短时稳定	喷混凝土，系统锚杆加钢筋网。大跨度时，并加强柔性或刚性支护
IV	不稳定。 围岩自稳时间很短，规模较大的各种变形和破坏都可能发生	喷混凝土，系统锚杆加钢筋网，并加强柔性或刚性支护，或浇筑混凝土衬砌
V	极不稳定。 围岩不能自稳，变形破坏严重	

注　大跨度地下洞室指跨度大于 20m 的地下洞室。

围岩初步分类主要依据岩质类型和岩体结构类型或岩体完整程度，适用于规划和预可行性研究阶段，并应符合表 6.14 的规定。

表 6.14　　　　　　　　　　　围 岩 初 步 分 类

岩质类型	岩体结构类型	岩体完整程度	围岩初步分类	
			类别	说明
硬质岩	整体状或巨厚层状结构	完整	I、II	坚硬岩定 I 类，中硬岩定 II 类
	块状结构	较完整	II、III	坚硬岩定 II 类，中硬岩定 III 类
	次块状结构		II、III	坚硬岩定 II 类，中硬岩定 III 类
	厚层状或中厚层状结构		II、III	坚硬岩定 II 类，中硬岩定 III 类
	互层状结构		III、IV	洞轴线与岩层走向夹角小于 30° 时，定 IV 类
	薄层状结构		IV、III	岩质均一，无软弱夹层时，可定 III 类
	镶嵌结构	完整性差	III	—
	块裂结构		IV	—
	碎裂结构	较破碎	IV、V	有地下水时，定 V 类
	碎块状或碎屑状结构	破碎	V	—
软质岩	整体状或巨厚层状结构	完整	III、IV	较软岩无地下水时定 III 类，有地下水时定 IV 类；软岩定 IV 类

岩质类型	岩体结构类型	岩体完整程度	围岩初步分类	
			类别	说明
软质岩	块状或次块状结构	较完整	IV、V	无地下水时定IV类；有地下水时定V类
	厚层、中厚层或互层状结构	较完整	IV、V	无地下水时定IV类；有地下水时定V类
	薄层状或块裂结构	完整性差	V、IV	较软岩无地下水时定IV类
	碎裂结构	较破碎	V、IV	较软岩无地下水时定IV类
	碎块状或碎屑状结构	破碎	V	—

围岩详细分类应以控制围岩稳定的岩石强度、岩体完整程度、结构面状态、地下水和主要结构面产状五项因素之和的总评分为基本判据，围岩强度应力比为限定判据，主要用于可行性研究、招标和施工详图设计阶段，并应符合表 6.15～表 6.20 的规定。

表 6.15   **地下洞室围岩详细分类**

围岩类别	围岩总评分（T）	围岩强度应力比（s）
I	$T>85$	>4
II	$85 \geqslant T>65$	>4
III	$65 \geqslant T>45$	>2
IV	$45 \geqslant T>25$	>2
V	$T \leqslant 25$	—

注 1. I、II、III、IV类围岩，当其强度应力比小于本表规定时，围岩类别宜相应降低一级。

2. 围岩强度应力比 $S=R_b \cdot K_v / \sigma_m$，其中，$R_b$ 为岩石饱和单轴抗压强度（MPa）；K_v 为岩体完整性系数，等于岩体的纵波波速与相应岩石的纵波波速之比的平方；σ_m 为围岩的最大主应力（MPa），当无实测资料时可以自重应力代替。

表 6.16   **岩 石 强 度 评 分**

岩质类型	硬质岩		软质岩	
	坚硬岩	中硬岩	较软岩	软岩
饱和单轴抗压强度 R_b（MPa）	$R_b>60$	$60 \geqslant R_b>30$	$30 \geqslant R_b>15$	$15 \geqslant R_b>5$
岩石强度评分 A	30～20	20～10	10～5	5～0

注 1. 岩石饱和单轴抗压强度大于100MPa时，岩石强度的评分为30。

2. 当岩体完整程度与结构面状态评分之和小于 5 时，岩石强度评分大于 20 的，按 20 评分。

表 6.17   **岩 体 完 整 程 度 评 分**

岩体完整程度		完整	较完整	完整性差	较破碎	破碎
岩体完整性系数 K_v		$K_v>0.75$	$0.75 \geqslant K_v>0.55$	$0.55 \geqslant K_v>0.35$	$0.35 \geqslant K_v>0.15$	$K_v \leqslant 0.15$
岩体完整性评分 B	硬质岩	40～30	30～22	22～14	14～6	<6
	软质岩	25～19	19～14	14～9	9～4	<4

注 1. 当60MPa $\geqslant R_b>$30MPa，岩体完整性程度与结构面状态评分之和大于65时，按65评分。

2. 当30MPa $\geqslant R_b>$15MPa，岩体完整性程度与结构面状态评分之和大于55时，按55评分。

3. 当15MPa $\geqslant R_b>$5MPa，岩体完整性程度与结构面状态评分之和大于40时，按40评分。

4. 当 $R_b \leqslant$5MPa，属极软岩，岩体完整性程度与结构面状态不参加评分。

表6.18 结构面状态评分

结构面状态	张开度 W (mm)	闭合 W<0.5		微张 0.5≤W<5.0										张开 W≥5.0	
	充填物	—		无充填			岩屑			泥质			岩屑	泥质
	起伏粗糙状况	起伏粗糙	平直光滑	起伏粗糙	起伏光滑或平直粗糙	平直光滑	起伏粗糙	起伏光滑或平直粗糙	平直光滑	起伏粗糙	起伏光滑或平直粗糙	平直光滑	—	—
结构面状态评分 C	硬质岩	27	21	24	21	15	21	17	12	15	12	9	12	6
	较软岩	27	21	24	21	15	21	17	12	15	12	9	12	6
	软岩	18	14	17	14	8	14	11	8	10	8	6	8	4

注 1. 结构面的延伸长度小于3m时，硬质岩、较软岩的结构面状态评分另加3分；软岩另加2分；结构面的延伸长度大于10m时，硬质岩、较软岩的结构面状态评分减3分，软岩减2分。

2. 当结构面张开度大于10mm、无充填时，结构面状态的评分为零。

表6.19 地下水状态评分

	活动状态		干燥到渗水、滴水	线状流水	涌水
	水量 q（L/min·10m洞长）或压力水头 H（m）		$q \leq 25$ 或 $H \leq 10$	$25 < q \leq 125$ 或 $10 < H \leq 100$	$q > 125$ 或 $H > 100$
基本因素评分 T'	$T' > 85$	地下水评分 D	0	0～-2	-2～-6
	$85 \geq T' > 65$		0～-2	-2～-6	-6～-10
	$65 \geq T' > 45$		-2～-6	-6～-10	-10～-14
	$45 \geq T' > 25$		-6～-10	-10～-14	-14～-18
	$T' \leq 25$		-10～-14	-14～-18	-18～-20

注 基本因素评分 T' 是前述岩石强度评分 A、岩体完整性评分 B 和结构面状态评分 C 的和。

表6.20 主要结构面产状评分

结构面走向与洞轴线夹角	90°～60°				<60°～30°				<30°			
结构面倾角	>70°	70°～45°	<45°～20°	<20°	>70°	70°～45°	<45°～20°	<20°	>70°	70°～45°	<45°～20°	<20°
结构面产状评分 E 洞顶	0	-2	-5	-10	-2	-5	-10	-12	-5	-10	-12	-12
边墙	-2	-5	-2	0	-5	-10	-2	0	-10	-12	-5	0

注 按岩体完整程度分级为完整性差、较破碎和破碎的围岩不进行主要结构面产状评分的修正。

6.2.4 结构面工程分类

1. 产状分组

根据地表及平洞等地质调查，岩体内断层、节理裂隙等结构面可按产状进行分组。结构面的不同产状及其组合对岩体稳定性具有不同的控制或影响作用。

2. 规模分级

结构面规模分级见表 6.21。

表 6.21 岩 体 结 构 面 分 级

级别	规模	
	破碎带宽度（m）	破碎带延伸长度（m）
Ⅰ	>10.0	区域性断裂
Ⅱ	1.0～10.0	>1000
Ⅲ	0.1～1.0	100～1000
Ⅳ	<0.1	<100
Ⅴ	节理裂隙	

3. 性状分类

结构面性状分类见表 6.22。

表 6.22 岩体结构面性状分类

类型		结构面特征	代表性结构面
刚性结构面	胶结的结构面	面平直粗糙，结合紧密，有一定胶结，强度较高	微新岩体内无蚀变的硬质节理裂隙
	无充填的结构面	面平直粗糙，微～弱风化，无胶结，强度中等	弱卸荷带岩体中的硬质结构面
软弱结构面	岩块岩屑型	面平直～起伏，粗糙，充填岩块、岩屑，黏粒含量无或很少，无胶结	1）风化带内的卸荷裂隙； 2）断层破碎带、软弱夹层； 3）块裂、碎裂结构的破碎岩带
	岩屑夹泥型	面平直～起伏，稍粗糙，充填岩块、岩屑，局部夹泥，面附泥膜，黏粒含量<10%，无胶结	1）风化带内的卸荷裂隙； 2）断层破碎带、软弱夹层
	泥夹岩屑型	面平直～起伏，光滑，充填岩块、岩屑、断层泥，泥连续分布，黏粒含量 10%～30%，无胶结	断层破碎带、软弱夹层
	泥型	黏粒含量>30%	断层破碎带、泥化夹层

注 1. 表中刚性结构面抗剪参数限于硬质岩中胶结或无充填的结构面。

2. 软质岩中的结构面抗剪参数应进行折减。

3. 胶结或无充填的结构面抗剪断强度，应根据结构面的粗糙程度选取大值或小值。

4. 岩块岩屑型，黏粒含量无或少；岩屑夹泥型，黏粒含量小于 10%；泥夹岩屑型，黏粒含量 10%～30%；泥型，黏粒含量大于 30%。

6.3 岩石（体）参数取值原则与方法

6.3.1 岩石（体）物理力学试验成果整理与参数取值原则

（1）岩石（体）物理力学参数取值应以试验成果为依据。试验成果的整理应按相关岩石试验规程进行。分析试验成果的代表性及可信程度，舍去不合理的离散值。按岩石（体）及结构面的层位、岩性、类别，对试验成果进行统计整理。

　　整理方法一般采用算术平均法（平均值、小值平均值、大值平均值）。抗剪（断）强度试验成果的整理，还需研究试件的破坏机理，分析剪应力—位移曲线图，确定破坏类型（脆性、塑性、弹塑性），在剪应力—位移曲线上根据破坏类型选取相应的剪应力值（峰值、比例极限值、屈服值、残余强度值、长期强度值），并点绘在剪应力—正应力关系图上，确定各单组试验成果的 c、ϕ，采用算术平均法对同一类别的岩体试验成果进行整理；或将同一类别岩体试验的剪应力、正应力点绘在关系图上，采用最小二乘法（点群中心法）、优定斜率法进行整理。

　　（2）岩石（体）物理力学参数取值通常分为三个步骤：① 根据试验成果分析整理得到试验标准值；② 根据建筑物地基、边坡或围岩的工程地质条件、试件的地质代表性、尺寸效应等，结合地质类比，对标准值进行调整，提出地质建议值；③ 在地质建议值的基础上，结合建筑物工作条件及其他已建工程的经验确定设计采用值。在岩体地质条件相对简单的情况下，②、③两步骤可合并进行。

6.3.2　岩石的物理力学参数取值方法

　　（1）对均质岩石的密度、单轴抗压强度、抗拉强度、点荷载强度、弹性模量、波速等物理力学性质参数，应采用试验成果的算术平均值作为标准值，进而提出地质建议值。

　　（2）对非均质的各向异性的岩体，可划分成若干小的均质体或按不同岩性分别试验取值；对层状结构岩体，应按建筑物荷载方向与结构面的不同交角进行试验，以取得相应条件下岩石的单轴抗压强度、点荷载强度、弹性模量、泊松比、波速等试验值，并应采用算术平均值作为标准值，进而提出地质建议值。

6.3.3　岩体及结构面力学参数取值方法

1. 岩体变形模量试验成果整理与取值

　　岩体变形模量或弹性模量应根据岩体实际承受工程作用力方向和大小进行现场试验，并以压力—变形曲线上建筑物预计最大荷载下相应的变形关系为依据，按岩体类别、工程地质单元、区段或层位归类进行整理（应舍去不合理的离散值），采用试验成果的算术平均值作为标准值，根据试件的地质代表性对标准值进行调整，提出地质建议值。

　　（1）试验成果整理。岩体变形试验成果的整理应按下列步骤进行：

　　1）对每一试验点的地质代表性应从岩性、岩体结构、岩体完整程度、风化卸荷情况、围压状态、水理性质等地质条件进行复核，从岩体的总体性状判断试验点的代表性，复核工作往往需要在现场试验点进行，然后应按相同岩级或岩类、相同岩性、相同工程地质单元或区段等进行归类、整理。

　　2）根据相关试验规程要求，对每一试验点的试点制备、试验设备安装、试验方法、试验成果可靠性等进行复核，舍去可靠性差的试验成果。

3）将经过上述两步复核后的同类试验点的全部单点试验成果绘制散点图或点群中心图，再次舍去离散度较大的单点试验成果。

（2）岩体变形模量取值。将经过上述三步复核后的同类试验点的变形模量试验成果进行算术统计，应以算术平均值为试验标准值，根据试件的地质代表性对标准值适当调整，提出地质建议值。鉴于岩体变形具有尺寸效应及时间效应，也可选取试验成果的小值平均值—平均值的幅度值作为地质建议值。

2. 岩体及结构面抗剪（断）强度试验成果整理与取值

（1）试验成果整理。岩体及结构面抗剪（断）强度试验成果整理应按下列步骤进行：

1）对每一组内每一试件的代表性应从岩体的岩性、岩体结构、岩体完整程度、风化卸荷情况、围压状态、水理性质等，或结构面产状、宽度及其延伸范围、结构面性状类型等地质条件进行复核，从岩体、结构面的总体特征判断该组试验点的代表性，复核工作往往需要在现场试验点进行，然后应按相同岩级或岩类、相同岩性、相同工程地质单元或区段、相同结构面类型等进行归类、整理。经复核，当一组试验中各试点代表类型不同时，应重新归类整理。

2）根据相关试验规程要求，对每一试验点的试件制备、试验设备安装、试验方法、试验成果可靠性进行复核，舍去可靠性差的试验成果。

3）对每一组内每一试件的试验成果绘制单点应力—应变（$\tau-\varepsilon$）关系曲线，分析试件的剪切破坏机理和类型，确定比例极限强度、屈服强度、峰值强度和残余强度等强度值特征点。一般情况下曲线上的峰值特征点较为明显。

4）试验成果标准值的整理方法主要包括：

a. 算术平均值法：当采用各单组试验成果整理时，应取小值平均值作为标准值。

b. 点群中心法：当采用同一类别岩体或结构面试验成果整理时，按确定的强度特征值，绘制剪应力—正应力（$\tau-\sigma$）关系散点图，通过所有试验点的中心部位回归一条直线，取其 f、c 值作为标准值。

c. 优定斜率法：该方法同样采用同一类别岩体或结构面试验成果整理，按确定的强度特征值，绘制剪应力—正应力（$\tau-\sigma$）关系散点图，根据图中点群分布的总体趋势，首先确定斜率作为 f 值的标准值，再根据散点的集中分布特征，确定 c 值的上限值、下限值范围，考虑到岩体强度破坏由点及面的渐进性特点及岩体试件的结构效应和尺寸效应，取下限值作为 c 值的标准值。

（2）岩体及结构面抗剪（断）强度参数取值。

1）混凝土坝基础底面与基岩间的抗剪（断）强度参数取值。

a. 抗剪断强度应取峰值强度，抗剪强度应取比例极限强度与残余强度二者的较小者或取二次剪（摩擦试验）峰值强度。当采用各单组试验成果整理时，应取小值平均值作为标准值；当采用同一类别岩体试验成果整理时，应取优定斜率法的下限值作为标准值。

b. 应根据基础底面和基岩接触面剪切破坏性状、工程地质条件和岩体应力对标准值进行调整，提出地质建议值。

c. 对新鲜、坚硬的岩浆岩，在岩性、起伏差和试件尺寸相同的情况下，也可采用坝基混凝土强度等级的 6.5%～7.0%估算凝聚力。

2）岩体抗剪（断）强度参数取值。

a. 岩体抗剪断强度应取峰值强度。

b. 岩体抗剪强度，具有整体结构、块状结构、次块状结构、镶嵌结构及层状结构的硬质岩体试件呈脆性破坏时，抗剪强度应采用比例极限强度与残余强度二者的较小者或取二次剪（摩擦试验）峰值强度；当具有块裂结构、碎裂结构的岩体，试件呈塑性破坏或弹塑性破坏时，应采用屈服强度或二次剪峰值强度。

c. 当采用各单组试验成果整理时，应取小值平均值作为标准值；当采用同一类别岩体试验成果整理时，应取优定斜率法的下限值作为标准值。

d. 应根据裂隙充填情况、试验时剪切破坏性状、剪切变形量和岩体地应力等因素对标准值进行调整，提出地质建议值。

3）刚性结构面抗剪（断）强度参数取值。

a. 抗剪断强度应取峰值强度，抗剪强度应取残余强度或取二次剪（摩擦试验）峰值强度。当采用各单组试验成果整理时，应取小值平均值作为标准值；当采用同一类别结构面试验成果整理时，应取优定斜率法的下限值作为标准值。

b. 应根据结构面的粗糙度、起伏差、张开度、结构面壁强度等因素及剪切破坏性状对标准值进行调整，提出地质建议值。

4）软弱结构面抗剪（断）强度参数取值。

a. 软弱结构面应根据岩块岩屑型、岩屑夹泥型、泥夹岩屑型和泥型四种性状类型分别取值。

b. 抗剪断强度应取峰值强度，当试件黏粒含量大于 30%或有泥化镜面或黏土矿物以蒙脱石为主时，抗剪断强度应取流变强度；抗剪强度应取屈服强度或残余强度。当采用各单组试验成果整理时，应取小值平均值作为标准值；当采用同一类别结构面试验成果整理时，应取优定斜率法的下限值作为标准值。

c. 当软弱结构面有一定厚度时，应考虑厚度的影响。当厚度大于起伏差时，软弱结构面应采用软弱物质的抗剪（断）强度作为标准值；当厚度小于起伏差时，还应采用起伏差的最小爬坡角，提高软弱物质抗剪（断）强度试验值作为标准值。

d. 根据软弱结构面的类型和厚度的总体地质特征及剪切破坏性状进行调整，提出地质建议值。

5）边坡岩体抗剪（断）强度参数取值。

边坡岩体抗剪（断）强度试验成果整理与参数取值要求同上述"岩体及结构面抗剪（断）强度试验成果整理与取值"。

可根据边坡的稳定现状反算推求滑面的综合抗剪强度参数。反分析中蠕动挤压变形阶段稳定性系数可取 1.00～1.05，失稳初滑阶段稳定性系数可取 0.95～0.99。

3. 岩体允许承载力取值

岩体允许承载力反映岩基整体强度的性质，决定于岩石强度、岩体结构和岩体完整程度以及岩体所赋存的三维应力状态，对于软质岩尚有长期强度的问题。

地基岩体允许承载力，硬质岩宜根据岩石饱和单轴抗压强度，结合岩体结构、裂隙发育程度及岩体完整性，可按 1/3～1/10 折减后确定其地质建议值，岩体完整可取大值，完整性差的岩体取小值。软质岩、破碎岩体宜采用现场载荷试验（取比例界限）确定，也可采用超重型动力触探试验或三轴压缩试验确定其允许承载力。当软质岩的天然饱和度接近100%时，其天然状态下的抗压强度可视为软岩的饱和单轴抗压强度，进而也可依据岩体完整程度，按 1/3～1/10 折减后确定地基岩体允许承载力的地质建议值。

6.4 岩石（体）物理力学参数经验值

改革开放四十年来，我国兴建了一大批水利水电工程，尤其是我国水能资源富集的中西部地区，成功建设了一系列高坝大库，至今工程岩体稳定，电站运行正常。在工程勘察设计施工中，对工程岩体物理力学特性开展了大量试验论证，在岩石（体）物理力学性质及参数的研究方面取得了丰硕的成果，积累了丰富的经验。

当规划、预可行性研究阶段岩石（体）物理力学性质试验资料不足时，可通过工程类比，获取其经验值，并结合具体地质条件，提出地质建议值。

6.4.1 岩石物理力学参数经验值

各类常见岩石物理力学性质指标的经验值汇总见表 6.23，表中抗剪强度是指抗剪断试验后的二次剪切成果。

表 6.23   常见岩石物理力学性质指标经验值汇总表

岩石名称		物理性质					力学性质									
		密度 ρ (g/cm³)	比重 G_s	孔隙率 n (%)	吸水率 W_a (%)	饱和抗压强度 R_b (MPa)	软化系数 η	纵波波速 V_p (m/s)	抗拉强度 σ_t (MPa)	弹性模量 E_e (GPa)	变形模量 E_0 (GPa)	泊松比 μ	抗剪断强度		抗剪强度	
													f'	c' (MPa)	f	c (MPa)
岩浆岩类	花岗岩	2.40 ～ 2.85	2.50 ～ 3.00	0.18 ～ 2.54	0.47 ～ 1.94	75 ～ 200	0.69 ～ 0.90	4500 ～ 6500	3.1 ～ 10.0	14 ～ 65	9 ～ 38	0.18 ～ 0.33	1.05 ～ 1.50	>20	0.80 ～ 1.25	0.1 ～ 1.3
	正长岩	2.42 ～ 2.85	2.54 ～ 3.00	0.68 ～ 2.50	0.10 ～ 1.7	80 ～ 230	0.70 ～ 0.90	4500 ～ 6800	3.5 ～ 10.5	30 ～ 60	25 ～ 54	0.18 ～ 0.30	1.10 ～ 1.80	3.0 ～ 7.0	0.84 ～ 1.25	0.15 ～ 1.25
	闪长岩	2.52 ～ 2.99	2.60 ～ 3.10	0.25 ～ 3.19	0.18 ～ 1.00	110 ～ 240	0.70 ～ 0.92	>5000	4.0 ～ 12.0	47 ～ 100	16 ～ 38	0.14 ～ 0.33	1.23 ～ 1.70	1.6 ～ 3.18	0.73 ～ 1.18	0.23 ～ 1.07
	辉长岩	2.55 ～ 3.09	2.70 ～ 3.20	0.29 ～ 3.13	0.5 ～ 1.1	60 ～ 114	0.50 ～ 0.90	4500 ～ 6500	4.5 ～ 7.1	8 ～ 27	4 ～ 14	0.16 ～ 0.23	0.90 ～ 1.31	1.1 ～ 1.5	0.78 ～ 1.10	<0.3

续表

岩石名称		物理性质				力学性质							抗剪断强度		抗剪强度	
		密度 ρ (g/cm³)	比重 G_s	孔隙率 n (%)	吸水率 W_a (%)	饱和抗压强度 R_b (MPa)	软化系数 η	纵波波速 V_p (m/s)	抗拉强度 σ_t (MPa)	弹性模量 E_e (GPa)	变形模量 E_0 (GPa)	泊松比 μ	f'	c' (MPa)	f	c (MPa)
岩浆岩类	玢岩	2.40 ~ 2.84	2.60 ~ 2.90	0.27 ~ 4.35	0.07 ~ 0.65	100 ~ 160	0.78 ~ 0.91	4500 ~ 6000	>4.6	25 ~ 40	14 ~ 29	0.18 ~ 0.25	0.95 ~ 1.37	1.4 ~ 2.7	0.85 ~ 1.08	<0.3
	斑岩	2.60 ~ 2.89	2.70 ~ 2.90	0.29 ~ 2.75	<1.0	110 ~ 180	0.75 ~ 0.95	>4000	>4.0	9 ~ 23	6 ~ 15	0.22 ~ 0.27	1.00 ~ 1.64	1.8 ~ 2.8	0.82 ~ 1.21	<0.3
	花岗闪长岩	2.60 ~ 2.75	2.65 ~ 2.84	1.5 ~ 2.34	0.25 ~ 0.80	120 左右	0.66 ~ 0.90	>4500	5.0 ~ 7.3	24 ~ 38	14 ~ 26	0.18 ~ 0.22	0.95 ~ 1.70	1.1 ~ 3.3	0.90 ~ 1.30	0.1 ~ 0.4
	辉绿岩	2.53 ~ 2.97	2.60 ~ 3.10	0.29 ~ 6.38	0.2 ~ 1.0	60 ~ 114	0.50 ~ 0.90	4500 ~ 6800	4.5 ~ 7.1	17 ~ 37	14 ~ 24	0.18 ~ 0.26	0.94 ~ 1.31	1.1 ~ 2.5	0.78 ~ 1.10	<0.3
	流纹岩	2.49 ~ 2.65	2.62 ~ 2.72	1.1 ~ 3.4	0.14 ~ 1.65	100 ~ 180	0.70 ~ 0.90	4200 ~ 6500	5.0 ~ 8.5	18 ~ 60	10 ~ 26	0.16 ~ 0.20	1.17 ~ 1.38	>1.0	0.79 ~ 1.09	<0.3
	安山岩	2.30 ~ 2.80	2.40 ~ 2.90	0.29 ~ 4.35	0.4 ~ 1.0	90 ~ 170	0.70 ~ 0.85	4000 ~ 6500	4.5 ~ 6.5	23 ~ 48	12 ~ 24	0.20 ~ 0.26	0.93 ~ 1.24	1.5 ~ 2.4	0.75 ~ 1.10	0.2 ~ 0.3
	玄武岩	2.50 ~ 3.10	2.65 ~ 3.30	0.3 ~ 4.3	0.2 ~ 1.0	125 ~ 190	0.80 ~ 0.95	4500 ~ 6800	5.0 ~ 9.6	34 ~ 100	28 ~ 46	0.22 ~ 0.28	1.19 ~ 1.57	1.8 ~ 3.5	0.84 ~ 1.00	0.1 ~ 0.5
	火山角砾岩	2.20 ~ 2.90	2.50 ~ 3.00	0.9 ~ 7.54	0.34 ~ 2.12	60 ~ 100	0.57 ~ 0.90	4000 ~ 6000	3.0 ~ 5.6	1.8 ~ 5.6	1.1 ~ 3.9	0.28 ~ 0.30	0.84 ~ 1.27	0.3 ~ 0.9	0.78 ~ 1.04	<1.0
	安山凝灰岩	2.58 左右	2.68 左右	1.58 ~ 4.59	0.18 ~ 1.55	31 ~ 56	0.52 ~ 0.75	3000 ~ 4500	1.5 ~ 2.5	1.3 ~ 3.2	0.9 ~ 1.9	0.30 ~ 0.35	0.76 ~ 0.94	0.1 ~ 0.5	0.65 ~ 0.80	< 0.05
	凝灰质熔岩	2.60 ~ 2.65	2.80 ~ 2.90	5.05 ~ 5.10	3.30 ~ 3.40	30 ~ 35	0.46 ~ 0.70	3400 ~ 3600	1.8 ~ 2.2	1.5 ~ 1.7	7	0.30 ~ 0.35	0.70 ~ 0.83	0.1 ~ 0.5	0.58 ~ 0.75	< 0.05
沉积岩类	硅质砾岩	2.62 ~ 2.70	2.70 ~ 2.77	0.4 ~ 4.0	0.16 ~ 1.40	80 ~ 150	0.65 ~ 0.97	4500 ~ 6500	3.1 ~ 7.5	14 ~ 36	9 ~ 18	0.16 ~ 0.30	0.88 ~ 1.34	1.1 ~ 2.8	0.75 ~ 0.90	<0.1
	钙质胶结砾岩	2.60 ~ 2.70	2.68 ~ 2.77	0.5 ~ 5.0	0.2 ~ 1.0	40 ~ 100	0.70 ~ 0.90	4000 ~ 5500	2.2 ~ 5.4	12 ~ 28	7 ~ 15	0.25 ~ 0.30	0.85 ~ 1.10	0.5 ~ 1.8	0.70 ~ 0.85	< 0.08
	泥质胶结砾岩	2.55 ~ 2.64	2.66 ~ 2.74	1.5 ~ 6.5	0.62 ~ 5.1	17 ~ 32	0.58 ~ 0.75	2500 ~ 3500	1.2 ~ 1.8	2.4 ~ 4	1.2 ~ 2.6	0.25 ~ 0.35	0.7 ~ 0.85	0.3 ~ 1.2	0.60 ~ 0.75	< 0.05
	混合胶结砾岩（钙、泥、铁质）	2.58 ~ 2.66	2.68 ~ 2.76	3.5 ~ 6.75	1.05 ~ 2.85	28 ~ 45	0.68 ~ 0.80	3000 ~ 4000	1.5 ~ 2.0	3.9 ~ 6	2.8 ~ 3.8	0.28 ~ 0.35	0.82 ~ 1.02	0.5 ~ 1.5	0.65 ~ 0.80	< 0.05
	石英（硅质）砂岩	2.46 ~ 2.75	2.66 ~ 2.79	1.04 ~ 9.30	0.14 ~ 4.10	60 ~ 110	0.65 ~ 0.79	4000 ~ 5500	2.5 ~ 4.0	6.5 ~ 16.5	4 ~ 12.4	0.2 ~ 0.28	0.92 ~ 1.46	1.8 ~ 3.5	0.78 ~ 1.13	0.05 ~ 0.50

岩石名称		物理性质				力学性质							抗剪断强度		抗剪强度	
		密度 ρ (g/cm³)	比重 G_s	孔隙率 n (%)	吸水率 W_a (%)	饱和抗压强度 R_b (MPa)	软化系数 η	纵波波速 V_p (m/s)	抗拉强度 σ_t (MPa)	弹性模量 E_e (GPa)	变形模量 E_0 (GPa)	泊松比 μ	f'	c' (MPa)	f	c (MPa)
沉积岩类	钙质胶结的砂岩	2.55~2.70	2.64~2.78	0.5~6.7	0.2~5.4	60~90	0.70~0.85	3500~5000	2.0~3.0	6~14.8	3.5~11.5	0.25~0.30	0.90~1.28	0.8~2.5	0.65~0.85	0.03~0.1
	泥质砂岩或泥质粉砂岩	2.35~2.65	2.68~2.75	1.2~12.0	0.6~5.6	20~45	0.55~0.80	2000~3800	1.0~2.4	1.5~4.5	0.9~3.2	0.27~0.37	0.63~0.85	0.3~0.9	0.50~0.75	<0.03
	钙质胶结粉细砂岩	2.55~2.67	2.70~2.75	1.0~8.6	0.4~4.8	40~85	0.66~0.86	3500~4800	1.8~3.5	6.5~12.4	3.7~11	0.25~0.30	0.65~0.94	0.5~2.0	0.55~0.80	0.01~0.05
	砂质泥（黏土）岩	2.50~2.65	2.66~2.75	1.5~6.7	1.1~5.8	10~26	0.4~0.68	1000~2500	0.7~1.2	1~4.2	0.5~1.9	0.35~0.40	0.48~0.60	0.1~0.5	0.45~0.55	<0.03
	泥（黏土）岩	2.49~2.65	2.68~2.75	1.28~8.5	0.68~5.3	<15	0.35~0.65	800~1500	0.5~0.8	0.5~1	0.25~0.6	0.35~0.45	0.45~0.55	<0.30	0.40~0.48	<0.03
	砂质、钙质页岩	2.47~2.70	2.65~2.78	0.6~6.8	1.6~2.4	11~30	0.5~0.65	1500~3000	1.0~1.8	1.2~5.6	0.8~3.4	0.35~0.4	0.5~0.65	0.1~0.5	0.45~0.56	<0.05
	页岩	2.53~2.67	2.63~2.76	1.0~7.8	0.8~3.0	<20	0.45~0.60	1000~2000	0.8~1.5	0.8~1.5	0.3~1	0.35~0.45	0.45~0.58	<0.30	0.42~0.52	<0.03
	炭质页岩	2.46~2.68	2.63~2.72	1.8~4.0	0.5~2.9	10~25	0.60~0.65	1200~2500	0.8~1.6	0.3~0.8	0.2~0.46	0.33~0.40	0.45~0.56	<0.30	0.42~0.48	<0.01
	石灰岩	2.61~2.73	2.70~2.82	0.8~2.0	0.2~1.0	60~110	0.75~0.90	4500~6500	4.0~6.0	14~30	10~20	0.18~0.30	0.80~1.35	—	0.65~0.85	0.05~0.35
	薄层石灰岩	2.5~2.67	2.70~2.78	1.0~3.5	0.4~2.0	30~60	0.70~0.90	2500~4000	1.5~2.5	5~15	3.5~10	0.22~0.30	0.65~0.85		0.55~0.75	<0.3
	白云质灰岩	2.6~2.75	2.75~2.81	1.20~3.2	0.5~1.60	55~90	0.68~0.95	3800~6000	2.8~5.5	11~25	8~13.5	0.2~0.3	0.72~1.07		0.60~0.80	<0.2
	白云岩	2.64~2.76	2.78~2.90	0.3~2.5	<1.0	55~90	0.66~0.92	3800~6000	3.0~5.5	11~26	8~14	0.2~0.3	0.75~1.15		0.65~0.87	<0.2
	泥灰岩	2.35~2.65	2.70~2.75	2.2~8.5	2.0~6.0	10~40	0.46~0.80	1800~3000	1.0~2.5	2~9	1~6.5	0.29~0.40	0.55~0.75	—	0.45~0.60	<0.05
变质岩类	片麻岩	2.65~2.79	2.69~2.82	0.7~2.0	0.1~0.7	70~150	0.75~0.97	4000~6500	3.5~5.5	11~35	6~21	0.20~0.33	0.92~1.27	1.5~4.1	0.70~0.94	0.05~0.50
	石英、角闪石片岩	2.64~2.92	2.72~3.02	0.7~2.0	0.1~0.3	60~110	0.70~0.93	3800~6000	3.0~5.0	10~20	5.5~17	0.22~0.30	0.75~1.15	1.2~3.5	0.65~0.85	<0.3

岩石名称		物理性质				力学性质										
		密度 ρ (g/cm³)	比重 G_s	孔隙率 n (%)	吸水率 W_a (%)	饱和抗压强度 R_b (MPa)	软化系数 η	纵波波速 V_p (m/s)	抗拉强度 σ_t (MPa)	弹性模量 E_e (GPa)	变形模量 E_0 (GPa)	泊松比 μ	抗剪断强度		抗剪强度	
													f'	c' (MPa)	f	c (MPa)
变质岩类	云母绿泥石片岩	2.66~2.76	2.75~2.83	0.8~2.5	0.1~0.6	30~60	0.53~0.90	2500~4500	1.5~2.8	5~14	2.5~8.5	0.25~0.35	0.75~0.92	0.8~2.0	0.55~0.78	<0.1
	石英岩硅化灰岩	2.65~2.75	2.70~2.82	0.5~2.8	0.1~0.4	100~180	0.94~0.96	4000~6500	3.5~6.0	12~36	10~24	0.2~0.3	0.93~1.32	1.8~4.5	0.82~0.93	<0.3
	大理岩	2.69~2.78	2.75~2.87	0.1~2.6	<1.0	50~90	0.80~0.95	4000~6500	4.0~7.0	10~34	7.5~18	0.16~0.3	0.81~1.35	1.5~4.0	0.73~0.91	<0.5
	硅质板岩	2.70~2.72	2.74~2.81	0.3~3.8	0.2~1.0	60~100	0.70~0.85	3500~6000	2.0~3.5	8~16	5~12	0.25~0.33	0.75~0.93	1.5~2.8	0.60~0.81	<0.1
	泥质板岩	2.42~2.70	2.68~2.77	2.5~8.5	0.7~4.6	20~50	0.39~0.52	2500~4500	0.8~2.5	2~5.5	1.2~5.5	0.25~0.35	0.60~0.85	0.5~2.5	0.48~0.68	<0.1
	砂质板岩	2.40~2.65	2.68~2.72	2.5~7.4	0.5~3.0	45~75	0.75~0.90	3000~5000	1.5~3.0	6~15	4.5~12	0.22~0.35	0.75~1.00	1.2~2.5	0.65~0.80	<0.3
	千枚岩	2.71~2.86	2.81~2.96	1.1~3.6	0.54~3.13	16~40	0.53~0.87	2000~4000	0.7~1.8	1.2~4.3	0.8~1.8	0.25~0.40	0.58~0.69	0.3~0.85	0.48~0.60	<0.1
	绢云母千枚岩	2.68~2.76	2.76~2.80	0.24~1.8	—	16~42	0.60~0.72	2000~3600	0.7~1.5	1~3.6	0.6~1.2	0.28~0.35	0.55~0.65	0.2~0.70	0.45~0.55	<0.1
	变质砂岩	2.68~2.72	2.72~2.76	—	0.29~0.54	56~172	0.75~0.82	4818~6034	5.5~16	33~53		0.2~0.24	1.70~2.09	1.68~2.38	1.28~1.31	1.28~1.33

6.4.2 岩体和结构面力学参数经验值

1. 岩体力学参数经验值

根据国内水电工程勘察和施工期间进行的大量现场原位试验成果,分别对不同岩类岩体力学参数进行了统计分析,并结合多年的经验总结,在 GB 50287—2019《水力发电工程地质勘察规范》中提出了坝基岩体抗剪(断)强度和变形模量经验值(见表 6.24)。

表 6.24   岩体力学参数经验值

岩体分类	混凝土与岩体接触面抗剪(断)强度				岩体抗剪(断)强度				岩体变形模量
	f'	c' (MPa)	f	c (MPa)	f'	c' (MPa)	f	c (MPa)	E_0 (GPa)
Ⅰ	1.50~1.30	1.50~1.30	0.90~0.75	0	1.60~1.40	2.50~2.00	0.95~0.80	0	>20.0
Ⅱ	1.30~1.10	1.30~1.10	0.75~0.65	0	1.40~1.20	2.00~1.50	0.80~0.70	0	20.0~10.0

岩体分类	混凝土与岩体接触面抗剪（断）强度				岩体抗剪（断）强度				岩体变形模量
	f'	c'（MPa）	f	c（MPa）	f'	c'（MPa）	f	c（MPa）	E_0（GPa）
Ⅲ	1.10～0.90	1.10～0.70	0.65～0.55	0	1.20～0.80	1.50～0.70	0.70～0.60	0	10.0～5.0
Ⅳ	0.90～0.70	0.70～0.30	0.55～0.40	0	0.80～0.55	0.70～0.30	0.60～0.45	0	5.0～2.0
Ⅴ	0.70～0.40	0.30～0.05	0.40～0.30	0	0.55～0.40	0.30～0.05	0.45～0.35	0	2.0～0.2

注 1. f'、c' 为抗剪断强度，f、c 为抗剪强度，均为饱和峰值强度。

2. 表中参数限于硬质岩，软质岩应根据软化系数进行折减。

2. 结构面力学参数经验值

结构面的抗剪（断）强度参数经验值见表 6.25。

表 6.25　　　　　　　　　　结构面的抗剪（断）强度参数经验值

类型	抗剪断强度		抗剪强度	
	f'	c'（MPa）	f	c（MPa）
胶结的结构面	0.80～0.60	0.250～0.100	0.80～0.60	0
无充填的结构面	0.70～0.45	0.150～0.050	0.70～0.45	0
岩块岩屑型	0.55～0.45	0.200～0.100	0.50～0.40	0
岩屑夹泥型	0.45～0.35	0.100～0.050	0.40～0.30	0
泥夹岩屑型	0.35～0.25	0.050～0.010	0.30～0.25	0
泥型	0.25～0.18	0.010～0.002	0.25～0.15	0

注 1. 表中胶结和无充填的结构面参数限于硬质岩中的结构面，软质岩中的结构面应进行折减。

2. 胶结或无充填的结构面抗剪断强度，应根据结构面的粗糙程度选取大值或小值。

3. 表中参数为饱和状态。

3. 边坡岩体力学参数经验值

边坡岩体力学参数即为岩质边坡稳定性分析计算所需的参数，包括边坡各类岩体的主要力学参数和作为滑动面（带）或潜在滑动面（带）以及其他控制性结构面的抗剪（断）强度参数。边坡各类岩体力学参数经验值见表 6.24，边坡各种性状类型结构面的抗剪（断）强度参数经验值见表 6.25。

实际工作中，还可根据边坡的稳定现状反算推求滑动面（带）的综合抗剪强度参数：变形岩质边坡可按稳定安全系数等于 1.05～1.00 的极限平衡条件反算综合强度参数；当变形边坡接近破坏时，可认为稳定系数等于 1.00；滑坡或已失稳岩质边坡可按安全系数计。

4. 地下洞室围岩物理力学参数经验值

地下洞室各类围岩的物理力学参数经验值见表 6.26。

表6.26 各类围岩物理力学参数经验值

围岩类别	容重 γ (t/m³)	摩擦系数 f'	凝聚力 c' (MPa)	变形模量 E_0 (GPa)	泊松比 μ	普氏系数 f_k	单位弹性抗力系数 K_0 (MPa/cm)
I	≥2.7	1.50～1.30	2.2～1.8	>20	0.22～0.17	≥7	≥70
II	2.7～2.5	1.30～1.10	1.8～1.3	20～10	0.25～0.22	7～5	70～50
III	2.5～2.3	1.10～0.70	1.3～0.6	10～5	0.30～0.25	5～3	50～30
IV	2.3～2.1	0.70～0.50	0.6～0.3	5～1	0.35～0.30	3～1	30～5
V	<2.1	0.50～0.35	<0.3	≤1	≥0.35	<1	<5

6.5 工程实例

6.5.1 金沙江长江流域

1. 叶巴滩水电站工程

（1）工程概况。叶巴滩水电站系金沙江上游水电规划13级开发方案的第7级，上游为波罗水电站，下游与拉哇水电站衔接。电站的开发任务为以发电为主，兼顾环保。坝址位于左岸降曲河口以下约4.5km河段上，坝址控制流域面积为173 484km²，多年平均流量839m³/s。水库正常蓄水位2889m，库容10.80亿m³，调节库容5.37亿m³，具有不完全年调节能力。枢纽建筑物由混凝土双曲拱坝、泄洪消能建筑物及右岸引水发电建筑物组成，拱坝最大坝高217m，电站装机容量2240MW（含200MW环保小机组容量），多年平均年发电量102.05亿kW·h。目前正施工在建，计划2026年发电。

（2）岩体物理力学参数取值。坝区出露海西期中细粒石英闪长岩（δo_4^3），岩石坚硬，呈块状～次块状结构。可研阶段开展了坝区岩体工程地质分类及其物理力学特性专题研究。采用多因素综合评判的方法，考虑各种因素的相互影响，进行系统的分析评价，进而建立了一套完整的岩体和结构面的工程地质分类体系。根据GB 50287—2019《水力发电工程地质勘察规范》，结合本工程岩体的地质特点，将坝区岩体分为4个大类，其中II类岩体又进一步划分为II₁岩和II₂岩两个亚类，III类岩体又进一步划分为III₁岩和III₂岩、III₂s岩体等三个亚类，IV类划分为IVs类和IV类。其中III₂s和IVs分别反映了中等松弛深卸荷岩体和强烈松弛深卸荷岩体的类别（见表6.27）。

坝区岩体中的各种结构面，按其性状、风化程度、紧密程度和充填物情况划分为刚性结构面和软弱结构面两类。刚性结构面按隙壁接触紧密程度与风化等特征细分为闭合新鲜结构面（A1）和微张锈染结构面（A2）两个亚类；软弱结构面按其成因类型、物质颗粒组成及充填物黏粒含量等细分为五个亚类。

表 6.27　　　　　　　　　　叶巴滩水电站坝区岩体工程地质分类表

岩体基本质量		岩石饱和抗压强度 R_b（MPa）	岩体风化卸荷特征	结构面特征				岩体结构特征				岩体紧密程度			岩体工程性质评价
				组数	间距（m）	张开度	充填物	结构类型	J_v	RQD（%）	完整程度	波速 V_p（m/s）	K_v	嵌合程度	
II	II₁	90~100	微新未卸荷	1~2	0.3~0.5，部分0.5~1.0	闭合	无充填	块状~次块	5~9	80~95	较完整	>5000	>0.70	紧密	强度高，抗滑、抗变形性较高，属良好地基
	II₂	90~100	紧密岩带	1~2	0.3~0.5，部分0.5~1.0	闭合	无充填	次块~块状	5~9	80~95	较完整	>4800	>0.65	紧密	强度高，抗滑、抗变形性较高，属良好地基
III	III₁	90~100	微新未卸荷	2~3	0.1~0.3裂密带	闭合	无充填	镶嵌	10~15	70~95	完整性差	>4800	>0.65	紧密	强度较高，抗滑、抗变形一定程度上受结构面和集中卸荷松弛带控制。经工程处理后可作为拱坝坝基。
			微新弱卸荷	1~2组，局部2~3组	0.3~0.5和0.1~0.3	0.5~3mm	无充填	次块，局部镶嵌	7~12	70~95	较完整，局部完整性差	4200~4800	0.49~0.65	较紧密，部分中等紧密	
			深卸荷轻微松弛带	1~2	0.3~0.5和0.1~0.3	0.5~3mm	少量岩屑								
	III₂	70~80	弱下风化弱卸荷	2~3	0.1~0.3，部分0.3~0.5	一般0.5~3mm，局部3~5mm	少量岩屑	镶嵌~次块	8~15	65~90	完整性差	3500~4200	0.34~0.49	中等紧密	强度较高，抗滑、抗变形性能受结构面和岩块嵌合能力控制。作专门工程处理后可作为低坝高的坝基。
	III₂ₛ	70~80	深卸荷中等松弛带	2~3	0.1~0.3，部分0.3~0.5	一般3~5mm，局部5~10mm	少量岩屑	镶嵌~松弛次块	8~15	65~90	完整性差			中等紧密~较松弛	
IV	IVₛ	70~80	深卸荷强烈松弛带	3~4	0.1~0.3	普遍张开>10mm	少量岩屑	块裂	10~20	50~80	完整性差	2500~3500	0.18~0.35	松弛	强度较低，抗滑、抗变形性能明显受结构面和岩块嵌合能力控制，不能作为拱坝坝基，需开挖清除或工程加固处理
	IV	50~60	弱上风化强卸荷	3~4	0.1~0.3	普遍张开>5mm	岩屑或次生泥	块裂	10~16	50~80	完整性差			较松弛~松弛	
		50~60	弱上风化夹层	3~4	0.1~0.3	普遍张开>5mm	岩屑或次生泥	块裂	10~16	50~80	完整性差				
		50~60	断层影响带	3~4	<0.1	—	—	碎裂	>20	25~50	较破碎				

岩体基本质量	岩石饱和抗压强度 R_b（MPa）	岩体风化卸荷特征	组数	间距（m）	张开度	充填物	结构类型	J_v	RQD（%）	完整程度	波速 V_p（m/s）	K_v	嵌合程度	岩体工程性质评价
				结构面特征				岩体结构特征			岩体紧密程度			
V	—	断层破碎带及强风化夹层	—	<0.1	—	—	散体	—	—	破碎	<2500	<0.18	松弛	强度低，不能作为拱坝坝基

坝区各类岩体进行了 92 组岩石室内物理力学性质试验、81 点岩体原位变形试验、58 组岩体原位大剪试验等。

岩体变形参数选取：根据坝区岩体变形试验成果，开展坝区岩体变形特征分析；根据试验成果代表性，对试验成果按岩体类别、工程地质单元、区段或层位归类进行整理（舍去不合理及不合要求的离散值），分别计算割线模量及包络线模量的算术平均值、小值平均值和大值平均值；由于坝区主要结构面横河向陡倾发育、浅表岩体主要沿水平向卸荷松弛的地质特征，坝区风化卸荷岩体各向异性较明显，主要类别的岩体均按水平（平行）和铅直（垂直）开展了对比试验研究；考虑到坝肩、坝基持力层岩体体量巨大，而变形试验点承压板尺寸仅 ϕ50.5cm，应力影响范围仅 2m 或稍多，因而将变形模量试验统计值应用于持力层岩体具有明显的尺寸效应，同时岩体在长期受载条件下具有时间效应，再结合坝区岩体各向异性和风化卸荷岩体不均一性较明显的特点，选取割线模量的小值平均值～平均值范围作为试验成果标准值；综合分析各类岩体变形模量标准值，结合岩体结构、地应力等因素进行调整后，提出各岩类岩体变形模量参数地质建议值。

岩体强度参数选取：岩体及结构面强度试验成果选用优定斜率法进行整理，同时辅以最小二乘法作为参考，以更好地优定斜率（内摩擦角），并取截距（凝聚力）的下限值作为标准值（在试验样本数据较少时，采用最小二乘法、图解法作为补充）。以试验成果整理标准值为基础，并根据岩体中裂隙充填情况、试验时剪切变形量和岩体地应力等因素进行调整，提出岩体强度参数建议值；根据结构面的粗糙度、起伏差、张开度及结构面隙壁强度等因素进行了调整，软弱结构面的力学参数还考虑了其类型和厚度的总体特征，提出结构面强度参数建议值。

根据坝区岩体工程地质分类及其物理力学特性研究，岩体、结构面的物理力学参数建议值见表 6.28 和表 6.29。

表 6.28　　　　叶巴滩水电站坝区岩体物理力学参数建议值表

岩类		干密度 ρ_d（g/cm³）	变形模量 E_0（GPa）	岩体泊松比 μ	岩体				混凝土/岩体		稳定坡比
类	亚类				抗剪断强度		抗剪强度		抗剪断强度		
					f'	c'（MPa）	f	c	f'	c'（MPa）	
II	II₁	2.70～2.75	14～23	0.20～0.23	1.28	1.70	0.80	0	1.20～1.30	1.10～1.20	1:0.3
	II₂		12～19		1.20	1.20	0.75	0	1.10～1.20	1.10～1.20	

岩类			干密度 ρ_d (g/cm³)	变形模量 E_0 (GPa)	岩体泊松比 μ	岩体				混凝土／岩体		稳定坡比
						抗剪断强度		抗剪强度		抗剪断强度		
类	亚类					f'	c'（MPa）	f	c	f'	c'（MPa）	
Ⅲ	Ⅲ₁		2.60~2.70	H: 9~11	0.25~0.27	1.08	1.10	0.70	0	1.00~1.10	0.90~1.10	1:0.5
				V: 11~13								
	Ⅲ₂	Ⅲ₂		H: 5~7	0.27~0.30	0.95	0.90	0.67	0	0.90~1.00	0.70~0.90	1:0.75
				V: 8~10								
		Ⅲ₂ₛ		//: 5~6		0.86	0.85	0.65	0	0.90~1.00	0.70~0.90	
				⊥: 3~4								
Ⅳ	Ⅳ		2.50~2.60	H: 2~3	0.30~0.35	0.70	0.60	0.55	0	0.70~1.00	0.30~0.70	1:1.0
	Ⅳₛ			//: 1.5~2.0		0.60	0.50	0.50	0	0.70~0.80	0.30~0.70	
				⊥: <1.0								
Ⅴ			2.00~2.50	<1.0	>0.35	<0.55	<0.30	<0.45	0	0.40~0.70	0.05~0.30	1:1.25

注 1. 开挖边坡每隔 20m 左右设置马道。
2. 当有确定性结构面控制边坡稳定时，坡比另定。
3. H 表示水平方向，V 表示铅直方向；// 表示平行方向，⊥ 表示垂直方向。

表 6.29   叶巴滩水电站坝区岩体结构面力学参数建议值表

结构面类别				抗剪断强度		抗剪强度	
类		亚类		f'	c'（MPa）	f	c（MPa）
A	刚性结构面	A1	闭合新鲜结构面	0.70	0.15	0.65	0
		A2	微张锈染结构面	0.60	0.10	0.55	0
B	软弱结构面及软弱带	B1	岩块岩屑型	0.50	0.10	0.45	0
		B2	碎粒型（B2-1）	0.50	0.05	0.40	0
			碎粒夹泥型（B2-2）	0.40	0.05	0.37	0
		B3	岩屑夹泥型	0.38	0.05	0.35	0
		B4	泥夹岩屑型	0.30	0.01	0.27	0
		B5	泥型	0.23	0.005	0.20	0

2. 阿海水电站工程

（1）工程概况。阿海水电站系金沙江中游河段"一库八级"水电开发方案的第四个梯级。该工程以发电为主，兼顾防洪、灌溉等综合利用。坝址控制流域面积为 23.54 万 km²，多年平均流量 1620m³/s。正常蓄水位 1504.00m，库容 8.06 亿 m³，调节库容 2.38 亿 m³，属日调节水库。枢纽建筑物由碾压混凝土重力坝、左岸溢流表孔及消力池、左岸泄洪冲沙底孔、右岸冲沙底孔、坝后厂房等组成，最大坝高 132m。电站装机容量 2000MW，多年平均年发电量 88.77 亿 kW·h，已建成发电。

（2）岩体物理力学参数取值。坝区出露泥盆系砂岩、含砾砂岩、砾岩、硅化变质岩、钙质板岩以及海西期辉绿岩。根据坝区岩体工程地质分类及其物理力学性质试验，提出岩体、结构面的物理力学参数建议值见表 6.30、表 6.31。

第 6 章　岩体的物理力学参数取值研究

表 6.30

阿海水电站坝基岩体质量分级及物理力学建议值表

岩体质量分级		岩体地质特征		代表岩组	岩石质量指标		岩石饱和单轴抗压强度 R_b(MPa)	岩体纵波速 V_p(m/s)	岩体力学参数建议值						
岩类	亚类		岩体工程地质评价		RQD(%)	BSD(%)			变形模量 E_0(GPa)	混凝土与岩体抗剪断强度 f'	c'(MPa)	岩体抗剪断强度 f'	c'(MPa)	泊松比 μ	允许承载力 R(MPa)
II		为微风化—新鲜的厚层状砂岩，含砾砂岩，砾岩或集中的中厚层状砂岩，层间胶结良好或硅化变质岩以及完整的辉绿岩，结构面轻压直，结构面径发育，节理2组，多闭合或少量的挤压面或铁质硅质被充填胶结，少量大裂隙有硬性结构面，岩体结构为密集结合的块状，次块状结构	岩体完整，强度高，均一性好。抗滑和抗变形性能好，属良好高混凝土坝地基	D_{1a}^5	>80	>80	>60	>4500	12~15	1.1~1.2	1.1~1.2	1.2~1.3	1.3~1.5	0.23	8~10
III	III₁	主要为层状砂岩相对集中带（互层状砂板岩类含量<30%），硅化变质或板岩或较破碎的辉绿岩发育。节理2~3组，压直或中毒性脉或铁质硅质结，多闭合或硬性结构面，表现为硬性染色的块结构，岩体结构为层间紧密结合的块状结构	岩体完整，强度高，软弱结构面不控制岩体稳定，抗滑和抗变形性能较高，属较好高混凝土坝地基	D_{1a}^2、D_{1a}^3、$\beta_{\mu4}^3$	60~80	60~80	砂岩类:>60	4000~4500	垂直底板 8~10；平行层面 10~12；垂直层面 6~8	1.0~1.1	0.9~1.0	1.1~1.2	1.1~1.3	0.25	6~8
	III₂	微风化—新鲜的层状岩体，砂岩与钙质板岩相间分布，部分为砂岩夹钙质板岩或含钙质板岩夹砂岩，互层状砂岩含量30%~70%，岩层呈似层状或互层状结构，层面结合好，为硅胶或钙质胶结，有部分挤压破碎带发育，弱风化下部的辉绿岩和硅化变质岩，宽度一般小于0.5m；辉绿岩以嵌合密结构为主和部分镶嵌密结的碎裂结构，节理裂隙性结构面大部分属硬性闭合，大部分裂隙基本闭合	岩体较软弱，砂岩以硬岩为主，板岩多为较软岩，硬相间，整体强度中等，岩体强度高，抗变形性较高，岩石强度能一定程度上产状对岩石稳定有影响，定适当作高混凝土坝地基	D_{1a}^2、$\beta_{\mu4}^3$、D_{1a}^4	40~60	40~60	砂岩类与钙质互层状砂板岩类组合岩石:30~60　钙质互层状板岩类:20~30	3000~4000	垂直底板 6~8；平行层面 8~10；垂直层面 4~6	0.9~1.0	0.8~1.0	1.0~1.1	0.9~1.1	0.27	5~6

191

续表

岩体质量分级		岩体地质特征	岩体工程地质评价	代表岩组	岩石质量指标		岩石饱和单轴抗压强度 R_b (MPa)	岩体纵波速 V_p (m/s)	变形模量 E_0 (GPa)		混凝土岩体抗剪断强度		岩体抗剪断强度		泊松比 μ	允许承载力 R (MPa)
岩类	亚类				RQD (%)	BSD (%)					f'	c' (MPa)	f'	c' (MPa)		
IV	IV_1	弱风化上部辉绿岩和层状岩体，宽度大于 0.5m 且胶结较好的层间挤压破碎带。辉绿岩以碎裂结构为主，节理及隐微裂隙发育，面闭合~微张。部分具铁质浸染或少量有泥膜。岩体软，硬相间或中的较软岩带分布，硬层状砂板岩类含量>70%。岩体结构为中厚层与薄层互层状，局部以中厚层发育，少量互层层面具泥质薄膜，层间结合一般，少量页面具泥质薄膜，层间挤压面发育间距 5~10m，局部有层间挤压带发育	岩体完整性较差，强度较低，抗滑、抗变形性能受岩石强度及岩体嵌合程度等控制，不宜作为高混凝土坝坝基，局部存在需作专门性处理	D_{1a}^2、$\beta_{\mu4}^3$	20~30	20~40	15~30	2000~3000	垂直底板 4~5；平行层面 5~6；垂直层面 3~4		0.6~0.7	0.5~0.7	0.65~0.80	0.5~0.7	0.3	3~4
	IV_2	强风化岩体和少量弱风化层状岩体。辉绿岩为碎裂岩体，裂隙极为发育，或有碎屑、泥质充填，节理多为铁质浸染或呈片状碎裂结构；层状或层状碎裂结构，层面和层间挤压面发育，部分为泥质充填压面较差，胶结较差，岩层、岩块间嵌合力弱	岩体破碎，强度较低，抗滑、抗变形性能较差，不能作为高混凝土坝坝基，当局部存在在该类岩体，需作专门性处理	—	<20	<20	<15	<2000	2~3		0.5~0.6	0.3~0.5	0.55~0.65	0.3~0.5	0.35	<2
V		全、强风化及构造破碎带岩体，岩体呈散体状结构，由岩块状夹泥或泥包岩块组成，具松散连续介质特征	岩体破碎，不能作为高混凝土坝坝基，当坝基局部地段分布有该类岩体，需作专门性处理	—	<10	—	—	—	—		—	—	—	—	—	—

注 表中所列的变形模量考虑层状岩体各向异性，因此此处按垂直底板（垂直向下）、垂直层面、平行层面分别列出，对于辉绿岩、硅化变质岩各岩级变形模量按垂直底板取值。

表 6.31　　　　　　　　　　阿海水电站坝址区结构面力学参数建议值表

结构面类型		结构面分级	抗剪断强度	
			f'	c'（MPa）
断层、一般性状挤压带		Ⅲ、Ⅳ	0.30～0.50	0.03～0.05
挤压紧密、胶结好的挤压带、面		Ⅲ、Ⅳ	0.50～0.70	0.10～0.30
层间挤压面	泥型	Ⅳ	0.20～0.25	0.002～0.005
	泥夹碎屑型		0.25～0.30	0.02～0.03
	碎屑夹泥型		0.35～0.45	0.03～0.05
一般层面		Ⅴ	0.45～0.55	0.05～0.10
一般节理		Ⅴ	0.45～0.60	0.07～0.15

3. 金安桥水电站工程

（1）工程概况。金安桥水电站位于云南省丽江市的金沙江干流上，是金沙江中游"一库八级"水电开发方案中的第五级电站。工程开发任务以发电为主，兼可发展旅游、库内航运、水产养殖和保持水土等综合利用。坝址控制流域面积为 23.74 万 km^2，多年平均流量 1640m^3/s。水库正常蓄水位 1418m，库容 8.47 亿 m^3，调节库容 3.46 亿 m^3，具有周调节能力。枢纽建筑物由拦河坝和坝后厂房等组成。拦河坝为碾压混凝土重力坝，最大坝高 160m，坝顶长度 640m，从左到右由左岸非溢流坝段、左冲沙底孔坝段、河床厂房坝段、右泄洪兼冲沙底孔坝段、右岸溢流表孔坝段和右岸非溢流坝段组成。电站装机容量 2400MW，多年平均年发电量 110.43 亿 kW·h，已建成发电。

（2）岩体物理力学参数取值。坝区出露二叠系玄武岩，根据坝区岩体工程地质分类及其物理力学性质试验，提出岩体的物理力学参数建议值见表 6.32、表 6.33。

4. 观音岩水电站工程

（1）工程概况。观音岩水电站为金沙江中游河段规划的八个梯级电站的最末一个梯级。工程以发电为主，兼顾防洪、供水、库区航运及旅游等综合利用效益。坝址控制流域面积为 25.65 万 km^2，多年平均流量 1890m^3/s。水库正常蓄水位 1134m，库容 20.72 亿 m^3，调节库容 3.83 亿 m^3，具有周调节能力。枢纽建筑物由拦河坝、右岸溢洪道、坝后厂房等组成。左岸与河床拦河坝为碾压混凝土重力坝，最大坝高 159m；右岸为黏土心墙堆石坝，最大坝高 71m。电站装机容量 3000MW，多年平均年发电量 122.86 亿 kW·h，已建成发电。

（2）岩体物理力学参数取值。坝址出露的地层主要为侏罗系中、下统，其岩性有石英砂岩、细砂岩、泥质粉砂岩、砾岩等。

试验成果表明，弱微风化的细粒石英砂岩饱和单轴抗压强度为 66.4～127.6MPa；含砾细砂岩饱和单轴抗压强度为 67.7～124.0MPa；砾岩饱和单轴抗压强度为 50.0～93.2MPa；粉砂岩饱和单轴抗压强度为 13.1～57.0MPa；泥质粉砂岩饱和单轴抗压强度为 5.9～29.0MPa。上述指标说明，坝址岩石中泥质粉砂岩为软岩，粉砂岩为软～中硬岩，砾岩为中硬～坚硬岩，其余属坚硬岩石。

根据岩石（体）的试验成果，结合工程类比和现行规范，经综合分析提出岩体、结构面的物理力学参数建议值见表 6.34、表 6.35。

工程岩土体物理力学参数分析与取值研究

表 6.32　金安桥水电站坝基岩体质量分类及物理力学参数建议值表

岩体质量类别	坝基建基面利用标准	岩石名称	岩石饱和抗压强度(MPa)	岩体结构	岩体特征	风化程度	RQD(%)	BSD(%)	岩体纵波速度 V_p(m/s)	容重(kN/m³)	弹性模量 E(GPa)	变形模量 E_0(GPa)	泊松比 μ	f'	c'(MPa)	允许承载力 R_0(MPa)
I	可直接利用	致密玄武岩、杏仁状玄武岩、火山角砾熔岩	>80	整体结构	岩体呈整体状，节理不发育，闭合、贯穿性结构面少，无影响结构稳定的控制性结构面，岩体强度高	微风化至新鲜	>95	>90	>5000	28.0	>25	>22	<0.25	1.75 / 1.50	2.00 / 1.50	10.0
II	可直接利用	致密玄武岩、杏仁状玄武岩、火山角砾熔岩、熔结凝灰岩	>60	块状结构	岩体呈块状，少部分为次块状，完整性较好，一般发育1~2组节理，一般闭合，岩体强度高	弱风化下带至新鲜	85~90	70~90	4500~5500	27.0~28.0	18	15	0.25	1.40 / 1.25	1.80 / 1.20	8.0~9.0
III$_a$	经适当工程处理后，应充分利用	致密玄武岩、杏仁状玄武岩、火山角砾岩、熔结凝灰岩	>60	次块状及镶嵌碎裂结构	岩体呈次块状镶嵌碎裂结构，一般发育2~3组裂隙，多闭合，少部分微张，一般没有夹泥，完整性中等，岩体仍具有较高强度	弱风化下带至新鲜	55~85	50~70	4000~5000	26.0~28.0	12	10	0.26	1.25 / 1.15	1.30 / 1.00	7.0~8.0
III$_b$		致密玄武岩	>60	原位镶嵌碎裂结构	岩体呈原位碎裂结构，节理及隐微裂隙发育，岩块嵌紧密		35~55	30~50	3500~4500	25.0~27.0	10	8~10	0.27	1.15 / 1.10	1.00 / 0.90	6.0~8.0
III$_c$	经妥善的工程处理后，可予以利用	致密玄武岩	>60	原位碎裂裂面绿泥石化岩体	岩体呈原位碎裂结构，节理及隐微裂隙发育，岩块微嵌紧密	弱风化上带至新鲜			3000~4000	24.0~26.0	8~10	4~6	0.28	0.95 / 0.95	0.7 / 0.7	5.0~6.5
IV	做混凝土坝基，须进行专门性研究	强卸荷带、节理密集带、构造影响带、挤压带	>30	碎裂结构	岩体节理、裂隙发育，岩体完整性差		<35	<30	<3000	22.0~24.0	5~8	2~3	0.30	0.75 / 0.75	0.30 / 0.30	1.0~2.0

194

续表

岩体质量类别	坝基建基面利用标准	岩石名称	岩石饱和抗压强度（MPa）	岩体结构	岩体特征	风化程度	RQD（%）	BSD（%）	岩体纵波速度 V_p（m/s）	容重（kN/m³）	弹性模量 E（GPa）	变形模量 E_0（GPa）	泊松比 μ	抗剪断强度混凝土与岩体 f'	c'（MPa）	允许承载力 R_0（MPa）
V	不宜作为高混凝土坝坝基，应进行专门性工程处理	断层带、全风化及强风化造体	—	散体结构	结构松散，强度低	全、强风化至新鲜	—	—	<2000	—	0.8~3	0.2~2	0.30	0.40~0.55 / 0.45~0.55	0.05~0.30 / 0.05~0.30	0.30~0.8

表 6.33　金安桥水电站结构面抗剪强度建议值表

结构面及编号		特征	f'	c'（MPa）	备注
断层 EP	弱上	角砾岩、糜棱岩、断层泥	0.30~0.35	0.015~0.030	—
	弱下至微新	绿帘石、石英错动带、夹次生泥及岩屑	0.35~0.45	0.02~0.03	岩屑夹泥型
		绿帘石石英错动带，为硬性结构面，面有擦痕	0.35~0.45	0.02~0.03	顺倾向
			0.70~0.75	0.15~0.20	顺走向
水平卸荷裂隙		追踪流层及缓倾节理面，夹次生泥及岩屑	0.35~0.45	0.015	岩屑夹泥型
一般节理		平直、粗糙、钙膜充填	0.70~0.80	0.10~0.30	—

表 6.34   观音岩水电站岩体物理力学参数建议值表

岩性			混凝土/岩体抗剪断强度		岩体抗剪断强度		岩体变形模量 E_0（GPa）	岩体容许承载力 R（MPa）	岩石天然容重（g/cm³）
			f'	c'（MPa）	f'	c'（MPa）			
砾岩、砂岩			1.30	1.30	1.40	1.50	20	8	2.65
粉砂岩			1.10	1.10	1.20	1.20	10	6	2.75
泥质粉砂岩			1.00	0.90	1.00	0.90	5	4	2.70
粉砂质泥岩			0.80	0.50	0.70	0.50	3	3	2.65
泥岩			0.70	0.55	0.30	0.30	2	2	2.56
基岩综合值	J_{2s}^2 J_{2s}^3	微风化带	1.10	1.10	1.20	1.20	10	7	—
		弱风化带	1.00	0.90	1.00	0.90	6	5	—
		强风化带	0.70	0.30	0.55	0.30	2	1	—
	J_{2s}^1	微风化带	1.00	0.90	1.00	0.90	6	5	—
		弱风化带	0.95	0.70	0.95	0.70	4	4	—
		强风化带	0.70	0.30	0.55	0.30	2	1	—

表 6.35   观音岩水电站结构面抗剪强度建议值表

序号	分类	性状	f'	c'（MPa）
1	岩块岩屑型（层间错动）	砾岩、砂岩、粉砂岩层间错动带、面，角砾岩、糜棱岩，无夹泥	0.50	0.15
2	岩屑夹泥型（层间错动）	泥质粉砂岩、粉砂质泥岩层间错动带、面，以碎屑岩为主，糜棱岩、少量挤压片状岩泥化	0.35	0.10
3	泥夹岩屑型（层间错动）	泥岩层间错动带、面，挤压片状岩，局部有泥化现象	0.28	0.04
4	泥化型（层间错动）	有泥化夹层的层间错动带、面	0.20	0.02
5	硬性结构面	微风化、弱风化带下部层面、节理，闭合或微张无充填	0.60	0.20
6	夹岩屑的结构面	弱风化带上部、强风化带节理	0.40	0.10
7	泥岩夹层	弱、微风化，未发生错动，无泥化现象	0.55	0.30

5. 乌东德水电站工程

（1）工程概况。乌东德水电站系金沙江下游河段规划的第一个梯级。电站的开发任务为以发电为主，兼顾防洪、航运和促进地方经济社会发展。坝址控制流域面积为 40.61 万 km²，多年平均流量 3870m³/s。水库正常蓄水位 975m，库容 74.3 亿 m³，调节库容 30.2 亿 m³，具有季调节能力。枢纽工程主体建筑物由挡水建筑物、泄水建筑物、引水发电建筑物等组成。挡水建筑物为混凝土双曲拱坝，最大坝高 270m。电站装机容量 10 200MW，多年平均年发电量约 389.1 亿 kW·h，已建成发电。

（2）岩体物理力学参数取值。

坝基岩性主要为中元古界会理群落雪组厚层—中厚层灰岩、大理岩，局部少量薄层灰岩和白云岩，岩质坚硬，岩体较完整。岩层走向与河流近垂直，陡倾下游。两岸坝基岩体风化、卸荷较浅，断层总体不发育。

根据岩石（体）的试验成果，结合工程类比和现行规范，经综合分析提出岩体、结构面的物理力学参数建议值见表 6.36、表 6.37。

6. 白鹤滩水电站工程

（1）工程概况。白鹤滩水电站是金沙江下游干流河段梯级开发的第二个梯级电站，工程以发电为主，兼有拦沙、防洪、航运等综合效益。坝址控制流域面积为 43.03 万 km²，多年平均流量 4110m³/s。水库正常蓄水位 825m，库容 206 亿 m³，调节库容 127 亿 m³，具有年调节能力。白鹤滩水电站枢纽由拦河坝、泄洪消能设施、引水发电系统等主要建筑物组成。拦河坝为混凝土双曲拱坝，最大坝高 289m。地下厂房装有 16 台机组，装机容量 16 000MW，多年平均年发电量 624.43 亿 kW·h，已建成发电。

（2）岩体物理力学参数取值。坝区岩体由坚硬的玄武岩、角砾熔岩等组成，柱状节理发育，玄武岩体中发育的不同规模的层间、层内错动带及基体裂隙控制了岩体结构，影响了岩体的质量及力学特性。

坝区进行了 149 组岩石室内物理力学性质试验、217 点岩体原位变形试验、63 组岩体原位大剪试验等。根据现场各类工程岩体的性状和岩体试验，结合工程类比和现行规范，经综合分析提出岩体、结构面的物理力学参数建议值见表 6.38、表 6.39。

7. 溪洛渡水电站工程

（1）工程概况。溪洛渡水电站是金沙江干流下游河段梯级开发规划中的第三个梯级电站，电站的开发任务以发电为主，兼有拦沙、防洪、改善下游航运等综合利用效益。坝址控制流域面积为 45.44 万 km²，多年平均流量 4570m³/s。水库正常蓄水位 600m，库容 115.7 亿 m³，调节库容 64.6 亿 m³，具有不完全年调节能力。工程枢纽由混凝土双曲拱坝、泄洪消能建筑物、引水发电建筑物等组成，最大坝高 285.5m，装机容量 13 860MW，多年平均年发电量为 571.2 亿 kW·h，已建成发电。

（2）岩体物理力学参数取值。坝区岩层二叠系上统峨眉山组玄武岩、角砾熔岩等组成，岩石坚硬，岩体较完整，地层产状平缓，未见断层发育，工程地质条件良好。但玄武岩体中发育的不同规模的层间、层内错动带及基体裂隙控制了岩体结构，影响了岩体的质量及力学特性。

在充分研究坝区岩体结构类型及完整性、紧密程度、风化卸荷、层内错动带发育程度和地下水状况的基础上，结合水电规范，针对溪洛渡坝区岩体结构特点，将坝基岩体划分为 I、II、III₁、III₂、IV₁、IV₂ 和 V 级共五个岩级七个亚级，见表 6.40。

坝区结构面类型分为软弱结构面和刚性结构面两种，层间、层内错动带为软弱结构面，节理裂隙为刚性结构面。软弱结构面按其充填物的粒径组成、含量及其组合特征，分为裂隙岩块型、含屑角砾型和岩屑角砾型三类，并按风化程度的差异再细分为六个亚类。

表 6.36　乌东德水电站坝址区主要岩石（体）物理力学参数建议值表

级	亚级	代表性岩体	坝址区代表性岩组	重度(KN/m³)	岩石饱和抗压强度(MPa)	软化系数	岩体允许承载力(MPa)	岩体变形参数(GPa) 变形模量	岩体变形参数(GPa) 弹性模量	泊松比μ	岩体抗剪断强度（垂直于层面）抗剪断 f'	岩体抗剪断强度（垂直于层面）抗剪断 c'(MPa)	岩体抗剪断强度（垂直于层面）抗剪 f	混凝土与岩体（断）强度 抗剪断 f'	混凝土与岩体（断）强度 抗剪断 c'(MPa)	混凝土与岩体（断）强度 抗剪 f	岩体抗拉强度(MPa)
II	II₁	厚层状灰岩 厚层状大理岩 厚层状石英岩	Pt$_{21}^{3-1}$、Pt$_{21}^{3-2-4}$、Pt$_{21}^{3-3-1}$、Pt$_{21}^{3-3-2}$、Pt$_{21}^{3-3-3}$	26.9	90~100	0.83~0.86	10~11	25~30	35~40	0.20~0.23	1.4~1.6	1.8~2.0	0.9~1.0	1.2~1.3	1.3~1.5	0.8~0.9	0.8~1.0
		微卸荷厚层状灰岩 微卸荷厚层状大理岩 微卸荷厚层状石英岩	微卸荷的 Pt$_{21}^{3-1}$、Pt$_{21}^{3-2-4}$、Pt$_{21}^{3-3-2}$、Pt$_{21}^{3-3-3}$、Pt$_{21}^{6}$	26.9	80~90		9~10	20~25	30~40								
	II₂	中厚层状灰岩 中厚层状大理岩 中厚层状石英岩	Pt$_{21}^{1-3}$、Pt$_{21}^{3-2-2}$、Pt$_{21}^{3-2-5}$、Pt$_{21}^{3-4-2}$、Pt$_{21}^{3-3-5}$、Pt$_{21}^{4-2}$、Pt$_{21}^{3-4-3}$、Pt$_{21}^{6}$、Pt$_{21}^{8}$、Pt$_{21}^{10}$	26.9	80~90	0.80~0.85	9~10	18~22 / 20~25	25~33 / 30~40	0.23~0.25	1.2~1.4	1.4~1.8	0.8~0.9	1.1~1.2	1.1~1.3	0.7~0.8	0.6~0.8
		巨厚层状~厚层状白云岩 厚层状变质质砂岩 中厚层状互层状灰岩 A类角砾岩	Pt$_{21}^{1-1}$、Pt$_{21}^{3-2-1}$、Pt$_{21}^{3-2-3}$、Pt$_{21}^{3-2-6}$、Pt$_{21}^{3-4-1}$、Pt$_{21}^{3-4-3}$、Pt$_{21}^{5-1}$、Pt$_{21}^{5-3}$ A类角砾岩	27.4	60~80		8~9	18~22	25~35								
III	III₁	微卸荷中厚层状灰岩 微卸荷中厚层状大理岩 微卸荷中厚层状石英岩 A类角砾岩	微卸荷的 Pt$_{21}^{1-3}$、Pt$_{21}^{3-2-2}$、Pt$_{21}^{3-2-5}$、Pt$_{21}^{3-4-2}$、Pt$_{21}^{3-2-5}$、Pt$_{21}^{4-2}$、Pt$_{21}^{6}$、右岸 Pt$_{21}^{8}$、Pt$_{21}^{10}$	26.9	75~85	0.80~0.83	7.5~8.5	17~20 / 18~22	22~30 / 22~35	0.24~0.26	1.0~1.2	1.2~1.4	0.7~0.8	0.9~1.1	0.9~1.1	0.6~0.7	0.5~0.6
		微卸荷厚层状变质砂岩 微卸荷中厚层状砂质 微卸荷中厚层状夹互层状灰岩 云岩	微卸荷的 Pt$_{21}^{1-1}$、Pt$_{21}^{3-2-1}$、Pt$_{21}^{3-2-6}$、Pt$_{21}^{3-4-1}$、Pt$_{21}^{3-4-3}$	27.4	60~75		6.5~7.5	17~20	22~30								

续表

岩体质量分级		代表性岩体	坝址区代表性岩组	重度 (KN/m³)	岩石饱和抗压强度 (MPa)	软化系数	岩体允许承载力 (MPa)	岩体变形参数 (GPa)		泊松比 μ	岩体抗剪断强度 (垂直于层面)			混凝土与岩体间抗剪 (断) 强度			岩体抗拉强度 (MPa)
级	亚级							变形模量	弹性模量		抗剪断 f'	抗剪断 c' (MPa)	抗剪 f	抗剪断 f'	抗剪断 c' (MPa)	抗剪 f	
Ⅲ	Ⅲ₁	互层状大理岩化白云岩、互层状灰岩、互层状石英质大理岩化白云岩、中厚层状白云岩	左岸 Pt_{2l}^{1-2}、Pt_{2l}^{2-1}、Pt_{2l}^{2-2}、Pt_{2l}^{2-3}、Pt_{2l}^{1-1}	27.4	70~90	0.80~0.85	6.0~7.0	14~18	20~25	0.25~0.27	1.0~1.2	1.2~1.4	0.7~0.8	0.9~1.1	0.9~1.1	0.6~0.7	0.5~0.6
		薄层状灰岩	Pt_{2l}^{7}、Pt_{2l}^{9}	26.8	60~70	0.75~0.80	4.5~5.5	14~18 / 18~20	20~25 / 25~30	0.25~0.27		1.0~1.2					0.3~0.5
Ⅲ	Ⅲ₂	弱卸荷的厚层和中厚层状灰岩、大理岩、白云岩、石英岩、变质砂岩	弱卸荷的 Pt_{2l}^{1-1}、Pt_{2l}^{1-2}、Pt_{2l}^{1-3}、Pt_{2l}^{3-1}、Pt_{2l}^{3-2-1}、Pt_{2l}^{3-2-2}、Pt_{2l}^{3-2-3}、Pt_{2l}^{3-2-4}、Pt_{2l}^{3-2-5}、Pt_{2l}^{3-2-6}、Pt_{2l}^{3-3-1}、Pt_{2l}^{3-3-2}、Pt_{2l}^{3-3-3}、Pt_{2l}^{3-4-1}、Pt_{2l}^{3-4-2}、Pt_{2l}^{3-4-3}、Pt_{2l}^{3-5}、Pt_{2l}^{4-2}、Pt_{2l}^{5-1}、Pt_{2l}^{5-3}、Pt_{2l}^{6}、Pt_{2l}^{8}、Pt_{2l}^{10}、Pt_{2hs}，右岸花山沟断层上游 Z_{2d}	26.8~27.3	50~70	0.6~0.7	3.0~4.0	5~10	7~16	0.28~0.30	0.8~1.0	0.7~1.0	0.6~0.7	0.8~0.9	0.7~0.9	0.5~0.6	0.2~0.3
		薄层状大理岩化白云岩	右岸 Pt_{2l}^{2-3}、Pt_{2l}^{4-1-1}、Pt_{2l}^{4-1-3}	27.3	50~70	0.65~0.70	3.0~4.0	5~7 / 6~10	7~10 / 12~16	0.28~0.30	0.8~0.9	0.7~0.9	0.6~0.7	0.7~0.8	0.6~0.8	0.5~0.6	0.2~0.3
		B 类角砾岩	B 类砾岩	26.8	30~50	0.60~0.70	2.5~3.5	6~10	12~16	0.28~0.30	0.8~1.0	0.7~1.0	0.6~0.7	0.8~0.9	0.7~0.9	0.5~0.6	0.3~0.5

续表

岩体质量分级		代表性岩体	坝址区代表性岩组	重度 (KN/m³)	岩石饱和抗压强度 (MPa)	软化系数	岩体允许承载力 (MPa)	岩体变形参数 (GPa)		泊松比 μ	岩体抗剪断强度 (垂直于层面)				混凝土与岩体间 (断) 强度				岩体抗拉强度 (MPa)
级	亚级							变形模量	弹性模量		抗剪断 f'	抗剪断 c' (MPa)	抗剪 f		抗剪断 f'	抗剪断 c' (MPa)	抗剪 f		
IV	IV$_1$	微卸荷薄层状大理岩化白云岩 薄层夹极薄层大理岩化白云岩（含千枚岩薄膜）	右岸微卸荷的 Pt$_{21}^{2-3}$，微卸荷 Pt$_{21}^{4-1}$、Pt$_{21}^{4-1-3}$，左岸 Pt$_{2y}^{2-1}$	27.3	40~60	0.60~0.70	2.5~3.5	2~4 3~5	4~6 5~8	0.30~0.33	0.7~0.8	0.4~0.7	0.5~0.6		0.6~0.7	0.4~0.6	0.4~0.5		0.1~0.2
		弱卸荷互层状大理岩化白云岩、互层状灰岩 弱卸荷薄层状灰岩 弱卸荷薄层灰岩夹互层灰岩	弱卸荷的左岸 Pt$_{21}^{2-1}$、Pt$_{21}^{2-3}$，弱卸荷的 Pt$_{21}^{7}$、Pt$_{21}^{9}$，右岸 Pt$_{21}^{1-1}$（进水口塔基附近），左岸弱卸荷 Pt$_{21}^{8}$、Pt$_{21}^{10}$，Z$_{2d}$	26.7~27.2	40~60	0.60~0.70	2.5~3.5	3~6	5~12	0.28~0.30	0.7~0.9	0.6~0.8	0.5~0.7		0.6~0.8	0.5~0.7	0.5~0.6		0.05~0.1
		绢云千枚岩 弱风化薄层白云岩	Pt$_{21}^{5-2}$，左岸花山沟断层下游 Pt$_{21}$	27.0	30~50	0.60~0.70	2.0~3.0	3~5	5~8	0.30~0.33	0.7~0.8	0.4~0.7	0.5~0.6		0.6~0.7	0.4~0.6	0.4~0.5		0.1~0.2
IV	IV$_2$	弱卸荷薄层状大理岩化白云岩 极薄层状大理岩化白云岩夹千枚岩薄膜	右岸弱卸荷的 Pt$_{21}^{4-1}$、Pt$_{21}^{4-1-3}$，右岸 Pt$_{2y}$；Pt$_{21}^{4-1-2}$，右岸花山沟断层下游 Pt$_{2hs}^{2}$，左岸花山沟断层下游 Pt$_{21}$，Z$_{2g}$	26.6	30~40	<0.60	1.5~2.5	1~2	2~5	0.33~0.35	0.5~0.7	0.2~0.4	0.3~0.5		0.5~0.6	0.2~0.3	0.3~0.4		0.05~0.1
		部分断层构造碎裂岩	红沟断层构造碎裂岩等，花山沟断层碎裂岩																

续表

岩体质量分级		代表性岩体	坝址区代表性岩组	重度 (KN/m³)	岩石饱和抗压强度 (MPa)	软化系数	岩体允许承载力 (MPa)	岩体变形参数 (GPa)		泊松比 μ	岩体抗剪断强度 (垂直于层面)			混凝土与岩体间抗剪(断)强度			岩体抗拉强度 (MPa)
级	亚级							变形模量	弹性模量		抗剪断		抗剪	抗剪断		抗剪	
											f'	c' (MPa)	f	f'	c' (MPa)	f	
V	—	弱、微卸荷极薄层状大理岩化白云岩夹千枚岩薄膜 弱、微卸荷绢云千枚岩 J2004 剪切带构造岩 白沟断层主断面附近构造岩 雷家湾断层主断面附近构造岩 花山沟断层泥	弱、微卸荷 Pt_{21}^{4-1-2} 弱、微卸荷 Pt_{21}^{5-2} 弱、微卸荷右岸 Pt_{2y}^{2-1} 花山沟断层泥	—	—	—	—	0.4~0.7	1~2	0.35~0.38	<0.5	<0.2	<0.3	—	—	—	<0.05

注: 1. 变形参数中的分子表示受力方向为垂直层面的建议值、分母表示受力方向为平行层面的建议值。

2. 根据 GB 50287—2019《水力发电工程地质勘察规范》的规定，硬质岩岩体允许承载力可按岩石饱和单轴抗压强度（R_b）折减后取值。

表6.37　乌东德水电站坝址区主要结构面力学参数建议表

类别			主要特征	代表性结构面	抗剪断强度		抗剪强度
					f'	c' (MPa)	f
断层	硬性结构面	胶结型	构造岩主要由方解石胶结，胶结较好~好	部分小断层	0.6~0.8	0.10~0.25	0.6~0.7
	软弱结构面	岩块岩屑型	构造岩为原岩碎块或碎裂岩，岩块间主要为岩屑	红沟断层（F3）、部分小断层	0.45~0.55	0.10~0.25	0.4~0.5
		岩屑夹泥型	构造岩主要为碎裂岩，呈岩屑状，岩屑间多为岩粉，偶见泥	雷家碛沟断层（F15）主断面、f42主断面	0.35~0.45	0.05~0.10	0.3~0.4
		泥夹岩屑型	构造岩主要为碎粉岩，黏粒含量高，主要呈泥状	白沟断层（F14）主断面	0.25~0.35	0.01~0.05	0.2~0.3
层间剪切带	软弱结构面	岩屑夹泥型	主要为岩屑夹岩粉，偶见泥	J_{2004}	0.4~0.5	0.05~0.10	0.3~0.4
裂隙（平直稍粗型）	硬性结构面	胶结型	方解石或钙质胶结，胶结好	大部分裂隙	0.8~0.9	0.30~0.40	0.6~0.7
		无充填型	无充填，紧密接触	部分裂隙	0.7~0.8	0.10~0.20	0.5~0.6
	软弱结构面	岩屑夹泥型	充填岩屑夹岩粉偶见泥；泥钙质薄膜型	少数裂隙	0.5~0.6	0.05~0.10	0.3~0.4
		泥夹岩屑型	溶蚀较强，充填次生泥夹岩屑	灰岩中靠近地表或溶洞附近的少数裂隙	0.25~0.35	0.01~0.05	0.2~0.3
层面	硬性结构面	胶结型	层面间方解石胶结，胶结好	部分层面	0.8~0.9	0.30~0.40	0.6~0.7
		无充填型	层面间无充填	大部分层面	0.7~0.8	0.10~0.20	0.5~0.6
	软弱结构面	泥钙质薄膜型	层面间附钙质薄膜	部分层面	0.5~0.6	0.05~0.08	0.4~0.5
		千枚岩充填型	层面间充填千枚岩	落雪组第2、4段岩体中部分层面	0.6~0.7	0.08~0.10	0.4~0.5
		岩屑夹泥型	层面间充填岩屑夹岩粉，偶见少量泥	落雪组第3段岩体中少部分层面	0.4~0.5	0.05~0.08	0.3~0.4

表6.38 白鹤滩水电站各类岩基坝体物理力学参数建议值表

岩类	亚类	岩体基本特征	错动带间距（m）	声波波速 V_{ps}（m/s）	地震波波速 V_{pd}（m/s）	容重（kN/m³）	岩石饱和单轴抗压强度（MPa）	变形模量（GPa）	弹性模量（GPa）	泊松比	抗剪强度（岩体/岩体）抗剪断 f'	抗剪断 c'（MPa）	抗剪 f	抗剪 c（MPa）	抗剪强度（混凝土/岩体）抗剪断 f'	抗剪断 c'（MPa）	抗剪 f	抗剪 c（MPa）
Ⅱ	Ⅱ₁	斜斑玄武岩、隐晶质玄武岩，岩质坚硬、杏仁状玄武构造或块状次块状结构，无卸荷、微新状态，块状结构。该类岩体属良好的高拱坝坝基，对建基面附近的错动带做适当处理后可直接利用	>10	>4700	>4100	28	95~110	17~20	25~30	0.22~0.24	1.30~1.40	1.40~1.70	0.75~0.80	0	1.10~1.20	1.40~1.60	0.70~0.75	0
Ⅱ	Ⅱ₂	第二类柱状节理玄武岩，岩质坚硬、微新状态，无卸荷、次块状结构。该类岩体属良好的高拱坝坝基，对建基面附近的错动带做适当处理后可直接利用	>10	>5100	>4700	28	90~100	14~18 / 10~12	20~23 / 14~17	0.22~0.24	1.20~1.40	1.30~1.50	0.70~0.80	0	1.00~1.10	1.20~1.30	0.70~0.75	0
Ⅲ	Ⅲ₁	1) 斜斑玄武岩、隐晶质玄武岩，杏仁状玄武岩，弱风化下段，无卸荷、微卸荷、弱卸荷状态，微新、弱风化或微新状态，块状次块状结构；2) 第二类柱状节理玄武岩，岩质坚硬、弱风化下段，无卸荷，弱卸荷，微新状态，镶嵌结构或次块状结构；3) 第三类柱状节理玄武岩，岩质坚硬，镶嵌结构或次块状结构；4) 第一类柱状节理玄武岩，岩质坚硬，微新、无卸荷状态，柱状镶嵌结构。该类岩体做适当处理后可满足建坝要求。	5~10	4200~4700 / >4200	3500~4100 / >3700	27~28	70~95	10~12 / 8~10	15~18 / 12~15	0.24~0.26	1.00~1.20	1.00~1.20	0.60~0.70	0	0.90~1.00	1.00~1.10	0.55~0.65	0
Ⅲ	Ⅲ₂	1) 斜斑玄武岩、隐晶质玄武岩，杏仁状玄武岩，岩质坚硬、弱风化下段，弱卸荷，嵌结构或次块状结构；2) 角砾熔岩，岩质较坚硬，弱风化下段，次块状结构	3~5	3500~4200 / 3500~4200	3200~3500 / 3500~3700	26	55~70	8~10 / 6~8	12~15 / 9~12	0.26~0.28	0.90~1.00	0.90~1.00	0.55~0.63	0	0.80~0.95	0.80~0.90	0.50~0.55	0

续表

岩类	亚类	岩体基本特征	错动带间距 (m)	声波波速 V_{ps} (m/s)	地震波波速 V_{pd} (m/s)	容重 (kN/m³)	岩石饱和单轴抗压强度 (MPa)	变形模量 (GPa)	弹性模量 (GPa)	泊松比	抗剪强度（岩体岩体）抗剪断 f'	抗剪强度（岩体岩体）抗剪断 c' (MPa)	抗剪 f	抗剪 c (MPa)	抗剪强度（混凝土岩体）抗剪断 f'	抗剪强度（混凝土岩体）抗剪断 c' (MPa)	抗剪 f	抗剪 c (MPa)
Ⅲ	Ⅲ₂	3）第二类柱状节理玄武岩、岩质坚硬、弱风化、弱卸荷，镶嵌结构。4）第一类柱状节理玄武岩，岩质坚硬，微新状态、弱卸荷下段，柱状镶嵌结构。或弱卸荷荷，柱状岩体一般可局部利用 处理后可局部利用	3~5	4000~4700	3400~4500	26	55~70	7~9 / 5~7	10~13 / 8~10	0.26~0.28	0.80~0.90	0.70~0.80	0.55~0.58	0	0.80~0.95	0.75~0.80	0.50~0.55	0
Ⅳ	Ⅳ₁	斜斑玄武岩、隐晶质玄武岩、杏仁状玄武岩、角砾熔岩、碎裂坚硬岩质较坚硬、弱风化、强卸荷荷，裂隙面有铁、锰质渲染和次生泥、弱卸荷，块裂结构为主；弱风化上段，次块状结构。该类岩体不能直接作为高拱坝坝基，须做或做专门性处理	—	2400~3500	2200~3200	25	—	3~4	5~6	0.30~0.32	0.70~0.80	0.50~0.60	0.50~0.55	0	0.70~0.80	0.40~0.60	0.45~0.50	0
	Ⅳ₂	1）柱状节理玄武岩、岩质较坚硬、强卸荷，碎裂结构，弱卸荷上段，节理面局部有铁、锰质渲染。2）断层影响带、层间错动带影响带。块状结构或碎裂带，块裂结构。3）微风化-弱风化的凝灰岩、块裂结构或碎裂结构。该类岩体不能直接作为高拱坝坝基，须挖除或做专门性处理	—	2400~3500	2200~3200		—	2~3	3~4	032~034	0.50~0.60	0.40~0.45	0.45~0.50	0	0.60~0.70	0.35~0.40	0.40~0.45	0
Ⅴ		强风化的凝灰岩、规模较大的层间错动带、断层破碎带、碎裂及散体结构岩体，该类岩体不能作为高拱坝坝基，须挖除或做专门性处理	—	<2400	<2200	22	—	0.5~2	1.5~2.5	0.34~0.36	035~045	0.05~0.20	0.35~0.40	0	035~050	0.05~0.25	0.30~0.35	0

表 6.39

白鹤滩水电站站区各类结构面力学参数建议值表

分类	亚类	结构面类型	充填物特征	嵌合程度	变形模量 E_0 (GPa)	抗剪断参数 f'	抗剪断参数 c' (MPa)	抗剪参数 f	抗剪参数 c (MPa)
硬性结构面	胶结型 胶结好	断层、错动带	构造角砾岩、碎裂岩、石英脉	胶结紧密	1~3	0.75~0.94	0.25~0.30	0.70~0.79	0
	胶结一般		碎裂岩、绿帘石化构造角砾岩	胶结	0.5~1	0.60~0.75	0.15~0.25	0.55~0.70	0
	胶结差		不饱和充填石英脉、方解石脉	部分胶结	0.3~0.5	0.50~0.60	0.10~0.15	0.45~0.55	0
	无充填型 起伏粗糙	错动带、裂隙	裂隙面无充填	闭合~微张	—	0.52~0.70	0.05~0.06	0.51~0.55	0
	平直粗糙					0.46~0.52	0.05~0.06	0.45~0.51	0
	平直光滑					0.25~0.46	0.05~0.06	0.20~0.40	0
软弱结构面	岩块岩屑型 A	层间、层内错动带、断层、有充填裂隙	两盘（侧）岩体微新、无卸荷，带内节理化、角砾化构造岩，黏粒含量小于 3%，岩块角砾未变色，坚硬	紧密，锤击不动	0.25~0.3	0.45~0.50	0.10~0.17	0.43~0.48	0
	岩块岩屑型 B		两盘（侧）岩体弱风化或卸荷。带内节理化、角砾化构造岩，黏粒含量占 3%，岩块角砾呈黄褐色，易碎	较紧密，锤击松动	0.20~0.24	0.39~0.43	0.09~0.10	0.36~0.40	0
	岩屑夹泥型 A		两盘（侧）岩体微新无卸荷，砾化构造岩为主，黏粒含量占 10%，角砾未变色，坚硬	结构面内泥质不连续，下盘见泥膜	0.11~0.15	0.33~0.37	0.04~0.05	0.31~0.35	0
	岩屑夹泥型 B		两盘（侧）岩体弱风化或卸荷，带内角砾化构造岩，黏粒含量占 10%，角砾呈黄褐色，易碎	结构面下盘见 0.5~2cm 的泥夹岩屑带	0.06~0.11	0.32~0.36	0.03~0.04	0.27~0.31	0
	泥夹岩屑型		两侧岩体破碎，上盘岩体松池带内角砾化构造岩，黏粒含量较高，10%。角砾易碎。26%	泥夹岩屑在 2m 范围内连续分布，厚度大于 2cm	0.05~0.10	0.22~0.25	0.01~0.02	0.21~0.23	0

注 胶结型型结构面取峰值强度小值平均值，无充填型结构面取比例极限值。

坝区进行了 110 组岩石室内物理力学性质试验、139 组结构面物理性质试验、166 点岩体原位变形试验、82 组岩体原位大剪试验等。强度参数采用优定斜率法、变形模量采用点群中心法进行整理，以现场岩体试验成果标准值为基础，考虑岩体中随机分布的层内错动带对岩体变形的影响，岩体垂直变形模量采用变形等效原则进行修正，经综合分析提出坝区各级岩体、结构面的力学参数建议值，见表 6.41、表 6.42。

表 6.40 溪洛渡水电站坝基岩体质量分级表

岩级	亚级	岩体结构	风化卸荷	Lc发育程度	完整性	岩体基本特性	RQD(%)	RBI	V_p(m/s)
II		块状结构	微风化~新鲜、无卸荷	弱发育	较完整	微风化~新鲜岩体，无卸荷，块状结构，岩体较完整，均一性好，裂隙发育少，裂面较新鲜，无充填。错动带不发育，仅有少量小规模层内错动带出露	80~90	20~50	4800~5500
III	III₁	次块状~镶嵌结构	弱下风化、无卸荷	弱发育	较完整	1)P₂β₃、P₂β₄和P₂β₆层顶部的含凝灰质角砾熔岩。岩体完整，微风化~新鲜，较坚硬，结构面不发育，块状~整体块状结构。岩体弱透水为主	70~80	10~30	4000~5200
			弱下风化、无卸荷	弱发育	较完整	2)弱风化下段、无卸荷岩体。次块状结构为主，岩体较完整，均一性较好。裂隙中等发育，裂面中度锈染，无充填，谦和紧密，发育少量小规模错动带			
			微风化、无卸荷	较发育	较完整	3)微风化、无卸荷岩体中Lc较发育段，间距1.5~3m，错动带呈弱风化夹层。裂隙较发育，裂面锈染明显，无充填，以紧密镶嵌结构为主，均一性较差。含凝灰质角砾熔岩声波速度一般为4300~4800m/s，玄武岩主要分布于4500~5200m/s，呈小锯齿状起伏			
	III₂	块裂结构	弱上风化、弱卸荷	弱发育	完整性差	1)风化上段、弱卸荷岩体，岩体完整性差，以块裂结构为主，较松弛。裂隙发育，间距一般0.1~0.3m，中等~严重锈染，个别裂隙充填岩屑和次生泥，错动带发育较少，规模较小	50~70	5~10	3500~4500
			弱下风化~微新	较发育		2)弱风化下段~微新岩体内层间、层内错动带和挤压带较发育~发育段，间距小于3m，错动带呈弱上~强风化夹层，影响带厚度大，裂隙发育，普遍中等锈染，个别充填岩屑，岩体完整性差，以块裂结构为主			
IV	IV₁	块裂~碎裂结构	弱上风化、弱卸荷	较发育	较破碎	1)弱上风化、弱卸荷岩体内层内错动带和挤压带较发育段，间距1.5~3m，裂隙发育，锈染严重，充填岩屑和次生泥，岩体较破碎，呈块裂~碎裂结构，结构较松弛，均一性差	25~50	1~5	2700~4000
			弱下风化、无卸荷	发育	破碎	2)弱下风化、无卸荷岩体内层内错动集中发育带，Lc间距<1.5m，错动带呈弱上~强风化夹层，影响带厚度大，裂隙发育，锈染严重，充填岩屑和次生泥，岩体较破碎，以块裂~碎裂结构为主，均一性差			

表 6.41 　　　　　　　溪洛渡水电站坝区综合岩体质量分级及其力学参数建议值表

岩级	亚级	岩体结构类型	声波纵波速 V_p (m/s)	变形模量 E_0 (GPa)		弹性模量 E (GPa)		强度参数						
								岩体/岩体				混凝土/岩体		
								抗剪断强度		抗剪强度		抗剪断强度		抗剪强度
				水平	垂直	水平	垂直	f'	c' (MPa)	f	c (MPa)	f'	c' (MPa)	f
I		整体块状结构	5500~6000	24~36	24~36	33~50	33~50	1.64	2.8	1.00	0	1.35	1.35	1.00
II		块状结构	5000~6000	17~26	12~16	22~30	16~22	1.35	2.5	0.99	0	1.26	1.23	0.96
III	III₁	3、4、6层顶部含凝灰质角砾熔岩 块状结构	4000~5250	10~12		14~20	13~16	1.22	2.2	0.92	0	1.10	1.00	0.88
		玄武岩、角砾熔岩 次块状结构	4500~5750	11~16	9~11									
	III₂	镶嵌结构	3500~5250	5~7	4~6	7~9	5~8	1.20	1.40	0.84	0	1.00	0.95	0.80
IV	IV₁	碎裂结构	2700~4500	3~4	2.5~3.5	4~5	4~5	1.02	1.00	0.70	0	0.90	0.70	0.70
	IV₂	碎裂结构	2500~4000	0.9~2.0	0.5~1.0	1.0~2.6	0.7~1.2	0.70	0.50	0.56	0	0.70	0.50	0.56
V		散体结构	<2500	5.0~0.8	0.3~0.4	0.7~1.1	0.4~0.5	0.35	0.05	0.30	0	0.35	0.05	0.30

表 6.42 　　　　　　　溪洛渡水电站坝区结构面工程分类及其力学参数建议值

大类	亚类			工程类型	抗剪断强度			变形模量 (GPa)	弹性模量 (GPa)
	代号	错动强度	风化状态		f'	c' (MPa)	f	E_0 (V)	E (V)
刚性结构面	—	—	微~新	单条陡倾裂隙	0.98	0.20	0.83	—	—
	—	—	弱风化		0.75	0.15	0.64	—	—
软弱结构面	A	微弱	弱~微风化	裂隙岩块型	0.55	0.25	0.47	1.3~2.2	1.8~3.1
	B1	较强	微风化	含屑角砾型	0.51	0.20	0.43	0.8~1.0	1.2~1.5
	B2		弱风化		0.44	0.10	0.37	0.8~1.0	1.2~1.5
	B3		强风化		0.43	0.08	0.37	0.8~1.0	1.2~1.5
	C1	强	弱风化	岩屑角砾型	0.40	0.07	0.34	0.3~0.6	0.5~0.8
	C2		强风化		0.35	0.05	0.30	0.3~0.6	0.5~0.8

8. 向家坝水电站工程

（1）工程概况。向家坝水电站是金沙江下游河段的最后一级水电站，距水富市区仅500m。工程以发电为主，兼有改善通航条件、防洪、灌溉、拦沙、对溪洛渡水电站进行反调节等综合效益。坝址控制流域面积为 45.88 万 km^2，多年平均流量 $4570m^3/s$。正常蓄水位 380m,库容 51.63 亿 m^3,调节库容 9 亿 m^3,具有季调节能力。枢纽工程由混凝土重力坝、右岸地下厂房及左岸坝后厂房、通航建筑物和两岸灌溉取水口等组成。混凝土重力坝坝顶高程 384m,最大坝高 162m。电站装机容量 7750MW,多年平均年发电量 307.47 亿 kW·h,已建成发电。

(2)岩体物理力学参数取值。向家坝水电站坝址基岩为三叠系上统须家河组砂岩夹页岩,岩层缓倾下游。可研阶段在坝区岩体质量分类和大量岩石(体)物理力学性质试验成果整理的基础上,岩体变形参数以各类岩体的变形试验成果平均值为标准值,岩体抗剪(断)强度参数以各类岩体的抗剪(断)试验成果 0.2 分位值为标准值,进而结合 GB 50287—2019《水力发电工程地质勘察规范》的经验值以及工程类比,经综合分析提出坝区各类岩体物理力学参数的地质建议值。

施工期补充了复核性试验,特别是针对挠曲核部破碎带和左岸挤压带的工程特性还开展了专门试验研究,试验成果综合整理后,对岩体力学参数取值进行了复核,增补了两种过渡岩类即Ⅲ₁~Ⅱ类与Ⅳ~Ⅲ₂类和一个综合岩类即Ⅳ~Ⅴ类,增加了各类岩体的承载力和允许渗透比降的建议值,调整了部分岩类的模量建议值以及Ⅳ类与Ⅴ类岩体的声波速度的界限值等,最终提出坝区各类岩体和结构面的力学参数建议值见表 6.43~表 6.45。

表 6.43　　　　　　　　　　向家坝水电站坝区岩体力学参数建议值表

岩体类别		岩体结构类型	声波纵波速 V_p (m/s)	变形模量 E_0 (GPa)	弹性模量 E (GPa)	允许承载力 (MPa)	强度参数					
							岩体/岩体			混凝土/岩体		
							抗剪断强度		抗剪强度	抗剪断强度		抗剪强度
							f'	c' (MPa)	f	f'	c' (MPa)	f
Ⅱ		厚至巨厚层结构	4000~5000	10.0~15.0	15.0~20.0	7.0~9.0	1.20	1.40	0.80	1.20	1.2	0.7
Ⅲ₁~Ⅱ		厚层结构	3500~4500	8.0~10.0	12.0~15.0	6.0~7.0	1.05~1.20	1.10~1.40	0.70~0.80	1.1~1.2	1.1~1.2	0.65~0.70
Ⅲ₁		中厚层结构	3500~4000	6.5~8.0	9.0~12.0	5.0~6.0	0.93~1.05	0.90~1.10	0.65~0.70	1.0~1.1	0.9~1.1	0.60~0.65
Ⅲ₂		互层状结构	3000~3500	3.5~5.5	6.0~9.0	4.0~5.0	0.80~0.93	0.70~0.90	0.60~0.65	0.9~1.0	0.7~0.9	0.55~0.60
Ⅳ~Ⅲ₂		薄层或镶嵌结构	2500~3500	3.0~3.5	4.5~6.0	3.0~4.0	0.75~0.80	0.60~0.70	0.55~0.60	0.8~0.9	0.6~0.7	0.50~0.55
Ⅳ		块裂结构	2500~3000	2.0~3.0	3.0~4.5	3.0	0.55~0.75	0.30~0.60	0.50~0.55	0.7~0.8	0.5~0.6	0.45~0.50
Ⅳ~Ⅴ	消力池	碎裂结构	2000~3000	1.5~2.5	2.5~3.5	1.5~2.0	0.50~0.70	0.20~0.40	0.45~0.50	0.6~0.7	0.3~0.5	0.40~0.45
	坝基	碎块结构	2000~3000	1.0~2.0	1.5~2.5	1.0~1.5	0.40~0.60	0.10~0.30	0.35~0.45	0.5~0.7	0.2~0.4	0.35~0.40
Ⅴ		碎屑状结构	<2500	0.3~0.5	0.5~0.8	0.8~1.0	0.35~0.45	0.10~0.15	0.30~0.35	0.4~0.5	0.1~0.2	0.30~0.35

表 6.44　　　　　　　　向家坝水电站结构面抗剪（断）强度参数建议值表

结构面类型		挤压带	膝状挠曲核部破碎岩带		T_3^{2-5}、T_3^{2-3}	2、3 级软弱夹层	层面
			坝基	消力池			
抗剪断强度	f'	0.35～0.45	0.40～0.60	0.50～0.70	0.35	0.35～0.44	0.60～0.80
	c'（MPa）	0.10～0.15	0.10～0.30	0.20～0.40	0.10	0.10～0.13	0.30～0.50
抗剪强度	f	0.30～0.35	0.35～0.45	0.45～0.50	0.30	0.30～0.35	0.50～0.55
	c（MPa）	0.03	0.03	0.01	0.02	0.02	0

表 6.45　　　　　　　　向家坝水电站软弱结构面的允许渗透比降建议值表

结构面类别	临界比降	破坏比降	允许比降
挠曲核部破碎带的碎块结构岩体	4.21～9.71	42.02～54.63	2～3
挠曲核部破碎带的碎屑结构岩体	8.20～13.84	16.80～29.65	4～5
左岸挤压带	5.10～34.60	13.30～45.70	2～5
破碎夹泥层	2.95～6.45	18.30～32.70	2～4

9. 三峡水利枢纽工程

（1）工程概况。三峡水利枢纽工程位于长江干流西陵峡中段的湖北省宜昌县三斗坪镇，距宜昌市约 40km，工程的开发任务主要为防洪、发电和航运。坝址控制流域面积为 100 万 km^2，多年平均流量 14 300m^3/s。水库正常蓄水位 175m，库容 393 亿 m^3；汛期防洪限制水位 145m，防洪库容 221.5 亿 m^3；枯季消落最低水位 155m，兴利调节库容 165 亿 m^3，具有不完全年调节能力。三峡枢纽工程包括大坝及电站建筑物、通航建筑物等，拦河大坝为混凝土重力坝，坝顶高程 185m，全长 2309.5m，最大坝高 181m。总装机容量 22 500MW，多年平均年发电量 882 亿 kW·h，已建成发电。

（2）岩体物理力学参数取值。三峡坝基岩体主要为前震旦系闪云斜长花岗岩，其间有闪长岩包裹体，有花岗岩脉、伟晶岩脉、辉绿岩脉、闪斜煌斑岩脉等穿插。枢纽区进行了 1191 组（块）岩石室内物理力学性质试验、97 组岩体原位变形试验、30 组岩体原位大剪试验等。坝基岩体分类是在岩体结构类型及其特性研究的基础上，采用多因子结合的和差计分法（简称三峡 YZP 法）。该法考虑 6 个重要因子（岩体完整性、岩块单轴饱和抗压强度、裂隙发育程度、结构面状态、岩体透水性及渗流特征、变形特征）作为评定岩体质量的依据，经综合分析提出坝基各级岩体、结构面的力学参数建议值（见表 6.46、表 6.47）。

表 6.46　三峡坝基岩体质量分级及评价简表

岩体质量分级及代号	岩体类型	岩体完整性·岩体结构	V_p (km/s)	K_v	RQD	岩体强度特征·R_b (MPa)	混凝土岩体 f	混凝土岩体 c' (MPa)	岩体岩体 f	岩体岩体 c' (MPa)	结构面状态	抗剪强度 f、c (MPa)	岩体渗透性	岩体变形特性 E_0 (GPa)	岩体质量评价的总分值 M
A（优）	新鲜及微风化闪长云斜长花岗岩、闪长岩	块状结构（Ⅱ）为主，少数为整体结构（Ⅰ）	5.10~5.80（5.40）	0.80~0.85	90~95	90~110	1.20~1.30	1.40~1.50	1.50~1.70	1.60~2.00	裂面新鲜或轻微风化，平直稍粗为主，闭合无充填，不连续	平直稍粗面（裂隙）为主 $f=0.7{\sim}0.8$ $c=0.2{\sim}0.3$	极微透水	30~40	85~95
B（良）B₁	弱风化下部岩体，新鲜及微风化闪长云斜长花岗岩、闪长岩	块状结构（Ⅱ）	4.30~5.50（5.04）	0.70~0.80	70~90	75~90					裂面大部分轻微蚀变，15%有充填，宽1~4cm，平直稍粗为主，不连续	平直稍粗面为主 $f=0.7{\sim}0.8$ $c=0.2{\sim}0.3$	微~弱透水	20~30	72~80
B₂	断层带两侧的微风化岩体	次块状结构（Ⅲ）	4.50~5.60（5.18）	0.60~0.80	67~93	75~90	1.00~1.20	1.20~1.40	1.20~1.50	1.30~1.60		平直稍粗面 $f=0.7{\sim}0.8$ $c=0.2{\sim}0.3$ 平直光滑面 $f=0.55{\sim}0.65$ $c=0.05{\sim}0.15$	弱透水为主，河床部位较强	20~30	70~78
B₃	中堡岛花岗岩脉（微风化）	次块状结构（Ⅲ）													
C（中等）	1）断层影响带，裂隙密集带；2）胶结较坚硬的构造岩	镶嵌结构（Ⅳ）	4.50~5.20（4.98）	0.45~0.70	60~85	50~70	—	—	—	—	裂面平直稍粗，或起伏粗糙，连续性好	平直稍粗面 $f=0.70$ $c=0.2{\sim}0.3$ 平直光滑面 $f=0.55{\sim}0.65$ $c=0.05{\sim}0.15$	弱~较强透水	10~20	46~60
D（差）	1）含软弱构造岩的碎裂结构岩体	碎裂结构（Ⅴ）	3.20~4.20	0.25~0.45	0~48	30~50	—	—	—	—	碎块夹碎屑，性状较差	软弱结构面 $f=0.25{\sim}0.40$ $c=0.05{\sim}0.10$	中~较强透水（局部微弱）	0.5~1	20~38
（C~D）	2）含松散碎屑较多的弱风化碎屑风化岩上部岩体	碎裂结构（Ⅴ）	2.60~5.10（3.80）	0.20~0.45	20~50	40~70	—	—	—	—	疏松、半疏松碎屑风化岩层	软弱结构面 $f=0.25{\sim}0.40$ $c=0.05{\sim}0.10$	透水性极不均一	1~5	30~49
E（极差）	1）NE—NEE向软弱构造；2）F₂₃级别破碎岩	碎裂结构（Ⅴ）	<3.00	<0.25	<20	<30	—	—	—	—	碎块、碎屑夹泥，软化，性状极差	软弱结构面 $f=0.25{\sim}0.40$ $c=0.05{\sim}0.10$	透水性极不均一	0.5~1	<20

表 6.47　　　　　　　　　　　　三峡坝基岩体结构面抗剪强度参数建议值表

结构面类型		抗剪强度		结构面特征
		f'	c'（MPa）	
硬性结构面	平直光滑面	0.55～0.65	0.05～0.15	小断层面，以 3001 平洞 f_{11} 为代表
	平直稍粗面	0.65～0.70	0.15～0.20	小断层面，宏观起伏差数毫米到 1cm
		0.70～0.80	0.20～0.30	一般裂隙面，宏观起伏差数毫米，中型试件起伏差小于 0.5cm
	起伏粗糙面	0.80～0.90	0.30～0.50	裂隙面及有擦痕断面，宏观起伏差 1～2cm，中型试件起伏差 0.5～1.0cm
	极粗面	0.90～1.00	0.50～0.70	卸荷裂隙，宏观起伏差大于 2cm
软弱结构面	破碎结构面	0.60～0.70	0.07～0.10	弱风化上带的疏松—半疏松夹层
	夹软弱构造岩面	0.50～0.60	0.05～0.07	F_{23} 糜棱岩及 NE、NEE 向断层胶结不良构造岩
	软弱构造岩	0.25～0.40	0.05～0.10	F_{215} 的软弱构造岩，风化强烈，松软
	泥化面	0.25～0.32	0.03～0.05	较大断层主断面的泥化面及其他含泥的结构面

6.5.2　雅砻江流域

1. 两河口水电站工程

（1）工程概况。两河口水电站为雅砻江干流水电规划中游河段（两河口至卡拉）的第一级控制性水库电站，坝址位于雅砻江干流与鲜水河支流汇合口下游约 3km 处。电站的开发任务主要是发电，坝址控制流域面积 6.57 万 km^2，多年平均流量 663m^3/s。水库正常蓄水位 2865m，库容 101.54 亿 m^3，调节库容 65.6 亿 m^3，具有多年调节能力。电站采用坝式开发，枢纽主要建筑物由砾石土心墙堆石坝、左岸泄洪消能设施、右岸引水发电系统组成，最大坝高 295m。电站装机容量 3000MW，多年平均年发电量 110.75 亿 kW·h。首批机组已投产发电，计划 2023 年全部建成。

（2）岩体物理力学参数取值。坝区岩体可分为厚层状结构、中厚层状结构、镶嵌结构、块裂结构、碎裂结构和散体结构六种结构类型。根据 GB 50287—2019《水力发电工程地质勘察规范》，综合坝址区岩体力学试验和声波测试成果，结合坝址区岩石强度、风化卸荷和岩体结构、岩体完整性指标、结构面性状、地下水活动等特征，将两河口坝区岩体分为三个大类 6 个亚类。

坝区进行了 165 组岩石室内物理力学性质试验、28 点岩体原位变形试验、18 组岩体原位大剪试验等。

岩体变形参数选取以试验值的平均值和小值平均值作为基础，考虑岩体流变效应、围压效应，结合工程类比对选取的 III_1 类岩体标准值适度折减作为地质建议值；III_2、IV 级岩体由于试点数少，结合工程类比确定其变形参数。各类岩体抗剪强度及结构面强度试验标准值基本未作折减作为地质建议值。坝区岩体、结构面分类及其地质参数建议值见表 6.48、表 6.49。

表 6.48   两河口水电站坝区岩体物理力学参数建议值表

岩类		岩石干密度 ρ（g/cm³）	岩体						混凝土/岩体		稳定坡比
			变形模量 E_o（GPa）	泊松比 μ	抗剪断强度		抗剪强度		抗剪断强度		
类	亚类				f'	c'（MPa）	f	c（MPa）	f'	c'（MPa）	
III	III₁	2.68~2.77	8~12	0.25~0.30	0.95~1.2	1.00~1.50	0.70~0.95	0	1.0~1.1	1.0~1.1	1:0.5~1:0.75
	III₂		5~8		0.80~0.90	0.70~0.90	0.65~0.70	0	0.9~1.0	0.7~0.9	
IV	IV₁	2.65~2.70	4~5	0.30~0.35	0.7~0.80	0.50~0.70	0.55~0.65	0	0.8~0.9	0.6~0.7	1:1
	IV₂		2~3		0.55~0.65	0.30~0.50	0.45~0.50	0	0.7~0.8	0.3~0.5	
V	V₁	2.60~2.65	<2	>0.35	<0.55	0.05~0.10	<0.45	0	0.4~0.6	0.05~0.20	1:1.25
	V₂	参见软弱带抗剪参数									

注 边坡的稳定受控于特定的软弱结构面时，稳定坡比另行确定。

表 6.49   两河口水电站坝区岩体结构面力学参数建议值表

结构面类别		抗剪断强度		抗剪强度		参数修正因素
类	亚类	f'	c'（MPa）	f	c（MPa）	
硬性结构面	硬接触型	0.60~0.65	0.10~0.15	0.60~0.65	0	起伏差、隙壁强度、连通率
	次硬接触型	0.50~0.55	0.10~0.15	0.5~0.55	0	
软弱结构面及软弱带	岩块岩屑型	0.45~0.50	0.10~0.15	0.4~0.45	0	软弱结构面修正因素：充填类型加权平均、起伏差。软弱带修正因素：充填类型加权平均
	岩屑夹泥型	0.35~0.45	0.03~0.05	0.30~0.40	0	
	泥夹岩屑型	0.25~0.35	0.02~0.03	0.25~0.30	0	
	夹泥型	0.2~0.25	0.002~0.005	0.2~0.25	0	

2. 孟底沟水电站工程

（1）工程概况。孟底沟水电站为雅砻江干流水电规划中游河段（两河口至卡拉）的第五个梯级电站，下游与杨房沟梯级衔接，上游与楞古梯级衔接。电站开发任务主要是发电。坝址集水面积 79 564km²，多年平均流量 886m³/s。水库正常蓄水位 2254m，库容 8.535亿 m³，调节库容 0.860 亿 m³，具有日调节性能。枢纽主要建筑物由混凝土双曲拱坝、泄洪消能设施、引水发电系统组成，拱坝最大坝高 200m，电站装机容量 2400MW，与两河口电站联合运行多年平均年发电量 99.43 亿 kW·h，正施工在建。

（2）岩体物理力学参数取值。坝区基岩岩性主要为花岗闪长岩及浅色花岗岩化黏土岩化蚀变岩，少量黑云母花岗岩，为块状岩体，致密坚硬，力学强度指标较高。开展了坝区岩体工程地质分类及物理力学参数专题研究，采用多因素综合评判的方法，考虑各种因素的相互影响，进行系统的分析评价，进而建立完整的岩体工程地质分类体系。针对坝区的岩体地质特点，根据 GB 50287—2019《水力发电工程地质勘察规范》，坝区工程岩体分为4 类，其中III类岩体进一步划分为III₁和III₂两个亚类，从III₁类岩体以下的各类岩体，均有独立的蚀变岩分类及受蚀变岩发育影响的部分蚀变的花岗闪长岩分类（见表 6.50）。

表 6.50 孟底沟水电站坝区岩体工程地质分类表

岩类	亚类	岩性	饱和单轴抗压强度 R_b（MPa）	蚀变程度	性状类型	风化卸荷程度	组数	间距（cm）	张开度（mm）	充填物	岩体结构类型	完整性	紧密程度	完整性系数 K_v	平洞对穿声波 V_p（m/s）	工程地质评价
II		花岗闪长岩	70~100	随机轻微~弱蚀变	S_1、S_2	微新、无卸荷	1~2	50~100	<0.3	基本无填	块状为主	较完整—完整	紧密	>0.70	>5000	强度高，抗滑、抗变形性能强，属良好地基，适当处理后可直接利用
III	III₁	花岗闪长岩	70~100	随机轻微~弱蚀变	S_1、S_2	微新、弱卸荷	2~3	30~50	0.3~1	少量充填土岩化蚀变白色岩白色粉末	次块状	较完整—完整	较紧密	0.55~0.70	4500~5000	强度较高，抗滑、抗变形性能较强，经工程处理后，可直接接利用，属可利用岩体
								10~30			镶嵌	完整性差				
		部分蚀变的花岗闪长岩	60~80	部分轻微~弱蚀变	S_1、S_2	微新、无卸荷	2~3	30~50			次块状	较完整				
		蚀变岩	50~70	全轻微蚀变	S_1	微新、无卸荷										
	III₂	花岗闪长岩	50~70	随机轻微~弱蚀变	S_1、S_2	弱风化、弱卸荷	2~3	20~40	1~3	部分充填土岩化蚀变白色岩白色粉末	次块状—镶嵌	较完整—完整性差	中等紧密	0.40~0.55	3800~4500	强度较低，抗滑、抗变形性能较差，直接作高坝坝基，应作专门处理
		部分蚀变的花岗闪长岩	70~100	部分轻微~弱蚀变	S_1、S_2	微新、无卸荷	3	<20			镶嵌	完整性差				
		蚀变岩	50~70	部分轻微~弱蚀变	S_1、S_2	微新、弱卸荷	2~3	20~40			次块状—镶嵌	较完整—完整性差				
			40~50	全弱蚀变	S_2	微新、无卸荷										

续表

岩类	亚类	岩质类型 岩性	饱和单轴抗压强度 R_b（MPa）	蚀变岩特征 蚀变程度	性状类型	风化卸荷程度	结构面特征 组数	间距（cm）	张开度（mm）	充填物	岩体结构类型	完整性	紧密程度	完整性系数 K_v	平洞对穿声波 V_p（m/s）	工程地质评价
IV		花岗闪长岩	40~60	随机轻微~弱蚀变	S_1、S_2	弱风化、强卸荷	>3	10~30	>10		块裂	完整性差	松弛	0.25~0.40	3000~3800	强度较低，抗滑、抗变形性能差，较差～不宜作为高坝坝基，需挖除，局部尚存在需专门处理
		部分蚀变的花岗闪长岩	30~50	部分轻微~弱蚀变	S_1、S_2	弱风化、弱卸荷	3	10~30	3~10		块裂	完整性差	较松弛			
		蚀变岩	20~40	全较强蚀变	S_3	微新、无卸荷				岩屑及次生泥	碎裂	较破碎	松弛			
		断层影响带	—	—	—	—	>3	<10			碎裂	较破碎				
V		花岗闪长岩				强风化、强卸荷	无序	<10	>10		碎裂—散体	破碎	松弛	<0.25	<3000	强度低，抗滑、抗变形性能差，不能作为高坝坝基，属不可利用岩体，需开挖清除
		部分蚀变的花岗闪长岩	<20	部分轻微~弱蚀变	S_1、S_2	弱风化、强卸荷										
		蚀变岩		全强烈蚀变	S_4	微新、无卸荷										
		断层破碎带		—	—	—										

注：表中所列蚀变岩为 S_1、S_2、S_3、S_4 四种性状类型在微新、无卸荷条件下的工程地质分类，在叠加风化卸荷条件下作相应降级。

　　坝区岩体中的各种结构面，按其性状、风化程度、紧密程度和充填物情况划分为刚性结构面和软弱结构面两类。刚性结构面按隙壁接触紧密程度与风化、蚀变等特征细分为闭合微新结构面、闭合轻微蚀变结构面及微张锈染结构面三类；软弱结构面按其成因类型、物质组成及充填物黏粒含量等细分为四类。

　　坝区进行了 82 组岩石室内物理力学性质试验、84 点岩体原位变形试验、56 组岩体原位大剪试验等。

　　岩石室内物理力学性试验成果按岩性和风化程度分类汇总整理，再计算平均值、小值平均值、大值平均值，取其平均值作为试验成果标准值；考虑工程范围内地质条件的复杂性和岩体不均匀性，参照试验成果整理值，选取各指标统计计算小值平均值～大值平均值微调取整后作为地质建议值。

　　岩体变形参数试验成果先按岩体类别、工程地质单元、区段或层位归类进行整理（舍去不合理及不合要求的离散值），分别求出包络线模量和割线模量的算术平均值、小值平均值和大值平均值，选取包络线模量的小值平均值～平均值范围作为试验成果标准值；然后综合分析不同岩性各类岩体变形模量标准值，并对标准值微调取整后，提出各岩类岩体变形参数地质建议值。

　　根据剪应力～剪切位移关系曲线特征，孟底沟水电站岩体及结构面抗剪（断）强度特性大致可分为脆性破坏型、塑性破坏型、复合破坏型三种类型，岩体及结构面强度试验成果选用优定斜率法进行整理，并取优定的斜率（内摩擦角）和截距（凝聚力）下限值作为标准值（在试验样本数据较少时，采用图解法作为补充）；同时辅以纯数学计算的最小二乘法作为参考，以更好地优定斜率。由于本工程试验工作量较少，在整理试验成果的基础上，同时类比其他工程和参考有关规程规范，进行参数建议值选取。

　　据坝区典型软弱岩带室内物理力学性质试验和渗透变形试验成果分析，在归类整理成果基础上，结合地质定性判断，同时类比其他工程，提出坝区软弱岩带物理力学性质及渗透变形特性参数取值。

　　岩体、结构面的物理力学参数建议值见表 6.51、表 6.52。

表 6.51　　　　　　　　　孟底沟水电站坝区岩体物理力学参数建议值表

岩类		干密度 ρ_d (g/cm³)	变形模量 E_0 (GPa)	岩体泊松比 μ	岩体				混凝土/岩体		稳定坡比
					抗剪断强度		抗剪强度		抗剪断强度		
类	亚类				f'	c' (MPa)	f	c	f'	c' (MPa)	
Ⅱ		2.6～2.8	20～25	0.22～0.24	1.20～1.40	1.70～2.30	0.75～0.85	0	1.10～1.30	1.10～1.30	1:0.25～1:0.40
Ⅲ	Ⅲ₁	2.6～2.8	10～13	0.25～0.29	1.00～1.20	1.00～1.50	0.65～0.75	0	0.90～1.10	0.90～1.10	1:0.40～1:0.75
	Ⅲ₂		4～6	0.30～0.33	0.80～1.00	0.70～1.00	0.60～0.65	0	0.80～0.90	0.70～0.90	
Ⅳ		2.4～2.6	1.5～3.0	0.33～0.35	0.60～0.80	0.30～0.60	0.45～0.55	0	0.60～0.80	0.30～0.60	1:0.75～1:1

岩类		干密度 ρ_d（g/cm³）	变形模量 E_0（GPa）	岩体泊松比 μ	岩体				混凝土/岩体		稳定坡比
					抗剪断强度		抗剪强度		抗剪断强度		
类	亚类				f'	c'（MPa）	f	c	f'	c'（MPa）	
V		2.2~2.4	0.25~0.55	>0.35	0.40~0.55	0.05~0.25	0.35~0.45	0	0.40~0.60	0.05~0.30	1:1.00~1:1.25

注 1. 边坡开挖应设置马道。

2. 当有确定性结构面控制边坡整体稳定时，边坡稳定由潜在组合块体的稳定控制，坡比另定。

表 6.52　　　　　　　　　　孟底沟水电站坝区结构面力学参数建议值表

结构面类别				抗剪断强度		抗剪强度	
类		亚类		f'	c'（MPa）	f	c（MPa）
A	刚性结构面	A₁	闭合微新	0.65~0.75	0.10~0.20	0.55~0.65	0
		A₂	轻微蚀变	0.55~0.65	0.05~0.15	0.50~0.55	0
		A₃	微张锈染	0.50~0.55	0.05~0.10	0.45~0.50	0
B	软弱结构面	B₁	岩块岩屑型	0.45~0.50	0.05~0.10	0.40~0.45	0
		B₂	岩屑夹泥型	0.35~0.45	0.04~0.08	0.35~0.40	0
		B₃	泥夹岩屑型	0.30~0.35	0.02~0.04	0.25~0.30	0
		B₄	泥型	0.20~0.25	0.002~0.010	0.18~0.25	0

3. 杨房沟水电站工程

（1）工程概况。杨房沟水电站为雅砻江干流水电规划中游河段（两河口至卡拉）的第六级水电站。上距孟底沟水电站坝址约 33km，下距卡拉水电站坝址约 37km。电站开发任务主要是发电。坝址控制流域面积 8.088 万 km²，多年平均流量 896m³/s。正常蓄水位为 2094m，库容 4.558 亿 m³，调节库容 0.538 亿 m³，具有日调节能力。枢纽主要建筑物由挡水建筑物、泄洪消能建筑物及引水发电系统等组成。挡水建筑物采用混凝土双曲拱坝，最大坝高 155m，坝顶高程 2102m。装机容量 1500MW，多年平均年发电量为 68.564 亿 kW·h，已建成发电。

（2）岩体物理力学参数取值。坝区基岩岩性主要为燕山期花岗闪长岩及上三叠统变质粉砂岩，花岗闪长岩岩石致密坚硬，力学强度指标较高。开展了坝址区岩体质量及建基面选择工程地质研究，参照已建或在建的水电站坝基岩体工程地质分类标准，并结合杨房沟水电站坝基岩体工程地质特性，将坝基岩体划分为四大类。坝址区岩体内主要发育的结构面为裂隙型小断层、挤压破碎带、节理裂隙等构造结构面，此外在峡谷两侧存在卸荷裂隙；软弱结构面主要类型有岩块岩屑型、岩屑夹泥型、泥夹岩屑型和泥型。

坝区进行了 66 组岩石室内物理力学性质试验、113 点岩体原位变形试验、40 组岩体原位大剪试验等。根据坝区岩体工程地质分类及其物理力学性质试验，综合分析提出岩体、结构面的物理力学参数建议值见表 6.53、表 6.54。

表6.53　杨房沟水电站坝区岩体质量综合分类及各类岩体力学参数建议值表

岩体分类	定性指标			主要定量指标								参数建议值							
	岩体基本特性	结构类型	岩性	风化及卸荷	声波纵波速 V_P（m/s）	岩体完整性系数 K_v	RQD（%）	透水率（Lu）	单轴饱和抗压强度（MPa）	泊松比	变形模量（GPa）	岩体抗剪断及抗剪强度							
												岩体/岩体				混凝土/岩体			
												f'	c'（MPa）	f	c（MPa）	f'	c'（MPa）	f	c（MPa）
Ⅱ	岩体完整~较完整，强度高，软弱结构面不控制变形性能较好，岩体稳定，抗剪变形性能较好，属良好高混凝土坝地基	次块状~块状结构	花岗闪长岩	微风化~新鲜	4650~5500	0.52~0.73	64~82	0.4~1.4	80~100	0.21~0.23	12~19	1.35~1.45	1.10~1.40	0.80~0.90	0	1.00~1.10	1.00~1.10	0.65~0.75	0
		厚层状结构	变质粉砂岩		4500~5600	0.54~0.84	65~90	0.19~4.80	80~136		12~13								
Ⅲ₁	岩体较完整，局部完整性差，强度较高，抗剪、抗变形性能在一定程度上受结构面控制，对影响岩体变形和稳定的结构面应作专门处理，处理后可作本工程中低高程两岸高程混凝土坝地基	次块状结构	花岗闪长岩	弱风化下段、无卸荷	4160~4640	0.41~0.51	56~63	1.4~3.9	60~80	0.24~0.26	8~12	1.10~1.30	1.00~1.30	0.70~0.80	0	0.95~1.00	0.90~1.00	0.60~0.65	0
		中厚层状结构	变质粉砂岩	微风化~新鲜，无卸荷	4100~4800	0.45~0.62	45~65	1.11~17	73~115		7~11								
Ⅲ₂	岩体较完整，局部完整性差，强度较高，抗剪抗变形性能在一定程度上受结构面和岩块变形能力控制，经适当处理，仅可作混凝土坝地基	镶嵌结构	花岗闪长岩	弱风化卸荷；部分弱风化、弱卸荷	3500~4150	0.31~0.40	42~55	4.0~6.3	40~60	0.27~0.30	5~8	0.90~1.10	0.80~1.00	0.60~0.65	0	0.90~0.95	0.65~0.90	0.55~0.60	0
Ⅲ		互层状结构	变质粉砂岩	弱风化下段、弱卸荷	3600~4300	0.35~0.50	35~45	1.11~17.00	30~60		4~6								

工程岩土体物理力学参数分析与取值研究

续表

岩体分类	定性指标				主要定量指标							参数建议值 岩体抗剪断及抗剪强度							
	岩体基本特性	结构类型	岩性	风化及卸荷	声波纵波速 V_p (m/s)	岩体完整性系数 K_v	RQD (%)	透水率 (Lu)	单轴饱和抗压强度 (MPa)	泊松比	变形模量 (GPa)	岩体/岩体 f'	c'(MPa)	f	c(MPa)	混凝土/岩体 f'	c'(MPa)	f	c(MPa)
IV	岩体完整性差，抗剪、抗变形性能明显受结构面和岩块合能力控制。其不能作为混凝土坝地基	碎裂～碎块结构	花岗闪长岩	弱风化上段、强卸荷；强风化、蚀变带	2200～3490	0.11～0.30	<42	>6.3	25～40	0.31～0.35	2.5～4.0	0.70～0.80	0.50～0.70	0.50～0.60	0	0.70～0.90	0.55～0.65	0.45～0.55	0
		薄层～互层状结构	变质粉砂岩	弱风化上段、弱卸荷	2200～3600	0.11～0.35		>17	20～50		1～3								
V	岩体破碎或较破碎，岩体强度参数低、抗变形能力差，不宜作混凝土坝地基	碎裂～碎块结构	花岗闪长岩	强风化	<2200	<0.11		—	<25	—	0.2～1.0	0.40～0.50	0.10～0.20	0.35～0.45	0	0.45～0.55	0.20～0.30	0.30～0.40	0
		碎裂结构	变质粉砂岩、断层带	强风化、强卸荷															

218

表 6.54　　　　　　杨房沟水电站坝区岩体结构面分类及力学指标建议值表

结构面类型		代表性结构面	充填物特征	结合程度	两侧岩体	抗剪断参数			
						f'	c'（MPa）	f	c（MPa）
层面	新鲜接触型	—	节理面新鲜无充填	好	完整，新鲜	0.70~0.75	0.20~0.30	0.55~0.60	0
	风化接触型	—	无充填，沿面铁锰渲染，弱风化	好~较好	完整~较完整	0.50~0.70	0.10~0.15	0.40~0.55	0
节理	无充填型	PD10 平洞（67）号节理	节理面无充填，或新鲜	好~较好	完整~较完整	0.60~0.65	0.15~0.20	0.50~0.60	0
断层，挤压破碎带等	岩块岩屑型	F_2、f_9~f_{13}、f_{38-7}、f_{15-1}、f_{1-1}、f_{1-3} 等	充填碎块、角砾和岩屑，大于 2mm 的颗粒含量 63.4%~77.4%，其中大于 20mm 粗粒占 1.6%~17.3%。粉黏粒含量少	好~较好	完整~较完整	0.50~0.60	0.10~0.15	0.40~0.50	0
	岩块岩屑夹泥膜型	f_{2-4}、f_{15-4}、f_{38-3} 等	充填岩块和岩屑为主，大于 2mm 的颗粒含量≥55%，黏粒含量占≤5%	一般~较差	较完整~较破碎	0.35~0.40	0.05~0.10	0.30~0.40	0
风化、卸荷裂隙	无充填型	PD2 平洞④、⑨号节理等	无充填	差	较完整~较破碎	0.25~0.30	0	0.25~0.30	0
	充填型	PD2 平洞③、⑦号节理等	充填碎块和岩屑，或植物根系	差~很差	较破碎~破碎	0.20~0.25	0	0.20~0.25	0

4. 锦屏一级水电站工程

（1）工程概况。锦屏一级水电站为雅砻江干流水电规划下游河段的第一级控制性水库电站。工程开发任务主要是发电。坝址控制流域面积 102 560km²，多年平均流量 1200m³/s。水库正常蓄水位 1880m，库容 77.6 亿 m³，调节库容 49.1 亿 m³，具有年调节能力。枢纽主要建筑物由混凝土双曲拱坝、泄洪消能设施、引水发电系统组成。混凝土双曲拱坝坝高 305m，为目前建成的世界第一高坝。电站装机容量 3600MW，保证出力 1086MW，多年平均年发电量 166.2 亿 kW·h，已建成发电。

（2）岩体物理力学参数取值。坝区基岩岩性主要为三叠系中上统杂谷脑组第二段大理岩及第三段砂板岩。根据坝区岩体质量分级及力学特性研究，坝区岩体质量分为四级 7个亚级，结构面按隙壁结合程度和组成物及充填物性质划分成三类七个亚类，其中左岸深卸荷带内Ⅲ、Ⅳ级深部裂缝发育段岩体划为Ⅳ₂级，Ⅰ、Ⅱ级深部裂缝发育段岩体划为Ⅴ₂级（见表 6.55）。

表 6.55　　　　　　　　　　　　锦屏一级水电站坝区岩体质量分级表

岩级	亚级	岩组及岩性	岩体结构类型	风化卸荷	深部拉裂发育状况	岩体基本特征及评价	岩体结构特征			岩体紧密程度		
							RBI	RQD(%)	J_v	对穿V_{cp}(m/s)	单孔V_p(m/s)	K_v
Ⅱ		左岸 1680m 以下弱卸荷以里 2（3、4、5、6-1）层大理岩	厚层～块状	微～新，无卸荷	无	岩体较完整，一般 1～2 组裂隙，间距>50cm，延伸一般<3m，部分<10m；节理一般无软弱物质充填，岩体嵌合紧密，常处于较高围压状态，属良好地基，可直接利用	30～50	>85	<8	>5500	>5750	>0.72
		左岸 1680m 以上深卸荷以里 2（7、8）层大理岩										
		左岸 1680m 以上深卸荷以里 3（2、4、6）层变质砂岩										
		河床及右岸弱卸荷以里 2（3、4、5、6-1）层大理岩	厚层～块状	微～新，无卸荷	—							
Ⅲ	Ⅲ₁	左右岸弱卸荷以里 2（6-2）层大理岩夹绿片岩	薄～中厚层状	微～新，无卸荷	无	岩体较完整，发育 2～3 组裂隙，间距一般 30～50cm，一般延伸<10m。部分裂隙中充填方解石膜，岩体嵌合较紧密。第 2、6 层大理岩夹绿片岩中层面裂隙发育，延伸长大。总体上强度较高。但对影响变形或稳定的层间挤压错动带、随机分布的松弛裂隙带和小型构造破碎带等应作专门处理	20～30	65～85 局部 40～50）	8～15	4500～5500	4800～5750	0.48～0.72
		左岸 1680m 以上深卸荷以里 3（1、3、5）层粉砂质板岩	薄层状	微～新，无卸荷	无							
		右岸抗力体弱卸荷以里及河床弱卸荷以下 2（2）层大理岩夹绿片岩、大理片岩与绿片岩互层	薄～中厚层状	微～新，无卸荷	—							
		左岸 1680m 以上弱卸荷以里 2（7、8）层大理岩	次块状	微～新，深卸荷	微							
		左岸抗力体下游 1680m 以上弱卸荷以里 3（2、4、6）层变质砂岩	次块状	微～新，深卸荷	微							
		河床弱卸荷 2（3）层大理岩	次块状	微～新，弱卸荷	—							

岩级	亚级	岩组及岩性	岩体结构类型	风化卸荷	深部拉裂发育状况	岩体基本特征及评价	岩体结构特征			岩体紧密程度		
							RBI	RQD (%)	J_v	对穿 V_{cp} (m/s)	单孔 V_p (m/s)	K_v
Ⅲ	Ⅲ₂	河床及右岸弱卸荷以里 2（1）大理岩与绿片岩互层	中、厚互层次块状	微～新，无卸荷	—	岩体完整性较差，发育 3 组以上裂隙，间距一般 10～30cm，延伸一般＜10m。岩体较松弛或强度较低，偶见裂隙充填泥膜、碎屑及方解石膜，一般不宜作为高坝地基。高程 1830m 以上坝段若需利用，应作专门处理	10～20	45～65	15～20	3800～4800	4200～5200	0.34～0.55
		河床及右岸弱卸荷以里 1 段绿片岩										
		左右岸弱卸荷以里弱风化 2 段大理岩	镶嵌～块裂	弱风化，无卸荷								
		左右岸及河床弱卸荷 2 段大理岩夹绿片岩透镜体	次块～镶嵌	微～弱，弱卸荷	—							
		左岸弱卸荷 3(2、4、6) 层变质砂岩				—	—	—	—	—	—	—
		左岸弱卸荷 3(1、3、5) 层粉砂质板岩	薄层状	微～弱，弱卸荷	—							
		左岸抗力体 1680m 以上弱卸荷以里 3 段变质砂岩及板岩	镶嵌～次块	弱风化，深卸荷	弱							
		河床弱卸荷 2(3) 层大理岩	次块～镶嵌	弱风化，弱卸荷	—							
		右岸 2 段大理岩中松弛溶蚀裂隙集中带	板裂～碎裂	弱风化	—							
		左岸 1680m 以下煌斑岩脉（X）	镶嵌～次块	微～新，无卸荷	—							
		左岸 1680m 以下胶结的 f₅ 断层带	镶嵌	微～新，无卸荷	—							
Ⅳ	Ⅳ₁	左右岸及河床强卸荷 2 段大理岩夹绿片岩透镜体	块裂～碎裂	弱风化，强卸荷	—	岩体完整性差，3 组以上裂隙，延伸＞10m。岩体松弛，裂隙风化显著，普遍充填泥膜、碎屑	5～10	25～45（局部 45～70）	＞20	＜3800	＜4200	＜0.34
		左岸强卸荷 3 段变质砂岩及粉砂质板岩	块裂～碎裂	弱风化，强卸荷	—							
		右岸 f₁₃、f₁₄、f₁₈ 断层影响带	碎裂，局部块裂	弱～强风化	—							

续表

岩级	亚级	岩组及岩性	岩体结构类型	风化卸荷	深部拉裂发育状况	岩体基本特征及评价	岩体结构特征			岩体紧密程度		
							RBI	RQD (%)	J_v	对穿 V_{cp} (m/s)	单孔 V_p (m/s)	K_v
IV	IV$_1$	弱风化绿泥石片岩、钙质绿片岩及大理片岩	碎裂，局部块裂	弱风化	—	及方解石膜，常见贯穿性弱面，不宜作为大坝地基，需开挖清除	5～10	25～45（局部45～70）	>20	< 3800	< 4200	< 0.34
	IV$_2$	左岸1680m以上2段大理岩夹绿片岩拉裂松弛岩体	板裂～碎裂	微～新，深卸荷	弱～较强	岩体完整性差，拉裂松弛；溶蚀裂隙带普遍延伸>10m，且裂面锈斑；煌斑岩脉岩体软弱，强度低。不宜直接作为高坝地基，须作专门处理	5～10	25～45（局部45～70）	>20	< 3500	< 4000	< 0.29
		左岸1680m以上3段变质砂岩、板岩拉裂松弛岩体			弱～较强							
		左岸1680m以上煌斑岩脉（X）	碎裂	弱～强风化	弱～较强							
		左岸1680m以上f$_5$、f$_8$等断层影响带	碎裂	弱～强风化	弱～较强							
V	V$_1$	左右岸断层破碎带（无胶结、松散）	碎裂～散体	强～弱风化	—	岩体破碎，以岩屑和细角砾为主，带内物质呈松散状。不能直接作为坝基，须作专门处理	—	—	—	—	—	—
		左右岸层间挤压错动带										
		强风化绿泥石片岩、钙质绿片岩及大理片岩		强风化								
	V$_2$	左岸1680m以上2段大理岩夹绿片岩拉裂松动岩体	碎裂	深卸荷	强	岩体破碎，松弛拉裂密集带，一般张开10～20cm。不能直接作为高坝地基，须作专门处理	—	—	—	—	—	—
		左岸1680m以上3段变质砂岩及板岩拉裂松动岩体										

注 1. $K_v=(V_p/V_{pr})^2$，K_v 为岩体完整性系数；V_{pr} 为新鲜岩石纵波波速，由现场新鲜完整岩体实测纵波波速（V_{pm}）代替，其中大理岩及变质砂岩为 6500m/s；板岩为 6000m/s；V_p 为现场岩体实测纵波波速。以上岩石纵波波速均为平洞洞壁对穿波速。

2. 反映煌斑岩脉（X）及断层带性状差异的高程 1680m 为统计的总体高程，使用时应据具体部位予以调整。

1）岩体变形参数取值。坝区共完成现场岩体和结构面原位变形试验 97 点，在研究试点代表性和变形曲线类型的基础上，对各试点变形模量 E_0 与单位变形量 Y 进行了相关性分析，并确定以各试点的割线模量为基础进行整理分析。

岩体变形试验成果的整理均按照岩体质量分级和结构面工程地质分类进行。整理时首先对照现场试验点地质素描及试验的实际情况，逐点核实其代表性、可靠性、合理性，对不具代表性、成果不合理及边界条件和试件加工质量不满足要求的试点予以剔除，以保证基础资料真实可靠。再将同一岩级或同一类型结构面各试点的变形模量成果进行分析，求出某一岩级岩体或某一类型结构面变形模量成果的小值平均值至平均值作为试验成果标准值。

根据上述岩体变形试验成果整理后的标准值进行适当调整，提出岩体变形参数地质建议值。

2）岩体强度参数取值。坝区共完成现场岩体和结构面原位抗剪（断）强度试验 51组，岩体抗剪（断）强度试验成果的整理均按照岩体质量分级和结构面工程地质分类进行。整理时首先对照现场试验点地质素描及试验的实际情况，逐组逐点核实其代表性、可靠性、合理性，对不具代表性、成果不合理及边界条件和试件加工质量不满足要求的试点予以剔除，以保证基础资料真实可靠。

在分析和研究试点剪切破坏性状的基础上，确定抗剪（断）强度试验成果整理的强度值特征点，岩体强度试验成果整理采用了点群中心法、最小二乘法和优定斜率法三种方法。为确保岩体的抗剪（断）强度水平限制在组成岩体的大多数基本单元所能承担的范围内，避免因某些薄弱单元的破坏而危及岩体的整体安全，经对比分析后，推荐采用优定斜率法选取强度参数。

根据现场原位剪切试验资料，按岩体质量分级和结构面工程性状分类，将同一类型的试验成果点绘在剪应力—正应力（τ-σ）关系图上，首先优定斜率（内摩擦角），然后分别推求相应斜率的上下包线（平行线），并以优定的斜率（内摩擦角）和斜率下包线截距（凝聚力）作为抗剪（断）强度试验成果整理后的标准值。

结合各代表类型的工程地质条件，并根据有关规范规定，在试验成果整理的标准值基础上，经适当调整提出岩体及结构面强度参数地质建议值。

坝区岩体、结构面的物理力学参数建议值见表 6.56、表 6.57。

表 6.56　　锦屏一级水电站坝区岩体变形模量和抗剪（断）强度参数建议值表

岩级	变形模量建议值		强度参数建议值			
	水平	垂直	抗剪断		抗剪	
	E_0（GPa）	E_0（GPa）	f'	c'（MPa）	f	c（MPa）
II	21～32	21～30	1.35	2.00	0.95	0
III$_1$	10～14	9～13	1.07	1.50	0.85	0
III$_2$	6～10（砂板岩取低值）	3～7（砂板岩取低值）	1.02	0.90	0.68	0
IV$_1$	3～4	2～3	0.70	0.60	0.58	0
IV$_2$	2～3	1～2	0.60	0.40	0.45	0
V$_1$	0.3～0.6	0.2～0.4	0.30	0.02	0.25	0
V$_2$	<0.3	<0.2	其强度参数根据具体部位拉张裂缝的性状及连通率等综合确定			

表 6.57　　　　　锦屏一级水电站坝区结构面性状分类及抗剪（断）强度参数建议值表

大类	亚类代号	地质类型	风化卸荷	结构面特征	代表性结构面	建议值			
						f'	c' (MPa)	f	c (MPa)
刚性结构面	A1	硬接触节理裂隙	微~新	面平直粗糙，微~新，结合紧密，有一定胶结，强度较高	1）大理岩内的层面裂隙、隐裂面和钙质绿片岩与大理岩接触界面（裂隙）；2）微~新大理岩、砂板岩岩体内的硬质新鲜节理裂隙面	0.70	0.20	0.58	0
	A2	硬接触节理裂隙	弱卸荷	面平直粗糙，微~弱风化，无胶结，强度中等	弱卸荷带岩体中倾坡外的硬质结构面。	0.60	0.10	0.49	0
软弱结构面	B1	局部夹泥裂隙面	弱卸荷	面平直粗糙，显松弛，局部附泥膜，无胶结	弱卸荷带内的层面裂隙及其他结构面	0.51	0.15	0.43	0
	B2	松弛溶蚀裂隙面		面平直粗糙，显松弛，局部附泥膜或充填次生泥，无胶结	1）大理岩中近 EW 向长大松弛溶蚀裂隙；2）左岸山体深部成带出现的Ⅲ、Ⅳ级拉裂面	0.45	0.10	0.35	0
	B3	绿泥石片岩片理面		较软弱绿片岩片理面，含绿泥石膜，面波状较光滑	各层大理岩中的绿片岩间界面	0.42	0.07	0.34	0
	B4	断层主错带（面）		面平直光滑，局部夹泥，破碎带物质以岩屑及细、中角砾为主，岩屑含量 15%~25%，角砾含量 60%~80%	左岸 f_5、f_8 及右岸 f_{14}、f_{13} 等断层破碎带内。左岸砂板岩中断层破碎带内	0.30	0.02	0.25	0
		层间挤压错动带（面）		面平直光滑，含绿片岩软化面及局部碳化面，带内物质以岩屑及粉粒为主，岩屑含量 25%~40%，粉粒含量 35%~60%，另含少量细角砾	大理岩中层间挤压错动带内				
拉裂结构面	C	拉张裂缝		面起伏粗糙，部分张开成空状，少充填，延伸长大	左岸山体深部松弛带内的Ⅰ、Ⅱ级深裂缝。卸荷带内宽大张开裂隙	其强度参数根据具体部位拉张裂缝的性状及连通率等综合确定			

5. 锦屏二级水电站工程

（1）工程概况。锦屏二级水电站为雅砻江干流水电规划下游河段的第二级电站，系利用雅砻江锦屏 150km 长大河湾的天然落差，裁弯取直地下引水，约 290m 水头的优越水力条件。工程开发任务主要是发电。闸址控制流域面积 10.3 万 km²，多年平均流量 1220m³/s。水库正常蓄水位 1646m，库容 0.14 亿 m³，调节库容 0.049 6 亿 m³，具有日调节能力，与锦屏一级水电站同步运行时具有年调节特性。工程枢纽由首部枢纽——闸址、引水系统、地下厂房等组成，闸址位于猫猫滩，距上游锦屏一级水电站坝址 7.5km，最大闸高约 37m。电站装机容量 4800MW，多年平均年发电量 242.3 亿 kW·h，已建成发电。

（2）岩体物理力学参数取值。闸址区岩体由三叠系杂谷脑组变质细砂岩、变质粉砂岩、板岩组成。根据岩石（体）的物理力学性质试验成果，结合工程类比和现行规范，经综合分析提出岩体与结构面的物理力学参数建议值见表 6.58。

表 6.58　　　　　　锦屏二级水电站闸址岩石（体）物理力学参数建议值表

岩体质量分类	岩性	岩石天然密度 r (kN/m³)	岩石抗压强度 干 R_d (MPa)	岩石抗压强度 饱和 R_b (MPa)	岩体变形模量 E_0 (GPa)	岩体泊松比 μ	岩体抗剪断强度 f'	岩体抗剪断强度 c' (MPa)	混凝土/岩体抗剪断强度 f'	混凝土/岩体抗剪断强度 c' (MPa)
Ⅲ₁	变质细砂岩	27.4	139	110	// 5~8 ⊥ 7~12	0.25	1.00~1.20	0.80~0.90	1.20~1.30	1.10~1.20
	变质粉砂岩	27.4	139	90		0.26	0.75~0.80	0.55~0.60	—	—
	粉砂质、泥质板岩	27.3	95	53		0.30	0.70~0.75	0.55~0.60	1.10~1.20	1.10~1.20
Ⅲ₂	变质细砂岩	27.1	110	90	// 5~7 ⊥ 6~10	0.26	0.90~1.00	0.70~0.80	—	—
	变质粉砂岩	27.2	104	60		0.27	0.65~0.70	0.55~0.65	—	—
	粉砂质、泥质板岩	27.0	80	50		0.32	0.55~0.65	0.45~0.55	—	—
Ⅳ₁	变质细砂岩	27.1	98	71	// 3~6 ⊥ 4~6	0.26	0.70~0.80	0.60~0.70	—	—
	变质粉砂岩	27.0	90	48		0.29	0.60~0.70	0.50~0.55	—	—
	粉砂质、泥质板岩	27.0	70	42		0.34	0.55~0.60	0.40~0.45	—	—
Ⅳ₂	变质细砂岩	26.8	70	50	// 2~5 ⊥ 3~5	0.27	0.60~0.70	0.40~0.50	—	—
	变质粉砂岩	26.8	60	32		0.30	0.50~0.55	0.30~0.35	—	—
	粉砂质、泥质板岩	25.8	30	22		0.34	0.40~0.45	0.30~0.35	—	—
Ⅴ	断层	—	—	—	0.20~0.50	0.3~0.35	0.25~0.4	0.03~0.08	—	—
一般性结构面	无充填、闭合						0.45~0.55	0.08~0.20	—	—
	充填型	—	—	—			0.30~0.45	0~0.15	—	—
	微张	—	—	—			0.15~0.20	0	—	—
混凝土/Ⅲ-2 层		—	—	—			—	—	0.40~0.50*	0
混凝土/Ⅲ-1 层		—	—	—			—	—	0.50~0.55*	0
混凝土/Ⅱ 层		—	—	—			—	—	0.40~0.50*	0

注　带"*"表示混凝土/覆盖层的抗剪强度。

6. 官地水电站工程

（1）工程概况。官地水电站为雅砻江干流水电规划下游河段的第三级电站，上游与锦屏二级水电站尾水衔接，下游接二滩水电站。工程开发任务主要是发电。坝址控制流域面积 110 117 万 km²，多年平均流量 1430m³/s。正常蓄水位 1330m，库容约 7.6 亿 m³，调节库容 0.284 亿 m³，具有日调节能力，与上游水库联合运行具有年调节性能。枢纽主要建筑物由碾压混凝土重力坝、泄洪消能建筑物、右岸地下厂房等组成，碾压混凝土重力坝坝顶高程 1334m，最大坝高 168m。电站装机容量 2400MW，多年平均年发电量 117.67 亿 kW·h，已建成发电。

（2）岩体物理力学参数取值。官地坝基为二叠系玄武岩，以角砾集块熔岩为主，岩质坚硬、具高强度、高弹模特性。坝区岩体质量分类以水电坝基岩体工程地质分类方法为基础，结合本工程的实际地质条件，侧重考虑岩体结构及赋存条件，即岩体结构类型、结构面性状、嵌合程度、夹泥裂隙率及风化卸荷等因素进行分类。由于坝址处于高地应力区，伴随河谷下切岸坡浅表生改造与卸荷作用较强烈，次生夹泥分布深度较大，在不同风化带直至较深的微新岩体中均有分布。次生夹泥的存在不仅降低了岩体强度，同时使岩体松弛，改变了赋存环境，因此对次生夹泥的充填及分布等特征进行了较详细的研究，在坝区岩体质量分类时充分考虑了这一特殊地质现象。坝区岩体分为 5 类，其中Ⅲ类岩体又细分为 3 个亚类，体现了深部岩体夹泥的不同特点。

坝区进行了 27 组岩石室内物理力学性质试验、36 点现场岩体原位变形试验、23 组现场岩体原位大剪试验等。坝区各类岩体特征及建议指标见表 6.59。

枢纽区结构面较发育，总体规模较小，以Ⅳ、Ⅴ级为主，少量Ⅱ、Ⅲ级。按照结构面的性状可将其划分为刚性结构面和软弱结构面两大类，然后再分别依据结构面的风化程度、物质组成及次生泥充填情况分为六个亚类，详见表 6.60。

7. 二滩水电站工程

（1）工程概况。二滩水电站为雅砻江干流水电规划下游河段的第四级电站，坝址距攀枝花市 46km，系雅砻江梯级开发的第一座水电站。工程开发任务主要是发电。坝址控制流域面积 11.64 万 km²，多年平均流量 1670m³/s。水库正常蓄水位 1200m，库容 58 亿 m³，调节库容 33.7 亿 m³，属季调节水库。工程枢纽由混凝土双曲拱坝、泄洪消能建筑物、左岸引水发电建筑物等组成，最大坝高 240m。电站装机容量 3300MW，多年平均年发电量为 170 亿 kW·h，已建成发电。

（2）岩体物理力学参数取值。二滩拱坝坝基岩体质量分级是以反映岩体固有条件和物理力学性质为准则，以控制工程质量的重要地质因素作为分级的基本要素，以岩体物理力学参数作为分级的指标，采用系统工程原理，从单因素级差的建立到多因素综合评判，形成分级的纵横系列，进而建立完整的岩体质量分级体系，选取岩石质量、岩体结构特征和岩体围压状态作为分级的基本因素，在分别研究各单因素定量分级的基础上，以其乘积即岩体质量系数（Z_m）作为岩体质量分级的基本依据，即：

表6.59 宫地水电站坝区岩体质量分类及物理力学参数建议值表

分类因素				岩体结构特点								围岩状态		风化卸荷	透水性		声波波速(平均)(m/s)	分类综合值 岩体质量系数	岩石(体)物理力学指标										稳定坡比
岩类 类	岩石质量 岩性 亚类	饱和抗压强度 R_b(MPa)	点荷载强度 PLS(MPa)	岩体完整性 描述	RQD(%)	完整性系数 K_m(声波)	体积节理裂隙系数 J_v	结构面特征 裂隙间距(m)	结构面发育及性状特征	岩体结构类型 嵌合程度		泥膜泥质裂隙率(%)	夹泥裂隙(≥5mm条/10m)	风化卸荷分带	地下水状态	透水率(Lu)		变幅值 Z_m	密度 ρ(g/cm³)	变形模量 E_0(GPa)	泊松比 μ	抗剪断强度 f'	c'(MPa)	抗剪强度 f	f'	混凝土岩体抗剪断强度 c'(MPa)	混凝土岩体抗剪强度 f		
I	玄武岩、角砾(集块)岩、凝灰岩	150~200	>9	完整	>90	>0.75	<3	1~2 / >1.0	结构面不发育,以V级为主,延伸多小于3m,平直粗糙,少量钙质膜	嵌合紧密、整体状		0	0	微风化~新鲜,未卸荷	干燥~湿润	<1	>6000	>8	>2.8	>20	<0.2	1.40~1.60	2.00~2.50	1.30~1.50	1.30~1.50	—		1:0.3
II	玄武岩、角砾(集块)岩、武质凝灰岩、红色玄武岩、凝灰熔岩	100~150	>9	较完整	75~90	0.60~0.75	3~10	0.6~1.0	结构面较发育,V级为主,延伸3~10m,平直,多充填V级次块状、IV级结构膜,少量钙质物	块状、较块密,嵌合紧密		0~10	0	微风化~新鲜,未卸荷	湿润洞部滴水、部分渗水	部分1~3 部分3~10	5500~6000	0.847~4.8 / 1.647	2.7~2.8	15~20	0.20~0.25	1.20~1.40	1.50~2.00	1.00~1.10	1.10~1.30	0.85~0.95		1:0.5遇中缓倾外结构面发育时1:0.75
III₁	玄武岩、角砾(集块)岩、武质灰岩、凝灰熔岩、火山角砾岩、沉凝灰岩、火山砂砾岩等	80~100	6~9	中等完整较完整性较差	50~75	0.30~0.60	10~20	0.2~0.6	结构面发育以V级为主,裂隙多中等粗糙,少量断层,充填状、断续生泥膜,V级重大生泥面,IV级结构面,物质,结构紧密	次块状、较块密,嵌合密		10~30	偶见	弱风化下段为主未卸荷或微风或新鲜日弱卸荷	湿润	3~10为主	4000~5500	0.153~0.84 / 0.532	2.4~2.6	8~10	0.25~0.30	1.10~1.20	1.10~1.50	0.85~1.00	1.00~1.10	0.80~0.85		1:0.5~1:0.75遇中缓倾外结构面发育时1:1.0

续表

分类因素 类	亚类	岩性	饱和抗压强度 Rb (MPa)	点荷载强度 PLS (MPa)	岩体完整性 描述	RQD (%)	完整性系数 Kv (声波)	体积节理裂隙系数 Jv	裂隙组数	裂隙间距 (m)	结构面状况及性状特征	岩体结构类型 嵌合程度	泥膜裂隙率 (%)	夹泥裂隙隙间隔 (条/10m)	风化卸荷分带	风化裂隙率 (%)	地下水状态	透水率 (Lu)	声波波速(平均) (m/s)	岩体质量系数 变幅均值 Zm	密度 ρ (g/cm³)	变形模量 E0 (GPa)	泊松比 μ	抗剪断强度 f′	抗剪断强度 c′ (MPa)	抗剪强度 f	混凝土岩体抗剪断强度 f′	混凝土岩体抗剪断强度 c′ (MPa)	混凝土岩体抗剪强度 f	稳定坡比
Ⅲ	Ⅲ₂	玄武岩、角砾(集块)熔岩、凝灰质熔岩等	80~100	6~9	中等~整，完整性较差	50~75	0.30~0.60	10~20	3~4	0.2~0.6	结构面较发育以V级为主，结构面次分，泥膜或夹泥，泥膜为多量裂隙，构面占IV级以下，为IV级以上，其构面内有少量泥膜生长分布	次块状~较松弛	30~50	1.0~1.5	微风化~新鲜卸荷	50~70		3~10为主	4000~5000	0.153~0.84 / 0.532	2.4~2.6	7~8	0.25~0.30	0.90~1.10	0.80~1.00	0.75~0.85	0.90~1.00	0.80~1.00	0.70~0.80	1:0.5~1:0.75 中顺坡外结构面发育时1:1.0
Ⅲ		玄武岩、角砾岩、集块岩、火山角砾岩、凝灰质熔岩等	80~100	6~9				20~30	4~5	0.06~0.20	结构面较发育，以IV、V级为主，局部V级构面发育，多泥膜充填次生泥	块裂~较松弛	50~70	1.5~2.0	弱风化下段且弱卸荷	50~70	局部滴水	3~10为主				5~7		0.80~0.90	0.50~0.80	0.60~0.75	0.80~0.90	0.50~0.80	0.60~0.70	
Ⅳ		玄武岩、角砾(集块)熔岩、玄武质凝灰熔岩、凝灰岩等	<80	3~6	完整性较差	25~50	0.10~0.30				结构面很发育，以IV、V级为主，张平或微张，普遍强风化，无充填次生泥	块裂~散块	70~95	2.5~3.5	弱风化上段且弱卸荷	70~90	湿润或季节滴水	部分3~10部分10~100	2500~3500	0.77~0.150 / 0.12	2.1~2.4	2~5	0.30~0.35	0.70~0.80	0.30~0.50	0.50~0.60	0.70~0.80	0.30~0.50	0.50~0.60	1:0.75~1:1.0

续表

分类因素			岩石质量		岩体结构特点							围岩状态			风化卸荷		透水性		分类综合值		岩石 (体) 物 理 力 学 指 标									
岩类					岩体完整性				结构面特征																抗剪断强度		抗剪强度	混凝土岩体抗剪断强度		混凝土岩体抗剪强度	
类	亚类	岩性	饱和抗压强度 R_b (MPa)	点荷载强度 PLS (MPa)	描述	RQD (%)	完整性系数 K_v (声波)	体积节理裂隙系数 J_v	裂隙间距 (m)	结构面发育状况特征	岩体结构类型	岩体嵌合程度	泥膜裂隙率 (%)	夹泥裂隙频率 (>5mm) 条/10m	风化卸荷分带	风化裂隙率 (%)	地下水状态	透水率 (Lu)	声波波速 (平均) (m/s)	岩体质量系数 Z_m	密度 ρ (g/cm³)	变形模量 E_0 (GPa)	泊松比 μ	f'	c' (MPa)	f	f'	c' (MPa)	f	稳定坡比
V	V_1	玄武岩碎块(集)熔岩、凝灰角砾熔岩、集块火山角砾岩、玄武火山碎块岩、沉凝灰岩、沉火山碎屑岩等	—	<3	很差	<25	<0.10	>30	<0.06	裂隙极发育，各向结构面集中，充填物多次，在泥化上段部分为泥化夹岩	块裂、碎裂~散体	松弛张开	95~100	3.5~10	全强风化弱风化上段且卸荷	90~100	干燥~雨季滴水~流水	>100	<2500	变幅均值 $\dfrac{0.06-0.007}{0.007}$	<2.1	<2	>0.35	0.45~0.55	0.05~0.10	0.40~0.50	0.45~0.60	0.05~0.10	0.40~0.50	1:1.0~1:1.25 覆盖层1:1.25
	V_2	断层岩及影响带	—	—	—	—	—	—	—	—	碎裂~散体	—	—	—	—	—	—	—	—	—	—	断层泥<0.01 破碎带0.1~0.5 影响带0.5~2	—	—	—	—	—	—	—	—

229

表 6.60　官地水电站坝区结构面性状分类和抗剪（断）强度参数建议值表

性状类型			结构面特征	充填情况	结合程度	两侧岩体	抗剪断强度		抗剪强度	
类	亚类						f'	c'（MPa）	f	c（MPa）
一　刚性结构面	1	新鲜硬接触型	微风化至新鲜岩体内的陡缓倾裂隙	无充填，局部见钙膜，轻微锈染	好	完整、新鲜，强度高	0.70~0.80	0.10~0.20	0.65~0.75	0
	2	风化晕硬接触型	弱风化岩体内的陡缓倾裂隙	无充填，面锈染，有钙膜，弱风化	好~较好	完整~较完整，弱风化岩体	0.65~0.70	0.10~0.15	0.60~0.65	0
二　软弱结构面	3	岩块岩屑型	以压碎岩和角砾岩为主，含少量岩屑及泥膜的构造错动带，断层破碎带，裂隙密集带。如 fx203、fx204 等	多无充填，有时充填少量次生泥膜	好~较好	较完整新鲜至弱风化岩体	0.50~0.60	0.05~0.10	0.45~0.55	0
	4	岩屑夹泥型	以角砾岩，岩屑为主，局部见不连续断层泥的构造错动带，断层破碎带，夹不连续次生泥的裂隙，如 fx417、fx306 等	局部充填不连续次生泥或次生泥散布于构造岩中	较好~一般	完整性较差弱风化岩体	0.40~0.50	0.03~0.05	0.40~0.45	0
	5	泥夹岩屑型	具连续糜棱岩断层条带的构造错动带，断层破碎带和较平直的连续夹泥裂隙。如 fx108、fx309 等	破碎带中充填较厚的断续次生泥条带	差~很差	较破碎~破碎，弱风化岩体	0.30~0.40	0.02~0.03	0.25~0.35	0
	6	夹泥型	破碎带中除角砾岩，糜棱岩等破碎软弱物质外，在其间还有数毫米至数十厘米的断层泥，其强度受断层泥控制。如Ⅱ级结构面F8，fx108 及 fx309 部分段	充填较厚的连续次生泥条带	很差	岩体破碎，弱风化	0.25~0.30	0.01~0.02	0.20~0.25	0

$$Z_m = PLS \cdot T \cdot \mu \tag{6.3}$$

式中　PLS——岩石质量，即岩石点荷载强度指数；

　　　T——岩体结构系数，其值取决于岩体完整性、风化蚀变、粗糙起伏等因素，

　　　　　$T = \dfrac{J_r}{J_a} \cdot \dfrac{1}{J_v}$；

　　　J_r——节理面糙度系数；

　　　J_a——节理面蚀变度系数；

　　　J_v——体积节理系数，T 的变化幅度由断续结构至散体结构为 1.48~0.10；

μ——围压效应系数，反映岩体的嵌合状态，μ 值的变化幅度由高围压至低围压为 1.5～0.25。

根据实测地应力量级和岩体卸荷现象，二滩谷坡由表至里可大致划分为应力释放区、应力过渡区和应力集中—平稳区，各应力区在宏观上反映了岩体赋存应力大小及嵌合紧密程度。因此，取应力平稳区地应力起始量级为围压时的岩体抗压强度为基数，与不同围压下岩体抗压强度相比较，其比值大体反映不同围压状态对岩体强度的影响，因而将该比值作为围压效应系数 μ，定量表征岩体围压效应。μ 值可根据地应力和岩石力学试验确定，也可结合岩体嵌合度和张开裂隙率近似确定。式（6.3）的物理含义是：岩体质量与岩石强度、节理面糙度、围压状态成正比，与体积节理数、节理面蚀变程度成反比。在勘察初期阶段，岩体结构系数（T）和围压效应系数（μ）的确定主要根据定性的经验判断来取值。随着勘探和试验工作的逐步深入，岩体质量分级得以逐步完善。施工开挖阶段，可充分利用岩体开挖面开展更多的现场调查和统计分析，对前期的岩体质量分级成果进行复核，并进一步完善。二滩岩体质量分级见表 6.61。

二滩坝区采用多种手段和方法进行岩体物理力学特性的测试、预测和分析论证，共进行了 54 组岩石室内物理力学性质试验、155 点现场岩体原位变形试验、37 组现场岩体原位大剪试验等。

岩体变形试验以现场常规承压板法为主，同时还采用了钻孔弹模法、大直径（1m）中心孔承压板法、洞室收敛量测等方法。变形模量以现场承压板试验的压力—变形曲线包络线切线模量为标准。具体的变形模量分析方法是首先根据坝基岩体的结构特征和赋存环境，将其划分为似均质结构（A～C 级）和非均质结构（D、E-3 级）两种介质类型，然后针对不同的介质类型采用不同的分析方法。对似均质结构岩体，采用统计判别法或测试值点群集中段的平均值，作为该岩级变形参数的建议值；对非均质结构岩体，采用"细单元——变形等效"法进行分析，使参数值较充分地反映非均质这一特点。并采用多种手段，如变形监测、相似材料模拟、有限元反演分析等进行变形参数的预测和验证。

岩体抗剪（断）强度参数选取，是在充分总结传统方法的基础上，从研究岩体、测试点基本条件、破坏机理入手，建立了"优定斜率法"分析取值体系，并对斜率的优定、凝聚力的取值原则、稳定分析中不再另计裂隙连通率等进行了论证。同时还采用可靠度的分析方法对参数的保证率进行分析。为了满足坝基岩体稳定"浮值分析法"的需要，针对岩体结构面的不同状态，按不同的强度准则，形成系列强度参数值，并对其应用条件进行分析，较之常规只给一个较大范围值，而强度概念不明确的做法有较大进步。在岩体质量分级的基础上，结构面抗剪强度试验选择与拱坝坝基抗滑稳定分析关系密切的 D、E-3 岩级内的缓倾角裂隙面，进行现场原位直剪试验并辅以中型剪试验，其他岩级则在此基础上分析判定。

二滩坝区岩体质量分级及力学参数建议值和岩体结构面摩擦角建议值分别见表 6.61、表 6.62。

表 6.61　二滩水电站坝区岩体质量分级及力学参数建议值表

岩级		岩性	岩石点荷载强度指数 PLS	岩体完整性				结构面间距 Sv(cm)	结构面性状系数 J	岩体结构类型	岩体结构系数 T	地应力分区	岩体嵌合程度	张开裂隙率(%)	围压系数μ 取值	围压系数μ 变幅	风化分带	风化裂隙率(%)	单位吸水量 >0.1(%)	单位吸水量 <0.01(%)	吕荣值(Lu)	岩体声波波速 Vpm(m/s)	岩体质量系数 Zm	岩体质量指标 Q 均值	Q 变幅	变形模量 E_0(GPa)	f'	c'(MPa)
级	亚级			描述	RQD(%)	岩体完整系数 J_{cm}	体积裂隙数 J_v																					
A	A	正长岩、玄武质玄武岩	>9	完整	>90	>40	2.7		4.0	断续结构	1.48	平稳区或集中区	紧密	0	1.4	1.5~1.35	新鲜~微风化	<10	4	71	<1.0	5800	18.65	51	14~89	35	1.73	5.0
B	B-1	三叠系玄武岩	7	较完整	90~75	40~20	5.4		3.0	断续、块裂结构	0.56		较紧密	0~10	1.4		弱风化		13	46		5700	7.06	40	13~67	25	1.43	4.0
C	C-1	各类岩石	6	中等完整	75~50	20~7	5.6		2.0	块裂结构	0.36	过渡区	较密	10~30	1.2	1.35~1.0	下段为主 10~30		13	46	1.0~5.0	5300	3.02	17	5.6~28	15	1.2	3.2
	C-2	各类玄武岩					9.5		1.5	块裂结构	0.16		较密		1.0		中段为主 30~60					5100	1.12	11	4.8~17.8	10	1.2	2.0
D	D-1	正长岩	5	差	50~25	7~2.5	6.7		1.0	块裂、碎裂结构	0.15	释放区	差	30~60	0.75	1.0~0.55	上段为主 60~80	30~60	36	26	5.0~10	4400	0.68	4	1.9~6.7	5~8	0.84	1.2
E	E-3	正长岩为主		很差	<25	<2.5	9.3		0.5	碎裂结构	0.05	平稳区	松弛	>60	0.45	0.55~0.25	断鲜~微风化	60~80	64	7	>10	3000	0.113	1.23	0.58~1.88	3~5	0.7	0.5
	E-2	二叠系玄武岩(裂面绿泥石化)					11.7		0.33	碎裂结构	0.03		较紧密		0.45		新鲜~微风化					3100	0.068			3		
	E-1	绿泥石阳起石化玄武岩	9			>15			0.13	散体结构	0.13	释放区	强烈松弛	0	1.0	1.35~1.0	新鲜~微风化	>80	7	56	<1.0	5000	0.036	0.05	0.007~0.083	深部2.5 / 0.8~1.5	0.58	0.6~0.8
	F	各种岩性	<4						0.10	散体结构	0.10		强烈松弛		0.25	<0.25	全强风化				渗透性强	1800	0.003	0.19	0.05~0.33	0.5~1.0	0.5	0.1~0.2
断层带		由片状、块状、劈理、岩屑组成，无连续断层泥																								1.0	0.5	0.2
		由角砾、岩屑、岩块以及1~5cm连续的断层泥无填																								0.3	0.36	0.05

注：表中所列分级因素单值指标均为平均值。

表 6.62　　　　　　　　　　　　　二滩坝基岩体结构面摩擦角建议值表

岩级	残余摩擦角 φ_r	峰值摩擦角 φ_c	综合摩擦角 φ_c	不连续结构面综合摩擦角 φ_{cr}
A～C	30°～35°	42°～47°	33°～37°	50°～55°
D	26°30′	35°30′	29°	40°
E－3	24°	31°	27°	35°

6.5.3　大渡河流域

1. 双江口水电站工程

（1）工程概况。双江口水电站位于大渡河上游东源（主源）足木足河和西源绰斯甲河汇合口以下约 1km 处，为大渡河干流水电规划 22 级开发方案的第 5 个梯级控制性水库电站。工程开发主要任务为发电。坝址控制流域面积 39 330km²，多年平均流量 524m³/s。水库正常蓄水位 2500m，库容约 27.32 亿 m³，调节库容 21.52 亿 m³，具有年调节能力。枢纽主要建筑物由砾（碎）石土心墙堆石坝、右岸泄洪消能设施、左岸引水发电系统组成，最大坝高 315m，为世界第一高坝。电站装机容量 2000MW，多年平均年发电量为 77.07亿 kW·h。正施工在建。

（2）岩体物理力学参数取值。坝址区出露地层岩性主要为燕山早期似斑状黑云钾长花岗岩（γ_{K5}^2）和晚期二云二长花岗岩（$\eta_{\gamma5}^3$），根据坝址区岩石强度、岩体结构、岩体完整性、结构面性状、岩体风化卸荷、地下水活动等特征，并结合坝址区岩体力学试验和声波测试成果，在 GB 50287—2019《水力发电工程地质勘察规范》有关坝基岩体工程地质分类的基础上，将双江口坝区岩体分为 Ⅰ、Ⅱ、Ⅲ、Ⅳ、Ⅴ 类。

坝区共进行了 78 组岩石室内物理力学性质试验、42 点现场岩体原位变形试验、30组现场岩体原位大剪试验等。根据岩石（体）物理力学试验成果，结合工程类比和有关规范规定，经综合分析提出坝区岩体和结构面物理力学参数建议值见表 6.63 和表 6.64。

表 6.63　　　　　　　　双江口水电站坝区岩体物理力学参数建议值表

类别	地质特征	岩体天然密度 ρ (g/cm³)	岩石单轴湿抗压强度 R_b (MPa)	岩体变形模量 E_0 (GPa)	岩体泊松比 μ	抗剪（断）强度					
						混凝土/岩体		岩体			
						f'	c' (MPa)	f'	c' (MPa)	f	c (MPa)
Ⅰ	新鲜花岗岩夹花岗细晶岩脉，整体块状结构	2.65	80～100	≥20	0.20	1.3～1.4	1.3～1.4	1.4～1.5	2.0～2.2	0.80～0.95	0
Ⅱ	微～新鲜花岗岩夹花岗细晶岩、伟晶岩脉，块状结构为主	2.60	70～80	10～15	0.25	1.1～1.2	1.1～1.2	1.2～1.3	1.5～1.6	0.70～0.80	0

类别	地质特征	岩体天然密度 ρ (g/cm³)	岩石单轴湿抗压强度 R_b (MPa)	岩体变形模量 E_0 (GPa)	岩体泊松比 μ	抗剪（断）强度					
						混凝土/岩体		岩体			
						f'	c' (MPa)	f'	c' (MPa)	f	c (MPa)
Ⅲ	弱下风化、弱卸荷花岗岩夹花岗细晶岩、伟晶岩脉，裂隙发育的微新岩体，镶嵌、次块结构	2.55	60～70	5～9	0.30	0.8～1.0	0.7～1.1	0.8～1.1	0.7～1.2	0.60～0.70	0
Ⅳ	弱上风化、强卸荷花岗岩夹花岗细晶岩、伟晶岩脉，块裂结构	2.35	30～40	2～4	0.35	0.7～0.9	0.3～0.5	0.6～0.8	0.3～0.5	0.45～0.50	0
Ⅴ	强卸荷带松动岩体、断层影响带	—	—	0.25～0.35	>0.35	0.40～0.55	0.05～0.10	0.35～0.45	0.01～0.05	0.3～0.4	0

表 6.64　双江口水电站坝区结构面抗剪（断）强度参数建议值表

结构面类型		抗剪（断）强度		抗剪强度	
		f'	c'（MPa）	f	c（MPa）
刚性结构面	A1（新鲜）	0.60～0.70	0.10～0.15	0.60	0
	A2（锈染）	0.55～0.60	0.05～0.10	0.50	0
软弱结构面	B1（岩屑）	0.45～0.50	0.10～0.15	0.40	0
	B2（岩屑夹泥）	0.35～0.40	0.05～0.10	0.35	0
	B3（泥夹岩屑）	0.25～0.35	0.02～0.05	0.25	0
	B4（泥）	0.18～0.25	0.001～0.002	0.20	0

2. 猴子岩水电站工程

（1）工程概况。猴子岩水电站为大渡河干流水电规划 22 级开发方案的第 9 个梯级。工程开发任务为发电。坝址控制流域面积 54 036km²，多年平均流量 774m³/s。水库正常蓄水位 1842.00m，库容 6.62 亿 m³，调节库容 3.87 亿 m³，具有季调节性能。枢纽建筑物主要由拦河坝、两岸泄洪及放空建筑物、右岸地下引水发电系统等组成。拦河坝为混凝土面板堆石坝，最大坝高 223.50m。电站装机容量 1700MW，多年平均年发电量 70.15 亿 kW·h，已建成发电。

（2）岩体物理力学参数取值。坝址区出露地层主要为志留系上统（S_3）～泥盆系下统（D_1）变质灰岩、绢云石英白云片岩、泥质结晶白云岩等，根据坝址岩石强度、岩体结构特征、岩体完整性、结构面性状、岩体风化卸荷特征、地下水状态等，按照 GB 50287—2019《水力发电工程地质勘察规范》的有关规定，将坝区岩体划分为 Ⅱ、Ⅲ$_1$、Ⅲ$_2$、Ⅳ、Ⅴ 类（见表 6.65）。坝区共完成 58 组岩石室内物理力学性质试验、50 点现场岩体原位变形试验、23 组现场岩体原位大剪试验等。根据岩石（体）物理力学性质试验成果，结合工程类比和有关规范，经综合分析提出坝区岩体和结构面物理力学参数建议值见表 6.66 和表 6.67。

表 6.65　　　　　　　　　　猴子岩水电站坝区岩体工程地质分类表

类别	岩体特征	岩体结构	岩石饱和抗压强度 R_b（MPa）	岩体完整性			主要结构面				
				RQD（%）	V_p（m/s）	K_v 均值	结构面组数	结构面间距（m）	张开度（mm）	充填物	嵌合程度
Ⅱ	微新、厚层～巨厚层变质灰岩、白云质灰岩、白云岩，结构面轻度发育，多闭合，延展性差	厚～巨厚层状结构	120～130	80～95	4800～5500	>0.7	1～2	0.6～1.0	闭合或微张<0.5	无	紧密
Ⅲ$_1$	微新中厚层变质灰岩、白云质灰岩、白云岩；弱下风化厚层～巨厚层变质灰岩、白云质灰岩、白云岩。结构面中等发育，岩体中分布有少量软弱结构面	中厚～厚～巨厚层结构	80～100	70～85	3800～4800	0.5～0.6	2～3	0.4～0.6	微张0.5～1	钙膜	较紧密
Ⅲ$_2$	微新薄层变质灰岩、白云质灰岩、白云岩、钙质绢云石英片岩、泥质结晶白云岩；弱卸荷、弱风化中厚～厚层～巨厚层变质灰岩、白云质灰岩、白云岩。结构面发育，延展性差，多闭合	薄～中厚～厚～巨厚层状及镶嵌结构	60～80	60～75	3300～4000	0.45～0.55	2～3	0.3～0.5	微张0.5～3		较紧密
Ⅳ	微新薄层含绢云母变质灰岩、绢云石英白云片岩；弱风化钙质绢云石英片岩；强卸荷、弱上风化变质灰岩、白云岩、白云质灰岩、泥质结晶白云岩；层间挤压带、韧性剪切带。结构面很发育，多张开，夹碎屑和泥	薄层状、块裂结构	30～50	40～60	2500～3000	0.1～0.4	3～4	0.2～0.4	张开3～10	泥、泥膜、岩屑	较松弛
Ⅴ	强卸荷、强风化各类岩体、断层破碎带、强风化挤压破碎带、强风化夹层，多夹泥	碎裂～散体结构	—	0～20	<2500	<0.1	无序	—	>10	次生泥、岩屑或断层泥	松弛

表 6.66　　　　　　　　猴子岩水电站坝区岩体物理力学参数建议值表

类别	岩石天然密度 ρ（g/cm³）	岩石饱和抗压强度 R_b（MPa）	岩体变形模量 E_0（GPa）	岩体泊松比 μ	岩体抗剪（断）强度 f'	岩体抗剪（断）强度 c'（MPa）	岩体抗剪强度 f	岩体抗剪强度 c（MPa）	稳定坡比
Ⅱ	2.83	120～130	//11～16 ⊥10～15	0.23	1.0～1.2	1.0～1.4	0.7～0.8	0	1:0.3
Ⅲ₁	2.80	80～100	//9～12 ⊥8～10	0.25	0.7～1.0	0.8～1.0	0.6～0.7	0	1:0.5
Ⅲ₂	2.75	60～80	//5～8 ⊥3.5～5	0.30	0.7～0.8	0.6～0.8	0.5～0.6	0	1:0.5
Ⅳ	2.70	30～50	//3～4 ⊥2.5～3	0.35	0.5～0.7	0.2～0.7	0.4～0.5	0	1:0.75
Ⅴ	2.50	—	0.5～2	>0.35	0.3～0.5	0.05～0.20	0.3～0.4	0	1:1

注　1. 稳定坡比为无控制性软弱面及不利结构面组合之整体稳定坡比，坡高大于 30m 应分层设置马道，对局部不稳定块体应有处理措施。

　　2. 变形模量中分别提出平行岩层面（//），垂直岩层面（⊥）两个方向。

表 6.67　　　　猴子岩水电站坝区岩体结构面抗剪（断）强度参数建议值表

结构面类型		抗剪（断）强度 f'	抗剪（断）强度 c'（MPa）	抗剪强度 f	抗剪强度 c（MPa）
刚性结构面	硬接触	0.50～0.70	0.10～0.15	0.45～0.60	0
软弱结构面	岩块岩屑型	0.45～0.50	0.08～0.10	0.40～0.45	0
	岩屑型	0.40～0.45	0.05～0.08	0.35～0.40	0
	岩屑夹泥型	0.35～0.40	0.03～0.05	0.30～0.35	0
	泥夹岩屑型	0.25～0.30	0.01～0.03	0.20～0.25	0

3. 长河坝水电站工程

（1）工程概况。长河坝水电站为大渡河干流水电规划 22 级开发方案的第 10 个梯级，工程开发任务主要是发电。坝址控制流域面积 56 648km²，多年平均流量 839m³/s。水库正常蓄水位 1690m，库容约 10.15 亿 m³，调节库容为 4.15 亿 m³，具有季调节能力。枢纽建筑物主要包括拦河大坝、左岸地下引水发电系统、右岸地下泄洪建筑物（溢洪洞、深孔泄洪洞及防空洞），拦河大坝采用砾（碎）石土心墙堆石坝，最大坝高 240m。装机容量 2600MW，多年平均年发电量为 108.3 亿 kW·h，已建成发电。

（2）岩体物理力学参数取值。长河坝坝区基岩主要为晋宁期—澄江期花岗岩及石英闪长岩，其间穿插花岗细晶岩、花岗伟晶岩脉和辉绿岩脉。根据坝址区岩石强度、岩体结构特征、岩体完整性、结构面性状、岩体风化卸荷、地下水等因素，在 GB 50287—2019《水力发电工程地质勘察规范》有关坝基岩体工程地质分类规定的基础上，将坝区岩体质量分为Ⅱ、Ⅲ、Ⅳ、Ⅴ类（见表 6.68）。坝区共开展了 42 组岩石室内物理力学性质试验、26点现场岩体原位变形试验、23 组现场岩体原位大剪试验等。根据岩石（体）的物理力学性质试验成果，并结合工程类比和现行规范有关规定，经综合分析提出坝区岩体和结构面物理力学参数建议值见表 6.69 和表 6.70。

表 6.68　　　　　　　　　　　长河坝水电站坝区岩体质量分类表

类别	岩体名称	岩石饱和抗压强度 R_b（MPa）	岩体结构	岩体完整性			结构面					嵌合程度
				RQD	V_p（m/s）	K_v均值	间距（m）	组数	延伸长度	张开度	充填物	
Ⅱ	微新花岗岩、石英闪长岩体	100～140	块状结构为主，少量次块状和整体状结构	75～85	5000～5500	0.6～0.75	0.6～1.0	1～2	一般 5～10m，少量>30m	闭合	无	紧密
Ⅲ	弱卸荷、弱下风化花岗岩、石英闪长岩体	60～80	次块状结构为主，少量块状和镶嵌结构	50～75	3500～4500	0.3～0.5	0.4～0.6	2～3	一般 3～5m，少量>10m	普遍微张	钙、泥膜	较紧密
Ⅳ	强卸荷、弱上风化岩体、裂隙密集带岩体	40～50	块裂结构为主，少量碎裂结构	30～50	2500～3500	0.15～0.35	0.2～0.4	3～4	一般 3～5m，部分>10m	普遍张开1～5mm	泥、泥膜、岩屑	较松弛
Ⅴ	断层破碎带、挤压破碎带、强风化（夹层）	5～15	碎裂散体结构	0	>2500	>0.15	—	—	>50m	—	断层泥岩屑角砾	松弛

表 6.69　　　　　　　长河坝水电站坝区岩体物理力学参数建议值表

类别	岩石天然密度	岩石饱和抗压强度	岩体变形模量	岩体泊松比	岩体抗剪断强度		岩体抗剪强度		稳定坡比
	ρ（g/cm³）	R_b（MPa）	E_0（GPa）	μ	f'	c'（MPa）	f	c	
Ⅱ	2.70	100～140	15～20	0.25	1.20～1.30	1.50～1.80	0.90～1.00	0	1:0.3
Ⅲ	2.65	60～80	8～10	0.30	1.00～1.20	1.00～1.50	0.80～0.90	0	1:0.5
Ⅳ	2.60	40～50	1～3	0.35	0.55～0.80	0.30～0.50	0.45～0.65	0	1:0.75
Ⅴ	2.2～2.5	5－15	≤1	>0.35	0.35	0.05	0.30	0	1:1.25

表 6.70　　　　　长河坝水电站坝区结构面抗剪（断）强度参数建议值表

结构面类型		结构面抗剪断强度		结构面抗剪强度	
		f'	c'（MPa）	f	c（MPa）
刚性结构面	硬接触	0.55～0.65	0.10～0.15	0.50～0.55	0
软弱结构面	岩块岩屑	0.45～0.50	0.10～0.15	0.40～0.45	0
	岩屑夹泥	0.40～0.45	0.05～0.07	0.35～0.40	0

4. 大岗山水电站工程

（1）工程概况。大岗山水电站为大渡河干流水电规划 22 级开发方案的第 14 个梯级，工程的任务主要为发电。正常蓄水位 1130.00m，库容 7.42 亿 m³，调节库容 1.17 亿 m³，具有日调节能力。枢纽主要由挡水建筑物、泄洪消能建筑物、左岸引水发电建筑物等组成，挡水建筑物采用混凝土双曲拱坝，最大坝高 210m。电站装机容量 2600MW，多年平均年发电量 114.30 亿 kW·h，已建成发电。

（2）岩体物理力学参数取值。坝区基岩以澄江期灰白色、微红色黑云二长花岗岩为主。此外，尚有辉绿岩脉（β）、花岗细晶岩脉、闪长岩脉等穿插发育于花岗岩中，尤以辉绿岩脉分布较多，以陡倾角为主，与围岩接触关系主要有焊接式接触、裂隙式接触和断层式接触三种类型。

坝区开展了工程岩体分类及岩体力学特性专题研究。针对大岗山坝区的工程地质特点，采取多因素综合评判的方法，将坝区工程岩体质量分为 II、III、IV、V 类，其中 III 类岩体又进一步划分为 III$_1$ 和 III$_2$ 两个亚类；招标设计阶段将全强风化 V 类花岗岩岩体细分为强风化 V$_1$ 类和全风化 V$_2$ 类两个亚类。施工详图设计阶段坝基开挖揭示花岗岩岩体中局部发育裂隙密集带的情况，对岩体质量分类标准进行了补充完善，将微新、无卸荷的裂隙密集带花岗岩划分为 III$_2$ 类岩体（见表 6.71）。

表 6.71　　　　　　　　　　大岗山水电站坝区工程岩体质量分类表

岩类		岩石类型		风化卸荷程度	岩体结构特征					岩体紧密程度	地下水状况
		岩性	R_b（MPa）		岩体结构类型	间距（cm）	J_v	声波均值 V_p（m/s）	K_v	嵌合度	
II		γ_2^{4-1}、γ_{k2}^{4-4} 花岗岩	70~80	微新、无卸荷	块状~次块状	30~100	5~7	≥4500	0.60~0.75	紧密~较紧密	潮湿~渗水
		辉绿岩（β）			块状	50~100		≥5000			
III	III$_1$	γ_2^{4-1}、γ_{k2}^{4-4} 花岗岩	40~80	微新、无卸荷	镶嵌	10~30	7~12	≥4000	0.50~0.60	较紧密~中等紧密	渗水~滴水
				弱风化下段、无卸荷	次块状~镶嵌	10~50					
		辉绿岩（β）		微新、无卸荷	次块状~镶嵌	10~50		≥4500			
		γ_2^s 钠黝帘石化蚀变花岗岩		微新、无卸荷	块状~次块状	30~100		≥4000			

续表

岩类		岩石类型		风化卸荷程度	岩体结构特征				K_v	岩体紧密程度	地下水状况
		岩性	R_b（MPa）		岩体结构类型	间距（cm）	J_v	声波均值 V_p （m/s）		嵌合度	
Ⅲ	Ⅲ₂	γ_2^{4-1}、γ_{k2}^{4-4} 花岗岩	40～80	弱风化下段、弱卸荷	次块状～ 镶嵌	10～50	7～12	≥3500	0.35 ～ 0.50	较松弛	滴水～ 线状 流水
				微新、无卸荷	裂密镶嵌	<10				较紧密	
		辉绿岩（β）		弱风化下段～微新、无卸荷	镶嵌	<10		≥4000		较紧密～中等紧密	
Ⅳ		γ_2^{4-1}、γ_{k2}^{4-4} 花岗岩	20～40	弱风化上段、卸荷	块裂～ 碎裂	<30	10～20	2500～ 3500	0.10 ～ 0.35	松弛	线状 流水
				弱风化下段～微新、无卸荷							
		辉绿岩（β）		弱风化～微新	块裂	<30		≥3500		较松弛	
Ⅴ	Ⅴ₁	γ_2^{4-1}、γ_{k2}^{4-4} 花岗岩	<15	强风化、强卸荷	碎裂	<10	>20	2000～ 2500	<0.10	松弛	涌水
		断层破碎带		—	碎裂～ 散体					松弛	
		辉绿岩（β）		—	碎裂			<3500		松弛	
	Ⅴ₂	γ_2^{4-1}、γ_{k2}^{4-4} 花岗岩	<10	全风化	散体～ 碎裂	<10	>20	<2000	<0.10	松弛	干燥

根据结构面充填情况，将坝区结构面分为刚性结构面（无充填）和软弱结构面（有充填）两大类。刚性结构面按隙壁接触紧密程度与蚀变特征细分为胶结结构面、蚀变结构面和张开结构面三类；软弱结构面按其成因类型、充填物厚度、物质组成等细分为岩块岩屑型、岩屑夹泥型和泥夹岩屑型三类。

坝区共进行了 126 组岩石室内物理力学性质试验、141 点现场岩体原位变形试验、51 组现场岩体原位大剪试验等。

通过对坝区各类岩体和结构面试验成果的整理和岩体力学参数的论证分析，并结合对反映岩体质量优劣的评价指标，如 V_p 等的相关分析，实现了岩体质量分类中"质"与"量"（具体的力学参数）的统一，最终完成坝区岩体质量分类中"质"和"量"两方面的相互配套。坝区岩体和结构面力学参数取值原则如下：

1）岩体变形试验成果按岩类进行归纳整理，采用割线模量的平均值和小值平均值作为标准值的上、下限值。鉴于各类岩体均有相当数量的变形试验样本，因此直接采用标准值化整作为变形参数建议值。

2）岩体抗剪（断）强度参数的选取以现场岩体大剪试验为基础，试验的最大法向应力为 2.2～10.2MPa，根据试验破坏类型，并结合现场地质特征，各类岩体以脆性或复合型破坏为主。据有关规范规定，试验成果按岩类进行归纳整理，抗剪断采用峰值选取，抗剪采用比例极限，均以优定斜率法的下限值为标准值，经适当调整提出建议值。鉴于比例极限特征点在应力应变关系图上较难确定，因此抗剪强度以二次剪峰值强度的 0.9 折减代替。

3）坝区各类结构面剪断类型以塑性破坏为主。据有关规范规定，试验成果按结构面类型进行归纳整理，抗剪断采用峰值强度，刚性结构面抗剪指标取残余强度，软弱结构面抗剪指标取屈服强度或残余强度，均以优定斜率法的下限值为标准值，并根据剪切破坏性状进行调整提出建议值。鉴于屈服强度和残余强度特征点在应力应变关系图上较难确定，因此抗剪强度以二次剪峰值强度的 0.89 折减代替。

坝区岩体和结构面物理力学参数建议值见表 6.72、表 6.73。

表 6.72　　　　　　　　　大岗山水电站坝区岩体物理力学参数建议值表

岩类	岩石干密度 ρ (g/cm³)	岩石饱和抗压强度 R_b (MPa)	岩体变形模量 水平 E_0 (GPa)	岩体变形模量 铅直	岩体泊松比 μ	岩体抗剪断强度 f'	岩体抗剪断强度 c' (MPa)	岩体抗剪强度 f	岩体抗剪强度 c (MPa)	抗剪断强度（混凝土/岩体）f'	抗剪断强度（混凝土/岩体）c' (MPa)	稳定坡比
Ⅱ	2.65	70～80	18～25	15～22	0.25	1.30	2.00	0.90	0	1.20	1.30	1:0.3
Ⅲ₁	2.62	40～60	9～11	6～8	0.27	1.20	1.50	0.75	0	1.00	1.00	1:0.5
Ⅲ₂	2.62	40～60	6～9	4～6	0.30	1.00	1.00	0.65	0	0.90	0.80	1:0.5
Ⅳ	2.58	20～40	2.50～3.50	1.00～1.50	0.35	0.80	0.70	0.60	0	0.80	0.70	1:0.75
Ⅴ₁	2.45	<15	0.25～0.50（平行断层）	0.20～0.30（垂直断层）	>0.35	0.50	0.20	0.40	0	0.50	0.20	1:10～1:1.25
Ⅴ₂	2.10	<10	0.20		>0.35	0.40	0.175	0.30	0	0.40	0.175	1:1.25～1:1.50

注　1. 稳定坡比指不加结构处理措施时边坡整体稳定的坡比，当边坡稳定性受特定结构面控制时应考虑结构面的倾角。
　　2. 当坡高大于 30m 应设马道，全、强风化的Ⅴ类岩体马道高差应小于 20m，对局部不稳定块体应有处理措施。
　　3. Ⅲ₂类辉绿岩脉 E_0 值取下限值。

240

表 6.73 大岗山水电站坝区结构面抗剪（断）强度参数建议值表

性状类型		结构面特征	代表性结构面	抗剪断强度		抗剪强度	
类型	亚类			f'	c'(MPa)	f	c(MPa)
刚性结构面	A1 闭合	面平直粗糙，微—新，结合紧密，强度较高	微—新岩体内无蚀变的硬质节理裂隙（缓倾角裂隙）	0.7	0.2	0.6	0
	A2 蚀变	面平直粗糙，微—新，结合紧密，面附绿泥石、绿帘石等构造蚀变矿物，强度中等	微—新岩体内构造蚀变的硬质节理裂隙	0.6	0.1	0.5	0
	A3 张开	面平直粗糙，弱风化下段，无充填，无胶结，强度中等	弱风化下段岩体中较松弛的硬质节理裂隙	0.5	0	0.4	0
软弱结构面	B1 岩块岩屑型	面平直—起伏，粗糙，充填岩块、岩屑，无胶结	1) 风化带内的卸荷裂隙；2) 断层破碎带；3) 破碎的辉绿岩脉	0.5	0.1	0.4	0
	B2 岩屑夹泥型	面平直—起伏，稍粗糙，充填岩块、岩屑，局部夹泥，面附泥膜，无胶结	1) 风化带内岩屑充填的卸荷裂隙；2) 断层破碎带；3) 破碎的辉绿岩脉	0.35	0.05	0.3	0
	B3 泥夹岩屑型	面平直—起伏，光滑，充填岩块、岩屑、泥化糜棱岩、断层泥，泥连续分布，无胶结	断层破碎带	0.3	0.02	0.25	0

5. 瀑布沟水电站工程

（1）工程概况。瀑布沟水电站为大渡河干流水电规划 22 级开发方案的第 17 个梯级。工程以发电为主，兼有防洪、拦沙等综合利用效益。正常蓄水位 850m，库容 50.6 亿 m³，调节库容 38.82 亿 m³，为不完全年调节水库。枢纽建筑物包括砾（碎）石土心墙堆石坝、左岸溢洪道、左岸深孔泄洪洞、左岸地下厂房、右岸放空隧洞及尼日河引水工程，最大坝高 186m。电站装机容量 3600MW，多年平均年发电量 147.9 亿 kW·h，已建成发电。

（2）岩体物理力学参数取值。坝区基岩为澄江期花岗岩、前震旦系浅变质玄武岩和震旦系下统苏雄组凝灰岩及流纹斑岩。根据岩性、岩体结构类型、结构面发育状况、岩体风化卸荷特征等，将坝区岩体划分为Ⅰ～Ⅴ类。坝区共完成了 136 组岩石室内物理力学性质试验、60 点现场岩体原位变形试验、14 组现场岩体原位大剪试验等。根据岩石（体）物理力学性质试验成果，结合工程类比，经综合分析提出坝区岩体物理力学参数建议值见表 6.74。

表 6.74　瀑布沟水电站坝区工程岩体物理力学参数建议值表

岩体类别及其特征		岩石比重 G_s	岩石密度 ρ (g/cm³)	岩石普通吸水率 ω (%)	岩石抗压强度		岩石软化系数 —	岩体波速指标		岩体变形指标			岩体抗剪断强度指标			
					干 R_d (MPa)	饱和 R_b (MPa)		声波 V_{pm} (km/s)	地震波 V_p (km/s)	变形模量 E_0 (GPa)	弹性模量 E (GPa)	泊松比 μ	岩体/岩体		混凝土/岩体	
													$\tan\varphi'$	c' (MPa)	$\tan\varphi'$	c' (MPa)
I	新鲜、整体块状结构花岗岩	2.72	2.66	0.30	160	130	0.85	>5.5	4.2~4.5	27~30	35~40	0.18	1.73	3.0	1.4	1.2
II	新鲜—微风化块状结构花岗岩	2.70	2.61	0.38	160	130	0.85	4.5~5.5	4.0~4.2	15~20	20~26	0.21	1.42	2.0	1.20	1.0
	新鲜—微风化次块状结构玄武岩	3.15	3.07	0.20	200	160	0.80	4.8~5.5	3.5~4.4	12~18	18~26	0.23	1.42	2.6	1.20	1.1
III	弱风化次块状结构花岗岩	2.69	2.61	0.45	100~130	80~100	0.80	3.5~4.5	2.6~3.7	8~13	10~17	0.25	1.1	1.2	1.04	0.8
	弱风化镶嵌结构玄武岩	2.95	2.88	0.33	160~180	130~140	0.80	3.3~5.0	2.5~4.0	6~10	8~15	0.27	1.1	1.5	0.84	0.7
IV	新鲜—微风化镶嵌结构凝灰岩	2.79	2.71	0.30	100~130	80~100	0.80	3.2~4.2	2.5~3.5	3~5	4~6	0.27	0.84	0.6	0.75	0.5
	弱卸荷带花岗岩、玄武岩	2.65	2.5	0.34	80~100	60~80	0.70	<3.0	<2.0	1~3	1~4	0.30	0.84	0.5	—	—
V	碎裂结构凝灰岩、强风化带、强卸荷带、断层破碎带	—	—	—	—	—	—	<2.0	<1.5	<1.0	<1.0	0.35	—	—	—	—

6. 龚嘴水电站工程

（1）工程概况。龚嘴水电站为大渡河干流水电规划22级开发方案的第21个梯级。工程以发电为主，为开发大渡河的第一个大型水电站。坝址以上控制流域面积76 130km^2，多年平均流量1490m^3/s。正常蓄水位528m，库容3.1亿m^3，调节库容0.96亿m^3，具有日、周调节性能。工程主要建筑物为混凝土重力坝、坝后和地下两座厂房以及放木道等，混凝土重力坝最大坝高85.6m。电站装机容量770MW，多年平均年发电量34.2亿kW·h。

工程于1966年3月开工，1971年12月第一台机组发电，1978年全部建成，2002～2012年陆续完成7台机组增容技术改造。

（2）岩体物理力学参数取值。坝区基岩为前震旦纪花岗岩，岩质坚硬，河床部位岩体风化较弱，两岸坝肩岩体风化较强。根据岩性、岩体结构类型、结构面发育状况、岩体风化卸荷特征等，将坝区岩体划分为Ⅰ～Ⅴ类。坝区进行了45点岩体原位变形试验、27组岩体原位大剪试验等。电站增容扩机阶段，在原有岩石（体）物理力学性质试验的基础上，结合其他水电站试验成果类比提出坝区工程岩体物理力学参数建议值，见表6.75。

表6.75　　　　　　　龚嘴水电站坝区工程岩体物理力学参数建议值表

岩体类别及其特征		岩石比重	岩石密度	岩石普通吸水率	岩石抗压强度		岩石软化系数	岩体波速指标		岩体变形指标			岩体抗剪断强度指标			
					干	饱和		声波	地震波	变形模量	弹性模量	泊松比	岩体/岩体		混凝土/岩体	
		G_S	ρ (g/cm^3)	W_a (%)	R_d (MPa)	R_b (MPa)		V_{pm} (km/s)	V_p (km/s)	E_0 (GPa)	E (GPa)	μ	$\tan\varphi'$	c' (MPa)	$\tan\varphi'$	c' (MPa)
Ⅰ	新鲜、整体块状结构花岗岩	2.70	2.65	0.30	160～180	130～160	0.85	>5.5	4.2～4.5	27～30	35～40	0.18	1.6	2.5	1.4	1.2
Ⅱ	新鲜～微风化块状结构花岗岩	2.65	2.61	0.35	140～160	120～140	0.80	4.5～5.5	4.0～4.2	15～20	20～26	0.21	1.35	2.0	1.20	1.0
Ⅲ	弱（微）风化次块状结构花岗岩	2.65	2.61	0.40	100～140	80～100	0.75	3.5～4.5	2.6～3.7	8～13	10～17	0.25	1.0	1.2	1.0	0.8
Ⅳ	弱卸荷带花岗岩	2.62	2.5	0.34	80～100	60～80	0.70	<3.0	<2.0	1～3	1～4	0.30	0.75	0.5	0.70	—
Ⅴ	全强风化带花岗岩强卸荷带断层带	—	—	—	—	—	—	<2.0	<1.5	<1.0	<1.0	0.35	—	—	—	—

7. 铜街子水电站工程

（1）工程概况。铜街子水电站为大渡河干流水电规划 22 级开发方案的第 22 个梯级。工程以发电为主。坝址以上控制流域面积 76 420km²，多年平均流量 1490m³/s。正常蓄水位 474m，库容 2.6 亿 m³，调节库容 0.56 亿 m³，具有日调节能力。枢纽由大坝、厂房、过坝建筑物等组成。大坝为混合坝型，主要由左岸混凝土面板堆石坝、河床碾压混凝土重力坝、右岸混凝土心墙堆石坝组成，碾压混凝土重力坝最大坝高 82m。电站原装机容量 600MW，多年平均年发电量 32.36 亿 kW·h，2016 年机组增容改造完成后总装机容量为 700MW。

（2）岩体物理力学参数取值。坝区基岩主要为二叠系峨眉山玄武岩，右岸谷坡地带分布砂岩、泥岩。大坝建基面以下分布有连续的软弱夹层及层间错动带。坝区共进行了 20 组岩石室内物理力学性质试验、33 点现场岩体原位变形试验、26 组现场岩体原位大剪试验等。坝区岩石（体）物理力学参数建议值见表 6.76。

C_5 层间错动带断层泥的黏粒含量 33.5%～44.2%，黏土矿物成分为绿泥石、高岭土，是坝基抗滑稳定的主要滑移控制面，采用图解法整理试验成果，并用经验系数进行折减，峰值强度折减 0.8 作为长期强度值；Lc 层内错动带以角砾岩、碎粉岩、片状岩为主，控制局部坝段岩体稳定。坝区主要结构面抗剪强度参数见表 6.77。

表 6.76　　　　铜街子水电站坝区岩石（体）物理力学参数建议值表

岩石（体）种类		岩石干密度	岩石饱和抗压强度	岩体变形模量	岩体泊松比	岩体抗剪强度	
		ρ（g/cm³）	R_b（MPa）	E_0（GPa）	μ	f	c（MPa）
松软凝灰岩		1.97	2.7	0.3～0.5	0.35	0.35	0
凝灰岩		2.34	34.3～38.8	2～3	0.30	0.55	0
凝灰玄武岩		2.51～2.61	74.2～104.2	3～5	0.27	0.6	
玄武岩	破碎	2.75～2.88	140～184.8	1～2	0.25～0.27	0.65	
	中等			3～5			
	完整			7～10			
砂岩		—	—	2～3	0.30	0.50	0
页岩、黏土岩		—	—	1～2	0.32	0.40	0

表 6.77　　　　　　　　　铜街子水电站坝区主要结构面抗剪强度参数表

类型	主要特征	厚度（m）	抗剪强度试验成果		抗剪强度建议值		备注
			f	c（MPa）	f	c（MPa）	
层间错动带 C5	由断层泥、碎粉岩、角砾岩、片状岩组成，黏粒含量33.5%~44.2%	一般0.2~0.5，最厚0.95	0.29~0.40	0.15~0.32	0.25	0.05	4 组
层内错动带 Ⅰ	碎粉岩、角砾岩成带出现，面波状起伏，分胶结和未胶结两类	0.1~0.2	—	—	0.35~0.40	0	—
层内错动带 Ⅱ	以片状岩为主	0.1~0.4	0.53~0.58	—	0.42~0.45	0	10 组
层内错动带 Ⅲ	单条型，由压碎岩和少量角砾组成	0.02~0.05	0.53~0.58	—	0.42~0.45	0	
层内错动带 Ⅳ	张性特点明显，面起伏不平，以碎裂岩为主	0.005	0.655	—	0.50~0.55	0	室内中剪，小值平均
层内错动带 Lc5	层内错动带经风化卸荷，有次生夹泥充填	0.1~0.5	0.42	—	0.30~0.32	0.03	—

6.5.4　岷江流域

1. 紫坪铺水利枢纽工程

（1）工程概况。紫坪铺水利枢纽工程位于岷江干流上，工程开发任务以灌溉、供水为主，兼有发电、防洪、环境保护、旅游等综合效益。坝址控制流域面积 22 662km²，多年平均流量 469m³/s。水库正常蓄水位 877.00m，库容 11.22 亿 m³，调节库容 7.74 亿 m³，具有不完全年调节性能。枢纽区水工建筑物包括钢筋混凝土面板堆石坝、坝后右岸地面厂房、右岸开敞式溢洪道、引水发电隧洞、泄洪排砂隧洞等。钢筋混凝土面板堆石坝最大坝高 156m，装机容量 760MW，多年平均年发电量 34.17 亿 kW·h，已建成发电。

（2）岩体物理力学参数取值。坝区基岩为三叠系上统须家河组（T_{3XJ}^3）含煤砂页岩地层，按其成层特征将坝区地层划分为 15 个韵律层，每个韵律层大体自底部至顶部，由含砾石的中粒砂岩渐变为细砂岩、粉砂岩及泥质页岩和煤质页岩。坝区岩体分为 Ⅱ、Ⅲ、Ⅳ、Ⅴ类。坝区共进行了 24 组岩石室内物理力学性质试验、51 点现场岩体原位变形试验、9 组现场岩体原位大剪试验等。根据岩石（体）物理力学性质试验成果，结合工程类比和规范有关规定，经综合分析提出坝区岩体物理力学参数建议值见表 6.78。

2. 狮子坪水电站工程

（1）工程概况。狮子坪水电站是岷江一级支流杂谷脑河流域开发的龙头水库电站，工程开发任务主要为发电。坝址控制流域面积 1200km²，多年平均流量 32.2m³/s。水库正常蓄水位 2540m，库容 1.327 亿 m³，调节库容为 1.19 亿 m³，具有不完全年调节性能。电站采用高土石坝长隧洞引水发电，砾（碎）石土心墙堆石坝最大坝高 136m。电站装机容量 195MW，多年平均年发电量 8.28 亿 kW·h，已建成发电。

表6.78　　　　　　　紫坪铺水利枢纽工程坝区岩体物理力学参数建议值表

岩体类别	岩体特征	岩石天然密度 ρ (g/cm³)	岩石烘干密度 ρ_d (g/cm³)	岩石比重 G_s	岩石普通吸水率 ω (%)	岩石抗压强度 干 R_d (MPa)	岩石抗压强度 饱和 R_b (MPa)	岩石软化系数 K_R	岩体变形模量 E_0 (GPa)	岩体泊松比 μ (m/s)	岩体声波纵波波速 V_p	岩体抗剪断强度 岩体/岩体 tanφ′	岩体抗剪断强度 岩体/岩体 c′ (MPa)	混凝土/岩体 tanφ′	混凝土/岩体 c′ (MPa)	结构面抗剪强度 tanφ	结构面抗剪强度 c (MPa)	稳定坡比 临时 水上	临时 水下	永久 水上	永久 水下
II	新鲜完整中细砂岩	2.65	2.67	2.73	0.59	70~100	60~80	0.85~0.80	10.0~15.0	0.2	>4000	1.1~1.3	1.0~1.2	1.0~1.2	0.8~1.0	0.60~0.65	0	1:0.35	1:0.40	1:0.40~1:0.50	1:0.5
II	弱风化下段（弱卸荷）中细砂岩	—	—	—	—	—	—	—	—	—	—	—	—	—	—	—	—	—	—	—	—
III	新鲜完整粉砂岩	2.55	2.63	2.72	1.23	40~60	30~40	0.67~0.75	5.0~6.5	0.25	3000~4000	0.8~1.0	0.4~0.6	0.6~0.8	0.4	0.50~0.55	0	1:0.45	1:0.50	1:0.50~1:0.60	1:0.7
III	弱风化上段（强卸荷）中细砂岩	—	—	—	—	—	—	—	—	—	—	—	—	—	—	—	—	—	—	—	—
IV	弱卸荷粉砂岩	—	—	—	—	—	—	—	0.3~0.5	0.30	2400~3000	0.45~0.50	0.30~0.35	0.40~0.45	0.3	0.40~0.45	0	1:0.60	1:0.75	1:0.75~1:1.00	—
IV	泥质粉砂岩	2.50	2.40（天然）	—	—	10~25	6~15	0.50~0.65	—	—	—	—	—	—	—	—	—	—	—	—	—
V	层间剪切破碎带	—	2.19	—	—	—	—	—	0.1~0.3	>0.35	<2400	0.30~0.40	0.08~0.10	0.35~0.40	0.08~0.10	0.30~0.40	0	1:1.00	1:1.25	1:1.25~1:1.50（有护坡措施）	—
V	断层带	2.03	—	—	—	—	—	—	—	—	—	—	—	—	—	—	—	—	—	—	—

注：1. 变形指标平行层面用大值，垂直层面用小值；抗剪断指标：抗剪断指标平行层面或断层面用小值，平行层面或断层层面用大值。

2. 物性指标采用试验的平均值，其他指标经综合分析提出。

3. 建议的稳定坡比，若遇特殊结构面，须另作处理。

（2）岩体物理力学参数取值。坝址区出露基岩为三叠系上统侏倭组（T_{3zh}）和新都桥组（T_{3x}）的浅变质岩，由变质砂岩与板岩组成。工程地质性状随岩性不同有所差异，其中变质砂岩致密坚硬，砂质板岩中等坚硬，均为强度较高的岩石。根据岩性、岩体结构、岩体完整性、结构面发育状况及风化卸荷状态，将坝区岩体划分为Ⅲ、Ⅳ、Ⅴ三类。坝区共进行了 5 组岩石室内物理力学性质试验、8 点现场岩体原位变形试验、2 组现场岩体原位大剪试验等。根据岩石（体）物理力学性质试验成果，结合工程类比和规范有关规定，经综合分析提出坝区岩体力学参数建议值见表 6.79。

表 6.79　　　　　　　　　　狮子坪水电站坝区岩体力学参数建议值表

岩体类别	岩性	风化卸荷	变形模量 E_0（GPa）	泊松比 μ	抗剪断强度	
					f'	c'（MPa）
Ⅲ	变质砂岩夹板岩、变质砂岩与板岩互层	微风化～新鲜	6.0～8.0	0.25～0.30	0.80～1.00	0.80～1.00
Ⅳ	变质砂岩夹板岩、变质砂岩与板岩互层	弱风化、弱卸荷	3.0～5.0	0.30～0.35	0.60～0.70	0.30～0.50
	板岩夹变质砂岩	微风化～新鲜	2.0～4.0	>0.35	0.55～0.60	0.20～0.40
Ⅴ	变质砂岩夹板岩、变质砂岩与砂质板岩互层	弱风化、强卸荷	0.5～1.0	>0.35	0.35～0.40	0.03～0.05
	板岩夹变质砂岩	弱风化、弱卸荷及强风化、强卸荷				
	断层破碎带及层间挤压破碎带	—	<0.5	—		

3. 硗碛水电站工程

（1）工程概况。硗碛水电站是青衣江支流宝兴河流域开发的龙头水库电站，工程开发任务主要为发电。坝址控制流域面积 734.7km²，多年平均流量 24.4m³/s。正常蓄水位 2140m，库容约 2.12 亿 m³，调节库容 1.87 亿 m³，具有年调节性能。电站采用高土石坝长隧洞引水发电，砾（碎）石土心墙堆石坝最大坝高 125.5m。装机容量 240MW，多年平均年发电量 9.11 亿 kW·h，已建成发电。

（2）岩体物理力学参数取值。坝址区岩体由志留系下统（S_1）炭质千枚岩与变质砂岩组成，针对坝区千枚岩和变质砂岩呈互层的特点，根据岩石强度、岩体结构类型、结构面特征、风化卸荷程度以及岩体波速等，将坝区岩体划分为Ⅱ、Ⅲ、Ⅳ（Ⅳ₁、Ⅳ₂）、Ⅴ类（见表 6.80）；根据结构面性状，将坝区岩体结构面划分为五类。坝区共进行了 11 组岩石室内物理力学性质试验、10 点现场岩体原位变形试验、3 组现场岩体原位大剪试验等。根据岩石（体）物理力学性质试验成果，结合工程类比和有关规范规定，提出坝区岩体、结构面物理力学参数建议值见表 6.81、表 6.82。

表6.80　碗碛水电站坝区岩体工程地质分类表

分类	岩性	地层代号	风化卸荷特征	岩石饱和抗压强度(MPa)	岩体完整性	岩体结构 结构类型	结构面组数	裂隙间距(m)	平洞RQD(%)	嵌合程度	裂隙充填情况	平洞地下水状态	岩体纵波波速V_p(m/s)	完整性系数K_v
II	变质砂岩	$S_1^{2-1,3,5,7}$	微风化新鲜	90~100	较完整	厚层	1~2	0.5~1	80~100	紧密	闭合	较干燥	≥5120	≥0.69
III	变质砂岩	$S_1^{2-1,3,5,7}$	弱风化弱卸荷	70~80	较破碎	中厚层	2~3	0.3~0.5	60~80	较紧密	多闭合、沿裂隙面锈染	湿润、局部滴水	3730~4230	0.367~0.471
IV₁	炭质千枚岩	$S_1^{2-2,4,6}$ S_1^1,S_1^3	微风化新鲜	18~22	较完整	薄层	层面	<0.3	—	紧密	闭合	较干燥	3660~4180	0.43~0.46
IV₂	变质砂岩	$S_1^{2-1,3,5,7}$	弱风化强卸荷	18~22	较破碎	块裂	3~5	<0.3	40~60	较松弛	裂面锈染、局部充填岩屑	局部滴水	2190~3240	0.16~0.30
	炭质千枚岩	S_1^1,S_1^3		15~18	破碎	碎裂	2~3	<0.3	—	较紧密	裂面锈染、局部充填岩屑	局部滴水	2490~3730	0.16~0.29
V	炭质千枚岩	$S_1^{2-2,4,6}$ S_1^1,S_1^3	强风化	10~15	破碎	碎裂~散体	—	—	—	松弛	裂面锈染、岩块、岩屑	局部滴水	1570~1990	0.065~0.15
	断层带	—	—	—	—	—	—	—	—	—	—	—	—	—

表6.81　碗碛水电站坝区岩体物理力学参数建议值表

岩体类别	岩体特征	岩石天然密度 ρ(g/cm³)	岩石饱和抗压强度 R_b(MPa)	岩体变形模量 E_0(GPa)	岩体泊松比 μ	抗剪(断)强度 岩体 tanφ′	岩体 c′(MPa)	混凝土/岩体 tanφ′	混凝土/岩体 c′(MPa)	稳定坡比 永久 水上	永久 水下	临时 水上	临时 水下
II	微风化~新鲜变质砂岩	2.80	90~100	10~15	0.2	1.10~1.20	1.00~1.50	1.00~1.10	1.00~1.10	—	—	—	—
III	弱风化、弱卸荷变质砂岩	2.78	70~80	7~9	0.25	1.00~1.10	0.70~1.00	0.80~0.90	0.60~0.70	1:0.5	1:0.75	1:0.4	1:0.5
IV₁	微风化~新鲜炭质千枚岩	2.72	15~20	2.5⊥~3.5//	0.30~0.32	0.70~0.80	0.35~0.40	0.60~0.70	0.30~0.35	1:0.75	1:1.0	1:0.7	1:0.8
IV₂	弱风化炭质千枚岩、强卸荷变质砂岩	2.68	10~15	1.5⊥~2.5//	0.32~0.34	0.55~0.65	0.3~0.35	0.45~0.55	0.25~0.30	1:1.0	1:1.15	1:0.75	1:1.0
V	强风化炭质千枚岩、断层破碎带	2.50	—	0.04⊥~0.2//	>0.35	0.40	0.10	0.30~0.40	0.05~0.10	1:1.25	1:1.5	1:1.15	1:1.25

注　稳定坡比一般适用于坡高小于15m并有护坡措施，若遇特殊结构面须另作处理。

表 6.82　　　　　　　　　硗碛水电站坝址岩体结构面抗剪强度参数建议值表

结构面类型	f	c（MPa）	备注
层面、节理面	0.55～0.70	0	变质砂岩中的硬性结构面
岩块、岩屑	0.40～0.50	0	变质砂岩中的裂隙带、断层带
岩块岩屑夹泥	0.35～0.40	0	变质砂岩中夹泥的断层带、千枚岩中的片理面
岩屑夹泥	0.25～0.30	0	千枚岩中的断层带、挤压带
泥	0.20～0.25	0	断层泥、卸荷张开裂隙中充填的泥等

6.5.5　嘉陵江流域

1. 宝珠寺水电站工程

（1）工程概况。宝珠寺水电站位于嘉陵江支流白龙江下游，工程以发电为主，兼有防洪、灌溉效益。坝址控制流域面积 28 428km²，多年平均流量 335m³/s。水库正常蓄水位 588m，库容 25.5 亿 m³，调节库容 13.4 亿 m³，具有不完全年调节性能。主要建筑物有拦河坝、厂房、过木道、工业取水设施及预留的灌溉引水口，混凝土重力坝最大坝高 132m。电站装机容量 700MW，多年平均年发电量 22.78 亿 kW·h，已建成发电。

（2）岩体物理力学参数取值。坝址区基岩为奥陶系砂岩、灰岩及志留系页岩，坝基岩体主要为砂岩，属厚层状岩体，层间夹有极薄层钙泥质粉砂岩、粉砂质页岩，因顺层构造错动，经后期风化及地下水活动，形成泥质软弱夹层。坝区共进行了 48 组岩石室内物理力学性质试验、25 点现场岩体原位变形试验、26 组现场岩体原位大剪试验等。

经试验研究，坝区岩体及泥质软弱夹层的力学参数建议见表 6.83、表 6.84。

表 6.83　　　　　　　　　宝珠寺水电站坝区岩体力学参数建议值表

岩层代号	岩石饱和抗压强度（平均值，MPa）	混凝土与基岩接触面抗剪断强度		允许承载力（MPa）	备注
		f'	c'（MPa）		
O_2^{2-1} 砂岩	87.5	1.0	0.6	3～4	—
O_2^{2-2-1} 砂岩	185.4	1.0	0.6	6～10	—
O_2^{2-2-2}，O_2^{2-3} 砂岩	180.6	1.0	1.0	6～10	—
O_2^{2-4} 砂岩	122.4	1.0	0.8	4～6	—
O_2^3 灰岩	138.1	1.0	0.8	4～6	—
S_1 页岩	38.4	0.6	0.4	1.5～2.0	弱风化减半

表 6.84 宝珠寺水电站坝区泥质软弱夹层抗剪强度参数建议值表

编号	f	c（MPa）
D1 夹层	0.25	0
D5 夹层	左岸 0.35 右岸 0.30～0.35	0
D6 夹层	0.35～0.50	0

2. 沙溪航电工程

（1）工程概况。沙溪航电工程位于嘉陵江中游河段，工程任务以航运、发电为主，兼顾防洪、水产、旅游、生态等综合效益。坝址控制流域面积 61 569km²，多年平均流量 619m³/s。水库正常蓄水位 364.0m，库容 0.576 亿 m³，调节库容 0.366 亿 m³，具有日调节性能。枢纽工程由船闸、厂房、泄洪冲沙闸、翻板坝、挡水坝等组成，最大坝高 37.5m。电站装机容量 87MW，多年平均年发电量 3.9 亿 kW·h，渠化Ⅳ级航道 21km，船闸过船吨位 2×500t。已建成发电、通航。

（2）岩体物理力学参数取值。闸坝区基岩主要为白垩系下统苍溪组细砂岩、砂质黏土岩，夹有少量泥质粉砂岩、砾岩。闸坝区岩石除新鲜的细砂岩为较坚硬岩外，其余各类岩石属较软岩～软岩，具有饱和抗压强度较低、吸水率较大的特点。闸坝区共进行了 41 组岩石和软弱夹层室内物理力学性质试验、1 组软弱夹层现场原位大剪试验等。

据地质调查和钻孔揭示，闸坝区岩层中不同程度地发育有软弱夹层，构成闸坝区岩体工程地质条件的主要薄弱环节和坝基抗滑稳定控制性结构面。软弱夹层按其性状划分为岩性软弱型、（碎块）碎屑型、碎屑夹泥型、泥夹碎屑及纯泥型。闸坝区软弱夹层物性和化学分析试验成果表明：软弱夹层属低液限粉土或重粉质壤土类，粉粒、黏粒含量高，其硅铝率在 2～4 范围内，据此判断黏土矿物主要成分为伊利石。

闸坝区岩石（体）和软弱夹层物理力学参数建议值见表 6.85。

3. 金银台航电工程

（1）工程概况。金银台航电工程位于嘉陵江中游河段，工程任务以航运、发电为主，兼具灌溉、防洪、环保、旅游开发等综合效益。坝址控制流域面积 67 694km²，多年平均流量 772m³/s。水库正常蓄水位 352m，库容 1.665 亿 m³，调节库容 0.097 亿 m³，具有日调节性能。水工建筑物由左岸船闸、14 孔泄洪闸、1 孔冲砂闸、右岸厂房坝段、储门槽和两岸接头坝构成，最大坝高 54.5m。装机容量 120MW，多年平均年发电量 5.75 亿 kW·h，渠化Ⅳ级航道 23km，船闸过船吨位 2×500t。已建成发电、通航。

（2）岩体物理力学参数取值。闸坝区地层为侏罗系上统蓬莱镇组上段泥质细砂岩和砂质黏土岩。闸坝区共进行了 50 组岩石和软弱夹层室内物理力学性质试验、8 点现场岩体原位变形试验、2 组现场岩体原位大剪试验等。

闸坝区基岩均属较软岩或软岩，具有饱和抗压强度、软化系数、弹性模量较低，吸水率较大等特点。相对而言，泥质细砂岩强度较高，完整性较好，饱和抗压强度为 13.2～20.2MPa，个别达 52.8MPa；但不同层次、不同部位泥质细砂岩，由于结构面发育程度、

表6.85　沙溪航电工程闸坝区岩石（体）和软弱夹层物理力学参数建议表

项目

岩性	岩石比重	岩石干密度（g/cm³）	岩石普通吸水率（%）	岩石抗压强度（MPa） 干	岩石抗压强度（MPa） 饱和	岩体允许承载力R（MPa）	岩体变形模量（E_0）（GPa）	岩体泊松比（μ）	抗剪断强度 岩体/岩体 $\tan\varphi'$	抗剪断强度 岩体/岩体 c'(MPa)	抗剪断强度 混凝土/岩体 $\tan\varphi'$	抗剪断强度 混凝土/岩体 c'(MPa)	岩体抗剪强度 $\tan\varphi$	岩体抗剪强度 c(MPa)	稳定坡比 临时 水上	稳定坡比 临时 水下	稳定坡比 永久 水上	稳定坡比 永久 水下
细砂岩 微新	2.62	2.23~2.34	2.18~3.5	50~65	30~40	1.5~2.0	3~5	0.25~0.28	0.80~0.90	0.50~0.60	0.85~0.90	0.55~0.65	0.65~0.70	0	1:0.25	1:0.3	1:0.3	1:0.35
细砂岩 弱风化	2.66	2.17~2.25	4.45~5.84	40~50	20~25	1.0~1.5	2~3	0.28~0.30	0.70~0.80	0.35~0.40	0.75~0.85	0.40~0.50	0.55~0.60	0	1:0.3	1:0.35	1:0.35	1:0.4
砂质黏土岩 微新	2.75	2.44~2.46	2.69~3.54	15~20	12~15	0.8~1.2	1~2	0.32~0.34	0.55~0.65	0.20~0.30	0.65~0.70	0.35~0.45	0.45~0.50	0.1~0.15	1:0.4	1:0.5	1:0.5	1:0.75
砂质黏土岩 弱风化	2.76	2.19~2.32	4.62~6.94	7~8	5~6	0.5~0.6	0.8~1.0	0.34~0.36	0.45~0.55	0.15~0.20	0.55~0.65	0.30~0.40	0.40~0.45	0.05~0.10	—	—	—	—
软弱夹层 碎屑型	—	—	—	—	—	—	—	—	—	—	—	—	0.35~0.40	0.04~0.08	—	—	—	—
软弱夹层 碎屑夹泥	2.65	—	—	—	—	—	—	—	—	—	—	—	0.30~0.35	0.02~0.04	—	—	—	—
软弱夹层 泥夹碎屑	2.65	—	—	—	—	—	—	—	—	—	—	—	0.28~0.30	0.01~0.02	—	—	—	—

胶结物类型和风化卸荷的差异而有所不同。砂质黏土岩强度低，天然抗压强度仅7.9MPa，具有遇水软化、失水干裂等快速风化崩解特点；不同埋藏条件其完整性和力学性质差异较大。

闸坝区顺层软弱夹层主要分布在第③层泥质细砂岩与第②层砂质黏土岩界面及第②层砂质黏土岩内部。从成因分析看，软弱夹层为岩性、地质构造及风化卸荷综合影响的产物。依据其风化程度、物质组成及性状，划分为碎屑夹泥型、泥夹碎屑型和纯泥型三大类。③、②层间的软弱夹层以碎屑夹泥型为主，其次为泥夹碎屑型；第②层砂质黏土岩层内软弱夹层一般为泥夹碎屑型和碎屑夹泥型，强风化带内为纯泥型夹层，且分布具随机性，连续性差。勘探揭示夹层厚度一般为2~6cm，少量达10~20cm。

试验成果表明，软弱夹层物质成分以蒙脱石、伊利石为主，具干容重低、亲水性强、力学指标低的特点。

在岩石（体）物理力学性质试验成果基础上，结合嘉陵江上已建和在建的类似工程类比分析，提出了闸坝区岩石（体）和软弱夹层物理力学参数建议值，见表6.86。

4. 青居航电工程

（1）工程概况。青居航电工程位于嘉陵江中游河段，工程任务以航运、发电为主。坝址控制流域面积76 753km²，多年平均流量838m³/s。水库正常蓄水位262.5m，库容1.17亿m³，调节库容0.19亿m³，具有日调节性能。枢纽建筑物由拦河闸坝、厂房、船闸等组成，拦河闸坝为混凝土重力坝，最大坝高45.3m。电站装机容量136MW，多年平均年发电量6.625亿kW·h，缩短航道17.2km，渠化Ⅳ级航道23km，船闸过船吨位2×500t。已建成发电、通航。

（2）岩体物理力学参数取值。闸坝区基岩为侏罗系上统遂宁组砂质黏土岩夹薄层粉砂岩、砂岩，闸坝区共进行了6组软弱夹层室内物理力学性质试验、4点现场岩体原位变形试验、4组现场岩体原位大剪试验等。

各类岩石均属软岩或较软岩，具有饱和抗压强度、软化系数、弹性模量较低，吸水率较大等特点。砂质黏土岩还具有遇水软化、失水干裂等快速风化崩解特点，不同埋藏条件和胶结物类型其物理力学性质差异较大。试验表明，富含钙质的砂质黏土岩，其室内岩石抗压、变形、抗剪试验成果均为钙质较少的砂质黏土岩的1.25~1.75倍。

闸坝区顺层软弱夹层主要分布在砂质黏土岩内部，延伸较长的软弱夹层多沿砂质黏土岩中薄层粉砂岩界面发育。从成因分析看，软弱夹层为岩性、地质构造及风化卸荷综合影响的产物。根据风化程度、物质组成及性状，夹层多为碎块岩屑夹泥型。勘探揭示，软弱夹层厚度一般0.03~0.55m，少数0.60~1.68m。

试验成果表明，软弱夹层具干密度低、亲水性强、力学强度低的特点。根据岩体和软弱夹层物理力学性质试验成果，结合嘉陵江上已建成和在建的工程类比分析，提出了闸坝区岩石（体）和软弱夹层物理力学参数建议值，见表6.87。

表6.86　金银台航电工程闸坝区岩石（体）和软弱夹层物理力学参数建议值表

岩性	岩石比重	岩石密度 干 (g/cm³)	岩石密度 湿 (g/cm³)	岩石普通吸水率 (%)	岩石抗压强度 干 (MPa)	岩石抗压强度 饱和 (MPa)	岩石软化系数	岩体允许承载力R (MPa)	岩体变形指标 变形模量E₀ (GPa)	弹性模量E (GPa)	泊松比μ	抗剪断强度 岩体/岩体 tanφ′	岩体/岩体 c′ (MPa)	混凝土/岩体 tanφ′	混凝土/岩体 c′ (MPa)	结构面 tanφ′	结构面 c′ (MPa)	抗剪强度 结构面 tanφ	结构面 c (MPa)	稳定坡比 临时	稳定坡比 永久	允许比降 J
泥质细砂岩 新鲜	2.70	2.42~2.43	2.51~2.53	2.35~3.75	50~60	20~25	0.4~0.42	1.6~2.0	2.0~2.5	3.0	0.25~0.28	1.0	0.3	0.71	0.2	0.70	0.15	0.6	0	1:0.35	1:0.4	—
泥质细砂岩 弱风化	2.68	2.23~2.27	2.38~2.39	4.4~6.0	45~50	15~20	0.33~0.40	1.5~1.8	1.5~2.0	2.5	0.28~0.30	0.8	0.25	0.65	0.15	0.63	0.10	0.51	0	1:0.35	1:0.5	—
泥质细砂岩 强风化	—	—	—	—	—	—	—	—	—	—	—	—	—	—	—	—	—	—	—	1:0.6	1:0.75	—
砂质黏土岩 新鲜	2.77	2.4	2.53	5.5	30~35	7~8（天然）	0.23	0.8~1.0	1.0	1.5	0.32~0.34	0.45	0.2	0.40	0.10	0.40	0.05	0.35	0	1:0.5	1:0.75	—
砂质黏土岩 弱风化	—	—	—	—	—	—	—	—	0.5~0.7	1.2	0.34~0.36	0.40	0.16	—	—	0.35	0.025	0.33	0	1:0.5	1:0.75	—
砂质黏土岩 强风化	—	—	—	—	—	—	—	—	—	—	—	—	—	—	—	—	—	—	—	1:0.75	1:1	—

项目

续表

岩性	岩石密度 岩石比重	岩石密度 干(g/cm³)	岩石密度 湿(g/cm³)	岩石普通吸水率(%)	岩石抗压强度 干(MPa)	岩石抗压强度 饱和(MPa)	岩石软化系数	岩体允许承载力R(MPa)	岩体变形指标 变形模量E₀(GPa)	岩体变形指标 弹性模量E(GPa)	岩体变形指标 泊松比μ	抗剪断强度 岩体/岩体 tanφ'	岩体/岩体 c'(MPa)	混凝土/岩体 tanφ'	混凝土/岩体 c'(MPa)	结构面 tanφ'	结构面 c'(MPa)	抗剪强度 结构面 tanφ	结构面 c(MPa)	稳定坡比 临时	稳定坡比 永久	允许比降 J
碎屑夹泥软弱夹层	—	1.71	2.01	—	—	—	—	—	0.03	—	—	—	—	—	—	0.32	0.01	0.30	0.007	—	—	3.0
泥夹碎屑软弱夹层	—	1.53	1.96	—	—	—	—	—	0.02	—	—	—	—	—	—	0.30	0.015	0.25~0.28	0.01	—	—	3.5

注 纯泥型夹层位于强风化带内，属坝基开挖范围，未提出其抗剪（断）强度参数建议值。

表 6.87 青居航电工程闸坝区岩石（体）和软弱夹层物理力学参数建议值表

岩性		岩石比重	岩石天然密度(g/cm³)	岩石含水率(%)	岩石抗压强度 干(MPa)	岩石抗压强度 饱和(MPa)	岩石软化系数	岩体允许承载力R(MPa)	岩体变形指标 变形模量E₀(GPa)	岩体变形指标 弹性模量E(GPa)	岩体泊松比μ	岩体抗剪断强度 tanφ	岩体抗剪断强度 c'(MPa)	岩体抗剪强度 tanφ	岩体抗剪强度 c(MPa)	稳定坡比 临时 水上	临时 水下	永久 水上	永久 水下
J₂sn 砂质黏土岩	新鲜	2.77	2.56	4.09	13~22	7~11	0.4~0.5	0.9~1.1	1.5	2.8	0.28~0.30	0.72	0.50~0.60	0.50	—	1:0.35	1:0.5	1:0.6	1:0.7
	弱微风化 弱风化 岩	—	—	—	—	—	—	0.8~0.9	0.5~0.7	1.2~1.5	0.32~0.36	0.60~0.70	0.30~0.50	0.42~0.45	—	1:0.35	1:0.5	1:0.6	1:0.7
	强风化岩	—	—	—	—	—	—	—	—	—	—	—	—	—	—	1:0.75	1:1.2	1:1	1:1.5
软弱夹层	碎块岩屑夹泥	2.75	—	11.8	—	—	—	—	0.2~0.3	0.4~0.7	—	0.30~0.35	—	—	—	—	—	—	—

5. 东西关航电工程

（1）工程概况。东西关航电工程位于嘉陵江中游，工程任务以航运、发电为主。坝址控制流域面积 78 427km²，多年平均流量 891m³/s。水库正常蓄水位 248.50m，库容 1.65 亿 m³，调节库容 1.34 亿 m³，具有日调节性能。工程枢纽由拦河坝、引水明渠、厂房及船闸组成，拦河坝为混凝土重力坝，最大坝高 47.2m。电站装机容量 180MW，多年平均年发电量 9.55 亿 kW·h。缩短航道 22km，渠化Ⅳ级航道 50km，船闸过船吨位 2×500t。2015 年完成机组增容改造，装机容量增为 210MW。已建成发电、通航。

（2）岩体物理力学参数取值。闸坝区岩层为侏罗系中统上沙溪庙组砂岩、泥质砂岩、砂质黏土岩互层。闸坝区共进行了 10 组岩石室内物理力学性质试验等。

砂岩为中硬岩、泥质砂岩为较软岩，砂质黏土岩为软岩。砂质黏土岩具有强度低、吸水率较大、遇水软化、失水干裂的特点。岩层中存在较多的顺层软弱夹层，主要由泥和原岩颗粒组成，按性状可分为三类：

Ⅰ类：次生夹层泥，泥化程度高，多出现于强风化带内。

Ⅱ类：由泥和原岩颗粒组成，各带岩体均有分布，含泥量较多。

Ⅲ类：主要由原岩颗粒组成，含泥量少。

Ⅰ类夹层大多分布于强风化带的砂质黏土岩内，延伸较短；Ⅱ、Ⅲ类夹层分布于不同岩性的接触界面上，延伸较长，可达 50～60m，厚度 1～10cm。

闸坝区各类岩石（体）和软弱夹层的物理力学参数建议值见表 6.88。

6. 草街航电工程

（1）工程概况。草街航电工程位于嘉陵江干流下游河段上，以航运为主，兼顾发电，并具有拦沙减淤、改善灌溉条件等效益。坝址控制流域面积 15.6 万 km²，多年平均流量 2120m³/s。水库正常蓄水位 203m，库容 7.54 亿 m³，调节库容 0.65 亿 m³，具有日调节性能。工程包括枢纽工程、航道整治工程和合川港码头工程，其中枢纽建筑物由船闸、河床式厂房、5 孔冲沙闸、15 孔泄洪闸、1 孔与施工纵向围堰结合的泄洪闸和混凝土重力坝等组成，最大坝高 83m。电站装机容量 500MW，多年平均年发电量 20.18 亿 kW·h，渠化Ⅲ级航道 70km、Ⅳ级航道 88km、Ⅴ级航道 22km，船闸过船吨位 2×1000t。已建成发电、通航。

（2）岩体物理力学参数取值。闸坝区岩层主要为侏罗系中统沙溪庙组砂质黏土岩和砂岩两类，砂质黏土岩强度较低，抗变形能力较弱，且具有遇水软化、失水干裂的特性，属较软岩；砂岩强度和抗变形能力相对较高，属中硬岩。闸坝区共进行了 91 组岩石室内物理力学性质试验、58 点岩体现场原位变形试验、8 组现场岩体原位大剪试验等。

据室内和现场试验，微风化砂质黏土岩岩石的饱和抗压强度 25.5～28.0MPa，岩体变形模量 6.0～7.0GPa；微风化砂岩岩石的饱和抗压强度 49.76～56.67MPa，岩体变形模量 8.0～13.0GPa。

表 6.88

东西关航电工程闸坝区岩石（体）和软弱夹层物理力学参数建议值表

岩性		岩石比重	岩石干密度 (g/cm³)	岩石最大吸水率 (%)	岩石抗压强度		岩石软化系数	岩体变形模量 (GPa)	岩体泊松比	岩体抗剪断强度		岩体抗剪强度		稳定坡比			
					干 (MPa)	饱和 (MPa)				tanφ'	c' (MPa)	tanφ	c (MPa)	临时		永久	
														水上	水下	水上	水下
砂岩	微风化	2.7~2.73	2.34~2.37	3.5~4.5	70~80	50~60	0.7~0.8	4~5	0.20	0.8	0.70	0.60~0.65	0	1:0.2	1:0.35	1:04	1:0.5
	弱风化	2.54~2.63	2.2~2.37	3.05~4.25	34~70	25~50	0.7~0.75	3~4	0.25	0.75	0.30~0.50	0.55~0.60	0	1:0.2	1:0.35	1:04	1:0.5
泥质砂岩	微风化	2.64	2.32	5.35	32	22	0.65	1.5~2.0	0.25~0.3	0.70	0.30	0.50~0.55	0	1:0.2	1:0.35	1:04	1:0.5
	弱风化	—	—	—	24	15	0.6	0.9	0.3	0.65~0.70	0.25	0.45~0.50	0	1:0.2	1:0.35	1:05	1:0.7
砂质黏土岩	弱微风化	2.71~2.74	2.45~2.50	5~6	15~20	8~12	0.4~0.5	0.7	0.3~0.32	0.6~0.65	0.20	0.40~0.45	0.005	1:0.35	0:0.5	1:0.6	1:0.7
	强风化	—	—	—	—	—	—	0.1~0.15	0.35	—	—	0.35~0.37	0.005	1:0.75	1:1.2	1:1.0	1:1.5
软弱夹层	I类次生夹泥型	—	—	—	—	—	—	0.02	—	—	—	0.26	0.01	—	—	—	—
	II类夹泥型	—	—	—	—	—	—	0.03	—	—	—	0.30	0.01	渗透系数 $k=10^{-6}\sim10^{-8}$cm/s 允许比降 $j=3.5$			
	III类软弱破碎带	—	—	—	—	—	—	0.05	—	—	—	0.34	0.05~0.01	渗透系数 $k=10^{-5}\sim10^{-6}$cm/s 允许比降 $j=2.5$			

岩层内发育有顺层缓倾角软弱夹层，主要是受岩性、岩体结构、原生构造、轻微地质构造变形，以及岩体的风化、卸荷、地下水活动等综合因素影响而形成。根据勘探揭露，66 条软弱夹层中，砂质黏土岩内部有 46 条，占 69.7%；不同岩性接触界面有 15 条，占 22.7%；砂岩内部有 5 条，占 7.6%。软弱夹层部分有轻微的构造错动迹象。软弱夹层厚度一般 1~5cm，个别可达 10~16cm，长度多在 20~40m。延伸较长、规模较大的软弱夹层主要有 3 条。软弱夹层大致可分为三种类型：碎屑夹泥型、泥夹碎屑型和泥型。

根据室内和现场物理力学性质试验，结合类似工程经验，经综合类比分析后，提出闸坝区岩石（体）和软弱夹层的物理力学参数建议值，见表 6.89。

表 6.89   草街航电工程闸坝区岩石（体）和软弱夹层物理力学参数建议值表

岩性	风化程度	岩石干密度 ρ_d (g/cm³)	岩石比重 G	岩石饱和抗压强度 R_b (MPa)	岩体变形模量 E_0 (GPa)	岩体泊松比 μ	抗剪断强度 混凝土/岩体 f'	抗剪断强度 混凝土/岩体 c' (MPa)	抗剪断强度 岩体/岩体 f'	抗剪断强度 岩体/岩体 c' (MPa)	抗剪强度 岩体/岩体 f	抗剪强度 岩体/岩体 c (MPa)	稳定坡比 临时	稳定坡比 永久
砂岩	微新	2.43	2.58	50~55	6~8	0.25	0.80~1.00	0.50~0.70	0.70~0.90	0.50~0.70	0.55~0.70	0	1:0.2	1:0.3
砂岩	弱风化	2.29	2.56	20~25	2~4	0.28	0.65~0.75	0.30~0.40	0.55~0.65	0.30~0.40	0.50~0.55	0	1:0.3	1:0.5
砂质黏土岩	微新	2.53	2.79											
砂岩	强风化	—	—	7~10	0.5~1	0.35	0.55~0.65	0.20~0.30	0.45~0.55	0.20~0.30	0.35~0.40	0	1:0.5	1:0.75
砂质黏土岩	弱风化	2.52	2.78											
软弱夹层	碎屑夹泥型	—	—	—	—	—	0.35~0.40	0.02~0.05	0.32~0.35	0	—	—		
软弱夹层	泥夹碎屑型	—	—	—	—	—	0.25~0.30	0.01~0.02	0.20~0.25	0	—	—		
软弱夹层	泥型						0.20	0.005	0.20	0				

注 坡高 20m 以上设马道，E_0 主要以垂直变形模量为依据。

6.5.6 澜沧江流域

1. 小湾水电站工程

（1）工程概况。小湾水电站是澜沧江中下游河段梯级电站的龙头水库，为澜沧江梯级开发的关键性工程。工程以发电为主，兼有防洪、灌溉、拦沙和航运等效益。坝址控制流域面积 11.33km²，多年平均流量 1210m³/s。水库正常蓄水位 1240m，库容 151.32 亿 m³，调节库容 98.95 亿 m³，具有多年调节性能。枢纽工程由混凝土双曲拱坝、坝身泄洪孔口、坝后水垫塘和二道坝、左岸泄洪洞、右岸引水发电系统等组成，混凝土双曲拱坝最大坝高 294.5m，装机容量 4200MW，多年平均年发电量 188.53 亿 kW·h，已建成发电。

（2）岩体物理力学参数取值。

坝区岩性为片麻岩和片岩。试验成果表明：新鲜完整的片麻岩和片岩均属坚硬岩，具有抗压强度高、密度大、吸水率低和弹性模量中等偏高等特点。根据岩体中结构面发育程度、性状，块体嵌合情况，岩体蚀变、风化、卸荷作用程度等因素，对坝区岩体进行质量分类，划分为五个大类、十个亚类。坝区共进行了 140 组岩石室内物理力学性质试验、100 点现场岩体原位变形试验、45 组现场岩体原位大剪试验等。

岩体变形参数建议值选取的基本原则如下：

1）以现场刚性承压板法试验统计成果（规范规定方法）为基本依据，并且适当考虑 II 类～IVₐ 类岩体中 IV 级结构面的影响而进行折减。

2）I、II 类岩体，由于其岩体完整性较好，岩块刚度大，其蠕变现象不明显，故基本上可以不考虑其蠕变效应；而 IIIₐ、IIIᵦ、IVₐ、IVᵦ、IV꜀ 类岩体，岩体完整性均较差，且刚度也不大，这几级岩体的特点是具有一定的蠕变效应，其中 IVᵦ、IV꜀ 类岩体尤为显著。

3）进行经验类比。

4）对 IIIb 以下岩体应考虑其各向异性问题。

岩体抗剪断强度参数建议值选取，根据规范规定的原则，以岩体抗剪断强度的点群中心法整理成果为基本依据，对 II 类～IVₐ 类岩体适当考虑 IV 级结构面的影响，并对 IIIᵦ 类及以下各类岩体进行适当的蠕变效应修正，以及进行经验类比提出各类岩体抗剪断强度参数建议值。IVᵦ 类岩体抗剪强度为垂直断层带的抗剪强度，平行断层带的抗剪强度则按软弱结构面的抗剪强度考虑。

坝区岩体质量分类及力学参数建议值详见表 6.90。

坝区结构面强度试验主要选择对抗滑稳定起控制作用的顺坡中缓倾角节理和走向近南北的陡倾节理进行。试验成果表明，节理的抗剪强度与节理面间充填物性质关系密切。

坝区结构面抗剪（断）强度参数建议值见表 6.91。

表 6.90 小湾水电站坝区岩体质量分类及力学参数建议值表

岩体质量分类		岩体结构类型	RQD (%)	岩石饱和抗压强度 (MPa)	地质特征	岩体力学指标建议值			
						泊松比	变形模量 (GPa)	岩体抗剪断强度*	
类别	亚类							f	c'（MPa）
I	—	整体结构	>90	≥90	微风化～新鲜片麻岩、夹少量片岩，片麻理、片理面结合力强。无IV级及IV级以上结构面。V级结构面组数不超过 2 组，延伸短，闭合，或被长英质充填胶结呈焊接状，面粗糙，无充填，刚性接触，间距>100cm，岩体呈整体状态，地下水作用不明显。声波纵波速度的一般值≥5250m/s	0.20～0.23	22～28	$\dfrac{1.3～1.6}{1.48}$	$\dfrac{2.0～2.5}{2.2}$

续表

岩体质量分类		岩体结构类型	RQD（%）	岩石饱和抗压强度（MPa）	地质特征	岩体力学指标建议值			
						泊松比	变形模量（GPa）	岩体抗剪断强度*	
类别	亚类							f	c'（MPa）
Ⅱ	—	块状结构	75～90	≥90	微风化～新鲜片麻岩、夹片岩，片麻理、片理面结合力强。少见Ⅳ级结构面。V级结构面一般有2～3组，以近东西向、近南北向陡倾角节理为主，闭合或被长英质充填胶结，粗糙，无充填或有后期热液变质矿物充填，刚性接触，间距50～100cm。可见少量滴水。声波纵波速度的一般值≥4750m/s	0.23～0.28	16～22	$\dfrac{1.3～1.5}{1.43}$	$\dfrac{1.5～2.0}{1.7}$
Ⅲ	Ⅲa	次块状结构	50～75	≥60	大部分弱风化中、下段岩体、完整性较差的微风化～新鲜岩体。片麻理、片理面结合稍弱，片岩夹层仍较坚硬。Ⅳ级结构面较发育。V级结构面一般有3组以上，间距30～50cm，近东西向和近南北向陡倾角节理延伸较长。结构面微张，并有高岭土化的铁、锰次生矿物充填，可见有滴水。声波纵波速度的一般值4750～4250m/s	0.28～0.30	12～16	$\dfrac{1.1～1.3}{1.2}$	$\dfrac{1.1～1.5}{1.3}$
	Ⅲb1	次块状～块状结构			卸荷的微风化岩体，岩石保持新鲜色泽，岩体块度大，具一定的完整性，节理一般闭合或保持原有的胶结状态，以剪切裂隙（顺坡中缓倾角剪切裂隙）发育为主，一般闭合～微张，无充填或少量片状岩块充填，岩块较坚硬，结构面仍表现为刚性面。片岩夹层大部分仍坚硬，少部分具软化现象。声波纵波速度的一般值4250～4000m/s		8～12	$\dfrac{1.1～1.3}{1.15}$	$\dfrac{0.9～1.1}{1.0}$
	Ⅲb2	次块状结构			完整性较差的卸荷微风化岩体，卸荷剪切裂隙和卸荷拉张裂隙均有发育，一般微张，局部有岩屑和次生泥充填。片麻理、片理面结合力稍弱，片岩夹层多见软化现象。裂面高岭土化岩体，完整性较差，一般分布于Ⅲ、Ⅳ级结构面附近，岩体中近EW向和近SN向节理裂隙发育，局部密集发育，多呈张性，普遍有高岭土充填，高岭土多潮湿，呈软塑状。声波纵波速度的一般值4000～3750m/s		6～8	$\dfrac{1.0～1.1}{1.1}$	$\dfrac{0.7～0.9}{0.75}$

岩体质量分类		岩体结构类型	RQD（%）	岩石饱和抗压强度（MPa）	地质特征	岩体力学指标建议值			
类别	亚类					泊松比	变形模量（GPa）	岩体抗剪断强度*	
								f'	c'（MPa）
IV	IV$_a$	裂隙块状结构	25～50	30～60	弱风化上段、完整性较差及卸荷的弱风化中、下段岩体和轻微蚀变岩体。作为夹层的片岩已大部分风化成软岩，部分泥化。IV、V级结构面发育，结构面微张或张开，为泥和碎屑物所充填，节理间距15～30cm，岩体强度仍受结构面控制。雨季普遍滴水。声波纵波速度的一般值为 3750～2500m/s	0.30～0.35	$\dfrac{5～10}{4～6}$#	$\dfrac{1.0～1.1}{1.0}$	$\dfrac{0.5～0.7}{0.6}$
	IV$_b$	镶嵌结构	<25	30～60	断层影响带、节理密集带及中等～强烈蚀变岩带。IV、V级结构面很发育，不规则，裂隙微张，多有泥膜充填，岩体间咬合力强。地下水活动强烈		$\dfrac{2～4}{1.5～3}$#	$\dfrac{0.9～1.0}{0.9}$	$\dfrac{0.4～0.5}{0.5}$
	IV$_c$	碎裂结构	5	<40	断层带中的碎裂岩带及部分性状较差的蚀变岩带和劈理带。结构面很发育，充填碎屑和泥，岩块间咬合力差		0.5～2	$\dfrac{0.8～0.9}{0.8}$	$\dfrac{0.3～0.4}{0.3}$
V	V$_a$	松弛结构	<25	<30	强风化、强卸荷岩体，片岩夹层已全部泥化。结构面很发育，张开为泥和碎屑物充填，或为空隙，因风化和地下水的软化和泥化作用，常形成夹泥裂隙。岩体已呈松弛状态，强度受夹泥裂隙控制。声波纵波速度的一般值为 2500～1500m/s	—	—	—	—
	V$_b$	散体结构	<25	—	泥化的构造岩、片岩及全风化岩体。其性状接近于黏土和砾质土	—	—	—	—

注　1．"#"横线上方数字指平行 SN 向结构面施压，下方数字指垂直 SN 向结构面施压。

　　2．"*"横线上方为范围值，下方为建议值定值。

表 6.91　　　　　小湾水电站坝区结构面抗剪（断）强度参数建议值表

结构面类型	抗剪（断）强度		
	峰值强度		残余强度
	f'	c'（MPa）	f
无充填节理	0.60～0.70	0.080～0.130	0.55～0.63
有少量泥、绿泥石、高岭石膜充填的节理	0.45～0.55	0.045～0.060	0.38～0.50
岩屑夹泥断层	0.40～0.50	0.040～0.055	0.30～0.40
泥夹碎屑断层	0.25～0.35	0.020～0.035	0.20～0.30

2. 漫湾水电站工程

（1）工程概况。漫湾水电站位于澜沧江中下游河段，是澜沧江干流水电基地开发建设的第一座百万千瓦级的水电站。工程任务为发电。坝址控制流域面积 11.45 万 km²，多年平均流量 1230m³/s。正常蓄水位为 994m，库容 9.2 亿 m³，调节库容 2.57 亿 m³，具有季调节性能。枢纽建筑物主要由拦河大坝、左岸泄洪洞、坝后厂房等组成，混凝土重力坝最大坝高 132m。装机容量为 1550MW，多年平均年发电量 78.8 亿 kW·h，已建成发电。

（2）岩体物理力学参数取值。坝区岩性单一，为三叠系中统上部的流纹岩，岩石坚硬，岩体完整性较好，无原生软弱夹层，发育陡倾角小断层。坝区共进行了 25 组岩石室内物理力学性质试验、5 点现场断层破碎带载荷试验、60 点现场岩体原位变形试验、8 组现场岩体原位大剪试验等。

根据坝区岩体质量及其物理力学性质试验成果，提出岩体的物理力学参数建议值见表 6.92。

表 6.92　　　　　　　漫湾水电站坝区岩体质量及物理力学参数建议值表

岩体质量系数	岩体结构类型		地质特征	物理力学性指标						
				岩石饱和抗压强度	允许承载力	弹性模量	变形模量	泊松比	控制结构面的摩擦系数	岩体纵波速度
Z				R_b（MPa）	P_0（MPa）	E（GPa）	E_0（GPa）	μ	f	V_p（m/s）
3.1（好）	裂隙块状		岩体呈块状，主要节理一般不超过3组，且闭合，岩石块度 10～200cm 不等	100	20～30	>15	>10	0.22	0.6	4700（微）3800（弱）
1.92（一般偏好）	碎裂结构	隐微碎裂结构	裂隙发育，且无规则，但多闭合，岩石块度一般 3～20cm	90～100	10～20	10～15	8～10	0.25	0.6	4500（微）3500（弱）
0.79（一般）		镶嵌碎裂结构	裂隙发育且无规则，面上有高岭土分布，岩石块度一般 3～20cm	30～60	3～6	8～10	5～7	0.25～0.30	0.5	3900（微）3500（弱）
—		垂直片碎结构	节理和劈极发育，岩块呈薄片或板柱状，薄片厚 1～3cm	—	—	—	<1	—	0.6	—
—		平行片碎结构		—	—	—	—	—	0.5	—

岩体质量系数	岩体结构类型	地质特征	物理力学性指标						
			岩石饱和抗压强度	允许承载力	弹性模量	变形模量	泊松比	控制结构面的摩擦系数	岩体纵波速度
Z			R_b（MPa）	P_0（MPa）	E（GPa）	E_0（GPa）	μ	f	V_P（m/s）
0.23 坏	紧密角砾结构	一般为断层破碎带或挤压带，岩体碎裂，岩块为细碎角砾状，块径一般小于3cm	10~30	5~15	<2	<1.5	0.30~0.35	0.3~0.5	2500~4000
0.02 极坏	疏松角砾结构		<10	<5	<1.2	<1	—	0.3	<2500
0.104 坏	强风化碎裂结构	全强风化状态，风化裂隙发育且多张开，有次生泥充填，岩石块度无定量	<20	10~20	—	1~2	0.40	0.3~0.4	2000~2500

注　1. 岩体质量系数 $Z=I \cdot f \cdot S$，其中 I 为岩体完整性系数，$I=V_P^2/V_o^2$，V_o 为新鲜岩块的纵波速度6000m/s；S 为岩块坚强系数，$S=R/10$。

　　2. 表中各项指标仅表示岩体的平均水平，直接应用时需另行论证选择。

3. 大朝山水电站工程

（1）工程概况。大朝山水电站位于澜沧江中下游河段，工程任务为发电。坝址控制流域面积 12.1 万 km²，多年平均流量 1340m³/s。正常蓄水位为 899m，库容 9.4 亿 m³，调节库容 3.76 亿 m³，具有季调节性能。枢纽建筑物主要有河床碾压混凝土溢流重力坝、右岸地下厂房、长尾水隧洞等，最大坝高 111m。电站装机容量 1350MW，多年平均年发电量 59.31 亿 kW·h，已建成发电。

（2）岩体物理力学参数取值。坝址出露的岩层为三叠系上统小定西组玄武岩，岩石坚硬，岩体较完整，局部夹有少量安山岩和流纹岩、变珍珠岩及火山角砾岩、凝灰岩夹层。根据坝区岩体工程地质分类及其物理力学性质试验成果，提出岩体的物理力学参数建议值见表 6.93。

4. 糯扎渡水电站工程

（1）工程概况。糯扎渡电站位于澜沧江下游，是澜沧江中下游河段梯级规划"二库八级"中的控制性水库。工程以发电为主，兼有防洪、灌溉和旅游等综合利用效益。坝址控制流域面积 14.47 万 km²，多年平均流量 1740m³/s。正常蓄水位为 812m，库容 237.03 亿 m³，调节库容 113.35 亿 m³，具有多年调节能力。电站枢纽由砾石土心墙堆石坝、左岸溢洪道、左岸引水发电系统等组成，砾（碎）石土心墙堆石坝最大坝高 261.5m。电站装机容量 5850MW，多年平均年发电量 239.12 亿 kW·h，已建成发电。

表6.93 大朝山水电站坝区岩体质量分类及物理力学参数建议值表

岩体类别	岩石名称	岩石饱和抗压强度（MPa）	岩体结构类型	岩体特征	岩体风化程度	RQD（%）	岩体纵波速度 V_p（m/s）	物理力学性参数						
								容重（kN/m³）	弹性模量 E（GPa）	变形模量 E_0（GPa）	泊松比 μ	抗剪断及抗剪		
												f'	c'（MPa）	f
I	玄武岩、安山岩	>80	整体状	岩体呈整体块状，节理不发育，闭合，贯穿性结构面少，无影响稳定的控制性结构面，岩体强度高	微风化至新鲜	>90	>5000	26.2	13～18	10～15	0.25	$\dfrac{1.3}{1.5}$	$\dfrac{1.1}{1.2}$	0.75
II	玄武岩、安山岩	>60	块状、次块状	岩体呈块状，少部分为次块状，完整性较好，主要节理一般发育三组，节理闭合，岩体强度较高	弱风化中下部至新鲜	50～90	4000～5000	26.0	10～13	7～10	0.25	$\dfrac{1.25}{1.30}$	$\dfrac{0.8}{1.0}$	0.70
	火山角砾熔岩、凝灰质玄武岩		整体状、块状			>70								
III	玄武岩、安山岩	>40	次块状	岩体节理发育，少部分微张，一般没有夹泥，完整性中等，岩体仍具有较高强度	弱风化中下部至新鲜	40～70	3000～4000	24.0～25.8	5～10	4～8	0.27	$\dfrac{1.20}{1.25}$	$\dfrac{0.7}{0.8}$	0.65
	火山角砾熔岩、凝灰质玄武岩													
IV	玄武岩、安山岩、火山角砾熔岩、凝灰质玄武岩	>40	碎裂镶嵌	岩体节理裂极为发育，岩体完整性差，岩块镶嵌紧密		<40	<3000	22.0～24.0	3～5	1.5～3.5	0.30	—	—	—
V	断层带	—	—	强度低，必须专门性工程加固处理，以提高坝基整体强度	—	—	<3000	0.8～0.9		0.5～0.6	0.30	—	—	—

注　抗剪断及抗剪参数，分子表示混凝土与岩体，分母表示岩体与岩体。

（2）岩体物理力学参数取值。坝址区主要分布华力西期～印支期花岗岩，坝区岩体质量分类以 GB 50287—2019《水力发电工程地质勘察规范》规定的分类方法为原则，并结合具体地质条件提出糯扎渡水电站的坝区岩体质量分类标准。坝区岩体质量分类主要考虑岩石强度、岩体结构特征、岩体完整性、岩体风化卸荷程度等因素，划分为五个大类、七个亚类。根据坝区结构面的规模、组成物质及性状，将其划分为五种类型。

岩体力学参数的选取，根据试验成果，变形参数以算术平均值为标准值，抗剪（断）

强度参数以小值回归值为标准值，并结合宏观经验判断和工程类比对标准值进行适当调整，提出岩体力学参数建议值（见表 6.94）。

结构面抗剪（断）强度参数的选取，根据试验成果，以小值回归值为标准值，结合宏观经验判断和工程类比对标准值进行适当调整，提出结构面的抗剪（断）强度参数建议值（见表 6.95）。

表 6.94　糯扎渡水电站坝区岩体质量分类及力学参数建议值表

岩类		岩体特征	岩体工程性质评价	岩体结构类型	岩石质量指标 RQD (%)	岩石饱和单轴抗压强度 R_b (MPa)	岩体纵波速 V_p (m/s)	岩体力学参数建议值				
								变形模量 E_0 (GPa)	混凝土/岩抗剪断峰值强度		岩体抗剪断峰值强度	
类	亚类								f'	c' (MPa)	f'	c' (MPa)
I	—	微风化—新鲜的细粒、中细粒花岗岩，结构面不发育，无Ⅳ级及其以上结构面，Ⅴ级结构面不超过 2 组，延伸短，多闭合或被方解石细脉或铁硅质充填胶结，表现为硬性结构面，间距>100cm	岩体完整，强度高，抗滑抗变形性能强，不需作专门性地基处理。属优良高混凝土坝地基	整体结构、块状结构	>90	>100	4800～5500	25～30	1.30	1.30	1.40～1.60	2.0
II	—	主要为微风化—新鲜细粒、中细粒花岗岩。结构面轻度发育—中等发育，分布极少量的挤压面，节理 2～3 组，多闭合或被方解石细脉或铁硅质充填胶结，表现为硬性结构面，少数大裂隙由铁质浸染和风化蚀变现象，间距 50～100cm	岩体完整，强度高，软弱结构面不控制岩体稳定，抗滑抗变形性能较高，专门性地基处理工作量不大，属良好高混凝土坝地基	块状结构、次块状结构	>80	>80	4200～5200	15～25	1.15～1.30	1.10～1.30	1.25～1.40	1.50～2.00
Ⅲ	Ⅲ$_a$	主要为微风化—新鲜中细粒花岗岩、角砾岩、粉细砂岩及弱风化下部中细粒花岗岩，部分为岩体中钾长石及暗色矿物已发生明显蚀变的花岗岩，结构面中等发育，分布少量挤压面节理（含层理）3 组，多闭合或微张、部分为钙质薄膜充填胶结，表现为硬性结构面，部分裂隙有铁质浸染和风化蚀变现象，间距 30～50cm	岩体较完整，局部完整性差，强度较高，抗滑抗变形性能在一定程度上受结构面控制，对影响岩体变形和稳定的结构面应作专门处理。属良好的高心墙堆石坝地基	次块状结构	60～80	55～80	3300～4300	10～15	1.05～1.20	0.80～1.00	1.10～1.25	1.00～1.50

岩类		岩体特征	岩体工程性质评价	岩体结构类型	岩石质量指标	岩石饱和单轴抗压强度	岩体纵波速	岩体力学参数建议值			
								变形模量	混凝土/岩抗剪断峰值强度		岩体抗剪断峰值强度
类	亚类				RQD (%)	R_b (MPa)	V_p (m/s)	E_0 (GPa)	f'	c' (MPa)	f'	c' (MPa)
Ⅲ	Ⅲ$_b$	主要为弱风化下部及少量弱风化上部中细粒花岗岩,弱风化下部角砾岩,粉细砂岩及微风化—新鲜粉砂质泥岩和花岗岩体中的节理密集带。结构面发育,挤压面较发育。节理(含层理)3组以上,多闭合或微张、部分张开夹泥,主要为硬性结构面,裂隙多有铁质浸染和风化蚀变现象,间距30cm左右。岩块间嵌合力较强	岩体完整性较差,强度仍较高,抗滑抗变形性能受结构面和岩块间嵌合能力以及结构面抗剪强度特性控制,对岩体应作专门处理。但作为心墙堆石坝地基仍是可行的	镶嵌碎裂结构、次块状结构	40～60	40～60	2600～3600	4～8	0.90～1.05	0.60～0.80	1.00～1.10	0.80～1.00
Ⅳ	Ⅳ$_a$	弱风化上部中细粒花岗岩、花岗斑岩、角砾岩、粉细砂岩,微风化或弱风化下部泥岩,弱风化下部粉砂质泥岩,及微风化花岗岩体中的构造蚀变带、节理密集带岩体。结构面发育,节理裂隙多见风化蚀变和夹泥现象,间距<30cm.岩块间有一定的嵌合力	岩体完整性差,强度较低,抗滑抗变形性能明显受结构面、岩石强度和岩块嵌合能力控制,能否作为高混凝土坝地基视处理效果而定,但经适当处理后可作为心墙坝坝基	碎裂结构、镶嵌碎裂结构	20～45	15～45	1900～2800	2～4	0.70～0.90	0.40～0.70	0.70～0.90	0.40～0.70
	Ⅳ$_b$	强风化花岗岩、角砾岩、粉细砂岩、构造蚀变带,断层影响带和强卸荷带岩体及弱风化上部泥岩、粉砂质泥岩等,结构面很发育,且多张开、夹碎屑和泥。岩块间嵌合力弱	岩体较破碎,抗滑抗变形性能差,不宜作混凝土坝地基,当局部存在该类岩体,需作专门处理,作为心墙堆石坝地基也需进行专门处理	碎裂结构	<25	<15	1500～2300	1～1.5	0.50～0.70	0.20～0.40	0.50～0.70	0.20～0.40
Ⅴ	—	强风化泥岩、粉砂质泥岩,全风化带,断层带,风化强烈的构造蚀变带岩体等,由岩块夹泥或泥包岩块组成,具松散连续介质特征	岩体破碎,不能作为混凝土坝或心墙堆石坝地基,当局部地段分布该类岩体,需作专门性处理	散体结构	—	—	<1500	0.1～0.4	0.30～0.60	0.05～0.10	0.30～0.60	0.05～0.10

表 6.95　　　　　　糯扎渡水电站坝区结构面抗剪（断）强度参数建议值表

分类	回归		小值回归		建议值	
	f'	c'（MPa）	f'	c'（MPa）	f'	c'（MPa）
刚性	1.40	0.58	—	—	0.60～0.70	0.15～0.25
岩屑型	0.75	0.20	0.49	0.14	0.35～0.50	0.05～0.15
岩屑夹泥型	0.62	0.097	0.38	0.05	0.25～0.35	0.01～0.02
泥夹岩屑型	0.38	0.05	0.26	0.03	0.20～0.30	0.005～0.015
纯泥型	0.42	0	0.14	0	0.15～0.20	0～0.005

5. 景洪水电站工程

（1）工程概况。景洪水电站为澜沧江中下游河段两库八级开发方案中的第六个梯级。工程任务以发电为主，兼有航运、防洪、旅游等综合利用效益。坝址控制流域面积 14.91 万 km²，多年平均流量 1820m³/s。正常蓄水位 602m，库容 11.39 亿 m³，调节库容 3.09 亿 m³，具有周调节能力。枢纽由拦河坝、泄洪冲沙建筑物、引水发电系统、垂直升船机、变电站等组成，碾压混凝土重力坝最大坝高 108m。装机容量 1750MW，多年平均年发电量 78 亿 kW·h，已建成发电、通航。

（2）岩体物理力学参数取值。水工建筑物地段出露的基岩主要为燕山早期侵入的闪长岩，按坝基岩体质量分为四大类、七个亚类，坝基出露的岩体以 IV_a 类为主。各类岩体的岩体结构类型及岩体力学参数建议值见表 6.96。

表 6.96　　　　　　景洪水电站坝区岩体质量分类及岩体力学参数建议值表

岩体质量分类		岩体结构类型		泊松比 μ	变模 E_0（GPa）	弹模 E（GPa）	混凝土/基岩抗剪断		岩体抗剪断	
类	亚类	类	亚类				f'	c'（MPa）	f'	c'（MPa）
II	—	块状结构	—	0.22	10～12	>15	1.25～1.30	0.8～0.9	1.35～1.40	1.1～1.2
III	—	次块状结构	—	0.25	5～8	8～12	1.15～1.25	0.5～0.7	1.30～1.35	0.8～1.0
IV	IV_a	镶嵌结构		0.27	3～5	5～8	1.00～1.10	0.3～0.4	1.05～1.15	0.4～0.5
	IV_b	片碎结构		0.35～0.40	0.2～0.3	<1	0.45～0.55	0.03～0.05	0.45～0.55	0.05～0.10
	IV_c	碎裂结构		0.35～0.40	<0.25	<1	0.45～0.55	0.02	0.45～0.55	0.03～0.05
V	V_a	散体结构	碎块状结构	—	—	—	—	—	—	—
	V_b		碎屑状结构	—	—	—	—	—	—	—

6.5.7　红水河流域

1. 鲁布革水电站工程

（1）工程概况。鲁布革水电站位于珠江水系红水河流域的南盘江上游黄泥河。工程任务为发电，坝址控制流域面积 7300km²，多年平均流量 163m³/s，正常蓄水位为 1130m，库容 1.11 亿 m³，调节库容 0.74 亿 m³，具有周调节性能。枢纽工程主要建筑物有黏土心墙堆石坝、左岸开敞式溢洪道、左岸长引水隧洞、地下厂房等，最大坝高 103.8m，装机容量 600MW，多年平均年发电量 28.49 亿 kW·h。鲁布革水电站于 1982 年开工，1989年第一台机组发电，为我国第一个引进世界银行贷款、采取国际竞争性招标方式进行建设的工程。

（2）岩体物理力学参数取值。枢纽区主要为三叠系白云岩、灰岩，共进行了 188 组（块）岩石室内物理力学性质试验、57 点现场岩体原位变形试验、8 组现场岩体原位大剪试验等。根据岩体工程地质特性及其物理力学性质试验，提出岩体的力学参数建议值见表 6.97。

表 6.97　　　　　　　　　鲁布革水电站枢纽区岩体力学参数建议值表

岩体	岩石饱和抗压强度（MPa）	岩体弹性模量 E（GPa）	岩体抗剪（断）强度	
			f′	c′（MPa）
白云岩、灰岩，块状结构	大于 60	7～30	0.65～0.70	0.10
白云岩、灰岩，层状结构	—	5～7（平行层面）	0.60～0.65	0.05～0.10
白云岩、灰岩，碎裂结构	30～50	2.5～4.0	0.55～0.60	0.03～0.05
泥灰岩，层状、碎裂结构	小于 30	1.0～1.5	—	—
钙质胶结节理	—	—	0.60～0.65	0.05～0.10
层间挤压带，风化夹层	—	—	0.20～0.25	0.02～0.05

2. 天生桥一级水电站工程

（1）工程概况。天生桥一级水电站位于珠江水系红水河流域的南盘江上，是红水河水电资源梯级开发的龙头水库电站。工程以发电为主，具有调节下游梯级电站用水、增加保证出力的补偿效益。坝址控制流域面积 5.013 9 万 km²，多年平均流量 612m³/s，正常蓄水位为 780m，库容 83.95 亿 m³，调节库容 57.96 亿 m³，为不完全多年调节水库。枢纽工程主要建筑物有混凝土面板堆石坝，右岸开敞式溢洪道、放空隧洞，左岸发电引水系统、地面厂房等，最大坝高 178m。电站装机容量 1200MW，多年平均年发电量 52.26 亿 kW·h，已建成发电。

（2）岩体物理力学参数取值。坝区右岸主要分布三叠系中统新苑组薄层及中厚层灰岩与泥岩互层、三叠系下统至二叠系上统厚层灰岩及灰质白云岩，左岸主要分布三叠系中统边阳组厚层砂泥岩互层。依据坝区岩体岩组类型、岩体结构、岩体完整性、岩体坚固性、结构面抗剪强度等对坝区岩体进行工程地质分类，分类成果见表 6.98。根据岩体和结构面抗剪断强度试验成果，并结合工程类比，提出岩体和结构面的抗剪断强度参数建议值见表 6.99。

表6.98

天生桥一级水电站坝区岩体工程地质分类表

岩体分类		岩组类型	结构面	岩体结构			岩体完整性			定量指标 结构面抗剪强度		结构体坚固性			岩体质量	
岩体类型	结构类型			块径 I_b (m)	体积裂隙率 J_v (条/m³)	块体大小	V_{Pm} (m/s)	V_{Pr} (m/s)	$I\left(\frac{V_{pm}}{V_{pr}}\right)^2$	φ(°)	f (tanφ)	σ_c (MPa)	σ'_c (MPa)	S ($\sigma_c/10$)	质量系数 $Z(I\cdot f\cdot S)$	评价
I	块状	P_2及T_{11}厚层块状灰岩及灰质白云岩	节理、层节理(层节理不发育)	0.55~2.10	2.02~6.58	大至中等	4200~4660	5000	0.71~0.87	40	0.84	65.0~70.0	46.2~60.9	6.5~7.0	3.88~5.12	好至特好
II IIₐ	互层状 层状	T_{2b}厚层局部中厚层泥岩、砂岩互层(泥岩62%,砂岩38%)	层节理、节理	0.24~0.58	6.97~18.91	中等至小	2690~4310	3860~4060	0.44~0.71	35	0.70	25.0~50.0	11.0~35.5	2.5~5.0	0.77~2.49	一般
IIᵦ	夹层状 层状	T_{2x}^6中厚层灰岩局部夹薄层泥岩少量夹层泥岩(灰岩94.4%,泥岩5.6%)	层节理、节理、软弱夹层	0.19~0.28	21.12~31.17	小	3770	4930	0.58	22	0.40	55.0	31.9	5.5	1.28	一般
III	薄层状	T_{2x}^5、T_{2x}^3、T_{2x}^4薄层灰岩、泥岩、泥灰岩与泥岩(灰岩65%,泥岩35%)	层节理、节理、软弱夹层	0.11~0.64	14.14~55.41	小至很小	2730~3090	4020~4800	0.32~0.48	22	0.40	30.0~35.0	9.6~16.8	3.0~3.5	0.38~0.67	一般偏坏
IV	碎裂及松散	断层破碎带及影响带	破碎带中剪裂理、褶曲、小断层、节理、泥化夹层	<0.1	>30	很小至碎屑	1300~1500	4020~4800	0.10~0.27	10~13	0.18~0.23	0~20.0	0~5.4	0~2.0	0~0.12	坏至极坏

表 6.99 天生桥一级水电站岩体和结构面抗剪断强度建议值表

岩体及结构面类型	左岸 T$_{2b}$ 层		右岸 T$_{2x}$ 层		右岸 P$_2$、T$_{11}$ 层	
	内摩擦角（°）	凝聚力（MPa）	内摩擦角（°）	凝聚力（MPa）	内摩擦角（°）	凝聚力（MPa）
岩体	45 $f'=1$	0.35	45 $f'=1$	0.25	50 $f'=1.19$	0.4
层面	35 $f'=0.7$	0.15	30 $f'=0.58$	0.10	40 $f'=0.84$	0.25
软弱夹层	—	—	22 $f'=0.4$	0.07	—	—
泥化夹层	—	—	13 $f'=0.23$	0.04	—	—

3. 龙滩水电站工程

（1）工程概况。龙滩水电站位于珠江水系红水河上游，是红水河梯级开发的控制性水库。工程任务以发电为主，兼有防洪、航运等综合利用效益。坝址控制流域面积 9.85 万 km^2，多年平均流量 1640m^3/s。工程按正常蓄水位 400m 设计，一期按 375m 建设，相应库容分别为 272.7 亿 m^3 和 162.1 亿 m^3，调节库容分别为 205.3 亿 m^3 和 111.5 亿 m^3，分别具有多年调节和年调节性能。

工程主要由大坝、泄洪建筑物、地下发电厂房和通航建筑物等组成，碾压混凝土重力坝最大坝高 216.5m，一期最大坝高 192m，电站装机容量分别为 6300MW、4900MW，多年平均年发电量分别为 187.1 亿 kW·h、156.7 亿千瓦 kW·h，已建成发电。

（2）岩体物理力学参数取值。坝址分布岩层为三叠系下统罗楼组薄层—中厚层硅质泥板岩、泥质灰岩夹少量粉砂岩；三叠系中统板纳组厚层钙质砂岩、粉砂岩、泥板岩夹少量层凝灰岩、硅质泥质灰岩等。板纳组构成主要建筑物的地基或围岩，其中砂岩、粉砂岩占68.2%，泥板岩占30.8%，灰岩占1%。坝区共进行了 184 组岩石室内物理力学性质试验、41 点现场岩体原位变形试验、25 组现场岩体原位大剪试验等。

依据坝区岩体工程地质特性进行了分类，根据岩石（体）物理力学试验成果和工程类比，提出了坝区各类岩体力学参数建议值见表 6.100。

表 6.100 龙滩水电站坝区岩体分类及力学参数建议值表

岩类	地质特征	声波纵波速度（m/s）	变形模量（GPa）	岩体抗剪（断）强度			
				f'	c'（MPa）	f	c（MPa）
II$_1$	新鲜、厚~巨厚层砂岩夹极少量泥板岩	≥5500	15~20	1.5	2.45	1.3	1.48
II$_2$	新鲜~微风化、厚~中厚层砂岩，夹泥板岩	5000~5500	—	1.2	2.06	1.1	1.28
III$_1$	新鲜~微风化砂岩、泥板岩互层、层凝灰岩	4500~5000	—	1.1	1.67	1.0	0.98
III$_2$	新鲜~微风化泥板岩夹砂岩或灰岩，薄~互层状结构	4000~5000	—	1.0	1.28	0.9	0.83
IV	弱风化砂岩夹泥板岩，或砂岩、泥板岩互层、层凝灰岩，镶嵌碎裂结构	3500~4500	—	0.8~0.9	0.60~0.80	0.75~0.80	0.40~0.50
V	强风化岩体、断层破碎带	<3500	—	0.4~0.6	0.08~0.40	0.36~0.50	0.05~0.25

6.5.8 黄河流域

1. 拉西瓦水电站工程

（1）工程概况。拉西瓦水电站为黄河上游龙羊峡—青铜峡河段的第二个大型梯级电站。工程的任务是发电。坝址控制流域面积 13.216 万 km²，多年平均流量 659m³/s，正常蓄水位 2452m，库容 10.79 亿 m³，调节库容 1.5 亿 m³，具有日调节性能。枢纽建筑物由混凝土双曲拱坝、坝身泄洪建筑物、坝后消能建筑物和右岸地下厂房组成，最大坝高 250m。电站装机容量 4200MW，多年平均年发电量 102.23 亿 kW·h，已建成发电。

（2）岩体物理力学参数取值。坝址岩性为印支期中粒花岗岩，岩石坚硬，岩体完整。根据坝区工程地质条件，进行了岩体质量分级，并开展了 84 组岩石室内物理力学性质试验、34 组夹泥室内物理力学性质试验、73 点现场岩体原位变形试验、25 组现场岩体原位大剪试验等研究。

岩体变形参数的取值，首先对各级岩体现场原位变形试验成果进行整理分析，并综合考虑变形模量与岩体结构特征、岩体纵波速度、坝基不同风化带岩体等关系，获得不同岩级变形模量数值，求其平均值，作为标准值；然后参考相关规范的变形模量经验值，考虑多个指标获取的相近变形模量等，对岩体变形模量标准值进行适当调整，提出岩体变形参数建议值。

利用各级岩体现场原位大剪试验成果，选取峰值特征点，并采用优定斜率法进行整理分析，提出不同岩级强度参数标准值，并参照相关规范的强度参数经验值，对岩体强度参数标准值进行适当调整，提出岩体强度参数建议值。

坝区岩体质量分级与力学参数建议值见表 6.101，坝区结构面类型与力学参数建议值见表 6.102。

2. 李家峡水电站工程

（1）工程概况。李家峡水电站是黄河上游龙羊峡至青铜峡河段的第五个梯级电站，工程以发电为主，兼有灌溉等综合效益。坝址控制流域面积 13.674 7 万 km²，多年平均流量 664m³/s。正常蓄水位 2180m，库容 16.5 亿 m³，调节库容 0.6 亿 m³，具有日调节性能。枢纽区建筑物主要由混凝土双曲拱坝，河床坝后三台明厂房和右岸二台地下窑洞式地下厂房，左岸副坝和推力墩等组成。混凝土双曲拱坝最大坝高 155m。电站装机容量 2000MW，年发电量 58.3 亿 kW·h，已建成发电。

（2）岩体物理力学参数取值。坝区岩性为前震旦系混合岩、斜长片岩相间组成，并穿插有花岗岩脉，岩层片理倾向上游略偏右岸。根据坝区岩体质量分级，并结合 66 组岩石室内物理力学性质试验、49 点现场岩体原位变形试验、23 组现场岩体原位大剪试验等试验研究，按不同岩级对岩石（体）力学特性试验成果进行整理分析，提出坝区岩体质量分级与力学参数建议值见表 6.103。

表6.101 拉西瓦水电站坝区岩体质量分级与力学参数建议值表

岩体级别	岩体风化特征			岩石质量		岩体结构特征			岩体围压状态		透水性	工程地质特征	评价及分布位置
	风化分带	纵波速度 V_{pm}(s)	风化裂隙率(%)	饱和抗压强度(MPa)	RQD(%)	岩体结构类型	完整性系数 K_V	裂隙间距(m)	地应力分区	张开裂隙率(%)	单位吸水量 ω		
I	微风化~新鲜	6000~5000	<5	130~110	>90	整体块状	>0.75	>1	应力集中区、平稳区	0	<0.01	含Ⅲ~Ⅳ级结构面，裂隙闭合或充填，风化变轻、整体稳定性好	最优地基，位于谷底应力集中区和峡谷岸深处
II	微风化	5000~4000	10~20	110~100	90~75	块状~次块状	0.75~0.64	1~0.65	应力过渡区、集中区、平稳区	<5	0.01~0.05	含Ⅲ级结构面，裂隙充填，有少量蚀变带、整体稳定性好	良好地基，位于河谷2200m高程以下及两坝肩
Ⅲ₁	弱风化下部	4000	20~30	100~80	75~62.5	次块状	0.64~0.55	0.65~0.4	应力过渡区、平稳区	5~10	0.05~0.10	含Ⅱ级结构面，裂隙充填多，局部张开，弱卸荷，风化蚀变较严重	经局部处理后尚可利用，位于两岸30~70m以外
Ⅲ₂	弱风化上部	3000	30~50	80~50	62.5~50	镶嵌碎裂	0.55~0.35	0.4~0.3	应力过渡区	10~20	0.1~0.2	含Ⅱ级结构面多，充填多，弱~强卸荷，稳定性较差	需全面处理方可利用，位于两岸表层
Ⅳ₁	强风化下部	3000~2000	50~60	<50	50~37.5	镶嵌碎裂	0.35~0.25	0.3~0.2	应力松弛区	20~40	>0.2	含Ⅰ、Ⅱ级结构面多，张开充填软弱物，风化严重，卸荷强，两侧	不可利用，为近地表岩体、断层破碎带和性状差的影响带
Ⅳ₂	强风化上部	2000	60~80	<40	37.5~25	碎裂	0.25~0.15	0.2~0.1	应力松弛区	40~60	>0.2	强卸荷	—
V	强风化~全风化	<2000	>80	—	<25	散体	<0.15	<0.1	应力松弛区	>60	—	为表层全~强风化带及卸荷带	—

表6.102

拉西瓦水电站坝区结构面类型与力学参数建议值表

序号	结构面类型	破碎带宽度(m)	影响带宽度(m)	低模量带 岩级	低模量带 宽度(m)	模量取值 变模E_0(GPa)	模量取值 弹模E_s(GPa)	破碎带压缩性参数 压缩模量(MPa)	破碎带压缩性参数 压缩系数(MPa^{-1})	破碎带压缩性参数 单位沉降量(mm/m)	结构面强度指标 抗剪(断) f'	结构面强度指标 抗剪(断) c'(MPa)	结构面强度指标 抗剪 f	代表断层 坝基部位	代表断层 厂房部位	备注
1	连续夹泥厚度大于2cm，面平直，起伏小	0.20~0.80	1~2	IV_2	3	0.5~1	1~2	10	0.02	120	0.25~0.30	0.01~0.02	0.20~0.25	—	—	Hf4浅部 F29浅部
											0.35~0.40	0.03~0.05	0.30~0.35	—	—	用于Ⅱ变形体边坡稳定计算。Hf4、F29深部
2	连续夹泥1~2cm，含粗碎屑少，断面平直，起伏小	0.10~1.50	2~3	IV_2	4	1~2	2~3	12~	0.025	100	0.35~0.40	0.05~0.07	0.35~0.35	Hf7<7-1>、Hf7<10>、F164、F166、F26、F172	—	—
3	断续夹泥或连续夹泥，厚0.5~1cm，含潮湿状碎屑物较多，面路平直或微起伏状	0.1~1.0	1~2	IV_1	3	2~3	3~5	12~16	0.035	80	0.40~0.45	0.05~0.08	0.30~0.40	Hf3、8、7、F211、F210HL32、F330、F390F180、F176、f3<4-2>、f2<4-1>、f2+2<8-3>、f8<5>	Hf8、Hf10、f10<2>、f11<14>	F151、Hf33
4	夹泥不连续或夹泥厚度小于0.5cm，结构面粗糙起伏状，含大量粗碎屑物	0.1~1.0	1~2	IV_1	3	3~4	4~6	16~20	0.04	60	0.45~0.50	0.08~0.1	0.40~0.45	F201、F193、F419、F396、f3<14-1>、f1<5-2>、f7<35-1>、F421	f6<2>、f15<2>、f10<14>	Hf1、Hf2、HL13
5	局部夹泥及方解石无填充裂隙，两侧有风化蚀变带	0.01~0.03	—	—	—	—	—	—	—	—	0.50~0.55	0.1~0.15	0.45~0.50	左岸：NW向；右岸：NE向	—	—
	充填方解石类裂隙，两侧无风化蚀变带	0.005~0.01	—	—	—	—	—	—	—	—	0.60~0.65	0.15~0.20	0.55~0.60	—	—	—
6	裂隙闭合无填，两侧无风化蚀变带	—	—	—	—	—	—	—	—	—	0.65~0.70	0.20~0.25	0.60~0.65	—	—	—

表6.103　李家峡水电站坝区岩体质量分级与力学参数建议值表

岩级	岩体结构类型	岩体质量综合评价	岩石抗压强度 干	饱和	软化系数	裂隙间距(m)	岩芯获得率	单位吸水率 ω<0.01L/(MPa·m·min)的百分比	地震纵波速 V_p 洞壁	穿透	完整性系数 K_v 洞壁	穿透	变形模量 E_{0s}(GPa)	弹性模量 E_s(GPa)	抗剪断 混凝土/岩体 f'	c'(MPa)	岩体 f'	c'(MPa)
I	完整层状结构	坚硬、中厚层状、结构完整、新鲜至微风化、紧密、锤击声清脆、发当层声，回弹感觉很强，岩石与岸坡交角约65°，倾上层游偏多右岸，结构面不发育，裂隙少量方解石充填延伸短、钙膜、充填。该类岩体稳定性良好、透水性极微，具各向同性力学特征，属优良向混凝土高坝坝基	混合岩136, 片岩120, 伟晶岩107	91 73 82	0.67 0.61 0.77	顺河0.74	84	94	>4600	>5100	>0.67	>0.75	15~20	27~36	1.1~1.2	1.5	1.2~1.3	2~3
II	层状结构	微风化（局部弱风化下段），岩体坚硬完整，多呈中厚层状，锤击声以清声为主、间有哑声，结构面稍发育，裂隙部分闭合，或充填少量方解石、钙膜，裂隙面因受到风化卸荷影响，岩体强度稍有降低。该类岩体稳定性较好，透水性微弱，基本具各向同性力学特征，经灌浆等工程处理，可作混凝土高坝坝基	混合岩129, 片岩114, 伟晶岩102	82 66 74	0.64 0.58 0.73	层面1.5 北东1.5 缓倾1.6	76	77	4600~3500	5100~4300	0.67~0.39	0.75~0.53	8~15	15~27	1.0~1.2	1.2	1.1~1.2	1.5~2.0

续表

岩级	岩体结构类型	岩体质量综合评价	岩石抗压强度 干	饱和	软化系数	裂隙间距(m)	岩芯获得率	单位吸水率 ω<0.01L/(MPa·m·min) 的百分比	地震纵波波速 V_p 洞壁	穿透	完整性系数 K_v 洞壁	穿透	变形模量 E_{0s} (GPa)	弹性模量 E_s (GPa)	混凝土/岩体 f	c'(MPa)	岩体 f	c'(MPa)
Ⅲ	层状镶嵌结构	弱风化中上段（局部包括弱风化下段），岩体较坚硬，完整性差，薄层至中厚层状，声波相间出现，有轻微回弹，用力击古面易沿片理裂开，固风化卸荷影响，岩石卸荷裂隙张开宽度较大。该类岩体裂隙少量充填泥质，透水性较差，具各向异性，稳定性较差，需经专门处理后方可作为局部坝基	混合岩95，片岩84，伟晶岩75	55 44 49	0.58 0.52 0.65	顺河0.47 层面1.0 北东1.0 缓倾1.2	67	34	3500~2500	4300~3800	0.39~0.20	0.53~0.41	4~8	7.5~15	0.85	1.0	0.9	1.0
Ⅳ	层状碎裂结构	强风化卸荷带或断续连续介质，具特征，岩体或似块碎，质软，声波起伏，锤击质咬间咬融较软，块间整体强度低，该类岩体透水性大，在荷载作用下易变形滑动，不适合散混凝土坝基	混合岩61，片岩54，伟晶岩48	27 22 25	0.44 0.41 0.52	—	69	6	<2500	<3800	<0.20	<0.41	1.5~4	3~7.5	0.7	0.7	0.7	0.7
V (V₁)	散体碎裂结构	坝基深部Ⅰ、Ⅱ类岩体（有Ⅱ类岩体下的断层泥质物），呈围压状态下厚0.2~30cm泥质带，超固结固结岩，含水量高，干容重高，具一定强度，是工程研究和处理的重点	—	—	—	—	—	—	<3200	<4100	<0.33	<0.48	1.5~2.5 影响带3.5~4.5	2.7~4.5 影响带6.4~8.2			0.45~0.60	0.05~0.10
(V₂)		坝基Ⅲ、Ⅳ类岩体中的断层影响，呈塑性状态，易变形滑动，荷状态下中卸荷散性状态，软是工程中必须慎重研究和处理的薄弱环节	—	—	—	—	—	—	<2500	<3800	<0.20	<0.41	0.6~1.0 影响带2.0~3.0	1.1~1.8 影响带3.6~5.5			0.35~0.45	0.02~0.05

274

第7章 土体物理力学参数取值研究

7.1 土的工程地质特性

7.1.1 一般土的工程地质特性

一般土按粒度成分和联结特征划分为巨粒、粗粒、细粒三个粒组：巨粒组进一步划分为漂石（块石）、卵石（碎石）；粗粒组进一步划分为砾（圆砾、角砾）、砂；细粒组进一步划分为粉粒和黏粒。

以巨粒组、粗粒组颗粒为主所构成的土也常统称为无黏性土。无黏性土的工程地质性质主要取决于粒度成分和紧密程度，直接决定着土的孔隙性、透水性和力学性质。因此，无黏性土常按粒度和紧密程度进行详细分类。

以细粒组颗粒为主所构成的土常称为黏性土，其塑性指数大于 10。其中塑性指数大于 10 且小于或等于 17 的土为粉质黏土；塑性指数大于 17 的土为黏土。黏性土的性质主要取决于其联结情况（稠度状态）和密实度，与土中黏粒含量、矿物亲水性及水与土粒相互的作用有关。因此，黏性土常按塑性指标和稠度状态进行详细分类。

地震时可能发生液化破坏的土层，常见于无黏性土或少黏性土。无黏性土指黏粒含量小于或等于 3%，塑性指数小于或等于 3 的土；少黏性土指黏粒含量大于 3%且小于或等于 25%，塑性指数大于 3 且小于或等于 15 的土。土的地震液化复判时，除采用标准贯入击数法外，对饱和无黏性土还采用相对密度复判法；对饱和少黏性土还采用相对含水率或液性指数复判法。

1. 砾石类土的工程地质特性

通常将粒径大于 2mm 的土粒含量占 50%以上的土称为砾石类土，包括粒径大于 60mm 的漂石（块石）、卵石（碎石）的巨粒类土和粒径小于或等于 60mm 且大于 2mm 的砾（圆砾、角砾）的砾类土。

砾石类土颗粒粗大，主要为花岗岩、玄武岩、砂岩、灰岩、白云岩、石英岩等岩石构成的岩块、岩石碎屑，呈单粒结构，孔隙大，透水性较强，压缩变形不均一，抗剪强度较大，这些都与粗粒的含量及其孔隙中充填的物质和数量有关。典型的流水沉积的砾石类土分选较好，孔隙中充填物主要为砂粒，数量也较少，故透水性最强，压缩性最低，抗剪强度最大。崩塌、滑坡等重力堆积的碎石类土则分选较差，孔隙中充填砂粒和粉粒、黏粒等细小颗粒，因而其性质常处于冲积砾石类土和细粒土之间，透水性相对较弱，压缩变形的不均一性较强，抗剪强度变化较大。

　　总的说来，砾石类土是一般建筑物和高度不超过 40m 混凝土闸坝的良好地基。但透水性强，开挖基坑过程中往往涌水量很大。作为坝基、渠道时也往往产生严重渗漏，需进行可靠的防渗处理。

　　砾石类土的观察研究以野外为主，肉眼观察粒度大小、鉴定其岩石矿物成分及风化程度，研究其填充物的性质与充填情况以及结构、构造特征。关于其密实程度可按表 7.1 进行鉴定。

表 7.1　　　　　　　　　　　　砾石类土密实度野外鉴别

密实度	骨架颗粒及充填物状态	可挖性	可钻性
密实	骨架颗粒含量较多，呈交错排列接触；或虽只有部分骨架颗粒连续接触，但充填物呈密实状态	锹镐挖掘困难，用撬棍方能松动，井壁一般较稳定	钻进极困难，冲击钻探时，钻杆、吊锤跳动剧烈。孔壁较稳定
中密	骨架颗粒交错排列，部分连续接触，充填物包裹骨架颗粒，且呈中密状态	锹镐可挖掘，井壁有掉块现象，从井壁取出大颗粒时，能保持颗粒凹面形状	钻进较困难，冲击钻探时，钻杆、吊锤跳动不剧烈。孔壁有坍埋现象
稍密	骨架颗粒含量较少，排列混乱，大部分不接触，充填物包裹大部分骨架颗粒，且呈疏松状态或未填满	锹可以挖掘，井壁易坍塌。从井壁取出大颗粒后，砂性土立即塌落	钻进较容易，冲击钻探时，钻杆稍有跳动。孔壁易坍塌

　　2. 砂类土的工程地质特性

　　通常以砂粒为主的土称为砂类土。砂粒矿物成分以石英、长石及云母等原生矿物为主。黏粒因含量很少，对土的性质基本上没有影响。砂类土一般无联结，呈单粒结构，透水性较强，压缩性较低，且压缩过程较快。强度和承载力与砂粒大小和密实度有关。粗砂、中砂是良好的混凝土天然骨料。细砂工程地质性质较差，特别是受振动时易发生液化现象，开挖时也极易随同地下水涌入基坑形成流砂。在野外鉴定砂土种类时，同时观察砂土的结构、构造特征和垂直、水平方向的相变情况。砂类土的野外鉴别见表 7.2。

表 7.2　　　　　　　　　　　　砂 类 土 野 外 鉴 别

砂土种类	粗砂	中砂	细砂
土粒粗细	粒径 0.5~2mm 的颗粒约占 50%以上	粒径 0.25~0.50mm 的颗粒占 50%以上	粒径 0.25~0.075mm 的颗粒约占 50%以上
干燥时状态	土粒完全分散，仅个别有胶结	土粒基本分散，少量胶结，但一触即分散	土粒大部分分散，部分胶结，稍碰撞后即分散
湿润用手拍后状态	表面无变化	表面偶有水印	表面有水印
黏着状态	无黏着感	无黏着感	偶有轻微黏着感

　　砂类土的室内研究，采取扰动砂样用筛析法测定其粒度成分，用双筒显微镜或放大镜鉴定其矿物成分。当不能采取原状砂样时，可在野外现场用挖坑法大致测定砂类土的天然密度，用烘干法测定其天然含水率，而后粗略计算其天然孔隙率和大致确定其相对密度和饱和度等。同时也常用标准贯入试验和静力触探试验等原位测试手段测定其密实度、承载

力和抗剪强度。

3. 细粒土的工程地质特性

细粒组含量等于或大于 50% 的土称为细粒类土，其中粗粒组含量小于或等于 15% 时为细粒土。细粒土可分为黏土和粉土，塑性指数大于 10 的土常称为黏性土。

（1）细粒土的分类。根据细粒土的颗粒组成及其工程地质特性，不同行业、地区细分为 3～5 类，见表 7.3；细粒土可采用干强度、手捻、搓条、韧性和摇震反应等简易方法鉴别，见表 7.4。

全面评价细粒土，可取原状土样进行试验研究。主要测定土的液限和塑限，计算塑性指数并定名，同时进行颗粒分析。测定土的基本物理指标（土粒比重，天然含水率和密度）并计算孔隙率和液性指数，以评价土的力学性质。

表 7.3　　　　　　　　　　　细粒土工程地质分类对照表

不同行业标准或规程	土名称		塑性指数（I_p）与液限含水率（W_L）等指标	
GB/T 50145—2007《土的工程分类标准》（适用于土的基本分类。各行业在遵守本标准的基础上可根据需要编制专门分类标准）	高液限黏土（CH）		$I_p \geq 0.73(W_L-20)$ 和 $I_p \geq 7$，$W_L \geq 50\%$	
	低液限黏土（CL）		$I_p \geq 0.73(W_L-20)$ 和 $I_p \geq 7$，$W_L < 50\%$	
	高液限粉土（MH）		$I_p < 0.73(W_L-20)$ 或 $I_p < 4$，$W_L \geq 50\%$	
	低液限粉土（ML）		$I_p < 0.73(W_L-20)$ 或 $I_p < 4$，$W_L < 50\%$	
GB 55017—2021《工程勘察通用规范》（适用于除水利工程、铁路、公路和桥隧工程以外的工程建设岩土工程勘察）	黏性土	黏土	$I_p > 10$	$I_p > 17$
		粉质黏土		$10 < I_p \leq 17$
	粉土		粒径大于 0.075mm 的颗粒质量不超过总质量的 50%，且 $I_p \leq 10$	
水电行业 1962 年土工试验操作规程（101-60）	黏土		$I_p > 17$	
	壤土		$7 < I_p \leq 17$	
	砂壤土		$1 < I_p \leq 7$	
DL/T 5355—2006《水电水利工程土工试验规程》	高液限黏土（CH）		$I_p \geq 0.73(W_L-20)$ 和 $I_p \geq 10$，$W_L \geq 50\%$	
	低液限黏土（CL）		$I_p \geq 0.73(W_L-20)$ 和 $I_p \geq 10$，$W_L < 50\%$	
	高液限粉土（MH）		$I_p < 0.73(W_L-20)$ 和 $I_p < 10$，$W_L \geq 50\%$	
	低液限粉土（ML）		$I_p < 0.73(W_L-20)$ 和 $I_p < 10$，$W_L < 50\%$	
GB/T 50123—2019《土工试验方法标准》（适用于水利行业）	高液限黏土（CH）		$I_p \geq 0.73(W_L-20)$ 和 $I_p \geq 10$，$W_L \geq 50\%$	
	低液限黏土（CL）		$I_p \geq 0.73(W_L-20)$ 和 $I_p \geq 10$，$W_L < 50\%$	
	高液限粉土（MH）		$I_p < 0.73(W_L-20)$ 和 $I_p < 10$，$W_L \geq 50\%$	
	低液限粉土（ML）		$I_p < 0.73(W_L-20)$ 和 $I_p < 10$，$W_L < 50\%$	
JTG C20—2011《公路工程地质勘察规范》	黏性土	黏土	$I_p > 10$，且粒径大于 0.075mm 的颗粒质量不超过总质量 50%	$I_p > 17$
		粉质黏土		$10 < I_p \leq 17$
	粉土		$I_p \leq 10$，且粒径大于 0.075mm 的颗粒质量不超过总质量 50%	

不同行业标准或规程	土名称		塑性指数（I_p）与液限含水率（W_L）等指标	
TB 10077—2019《铁路工程岩土分类标准》	黏性土	黏土	$I_p>10$	$I_p>17$
		粉质黏土		$10<I_p\leqslant17$
	粉土		$I_p\leqslant10$，且粒径大于 0.075mm 颗粒的质量不超过全部质量 50%	
原地矿部《土工试验规程》	黏土		$I_p>17$	
	亚黏土		$7<I_p\leqslant17$	
	亚砂土		$3<I_p\leqslant7$	
DBJ 11-501-2009《北京地区建筑地基基础勘察设计规范》	黏性土	黏土	$I_p>10$	$I_p>17$
		重粉质黏土		$14<I_p\leqslant17$
		粉质黏土		$10<I_p\leqslant14$
	粉土	黏质粉土	粒径大于 0.075mm 颗粒的质量不超过总质量 50%，且 $I_p\leqslant10$	$7<I_p\leqslant10$
		砂质粉土		$3<I_p\leqslant7$

表 7.4   细 粒 土 的 简 易 鉴 别

半固态时的干强度	硬塑~可塑状态时的手捻感和光滑度	可塑状态		软塑~流塑状态的摇震反应	土的名称（代号）
		土条可搓成的最小直径（mm）	韧性		
低~中	粉粒为主，在砂感，稍有黏性，捻面较粗糙，无光泽	>3 或 3~2	低~中	快~中	低液限粉土（ML）
中~高	有砂感，有黏性，稍有滑腻感，捻面较光滑，稍有光泽	2~1	中	慢~无	低液限黏土（CL）
中~高	粉粒较多，有黏性，稍有滑腻感，捻面较光滑，稍有光泽	2~1	中~高	慢~无	高液限粉土（MH）
高~很高	无砂感，黏性大，滑腻感强，捻面光滑，有光泽	<1	高	无	高液限黏土（CH）

注 凡呈黑灰色有臭味的土，应在相应土类代号后加代号 "O"，如 MLO、CLO、MHO、CHO。

（2）黏性土的工程地质特性。黏性土的黏粒含量较多，且含亲水性较强的黏土矿物，具结合水联结和团聚结构，有时有胶结联结。孔隙较细而多。随着含水率的不同，土表现出固态，塑态，流态等不同稠度状态。由于水分的浸入或蒸发，土的体积会膨胀或收缩。压缩量较大而过程缓慢，抗剪强度主要取决于凝聚力，而内摩擦角较小。

黏性土的性质主要取决于联结和密实度，即与黏粒含量、液性指数（稠度）、孔隙比有关。随着黏粒含量的增多，黏性土的塑性、收缩性和膨胀性、透水性、压缩性、抗剪强度等有明显变化。例如，从粉质黏土到黏土，土的塑性指数、收缩和膨胀量、凝聚力逐渐增大，而渗透系数、内摩擦角则逐渐减小。液性指数（稠度）的影响最大，流塑或软塑状态的土，具有较高的压缩性，较低的抗剪强度，会引起地基过量的变形，边坡失；而坚硬或硬塑状态的土，具有较低的压缩性，较高的抗剪强度，地基和边坡均较稳定。黏性土是常用修筑土石坝（堤）的土料。

7.1.2　特殊土的工程地质特性

黄土、软土、膨胀土（岩）、红黏土、冻土、盐渍土（岩）的主要工程地质特性及指标见表 7.5。

表 7.5　　　　　　　　　　**特殊土的主要工程地质特性表**

土名	主要特性	指标
黄土	含水率较低	天然含水率一般在 10%～25%
	可塑性较弱	液限一般为 26%～34%，塑限常在 16%～20%，塑性指数多在 8～14
	压实程度较差	孔隙率常为 45%～55%（孔隙比 0.8～1.1），干密度常仅 1.3～1.5g/cm³
	透水性较强	渗透系数超过 1m/d，具有明显的各向异性，垂直方向渗透系数为水平方向的数倍甚至数十倍
	干燥时力学强度较高，压缩性中等；新近堆积黄土（Q_4^2）土质松软，强度低，压缩性高	干燥时抗剪强度一般 $\varphi=15°～25°$，$c=0.03～0.06MPa$；压缩系数一般 $a_{0.1-0.2}=0.2～0.6MPa^{-1}$
	遇水后强度降低，具湿陷性	在自重压力下，发生湿陷性变形的黄土称为自重湿陷性黄土；在一定附加压力下，发生湿陷性变形的黄土称为非自重湿陷性黄土
软土	触变性	灵敏度一般在 3～4，最大可达 8～9，故软土属于高灵敏度土或极灵敏土
	低透水性	垂直向渗透系数一般在 $i×(10^{-6}～10^{-8})$ cm/s，属微透水或不透水层
	高压缩性、低强度	压缩系数大，承载力、不排水抗剪强度低
	流变性	软土在长期荷载作用下，除产生排水固结引起的变形外，还会发生缓慢而长期的剪切变形
	不均匀性	由于沉积环境的变化，土质均匀性差
膨胀土（岩）	膨胀性	由于含有大量蒙脱石和水云母等亲水性黏土矿物，吸水膨胀、失水收缩
	收缩性	
红黏土	高塑性和分散性	黏粒含量一般在 50%～70%，最大达 80%以上；液限一般为 50%～70%，有的高达 110%，塑限一般为 30%～60%，有的高达 90%。塑性指数一般为 20～50
	高含水率，低密度	天然含水率一般为 30%～60%，最高可达 90%；饱和度在 85%以上；密实度低，孔隙比一般为 1.1～1.7，甚至有超过 2.0；天然密度一般 1.65～1.85g/cm³；土粒比重一般为 2.76～2.90。液性指数一般小于 0.4
	强度、抗压缩性较低	固结快剪 $\phi=8°～18°$，c 值可达 $(4～9)×10^{-5}MPa$；压缩模量 $E_s=6～16MPa$
	不具湿陷性，但收缩性明显	原状土体缩率可达 25%，扰动土可达 40%～50%。浸水后多数膨胀性轻微，膨胀率常为 2%
冻土	冻胀性	平均冻胀率
	融沉性	平均融化下沉系数

土名	主要特性	指标
盐渍土（岩）	溶陷性	溶陷系数和分级溶陷量
	盐胀性	盐胀作用是由于昼夜温差大引起的，当温度变化超越硫酸盐盐胀临界温度时，将发生硫酸盐体积的胀与缩
	腐蚀性	腐蚀性的程度与地下水或土中的含盐量、盐类的成分有关外，还与建筑结构所处的环境条件有关

7.1.3　不同成因类型土的工程地质特性

以上简述了一般土和特殊土的工程地质特性，深入探求各类土的工程地质本质，可以看出，都与土的成因有着密切的联系，与形成作用、形成条件和形成以后的变化紧密相关。

首先，不同成因类型土，产状和构造各不相同，水平和垂直方向的不均一程度有显著差异；同时，物质成分和结构也各不相同，变化情况也不一样，从而使其性质也有很大差别。因此，研究各类土时，必须研究其成因，研究其沉积（堆积）环境和沉积（堆积）时的自然地理地质条件以及沉积（堆积）以后的变化过程。从而可更深刻认识各类土的工程地质性质的本质和变化规律。

土的成因类型划分见表7.6，关于各主要成因类型土的堆积特征见表7.7。

表 7.6　　　　　　　　　　　土体成因类型划分表

成因类型	代号	成因类型	代号
冲积堆积	Q^{al}	残积堆积	Q^{el}
洪积堆积	Q^{pl}	坡积堆积	Q^{dl}
泥石流堆积	Q^{sef}	崩塌堆积	Q^{col}
湖积堆积	Q^{l}	地滑堆积	Q^{del}
沼泽堆积	Q^{f}	风积堆积	Q^{eol}
海积堆积	Q^{m}	火山堆积	Q^{v}
海陆交互堆积	Q^{mc}	生物堆积	Q^{b}
冰川堆积	Q^{gl}	化学堆积	Q^{ch}
冰水堆积	Q^{fgl}	洞穴堆积	Q^{ca}
冰缘堆积	Q^{prgl}	人工堆积	Q^{r}

表 7.7　　　　　　　　　　　主要成因类型土的特征

成因类型	堆积方式及条件	堆积物特征
残积	岩石经风化作用（物理、化学及生物风化）而残留在原地的堆积物	堆积物从地表向深处由细变粗，由土层到碎屑再到碎块变化，其成分与母岩有关，一般不具层理，碎块呈棱角状，土质不均，具有较大孔隙。残积物一般保存在不易受到外力剥蚀的比较平坦的地形部位，常被后期的其他成因类型沉积物所覆盖。在高纬度或严寒地区一般以物理机械风化残积物为主；在低纬度或湿热地区一般以化学风化、生物化学风化残积物为主，土壤化程度较高

成因类型	堆积方式及条件	堆积物特征
崩积	受重力作用沿斜坡搬运，堆积在斜坡上或坡麓地带	多呈倒石锥形，堆积物成分与母岩有关，碎块呈棱角状，厚度变化较大，一般上部块度较小，下部块度较大
坡积	由雨水或雪水沿斜坡形成的坡面流水冲刷坡面携带搬运泥沙砾石以及本身重力作用而堆积在斜坡上或坡麓地带	堆积物成分与母岩有关，可由基岩碎块、碎屑、砾石、泥砂等组成，碎块多呈次棱角状，从坡上往下逐渐变细，具有与坡面大致平行的不甚清晰的层理，厚度变化较大，在斜坡陡处厚度较薄，坡麓地带较厚
洪积	由冲沟暂时性洪流将山区或高地的大量风化碎块、碎屑物质挟带搬运至沟口或平缓地带堆积而成	堆积物具有一定的分选性，但往往在大颗粒间充填小颗粒，碎块多呈次棱角状、次圆状。在山前多呈大型扇状分布，洪积扇顶部颗粒较粗，层理紊乱，呈交错状，透镜体及夹层较多；前缘颗粒较细，层理较清晰。在沟口堆积的洪积物相变大，交错状层理发育
泥石流堆积	指山区一种特殊的沟谷洪流堆积物，一般是暴雨形成的洪流将沟谷上游的松散固体物源启动，通过纵坡较陡的沟槽冲刷搬运至沟口较平缓地带堆积而成	堆积物由巨石、块石、碎石、泥砂组成。黏性泥石流堆积物无分选性，大小混杂，或具上大下小反粒序特征；稀性泥石流堆积物略具分选性，以粗粒物质为主
冲积	由长期的地表水流搬运，在河流的河槽、河漫滩、谷地、盆地、平原、三角洲堆积而成	颗粒在河流上游较粗，向下游逐渐变细，分选性和磨圆度均好，层理清晰，厚度较稳定，每一沉积旋回粒序具下粗上细的二元结构特征。除水平层理外，还常见倾向下游的斜层理。冲积物中的扁平砾石的扁平面多倾向上游
湖沼沉积	在静水或缓慢的水流中沉积，并伴有生物化学作用	沉积物以粉粒—黏粒为主。且含有多量的有机质或盐类，一般土质松软，有时粉砂和黏性土交互，具清晰的层理
冰积	由冰川或冰川融化后的冰水进行搬运堆积而成	以巨大块石、碎石、砂、黏性土混合组成。冰川堆积物分选性差，无层理，颗粒一般具棱角，巨大块石上常有冰川擦痕；冰水沉积时，常具斜层理
风积	在干燥气候条件下，碎屑物被风吹扬，降落堆积而成	主要由粉砂或砂组成，分选性较好，一般颗粒较均匀，质纯，孔隙大，结构松散，常堆积呈沙丘和沙垄等地形，常形成高角度的斜交层理

土的工程地质研究的中心问题是土的工程地质性质的现状及可能的变化。当土作为建筑物地基、建筑环境或建筑材料时，必须从工程地质观点出发，在了解土的地质成因的基础上，弄清不同土类在水平和垂直方向的堆积分布规律，研究不同土的工程地质性质和指标。由于形成条件的影响，土层堆积的产状和构造，以及土的成分和结构表现不同，因而与建筑物有关的整个土体经常出现不均一性和各向异性。因此，必须结合具体工程建筑的要求，评价不同成因土的工程地质性质和土体的均匀程度，并预测建筑物修建后在人为的或自然的因素影响下可能发生的变化，如果土质不合要求，还要提出人工防治的措施。因此，对土体进行工程地质研究的基本问题可以归纳为以下几个方面：

（1）土层的成因类型和形成年代；

（2）土层在水平和垂直方向的堆积变化规律；

（3）各类土的成分和结构及其工程地质性质和指标；

（4）周围人为的或自然环境的影响；

（5）预测土的可能变化，提出改良土质的措施。

7.2　土体物理力学参数取值原则与方法

7.2.1　土体物理力学试验成果整理与参数取值原则

（1）土的物理力学性质参数选取应以室内试验成果为依据。当土体具有明显的各向异性或工程设计有特殊要求时，应以原位测试成果为依据。

收集土体试验样品的原始结构、天然含水率，以及试验时的加载方式和具体试验方法等控制试验质量的因素，分析成果的可信程度。

试验成果可按土体类别、工程地质单元、区段或层位分类，并舍去不合理的离散值，分别用算术平均法、最小二乘法（点群中心法）等进行整理。

（2）试验成果经过统计整理后确定土体物理力学参数标准值。根据水工建筑物地基、边坡土体的工程地质条件，在试验标准值基础上提出土体物理力学参数地质建议值。根据水工建筑物荷载、分析计算工况等特点确定土体物理力学参数设计采用值。

7.2.2　土体物理力学参数取值方法

1. 土体的物理水理性质参数取值方法

土的物理水理性质参数应以试验的算术平均值作为标准值，进而提出地质建议值。

2. 土体的渗透性质参数取值方法

（1）地基土渗透系数可根据土体结构、渗流状态，采用室内试验或抽水试验的大值平均值作为标准值；用于水位降落和排水计算的渗透系数，应采用试验的小值平均值作为标准值；用于供水工程计算的渗透系数，应采用抽水试验的平均值作为标准值。

（2）土体的临界比降值和破坏比降值，应进行现场与室内渗透变形试验测定。允许比降值应以土的临界水力比降为基础，除以安全系数确定。安全系数的取值，一般情况下取1.5～2.0，即流土型通常取2.0，对特别重要的工程也可取2.5；管涌型一般可取1.5。临界比降值等于或小于0.1的土体，安全系数可取1.0。

土体的允许比降值也可参照现场及室内渗透变形试验过程中，细颗粒移动逸出时的前1～2级比降值选取其允许比降值，不再考虑安全系数。

当渗流出口有反滤层保护时，应考虑反滤层的作用，这时土体的水力比降值应是反滤层的允许比降值。

（3）在上述试验标准值基础上根据水工建筑物地基的工程地质条件进行调整，提出地质建议值。

3. 土体的承载及变形参数取值方法

有关地基土体承载力的定义见表7.8。

表 7.8　　　　　　　　　　　　　　　**地基土体承载力定义表**

名称	定义	备注
地基极限荷载	整个地基处于极限平衡状态时所承受的荷载	《地质辞典》
地基容许承载力	在保证地基稳定的条件下，建筑物的沉降量不超过容许值的地基承载能力	
地基承载力特征值（f_{ak}）	由载荷试验测定的地基土压力变形曲线线性变形段内规定的变形所对应的压力值，其最大值为比例界限值。可由载荷试验或其他原位测试、公式计算、并结合工程实践经验等综合确定	GB 50007—2011《建筑地基基础设计规范》
修正后的地基承载力特征值（f_a）	从载荷试验或其他原位测试、经验值等方法确定的地基承载力特征值经深宽修正后的地基承载力值。按理论公式计算得来的地基承载力特征值不需修正	

（1）土体承载力特征值应根据原位载荷试验获得的压力—变形曲线线性段内规定的变形值所对应的压力值确定，其最大值为比例界限值，且要求承载力特征值与极限值之比应小于 0.5；也可根据土工试验成果，以计算方法确定；或根据钻孔动力触探、标准贯入试验、静力触探试验、旁压试验等原位测试成果确定。以试验成果值的算术平均值作为标准值。

1）动力触探、标准贯入及静力触探原位测试值的修正。

ａ．动力触探测试成果可用于力学分层，评定土的均匀性和物理性质（状态、密实度）、土的强度、变形参数、地基承载力、单桩承载力，查明土洞、滑动面、软硬土层界面，检验地基处理效果。应用测试成果是否修正或如何修正，应根据建立统计关系时的具体情况确定（见表 7.9、表 7.10）。

对于砂土和松散—中密的卵、砾石层，触探深度在 1～15m 范围内时，一般不考虑侧壁摩擦的影响。对于地下水位以下的中、粗砂和卵、砾石，锤击数可按式（7.1）修正。

$$N_{63.5} = 1.1N'_{63.5} + 1.0 \qquad (7.1)$$

表 7.9　　　　　　　**重型圆锥动力触探锤击数试验探杆长度修正系数α_1表**

杆长 L（m）	$N'_{63.5}$								
	5	10	15	20	25	30	35	40	≥50
2	1.00	1.00	1.00	1.00	1.00	1.00	1.00	1.00	—
4	0.96	0.95	0.93	0.92	0.90	0.89	0.87	0.86	0.84
6	0.93	0.90	0.88	0.85	0.83	0.81	0.79	0.78	0.75
8	0.90	0.86	0.83	0.80	0.77	0.75	0.73	0.71	0.67
10	0.88	0.83	0.79	0.75	0.72	0.69	0.67	0.64	0.61
12	0.85	0.79	0.75	0.70	0.67	0.64	0.61	0.59	0.55
14	0.82	0.76	0.71	0.66	0.62	0.58	0.56	0.53	0.50
16	0.79	0.73	0.67	0.62	0.57	0.54	0.51	0.48	0.45
18	0.77	0.70	0.63	0.57	0.53	0.49	0.46	0.43	0.40
20	0.75	0.67	0.59	0.53	0.48	0.44	0.41	0.39	0.36

注　$N_{63.5} = \alpha_1 N'_{63.5}$。

表 7.10   超重型圆锥动力触探锤击数试验探杆长度修正系数 α_2 表

杆长 L（m）	N'_{120}											
	1	3	5	7	9	10	15	20	25	30	35	40
1	1.00	1.00	1.00	1.00	1.00	1.00	1.00	1.00	1.00	1.00	1.00	1.00
2	0.96	0.92	0.91	0.90	0.90	0.90	0.90	0.89	0.89	0.88	0.88	0.88
3	0.94	0.88	0.86	0.85	0.84	0.84	0.84	0.83	0.82	0.82	0.81	0.81
5	0.92	0.82	0.79	0.78	0.77	0.77	0.76	0.75	0.74	0.73	0.72	0.72
7	0.90	0.78	0.75	0.74	0.73	0.72	0.71	0.70	0.68	0.68	0.67	0.66
9	0.88	0.75	0.72	0.70	0.69	0.68	0.67	0.66	0.64	0.63	0.62	0.62
11	0.87	0.73	0.69	0.67	0.66	0.66	0.64	0.62	0.61	0.60	0.59	0.58
13	0.86	0.71	0.67	0.65	0.64	0.63	0.61	0.60	0.58	0.57	0.56	0.55
15	0.86	0.69	0.65	0.63	0.62	0.61	0.59	0.58	0.56	0.55	0.54	0.53
17	0.85	0.68	0.63	0.61	0.60	0.60	0.57	0.56	0.54	0.53	0.52	0.50
19	0.84	0.66	0.62	0.60	0.58	0.58	0.56	0.54	0.52	0.51	0.50	0.48

注 $N_{120} = \alpha_2 N'_{120}$。

b. 标准贯入测试成果，根据 GB 55017—2021《工程勘察通用规范》规定，应按具体工程地质问题考虑是否作杆长修正或其他修正，勘察报告应提供不作修正的 N 值，应再根据具体情况考虑是否修正或如何修正。

c. 静力触探测试适用于软土、一般黏性土、粉土、砂土和含少量碎石的土。静力触探测试可测定土的比贯入阻力（p_s）和贯入时的孔隙水压力（u）等。

d. 标准贯入测试锤击数 N 或动力触探锤击数 $N_{63.5}$、N_{120}，静力触探比贯入阻力 p_s 的标准值，应按式（7.2）计算：

$$N（或 N_{63.5}、N_{120}、p_s）= \gamma_s \cdot \mu \qquad (7.2)$$

式中 μ——标准贯入自由落锤锤击数 N（或单孔同一土层的动力触探锤击数 $N_{63.5}$、N_{120}，静力触探比贯入阻力 p_s）的平均值；

γ_s——统计修正系数，$\gamma_s = 1 \pm \left\{ \dfrac{1.704}{\sqrt{n}} + \dfrac{4.678}{n^2} \right\} \delta = 1 \pm \left\{ \dfrac{1.704}{\sqrt{n}} + \dfrac{4.678}{n^2} \right\} \cdot \dfrac{S}{x}$，其中 δ 为变异系数，S 为数据的样本空间。

2）动力触探、标准贯入及静力触探测试土的承载力特征值的确定。

a. 根据标准贯入锤击数、动力触探锤击数、静力触探比贯入阻力的标准值确定地基承载力特征值时，可查表 7.11～表 7.20，表中 N 为未经杆长修正的标准贯入锤击数。

b. GB 50007—2011《建筑地基基础设计规范》规定：当基础宽度大于 3m 或埋深大于 0.5m 时，从原位测试、经验值等方法确定的地基承载力特征值应进行修正，基础宽度和埋深的承载力特征值修正系数见表 7.21。修正计算时，基础宽度小于 3m，按 3m 考虑；大于 6m，按 6m 考虑；埋置深度小于 0.5m，按 0.5m 考虑。计算公式见式（7.3）。

$$f_a = f_{ak} + \eta_b \cdot \rho g \cdot (b-3) + \eta_d \cdot \rho_m g \cdot (d-0.5) \qquad (7.3)$$

式中　f_a——修正后的地基承载力特征值（MPa）；

　　　f_{ak}——地基承载力特征值（MPa）；

η_b、η_d——基础宽度和埋深的承载力修正系数；

　　　ρ——基础底面以下土的天然密度（g/cm³），地下水位以下取浮密度；

　　　b——基础底面宽度（m）；

　　　ρ_m——基础底面以上土的加权平均密度（g/cm³），地下水位以下取浮密度；

　　　d——基础埋置深度（m），宜自室外地面标高算起；

　　在填方整平区，可自填土地面标高算起；但填土在上部结构施工后完成时，应从天然地面标高算起；对地下室，如采用箱形基础或筏基时自室外地面标高算起，当采用独立基础或条形基础时应从室内地面标高算起。

表 7.11　　　　　碎石土承载力特征值 f_{ak}（MPa）（超重型动力触探）

N_{120}	3	4	5	6	7	8	9	10	11	12	14	15
f_{ak}（MPa）	0.24	0.32	0.40	0.48	0.56	0.64	0.72	0.80	0.85	0.90	0.95	1.00

注　表中 N_{120} 系经杆长修正后的锤击数标准值。

表 7.12　　　　　碎石土承载力特征值 f_{ak}（MPa）（重型动力触探）

$N_{63.5}$	3	4	5	6	7	8	9	10	11	12	13	14	16	18
f_{ak}（MPa）	0.14	0.17	0.20	0.24	0.28	0.32	0.36	0.40	0.44	0.48	0.51	0.54	0.60	0.66

注　1. 本表一般适用于冲积和洪积的碎石土，其 d_{50} 不大于 30mm 表，不均匀系数不大于 120，密实度以稍密—中密为主。

　　2. 表中 $N_{63.5}$ 系经杆长修正后的锤击数标准值。

表 7.13　　　　中、粗、砾砂承载力特征值 f_{ak}（MPa）（重型动力触探）

$N_{63.5}$	3	4	5	6	7	8	9	10
f_{ak}（MPa）	0.12	0.15	0.20	0.24	0.28	0.32	0.36	0.40

注　本表一般适用于冲积和洪积的砂土，且中、粗砂的不均匀系数不大于 6，砾砂的不均匀系数不大于 20。

表 7.14　　　　　　砂土承载力特征值 f_{ak}（MPa）（标准贯入）

土类	N								
	10	15	20	25	30	35	40	45	50
中、粗砂 f_{ak}（MPa）	0.18	0.25	0.28	0.31	0.34	0.38	0.42	0.46	0.50
粉、细砂 f_{ak}（MPa）	0.14	0.18	0.20	0.23	0.25	0.27	0.29	0.31	0.34

表 7.15　　　　　　砂土承载力特征值 f_{ak}（MPa）（静力触探）

土类	p_s（MPa）												
	3.0	4.0	5.0	6.0	7.0	8.0	9.0	10.0	11.0	12.0	13.0	14.0	15.0
粉、细砂 f_{ak}（MPa）	0.11	0.13	0.15	0.17	0.19	0.21	0.23	0.25	0.27	0.29	0.31	0.33	0.35
中、粗砂 f_{ak}（MPa）	0.14	0.18	0.22	0.26	0.29	0.32	0.35	0.38	0.41	0.44	0.47	0.50	0.53

注　以粉砂为主的粉砂与粉土、粉质黏土互层的 f_{ak} 值，应按下式取值：$f_{ak} = \dfrac{f_{ak(max)} + f_{ak(avg)}}{2}$；$p_s$ 为静力触探比贯入阻力。

表 7.16 粉土承载力特征值 f_{ak}（MPa）（静力触探）

p_s（MPa）	1.0	1.5	2.0	2.5	3.0
f_{ak}（MPa）	0.09	0.10	0.11	0.13	0.15

注 以粉土为主的粉土与粉砂、粉质黏土互层的 f_{ak} 值，应取三者的平均值。

表 7.17 一般黏性土承载力特征值 f_{ak}（MPa）（标准贯入）

N	3	4	5	6	7	8	9	10	11	12
f_{ak}（MPa）	0.085	0.10	0.12	0.14	0.16	0.18	0.20	0.23	0.26	0.29

表 7.18 淤泥质土、一般黏性土承载力特征值 f_{ak}（MPa）（静力触探）

p_s（MPa）	0.3	0.5	0.7	0.9	1.2	1.5	1.8	2.1	2.4	2.7	2.9
f_{ak}（MPa）	0.04	0.06	0.08	0.10	0.12	0.15	0.18	0.21	0.24	0.27	0.29

注 以粉质黏土为主的粉质黏土与粉土、粉砂互层的 f_{ak} 值，应按下式取值：$f_{ak}=\dfrac{f_{ak(max)}+f_{ak(avg)}}{2}$。

表 7.19 老黏性土承载力特征值 f_{ak}（MPa）（标准贯入）

N	13	14	15	16	17	18	19	20	21	22
f_{ak}（MPa）	0.33	0.36	0.39	0.42	0.45	0.48	0.51	0.54	0.57	0.61

表 7.20 老黏性土承载力特征值 f_{ak}（MPa）（静力触探）

p_s（MPa）	3.0	3.3	3.6	3.9	4.2	4.5	4.8	5.1
f_{ak}（MPa）	0.32	0.36	0.40	0.45	0.50	0.56	0.61	0.66

表 7.21 承 载 力 修 正 系 数 表

地基土类型		η_b	η_d
淤泥和淤泥质土		0	1.0
e 及 I_L 均大于 0.85 的黏性土		0	1.0
红黏土	含水比 $\alpha_w>8$	0	1.2
	含水比 $\alpha_w\leqslant8$	0.15	1.4
大面积压实填土	压实系数大于 0.95、黏粒含量 $\rho_c\geqslant10\%$ 的粉土	0	1.5
	最大干密度大于 2.1g/cm³ 的级配砂石	0	2.0
粉土	黏粒含量 $\rho_c\geqslant10\%$ 的粉土	0.3	1.5
	黏粒含量 $\rho_c<10\%$ 的粉土	0.5	2.0
e 及 I_L 均小于 0.85 的黏性土		0.3	1.6
粉砂、细砂（不包括很湿与饱和时的稍密状态）		2.0	3.0
中砂、粗砂、砾砂和碎石土		3.0	4.4

注 地基承载力特征值按深层平板载荷试验确定时 η_d 取 0。

（2）土体压缩模量确定，应从压缩试验的压力—变形曲线上，以建筑物最大荷载下相应的变形关系选取试验值；或按压缩试验的压缩性能，根据其固结程度选定试验值；以试验成果值的算术平均值作为标准值。对于高压缩性软土，宜以试验的压缩模量的大值平均值作为标准值。

（3）土体变形模量确定，应从有侧胀条件下土的压力—变形曲线上，以建筑物最大荷载下相应的变形关系表示，以试验成果值的算术平均值作为标准值。

（4）在上述试验标准值基础上根据水工建筑物地基的工程地质条件进行调整，提出地质建议值。

4. 坝（闸）基土体抗剪强度参数取值方法

（1）混凝土闸基础底面与地基土间的抗剪强度，对黏性土地基，内摩擦角标准值可采用室内饱和固结快剪试验内摩擦角值的 90%，凝聚力标准值可采用室内饱和固结快剪试验凝聚力值的 20%～30%；对砂类土地基，内摩擦角标准值可采用内摩擦角试验值的 85%～90%，不计凝聚力值。

（2）土的抗剪强度宜采用试验峰值的小值平均值作为标准值；当采用有效应力进行稳定分析时，对三轴压缩试验成果，采用试验的平均值作为标准值。

（3）当采用总应力进行稳定分析时的标准值，应符合以下要求：

1）当地基为黏性土层且排水条件差时，宜采用饱和快剪强度或三轴压缩试验不固结不排水剪切强度；对软土可采用现场十字板剪切强度。

2）当地基黏性土层薄而其上下土层透水性较好或采取了排水措施，宜采用饱和固结快剪强度或三轴压缩试验固结不排水剪切强度。

3）当地基土层能自由排水，透水性能良好，不容易产生孔隙水压力，宜采用慢剪强度或三轴压缩试验固结排水剪切强度。

4）当地基土采用拟静力法进行总应力动力分析时，宜采用振动三轴压缩试验测定的总应力强度。

（4）当采用有效应力进行稳定分析时的标准值，应符合以下要求：

1）对于黏性土类地基，应测定或估算孔隙水压力，以取得有效应力强度；

2）当需要进行有效应力动力分析时，地震有效应力强度可采用静力有效应力强度作为标准值；

3）对于液化性砂土，应测定饱和砂土的地震附加孔隙水压力，并以专门试验的强度作为标准值。

（5）对于无动力试验的黏性土和紧密砂砾等非液化土的强度，宜采用三轴压缩试验饱和固结不排水剪测定的总强度和有效应力强度中的最小值作为标准值。

（6）具有超固结性、多裂隙性和胀缩性的膨胀土，承受荷载时呈渐进破坏，宜根据所含黏土矿物的性状、微裂隙的密度和建筑物地段在施工期、运行期的干湿效应等综合分析后选取标准值。具有流变特性的强、中等膨胀土，宜取流变强度值作为标准值；弱膨胀土、含钙铁结核的膨胀土或坚硬黏土，可以取峰值强度的小值平均值作为标准值。

（7）软土宜采用流变强度值作为标准值。对高灵敏度软土，应采用专门试验的强度值作为标准值。

5. 边坡土体的抗剪强度参数取值方法

（1）土体试样应尽量采用原状样，当原状样难以取得时应采用模拟原状的试样；地下水浸润线以上土体采用天然原状土试验成果，地下水浸润线以下土体采用饱和原状土试验成果。

（2）边坡土体的抗剪强度，直剪试验宜采用峰值强度的小值平均值作为标准值。

（3）砂类土质边坡，宜采用有效应力法进行稳定分析。抗剪强度参数可采用三轴固结排水剪强度（CD）的最小值作为标准值，或慢剪强度（S）的小值平均值作为标准值。

（4）黏性土质边坡，宜采用有效应力法进行稳定分析，抗剪强度参数可采用三轴固结排水剪强度（CD）、三轴固结不排水剪强度（CU）的最小值作为标准值，或慢剪强度（S）的小值平均值作为标准值。当采用总应力法计算时，抗剪强度参数可采用三轴固结不排水剪强度（CU）的最小值作为标准值，或固结快剪强度（CQ）的小值平均值作为标准值。

（5）具有流变特性的特殊土边坡，抗剪强度参数应采用流变强度。

（6）滑坡和大变形土体边坡的滑带土，抗剪强度参数可采用扰动土样的残余强度的小值平均值作为标准值，应注意含水率变化对土体强度的影响，采用天然或饱和含水率。

（7）按边坡稳定状态采用相应的抗剪强度参数，稳定边坡和变形边坡以峰值强度作为标准值，已失稳边坡以残余强度作为标准值。

（8）在此基础上再结合试验点所在边坡的工程地质条件，对标准值做必要的调整提出地质建议值。

（9）可根据边坡的稳定现状反算推求滑面的综合抗剪强度参数。反分析中蠕动挤压变形阶段稳定性系数可取 1.00～1.05，失稳初滑阶段稳定性系数可取 0.95～0.99。

7.3 土体物理力学参数经验值

改革开放四十年来，我国在土体上兴建了一系列水利水电工程，至今工程土体稳定，电站运行正常。在工程勘察设计施工中，对工程土体物理力学特性开展了大量试验论证，在土体物理力学性质及参数的研究方面取得了丰硕的成果，积累了丰富的经验。

当规划、预可行性研究阶段土体物理力学性质试验资料不足时，可通过工程类比，获取其经验值，并结合具体地质条件，提出地质建议值。

7.3.1 土体的物理水理性质参数经验值

各类土体的物理水理性质参数经验值见表 7.22～表 7.31。

表 7.22　　　　砾石类土的动力触探击数与密实度的关系

钻孔重型动力触探击数 $N_{63.5}$	$N_{63.5} \leq 5$	$5 < N_{63.5} \leq 10$	$10 < N_{63.5} \leq 20$	$N_{63.5} > 20$	—
钻孔超重型动力触探击数 N_{120}	$N_{120} \leq 3$	$3 < N_{120} \leq 6$	$6 < N_{120} \leq 11$	$11 < N_{120} \leq 14$	$N_{120} > 14$
密实度	松散	稍密	中密	密实	很密

注　$N_{63.5}$、N_{120} 为综合修正后的锤击数平均值。

表 7.23　　　　　　　　　　　砂类土的标准贯入击数、相对密度与密实度的关系

钻孔标准贯入击数 N	$N \leqslant 10$	$10 < N \leqslant 15$	$15 < N \leqslant 30$	$N > 30$
相对密度 D_r	$D_r < 0.33$	$0.33 \leqslant D_r \leqslant 0.40$	$0.40 < D_r \leqslant 0.67$	$D_r > 0.67$
密实度	松散	稍密	中密	密实

表 7.24　　　　　　　　　　　　砂土密实度与孔隙比 e 的关系

密实度	密实	中密	稍密	松散
砾砂、粗砂、中砂	$e < 0.60$	$0.60 \leqslant e \leqslant 0.75$	$0.75 < e \leqslant 0.85$	$e > 0.85$
细砂、粉砂	$e < 0.70$	$0.70 \leqslant e \leqslant 0.85$	$0.85 < e \leqslant 0.95$	$e > 0.95$

表 7.25　　　　　　　　　　砂土松散密实状态与颗粒形状和成因的关系

颗粒形状和成因	松散状态		密实状态	
	最大孔隙率 n_{max}（%）	最大孔隙比 e_{max}	最小孔隙率 n_{min}（%）	最小孔隙比 e_{min}
棱角石英砂（$d = 0.25 \sim 0.70mm$）	50.1	1.00	44.0	0.79
冲积砂（$d = 0.1 \sim 2.7mm$）	41.6	0.71	33.9	0.51
浑圆的砂丘砂	45.8	0.85	38.9	0.64
理论等粒径球状体	47.6	0.91	25.9	0.35

表 7.26　　　　　　　　　　　砂土矿物成分和粒径与孔隙率的关系

粒径（mm）	石英	正长石	白云母	石英	正长石	白云母
	最大孔隙率 n_{max}（%）			最小孔隙率 n_{min}（%）		
$2 \sim 1$	47.63	47.50	87.00	37.90	45.46	80.46
$1 \sim 0.5$	47.10	51.98	85.18	40.61	47.88	75.20
$0.5 \sim 0.25$	46.98	54.76	83.71	41.09	49.18	72.16
$0.25 \sim 0.1$	52.47	58.46	82.74	44.82	51.62	66.30
$0.1 \sim 0.06$	54.60	61.22	82.98	45.31	52.72	68.98
$0.06 \sim 0.01$	55.99	62.53	—	45.68	—	65.33

表 7.27　　　　　　　　　　　　粉土的密实度与孔隙比的关系

密实度	孔隙比 e
密实	$e < 0.75$
中密	$0.75 \leqslant e \leqslant 0.90$
稍密	$e > 0.90$

表 7.28 粉土的湿度与含水率的关系

湿度	含水率 W（%）
稍湿	$W<20$
湿	$20\leqslant W\leqslant 30$
很湿	$W>30$

表 7.29 黏性土的状态与液性指数的关系

土的状态	坚硬	硬塑	可塑	软塑	流塑
液性指数 I_L	$I_L\leqslant 0$	$0<I_L\leqslant 0.25$	$0.25<I_L\leqslant 0.75$	$0.75<I_L\leqslant 1.0$	$I_L>1.0$

注　$I_L=(W-W_P)/(W_L-W_P)=(W-W_P)/I_P$。

表 7.30 黏性土标准贯入击数与密度和含水率的关系

钻孔标准贯入击数 N	1	2	3	4	5	6	7	8	9	10
密度 ρ（g/cm³）	1.60~1.75	1.70~1.80	1.75~1.85	1.80~1.87	1.84~1.89	1.86~1.90	1.88~1.95	1.90~1.95	1.90~2.00	1.95~2.04
含水率 W（%）	60~40	55~37	45~35	40~32	38~30	36~29	34~28	32~27	30~25	<25

表 7.31 不同类型土毛细管水上升高度参考值

土名	毛细管水上升高度 H_K（cm）
中砂	15~35
粉、细砂	35~100
粉土	100~150
粉质黏土	150~400
黏土	400~500

7.3.2　土体的力学性质参数经验值

1. 土体的承载与变形参数经验值

土体的承载与变形参数经验值见表 7.32~表 7.41。

表 7.32 土的允许承载力 R 经验值

密实程度	稍密	中密	密实
卵石	0.3~0.4	0.5~0.8	0.8~1.0
碎石	0.2~0.3	0.4~0.7	0.7~0.9
圆砾	0.2~0.3	0.3~0.5	0.5~0.7

续表

密实程度		稍密	中密	密实
角砾		0.15～0.2	0.2～0.4	0.4～0.6
砾砂、粗砂、中砂		0.16～0.22	0.24～0.34	0.7～0.9
细砂、粉砂	稍湿	0.12～0.16	0.16～0.22	0.3
	很湿	—	0.12～0.16	0.2

注　本表适用于当基础宽度≤3m、埋深≤0.5m 时的地基土，R 单位为 MPa。

表 7.33　　　　　土的压缩模量经验值

密实程度	松散	稍密	中密	密实
卵石	10～20	20～30	30～75	75～120
碎石	10～20	20～30	20～40	75～120
圆砾	10～15	15～20	20～40	40～50
角砾	2.5～10.0	10～19	19～40	40～55

注　压缩模量单位为 MPa。

表 7.34　　　砂土的标准贯入击数 N 与允许承载力 R 的关系

标准贯入击数 N	10～15	15～30	30～50
允许承载力 R（MPa）	0.14～0.18	0.18～0.34	0.34～0.50

注　本表适用于当基础宽度≤3m、埋深≤0.5m 时的地基土。

表 7.35　　　　　砂土的压缩模量经验值

密实程度	粗砂	中砂	细砂		粉砂			粉土		
			稍湿	饱和	稍湿	很湿	饱和	稍湿	很湿	饱和
密实（D_r≥0.67）	48	42	36	31	21	17	14	16	12	9
中密（0.40＜D_r＜0.67）	36	31	25	19	17	14	9	12	9	5

注　压缩模量单位为 MPa。

表 7.36　　　　　砂土的变形模量经验值表

土类	泊松比 μ	变形模量 E（MPa）		
		$e=0.41～0.50$	$e=0.51～0.60$	$e=0.60～0.70$
粗砂	0.15	45.2	39.3	32.4
中砂	0.20	45.2	39.3	32.4
细砂	0.25	36.6	27.6	23.5
粉土	0.30～0.35	13.8	11.7	10.0

注　变形模量为不排水杨氏模量。

表 7.37   细粒土的允许承载力 R 与孔隙比的关系

孔隙比 e	塑性指数（I_p）								
	<10			≥10					
	液性指数（I_L）								
	0	0.50	1.00	0	0.25	0.50	0.75	1.00	1.20
	允许承载力 R（MPa）								
0.5	0.35	0.31	0.28	0.45	0.41	0.37	(0.34)	—	—
0.6	0.30	0.26	0.23	0.38	0.34	0.31	0.28	(0.25)	—
0.7	0.25	0.21	0.19	0.31	0.28	0.25	0.23	0.20	0.16
0.8	0.20	0.17	0.15	0.26	0.23	0.21	0.19	0.16	0.13
0.9	0.16	0.14	0.12	0.22	0.20	0.18	0.16	0.13	0.10
1.0	—	0.12	0.10	0.19	0.17	0.15	0.13	0.11	—
1.1	—	—	—	0.15	0.13	0.11	0.10		

注 1. 本表适用于当基础宽度≤3m、埋深≤0.5m 时的地基土。

    2. 表中有括号者仅供插值使用。

表 7.38   黏性土的允许承载力 R 与标准贯入击数 N 的关系

标准贯入击数 N	3	5	7	9	11	13	15	17	19	21	23
允许承载力 R（MPa）	0.12	0.18	0.20	0.24	0.28	0.32	0.36	0.42	0.50	0.58	0.66

注 本表适用于当基础宽度≤3m、埋深≤0.5m 时的地基土。

表 7.39   黏性土压缩模量经验值表

土的状态	坚硬	塑性			流塑
	$I_L \leq 0$	硬塑 $0 < I_L \leq 0.25$	可塑 $0.25 < I_L \leq 0.75$	软塑 $0.75 < I_L \leq 1$	$I_L > 1$
压缩模量（MPa）	16~59	5~16			1~5

表 7.40   黏性土无侧限抗压强度 q_u 与孔隙比 e 的关系

e		0.5~0.6	0.6~0.7	0.7~0.8	0.8~0.9	0.9~1.0	1.0~1.1	1.1~1.2	1.2~1.3	1.3~1.4	1.4~1.5	1.8
q_u（MPa）	黏土	>0.3	0.3~0.18	0.18~0.12	0.12~0.085	0.085~0.065	0.065~0.052	0.052~0.043	0.043~0.038	0.038~0.033	0.033~0.03	0.028
	粉质黏土	0.25~0.15	0.15~0.1	0.1~0.065	0.065~0.042	0.042~0.027	—	—	—	—	—	—

表 7.41   黏性土无侧限抗压强度 q_u 与标准贯入击数 N 的关系

N		1	2	4	6	8	10	12	14	16	18	20	22	24	26	28	30
q_u（MPa）	黏土	0.025	0.035	0.06	0.04	0.12	0.14	0.17	0.2	0.23	0.25	0.28	0.31	0.33	0.36	0.39	0.42
	粉质黏土	0.02	0.03	0.05	0.08	0.11	0.13	0.16	0.19	0.22	0.24	0.27	0.3	0.32	0.35	0.38	0.41

2. 土体的抗剪参数经验值

坝、闸基础底面与地基土之间摩擦系数经验取值见表 7.42。

表 7.42　　　　　　　　　坝、闸基础底面与地基土之间摩擦的系数

地基土类型		摩擦系数 f
卵石、砾石		$0.55 \geq f > 0.50$
砂		$0.50 \geq f > 0.40$
粉土		$0.40 \geq f > 0.25$
黏土	坚硬	$0.45 \geq f > 0.35$
	中等坚硬	$0.35 \geq f > 0.25$
	软弱	$0.25 \geq f > 0.20$

研究表明，粗粒类土的抗剪强度主要受其结构特征所控制，其内摩擦角 ϕ 可用汉森和朗德包恩提出的公式确定：

$$\phi = 30° + \phi_1 + \phi_2 + \phi_3 + \phi_4 \tag{7.4}$$

式中　ϕ_1、$\cdots$、ϕ_4——内摩擦角修正值（°），考虑颗粒的浑圆度、颗粒大小、结构均匀程度和颗粒的堆砌密度等主要结构因素（见表 7.43）。

表 7.43　　　　　　　　　　粗粒类土内摩擦角修正值

内摩擦角修正值	结构因素	结构特征	修正值（°）
φ_1	颗粒的浑圆度	浑圆度差的	+1
		浑圆度中等的	0
		浑圆的	-3
		浑圆度很高的	-5
φ_2	颗粒大小	砂粒	0
		细砾	+1
		中砾和粗砾	+2
φ_3	结构均匀程度	均匀的	-3
		中等均匀的	0
		不均匀的	+3
φ_4	密度	极疏松的	-6
		中等密实的	0
		极紧密的	+6

土体的抗剪参数经验取值见表 7.44～表 7.47。

表 7.44 砂类土及粉土内摩擦角 φ 与孔隙比 e 的关系

e	φ			
	砾砂、粗砂	中砂	细砂	粉砂、黏质粉土
0.8	—	—	26	22
0.7	36	33	28	24
0.6	38	36	32	28
0.5	41	38	34	30

表 7.45 砂类土及粉土内摩擦角 φ 与标准贯入击数 N 的关系

N	φ（°）	
	细砂	粉砂、黏质粉土
4	20	16
5	22	18
6	24	20
7	26	22
8	28	24

表 7.46 黏性土和粉土抗剪强度与液性指数的关系表

液性指数	土类					
	黏土		粉质黏土		粉土	
	φ（°）	c（MPa）	φ（°）	c（MPa）	φ（°）	c（MPa）
≤0	22	0.10	25	0.06	28	0.02
0～0.25	20	0.07	23	0.04	26	0.015
0.25～0.50	18	0.04	21	0.025	24	0.01
0.50～0.75	14	0.02	17	0.015	20	0.005
0.75～1.00	8	0.01	13	0.01	18	0.002
>1.00	≤6	≤0.005	≤10	≤0.005	≤14	0

表 7.47 打入式灌注桩和预制桩周土的允许摩擦力 f

土的名称	土的状态	f
淤泥	—	0.7～1.2
黏土	软塑（0.75<I_L≤1）	1.5～2.0
	可塑（0.25<I_L≤0.75）	2.0～3.5
	硬塑（0<I_L≤0.25）	3.5～4.0
粉质黏土	软塑（0.75<I_L≤1）	1.5～2.5
	可塑（0.25<I_L≤0.75）	2.5～3.5
	硬塑（0<I_L≤0.25）	3.5～4.0
粉砂、细砂	饱和、中密	2.0～3.0
	稍湿、中密	3.0～4.0

续表

土的名称	土的状态	f
中砂	中密	3.0~3.5
	密实	3.5~4.5
粗砂	中密	3.5~4.0
	密实	4.0~5.0

3. 土体的渗透性参数经验值

土的渗透性分级见表 7.48，几种土的渗透系数经验值见表 7.49。

表 7.48　　　　　　　　　　　　　土 的 渗 透 性 分 级

渗透性等级	渗透系数 K (cm/s)	土　类
极微透水	$K < 10^{-6}$	黏土
微透水	$10^{-6} \leq K < 10^{-5}$	黏土~粉土
弱透水	$10^{-5} \leq K < 10^{-4}$	粉土~细粒土质砂
中等透水	$10^{-4} \leq K < 10^{-2}$	砂~砂砾
强透水	$10^{-2} \leq K < 1$	砂砾~砾石、卵石
极强透水	$K \geq 1$	粒径均匀的卵石、漂石

表 7.49　　　　　　　　　　　　几 种 土 的 渗 透 系 数

土类	渗透系数 K（cm/s）	土类	渗透系数 K（cm/s）
黏土	$< 1.2 \times 10^{-6}$	细砂	$1.2 \times 10^{-3} \sim 6.0 \times 10^{-3}$
粉质黏土	$1.2 \times 10^{-6} \sim 6.0 \times 10^{-5}$	中砂	$6.0 \times 10^{-3} \sim 2.4 \times 10^{-2}$
黏质粉土	$6.0 \times 10^{-5} \sim 6.0 \times 10^{-4}$	粗砂	$2.4 \times 10^{-2} \sim 6.0 \times 10^{-2}$
黄土	$3.0 \times 10^{-4} \sim 6.0 \times 10^{-4}$	砾砂	$6.0 \times 10^{-2} \sim 1.8 \times 10^{-1}$
粉砂	$6.0 \times 10^{-4} \sim 1.2 \times 10^{-3}$	—	—

7.3.3　特殊土的物理力学性质参数经验值

特殊土的物理力学性质参数经验取值见表 7.50~表 7.57。

表 7.50　　　　　　　　　　湿陷性黄土的允许承载力 R 经验值

液限 (%)	$S_r = 0.3$		$S_r = 0.4$			$S_r = 0.5$			$S_r = 0.6$			$S_r = 0.5$	
	$0.9 < e \leq 1.1$	$1.1 < e \leq 1.3$	$0.8 < e \leq 1.0$	$1.0 < e \leq 1.1$	$1.1 < e \leq 1.3$	$0.8 < e \leq 1.0$	$1.0 < e \leq 1.1$	$1.1 < e \leq 1.3$	$0.8 < e \leq 1.0$	$1.0 < e \leq 1.1$	$1.1 < e \leq 1.3$	$0.8 < e \leq 1.0$	$1.0 < e \leq 1.2$
22	0.190	—	0.175	0.170	—	0.160	0.150	—	0.140			0.120	—

液限(%)	$S_r=0.3$		$S_r=0.4$			$S_r=0.5$			$S_r=0.6$			$S_r=0.5$	
	$0.9<e$ $\leqslant1.1$	$1.1<e$ $\leqslant1.3$	$0.8<e$ $\leqslant1.0$	$1.0<e$ $\leqslant1.1$	$1.1<e$ $\leqslant1.3$	$0.8<e$ $\leqslant1.0$	$1.0<e$ $\leqslant1.1$	$1.1<e$ $\leqslant1.3$	$0.8<e$ $\leqslant1.0$	$1.0<e$ $\leqslant1.1$	$1.1<e$ $\leqslant1.3$	$0.8<e$ $\leqslant1.0$	$1.0<e$ $\leqslant1.2$
23	0.195	—	0.181	0.175	—	0.168	0.155	—	0.148	—	—	0.128	—
24	0.200	—	0.188	0.180	—	0.175	0.160	—	0.155	—	—	0.135	—
25	0.205	—	0.194	0.185	—	0.183	0.165	—	0.163	—	—	0.143	—
26	0.210	0.190	0.200	0.190	0.170	0.190	0.170	0.150	0.170	0.150	0.135	0.150	0.120
27	0.215	0.193	0.205	0.195	0.174	0.195	0.175	0.155	0.175	0.154	0.138	0.155	0.125
28	0.220	0.195	0.210	0.200	0.177	0.200	0.180	0.160	0.180	0.158	0.143	0.160	0.130
29	0.225	0.198	0.215	0.205	0.181	0.205	0.185	0.165	0.185	0.163	0.148	0.165	0.135
30	0.230	0.200	0.220	0.210	0.185	0.210	0.190	0.170	0.190	0.167	0.153	0.170	0.140
31	0.235	0.205	0.226	0.216	0.190	0.218	0.198	0.175	0.198	0.173	0.158	0.178	0.145
32	0.240	0.210	0.233	0.223	0.195	0.225	0.205	0.180	0.205	0.180	0.163	0.185	0.150
33	0.245	0.215	0.239	0.229	0.200	0.233	0.213	0.185	0.213	0.187	0.168	0.193	0.155
34	0.250	0.220	0.246	0.235	0.205	0.240	0.220	0.190	0.220	0.193	0.173	0.200	0.160

注 1. 当饱和度(S_r)和液限为中间值时,R(MPa)按直线插入求得;当$S_r<0.3$时,仍按$S_r=0.3$采用;当$S_r>0.7$且土仍具有湿陷性时,可根据$S_r=0.7$得R值乘0.8采用。

2. 本表不适用于下述土层:各种成因类型的新近堆积黄土,浸湿或由于地下水上升已被饱和且已无湿陷性的黄土,经过处理后得人工地基。

3. 本表适用于当基础宽度≤3m、埋深≤0.5m时的地基土。

表7.51 　　　　　　　　各类软土的物理力学参数经验值

成因类型	天然含水率 W(%)	密度 ρ(g/cm³)	天然孔隙比 e	抗剪强度		压缩系数 $a_{0.1\sim0.2}$ (MPa⁻¹)	灵敏度 S_t
				φ(°)	C(kPa)		
滨海沉积软土	40~100	1.5~1.8	1.0~2.3	1~7	2~20	1.2~2.5	2~7
湖泊沉积软土	30~60	1.5~1.9	0.8~1.8	0~10	5~30	0.8~3.0	4~8
河滩沉积软土	35~70	1.5~1.9	0.9~1.8	0~11	5~25	0.8~3.0	4~8
沼泽沉积软土	40~120	1.4~1.9	0.52~1.5	0	5~19	>0.5	2~10

表7.52 　　　　　　滨海沉积软土的允许承载力 R 与天然含水率 W 的关系

天然含水率 W(%)	36	40	45	50	55	65	75
允许承载力 R(MPa)	0.10	0.09	0.08	0.07	0.06	0.05	0.04

注 本表适用于当基础宽度≤3m、埋深≤0.5m时的地基土。

表 7.53　　　　　　　　　　　各类膨胀土的物理力学参数经验值

时代	成因	土的性质	含水率 W (%)		密度 ρ (g/cm³)		孔隙比		液限 W_L (%)		自由膨胀率 σ_{ef} (%)	
			范围值	平均值	范围值	平均值	范围值	平均值	范围值	平均值	范围值	平均值
新近纪（N）	湖积	以灰黄、灰白色黏土为主，其中夹有粉质黏土、粉土夹层或透镜体，裂隙很发育，且有滑动擦痕	15.0~28.0	11.0	1.92~2.16	2.06	0.42~0.85	0.62	31.0~51.0	45.0	49~76	59
早更新世（Q₁）	与冰川有关的湖积	以杏黄、棕红、灰绿、灰白等杂色黏土为主，其中含砂量不同，夹有不连续的砂、砾的薄层，裂隙很发育，且有擦痕	13.4~24.5	18.3	1.98~2.17	2.07	0.41~0.69	0.54	32.1~62.6	44.6	41~125	77
中更新世（Q₂）	湖积	以黄夹灰、棕黄色黏土为主，其中夹有较多的铁锰结核，有时富集成层或透镜体，裂隙发育，裂隙面上有灰白色黏土	30.0~42.0	37.0	1.76~1.90	1.82	0.96~1.25	1.11	67.0~88.0	79.0	54~124	85
晚更新世（Q₃）	冲洪积	以黄褐、棕黄色黏土为主，其中含有较多的铁锰结核和少量的钙质结核，裂隙较发育，裂隙面上有时灰白色黏土	19.3~29.3	24.1	1.71~2.08	1.96	0.51~0.83	0.65	37.4~60.8	47.6	45~105	68
第四纪（Q）	坡残积	以棕红色黏土为主，上部裂隙少，下部裂隙多，在上部有时有小的岩石碎片	19.7~40.5	29.0	1.82~2.00	1.92	0.79~0.93	0.87	37.0~83.6	62.0	38~65	47

表 7.54　　　　　　　　　　　红黏土的物理力学参数经验值表

指标	粒组含量（%）		天然含水率 W (%)	最优含水率 W_{op} (%)	密度 ρ (g/cm³)	最大干密度 ρ_{dmax} (g/cm³)	比重 G_s	饱和度 S_r (%)	孔隙比 e	液限 W_L (%)	塑限 W_p (%)	塑性指数 I_P	液性指数 I_L
	粒径（mm）0.005~0.002	粒径（mm）<0.002											
一般值	10~20	40~70	30~60	27~40	1.65~1.85	1.38~1.49	2.76~2.90	88~96	1.1~1.7	50~100	25~55	25~50	-0.1~0.6

指标	含水比 α_w	渗透系数 K (cm/s)	三轴剪切		无侧限抗压强度 q_u (MPa)	比例界限 p_0 (MPa)	压缩系数 $a_{0.1\text{-}0.2}$ (MPa⁻¹)	压缩模量 E_s (MPa)	变形模量 E_0 (MPa)	自由膨胀率 δ_{ef} (%)	膨胀率 δ_{ep} (%)	膨胀压力 p_e (kpa)	体缩率 δ_v (%)	线缩率 δ_s (%)
			内摩擦角 φ (°)	凝聚力 c (MPa)										
一般值	0.50~0.80	<10⁻⁶	0~3	0.05~0.16	0.2~0.4	0.16~0.3	0.1~0.4	6~16	10~30	25~69	0.1~2.1	14~31	7~22	2.5~8.0

表 7.55 红黏土的允许承载力 R 与相对含水率 w_u 的关系

相对含水率 w_u	0.50	0.55	0.60	0.65	0.70	0.75	0.80	0.85	0.90	0.95	1.00
允许承载力 R（MPa）	0.35	0.3	0.26	0.23	0.21	0.19	0.17	0.15	0.13	0.12	0.11

表 7.56 各类冻土的允许承载力经验值表

土类	地温（℃）					
	−0.5	−1.0	−1.5	−2.0	−2.5	−3.0
碎石土	0.80	1.00	1.20	1.40	1.60	1.80
砾砂、粗砂	0.65	0.80	0.95	1.10	1.25	1.40
中砂、细砂、粉砂	0.50	0.65	0.80	0.95	1.10	1.25
黏土、粉质黏土、粉砂	0.40	0.50	0.60	0.70	0.80	0.90
含土冰层	0.10	0.15	0.20	0.25	0.30	0.35

注　1. 冻土极限承载力按表中数据乘 2 取值。

2. 表中数据单位：MPa，适用于多年冻土的融沉性分级表 4.87 中Ⅰ、Ⅱ、Ⅲ类土。

3. 冻土含水率属于表 4.87 中Ⅳ类时，黏性土取值乘以 0.8～0.6，碎石土和砂土取值乘以 0.6～0.4。

4. 含土冰层指包裹冰含量为 0.4～0.6。

5. 当含水率小于或等于未冻含水率时，按不冻土取值。

6. 表中温度指使用期间基础底面下的最高地温。

7. 本表不适用于盐渍化冻土、泥炭化冻土。

表 7.57 各类盐渍土的静力触探贯入阻力 p_s 与允许承载力 R 的关系

粉土和粉质黏土	p_s（MPa）	0.4	0.7	1.0	1.5	2.0	2.5	3.0	3.5	4.0	4.5	5.0	5.5	6.0	6.5
	R（MPa）	0.05	0.07	0.09	0.11	0.13	0.15	0.16	0.18	0.190	0.20	0.22	0.23	0.24	0.25
粉细砂	p_s（MPa）	3.0	3.5	4.0	4.5	5.0	6.0	6.5	7.0	8.0	9.0	10.0	11.0	12.0	14.0
	R（MPa）	0.16	0.17	0.18	0.19	0.20	0.21	0.22	0.23	0.24	0.25	0.26	0.27	0.28	0.30
饱和粉细砂	p_s（MPa）	0.5	1.0	1.5	2.0	2.5	3.0	3.5	4.0	4.5	5.0	6.0	6.5	7.0	8.0
	R（MPa）	0.05	0.07	0.09	0.10	0.11	0.12	0.13	0.14	0.15	0.16	0.17	0.18	0.19	0.20

7.3.4　土体物理力学参数经验关系公式

1. 土体物理力学指标间的经验关系公式

（1）砂类土的渗透系数与有效粒径的关系式：

$$K = Cd_{10}^2(0.7 + 0.03t) \tag{7.5}$$

式中　K ——渗透系数（m/d）；

$\quad d_{10}$ ——颗粒的有效粒径（mm）；

$\quad\ t$ ——渗透水的温度（℃）；

$\quad C$ ——常数，黏土质砂取 500～700，纯砂取 700～1000。

（2）黏性土的压缩系数与孔隙比的关系式：

$$a_{0.1\sim0.2} = 0.384e^{2.7} \tag{7.6}$$

式中　土样数大于 500，相关系数等于 0.96。统计范围：孔隙比 0.56～1.80，压缩系数 0.06～1.52MPa^{-1}。

（3）塑性指数与液限的关系式：

$$I_p = 0.59（W_L - 9.66）（建工部建研院） \tag{7.7}$$
$$I_p = 0.7（W_L - 3.7）（冶金系统） \tag{7.8}$$

（4）黏性填料土各项指标间的关系式。下列黏性填料土各项指标间关系的经验公式仅适用南实击实仪，击数为 10～15 击。

1）最大干密度 ρ_{dmax}（g/cm^3）、最优含水率 W_{op}（%）与流塑限的关系：

黏土
$$\rho_{dmax} = 3.06 - 1.41\lg W_p \tag{7.9}$$
$$W_{op} = 5 + 0.46 W_L \tag{7.10}$$

粉质壤土
$$\rho_{dmax} = 2.78 - 0.91\lg W_p \tag{7.11}$$
$$W_{op} = 7 + 0.53 W_L \tag{7.12}$$

2）最大干密度 ρ_{dmax}（g/cm^3）与最优含水率 W_{op}（%）的关系：

$$\rho_{dmax} = 3.33 - 1.3\lg W_{op} \tag{7.13}$$

3）最优含水率 W_{op}（%）与最优饱和度 S_{op} 的关系：

$$W_{op} = \frac{\rho_s - \rho_d}{\rho_d \cdot \rho_s} \times S_{op} \tag{7.14}$$

最优饱和度采取下列经验值：

黏土
$$S_{op} = 0.85 \pm 0.05 \tag{7.15}$$

壤土
$$S_{op} = 0.82 \pm 0.05 \tag{7.16}$$

4）干密度 ρ_d 与凝聚力 c、内摩擦角 φ 的关系：

黏土
$$c = 0.66\rho_d - 0.70 \tag{7.17}$$
$$\phi = 8.30\rho_d + 11.80 \tag{7.18}$$

粉质壤土
$$c = 0.53\rho_d - 0.61 \tag{7.19}$$
$$\varphi = 7.10\rho_d + 3.4 \tag{7.20}$$

式中　ρ_d——扰动土制备试样时所控制的干密度。

2. 土体原位测试成果计算力学参数的公式

（1）标准贯入测试成果计算承载力和变形参数的公式，见表 7.58、表 7.59。

表 7.58　　　　　　　　标准贯入锤击数与地基承载力计算公式

序号	回归式	适用范围	备注
1	$P_0 = 23.3N$	黏性土、粉土	不作杆长修正
2	$P_0 = 56N - 558$	老堆积土	—

序号	回归式	适用范围	备注
2	$P_0 = 19N - 74$	一般黏性土、粉土	
3	$N=3\sim23,\ P_0=4.9+35.8N_{机}$	第四纪冲、洪积黏土、粉质黏土、粉土	
	$N=23\sim41,\ P_0=31.6+33N_{手}$		
	$N=23\sim41,\ P_0=20.5+30.9N_{手}$		
4	$N=3\sim18,\ f_k=80+20.2N$	黏性土、粉土	—
5	$f_k=72+9.4N^{1.2}$	粉土	—
	$f_k=-212+222N^{0.3}$	粉细砂	
	$f_k=-803+850N^{0.1}$	中、粗砂	
6	$f_k=\dfrac{N}{0.003\,08N+0.015\,04}$	粉土	—
	$f_k=105+10N$	细、中砂	
7	$N=8\sim37,\ p_0=33.4N+360$	红土	
	$N=8\sim37,\ f_k=5.3N+387$	老堆积土	
8	$f_k=12N$	黏性土、粉土	条形基础 $F_s=3$
	$f_k=15N$	—	独立基础 $F_s=3$
9	$f_k=8.0N$	—	—

注　1. P_0 为载荷试验比例界限（kPa）。

　　2. f_k 为地基承载力（kPa）。

　　3. 标准贯入锤击数 $N_{手}$ 是用手拉绳方法测得的，其值比机械化自动落锤方法所得 $N_{机}$ 略高，换算关系：$N_{手}=0.74+1.12N_{机}$，适用范围：$2<N_{机}<23$。

表 7.59　　　　　　　　标准贯入击数 N 与 E_0、E_s（MPa）计算公式表

序号	关系式	适用范围
1	$E_0=7.430\,6+1.065\,8N$	黏性土，粉土
2	$E_0=2.615\,6+1.413\,5N$	武汉地区黏性土，粉土
3	$E_s=10.22+0.276N$	唐山新市区粉、细砂，地下水位 $-3\sim-4$m
4	$E_s=7.1+0.49N$	地下水位以下细砂
5	$E_0=2.0+0.6N$	—

注　E_0 为变形模量，E_s 为压缩模量。

（2）静力触探测试成果计算承载力和变形参数的公式。通过静力触探试验成果数据相关回归分析，获得用于特定地区或特定土体承载力和变形参数的经验公式［见式（7.21）、表 7.60～表 7.62］。

粉土可用式（7.21）计算承载力：

$$f_0=0.036\,p_s+0.044\,6 \tag{7.21}$$

式中　f_0——土体承载力（MPa）；

　　　p_s——单桥探头的比贯入阻力（MPa）。

表 7.60　　　　　　　　　黏性土静力触探承载力计算公式表

序号	回归式	适用范围
1	$f_0 = 0.104p_s + 0.026\,9$	$0.3 \leqslant p_s \leqslant 6$
2	$f_0 = 0.183\,4\sqrt{p_s} - 0.046$	$0 \leqslant p_s \leqslant 5$
3	$f_0 = 0.017\,3p_s + 0.159$	北京地区老黏性土
	$f_0 = 0.114\,8\lg p_s + 0.124\,6$	北京地区新近代土
4	$p_{0.026} = 0.091\,4p_s + 0.044$	$1 \leqslant p_s \leqslant 3.5$
5	$f_0 = 0.249\lg p_s + 0.157\,8$	$0.6 \leqslant p_s \leqslant 4$
6	$f_0 = 0.086p_s + 0.045\,3$	无锡地区 $p_s = 0.3 \sim 3.5$
7	$f_0 = 1.167p_s^{0.387}$	$0.24 \leqslant p_s \leqslant 2.53$
8	$f_0 = 0.087\,8p_s + 0.024\,36$	湿陷性黄土
9	$f_0 = 0.08p_s + 0.031\,8$	—
	$f_0 = 0.098q_c + 0.019\,24$	黄土地基
	$f_0 = 0.044p_s + 0.044\,7$	平川型新近堆积黄土
10	$f_0 = 0.09p_s + 0.09$	贵州地区红黏土
11	$f_0 = 0.112p_s + 0.005$	软土，$0.24 < p_s < 0.90$

注　p_s 为单桥探头的比贯入阻力（MPa），q_c 为双桥探头的锥尖阻力（MPa），f_0 为承载力（MPa）。

表 7.61　　　　　　　　　砂类土静力触探承载力计算公式表

序号	回归式	适用范围
1	$f_0 = 0.02p_s + 0.059\,5$	粉细砂，$1 < p_s < 15$
2	$f_0 = 0.036p_s + 0.076\,6$	中粗砂，$1 < p_s < 10$
3	$f_0 = 0.0917\sqrt{p_s} - 0.023$	水下砂土
4	$f_0 = (0.025 \sim 0.033)q_c$	砂土

注　p_s 为单桥探头的比贯入阻力（MPa），q_c 为双桥探头的锥尖阻力（MPa），f_0 为承载力（MPa）。

表 7.62　　　　　　　静力触探试验比贯入阻力 p_s 与 E_0、E_s 计算公式表

序号	回归式	适用范围
1	$E_s = 3.72p_s + 1.26$	$0.3 \leqslant p_s < 5$
2	$E_0 = 9.79p_s - 2.63$	$0.3 \leqslant p_s < 3$
	$E_0 = 11.77p_s - 4.69$	$3 \leqslant p_s < 6$

序号	回归式	适用范围
3	$E_s = 3.63（p_s + 0.33）$	$p_s < 5$
4	$E_s = 2.17p_s + 1.62$	$0.7 < p_s < 4$，北京近代土
	$E_s = 2.12p_s + 3.85$	$1 < p_s < 9$，北京老土
5	$E_s = 1.9p_s + 3.23$	$0.4 \leqslant p_s < 3$
6	$E_s = 2.94p_s + 1.34$	$0.24 < p_s < 3.33$
7	$E_s = 3.47p_s + 1.01$	无锡地区 $p_s = 0.3 \sim 3.5$
8	$E_s = 6.3p_s + 0.85$	贵州地区红黏土

注　p_s 为单桥探头的比贯入阻力（MPa），E_0 为变形模量（MPa），E_s 为压缩模量（MPa）。

7.4 工程实例

7.4.1 金沙江流域

1. 拉哇水电站工程

（1）工程概况。拉哇水电站系金沙江上游水电规划 13 级开发方案的第 8 级。电站的开发任务为以发电为主。坝址控制流域面积 17.6 万 km²，多年平均流量 861m³/s，正常蓄水位 2702m，库容 23.14 亿 m³，调节库容 8.24 亿 m³，具有季调节性能。枢纽建筑物由混凝土面板堆石坝、右岸泄洪消能建筑物（溢洪洞、泄洪放空洞）、右岸地下引水发电系统等组成，最大坝高 239m。电站装机容量 2000MW，多年平均年发电量 84.24 亿 kW·h，工程正施工在建。

坝址河床覆盖层深厚，层次结构复杂，大坝建基于基岩上，施工围堰堰基建基于河床覆盖层上，施工期坝基开挖形成覆盖层深基坑。

（2）围堰地基土体物理力学参数取值。坝址区出露地层为元古界雄松群角闪片岩、云母石英片岩、大理岩。河床覆盖层深厚，钻孔揭示最大厚度 71.4m，层次结构复杂，由金沙江河流冲积物、堰塞湖相沉积物、崩（滑）堆积物组成，自下而上可划分为五层，其中第二层砂质低液限黏土、第三层黏土质砂等堰塞湖相沉积物厚度约 50 余米。

第一层（Q^{al-1}）由块石、砂卵石夹砂组成，局部见碎石土、粉土透镜体，分布在河床底部，厚度一般 5~15m，局部达 21.6m，主要为河流冲积物、岸坡崩积物。

第二层（Q^{l-2}）以砂质低液限黏土为主，局部为黏土质砂、低液限黏土，最大厚度约 30m。

第三层（Q^{l-3}）以黏土质砂为主，局部为砂质低液限黏土，厚度一般 15~25m。

第四层（Q^{al-4}）为中粗—细砂夹少量卵砾石层，厚度 11~18m，坝基下缺失。

第五层（Q^{al-5}）为砂卵砾石层夹少量漂石，厚度 1.8~10.8m。

据不完全统计，各类土体完成 75 组室内物理力学性质试验、31 组现场渗透试验、126 段钻孔动力触探试验、175 段钻孔标准贯入试验等。

根据试验成果，类比有关工程经验和规程、规范要求，提出河床覆盖层土体物理力学指标建议值（见表 7.63）。

表 7.63　　　　　　　拉哇水电站河床覆盖层土体物理力学参数建议值表

层位	名称	干密度 ρ_d（g/cm³）	允许承载力 R（MPa）	压缩模量 E_s（MPa）	内摩擦角 φ（°）	抗剪强度 c（kPa）	渗透系数 K（cm/s）	允许比降 $J_{允许}$
Q^{al-5}	砂卵砾石层夹少量漂石	2.00～2.05	0.30～0.40	—	28～32	0	$1.0×10^0$～$1.0×10^{-1}$	—
Q^{al-4}	中粗—细砂夹少量卵砾石层	1.68～1.71	0.30～0.35	12～15	22～25	0	$2.0×10^{-1}$～$5.0×10^{-2}$	—
Q^{l-3}	以黏土质砂为主，局部为砂质低液限黏土	1.62～1.66	0.16～0.19	5.5～11.0	12～14	15～16	$1.3×10^{-3}$～$4.0×10^{-4}$	0.51～0.54
Q^{l-2}	以砂质低液限黏土为主，局部为黏土质砂、低液限黏土	1.54～1.60	0.14～0.17	5.0～6.5	10～12	13～14	$2.0×10^{-4}$～$3.4×10^{-5}$	0.48～0.50
Q^{al-1}	块石、砂卵石夹砂	1.95～2.05	0.35～0.45	—	27～32	0	$1.0×10^0$～$1.0×10^{-1}$	—

注　河床覆盖层开挖坡比建议值 1:3.0～1:5.0。

2. 乌东德水电站工程

（1）工程概况。乌东德水电站系金沙江下游河段规划的第一个梯级。电站的开发任务为以发电为主，兼顾防洪、拦沙、航运等综合效益。坝址河床覆盖层较深厚，施工期坝基开挖形成覆盖层深基坑，围堰堰基工程地质条件较复杂。

（2）围堰地基土体物理力学参数取值。坝址第四系主要为河床覆盖层及崩坡积物、洪积物等。河床覆盖层厚约 50.0～83.7m，自下而上可分为三层：上游围堰河床覆盖层Ⅰ层（或下游围堰河床覆盖层①层）主要为河流冲积堆积物，卵、砾石夹碎块石；上游围堰河床覆盖层Ⅱ层为崩塌与河流冲积混合堆积物，崩塌块石、碎石构成骨架，其间夹少量含细粒土砾（砂）透镜体；下游围堰河床覆盖层②层为金坪子滑坡与河流冲积混合堆积，以滑坡堆积为主，为含细粒土砾夹碎块石；上游围堰河床覆盖层Ⅲ层（或下游围堰河床覆盖层③层）主要为现代河流冲积物，上游围堰Ⅲ层按物质组成及工程地质特性细分为Ⅲ₁、Ⅲ₂及Ⅲ₃三个亚层，其中Ⅲ₁层为黏土透镜体；Ⅲ₂、Ⅲ₃层物质组成相同，为砂砾石夹卵石及少量碎块石；下游围堰③层为砂砾石夹卵石及少量碎块石。

河床覆盖层厚度大，层次多，物质成分不均匀，对各层开展了相应的物理力学性试验研究工作，并经工程类比，适当折减，提出围堰地基河床覆盖层物理力学参数建议值见表 7.64。

表 7.64 乌东德水电站堰基土体物理力学参数建议值表

分层代号		密度		变形模量 E_0（MPa）	抗剪强度				渗透系数 K（cm/s）	允许比降 $J_{允许}$	
					线性		非线性（试验最小值）				
		干密度 ρ_d	天然密度 ρ		c'（kPa）	φ'（°）	φ_0（°）	$\Delta\varphi$（°）		流土	管涌
		（g/cm³）									
上游围堰	III₃	2.12	2.25	30	0～10	37	43.8	5.1	5×10^{-2}	0.36	0.15
	III₂	2.16	2.30	40	0～10	39	50.8	8.3	1×10^{-2}	0.42	0.35
	III₁	1.56	1.98	5	20～25	20			5×10^{-6}	0.80	—
	II	2.20	2.36	40	0～20	37	47.4	7.8	4×10^{-4}	0.35	0.29
	I	2.25	2.40	65	0～10	40	51.8	8.3	3×10^{-3}	0.30	0.25
下游围堰	③ 0～16m	与上游围堰III₃层参数相同									
	③ >16m	与上游围堰III₂层参数相同									
	②	2.23	2.35	55	0～25	35	45.0	6.0	3×10^{-6}	0.36	0.30
	①	与上游围堰 I 层参数相同									

7.4.2 雅砻江流域

1. 锦屏二级水电站工程

（1）工程概况。锦屏二级水电站为雅砻江干流水电规划下游河段的第二级电站，工程开发任务主要是发电。闸址位于猫猫滩，距上游锦屏一级水电站坝址 7.5km，最大闸高约 37m，为覆盖层上建闸。

（2）闸基河床覆盖层土体物理力学参数取值。闸址区河床覆盖层一般厚 35～40m，最厚达 47.75m，按其粒度组成、成因等特征分为四大层五小层（见表 7.65）。

表 7.65 锦屏二级水电站闸址河床覆盖层特征表

层位与代号	名称	厚度	基本特征
IV（col+alQ₄）	块（碎）石	0～5m	分布在河床两侧表部，结构松散，架空现象普遍
III-2（col+alQ₄）	块碎石夹砾卵石层	4～8m，最大14.65m	分布于河床表部，在河床中部卵石含量稍高，往两侧岸边过渡为块碎石，结构松散，架空现象较普遍。该层有砂层透镜体，为含砾粗砂或中细砂，厚度一般 0.5～2.0m，顶板埋深 0～5m
III-1（alQ₄）	含孤块石卵砾石层	8～14m，最大16.5m，薄处仅3m	分布于河床上部右岸，卵砾石成分以大理岩、砂板岩为主，有少量花岗岩、玄武岩，卵石粒径一般 1～2cm。该层夹有少量厚度小于 1m 的砂层透镜体或鸡窝状砂，结构变化较大，局部有架空。该层见 1～3 个砂层透镜体，以含砾中细砂为主，厚度一般 0.5～1.5m，顶板埋深 6～15m

续表

层位与代号	名称	厚度	基本特征
II（pl＋alQ₃）	含砂壤土碎砾石层	2～17m，局部尖灭	碎砾石成分单一，主要为白色粗晶大理岩，碎石粒径6～8cm，次棱角状一次圆状。该层结构变化较大，细粒充填部不均匀，偶夹孤石，一般结构较松散，架空较强烈。该层含砂壤土，小于2mm的颗粒局部达50%，构成含碎砾石砂壤土透镜体，厚度一般0.4～0.6m，顶板埋深12.6～17.0m
I（alQ₃）	含漂石卵砾石层	10～20m，最大25.56m	多分布于左侧河槽，粗颗粒成分为砂岩、大理岩、灰岩，及少量花岗岩、闪长岩、玄武岩等，充填泥砂。一般结构较紧密。该层常见砂层或砂壤土透镜体，Iₐ砂层透镜体为中粗砂或中细砂，厚度一般0.5～4.0m，最大7.44m，顶板埋深多大于23m，顶板埋深最小15.5m；Iᵦ砂壤土透镜体局部分布（M120孔），厚度3.2m，顶板埋深28m

闸址区河床覆盖层主要由粗粒类土组成，具有多层结构，进行了重型动力触探试验、标准贯入试验、室内物理性试验、室内力学试验以及高压三轴强度试验、动三轴试验。对闸基土体砂卵石层完成5组室内物理性质试验，粉砂质黏土层进行了44组室内物理力学性质试验、2组现场原位载荷试验等。

各层土体的干密度、比重等物理性质指标取值是在室内试验成果基础上，结合川西地区工程经验选取；土体的承载力根据原位测试结合经验公式计算后提出建议值；土体的变形参数采用原位测试（动力触探击数计算）、室内压缩试验成果、工程类比综合确定取值；泊松比的建议值根据工程经验类比而得；土体的抗剪强度参数依据室内剪切试验成果，结合川西地区工程经验综合确定取值。闸基覆盖层的物理力学参数建议值见表7.66。

表 7.66　　　　锦屏二级水电站闸基覆盖层土体物理力学参数建议值表

层位	名称	密度		承载及变形指标		泊松比 μ	抗剪强度		渗透指标	
		天然密度 ρ （g/cm³）	干密度 ρ_d （g/cm³）	允许承载力 R （MPa）	压缩模量 E_s （MPa）		凝聚力 C （kPa）	内摩擦角 φ （°）	渗透系数 K （cm/s）	允许比降 $J_{允许}$
IV （col＋alQ₄）	块（碎）石	2.05～2.15	1.90～2.00	0.40～0.42	28～30	0.33	0	25～28	—	＜0.10
III－2 （col＋alQ₄）	块碎石夹砾卵石层	2.05～2.15	1.90～2.00	0.40～0.45	40～43	0.30	0	27～29	$1.5×10^{-2}$～$1.2×10^{-1}$，局部＞$1.7×10^{-1}$	0.10～0.15，局部＜0.10
	中细砂透镜体	1.65～1.75	1.60～1.70	0.22～0.26	25～28	0.32	0	24～25	$1.2×10^{-2}$～$1.7×10^{-2}$	0.30～0.40
III－1 （alQ₄）	含孤块石卵砾石层	2.20～2.30	2.10～2.15	0.55～0.60	42～46	0.28	0	29～30	$1.2×10^{-2}$～$8.1×10^{-2}$，局部＞$1.2×10^{-1}$	＜0.10
	中细砂透镜体	1.65～1.75	1.60～1.70	0.22～0.25	28～32	0.31	0	26～28	$1.0×10^{-2}$～$1.4×10^{-2}$	0.40～0.50
II （pl＋alQ₃）	含砂壤土碎砾石层	2.10～2.25	2.00～2.10	0.50～0.55	40～50	0.29	0	28～29	$4.6×10^{-2}$～$6.9×10^{-2}$，局部＞$4.1×10^{-1}$	0.10～0.15，局部＜0.10

层位	名称	密度		承载及变形指标		泊松比 μ	抗剪强度		渗透指标	
		天然密度 ρ （g/cm³）	干密度 ρ_d （g/cm³）	允许承载力 R （MPa）	压缩模量 E_s （MPa）		凝聚力 C （kPa）	内摩擦角 φ （°）	渗透系数 K （cm/s）	允许比降 $J_{允许}$
II （pl＋alQ₃）	含碎砾石砂壤土透镜体	1.90～2.05	1.84～1.85	0.20～0.25	20～25	0.33	0	22～24	$5.8×10^{-4}$～ $2.3×10^{-3}$	0.40～0.60
I （alQ₃）	含漂石卵砾石层	2.30～2.45	2.20～2.30	0.60～0.65	52～56	0.27	0	30～31	$1.2×10^{-2}$～ $4.6×10^{-2}$，局部＞$1.2×10^{-1}$	0.15～0.20，局部＜0.10
	砂层透镜体	1.70～1.80	1.60～1.65	0.20～0.25	20～25	0.32	0	23～25	$1.6×10^{-2}$～ $3.2×10^{-2}$	0.30～0.50

2. 桐子林水电站工程

（1）工程概况。桐子林水电站位于雅砻江下游，距上游二滩水电站约 18km，距雅砻江与金沙江汇合口约 15km。工程任务以发电为主，兼顾下游用水。坝址控制流域面积 12.767 万 km²，多年平均流量 1890m³/s。水库正常蓄水位 1015m，库容约 0.670 8 亿 m³，调节库容 0.121 8 亿 m³，具有日调节能力。工程枢纽主要由左右岸挡水坝、河床式发电厂房、泄洪闸（坝）等建筑物组成，混凝土重力坝最大坝高 71.3m。电站装机容量 600MW，多年平均年发电量 29.75 亿 kW·h，已建成发电。

坝址河床覆盖层较深厚，中部夹堰塞相细粒土层，施工围堰堰基工程地质条件较复杂。

（2）堰基河床覆盖层土体物理力学参数取值。坝址区处于川滇南北向构造带上，坝址下游 F_1 断层以北西向斜切河谷，其上盘为晋宁期英云闪长质混合岩，下盘为晚三叠系白果湾群砂页岩。第四系堆积层除坝前左岸有古塌滑堆积和崩坡积分布外，主要为河床覆盖层，一般厚 20～25m，最厚达 37m，沿深槽分布。河床覆盖层按其成因和地层结构特征自下而上分为三层：

第①层：砂卵砾石层（alQ₃），为早期河流冲积层，主要分布于深切河谷底部，厚度一般 4～8m，最厚达 12m，局部缺失此层，分布不甚稳定。

第②层：青灰色粉砂质黏土层（Q_{3t}^3），属河流堰塞沉积，成分较均一，但厚度变化较大，一般厚 3～20m，最厚达 31m。该层有零星砾石、碎屑、炭化木等分布，局部夹细砂层透镜体；该层底部分布有透镜状块碎石土层，最厚可达 11.6m，主要分布于坝区现代河床右侧及右岸滩地一带。

第③层：含漂砂卵砾石层（alQ₄³），为现代河床冲积层，厚度一般 2～6m，靠岸坡有孤石分布。

可研阶段对第 1、3 两层砂卵砾石层共进行 5 组物性试验，第②层粉砂质黏土层进行了 44 组室内物理力学性质试验，2 组现场原位载荷试验等。据试验研究和工程类比，堰基覆盖层的物理力学参数建议值见表 7.67。

表 7.67　　　　　　　桐子林水电站堰基覆盖层土体物理力学参数建议值

岩层代号	名称	湿密度 ρ_w (g/cm³)	干密度 ρ_d (g/cm³)	比重	允许承载力 R (MPa)	压缩模量 E_s (MPa)	抗剪强度		渗透系数 K (cm/s)	允许比降 $J_{允许}$	稳定坡比
							c (kPa)	φ (°)			
alQ₄³–③	含漂砂卵砾石	2.30～2.35	2.24	2.72～2.75	0.5～0.6	50～60	0	27～29	(2.89～5.7)×10⁻²	0.10～0.15	1:1.75～1:2.00
alQ₃ₜ–②	青灰色粉砂质黏土	1.82～2.01	1.46	2.74～2.78	0.2～0.3	15～20	0	18～22	(2.7～6.8)×10⁻⁶	>5	1:2.5～1:3.0
alQ₃–①	砂卵砾石	2.30～2.35	2.26	2.72～2.75	0.5～0.6	50～60	0	27～29	(1.16～3.18)×10²	0.10～0.15	1:1.75～1:2.00

7.4.3　大渡河流域

1. 双江口水电站工程

（1）工程概况。双江口水电站位于大渡河上游东源（主源）足木足河和西源绰斯甲河汇合口以下约 1km 处，为大渡河干流水电规划 22 级开发方案的第 5 个梯级控制性水库电站。枢纽主要建筑物由砾（碎）石土心墙堆石坝、右岸泄洪消能设施、左岸引水发电系统组成，最大坝高 315m，为世界第一高坝。坝址河床覆盖层较深厚，结构较复杂，心墙建基于花岗岩基岩，上、下游堆石体建基于河床覆盖层。

（2）河床覆盖层土体物理力学参数取值。坝址区第四系松散堆积物主要分布于现代河床及谷坡中下部坡脚地带，成因类型有冲洪积堆积和崩坡积堆积。河床覆盖层一般厚 48～57m，钻孔揭示最大达 67.8m，根据其物质组成、层次结构，从下至上（由老至新）可分为三层：

第①层为漂卵砾石（alQ₃），位于河床下部，厚度 2.57～36.57m，顶面高程 2193.7～2242.8m，顶面埋深 16.3～32.8m。分布较大砂层透镜体①–a，主要为灰黄色细砂，厚 2.42～6.69m，顶面埋深 45.96～49.79m。

第②层为（砂）卵砾石层（alQ₄¹），位于河床中部，厚度 7.20～36.53m，顶面高程 2231.9～2253.6m，顶面埋深 5.6～28.0m。该层中夹有 7 个较大的砂层透镜体，顶面埋深 13.2～35.7m，厚 1.46～7.93m，主要为中粗砂或中细砂。

第③层为漂卵砾石层（alQ₄²），位于河床表部，厚度 5.6～28.0m。其中夹有 3 个较大的砂层透镜体。

各层以粗颗粒为主，结构较密实，总体强度较高，透水性强，但随机分布有较多的砂层透镜体，结构上存在不均一性。

各类土体完成 168 段/10 孔动力触探试验、94 段/27 孔标准贯入试验、115 点/8 孔旁压试验、138 组室内物理性质试验、21 组室内力学性质试验、9 组高压大三轴试验、5 组现场原位载荷试验、4 组现场原位剪切试验、6 组现场渗透变形试验、5/3 组钻孔抽（注）

水试验等。

土体物理力学参数选取的总原则是以现场和室内试验成果为依据,结合已建工程经验进行工程地质类比分析综合确定。各层土体的物理力学参数按照有关技术标准的规定,选取试验成果的标准值,在此基础上根据具体土体工程地质条件,并结合工程类比,提出地质建议值;稳定坡比根据工程地质类比给出。坝址河床覆盖层物理力学参数建议值见表 7.68。

表 7.68 双江口水电站坝址覆盖层土体物理力学参数建议值

位置	层位	名称	天然密度 ρ (g/cm³)	干密度 ρ_d (g/cm³)	允许承载力 R (MPa)	变形模量 E_0 (MPa)	φ (°)	抗剪强度 c (kPa)	渗透系数 K (cm/s)	允许比降 $J_{允许}$	稳定坡比 水上	稳定坡比 水下
河床坝基	③①	漂卵砾石	2.18~2.29	2.14~2.22	0.50~0.60	50~55	30~32	0	$4.5×10^{-2}$~$8.6×10^{-2}$ (局部架空 $4.5×10^{-1}$)	0.10~0.15 (局部架空 0.07)	1:1.25	1:1.75
	②	砂卵砾石	2.1~2.2	2.0~2.1	0.40~0.45	30~35	26~28	0	$5.0×10^{-3}$~$3.0×10^{-2}$	0.17~0.22	1:1.5	1:2.0
		中细砂层透镜体	1.7~1.9	1.6~1.8	0.15~0.25	15~25	18~23	0	$2.0×10^{-3}$~$5.0×10^{-3}$	0.25~0.3	1:2.0	1:3.0
河床冲刷区		漂(块)卵砾石	2.14~2.22	2.10~2.18	0.45~0.55	45~50	29~31	0	$5.0×10^{-2}$~$2.0×10^{-1}$	0.10~0.12 (局部 0.07)	1:1.25	1:1.75
岸坡		块碎石	1.85~2.0	1.80~1.95	0.40~0.45	35~40	28~30	0	$1.2×10^{-1}$~$7.0×10^{-1}$	0.10~0.12 (局部 0.07)	1:1.25	1:1.75

2. 金川水电站工程

(1)工程概况。金川水电站为大渡河干流水电规划 22 级开发方案的第 6 个梯级。工程主要任务为发电,并对上游双江口水电站进行反调节,以满足下游金川县城城市景观用水的要求。坝址控制流域面积 39 978km²,多年平均流量 524m³/s。正常蓄水位 2253m,库容约 4.877 5 亿 m³,调节库容 0.488 亿 m³,具有日调节能力。枢纽建筑物主要由混凝土面板堆石坝、右岸溢洪道、右岸泄洪洞、左岸地下引水发电系统等组成,最大坝高 112m。装机容量 860MW,多年平均发电量为 35.94 亿 kW·h。坝址河床覆盖层较深厚,结构较复杂,大坝建基于河床覆盖层上。目前正施工在建。

(2)河床覆盖层土体物理力学参数取值。坝址区出露地层为三叠系上统杂谷脑组上段(T_3z^2)薄~厚层状变质细砂岩夹碳质千枚岩,第四系松散堆积物主要分布于现代河床,下游右岸新扎沟沟口Ⅰ级阶地及左岸新沙村Ⅲ级阶地分布有冲洪积物。河床覆盖层最大厚度 56.78~57.88m,从下至上(由老至新)总体可分为三层:Ⅰ灰色~浅灰黄色含漂砂卵砾石层（Q_4^{al}），靠近两侧基岩部位分布少量的含漂（块）碎砾石层，厚 6.40～34.10m；Ⅱ 灰色砂卵砾石层（Q_4^{al}－Ⅱ），厚 7.27～53.48m；Ⅲ灰色含漂砂卵砾石层（Q_4^{al}－Ⅲ），厚 2.00～ 30.90m。此外在河床覆盖层中还夹有多个砂层透镜体，以含泥细砂为主，部分为粗砂、粉砂，厚度一般 1.50～3.00m，最厚达 13.44m，一般埋深大于 20m，个别最小埋深仅 8.06m。

各层土体完成 345 段/36 孔动力触探测试、65 段/9 孔动力触探测试、84 组室内物理性质力学性质试验、7 组高压大三轴试验、4 组现场原位载荷试验、4 组现场原位剪切试验、3 组现场渗透试验、4 组现场渗透变形试验等。

根据试验成果及工程类比，坝基覆盖层物理力学性质指标建议值见表 7.69。

表 7.69　　　　　　　　金川水电站覆盖层土体物理力学参数建议值

层位	名称	天然密度 ρ (g/cm³)	干密度 ρ_d (g/cm³)	允许承载力 R (MPa)	压缩系数 $a_{v0.1-0.2}$ (MPa⁻¹)	压缩模量 $E_{s0.1-0.2}$ (MPa)	变形模量 E_0 (MPa)	抗剪强度 φ (°)	抗剪强度 c (kPa)	渗透系数 K (cm/s)	允许比降 $J_{允许}$	稳定坡比 水上	稳定坡比 水下
Ⅲ、Ⅰ	含漂砂卵砾石层	2.20～2.30	2.00～2.20	0.55～0.60	0.01～0.02	35～40	40～45	32～35	0	5.26×10⁻²	0.10～0.15	1:1.25	1:1.5
Ⅱ	砂卵砾石层	2.10～2.20	2.00～2.10	0.50～0.55	0.015～0.025	30～35	35～40	30～32	0	4.98×10⁻²	0.15～0.20	1:1.25	1:1.75
Ⅲ－S、Ⅱ－S、Ⅰ－S	砂层透镜体（粉土质砂）	1.70～1.90	1.60～1.80	0.18～0.20	0.20～0.25	10～12	15～20	20～24	0	5.0×10⁻⁴	0.25～0.30	1:1.75	1:2.5

3. 猴子岩水电站工程

（1）工程概况。猴子岩水电站为大渡河干流水电规划 22 级开发方案的第 9 个梯级。枢纽建筑物主要由混凝土面板堆石坝、两岸泄洪及放空建筑物、右岸地下引水发电系统等组成，最大坝高 223.50m。坝址河床覆盖层深厚，结构复杂，面板趾板和垫层区建基于变质灰岩上，堆石体建基于河床覆盖层，施工期坝基开挖形成覆盖层深基坑。

（2）河床覆盖层土体物理力学参数取值。坝址区第四系沉积物主要为河床冲洪积、堰塞湖相堆积、冰水堆积和崩坡积等。河床覆盖层一般厚度 41～67m，钻孔揭示最大厚度 85.5m。根据河床覆盖层结构特征和工程地质特性，自下而上（由老至新）可分为四层：

第①层：含漂（块）卵（碎）砂砾石层（$fglQ_3^2$），分布于河床下部，钻孔揭示厚度 11.44～39.44m，顶面埋深 28.50～41.19m。第①层的中下部夹卵砾石中粗砂层（①—a 层），最厚 20.45m，最薄 1.7m。

第②层：黏质粉土（lQ_3^3），系河道堰塞静水环境沉积物，在坝址区河床中部连续分布。厚度一般为 13～20m，最薄 0.67m，最厚达 29.45m。

第③层：含泥漂（块）卵（碎）砂砾石层（$pl+alQ_4^1$），分布于河床中上部，河床钻孔揭示厚度为 5.80～26.00m，顶板埋深 4.20～14.92m。在横Ⅺ线及横Ⅳ线一带，第③层中部分布有一层含砾粉细砂层，为③—a 层，呈透镜体状，厚约 1.00～7.45m，顶板埋深

6.00～22.50m。

第④层：含孤漂（块）卵（碎）砂砾石层（alQ$_4^2$），分布于河床上部，主要分布在河床两侧枯洪水变幅区，河心一带相对较少。厚度 3.00～14.92m。该层结构较松散，局部具架空结构。

坝址河床覆盖层厚度大，且具有多层结构。为查明其物理力学特性及渗透、渗透变形特性，进行了钻孔超重型触探试验、黏质粉土层标贯试验、钻孔旁压试验及钻孔跨孔法剪切波测试；对第④层（alQ$_4^2$）、第③层（pl+alQ$_4^1$）在地表分别布置了坑槽、浅井，进行了现场大剪试验、载荷试验、渗透试验，并分层取样进行了室内物理性试验、力学试验；对第②层钻孔样进行了室内物理性试验、力学性试验、渗透试验、振动三轴试验、固结试验；对第①层底部的①-a 卵砾石中粗砂层钻孔取样进行了室内物理性试验、力学性试验、振动三轴试验。共完成 469 段/72 孔动力触探试验、114 段/52 孔标准贯入试验、126 点/9 孔旁压试验、324 组室内物理性质试验、76 组室内力学性质试验、29 组高压大三轴试验、15 组现场原位载荷试验、7 组现场原位剪切试验、6 组现场渗透试验、6 组现场渗透变形试验、53/18 组钻孔抽（注）水试验等。

土体物理力学参数选取的总原则是以现场和室内试验成果为依据，结合已建工程经验进行工程地质类比分析综合确定。各层土体的物理力学参数按照有关技术标准的规定，选取试验成果的标准值，在此基础上根据具体土体工程地质条件，并结合工程类比，提出坝址区河床覆盖层物理力学参数建议值（见表 7.70）。

表 7.70　　　　猴子岩水电站坝址区覆盖层土体物理力学参数建议值

层位		名称	代号	干密度 ρ_d (g/cm³)	允许承载力 R (MPa)	变形模量 E_0 (MPa)	抗剪强度		渗透系数 K (cm/s)	允许比降 $J_{允许}$	稳定坡比	
							φ (°)	c (kPa)			水上	水下
河床覆盖层	④	孤漂（块）砂卵（碎）砾石层	alQ$_4^2$	2.02～2.04	0.45～0.55	35～45	26～28	0	1.95×10⁻²～6.63×10⁻²（局部）2.51×10⁻¹	0.10～0.12（局部0.07）	1:1.5	1:2.0
											1:1.25	1:1.5
	③	含泥漂（块）卵（碎）砂砾石层	pl+alQ$_4^1$	2.10～2.15	0.40～0.50	30～40	24～26	0	1.59×10⁻²～7.56×10⁻³	0.15～0.18	1:1.25	1:1.5
	③-a	含砾粉细砂（透镜状）		1.60～1.65	0.17～0.18	16～18	18～19	0	—		1:3	1:3.5
	②	黏质粉土	lQ$_3^3$	1.55～1.60	0.15～0.17	*Es: 14～16	16～18	10～15	2.33×10⁻⁵～1.40×10⁻⁶	0.50～0.60	1:3	1:4
	①	含漂（块）卵（碎）砂砾石层	fglQ$_3^2$	2.10～2.15	0.50～0.60	40～50	28～30	0	3.73×10⁻²～2.73×10⁻³	0.15～0.18	—	—
	①-a	卵砾石中粗砂（透镜状）		1.66～1.68	0.20～0.25	18～22	20～22	0				

层位	名称	代号	干密度 ρ_d (g/cm³)	允许承载力 R (MPa)	变形模量 E_0 (MPa)	抗剪强度 φ (°)	抗剪强度 c (kPa)	渗透系数 K (cm/s)	允许比降 $J_{允许}$	稳定坡比 水上	稳定坡比 水下
坡崩积层	块碎石土层	dlQ₄²	1.95~2.05	0.30~0.35	25~30	25~27	5	—	—	1:1.25	1:1.5
	块碎石层	colQ₄²	1.80~1.95	0.35~0.40	35~40	27~30	0	—	—	1:1.25	1:1.5

4. 长河坝水电站工程

（1）工程概况。长河坝水电站为大渡河干流水电规划22级开发方案的第10个梯级，枢纽建筑物主要包括砾（碎）石土心墙堆石坝、左岸地下引水发电系统、右岸地下泄洪建筑物，最大坝高240m。坝址河床覆盖层深厚，层次结构较复杂，大坝建基于河床覆盖层上。

（2）河床覆盖层土体物理力学参数取值。坝址区第四系松散堆积物主要有冲积堆积和崩坡积堆积等，河床覆盖层厚度60~70m，局部达79.3m。根据河床覆盖层成层结构特征和工程地质特性，自下而上（由老至新）可分为三层：

①层漂（块）卵（碎）砾石层（fglQ₃）：分布河床底部，厚度和顶面埋深变化较大，钻孔揭示厚度3.32~28.50m，顶面埋深32.50~65.95m。

②层含泥漂（块）卵（碎）砂砾石层（alQ₄¹）：钻孔揭示厚度5.84~54.49m，顶面埋深0~45.0m。在该层中上部有②－C砂层分布，厚度0.75~12.50m间，顶板埋深3.30~25.7m，为含泥（砾）中~粉细砂。

③层为漂（块）卵（碎）砾石层（alQ₄²）：厚度4.0~25.8m。

为了查明其物理力学特性及渗透与渗透变形特性，分层进行了165段/38孔动力触探试验、55段/13孔标准贯入试验、107点/9孔旁压试验、193组室内物理性质试验、22组力学性质试验、13组高压大三轴试验、7组现场原位载荷试验、4组现场原位剪切试验、9组现场渗透变形试验、51/25组钻孔抽（注）水试验等。

根据试验成果，类比有关工程经验和规程、规范要求，提出河床覆盖层土体物理力学指标建议值（见表7.71）。

表7.71　　　　　长河坝水电站河床覆盖层土体物理力学参数建议值

层位	名称	代号	天然密度 ρ (g/cm³)	干密度 ρ_d (g/cm³)	允许承载力 R (MPa)	变形模量 E_0 (MPa)	抗剪强度 φ (°)	抗剪强度 c (kPa)	渗透系数 K (cm/s)	允许比降 $J_{允许}$	稳定坡比 水上	稳定坡比 水下
③	漂（块）卵砾石	alQ₄²	2.14~2.22	2.10~2.18	0.50~0.60	35~40	30~32	0	5.0×10⁻²~2.0×10⁻¹	0.10~0.12（局部0.07）	1:1.25	1:1.5
②	②－C砂层	alQ₄¹	1.7~1.9	1.50~1.60	0.15~0.20	10~15	21~23	0	6.86×10⁻³	0.20~0.25	1:2	1:3

续表

层位	名称	代号	天然密度 ρ (g/cm³)	干密度 ρ_d (g/cm³)	允许承载力 R (MPa)	变形模量 E_0 (MPa)	抗剪强度 φ (°)	c (kPa)	渗透系数 K (cm/s)	允许比降 $J_{允许}$	稳定坡比 水上	水下
②	含泥漂（块）卵（碎）砂砾石	alQ₄¹	2.15~2.25	2.1~2.2	0.45~0.50	35~40	28~30	0	6.5×10⁻²~2.0×10⁻²	0.12~0.15	1:1.0	1:1.5
①	漂（块）卵（碎）砾石	fglQ₃	2.18~2.29	2.14~2.22	0.55~0.65	50~60	30~32	0	2.0×10⁻²~8.0×10⁻²	0.12~0.15（局部0.07）	—	—
崩坡积堆积体	块碎石土	col+dlQ₄²	2.0~2.1	1.95~2.05	0.30~0.35	25~30	25~27	10	—	—	1:1.25	1:1.5
	块碎石	colQ₄²	1.85~2.0	1.82~1.95	0.25~0.30	20~25	25~30	0	—	—	1:1.25	1:1.5

5. 黄金坪水电站工程

（1）工程概况。黄金坪水电站为大渡河干流水电规划 22 级开发方案的第 11 个梯级。工程主要任务为发电，坝址控制流域面积 56 942km²，多年平均流量 847m³/s。正常蓄水位 1476m，库容约 1.28 亿 m³，调节库容为约 0.045 亿 m³，具有日调节能力。电站采用混合式开发，工程枢纽由沥青混凝土心墙堆石坝、左岸溢洪道、泄洪洞、引水发电系统与大地下厂房、右岸引水发电系统与小地下厂房等组成，最大坝高 95.5m，左岸地下引水发电线路长 2.64~2.68km，装机容量 850MW，多年平均发电量为 38.61 亿 kW·h，已建成发电。

坝址河床覆盖层深厚，层次结构较复杂，大坝建基于河床覆盖层上。

（2）河床覆盖层土体物理力学参数取值。坝址呈较开阔的 U 形谷，坝址河谷两岸基岩裸露，为晋宁期—澄江期的斜长花岗岩（$\gamma_{02}^{(4)}$）、石英闪长岩（$\delta_{02}^{(3)}$）。左岸坡脚发育有Ⅰ级阶地、高漫滩，河床覆盖层厚度一般 56~130m，钻孔揭示最大厚度达 133.92m。根据河谷覆盖层成层结构特征和工程地质特性，自下而上（由老至新）可分为三层：

①层：漂（块）卵（碎）砾石夹砂土（fglQ₃），分布在河谷底部，厚 29.44~81.57m，顶面埋深 46.00~57.80m。

②层：漂（块）砂卵（碎）砾石层（alQ₄¹），厚 20.30~46.00m，顶面埋深 0~25.12m。在该层中部及顶部有②-a、②-b、②-c、②-d 等砂层分布，厚 2m~6m。该层局部有架空现象。

②-a 分布于左岸高漫滩及横Ⅰ、横Ⅳ线②层中下部。其中，左岸高漫滩砂层分布于横Ⅱ~横Ⅴ线之间，厚度 0.60~5.07m，顶板埋深 31.53~37.50m；其余横Ⅰ、横Ⅳ线上的②-a 砂层零散呈透镜状，厚度 0.60~3.21m，顶板埋深 24.05~39.65m。

②-b 分布于横Ⅱ线下游左岸Ⅰ级阶地②层中下部，厚度 2.09~6.24m，呈透镜状，顶板埋深 21.59~27.90m。

②-c 分布于横Ⅱ线下游左岸Ⅰ级阶地②层中部，厚度 2.63~8.96m，顶板埋深 12.00~

20.00m。

②-d 分布于左岸横Ⅱ~横Ⅴ线之间及下围堰左岸附近Ⅰ级阶地②层中上部。其中左岸横Ⅱ~横Ⅴ线之间的砂层，厚度 2.40~5.74m，顶板埋深 3.40~5.86m；下围堰左岸的砂层，厚度2.40m，顶板埋深9.30m。

此外，横Ⅰ线左岸Ⅰ级阶地②层地表也有砂层分布，厚度 2.50~6.00m。

③层：漂（块）砂卵砾石层（alQ$_4^2$），厚 13.00~25.12m，该层中部及顶部有砂层③-a、③-b 分布，③-a 厚度 0.50~8.40m，顶板埋深 0~24.19m；③-b 厚度 2.00~3.00m。该层局部有架空现象。

对河床覆盖层分层进行了 97 段/39 孔动力触探试验、49 段/21 孔标准贯入试验、85 组室内物理性试验，15 组室内力学全项试验、1 组现场原位剪切试验、4 组现场原位载荷试验、4 组现场渗透变形试验、79/13 组钻孔抽（注）水试验等。

根据试验成果，类比有关工程经验和规程、规范要求，提出河床覆盖层土体物理力学指标建议值（见表 7.72）。

表 7.72　　　　　黄金坪水电站河床覆盖层土体物理力学参数建议值

层位	名称	代号	天然密度 ρ (g/cm³)	干密度 ρ_d (g/cm³)	允许承载力 R (MPa)	变形模量 E_0 (MPa)	抗剪强度 φ (°)	抗剪强度 c (kPa)	渗透系数 K (cm/s)	允许比降 $J_{允许}$	稳定坡比 水上	稳定坡比 水下
③	漂（块）砂卵砾石层	alQ$_4^2$	2.14~2.22	2.10~2.18	0.50~0.55	40~45	30~32	0	5.26×10⁻²~2.01×10⁻¹	0.10~0.12（局部0.07）	1:1.25	1:1.5
③-a、③-b ②-a、②-b ②-c、②-d	砂层	alQ$_4^2$ alQ$_4^1$	1.7~1.9	1.50~1.60	0.12~0.15	10~15	18~20	0	6.86×10⁻³	0.20~0.25	1:2	1:3
②	漂（块）砂卵（碎）砾石层	alQ$_4^1$	2.15~2.25	2.1~2.2	0.50~0.55	40~45	30~32	0	4.44×10⁻²~7.4×10⁻²（局部4.44×10⁻³）	0.12~0.15（局部0.07）	1:1.25	1:1.5
①	漂（块）卵（碎）砾石夹砂土	fgl Q$_3$	2.18~2.29	2.14~2.22	0.55~0.60	45~50	32~35	0	2.24×10⁻²~9.83×10⁻²	0.12~0.15（局部0.07）	—	—
崩坡积堆积体	块碎石	colQ$_4$	1.85~2.0	1.82~1.95	0.25~0.30	20~25	25~30	0	—	—	1:1.25	
崩坡积堆积体	块碎石土	Col+dl Q$_4$	2.0~2.1	1.95~2.05	0.30~0.35	25~30	25~27	10	—	—	1:1.25	1:1.5

6. 泸定水电站工程

（1）工程概况。泸定水电站为大渡河干流水电规划 22 级开发方案的第 12 个梯级。工程主要任务为发电，坝址控制流域面积 58 943km²，多年平均流量 891m³/s。正常蓄水位

1378m，库容约 2.195 亿 m³，调节库容为约 0.219 亿 m³，具有日调节能力。枢纽建筑物主要由黏土心墙堆石坝、左右岸泄洪洞和右岸岸边式发电厂房等组成，最大坝高 79.5m。装机容量 920MW，多年平均发电量为 37.82 亿 kW·h，已建成发电。

坝址河床覆盖层深厚，层次结构复杂，大坝建基于河床覆盖层上。

（2）河床覆盖层土体物理力学参数取值。坝址区河谷较开阔，呈不对称宽 U 形，出露的基岩为前震旦系康定杂岩，两岸谷坡及坡脚尚分布有大面积崩坡积块碎石土。河床覆盖层深厚，层次结构复杂，一般厚度 120~130m，钻孔揭示最大厚度 148.6m，按其物质组成、结构、成因、形成时代和分布情况等，自下而上（由老至新）可划为四层七个亚层。

第①层：漂（块）卵（碎）砾石层。系晚更新世冰水堆积（fglQ₃），分布于坝址区河床底部。厚度 25.52~75.31m，顶板埋深 52.12~81.80m，局部有中~细砂透镜状。

第②层：系晚更新世晚期冰缘冻融泥石流、冲积混合堆积（prgl+alQ₃），主要分布于河床中下部及右岸谷坡。根据其物质组成及结构特征，可分为三个亚层。

②-1 亚层：漂（块）卵（碎）砾石层夹砂层透镜体，厚度 19.75~29.95m，顶板埋深 29.70~65.15m。粉细砂层透镜体厚 8.75m，顶板埋深 65.70m。

②-2 亚层：碎（卵）砾石土层。呈灰绿色或灰黄色，主要分布于河床及右岸。厚 8.20~79.45m，顶板埋深 1.85~68.20m。局部见砂层或粉土层透镜体。

②-3 亚层：粉细砂及粉土层，呈透镜状展布于河谷横Ⅵ线上游及横Ⅲ~横Ⅳ线的河床左侧。上游厚 7.80~35.30m，顶板埋深 31.70~43.60m；河床左侧厚 6.52~10.45m，顶板埋深 26.65~29.68m。可能与右岸浑水沟古冰缘泥石流堆积有关。

第③层：系全新世早中期冲、洪积堆积（al+plQ₄），按其物质组成分为两个亚层。

③-1 亚层：含漂（块）卵（碎）砾石层。展布于坝址右岸Ⅰ级阶地和河谷中部。厚度 5.00~39.36m，顶板埋深 0~25.50m。

在河床左岸该层有 2 个含泥角砾中粗砂透镜体，厚度分别为 3.43~11.79m，顶板埋深 11.00m，结构较密实。

③-2 亚层：砾质砂层，以中、粗砂为主。不连续分布于坝址右岸横Ⅱ~横Ⅲ线Ⅰ级阶地浅表部。厚度 2.94~8.30m。

第④层：漂卵砾石层系全新世现代河流冲积堆积（alQ₄）。分布于坝址区现代河床表部及漫滩地带，厚度 1.50~25.50m，局部见粉细砂层呈透镜状展布。结构较松散。

针对坝址区深厚河床覆盖层，完成 293 段/47 孔超重型动力触探试验、122 段/20 孔标准贯入试验、174 组室内物理性质试验、13 组室内力学性质试验、3 组高压大三轴试验、4 组现场原位载荷试验、3 组现场渗透试验、87 段钻孔抽（注）水试验、4 组振动三轴试验等。

根据各土层现场试验及室内试验成果，考虑到试验的代表性，按照有关规程、规范，并经工程类比，提出坝址区各土层物理力学参数地质建议值见表 7.73。

表 7.73　　　　　　　　　泸定水电站河床覆盖层土体物理力学参数建议值

层次	天然密度 ρ （g/cm³）	干密度 ρ_d （g/cm³）	变形模量 E_0 （MPa）	允许承载力 R （MPa）	抗剪强度		渗透系数 K （cm/s）	允许比降 $J_{允许}$	稳定坡比	
					φ （°）	C （kPa）			水上	水下
块碎石土 （col＋dlQ₄）	2.0～2.1	1.9～2.0	30～40	0.30～0.35	25～27	0	1×10^{-1}～5×10^{-2}	0.10～0.12 （架空0.07）	1:1.25～1:1.50	1:1.5～1:2.0
④漂卵砾石 （alQ₄）	2.15～2.25	2.0～2.1	50～60	0.50～0.55	28～30	0	1×10^{-1}～1×10^{-2}	0.10～0.12 （架空0.07）		
③-2、②-3粉细砂及粉土 （al＋plQ₄、prgl＋alQ₃）	1.6～1.7	1.4～1.6	18～22	0.12～0.16	15～18	0	1×10^{-3}～1×10^{-4}	0.25～0.36	1:2.0～1:2.5	1:3～1:3.5
③-1含漂（块）卵（碎）砾石土 （al＋plQ₄）	2.1～2.2	2.05～2.10	45～55	0.40～0.50	29～31	0	1×10^{-2}～5×10^{-3}	0.15～0.18	1:1.25～1:1.50	1:1.5～1:2.0
③-1层透镜体含泥角砾中粗砂	1.8～1.9	1.6～1.8	24～28	0.16～0.20	18～22	0	1×10^{-3}～1×10^{-4}	0.22～0.32	—	—
②-2碎（卵）砾石土 （prgl＋alQ₃）	2.05～2.15	2.00～2.05	40～50	0.35～0.45	26～28	0	1×10^{-3}～5×10^{-3}	0.20～0.25	1:1.25～1:1.5	1:1.5～1:2.0
①、②-1漂（块）卵（碎）砾石 （fglQ₃）	2.2～2.3	2.05～2.15	55～65	0.55～0.65	30～32	0	2×10^{-2}～4×10^{-2}	0.12～0.15	1:1.25～1:1.50	1:1.5～1:2.0

注　坡高大于 20m 应设马道。

7. 硬梁包水电站工程

（1）工程概况。硬梁包水电站为大渡河干流水电规划 22 级开发方案的第 13 个梯级电站，工程的开发任务以发电为主。坝址控制流域面积 59 516km²，多年平均流量 897m³/s。水库正常蓄水位 1246m，库容 2075.4 万 m³，调节库容 826 万 m³，具有日调节性能。采用低闸长引水式开发，由首部枢纽、引水系统和厂区枢纽等建筑物组成。挡水建筑物由左岸生态电站厂房坝段、泄洪冲砂闸和右岸的面板堆石坝构成，最大闸（坝）高 38m。电站装机容量 1116MW，其中首部生态电站装机 36MW，单独运行多年平均年发电量 48.03 亿 kW·h，与上游双江口水库联合运行多年平均年发电量 50.55 亿 kW·h。目前正施工在建。

坝址河床覆盖层深厚，层次结构复杂，闸（坝）建基于河床覆盖层上。

（2）河床覆盖层土体物理力学参数取值。闸（坝）址区出露地层为震旦系中统晋宁—澄江期灰白色花岗岩（γ_m^2）为主，局部相伴闪长岩分布，并穿插有辉绿岩脉，岩体坚硬，强度较高，为坚硬岩。由于时代较老，岩体受构造、蚀变作用较强。

闸（坝）址区覆盖层按成因主要有河床冲积、冰水沉积、崩坡积。钻孔揭示河床覆盖层最大厚度 129.7m，分布有两层连续性较好的堰塞沉积细粒土层，其余为粗粒类土层。

由老到新，从下至上大致可分为五层：即①、②、③、④、⑤层。①层冰水沉积含孤（漂）、块（卵）碎砾石层，厚度一般 40～60m，钻探揭示最大厚度 72.15m，埋深一般 100～120m；②层堰塞湖相沉积细粒土层，厚度一般 15～25m，钻探揭示最大 31.05m，最小 5.30m，顶板埋深一般 40～45m；③层冲积堆积含漂砂卵砾石层，厚度一般 15～20m，钻探揭示最大 35.20m，最小 7.10m，顶板埋深一般 20～25m；④层堰塞湖相沉积细粒土层，厚度一般 10～15m，钻探揭示最大 20.45m，最小 2.15m，顶板埋深一般 10～15m；⑤层现代冲洪积堆积含漂砂卵砾石层，厚度一般 10～15m。

①、③、⑤层总体为含漂砂卵砾石粗粒类土层，物质成分主要为花岗岩、闪长岩，有一定磨圆度，成因依次为冰水沉积、冲积、冲洪积。

②、④层为堰塞沉积细粒土层，②层又可细分为上部的中细砂层（②-2）和下部的粉土、粉质黏土层（②-1），④层以粉土、粉质黏土为主，含细砂、中细砂透镜体。

为评价闸（坝）基工程地质问题，查明各层物理力学特性，进行了大量室内、现场物理力学、水文地质试验研究。坝基土体完成 114 段/23 孔超重型动力触探试验、201 段/26 孔标准贯入试验、405 组室内物理性质试验、31 组室内力学性质试验、18 组三轴试验、7 组现场原位载荷试验、5 组现场原位剪切试验、6 组现场渗透试验、14/5 孔抽水试验、75/26 孔注水试验等。试验结果表明，①、③、⑤层具强透水性、较高抗剪强度、低压缩性土。而②、④层为弱～微渗透性，抗剪强度较低，属高压缩性土。根据各土层物理力学试验成果，经工程类比，提出各土层物理力学参数建议值见表 7.74。

表 7.74　　　　　　　　　硬梁包水电站覆盖层土体物理力学参数建议值

分层		天然密度 ρ（cm³）	干密度 ρ（g/cm³）	变形模量 E_0（MPa）	允许承载力 R（MPa）	抗剪强度（饱、固、快）φ（°）	抗剪强度 c（kPa）	渗透系数 K（cm/s）	允许比降 $J_{允许}$	稳定坡比 水上	稳定坡比 水下
块碎石土层 col+dlQ₄		2.00～2.15	1.90～2.05	30～40	0.30～0.35	25～27	0	1×10^{-2}～5×10^{-2}	0.10～0.12	1:1.5	1:1.75
块碎石层 col+dlQ₄		2.10～2.15	2.05～2.10	35～45	0.35～0.40	30～32	25～30	1×10^{-2}～5×10^{-2}	0.12～0.14	1:1.5	1:1.75
⑤层 al+plQ₄²		2.15～2.20	2.05～2.15	40～50	0.50～0.60	29～31	0	5×10^{-3}～1×10^{-2}	0.12～0.15	1:1.25 1:1.50	1:1.50 1:1.75
④层 lQ₄¹		1.60～1.70	1.40～1.55	10～15	0.15～0.20	16～18	10	2.0×10^{-6}～1×10^{-5}	0.50～0.60	1:2.0 1:2.5	1:3.0～1:3.5
③层 alQ₃³⁻²		2.20～2.25	2.10～2.20	50～60	0.55～0.65	30～32	0	1×10^{-3}～1.5×10^{-2}	0.15～0.18	1:1.25 1:1.50	1:1.50 1:1.75
②层	②-2 lQ₃³⁻¹	1.70～1.80	1.55～1.65	20～25	0.22～0.27	22～25	0	5×10^{-5}～1×10^{-4}	0.40～0.50	1:2.0 1:2.5	1:3.0～1:3.5
	②-1 lQ₃³⁻¹	1.60～1.70	1.50～1.60	12～18	0.20～0.25	18～20	10	5×10^{-6}～5×10^{-5}	0.50～0.60	1:2.0 1:2.5	1:3.0～1:3.5
①层 fglQ₃²		2.20～2.25	2.10～2.20	60～80	0.65～0.75	32～34	0	1×10^{-3}～1×10^{-2}	0.15～0.20	1:1.25 1:1.50	1:1.50 1:1.75

注　坡高大于 10m，应设护坡或马道。

8. 龙头石水电站工程

（1）工程概况。龙头石水电站为大渡河干流水电规划 22 级开发方案的第 15 个梯级工程。工程任务主要为发电，坝址处控制流域面积 63 040km²，多年平均流量约 1020m³/s。电站正常蓄水位 955m，库容 1.199 4 亿 m³，调节库容 0.167 亿 m³，具有日调节性能。工程枢纽由沥青混凝土心墙堆石坝、河床左侧地面厂房、左岸 3 条泄洪洞等组成，最大坝高 58.5m。电站装机容量 700MW，多年平均年发电量 31.18 亿 kW·h，已建成发电。

坝址河床覆盖层深厚，层次结构较复杂，大坝建基于河床覆盖层上。

（2）河床覆盖层土体物理力学参数取值。坝区出露岩石主要为澄江期粗粒花岗岩（γ_2^4）和细粒花岗岩（γ_L），并有后期侵入的少量各类基性脉岩。坝址分布有冲积、洪积、崩积及坡积等松散堆积物，河床覆盖层深厚，一般为 60～70m，钻孔揭示最大厚度 77m。按其物质组成，结构特征，自下而上分为三层：

Ⅰ层—含砂卵砾石层（alQ_3^3）：层厚 15～40m。层内自下而上有两个较大的砂层透镜体（Ⅰa、Ⅰb），均为含砾粗砂或中砂。

Ⅱ层—含砾中粗砂层（alQ_4^1）：层厚 2.04～15.65m，上叠于 Ⅰ 层之上，顶板埋深 12.65～35.80m。

Ⅲ层—漂（块）卵（碎）石层（alQ_4^2）：层厚 19～33m，结构疏松，透水性强。该层中自下而上夹有两层较大的砂层透镜体Ⅲa、Ⅲb。下部砂层Ⅲa 厚 1.34～4.13m，顶板埋深 11.90～26.40m，为微含粉粒的中粗砂；上部Ⅲb 砂层厚 4.67～6.62m，顶板埋深 0～18.05m，主要为卵砾质中粗砂，偶见有薄层细砂夹层。

对第Ⅲ、Ⅱ层开展了相应的物理力学性试验研究工作，共完成 3 组钻孔动力触探试验、98 段/13 孔标准贯入试验、127 组室内物理性质试验、18 组室内力学性质试验、3 组高压大三轴试验、3 组现场原位载荷试验、3 组现场渗透变形试验、87 段抽（注）水试验、13 组振动三轴试验等。

根据坝址河床覆盖层的工程地质特性，在室内和现场试验的基础上，结合已建工程经验类比分析，提出各层土体物理力学参数建议值，见表 7.75。

表 7.75　　　　　龙头石水电站坝址区河床覆盖层土体物理力学参数建议值

层位	名称	密度		承载及变形指标		抗剪强度		渗透及渗透变形指标		稳定坡比	
		天然密度 ρ (g/cm³)	干密度 ρ_d (g/cm³)	允许承载力 R (MPa)	变形模量 E_0 (MPa)	凝聚力 c (kPa)	内摩擦角 φ (°)	渗透系数 K (cm/s)	允许比降 $J_{允许}$	水上	水下
Ⅲ层	漂（块）卵（碎）石层	2.20～2.30	2.10～2.20	0.55～0.60	50～60	0	29～31	5.0×10⁻²～8.0×10⁻²＞2.0×10⁻¹（架空）	0.10～0.15 0.07（架空）	1:1.25～1:1.50	1:1.5～1:1.75

续表

层位	名称	密度		承载及变形指标		抗剪强度		渗透及渗透变形指标		稳定坡比	
		天然密度 ρ (g/cm³)	干密度 ρ_d (g/cm³)	允许承载力 R (MPa)	变形模量 E_0 (MPa)	凝聚力 c (kPa)	内摩擦角 φ (°)	渗透系数 K (cm/s)	允许比降 $J_{允许}$	水上	水下
Ⅲ层 Ⅱ层 Ⅰ层	Ⅲa、Ⅲb砂层透镜体 Ⅱ层含砾中粗砂层 Ⅰa、Ⅰb砂层透镜体	1.60~ 1.80	1.40~ 1.60	0.15~ 0.18	10~ 15	0	15~ 18	5.0×10^{-3}~ 2.0×10^{-2}	0.18~0.25	1:2.0~ 1:2.5	1:2.5~ 1:3.5
Ⅰ层	含砂卵砾石层	2.20~ 2.30	2.10~ 2.20	0.55~ 0.60	50~ 60	0	28~ 30	2.0×10^{-2}~ 5.0×10^{-2} >2.0×10^{-1} (架空)	0.12~0.18 0.07(架空)	—	—

9. 瀑布沟水电站工程

（1）工程概况。瀑布沟水电站为大渡河干流水电规划22级开发方案的第17个梯级。枢纽建筑物包括砾（碎）石土心墙堆石坝、左岸溢洪道、左岸深孔泄洪洞、左岸地下厂房、右岸放空隧洞及尼日河引水工程，最大坝高186m，已建成发电。

坝址河床覆盖层深厚，层次结构较复杂，大坝建基于河床覆盖层上。

（2）坝基河床覆盖层土体物理力学参数取值。坝址区河床覆盖层一般厚40~60m，深槽部位厚65~75m，自下而上划分为四层：①漂卵石层（Q_3^2）、②卵砾石层（Q_4^{1-1}）、③含漂卵石层夹砂层透镜体（Q_4^{1-2}）和④漂（块）卵石层（Q_4^2）。各大层中孤石多且局部具架空现象，地层透水性强，属强~极强透水。

第③大层下部砂层透镜体，平面上主要有两处，根据相对位置分为上游砂层透镜体和下游砂层透镜体，^{14}C年龄约0.7~1.0万年，其沉积时代为全新世早期。上游砂层位于左岸Ⅰ级阶地下部，最大厚度7.5m，顶面埋深40~48m；下游砂层位于右岸漫滩下部，最厚10.16m，顶面埋深一般26~40m。

坝基土体共完成84组/27孔钻孔标准贯入试验、216组室内物理性质试验、6组现场原位载荷试验、11组现场原位剪切试验、3组现场渗透变形试验、207段钻孔抽（注）水试验等。

第①层进行了23组物性及颗分试验、5组钻孔注水试验、1组现场渗透变形试验，第②层共进行了6组钻孔抽水试验、6组钻孔注水试验，第③层共进行了6组物性及颗分试验、9组钻孔抽水试验、2组钻孔注水试验、1组现场渗透变形试验、2组现场原位剪切试验、2组扰动样剪切试验、3组现场原位载荷试验，第④层共进行了9组物性及颗分试验、9组钻孔抽水试验、2组现场渗透变形试验、6组现场原位剪切试验、1组扰动样剪切试验、2组现场原位载荷试验。

针对第③层下部的砂层透镜体，上游砂层进行了41组物性及颗分试验、1组三轴剪切试验、37组钻孔标准贯入试验、3组跨孔试验、3组室内动三轴试验、1组动力变形试验,下游砂层进行了 69 组物性及颗分试验、1 组三轴剪切试验、47 组钻孔标准贯入试验、2 组跨孔试验、3 组室内动三轴试验、1 组动力变形试验。

覆盖层物理力学参数选取的总原则是以室内和现场试验为依据,根据覆盖层的工程地质条件,结合已建工程经验进行工程地质类比分析综合确定。取值方法土的物理性质参数以试验的算术平均值作为标准值;颗粒组成以平均线作为代表值;渗透系数以现场抽、注水试验的大值平均值作为标准值;抗剪强度指标 ϕ 值采用有效应力抗剪强度指标,以试验平均值或乘以 0.75～0.85 作为标准值;砂层允许承载力按标贯击数与承载力关系给出。瀑布沟水电站坝区河床覆盖层土体物理力学参数建议值见表 7.76。

10. 小天都水电站工程

(1) 工程概况。小天都水电站系大渡河右岸一级支流——瓦斯河干流梯级水电开发的第二级。上游距离龙洞水电站厂房约 700m,下接冷竹关水电站,为引水式电站。水库正常蓄水位 2157m,首部枢纽由泄洪闸、冲砂闸、排污道、取水口及左、右岸挡水坝组成,最大闸高 39m;右岸引水隧洞长 6131.967m;地下厂房位于右岸,装机容量 240MW,已建成发电。

闸址区河床覆盖层深厚,层次结构复杂,闸坝建基于河床覆盖层上。

(2) 闸基土体物理力学参数取值。闸址区基岩为晋宁～澄江期斜长花岗岩 [$\gamma_{O2}^{(4)}$] 夹少量辉绿岩脉 (βμ),河床覆盖层深厚,据勘探揭示最大厚度 96m。由下至上分为八层,其中闸基分布③～⑧层,第④层还可细分 2 小层。

③层:冰水堆积漂(块)卵(碎)石夹砂土 (fglQ$_3$),分布于河床底部,埋深 60.0～70.0m,厚度 5.0～38.0m,顶面高程 2060.0～2070.0m。

④层:湖相堆积细粒土 (lQ$_3$),该层分布于③层之上,连续,厚度变化大。下部为深灰色粉土(④-1 层),厚度 1.0～5.0m;上部为灰黄色粉土质砂(④-2 层),厚度 10.0～26.0m,砂以粉细砂为主。局部④-1 与④-2 层呈交互状。④层总厚度 6.83～31.00m,最小埋深 35.2m,顶面高程 2086.19～2090.00m。

⑤层:冰水堆积漂(块)卵(碎)石夹砂土 (fglQ$_3$),分布于河床中部,埋深 10.0～30.0m,厚度 10.0～30.0m,顶面高程 2095.00～2118.00m。顶面形态起伏较大。

⑥层:冲积堆积漂卵石夹砂 (alQ$_4$),分布于现代河床表部,厚度为 5.68～35.00m。该层分布连续、稳定,其顶面高程约 2120.00～2135.00m。层内夹含卵砾石中粗砂透镜体或卵(碎)砾石夹砂、卵石混合土,含粉粒土砾透镜体。其中含卵砾石中粗砂、中细砂层透镜体分布于河床左侧埋深 14.91～19.96m、22.00～23.01m、31.35～32.74m,河心埋深 15.70～20.50m,河床右岸坡脚(公路内侧)埋深 11.90～14.08m。

⑦层:为崩坡积孤块碎石土 (col+dlQ$_4$)。主要分布于坝前左岸及闸坝下游侧两岸缓坡地带。坝前左岸表层为孤块石,厚 5～20m,下部为孤块碎石土,厚度 15～25m;坝下游两岸缓坡地带表层为孤块碎石,厚约 5～18m,下部为块碎石土,厚度 10～25m。

⑧层:为崩积孤块碎石 (colQ$_4$)。主要分布于坝前左岸表层,分布高程为 2280m 以下。孤石最大粒径 6～8m,厚度 5～20m。

表7.76　瀑布沟水电站坝区河床覆盖层土体物理力学参数建议值

层次	地层名称	代号	天然状态基本物理性指标					颗粒曲线特征				力学性指标				渗透性指标		稳定坡比
			比重 G_s	湿密度 ρ (g/cm³)	干密度 ρ_d (g/cm³)	含水率 W (%)	孔隙比 e	不均匀系数 C_u	平均粒径 d_{50} (mm)	d_{15} (mm)	d_{85} (mm)	变形模量 E_0 (MPa)	允许承载力 R (MPa)	内摩擦角 φ (°)	泊桑比 μ	渗透系数 K (m/d)	允许比降 $J_{允}$	
④	漂(块)卵石层	Q_4^2	2.8	2.35	2.28	2.89	0.23	200	52.5	1.04	230.0	60~70	0.70~0.80	35~38	0.32	60~90 架空 140~540	0.10~0.13 架空 0.07	水上 1:10~1:1.25 水下 1:1.50~1:1.75
③	含漂卵石层	Q_4^{1-2}	2.78	2.24	2.17	2.87	0.28	38.5	24.0	2.55	170.0	60	0.60~0.70	35~37	0.35			
③	上游砂层透镜体	Q_4^{1-2}	2.71	2.04	1.69	20.61	0.62	4.76	0.22	0.077	0.44	20~25	0.20~0.25	29~31	0.29	—	0.30~0.40	—
③	下游砂层透镜体	Q_4^{1-2}	2.72	1.99	1.65	22.48	0.66	5.89	0.19	0.058	0.33	15~20	0.15	24~26	0.30	—	0.30~0.40	
②	卵砾石层	Q_4^{1-1}	2.70	2.15	2.03		—	—	—	—	—	50~60	0.60	32~35	0.35	40~70 架空>165	0.10~0.15 架空 0.07	水下 1:1.75~1:1.20
①	漂卵石层	Q_3^2	2.73	2.24	2.14	4.26	0.28	61.8	140	6.8	1000.0	60~65	0.70~0.80	36~38	0.35	80~100 架空>150		水上 1:0.75~1:1.10

河床覆盖层

注　取 C 值为 0。

320

表 7.77　小天都水电站闸址河床覆盖层土体物理力学参数建议值表

层号	土层代号	名称	含水率 W (%)	湿密度 ρ (g/cm³)	干密度 ρ_d (g/cm³)	比重 G_s	孔隙比 e	允许承载力 R (MPa)	压缩系数 a_v (MPa⁻¹)	压缩模量 E_s (MPa)	抗剪强度 $\tan\varphi$	抗剪强度 c (kPa)	渗透系数 K (cm/s)	渗透破坏类型	允许比降 $J_{允}$	稳定坡比 水上	稳定坡比 水下	备注
⑧	colQ	块碎石	—	—	—	—	—	0.4	—	—	0.53~0.60	0	—	管涌	—	1:1.5	1:2.0	—
⑦	col+dlQ	块碎石土	2.4~2.9	2.07~2.11	2.03~2.07	2.82~2.83	0.367~0.389	0.30~0.35	0.071~0.032	19.79~31.24	0.44~0.50	0	1.49×10^{-2}	管涌	0.12~0.17	1:1.5~1:1.7	1:2.0~1:2.5	—
⑥	alQ₄	漂卵石夹砂	1.9~3.8	2.15~2.36	2.07~2.31	2.81~2.84	0.225~0.362	0.45~0.54	0.0098~0.0170	40~50	0.50~0.55	0	4.06×10^{-2}	管涌	0.12~0.13	1:1	1:1.5	—
③⑤	fglQ₃	漂（块）卵（碎）石夹砂土	7.0~8.1	2.20~2.31	2.06~2.14	2.73~2.75	0.225~0.308	0.50~0.60	—	50~60	0.55~0.60	0	3.78×10^{-3}~4.2×10^{-2}	过渡型	0.30~0.35	1:1.0	1:1.5	—
④-2	lQ3-2	粉土质砂	13.9~24.3	1.80~2.09	1.56~1.78	2.70~2.74	0.517~0.737	0.10~0.15	0.11~0.23	7.25~14.39	0.32~0.35	0	3.55×10^{-4}~3.85×10^{-4}	流土	0.30~0.40	—	—	—
④-1	lQ3-1	粉土	18.18~31.9	1.88~2.05	1.49~1.70	2.70~2.75	0.600~0.884	0.10~0.12	0.25~0.37	5.02~6.73	0.20~0.25	10	7.65×10^{-4}~1.12×10^{-6}	流土	—	—	—	—

工程岩土体物理力学参数分析与取值研究

对闸区④、⑤、⑥、⑦层进行了相应的物理力学性试验，完成 80 组钻孔动力触探测试、80 组钻孔标准贯入试验、89 组室内物性试验、16 组室内力学试验、2 组振动三轴试验、2 组现场原位载荷试验、2 组现场渗透变形试验等。根据上述试验成果，并类比有关工程实践经验，提出闸址区河床覆盖层土体物理力学参数建议值见表 7.77。

11. 冶勒水电站工程

（1）工程概况。冶勒水电站系大渡河右岸一级支流——南桠河流域梯级开发的龙头水库工程，工程兴建的主要任务是发电。坝址控制流域面积 323km²，多年平均流量 14.5m³/s。正常蓄水位 2650m，库容 2.98 亿 m³，调节库容 2.76 亿 m³，具有多年调节性能。电站采用混合式开发，首部枢纽建筑物包括沥青混凝土心墙堆石坝、左岸取水口、泄洪洞、防空洞等，最大坝高 124.5m，左岸引水隧洞长 7.13km，地下厂房装机容量 240MW，年发电量 5.88 亿 kW·h，已建成发电。

坝址区河床覆盖层深厚，层次结构复杂，大坝建基于覆盖层上。

（2）坝基河床覆盖层土体物理力学参数取值。坝址位于冶勒盆地边缘的两岔河口（石灰窑河与勒丫河汇合处）下游约 1.5km 的峡谷河段，晋宁期石英闪长岩（δ_{o2}）出露于坝址左岸等盆地边缘及深埋于盆地底部。下更新统昔格达组粉细砂岩（Q_{1x}）零星出露于盆地边缘或深埋于盆地底部，具半成岩特征。右岸及河床下部由中、上更新统卵砾石层、粉质壤土及块碎石土组成五大层（$Q_2 \sim Q_3^2$），为一套冰水—河湖相沉积层，厚约 500 余米，具有不同程度的泥钙质胶结和超固结压密特征。上更新统—全新统松散堆积层有冰水堆积层、冲积层、洪积层及崩坡积层等，冰水堆积层以黄褐色卵砾石土组成Ⅲ～Ⅳ级阶地；全新统冲积堆积砂卵砾石（alQ_4）分布于Ⅰ、Ⅱ级阶地、漫滩、河床；洪积层常见于冲沟出口处，由泥块碎石和泥砾组成。

中、上更新统卵砾石层、粉质壤土层及块碎石土夹黄色硬质土层（$Q_2 \sim Q_3$）系坝址区内第四系主要地层（见表 7.78），据孢粉、^{14}C 和热释光等测龄资料，其沉积时代距今约 60 万～3.2 万年。根据其沉积韵律、岩性变化及工程地质特征自下而上可划分为五大层，总体产状以走向 N20°～65°E、倾角 5°～12°向 SE 方向缓倾斜。

表 7.78　　　　冶勒水电站坝址河床覆盖层特征表

层位	代号	名称	厚度	基本特征
第五层	Q_3^{2-3} V	粉质壤土、粉质壤土夹炭化植物碎屑层	约 90～107m	是一套以湖沼相为主的冰水—河湖相沉积层，与下伏巨厚卵砾石层呈整合接触。粉质壤土单层厚度一般约 15～20m，最厚达 30 余米，青灰、浅灰、浅黄色薄层状，层纹清晰，遇水易软化，其间夹数层厚约 5～15cm 的炭化植物碎屑层。层内夹 3～8 层砾石层，具有单层厚度 0.8～5.0m、粒度小、胶结程度相对较差的特点
第四层	Q_3^{2-2} Ⅳ	弱胶结卵砾石层	65～85m	厚～巨厚层状，单层厚度一般 2～10m，层间夹数层透镜状粉砂层或厚约 0.2～3.0m 粉质砂壤土，具冰水河湖相沉积特征。地貌上多形成陡壁，存在溶蚀现象

322

续表

层位	代号	名称	厚度	基本特征
第三层	Q_3^{2-1}Ⅲ	卵砾石层与粉质壤土互层	46～154m 不等	系湖沼相为主的河湖相沉积层。粉质壤土呈青灰、浅灰色包层状,其间夹数层炭化植物碎屑或粉质砂壤土、含粉质壤土透镜体,具超固结微胶结特征,其沉积韵律性和厚度均有由盆地边缘向盆地中心逐渐增多、增厚的变化趋势。其中,具有一定分布范围的粉质壤土夹炭化植物碎屑层或含砾粉质壤土有四小层(自上而下分别为Ⅲ$_a$、Ⅲ$_b$、Ⅲ$_c$、Ⅲ$_d$),其厚度分别为7～15m、0.7～22.0m、0～22m、0～24m
第二层	Q_3^1Ⅱ	褐黄、灰黄、灰绿色块碎石土夹硬质土层	一般为31～54m,薄者仅10～22m	系冰川(水)堰塞堆积物,物质主要来源于三岔河古冰川谷。层中夹数层褐黄色硬黏性土略显层理,单层厚一般在1.5～3.5m,最厚5.5～9.1m。该层主要分布在坝址左岸、下游河谷两侧及三岔河沟内,深埋于坝址及上游和盆地内,具有盆地边缘向中心倾覆、且厚度逐渐减薄以至尖灭的趋势。在坝址靠盆地左岸边缘一带,偶有古坡崩积黄色泥块碎石层穿插其中
第一层	Q_2^2Ⅰ	弱胶结卵砾石层	最大>100m,盆地边缘仅厚15～35m	以厚层卵砾石为主,偶夹薄层状粉砂层,属冰水河湖相堆积层。该层深埋于盆地及河谷之底部。据钻孔揭示,在坝址区靠近盆地边缘之河谷一带,该层底部有一深灰—浅黄色碎石土夹黏性土层(Q_2^1),直接覆盖于石英闪长岩体之上,厚度28～36m不等

坝区土体完成 17 组钻孔标准贯入试验、375 组室内物理性质试验、8 组电镜扫描和 X 衍射分析、7 组化学成分分析、138 组室内力学性质试验、11 组振动三轴试验、12 组现场原位载荷试验、24 组现场原位剪切试验、15 组现场渗透变形试验、309 段/65 孔抽(注、压)水试验、647 点/1 组现场跨孔波速测试等。

根据土体的颗粒组成可以分为粗、细粒类土两大类。粗粒类土以砾石为主,其含量占 43%～63%,不均匀系数 178.57～828.60,累积曲线基本上呈含砂率少的低缓坡型;细粒类土以粉粒含量为主,占 50%～63%,不均匀系数 8.3～15.0,属级配良好的粉土。

细粒类土采取了 X 射线衍射、差热分析、扫描电镜与能谱测定等分析成果表明,细粒类土土质均匀,孔隙小,结构密实,曾受到先期固结压力作用,属良好的天然地基土。

土体主要物理力学参数取值方法如下:

1)坝址这种承受过较高的先期固结压力的超固结压密土体,其表部压缩模量值是通过原位载荷试验,以比例极限对应的沉降量为基准,按布氏理论计算确定的。根据太沙基、弗洛林、雅罗申柯等研究,土体的压缩模量具有随埋深增加、围压增大而增大的规律性,故对于 3～5m 深度以下的土体可适当的提高压缩模量值,建议按提高 1.5 倍表部压缩模量计。

2)根据抗剪强度试验结果,建议第三层之青灰色粉质壤土按现场剪切试验取值;第二层块碎石土及黄色硬质黏性土中黏土矿物含有蒙脱石,按现场试验值乘以 0.9 的折减系数作为长期强度值;第三、四层卵砾石层的抗剪指标是以三轴试验成果为基础,以现场试验值作参考,结合地质情况进行工程类比确定。

3)考虑到卵砾石层的渗透不均一性,建议坝址各弱透水层 K 值采用其大值平均值。

鉴于坝址各层具有不同程度的泥钙质胶结和超固结压密特征,抗渗强度较高,临界比降和破坏比降值均超过一般同类的非超压密土,考虑到其胶结程度的不均一性,其允许比降值系按破坏比降的 1/2～1/3 选取。

综合各层土体物理力学特性,提出坝址各层土体物理力学参数建议值,见表 7.79。

表 7.79　冶勒水电站坝址区覆盖层土体物理力学参数建议值表

层位			物理性质指标					颗粒大小组成（mm）							小于5mm含量 P_5（%）	颗粒曲线特征				塑性指标		
			天然含水率 W（%）	天然密度 ρ（g/cm³）	干密度 ρ_d（g/cm³）	比重 G_s	孔隙比 e	漂(块)石 >200（%）	卵(碎)石 200~60（%）	砾粒 60~20（%）	砾粒 20~2（%）	砂粒 2~0.05（%）	粉粒 0.05~0.005（%）	黏粒 <0.005（%）		平均粒径 d_{50}（mm）	不均匀系数 C_u	曲率系数 C_c	颗粒大小组成分类	液限 W_L（%）	塑限 W_P（%）	塑性指数 I_p
层序	代号	名称																				
冲积层	alQ₄	漂卵石层	5.90	2.25	2.13	2.82	0.32	7.77	25.15	28.48	24.24	12.37	1.55	0.44	18.6	32.00	50.0	3.858	微含粉质土砾（GP—M）	—	—	—
坡积层	dlQ₄	碎石土	16.74	2.27	1.94	2.85	0.47	1.91	25.06	26.14	20.62	17.20	6.69	2.38	31.19	25.00	740.0	10.946	卵石及碎石土（CBP）	—	—	—
第五层	Q₃²⁻³ V	粉质壤土	20.00	2.00	1.67	2.74	0.64	—	—	—	—	25.1	61.60	13.30	100	0.026	8.30	—	—	31.70	18.0	13.7
第四层	Q₃²⁻¹ IV	卵砾石	11.23	2.35	2.11	2.77	0.31	1.07	15.23	29.97	33.15	13.99	4.65	1.94	26.91	18.00	178.5	18.983	微含粉质土砾（GP—M）	—	—	—
第三层	Q₃²⁻¹ III	卵砾石	9.94	2.42	2.20	2.77	0.26	0.59	12.87	33.33	28.96	16.88	6.17	1.27	31.23	17.00	300.0	8.333	微含粉质土砾（GP—M）	—	—	—
		粉质壤土	14.86	2.05	1.78	2.75	0.54	—	—	—	—	20.00	63.00	17.00	100	0.022	11.5	—	—	32.15	19.4	12.75
第二层	Q₃¹ II	碎石土	12.53	2.52	2.24	2.83	0.26	5.30	18.87	22.81	20.78	20.96	8.11	3.17	36.32	15.50	828.6	2.217	微含粉质土砾（GP—M）	—	—	—
		粉质壤土	11.50	2.17	1.88	2.73	0.48	—	—	—	—	27.00	50.00	23.00	100	0.018	15.0	—	—	32.61	19.0	13.61
第一层	Q₃²I	卵砾石	—	—	—	—	—	—	—	—	—	—	—	—	—	—	—	—	—	—	—	—

续表

层序	代号	名称	渗透系数 K (cm/s)	允许比降 ($J_{允许}$)	允许承载力 R (MPa)	变形模量 E_0 (MPa) 表部(深度≤3m)	变形模量 E_0 (MPa) 深部(深度>3m)	压缩系数 a_v (MPa⁻¹) 0.8~1.6	压缩模量 E_s (MPa) 0.8~1.6	不固结不排水剪 凝聚力 c_u(kPa)	不固结不排水剪 内摩擦角 φ_u(°)	固结不排水剪 凝聚力 c(kPa)	固结不排水剪 内摩擦角 Φ(°)	固结排水剪 凝聚力 c'(kPa)	固结排水剪 内摩擦角 φ'(°)	R_f	八个参数 K	n	D	G	F	稳定坡比 水上	稳定坡比 水下	临时
冲积层	aQ_4	漂卵砾石层	(4.60~8.05)×10⁻²	0.1~0.15	0.6~0.8	60~70	—	—	—	0	31	0	33	0	35	0.59	600~700	0.8	2.9	0.2	0.08	1:1.4	1:1.6	1:1.0
坡积层	dlQ_4	碎石土	1.15×10⁻⁴	0.3~0.5	0.5~0.6	50~55	—	0.029	50	25	28	20	30	20	32	0.68	500~550	0.59	1.32	0.31	0.025	1:1.4	1:1.6	1:1.0
第五层	Q_3^{2-3}Ⅴ	粉质壤土	15.0×10⁻⁵~3.0×10⁻⁶	4~5	0.6~0.8	45~50	—	0.036	45	75	30	60	32	60	34	0.65	450~500	0.4	2.71	0.358	0.128	1:1.3	1:1.45	1:0.9~1:1.0
第四层	Q_3^{2-2}Ⅳ	卵砾石	5.75×10⁻³~1.15×10⁻²	1.0~1.1	1.0~1.2	120~130	150~180	0.009	150	75	35	60	37	60	39	0.59	1300~1500	0.65	2.97	0.38	-0.035	1:1.0	1:1.2	1:0.70~1:0.75
第三层	Q_3^{2-1}Ⅲ	卵砾石	(3.45~9.20)×10⁻³	1.1~1.6	1.3~1.5	130~140	195~210	0.006	200	90	36	70	38	70	40	0.75	1750~1950	0.45	4.64	0.30	-0.040	1:1.0	1:1.2	1:0.70~1:0.75
		粉质壤土	(1.15~6.90)×10⁻⁶	6.1~7.1	0.8~1.0	65~70	100~105	0.015	100	150	32	120	34	120	36	0.758	900~1000	0.417	5.23	0.299	0.118	1:1.25	1:1.4	1:0.75~1:0.85
第二层	Q_3^1Ⅱ	碎石土	(2.30~3.45)×10⁻⁵	3.8~4.8	1.0~1.2	90~100	135~150	0.009	135	75	34	60	36	60	38	0.68	1150~1350	0.50	1.32	0.36	-0.026	1:1.0	1:1.3	1:0.75~1:0.85
		粉质壤土	15.00×10⁻⁶~1.15×10⁻⁷	10.4	0.7~0.9	55~65	85~95	0.017	85	150	31	120	33	120	35	0.757	750~850	0.405	6.25	0.329	0.124	1:1.25	1:1.4	1:0.75~1:0.85
第一层	Q_2^1Ⅰ	卵砾石	(1.15~5.75)×10⁻³	1.1~1.6	1.3~1.5	130~140	195~210	0.006	200	90	36	70	38	70	40	0.65	1750~1950	0.63	1.83	0.25	-0.023			

注
1. 表中各层物理性指标及颗粒级配均系本工程试验成果汇总，按其平均值给出的。
2. 各层渗透系数K值系现场抽水、扬水、渗水试验和室内渗透试验成果汇总，按大值范围值给出的。
3. 第二、三、四层允许比降值系现场注水试验及室内原状土样渗透变形试验成果按破坏比降的1/2~1/3进行选取的，其余各层允许比降按工程类比给出的。
4. 第二、三、四层允许承载力系现场载荷试验按其比例界限荷载值确定的，其余为工程类比值。

7.4.4 岷江流域

1. 福堂水电站工程

（1）工程概况。福堂水电站位于岷江干流上，主要任务为发电。闸址控制流域面积 19 111km²，多年平均流量 345m³/s。水库正常蓄水位 1268.60m，库容 297 万 m³，调节库容为 220 万 m³，具有日调节性能。电站采用低闸引水式开发，由首部枢纽、左岸引水系统和地面厂房组成，拦河闸坝为混凝土重力坝，最大闸高 31m，左岸引水隧洞长 19.23km，电站装机容量 360MW，年发电量 22.7 亿 kW·h，已建成发电。

闸址河床覆盖层深厚，层次结构复杂，闸坝建基于河床覆盖层上。

（2）河床覆盖层土体物理力学参数取值。闸坝区分布晋宁—澄江期灰白色中—细粒花岗岩，右岸高程 1286m、左岸高程 1305m 以上基岩裸露，坡度大于 60°；以下为崩坡积堆积，坡度 30°～40°。闸坝河床覆盖层厚度一般为 34～80m，左岸河槽深达 92.5m，按其结构、组成成分不同可分为五层（见表 7.80）。

表 7.80   **福堂水电站闸址河床覆盖层特征表**

层位与代号	名称	厚度	基本特征
alQ₄⑤	漂卵石层	6～11m	系漫滩及现代河床冲积层，分布在高漫滩及河床表部，充填灰色中细砂
lQ₄④	含粉质土砂及含砂粉质土层	2.0～3.5m	浅灰黄色，系堰塞湖相沉积物，分布于河床上部，顶面高程 1241.55～1244.95m。此层纵横向厚度及颗粒相变较大
alQ₄③	漂卵石层	20～25m	属现代河床冲积层，分布于河床中上部，顶面高程 1238.85～1243.85m。充填灰黄色粉质砂土及中细砂，该层结构不均一，局部有架空现象，并在不同部位和不同深度有透镜状砂层分布
lQ₄②	粉质土砂及粉质土层	6.75～11.00m，局部较薄或尖灭	浅灰黄色，系堰塞湖相沉积物，分布于河床中部，埋深较大，顶面高程 1217.85～1220.38m，距闸底板 19.00～21.50m。该层厚度在纵横方向上有较大变化，闸轴线横河方向上河床中间厚度较大，向两侧减薄，纵向上下游厚度逐渐变薄，基本铺满整个河谷
al+plQ₃①	块（漂）碎（卵）石层	25～50m	分布于河床底部，顶面高程 1209.16～1213.76m，厚度 3.20m，顶板埋深 28.00m

闸址区河床第一、三、五层同属粗粒土，第二、四层颗粒相对较细，重点对闸基第二层以上的土体开展了试验研究，完成 3 组现场原位载荷试验、3 组现场渗透试验、3 组现场渗透变形试验、5 组钻孔抽水试验等。

根据闸址覆盖层的工程地质特性、试验研究和工程类比，闸址覆盖层物理力学参数建议值见表 7.81。第⑤、③、①层漂卵石层，具备一定强度，但土体内结构松散，均一性差，局部架空，中等～强透水，局部极强透水，抗渗性能差；④层砂厚度一般 2.0～3.5m，局部 0.17m，以细砂、极细砂为主，按现行规范判别Ⅶ和Ⅷ地震烈度条件下为液化砂，且砂强度和承载性能低，但埋深浅，应予以挖除。

表 7.81　福堂水电站闸址覆盖层土体物理力学参数建议值表

层位	名称	物理性指标 W(%)	ρ (g/cm³)	ρ_d (g/cm³)	c	渗透系数 K (cm/s)	允许比降 J_允评	压缩模量 E_s (MPa)	允许承载力 R (MPa)	抗剪强度 φ (°)	c (kPa)	稳定坡比 永久 水上	永久 水下	临时 水上	临时 水下	备注
⑥	崩坡积块碎石土 col+dlQ₄	—	—	—	—	5.79×10^{-2}~8.10×10^{-2}	0.10~0.12 (架空 0.07)	30~40	0.30~0.40	23~25	0	1:1.5	1:1.75	1:1.25	1:1.5	⑤层 K>1.16×10^{-1}cm/s 占 5.9%
	冲积漂卵石层 aIQ₄	5.0	2.3	2.2	0.3	3.47×10^{-2}~9.26×10^{-2}	0.10~0.12 (架空 0.07)	55~65	0.50~0.60	30~31	0	1:1.25	1:1.5	1:1.0	1:1.25	
⑤	堰塞湖积含粉质土砂及含砂粉质土 IQ₄	30	1.88	1.45	0.94	1.16×10^{-3}~2.30×10^{-3}	0.20~0.25	10~13	0.12~0.15	18~20	0	1:2.0	1:2.5~1:3.0	—	—	
③	冲积漂卵石层 aIQ₄	5.0	2.3	2.2	0.3	—	0.12~0.15 (架空 0.07)	55~65	0.50~0.60	30~31	0	1:1.25	1:1.5	1:1.0	1:1.25	③层 K>1.16×10^{-1}cm/s 占 20%
	堰塞湖积粉质砂土 IQ₄	22	2.07	1.7	0.8	1.16×10^{-3}~3.38×10^{-5}	0.25~0.30	10~13	0.12~0.15	18~20	0	1:2.0	1:2.5~1:3.0	—	—	
②	冲积含卵砾石中细砂 IQ₄	—	—	—	—	4.05×10^{-3}~2.31×10^{-2}	0.12~0.15	13~15	0.15~0.20	20~22	0	1:1.75~1:2.00	1:2.0~1:2.5	1:1.5	1:1.75~1:2.00	
①	冲洪积含块(漂)碎(卵)石层 al+plQ₃	—	—	—	—	2.89×10^{-2}~5.79×10^{-2}	0.12~0.15 (架空 0.07)	40~50	0.35~0.45	27~29	0	1:1.25	1:1.75~1:1.50	1:1.0	1:1.25	①层 K>1.16×10^{-1}cm/s 占 3%

2. 太平驿水电站工程

（1）工程概况。太平驿水电站位于岷江干流上，上游为福堂水电站，下游为映秀湾水电站，主要任务为发电。闸址控制流域面积 19 200km²，多年平均流量 353m³/s。水库正常蓄水位 1081.00m，库容 95.57 万 m³，调节库容 54 万 m³，具有日调节性能。电站采用低闸引水式开发，由首部枢纽、左岸引水隧洞和地下厂房组成，首部枢纽包括拦河闸坝（冲沙闸、泄洪闸）、漂木道、取水口及引渠闸，最大闸高 29.10m，左岸引水隧洞长 10.496km，装机容量 260MW，年发电量 16.87 亿 kW·h，已建成发电。

闸址河床覆盖层深厚，层次结构较复杂，闸坝建基于河床覆盖层上。

（2）河床覆盖层土体物理力学参数取值。闸址区出露晋宁—澄江期黑云母花岗岩，河床覆盖层厚 50～86m，按其组成物和成层结构特征分为五层（见表 7.82）。

表 7.82　　　　　　　　　太平驿水电站闸址河床覆盖层特征表

层位与代号	名称	厚度	基本特征
V层	漂卵石夹块碎石层	<6.5m	为现代河床及漫滩堆积层
IV层	含巨漂的漂卵石夹碎石层	18m	为 I 级阶地冲洪积物，层内 1065～1060m 高程一带有 3 个砂层夹层分布，厚度 1.0～3.0m
III层	块碎石土、砂层及漂卵石夹砂互层	18～45m	为 II 级阶地堆积物，黄色或灰黄色，粗、细粒土相互叠置成层，具层状土特征，层内小层有相互过渡、递变及尖灭现象，铺满整个河谷。1040～1060m 高程一带有 6 个砂层夹层分布，单层厚度 1.0～8.0m 不等
II层	块碎石层	<22m	分布于河床下部
I层	漂卵石夹块碎石层	<37.5m	分布于河床底部

对闸区土体进行了相应的物理力学性试验，完成 13 组钻孔标准贯入试验、31 组室内物性试验、1 组振动三轴试验、2 组现场原位剪切试验、1 组现场渗透变形试验等。根据勘探与试验研究，深部 I、II 层总厚度小于 60m，为强—极强透水，上部 III、IV 层土体结构相对较密实，为弱透水。

根据试验成果，结合已建工程经验类比，并在施工详图设计阶段补充开展颗粒分析、容重试验和现场大型渗透试验的基础上，提出闸址区覆盖层土体的物理力学参数建议值见表 7.83。

表 7.83　　　　　　　太平驿水电站闸址区覆盖层土体物理力学参数建议值表

层位	名称	厚度 (m)	密度		承载及变形指标		抗剪强度		渗透及渗透变形指标		稳定坡比	
			天然密度 ρ (g/cm³)	干密度 ρ_d (g/cm³)	允许承载力 R (MPa)	变形模量 E_0 (MPa)	凝聚力 c (kPa)	内摩擦角 φ (°)	渗透系数 K (cm/s)	允许比降 $J_{允许}$	水上	水下
坡洪积	块碎石	0～10	2.265 6～2.275	2.097～2.128	0.29～0.39	29	0	27	—	—	1:1～1:1.15	—

层位	名称	厚度 (m)	密度		承载及变形指标		抗剪强度		渗透及渗透变形指标		稳定坡比	
			天然密度 ρ (g/cm³)	干密度 ρ_d (g/cm³)	允许承载力 R (MPa)	变形模量 E_0 (MPa)	凝聚力 c (kPa)	内摩擦角 φ (°)	渗透系数 K (cm/s)	允许比降 $J_{允许}$	水上	水下
冲积 V	漂卵石夹块碎石层	<6.5	2.197	2.059	0.49~0.69	49~59	0	27~29	1.2×10^{-2}~2.3×10^{-3} (局部架空 5.8×10^{-2}~1.2×10^{-1})	0.15	1:1	1:1.5
冲积 IV	含巨漂的漂卵石夹碎石层	18	2.197	2.059	0.49~0.69	49~59	0	27~29	5.8×10^{-3}~1.0×10^{-2} (局部架空 5.8×10^{-2}~1.2×10^{-1})	0.30~0.35	1:1	1:1.5
	砂层透镜体	1~3	1.432~1.579	1.363~1.481	0.15~0.2	10~13	0	22~23	1.2×10^{-3}~2.3×10^{-3}	0.20~0.30	1:2	1:3~1:4
冲积 III	块碎石、砂层及漂卵石夹砂互层	18~45	2.206~2.305	2.157~2.256	0.39	29	0	27~28	3.5×10^{-4}~4.6×10^{-3}，局部架空 3.0×10^{-2}	1.10~1.30	1:1	1:1.15~1:20
	砂层透镜体	1~8	1.746~1.765	1.314~1.461	0.15~0.20	10~13	0	22~23	1.2×10^{-3}~2.3×10^{-3}	0.30	1:2	1:3~1:4
冲积 II	块碎石层	<22	—	—	0.49	29~39	0	29	1.2×10^{-1}~2.3×10^{-1}，局部架空 5.8×10^{-1}	0.07	—	—
冲积 I	漂卵石夹块碎石层	<37.5	—	—	0.49~0.69	49~59	0	29~31	5.8×10^{-2}~1.2×10^{-1}，局部架空 5.8×10^{-1}	0.10~0.20，局部架空 0.07	—	—

3. 映秀湾水电站工程

（1）工程概况。映秀湾水电站位于岷江干流上，上游为太平驿水电站，下游为紫坪铺水利枢纽。工程主要任务为发电。闸址控制流域面积 20 043km²，多年平均流量 381m³/s。水库正常蓄水位 945.00m，库容 93 万 m³，调节库容 12 万 m³，具有日调节性能。电站包括首部枢纽、左岸引水建筑物和地下厂房等，首部枢纽由混凝土拦河闸、漂木道、右岸黏土心墙堆石坝、左岸取水口等组成，最大闸高 21.4m，沿左岸引水至地下厂房发电，引水隧洞长 13.824km。装机容量 135MW，多年平均年发电量 7.13 亿 kW·h，已建成发电。

闸址河床覆盖层深厚，层次结构较复杂，闸坝建基于河床覆盖层上。

（2）河床覆盖层土体物理力学参数取值。闸址区分布晋宁—澄江期黑云母花岗岩，I 级阶地广布，河床覆盖层厚 40~62m，按其组成物质和成层结构特征分为七层（见表 7.84）。

表 7.84　　　　　　　　　　映秀湾水电站闸址河床覆盖层特征表

成因与代号	层位	名称	厚度	基本特征
现代河床冲积层（alQ$_4^2$）	第⑦层	漂卵石层	3～6m	分布于现河床中，粒径 3～30cm，大者 1～2m，较松散
I 级阶地冲积层（dQ$_4^1$）	第⑥层	砂层	0.2～1.5m	为灰色中粗砂及砂壤土，分布于 I 级阶地的表面
	第⑤层	漂卵石层	4～6m	粒径 3～35cm，大者 1.0～2.5m，充填物为中粗砂和中细砂，在老上围堰一带，架空结构集中，架空结构的形态特征有孔穴型、凸镜体型
II 级阶地冲积层（alQ$_3^2$）	第④层	砂层	2.0～9.7m	黄褐色～灰色，以细砂、粉砂为主，顶板高程 942～932m，向老上围堰过渡为薄层卵砾石质砂夹漂卵石，在右岸阶地内缘与下砂层合并，在河床受侵蚀多缺失
	第③层	漂卵石层	3～8m	顶板高程 929.2～934.5m，一般粒径 5～20cm，大者 1～2m，充填物左侧为细粉砂，右侧为中细砂
	第②层	砂层	7m	黄褐色、灰色，以细砂、粉砂和轻砂壤土为主，顶板高程 921.9～927.0m，在闸区的上下游及河床左侧多过渡至卵砾石砂。该层内有淤泥质（或粉质）壤土分布，顶板高程为 916～918.5m，厚 0.30～2.65m，其分布不稳定，且不连续
III 级阶地冰水沉积（fglQ$_3^1$）	第①层	漂卵石层	15～26m	埋藏于谷底，一般粒径 5～40cm，大者 8～14m，成分为花岗岩、闪长岩等，充填物以中细砂为主，其结构不均一

　　闸址区内河床堆积层为漂卵石和砂层（包括卵砾质砂）相间组成，①层具中等一强透水性，③、⑤、⑦层为强透水，但②、④砂层（或砾质砂）渗透性较小，具有一定的相对隔水作用，在①、③层中均发现有承压水存在。结合渗透试验资料认为，①、③层在老上围堰线～中间线，即上闸线一带结构比较密实，渗透性较小，对上游强烈渗透带起了一定的阻隔作用，故造成了其上游的承压水位高出河水位，且水力比降较大，观其动态与河水紧密相关，补给来源主要为河水，其排泄处推测在下游深潭一带。

　　根据部分试验工作和工程类比，各层的物理力学参数建议值见表 7.85。

　　4. 紫坪铺水利枢纽工程

　　（1）工程概况。紫坪铺水利枢纽工程位于岷江干流上，上接映秀湾水电站，工程开发任务以灌溉、供水为主，兼有发电、防洪、环境保护、旅游等综合效益。枢纽区水工建筑物包括钢筋混凝土面板堆石坝、坝后右岸地面厂房、右岸开敞式溢洪道、引水发电隧洞、泄洪排砂隧洞等，最大坝高 156m，已建成发电。

　　坝址河床覆盖层较薄，面板趾板、垫层区、过渡区及部分主堆石区建基于基岩上，坝轴线上游 100m 起至下游的堆石体建基于河床覆盖层上。

　　（2）河床覆盖层土体物理力学参数取值。坝址第四系覆盖层主要有岸坡坡积物、冰水堆积物和谷底冲积物。冲积物厚约 15～25m，分布于现代河床和右岸 I 级阶地，其中现代河床冲积（alQ$_4^2$）漂卵砾石层厚 2.67～18.50m；右岸 I 级阶地（alQ$_4^1$）覆盖层一般厚

表 7.85

映秀湾水电站闸址区河床覆盖层土体物理力学参数建议值表

分层代号	名称	比重	干密度 (g/cm³)	天然孔隙比	不均匀系数	泊松比	变形模量 (MPa)	凝聚力 (kPa)	内摩擦角 (°)	附加孔隙水压力	渗透系数 (cm/s)	允许比降	临界孔隙比
第⑦层 aIQ$_4^2$	漂卵石	2.81~2.86	2.41~2.44	—	100~400	0.3	50~55	0	29~31	—	4.60×10^{-2}~9.30×10^{-2}	0.07~0.10	—
第⑤层 aIQ$_4^{1-1}$	漂卵石	2.81~2.86	2.23~2.40	—	50~400	0.3	50~60	0	—	—	左 1.16×10^{-2}~4.60×10^{-2} 右 8.10×10^{-2}~1.00×10^{-1}	0.10	—
第④层 aIQ$_3^{2-3}$	砂层	2.73~2.76	1.35~1.45	0.9~1.0	2~9	0.4	10~13	0	22~23	—	1.16×10^{-3}~2.31×10^{-3}	0.50	0.53~0.62
第③层 aIQ$_3^{2-2}$	漂卵石	2.81~2.86	2.30~2.36	—	360	0.3	—	0	—	—	4.05×10^{-2}~5.20×10^{-2} 1.16×10^{-1}~2.72×10^{-1}	0.07~0.10	—
第②层 aIQ$_3^{2-1}$	砂层	2.72~2.76	1.40~1.50	0.8~0.9	3~10	0.4	13~15	0	22~23	0.2~0.3	1.16×10^{-2}~2.31×10^{-3}	0.50	0.57~0.70
第①层 fglQ$_3$	漂卵石	2.81~2.86	2.30~2.36	—	—	0.3	—	0	—	—	—	0.10	—

注　第②层的附加孔隙水压力是根据地基应力 $\sigma_1=0.3$MPa，$\sigma_3/\sigma_1=0.6$，场地烈度Ⅷ度，震动时间 10 秒的振动液化试验资料提出的。

11～25m，钻探揭示最大厚度 31.6m，自下而上大致可分为三层。坝址第四系覆盖层各层厚度及基本特征见表 7.86。

表 7.86　　　　　　　　　　紫坪铺水利枢纽坝址覆盖层特征表

分层代号		名称	厚度	基本特征
岸坡	dl + fglQ	含漂卵砾石的块碎石土	15～25m	分布于河谷斜坡上，呈灰黄和灰黑色
现代河床	alQ$_4$²	漂卵砾石	2.67～18.50m	河床现代冲积层，堆积于现代河床，在坝址上游夹有透镜状的砂层，一般结构松散
右岸Ⅰ级阶地	alQ$_4$¹ 第③层	漂卵砾石，夹砂层透镜体	1.20～13.16m	阶地冲积层，分布于右岸Ⅰ级阶地上部，布满整个阶地，阶面高程 765～772m。在阶地前缘，由于地表地下水的排泄作用，细颗粒被大量带走。呈现明显的架空结构。 砂层透镜体 a：分布于坝线上游，地表以下约 5～10m，高程 755～764m，厚 2～4m，中间和外缘厚，向山内逐渐变薄，平面呈椭圆形。 砂层透镜体 b：分布于坝线下游，地面以下 8～11m，高程 752.76～756.77m，厚 2.7m，呈长条形
	alQ$_4$¹ 第②层	含砂土块（漂）碎石层	1.7～16.6m	阶地冲积层，分布于右岸Ⅰ级阶地中部，基本连续分布，顶面高程 740.88～767.52m，结构较密实，有钙质胶结现象，局部有架空
	alQ$_4$¹ 第①层	漂卵砾石	坝线上游 0～21.30m，坝线下游 8.00～18.03m	阶地冲积层，零星分布于右岸Ⅰ级阶地下部，顶面高程 748.72～757.44m，坝线上游未铺满台地，下游基本连续分布

坝区各层土体开展了 121 组物理性质试验、6 孔超重型动力触探试验、8 组标准贯入试验、5 组扰动样室内力学全项试验、2 组室内振动三轴试验、3 组室内高压大三轴试验、3 孔地震波速测试、2 组现场渗透变形试验、5 组室内渗透变形试验、17 段抽水试验等。

根据试验研究和工程类比，紫坪铺水库工程坝区覆盖层土体物理力学参数建议值见表 7.87。

5. 狮子坪水电站工程

（1）工程概况。狮子坪水电站是岷江一级支流杂谷脑河流域开发的龙头水库电站，采用高土石坝长隧洞引水发电，砾（碎）石土心墙堆石坝最大坝高 136m，已建成发电。

坝址河床覆盖层深厚，层次结构复杂，大坝建基于河床覆盖层上。

（2）河床覆盖层土体物理力学参数取值。坝址区第四系不同成因堆积物主要分布于河床和两岸谷坡坡脚地带。勘探揭示，河床覆盖层厚度 90～102m，其成因类型和成层结构复杂，厚度变化大，有远源的河流向冲积物，也有近源的崩坡积物。根据成因、物质组成、结构特征，自下而上可分为五层：

含砂漂（块）卵砾石层（Q$_3$$^{gl+fgl}$）：系冰川冰水混合堆积，分布于河床底部，下伏为基岩，厚度一般为 14～18m，钻孔揭示最厚 25.25m，顶板埋深 73～84m。

表 7.87

紫坪铺水利枢纽坝区覆盖层土体物理力学参数建议值表

分层代号	名称	天然物理性指标 含水率 W (%)	密度 湿 ρ (g/cm³)	密度 干 ρ_d (g/cm³)	比重 G_s	孔隙比 e	相对密度 D_r	颗粒组成 漂石 >200 (%)	卵碎石 200~60 (%)	砾石 60~20 (%)	20~2 (%)	砂粒 2~0.05 (%)	粉粒 0.05~0.005 (%)	黏粒 <0.005 (%)	有效粒径 D_{10} (mm)	平均粒径 D_{50} (mm)	不均匀系数 C_u	力学性指标 变形模量 E_0 (MPa)	内摩擦角 φ (°)	凝聚力 C (kPa)	允许承载力 R (MPa)	水理性指标 渗透系数 K (cm/s)	允许比降 $J_{允许}$	稳定坡比 (适用于坡高10m内) 临时 水上	临时 水下	永久 水上	永久 水下
dl+fglQ	坡积+冰水积含漂卵砾石的块碎石土	8.5	2.13	1.97	2.72	0.397	—	22.7	21.68	14.2	17.8	13.57	5.77	4.37	0.94	23.2	1225	30~50	26~30	0	0.30~0.60	$3.47\times10^{-2}\sim5.78\times10^{-2}$	0.12~0.15	1:1.15~1:1.25	1:1.25	1:1.25	1:1.50~1:1.75
alQ$_4^2$	现代河床漂卵砾石层	3.4	2.30	2.29	2.80	0.260	—	20.3	35.31	12.68	12.51	18.06	0.62	0.31	0.51	79.3	230.7	55~65	31~33	0	0.50~0.60	$5.79\times10^{-2}\sim1.16\times10^{-1}$	0.10~0.12 架空0.07	1:1	1:1.25	1:1.25	1:1.5
	I级阶地上部③层漂卵砾石层	7.5	2.16	2.02	2.74	0.364	—	23.7	30.0	15.6	12.2	12.3	4.03	2.84	0.86	55.4	734	45~55	28~32	0	0.50~0.55	$5.79\times10^{-2}\sim1.16\times10^{-1}$	0.10~0.12 架空0.07	1:1	1:1.25	1:1.25	1:1.5
	砂层透镜体 a	19.0	1.77	1.48	2.75	0.866	0.55	—	—	—	1.0	80.09	16.1	2.80	0.038	0.17	7.37	10~15	22~25	0	0.15~0.20	$3.52\times10^{-3}\sim5.79\times10^{-3}$	0.20~0.25	1:1.75	1:2	1:2	1:2.5~1:3.0
	砂层透镜体 b	17.6	1.73	1.48	2.74	0.863	0.36	—	—	6.31	—	85.0	7.8	0.85	0.196	0.46	11.94	10~15	22~25	0	0.15~0.20	$3.53\times10^{-3}\sim5.79\times10^{-3}$	0.20~0.25	1:1.75	1:2	1:2	1:2.5~1:3.0
alQ$_4^1$	I级阶地中部②层含砂土块(漂)碎石层	4.6	2.29	2.19	2.74	0.255	—	—	—	—	—	—	—	—	—	—	—	45~55	30~32	0	0.50~0.55	$3.47\times10^{-2}\sim5.79\times10^{-2}$	0.12~0.15	1:1	1:1.25	1:1.25	1:1.5
	I级阶地下部①层漂卵砾石层	11.6	2.27	2.17	2.77	0.28	—	—	—	—	—	—	—	—	—	—	—	60~65	30~32	0	0.55~0.65	$5.79\times10^{-2}\sim1.16\times10^{-1}$	0.10~0.12 架空0.07	1:1	1:1.25	1:1.25	1:1.5

注　1. 物理性指标和颗粒大小组成大小组取试验资料平均值，其他指标根据本工程实际情况结合试验成果，参考其他工程经验综合提出。
　　 2. 稳定坡比一般在坡高小于10m时使用，当坡高超过10m时，须增设马道或适当采取护坡措施。

粉质壤土与粉细砂互层（Q_3^l）：堰塞湖相沉积，分布于河床下部。上游厚度一般为 7.81～8.50m，下游一般 10～12m，顶板埋深 66～72m。该层呈灰色、灰黄色，结构较紧密，微弱透水。

–1 含砂漂（块）卵砾石层（Q_4^{al}）：冲积堆积，分布于河床中下部。厚 39～58m，顶板埋深 7～28m。该层断续分布 6 个砂层透镜体，粗、中、细砂均有，透镜体厚 1.16～4.25m，顶板埋深 23.35～43.00m。

③–2 块碎砾石土层（$Q_4^{col+dl+al}$）：早期崩坡积与河流冲积的混合堆积，主要沿杂谷脑河两岸分布，厚度变化大，与③–1 层同一时期形成，交互沉积。据钻孔揭示，横Ⅰ勘探线左、右两岸厚度分别为 27.96m、44.62m，顶板埋深分别为 20.14m、22.60m；横Ⅱ勘探线右岸总厚度 36.66m，顶板埋深 8.00m，左岸缺失该层。

④ 含碎砾石砂层、粉质壤土层（Q_4^{al}）：冲积堆积，分布于河床上部，几乎铺满河谷。

据钻孔揭示，在横Ⅰ和横Ⅱ勘探线之间以及上游围堰附近，该层中含有漂卵砾石透镜体，厚约 10m。粉质壤土层厚度一般 5～8m，最厚 9.75m。本层总厚度最厚地段位于横Ⅰ、横Ⅱ线间，厚达 12～20m（含透镜体）。顶板埋深 1.5～10.0m。

⑤ 含漂卵砾石层（Q_4^{al}）：现代河床冲积堆积，分布于河床顶部，厚度一般为 3～7m，在横Ⅱ线最厚 11m。

谷坡坡脚广泛分布崩坡积（Q_4^{dl+col}）的块碎石土，该层颗粒大小悬殊，分布不均匀、局部细颗粒相对集中，具架空结构，厚度变化大，一般介于 5～30m，结构松散。

对坝区土体共完成 38 组室内物理性质试验、9 组室内力学性质试验、2 组高压大三轴试验、4 组现场原位载荷试验、2 组现场原位剪切试验、5 组现场渗透变形试验、42 组钻孔标准贯入试验、109 组钻孔超重型动力触探试验等。

根据坝区覆盖层土体物理力学性质试验成果及土体的基本特征，并结合已有工程经验类比，综合确定坝址区覆盖层土体物理力学参数建议值见表 7.88。

表 7.88　　　　　　狮子坪水电站坝区覆盖层土体物理力学参数建议值表

分层代号	名称	密度 ρ （g/cm³）	允许承载力 R （MPa）	压缩模量 E_s （MPa）	渗透系数 K （cm/s）	允许比降 $J_{允许}$	抗剪强度		稳定坡比			
							凝聚力 c （kPa）	内摩擦角 φ （°）	水　上		水　下	
									永久	临时	永久	临时
地表崩坡积	块碎石土	2.0～2.10	0.25～0.35	25～30	$1.0×10^{-1}$ ～ $1.0×10^{-2}$	0.10 （架空 0.07）	0	28～30	1:1.25	1:1	1:1.5	—
河床⑤层、④层透镜体、③–1层	含漂卵砾石	2.1～2.2	0.5～0.6	40～50	$4.0×10^{-2}$ ～ $8.0×10^{-2}$	0.10～0.12	0	30～32	1:1.25	1:1	1:1.5	1:1.25
河床④层	含碎砾石砂、粉质壤土	1.6～1.7	0.15～0.2	10～15	$3×10^{-3}$ ～ $5×10^{-3}$	0.30～0.35	10	16～18	1:2	1:1.75	1:3	1:2.5

分层代号	名称	密度 ρ (g/cm^3)	允许承载力 R (MPa)	压缩模量 E_s (MPa)	渗透系数 K (cm/s)	允许比降 $J_{允许}$	抗剪强度		稳定坡比			
							凝聚力 c (kPa)	内摩擦角 φ (°)	水　上		水　下	
									永久	临时	永久	临时
河床③-2层	块碎砾石土	2.0~2.1	0.2~0.3	20~25	1.0×10^{-2} ~ 1.0×10^{-3}	0.15~0.20	0	25~28	1:1.5	1:1.25	1:2.0	1:1.5
河床②层、③-1层透镜体	粉质壤土、粉细砂	1.6~1.7	0.15~0.2	10~15	1.0×10^{-4} ~ 1.0×10^{-5}	0.35~0.40	0	16	—	—	—	—
河床①层	含砂漂块卵砾石	2.15~2.25	0.6~0.8	50~60	1.0×10^{-2} ~ 4.0×10^{-2}	0.15~0.18	0	32~34	—	—	—	—

6. 硗碛水电站工程

（1）工程概况。硗碛水电站是青衣江支流宝兴河流域开发的龙头水库电站，采用高土石坝长隧洞引水发电，砾（碎）石土心墙堆石坝最大坝高 125.5m，已建成发电。

坝址河床覆盖层深厚，层次结构较复杂，大坝建基于河床覆盖层上。

（2）河床覆盖层土体物理力学参数取值。坝址第四系松散堆积层包括河床覆盖层、岸坡古河道堆积层、冰缘冻融堆积层以及崩坡积堆积层等。

1）河床覆盖层。据钻探揭示，河床覆盖层一般厚度 57~65m，最大厚度达 72.40m，按其结构层次自下而上（由老到新）可划分为四层：

第①层含漂卵（碎）砾石层（fglQ$_3^{3-1}$）：系冰水堆积物，分布于河谷底部，顶板埋深 43~53m，残留厚度 8~24m 不等。层内局部夹薄层碎砾石土及砂层透镜体，埋深一般在 52~65m，厚度一般 1.0~2.5m。

第②层卵砾石土（al+plQ$_4^{1-1}$）：系冲洪积物，分布于河谷下部，顶板埋深一般 37~47m，残留厚度 4.0~10.5m，该层分布不甚稳定，局部缺失。

第③层块（漂）碎（卵）石层（al+plQ$_4^{1-2}$）：系冲洪积物，分布于河谷中部，顶板埋深 16~21m，一般厚 17~28m。

第④层含漂卵砾石层（alQ$_4^2$）：系河流冲积物，分布于现代河床及漫滩，厚 17~21m。由上、下两小层组成：上部为卵砾石土，一般厚度 5~6m，结构松散，力学强度较低；下部为含漂卵砾石层，厚 11~13m。

2）岸坡古河道堆积层：分布于两岸坝肩。据右岸钻孔揭示，堆积层残留最大厚度 45.8m。上部（0~29.6m）系冰缘冻融堆积（prglQ$_3^1$）的碎砾石土；下部（29.6~45.8m）为冰水堆积（fglQ$_3^1$）的含砾粉细砂土，呈透镜体分布。

3）冰缘冻融堆积层（prglQ$_3^{3-2}$）：含碎块砾石土，主要分布于坝址上游的柳隆和坝址下游的灯光、观音岩等地，厚度较大（一般厚 29～62m 不等）。

4）崩坡积层（col+dlQ₄）：块碎石土，分布于坝址两岸谷坡，厚度一般 5～15m。

可研阶段坝区覆盖层土体完成 44 组室内物理性质试验、2 组室内力学性质试验、3 组现场原位载荷试验、2 组现场原位剪切试验、2 组现场渗透变形试验等。根据土体现场和室内试验成果，按照有关规范、规程要求，结合已建工程经验进行工程地质类比分析，提出坝址区覆盖层土体物理力学性质参数建议值见表 7.89。

7.4.5　涪江流域

1. 水牛家水电站工程

（1）工程概况。水牛家水电站位于涪江上游左岸一级支流火溪河上，是火溪河水电规划一库四级方案最上游的龙头水库电站，工程开发任务主要是发电，兼有防洪等综合效益。坝址控制流域面积 573km²，多年平均流量 13.2m³/s。正常蓄水位 2270m，库容 1.34 亿 m³，调节库容 1.092 亿 m³，具年调节性能。采用混合式开发，由首部枢纽、右岸引水隧洞、地下厂房等组成，首部枢纽包括碎石土心墙堆石坝、溢洪道、防空洞等，碎石土心墙堆石坝最大坝高 108m，右岸引水隧洞长约 9.53km。装机容量 70MW，年发电量 2.112 亿 kW·h，已建成发电。

坝址河床覆盖层较深厚，层次结构较复杂，大坝建基于河床覆盖层上。

（2）河床覆盖层土体物理力学参数取值。坝区河道弯曲，河谷较狭窄，呈不对称"V"形，基岩为震旦系上统（Z₂⁵）板岩、变质石英砂岩。崩坡积堆积主要分布于谷坡坡脚一带，多小于 15m，为块碎石土；现代洪积物主要分布于支沟沟底及沟口地带；残积层分布于条形山脊顶部平缓地带；河床覆盖层厚 14.18～29.60m，自下而上（由老至新）划分为三层：

①层（alQ₄¹）：含漂卵砾石层：分布于河床底部基岩面之上，以冲积成因为主，一般厚度 0.72～9.85m，局部缺失。

②层（al+plQ₄²）：含卵（碎）砾石土：黄—灰黄色，分布于河床中下部，为冲积和洪积混合成因，厚约 12.47～18.20m。

③层（alQ₄³）：含漂砂卵砾石层：为河床冲积层，分布于河床表部、漫滩与Ⅰ级阶地。厚度一般 4.50～8.10m，最厚 12.32m。

坝区覆盖层土体完成 224 段钻孔动力触探试验、12 段钻孔标准贯入试验、67 组室内物理性质试验、4 组室内力学性质试验、2 组高压大三轴试验等。坝区河床覆盖层①、③层为含漂卵砾石和含漂砂卵砾石层，性状基本一致，总体上以粗颗粒为主，局部细颗粒偏多；②层为含卵（碎）砾石土，颗粒相对较细，局部有粗颗粒集中分布。

表7.89

碳碛水电站坝址覆盖层土体物理力学参数建议值表

层位		名称	密度 ρ (g/cm³)	干密度 ρ_d (g/cm³)	允许承载力 R (MPa)	变形模量 E_0 (MPa)	抗剪强度 φ (°)	抗剪强度 c (kPa)	渗透系数 K (cm/s)	允许比降 $J_{允许}$	稳定坡比 永久 水上	稳定坡比 永久 水下	稳定坡比 临时 水上	稳定坡比 临时 水下
岸坡		冰缘冻融堆积、坡积碎砾石土层	2.01	1.8	0.25~0.30	20~30	22~24	0	1.15×10^{-3} ~ 3.47×10^{-3}	0.25~0.30	1:1.5	1:1.75	1:1.0	1:1.5
		古河道堆积砂层	1.8	1.6	0.15~0.18	10~15	18~20	0	3.47×10^{-3} ~ 5.79×10^{-4}	0.30~0.35	—	—	—	—
河床	④ 上部	冲积卵砾石土	2.10	2.03	0.20~0.30	15~25	16~20	0	1.15×10^{-2} ~ 2.32×10^{-2}	0.15~0.20	1:1.25	1:1.5	1:1.0	1:1.25
	④ 下部	冲积含漂卵砾石层	2.30	2.25	0.65~0.70	45~55	32~34	0	4.64×10^{-2} ~ 6.95×10^{-2}	0.10~0.13	1:1.25	1:1.5	1:1.0	1:1.25
	③	块（漂）碎（卵）石层 冲洪积	2.33	2.28	0.70~0.75	55~65	34~36	0	3.47×10^{-2} ~ 5.79×10^{-2}	0.12~0.15	—	—	—	—
	②	冲洪积卵砾石土	2.15	2.08	0.35~0.45	30~35	26~28	0	1.15×10^{-3} ~ 5.79×10^{-3}	0.30~0.35	—	—	—	—
	①	冰水积砂卵砾石层	2.2	2.10	0.45~0.50	35~45	30~32	0	1.15×10^{-2} ~ 2.32×10^{-2}	0.15~0.18	—	—	—	—

注 稳定坡比值一般适宜于坡高小于10m，并有护坡措施，若遇特殊情况须另作处理。

根据试验成果，类比有关工程经验和规程、规范要求，提出坝区河床覆盖层土体物理力学参数建议值，见表 7.90。

表 7.90　　水牛家水电站坝址河床覆盖层土体物理力学参数建议值表

分层代号	名称	天然密度 ρ (g/cm³)	允许承载力 R (MPa)	抗剪强度 φ (°)	抗剪强度 c (kPa)	压缩模量 E_s (MPa)	渗透系数 K (cm/s)	允许比降 $J_{允许}$	稳定坡比 水上	稳定坡比 水下
alQ-①、③	含漂砂卵砾石，局部含土	2.1~2.2	0.40~0.60	28~30	20	35~45	1.0×10^{-2}~1.0×10^{-1}	0.10~0.12（局部架空 0.07）	1:10~1:1.25	1:1.25~1:1.50
pl+alQ-②	含卵（碎）砾石土	1.9~2.0	0.25~0.35	22~24（坝线上游）20~22（坝线下游）	30	10~15	1.0×10^{-4}~1.0×10^{-3}	0.25~0.40	1:1.25~1:1.50	1:1.75~1:2.00

2. 自一里水电站工程

（1）工程概况。自一里水电站为火溪河"一库四级"梯级开发方案的第二级引水式电站，上游为水牛家水电站，下游为木座水电站。工程开发任务主要是发电。闸址控制流域面积 757km²，多年平均流量 16.2m³/s。正常蓄水位 2034m，总库容 50.87 万 m³，调节库容 41.2 万 m³，具日调节性能。工程由首部枢纽、引水系统、气垫式调压室、右岸地下厂房等组成，首部枢纽包括左右岸挡水坝、储门槽、引渠闸、冲沙闸、泄洪闸，最大闸高 22m，引水隧洞长约 9.186km。电站装机容量 130MW，多年平均年发电量 5.89 亿 kW·h，已建成发电。

闸址河床覆盖层深厚，层次结构复杂，闸坝建基于河床覆盖层上。

（2）河床覆盖层土体物理力学参数取值。闸址区两岸和谷底基岩均为震旦系上统（Z_2^{7-3}）变质石英砂岩、绢云母石英片岩夹少量薄层状板岩。左右岸坡麓等缓坡地带崩积、坡积覆盖层发育广泛；钻孔揭示，河床覆盖层最大厚度 79.95m，按其层次结构自下而上（由老至新）可分为三层：

Ⅰ层：冲积、崩积含卵块碎石层夹卵砾石砂土透镜体：厚 19.00m，层顶埋深 60m 左右，透镜体厚 1.2m 左右，分布于埋深 71.2~72.4m 段，结构密实。

Ⅱ层：崩积、洪积碎块石夹碎砾石土、含砾粉土透镜体：厚 41.80m，顶面埋深 19.15m，结构较密实。

Ⅲ层：崩积、冲积含漂卵碎砾石层夹砾质砂、含砾粉土透镜体，表层含 0~2.5m 人工填土或为河床现代冲积层。局部见洪积成因碎石土层分布。

闸区土体完成 2 段钻孔动力触探测试、27 组室内物理性质试验、4 组矿化分析试验、4 组室内力学性质试验、3 组现场原位载荷试验、3 组现场渗透变形试验、3 组/3 孔自振法抽水试验、18 组/9 孔注水试验等。

　　根据试验成果，类比有关工程经验和规程、规范要求，提出覆盖层土体物理力学参数建议值，见表 7.91。

表 7.91　　　　　　　　　自一里水电站闸区覆盖层土体物理力学参数建议值表

分层代号	名称	厚度	密度		承载及变形指标		抗剪强度		渗透及渗透变形指标		稳定坡比	
			天然密度 ρ (g/cm³)	干密度 ρ_d (g/cm³)	允许承载力 R (MPa)	变形模量 E_0 (MPa)	凝聚力 c (kPa)	内摩擦角 φ (°)	渗透系数 K (cm/s)	允许比降 $J_{允许}$	水上	水下
col+dlQ₄	块碎石土	10～20m	—	—	0.30～0.35	20～25	0	25～27	5.79×10^{-2} ～ 1.16×10^{-1}	0.10～0.12，架空 0.07	1:1.25～1:1.50	1:1.75
col+alQ₄ Ⅲ	含漂卵碎砾石层夹砾质砂、含砾粉土透镜体	10～19m，透镜体厚 0.12～0.60m	2.31	2.22	0.40～0.45	30～35	0	28～30	5.8×10^{-3}～2.0×10^{-2}	0.10～0.12，架空 0.07	1:1.25～1:1.50	1:1.75
col+plQ Ⅱ	碎块石夹碎砾石土、含砾粉土透镜体	41.8m，透镜体厚 0.32～0.64m	2.25	2.14	0.30～0.35	30	0	26～28	5.8×10^{-4} ～ 1.1×10^{-2}	0.15～0.20	1:1.25～1:1.50	1:1.75
col+alQ Ⅰ	含卵块碎石层夹卵砾石砂土透镜体	19.0m	—	—	0.50～0.60	30～35	0	27～30	5.79×10^{-2}～1.16×10^{-1}	0.10～0.12，架空 0.07	—	—

3. 阴坪水电站工程

（1）工程概况。阴坪水电站系火溪河"一库四级"开发方案的最下游梯级电站，上游为木座水电站，工程开发任务主要是发电。闸址控制流域面积 1103km²，多年平均流量 25.7m³/s。正常蓄水位 1248m，库容 112.6 万 m³，调节库容 70.2 万 m³，具日调节性能。工程由首部枢纽、右岸引水隧洞及地下厂房等组成，首部枢纽包括左右岸挡水坝段、泄洪闸、冲沙闸，最大闸高 35m，右岸引水线路长约 9.0km。电站装机容量 100MW，多年年发电量 4.133 亿 kW·h，已建成发电。

　　闸址河床覆盖层深厚，层次结构复杂，闸坝建基于河床覆盖层上。

（2）河床覆盖层土体物理力学参数取值。闸址区出露的地层为震旦系下统（Z_1y）灰白色二云母石英片岩。第四系松散堆积物主要有崩坡积物和河床覆盖层。据钻孔揭示，闸址河床覆盖层厚度变化较大，为 28.10～106.77m，左侧坡脚约为 28.10m，左岸阶地 47.75～106.77m，现代河床一带 30.20～83.14m。河床覆盖层主要由砂卵砾石、砂及壤土组成，按成分和粒度的差异可分为八层（见表 7.92）。

表 7.92　　　　　　　　　　阴坪水电站闸址河床覆盖层特征表

分层代号	名称	厚度	基本特征
⑧层	褐黄色粉砂质壤土层	0～5.92m	该层厚度总体变化趋势为靠近岸坡较厚，向河床逐渐尖灭
⑦层	含漂砂卵砾石层	2.83～8.25m，平均厚 5.20m	闸区分布连续且厚度变化较小
⑥层	深灰色粉砂质壤土层	0～8.78m	该层最小埋深 3.15m。分布于闸轴线以上及以下约 70m 范围内，从上游到下游逐渐变薄，护坦末端处尖灭；由河床至左岸缓坡厚度逐渐增大。据 ^{14}C 测年，该层为全新世沉积物
⑤层	砂层	2.37～20.16m	该层分布较连续，最小埋深 4.9m，河床附近较厚，向岸坡方向变薄，上游较厚达 18.83～20.16m，下游变薄仅 2.37m。该层主要为灰褐—黄褐色粉细砂—中粗砂，二者界限不明显，以粉细砂夹中粗砂透镜体更常见。至护坦下游及下游围堰渐变为中粗砂。据 ^{14}C 测年，该层为晚更新世沉积物
④层	深灰色粉砂质壤土层	0～8.52m	最小埋深 9.1m。从闸轴线上游约 25m 至护坦末端及现代河床至公路一带（ZK02、ZK06、ZK011、ZK017）该层厚 4.89～8.52m；上游围堰河床部位，该层变薄，厚 3.40～3.83m；到下游围堰河床部位该层尖灭。据 ^{14}C 测年，该层为晚更新世沉积物
③层	块碎石土层	0～8.47m	该层分布较连续。据 ^{14}C 测年，为晚更新世沉积物
②层	深灰色粉砂质壤土层	0～18.00m	厚度总体变化规律为：从上游到下游逐渐变厚、从左岸至河床逐渐变薄，闸轴线河床部位层厚 4.68m，而下游围堰河床部位层厚达 18.00m，左岸斜坡处层厚一般 8.51～16.09m，河床处层厚一般 4.68～15.11m，且局部缺失
①层	含漂砂卵砾石层	0～55.21m	分布于河谷底部，该层厚度变化较大，向左岸变薄，河床中局部缺失

　　闸址覆盖层层次结构复杂，据物质组成的差异，河床覆盖层中第⑧、⑥、⑤、④和②层为细粒类土，第⑦、③和①层为粗粒类土。为研究各层土体物理力学特性，共进行 69 组颗分及物性试验；在钻孔中对第⑦、⑥、⑤、④、①层进行了 8 段简易注水试验，并对第⑥、⑤、④层钻孔取原状样进行室内渗透试验；第⑥、⑤、④层室内压缩试验和直剪试验各 10 组，静、动三轴（CU）试验各 2 组；对河床中细粒类土层（⑥、⑤、④、②）进行了 180 组钻孔标准贯入试验，粗粒类土层（⑦、③、①层）进行了 25 组钻孔超重型动力触探试验。

　　根据试验成果，类比有关工程经验和规程、规范要求，提出河床覆盖层土体物理力学参数建议值，见表 7.93。

表 7.93

阴坪水电站闸区河床覆盖层土体物理力学参数建议值表

层次	名称	>200	200~20	20~2	2~0.075	>0.075	<0.005	平均粒径 d_{50} (mm)	不均匀系数 C_u	曲率系数 C_c	含水率 W (%)	密度 ρ (g/cm³)	孔隙比 E	比重 G_s	液限 W_L (%)	塑限 W_P (%)	塑性指数 I_P	压缩模量 E_s (MPa)	渗透系数 K (cm/s)	允许比降 $J_{允许}$	可能破坏类型	允许承载力 R (MPa)	c (kPa)	φ (°)	水上	水下
⑧	褐黄色粉砂质壤土	—	—	2.2	30.85	33.05	10.95	0.03	9.4	0.60	—	—	—	2.69	—	—	—	8~10	$1.0×10^{-5}$~$1.0×10^{-4}$	0.50~1.00	流土	0.15~0.20	2	13~15	1:1.75~1:2.00	1:2.0~1:2.5
⑦	砂卵陈石	8.23	42.15	16.09	18.39	84.92	3.22	11.0	1318	1.96	—	—	—	—	—	—	—	40~50	$1.0×10^{-2}$~$1.0×10^{-1}$	0.10~0.12	管涌	0.40~0.50	0	30~32	1:10~1:1.25	1:1.2 5~1:1.50
⑥	深灰色粉砂质壤土	—	0.77	4.15	19.06	23.98	17.79	0.02	7.9	0.58	31.6	1.97	0.71	2.72	35.5	25.1	10.5	8~10	$1.0×10^{-5}$~$1.0×10^{-4}$	1.00~2.00	流土	0.18~0.20	3	16~18	—	—
⑤	砂层	—	0.06	3.09	54.11	57.26	8.97	0.14	38.2	0.50	18.9	2.04	0.61	2.73	—	—	—	14~16	$1.0×10^{-3}$~$1.0×10^{-2}$	0.20~0.25	管涌	0.14~0.18	0	19~21	—	—
④	深灰色粉砂质壤土	—	0.76	2.45	20.72	23.94	20.86	0.02	9.7	0.67	19.0	2.10	0.57	2.76	27.0	17.7	9.3	8~12	$1.0×10^{-5}$~$1.0×10^{-4}$	1.0~2.0	流土	0.20~0.25	6	16~18	—	—
③	块碎石土	7.14	19.74	15.34	15.75	72.45	5.64	9.0	2558	0.06	—	—	—	2.75	—	—	—	40~50	$1.0×10^{-2}$~$1.0×10^{-1}$	0.10~0.12	管涌	0.35~0.40	0	28~30	—	—
②	深灰色粉砂质壤土	—	0.91	3.35	19.86	24.12	18.81	0.02	9.7	0.68	15.6	2.07	0.65	2.73	28.5	18.7	9.8	8~12	$1.0×10^{-5}$~$1.0×10^{-4}$	1.0~2.0	流土	0.25~0.30	6	17~19	—	—
①	含漂砂卵砾石	26.7	38.31	12.21	6.43	90.0	1.0	50.0	3900	92.3	—	—	—	2.74	—	—	—	50~60	$1.0×10^{-2}$~$1.0×10^{-1}$	0.10~0.12	管涌	0.50~0.60	0	30~35	—	—

第8章 地应力与测试

8.1 地应力的组成与分布

8.1.1 地应力基本组成

岩体初始地应力是存在于地壳中的未受工程扰动的天然应力。地壳内各点的应力状态在空间分布的总和，称为地应力场。由岩体自身重力所产生的应力场，称为自重应力场；以地质构造运动有关的地应力场，称为构造应力场。地壳岩体内的天然应力，主要是由自重应力和构造应力组成，有时还有在岩体的物理、化学变化和岩浆侵入作用下形成的变异应力所组成。人类从事工程活动时，在岩体初始地应力场内，因挖除部分岩体或增加结构物引起的应力，称为感生应力，也称次生应力、二次应力。

地应力在绝大部分地区是以水平应力为主的三向不等压应力场，它是随空间和时间变化的一个非稳定应力场。实测垂直应力基本上等于上覆岩体的重量，水平地应力则具很强的方向性，且普遍大于垂直应力，随深度呈线性增大，但随深度增大，平均水平地应力与垂直地应力的比值则有所减小。

1. 自重应力

岩体中任一点上覆厚度的岩体产生重力作用，引起该点的应力状态，称为自重应力。

假定岩体简化为均质半无限弹性体，自重应力引起的应力场随深度的变化如图 8.1 所示，其量值为：

$$\sigma_z' = \gamma H, \quad \sigma_y' = \lambda \gamma H \tag{8.1}$$

式中　　σ_z'——垂直向自重应力；

　　　　σ_y'——水平向自重应力；

　　　　γ——岩体容重；

　　　　λ——岩体侧压力系数，可根据半无限体侧向变形为零的条件求得，即 $\lambda = \mu / (1-\mu)$；

　　　　μ——岩体泊松比。

2. 构造应力

地壳运动在岩体内造成的应力为构造应力，可分为活动的和残余的两类。由于地壳中现今仍存在着构造应力，驱动着地壳的构造形变和构造断裂。

活动的构造应力，是地壳内现代正在累积的、能够导致岩体变形和破裂的应力；残余的构造应力是古构造运动残留下来的应力。地震的产生就是构造应力的强烈反映。

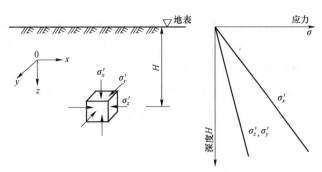

图 8.1　自重应力场变化规律

按照板块运动（大陆漂移）学说，一般认为构造应力是水平向作用力。假定构造应力 S 为沿水平轴 x 方向作用，即坐标轴 x、y、z 都与应力场的主方向一致，它随深度的变化如图 8.2 所示。

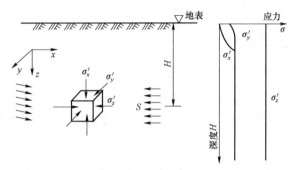

图 8.2　构造应力场变化规律

地应力场中最大主应力（σ_1）往往并不与假定的 σ_x 平行，因此，三向平面上存在剪应力，需要通过坐标换算，求出三向平面上剪应力为零时的最大主应力（σ_1）、中间主应力（σ_2）及最小主应力（σ_3）。

3. 变异应力

变异应力是由岩体的物理状态、化学性质变化和岩浆侵入作用形成的，通常只具有局部意义。

4. 二次应力

人类从事工程活动时，在岩体天然应力场内，因挖除部分岩体或增加结构物而引起的应力，称为二次应力。

总之，地应力为一系列自然因素作用所产生的综合效应，即包括各种自然应力相叠加的总和应力。从水电水利工程实践看，坝基及边坡工程处于岩体表浅部，初始地应力以自重应力为主；地下工程一般埋深不大，其初始地应力的组成多以构造应力为主，并叠加自重应力。

8.1.2　影响地应力状态的自然因素

1. 区域地质构造条件

区域地质构造条件是控制地应力场基本类型、量级、方向和分布规律的最根本的因素。

晚近期褶皱带地应力的量级相对较大，且不均匀，而未经褶皱变动的沉积岩盖层的地应力量级相对较小，且较均匀。一般情况下，在水平面上最大主应力方向垂直构造线，而在垂直面上主应力方向与岩层倾向一致或呈小角度相交，水平地应力大于垂直地应力等。

但必须指出，建筑物地段的地应力场状态，除一般地受区域地质构造条件控制外，局部地形地质条件影响较大，因此，它不一定与区域地应力场状态相一致，甚至恰恰相反。工程地质勘察必须注意这个问题。

2. 地层岩性条件

地应力场状态是随岩体内应变能积累和释放而变化的，这种变化与岩体性质有密切关系。一般而言，坚硬完整的岩体具有较好的贮能条件，往往地应力量级较高。

3. 地形地貌条件

地形地貌条件往往使地应力状态重分布而复杂化。例如，一般负地形底部地应力呈集中状态，而正地形的地应力则呈分散状态等。

8.1.3　地应力分布与变化规律

地应力是在地壳发生和发展历史中逐步形成的，它是时间和空间的函数，应属于一个非稳定场。但是，对于人类工程活动及其所涉及的最大深度一般仅千余米，延续的时间仅数十年至几百年，因此除少数现代活动构造带外，均可认为它仅是空间位置的函数，而不随时间变化的相对稳定场。

地应力基本特征与其分布规律，至今还远未被人们所了解。兹就地壳浅层地应力的一些测试成果归纳如下：

（1）地应力是一种三个主应力不相等的空间应力场，其强度随深度的增加而增大（见图8.3）。三个主应力中近垂直向的主应力并非真正垂直地表平面，近水平向的两个主应力也非真正水平，后者与水平面呈锐角相交，一般不超过 $30°$。

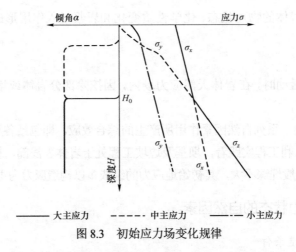

图 8.3　初始应力场变化规律

（2）岩体初始应力场各应力分量，除靠近地表以外，沿深度的变化均可用线性方程来概化，即随深度呈直线变化。

（3）在岩体初始应力场中，主应力量值随深度呈折线变化，最大主应力在浅层为水平向，到达较大深度后转变为铅垂向；中间主应力或最小主应力在浅层为铅垂向，到达较大深度后转变为水平向。它们由两个直线段组成，其转折点深度为临界深度。

（4）在临界深度以上，岩体初始应力场是以构造应力为主导，最大主应力为水平向，其量值随深度增加的幅度较小。在临界深度以下，就转变以自重应力场为主导，即最大主应力为铅垂向，其量值随深度增加的幅度较大。临界深度附近，存在一个主应力方向逐渐调整变化的过渡带。

（5）地应力状态可分为下列三种典型类型：

1）潜在走滑型：应力场的中间主应力轴 σ_2 近于垂直，最大主应力轴 σ_1 和最小主应力轴 σ_3 近于水平。我国的大多数地区，如西南、西北高山峡谷区，以及邢台、新丰江、丹江口等地区均属这种情况，在这种应力状态下，如果发生破坏（或再活动）必然是沿走向与最大主应力呈 30°～40° 夹角的陡面产生走向滑动型的断裂活动。

2）潜在逆断型：应力场的最小主应力轴 σ_3 近于垂直，最大主应力轴 σ_1 与中间主应力轴 σ_2 近于水平。我国喜马拉雅山脉的前缘地区、台湾及四川龙门山区等属于这种情况。在此种应力状态下发生的破坏，必然是逆断型的，即沿走向与最大主应力垂直的剖面 X 裂面产生逆断活动。

3）潜在正断型：应力场的最大主应力轴 σ_1 近于垂直，而其余两主应力水平分布。青藏高原的局部地区属于这种情况，此型应力状态下发生的破坏，必然是沿走向与最小主应力垂直的面，发生正断性质的活动。

（6）最小与最大两个主应力的比值，也是表征地应力场特征的一个指标，据国内外的一些测试成果统计，一般在 0.3～0.8。

（7）大量工程地应力测试成果表明，河谷下切致使河谷临空面附近岩体地应力重分布和地应力集中，初始地应力状态发生明显变化。在坡脚及谷底，重分布后的最大主应力方向与谷底或河床走向近于平行；在岸坡上，最大主应力方向一般平行坡面，最小主应力方向则与之近于垂直。最大主应力值也随之由内向外逐渐增高，至河谷临空面达到最大值，形成地应力集中，最小主应力的变化则与之相反。当河谷临空面附近（特别是坡脚和谷底处）岩体受到的集中地应力超过其强度，一旦发生破裂变形时，在围绕河谷临空面附近形成一地应力降低带，高地应力集中区则向岩体内部转移。在河谷断面上，岩体地应力从外向里可划分为地应力释放低值带（地应力释放区），地应力集中高值带（地应力集中区），地应力正常带（原始地应力区），如图 8.4 所示。

地应力释放低值带（地应力释放区），分布在河谷周边浅表部位，一般与两岸卸荷松弛风化带相对应。地应力集中高值带（地应力集中区），分布于河谷底部及坡脚部位，高地应力常引起岩芯饼裂、岩爆（劈裂松弛、松脱、爆裂弹射等）等变形破坏现象。地应力正常带（原始地应力区），岩体处于高围压状态，高地应力常引起隧洞开挖环状劈裂破坏现象。

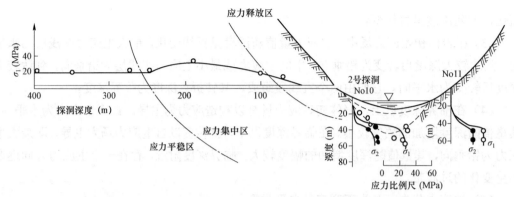

图 8.4　二滩水电站 2 号探洞和深孔应力解除法实测主应力分布图

8.1.4　初始地应力的分级与岩爆分级

要了解区内岩体应力积累条件和程度，需要查明的问题如下：

（1）历史上各时期及当代地壳隆起的速度和高度，这就要求测定各级阶地的绝对年龄和它们之间的相对高度，以确定地壳岩体应变速率的变化趋势，结合历史时期的断裂活动情况，总体判明当前区内岩体应力积累的条件和程度。

（2）区内应力集中条件和应力集中区的分布，在一个区内有无应力集中的条件，应力集中区分布在哪里，主要取决于岩体的岩性、埋藏和结构条件。岩性坚硬、结构完整部位的岩体，通常易于出现应力集中。

（3）高地应力区的地貌、地质现象，河谷范围内的强烈卸荷回弹和应力释放，河床钻孔钻进过程中岩芯裂成饼状的现象、基坑或平洞中的板裂、片帮、葱皮以及岩爆和其他强烈变形现象集中发育的部位就是高应力集中区。

实测资料表明，岩爆和岩芯饼化的发生部位，大多数最大主应力值在 20～25MPa 以上，因此，高地应力以最大主应力值 20MPa 为界进行划分。实测资料还表明，在中等地应力范围（10～20MPa）也有局部发生岩爆或岩芯饼化的现象，如二郎山隧道的泥岩、宝泉抽水蓄能电站的斜长片麻岩等。低地应力（小于 10MPa）区未见岩爆或岩芯饼化的现象。

岩体初始应力的分类除考虑最大主应力量级外，尚需考虑岩石的性质，常采用 R_b/σ_m，即岩石饱和单轴抗压强度与最大主应力之比，当比值小于 4 时为高地应力。作为评价"应力情况"的定量指标之一，一般情况下，该指标应与最大主应力量级同时满足才属于该等级应力区，不同时满足时，从安全考虑，应以先满足高等级应力区的指标作为判别指标。

需要指出的是，空间最大主应力与工程轴线（如洞室轴线）夹角的不同，对工程岩体稳定的影响程度也不同，垂直工程轴线方向的最大初始应力对工程岩体稳定的影响最大。在工程轴线（如洞室轴线）选择时，需考虑与最大初始应力呈较小的夹角，但在实际工作中轴线选择需要结合具体地质条件，包括岩石（体）强度与地应力的量级，兼顾结构面产状和地应力两方面因素，综合权衡利弊后决定，不顾其他条件过分强调地应力有时并不适当。岩体初始地应力的分级应按表 8.1 进行。高应力条件下岩体的变形破坏分类及判别见表 8.2。

表 8.1 岩体初始地应力的分级

应力分级	最大主应力量级 σ_m（MPa）	岩石强度应力比 R_b/σ_m	主要现象
极高地应力	$\sigma_m \geqslant 40$	<2	硬质岩：开挖过程中时有岩生，有岩块弹出，洞壁岩体发生剥离，新生裂缝多；基坑有剥离现象，成形性差；钻孔岩芯多有饼化现象。 软质岩：钻孔岩芯有饼化现象，开挖过程中洞壁岩体有剥离，位移极为显著，甚至发生大位移，持续时间长，不易成洞；基坑岩体发生卸荷回弹，出现显著隆起或剥离，不易成形
高地应力	$20 \leqslant \sigma_m < 40$	2~4	硬质岩：开挖过程中可能出现岩爆，洞壁岩体有剥离和掉块现象，新生裂缝较多，成形性一般尚好；钻孔岩芯时有饼化现象。 软质岩：钻孔岩芯有饼化现象，开挖过程中洞壁岩体位移显著，持续时间较长，成洞性差；基坑发生有隆起现象，成形性较差
中等地应力	$10 \leqslant \sigma_m$ $\sigma_m < 20$	4~7	硬质岩：开挖过程洞壁岩体局部有剥离和掉块现象，成洞性尚好；基坑局部有剥离现象，成形性好。 软质岩：开挖过程中洞壁岩体局部有位移，成洞性尚好；基坑局部有隆起现象，成形性一般尚好
低地应力	$\sigma_m < 10$	>7	无上述现象

注 表中 R_b 为岩石饱和单轴抗压强度（MPa）；σ_m 为最大主应力（MPa）。

表 8.2 高应力条件下岩体的变形破坏分类及判别

岩体高地应力破坏类型		主要现象
类型	亚类	
岩爆	强度应力型岩爆	完整、坚硬、脆性的岩体内积蓄的应变能超过岩体承受能力以后发生的剧烈破坏，往往伴声响和震动，剖面形态往往呈 V 形
	构造型岩爆 — 构造型尖端岩爆	沿构造端部的应力集中区域受开挖扰动而产生的能量释放形式，往往伴随声响和震动
	构造应变型岩爆	沿构造面积聚的能量突然释放所产生的围岩破坏，岩爆源位于构造面附近，往往伴随声响和震动，岩爆坑具有应变型岩爆的特点
	构造滑移型岩爆	构造面上的法向应力被解除，硬性起伏的构造面以滑动的形式释放能量，往往伴随声响和震动，破坏程度大
松弛破坏	强度应力型松弛破坏	洞室围岩产生不受结构面控制的开裂松弛变形、压裂、坍塌破坏。松弛破坏的程度、深度与洞室跨度、施工方法有关，洞室跨度越大，松弛深度越大
	构造型松弛破坏	洞室围岩沿结构面产生的松弛破坏，其松弛程度、深度受结构面控制。诱发构造型松弛破坏的构造往往规模不大，但结构面在卸荷条件下更容易产生较大的应力差，因此也具有更大的破坏力
塑性破坏	强度-应力控制型塑性破坏	软质岩围岩整体性较好，洞壁围岩发生位移内鼓、塑性挤出、大变形；基坑有隆起或剥离现象。该类变形受岩石强度和应力大小控制
	混合型塑性破坏	软质岩围岩构造较发育，洞壁围岩发生剪切位移、挤出和溃曲破坏；基坑有隆起或剥离现象，不易成形。该类变形受岩石强度、应力大小和构造控制

中、高初始应力引起的岩爆和岩芯饼化现象，已为工程实践所证实。国内外对岩爆的分级和判别多种多样，尚无统一的标准。在众多的岩爆分级中以四级分类较多，表 8.3 给出了四级分类，较符合我国已发生岩爆的工程的实际。

表 8.3   岩 爆 烈 度 分 级

岩爆分级	主要现象	岩爆判别	
		临界埋深（m）	岩石强度应力比 R_b / σ_m
轻微岩爆	围岩表层有爆裂脱落、剥离现象，内部有噼啪、撕裂声，人耳偶然可听到，无弹射现象；主要表现为洞顶的劈裂－松脱破坏和侧壁的劈裂－松胀、隆起等。岩爆零星间断发生，影响深度小于 0.5m；对施工影响较小		4～7
中等岩爆	围岩爆裂脱落、剥离现象较严重，有少量弹射，破坏范围明显。有似雷管爆破的清脆爆裂声，人耳常可听到围岩内的岩石的撕裂声；有一定持续时间，影响深度 0.5～1m；对施工有一定影响	$H \geqslant H_{cr}$	2～4
强烈岩爆	围岩大片爆裂脱落，出现强烈弹射，发生岩块的抛射及岩粉喷射现象；有似爆破的爆裂声，声响强烈；持续时间长，并向围岩深度发展，破坏范围和块度大，影响深度 1～3m；对施工影响大		1～2
极强岩爆	围岩大片严重爆裂，大块岩片出现剧烈弹射，震动强烈，有似炮弹、闷雷声，声响剧烈；迅速向围岩深部发展，破坏范围和块度大，影响深度大于 3m；严重影响工程施工		<1

注　表中 H 为地下洞室埋深（m），H_{cr} 为临界埋深［发生岩爆的最小埋深（m）］，计算公式为 $H_{cr} = 0.318 R_b (1-\mu) / (3-4\mu) \gamma$。

岩爆的判别方法较多，归纳起来有应力判据、能量判据和岩性判据。应力判据主要考虑洞室切向应力与岩石单轴抗压强度的关系确定岩爆等级；能量判据根据弹性能量指标（W_{et}）大小判别和预测岩爆等级；岩性判据认为岩爆最主要的岩性条件是单轴抗压强度和抗拉强度，洞室切向应力和岩石单轴抗压强度之比要大于等于单轴抗压强度和抗拉强度的比值才发生岩爆。表 8.3 利用岩石强度应力比 R_b / σ_m 的大小进行岩爆等级的判别，考虑了岩体初始应力场和岩石的性质。虽然岩爆的发生是洞室开挖的应力重分布引起的，但应力重分布的基础是岩体的初始应力，因此，用围岩的初始最大主应力也可反映洞室开挖后应力重分布的相对大小。利用岩石强度应力比 R_b / σ_m 的大小进行岩爆等级的判别既可与岩体地应力的分类配套，又便于操作。

临界埋深公式由我国侯发亮教授提出，公式中仅考虑了岩石的性质，未考虑围岩的应力，因此，临界埋深应与岩石强度应力比 R_b / σ_m（小于 7）同时判别。

有的学者认为，岩石静力学还不能阐明岩爆的全部机理，初始应力及开挖引起的应力重分布是岩爆发生的背景与基础，但不是全部，还存在地应力外的其他诱发机制，按现有的研究还不能提出有效的预报方法和控制措施，还需要进行系统的岩爆灾害的岩石动力学机理研究。但实际情况是大量的工程施工均已遇到了岩爆，迫切需要对岩爆进行判别、分级，并有相应的支护措施。

8.2　围岩二次应力

8.2.1　概述

由于在岩体内开挖洞室，改变了其初始边界条件，使岩体内能量得到释放，从而在围岩的一定范围内引起地应力的重分布，形成新的应力状态，该应力可称为二次应力，见图 8.5。

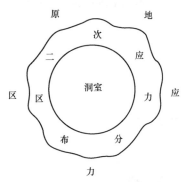

图 8.5　围岩应力分布示意图

近年来随着我国水电、铁路及公路等工程的不断高速发展，其地下洞室规模及埋深也不断加大，由此引起的围岩应力释放—集中、应力重分布等问题也越来越突出。随着地下洞室的开挖，其顶拱、边墙、端墙等部位可能产生围岩变形、岩面及喷层开裂等，特别是在高初始应力区，由于地下洞室施工开挖过程中岩体弹性应变能释放导致围岩发生强烈的岩爆，往往具有极大的破坏性和危险性。围岩二次应力场是地下工程开挖扰动后岩体应力释放并重新进行调整形成的，其大小及分布规律与初始应力场、工程地质条件、洞形及施工状况等有关。

显然研究围岩二次应力即时状态及其分布情况尤为重要，不仅对正确评价围岩稳定性有直接的关系，而且对设计优化、围岩支护及施工安全等均具有重要的意义。

8.2.2　围岩二次应力的确定方法

直接影响围岩稳定的正是二次应力，其确定方法比较复杂。现场测定虽比较可靠，但因工作条件所限，只能求得局部点的二次应力；模型试验需要满足模型的代表性和等效性；一般情况下，常采用数值分析方法。

1. 数值分析法

数值分析法包括应用弹性力学、弹塑性力学、塑性力学、断裂力学及损伤力学等理论的计算方法，目前已进展到研究三维非线性课题。弹性理论假定条件如下：

（1）围岩为弹性介质，即符合各向同性与均匀连续条件。

（2）洞室呈水平，纵向无限长，属弹性力学的平面课题。

一些学者曾相继提出过圆形断面、椭圆形断面、矩形和正方形断面洞室围岩二次应力状态的弹性力学解。兹以圆形洞室为例说明如下：

当地应力系数 $\lambda = Q/P = 1$（静水式）时，则围岩二次应力的理论计算公式为：

$$\sigma_r = \left(1 - \frac{a^2}{r^2}\right) \cdot P \tag{8.2}$$

$$\sigma_\theta = \left(1 + \frac{a^2}{r^2}\right) \cdot P \tag{8.3}$$

式中　σ_r——径向应力（kg/cm²）；

　　　σ_θ——切向应力（kg/cm²）；

　　　a——洞室半径（m）；

　　　r——某点距洞壁的距离（m）；

　　　P——地应力（$P=Q$）（kg/cm²）。

从上述公式可知：当 $r=a$ 时（即洞壁上），则$\sigma_r=0$，$\sigma_\theta=2P$，即洞壁上的径向应力为零，切向应力等于两倍地应力，当 r 等于 3 倍洞径时，围岩二次应力将过渡为原地应力区，即在该位置上就没有二次应力（见图 8.6）。因此，围岩二次应力在洞壁表面为最大，它是评价围岩稳定的主要因素之一。

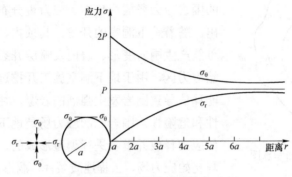

图 8.6　圆形洞室周边应力分布（一）

应该指出，上述围岩应力集中增高状态的表现，只有在洞室开挖后，围岩仍十分坚硬完整，并呈弹性变形状态时才有可能。但客观上围岩并非理想的弹性体，而属弹塑性体，洞室开挖后围岩在一定范围内总是发生塑性变形或破坏，则二次应力状态就更加复杂化了。一般认为其表现形式可分三区，即应力释放降低区，应力集中增高区以及原始地应力区（见图 8.7）。

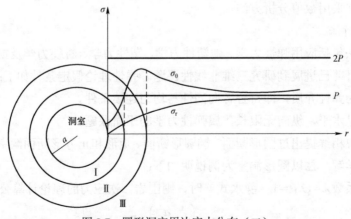

图 8.7　圆形洞室周边应力分布（二）

数值分析的前提是地质模型的建立和地应力及岩体力学参数的选取必须可靠，否则，计算成果就没有实际意义。

2. 模型试验法

尽管数值分析法在确定洞室围岩二次应力状态方面,其效果已比较明显,但由于地质条件的复杂性,必要时仍可采用模型试验,并结合计算分析的方法。模型试验包括光弹、地质力学模型试验等。

3. 现场测试法

现场测试法一般是先测出岩体的应变值,再根据应变与应力的关系计算出应力值。测试方法通常有应力解除法、应力恢复法等。鉴于施工期随开挖快速、大量测试围岩二次应力状态的需要,更多地采取表面应力解除法。

8.2.3　影响围岩二次应力的因素

1. 初始地应力的量级及性质

围岩二次应力状态,首先取决于初始应力场特征,主要表现在两个方面:

(1) 初始地应力量级大,围岩二次应力也相应增大。

(2) 围岩二次应力状态,受地应力侧压力系数 λ 所制约。据对单一洞室的理论计算、光弹试验和有限元分析,围岩二次应力状态与不同 λ 值初始应力场的关系一般如下:

1) 在 $\lambda=0$ 的地应力场中,即水平应力为 0,出现在围岩中发育张性断裂带及洞室处于岸边卸荷带内,对于任何断面形状和高跨比的洞室,其顶板均出现最大拉应力集中,而边墙为压应力集中。

2) 在 $0<\lambda<1$ 的地应力场中,洞室顶板拉应力集中程度随 λ 值的增大成反比,并逐渐转化为压应力集中,而边墙一般为压应力集中,且随 λ 值增大而减小。为消除顶板围岩的拉应力集中,可改善断面形状,加大高跨比。当 $\lambda=0.25\sim0.43$ 时,为比较典型的自重应力场,一般出现在未受构造扰动和挤压的坚硬岩层内(因坚硬岩体的 μ 为 0.2~0.3,故 $\lambda=0.25\sim0.43$),其水平应力由垂直自重应力导出,大致为垂直应力的 0.25~0.43 倍。当 $0<\lambda<0.25$ 时,比较接近第一种的应力状态。当 $0.43<\lambda<1$ 时,为自重应力与构造应力叠加的应力场。

3) 在 $\lambda=1$ 的静水式的地应力场中,即各方向水平应力均与垂直应力相等的静水式应力场,出现在洞室位于近期未受明显构造挤压的深部塑性变形区,以及具有高塑性的沉积岩层中,或者洞室横断面上水平应力与垂直应力相等的构造应力和自重应力叠加的应力状态下。对于任何断面形状和高跨比的洞室,都不出现拉应力集中区。

4) 在 $\lambda>1$ 的地应力场中,水平应力大于垂直应力,为构造应力与自重应力叠加的应力场。洞室顶板不出现拉应力,而为压应力集中,但边墙随 λ 值的增大,由压应力转化为拉应力集中。为改善边墙围岩不利的二次应力状态,可减小高跨比。

从以上分析表明,在经常遇到的以构造应力为主、水平应力大于垂直应力的地区,要充分利用 λ 值的异向性,洞线选择尽可能照顾到横断面上 λ 值接近 1,或者优化断面形状,以改善洞周二次应力状态,消除或减少拉应力区。

2. 围岩地质条件

围岩地质条件主要指岩性、地质构造所决定的岩体结构特征和岩石(体)强度、变形模量等力学属性。靠近洞壁的岩体（围岩）受到集中应力的作用，当岩体中的应力差达到某一极限值时，就产生塑性变形，洞周有可能形成塑性松动圈。在塑性松动圈以外，径向应力逐步减小；在塑性松动圈以里，应力仍保持天然状态，应力状态不受洞室开挖的影响。因此，洞室开挖的结果是在围岩中形成三个应力分布区，即应力降低区，应力升高区和天然应力区。

关于塑性圈的范围，一般认为与岩体的强度、天然应力的高低有密切关系。在岩体强度比较低或天然应力比较高的岩体中，塑性圈的范围比较大；反之，则范围很小，甚至不发生塑性变形。此外，塑性圈的范围还与支护（衬砌）的反力大小有关，支护早或反力大，围岩的塑性变形受限制，因而塑性开展的范围就小。

围岩中的岩体结构特征也对围岩应力起控制作用。节理的存在使岩体成为不连续介质，不能承受和传递较大的剪应力和拉应力。节理面的产状与洞体受力方向的不同，将产生三种不同的结果：

（1）节理面与洞体受力方向的夹角大于60°或垂直时，洞壁与节理面垂直相交的部位产生最大切向应力。

（2）节理面与洞体受力方向的夹角小于30°或平行时，洞壁与节理面相切的部位产生最大切向应力；当节理面的走向与洞体受力方向平行时，洞顶（底）的切向应力成为最大主应力而径向应力变得弯斜。

（3）节理面与洞体受力方向斜交成45°角时，洞壁与节理面相切及垂直的部位产生相等的最大切向应力。

3. 洞室断面形状

在同一地应力场作用下，洞室断面形状，即边界条件，将是影响围岩二次应力状态主要因素。例如，圆形洞室围岩稳定性较好，而方形洞室的锐角部位就易产生高度应力集中。但对具体工程来说，又将因客观条件的不同而有所区别，需通过数值计算、模型试验等予以确定。

4. 相邻洞室对围岩应力的影响

由于围岩内某一点的总应力等于两个或多个洞室在该点引起的应力之和，故相邻洞室的存在通常使围岩应力（主要为压应力）的集中程度增高，对洞室围岩的稳定不利。因此，一般认为，无压隧洞相邻洞室最小安全间距为1.0～3.0倍洞跨，高压隧洞之间的最小间距为0.15～0.6倍水头。此外，洞室的相互交叉也会使围岩的应力集中程度增高，一般在垂直应力为最大主应力的应力场中，对于理想的弹性岩层，洞室交叉的拐角两侧的应力集中将等于单个洞室应力集中的平方；对于非理想的弹性岩层，应力集中情况较为复杂。

8.3 地应力研究的工程意义

地应力的大小、方向和变化规律除与地震和断裂活动密切相关，影响工程场地的区域构造稳定性外，还对岩体稳定性和工程建筑物的设计与施工有直接的影响。初始地应力的存在，在基坑、边坡或地下工程的开挖施工时，常引起与卸荷回弹和应力释放相联系的变形和破坏现象，给工程造成不利影响或增加施工困难，但有时也对工程建设有利，关键在于充分认识和分析研究地应力的分布、变化规律。现结合实例说明地应力对工程设计、施工的影响。

（1）基坑底部的隆起、破坏。美国大古力混凝土重力坝，高168m，1942年建成。坝基为花岗岩，在基坑开挖过程中发现花岗岩呈水平层状裂开，剥了一层又一层，一直挖到较大深度，这种水平开裂现象是由于岩体中残余应力释放造成的，后来决定坝基停止开挖，迅速浇筑坝体，以恢复坝基的荷载，并用高压灌浆固结裂开的岩体。我国白河青石岭坝基及小湾坝基开挖时，由于应力释放，新鲜花岗岩及花岗片麻岩也产生层层剥离现象。

（2）基坑边坡的剪切滑移。葛洲坝水利枢纽二江电站厂房地基为白垩系黏土质粉砂岩夹砂岩及软弱夹层，岩层倾角6°～8°。当厂房基坑开挖深至50m左右时，发现上、下游边坡均沿主要软弱夹层向临空面滑移，最大位移量达8.0cm，移动方向与区域最大主应力方向一致。经实测，初始应力为2～3MPa。针对这个问题，在上游岩壁设置适应变形的10cm厚缓冲软垫层（以木屑、沥青混合物填实），以削减初始应力对建筑物的影响。

（3）边坡倾倒变形。碧口水电站岩性以绢云母千枚岩为主，在陡倾岩层走向与溢洪道轴线平行的50m地段，施工中不断出现倾倒现象。新鲜开挖面一般在3～5d内即出现倾倒现象，涉及深度达1～2m。据实测，坝址区初始水平应力为5.5～17MPa，由于施工开挖地应力的释放，从而导致板裂结构岩体倾倒变形的发生。

（4）引起岩爆。在高地应力地区的脆性岩石中开挖地下工程或边坡时，常易产生岩爆现象，这是岩体内储存的应变能以动能方式释放的结果。如映秀湾、渔子溪水电站的地下厂房及锦屏二级引水隧洞等开挖过程中，都曾发生岩爆。有名的意大利瓦依昂水库，河谷深切300m以上，岩体中初始应力很大，开挖边坡时，由于应力解除，使很大一部分岩体与岩壁分离，分离出的岩板，厚约10cm，并发出炮轰似的响声，开挖到底部时，在深9～18m处发生岩爆现象。

（5）对坝型选择的影响。美国鲍尔德重力拱坝坝高222m，1936年建成。坝基为安山凝灰质角砾岩，美国垦务局考虑到大坝蓄水后传给两岸拱座的推力很大，可能引起谷壁移动。因此，对拱座及坝基的可能变形问题，进行了三维分析。计算结果表明，由于谷坡发生位移，坝底基岩将开裂1.036cm，这对拱坝的稳定不利。当时设想，如果岩体内的初始水平压应力，其值足以抵消引起谷壁移动的张应力，就可满足稳定要求。在排水隧洞中用应力解除法实测得知，初始水平应力约为上覆岩层自重的3倍，于是设计了此坝，多年运行证明是成功的。

（6）对地下工程的影响。根据岩石力学理论，地下洞室围岩初始垂直应力与水平应力的比值，对洞室周边应力的分布，拱顶和边墙的稳定和支护衬砌的设计有密切的关系。要使地下洞室稳定，最重要的因素是要有一坚固的拱顶。当水平压应力占优势时，对拱顶的稳定是有利的。当围岩中垂直压应力占主导，而且岩体松软或节理裂隙发育时，就很难形成坚固的拱顶。因此，地下洞室设计中，实测岩体初始应力的大小和方向，是特别重要的。在拟定地下洞室的轴线时，一般认为轴线应尽量平行于最大主压应力方向，或成小角度斜交，这样不致因应力释放而影响边墙的稳定。但还必须考虑到拱顶和边墙岩体的工程地质特性和构造条件，作出既有利于拱顶又保证边墙稳定的布置方案。

8.4 地应力的研究与测试方法

8.4.1 地应力场的研究方法

地应力场的研究方法见表 8.4。

表 8.4 地应力场的研究方法

方法	说明
地质力学分析法	根据各种构造形迹的地质力学分析，掌握地区历次构造断裂活动的构造应力场特征，然后根据各次构造变动所涉及的构造层的时代和各构造形迹间的交切、改造关系，判定应力场的演变史及最新构造应力场的特征
震源机制解法	利用表源周围足够多的地震台站记录到的 P 波（地震纵波）初动符号求解出建立在双力偶点源模型基础上的地表震源机制解，即地表震源释放应力场，通过对区域大量地震的震源应力场的统计平均，再现区域构造应力场
数值解析法	根据现场地应力实测值对应力场进行回归分析。其方法主要有有限元分析法、非线性反演法、反演回归分析法等

8.4.2 常用岩体地应力测试方法

地应力的测试方法繁多，但不论采用何种方法，其理论假定均认为岩体呈连续的各向同性体，依据弹性理论广义虎克定理求算地应力。

岩体应力测试方法见表 8.5，岩体应力参数计算公式见表 8.6。

表 8.5 岩 体 应 力 测 试 方 法

测试方法			说明
钻孔应力解除法	孔壁应变法（单孔）	浅孔孔壁应变计测试	采用孔壁应变计，即在钻孔孔壁粘贴电阻应变片，量测套钻解除后钻孔孔壁的岩石应变，按弹性理论建立的应变与应力之间的关系式，求出岩体内该点的空间应力参数。为防止应变计引出电缆在钻杆内被绞断，要求测试深度不大于 30m
		深孔孔壁应变计测试	由于测试技术和水下粘贴技术的进步，可测试水下深孔岩体的应力状态。由于受测试设备的限制，本测试只适用于铅垂向的钻孔内进行，目前尚不能应用于任意向钻孔。测试深度大于 30m
	孔底应变法（三孔交汇）		采用孔底应变计，即在钻孔孔底平面粘贴电阻应变片，量测套钻解除后钻孔孔底的岩石平面应变，按弹性理论建立的应变与应力之间的关系式，求出岩体内该点的平面应力参数
	孔径应变法（三孔交汇）		采用孔径变形计，即在钻孔内埋设孔径变形计，量测套钻解除后钻孔孔径的变形，经换算成孔径应变后，按弹性理论建立的应变和应力之间的关系式，求出岩体内该点的平面应力参数
水压致裂法			采用两个长约 1m 串接起来可膨胀的橡胶封隔器阻塞钻孔，形成一封闭的加压段（长约 1m），对加压段加压直至孔壁岩体产生张拉破坏，根据破坏压力按弹性理论公式计算岩体应力参数
表面应变法	表面解除法测试		通过量测岩体表面的应变，计算岩体或地下洞室围岩受扰动后应力重分布后的岩体表面应力状态。岩体表面应力测试是一种简单快捷的方法，可以求得沿长度方向的应力状态变化规律
	表面恢复法测试		
声发射法测试			承受过应力作用的岩石，当再次加载时，如果这一荷载没有超过以前的应力状态，此时没有（或很少）发生声发射（AE）现象。所以 AE 现象明显增加的起始点就可认为岩石的先存应力

表 8.6　　　　　　　　　　　　　**岩 体 应 力 参 数**

项目		计算公式	说明
钻孔应力解除法	空间主应力	$\sigma_1 = 2\cos\dfrac{\omega}{3}\sqrt{-\dfrac{P}{3}} + \dfrac{1}{3}J_1$ $\sigma_2 = 2\cos\dfrac{\omega+2\pi}{3}\sqrt{-\dfrac{P}{3}} + \dfrac{1}{3}J_1$ $\sigma_3 = 2\cos\dfrac{\omega+4\pi}{3}\sqrt{-\dfrac{P}{3}} + \dfrac{1}{3}J_1$ $\alpha_i = \arcsin n_i$ $\beta_i = \beta_0 - \arcsin\dfrac{m_i}{\sqrt{1-n_i^2}}$	σ_1、σ_2、σ_3——岩体空间主应力（MPa）； α_i——主应力 σ_i 的倾角（°）； β_0——大地坐标系 x 轴方位角（°）； β_i——主应力 σ_i 在水平面上投影线的方位角（°）； J_1——计算中应力替代量； m_i、n_i——为序号 i 测试钻孔坐标系各轴对于大地坐标系的方向余弦
	平面主应力	$\sigma_1 = \dfrac{1}{2}[(\sigma_x+\sigma_y) + \sqrt{(\sigma_x-\sigma_y)^2 + 4\tau_{xy}^2}]$ $\sigma_2 = \dfrac{1}{2}[(\sigma_x+\sigma_y) - \sqrt{(\sigma_x-\sigma_y)^2 + 4\tau_{xy}^2}]$ $\alpha = \dfrac{1}{2}\arctan\dfrac{2\tau_{xy}}{\sigma_x-\sigma_y}$	α——σ_1 与 x 轴夹角（°）
水压致裂法		$S_h = p_s$ $S_H = 3p_s - p_r - p_0$ $\sigma_t = p_b - p_r$	S_h——钻孔横截面上岩体平面最小主应力（MPa）； S_H——钻孔横截面上岩体平面最大主应力（MPa）； σ_t——岩体抗拉强度（MPa）； p_s——瞬时关闭压力（MPa）； p_r——重张压力（MPa）； p_b——破裂压力（MPa）； p_0——岩体孔隙压力（MPa）
表面应变法	表面解除法 表面恢复法	$\sigma_1 = \dfrac{E}{1-\mu^2}(\varepsilon_1 + \mu\varepsilon_3)$ $\sigma_3 = \dfrac{E}{1-\mu^2}(\varepsilon_3 + \mu\varepsilon_1)$	σ_1——最大主应力（MPa）； σ_3——最小主应力（MPa）； E——岩石弹性模量； μ——岩石泊松比

1. 孔壁应变法测试

孔壁应变法测试是钻孔套心应力解除法的一种，将应变片安设在中心小钻孔的孔壁上，利用大钻孔钻头将空心岩芯与围岩分离开来，从而使得岩芯内原来承受的应力全部解除，根据此过程中岩芯产生的应变（或变形）和岩石的弹性常数，计算初始应力，在一个钻孔的一次测量就可以确定岩体的三维应力状态。

孔壁应变法测试按其应变计结构和适用环境分为浅孔孔壁应变法、浅孔空心包体孔壁应变计及深孔水下孔壁应变计三类。

（1）浅孔孔壁应变计因直接在孔壁上粘贴应变片，要求孔壁干燥，故适用于地下水位以上完整、较完整岩体，孔深不宜超过 20m，为排除孔内积水，钻孔宜向上倾斜 3°～5°。

（2）空心包体式孔壁应变计是将应变片粘贴在一预制的薄环氧树脂圆筒上，再包裹一层环氧树脂制成，适用于完整、较完整的岩体。

（3）深孔水下孔壁应变计，由于采用了特殊的水下黏结剂及粘贴工艺，可在水下孔壁上粘贴电阻片，适用于有水的完整、较完整的岩体。深孔水下孔壁应变量测难度很大，有一系列特殊要求，即有能够在深水中工作的深钻孔水下三向应变计，包括配套的应变片水下黏结剂、水下应变计粘贴技术、安装定位的触发装置、深钻孔套钻技术以及井下数据采集系统，可以在深达数百米钻孔中不间断地取得应力解除全过程的解除应变数据。

2. 孔底应变法测试

孔底应变法测试仍属于钻孔套心应力解除法，是采用电阻应变计（或其他感应元件）作为传感元件，测量套钻解除后钻孔孔底岩面应变变化，根据经验公式，求出孔底周围的岩体应力状态。主要优点为所需的完整岩芯长度较短，在较软弱或完整性较差的岩体内较易成功。

孔底应变计的安装工法要求烘烤孔底，需在钻孔无水状态下进行。为排除钻孔孔内积水，钻孔宜向上倾斜 $3°\sim5°$。

当需要测求岩体的空间力状态时，应采用三孔交汇测试的方法。

3. 孔径变形法测试

孔径变形法测试包括压磁应力计测试和孔径变形计测试两种方法。它是在钻孔预定孔深处安放压磁应力计或四分向环式钻孔变形计，然后套钻解除，量测解除前后的变形或应变差值，按弹性理论建立的孔径变化与应力之间的关系式，计算出岩体中钻孔横截面上的平面应力状态。

当需要测求岩体的空间力状态时，应采用三孔交汇测试的方法。

4. 水压致裂法测试

水压致裂法的优点是：① 资料整理不需要岩石弹性常数参与计算，避免因弹性常数取值不准确而引起的误差；② 岩壁受力范围较大，避免点应力状态的局限性和地质条件不均匀性的影响；③ 可以利用现有地质勘探钻孔进行量测，不需要专门钻孔；④ 操作简易，量测周期短。

该方法主要设备由三部分组成：钻孔承压段的封隔系统、加压系统和量测、记录系统。利用一对可膨胀的橡胶封隔器，在预测深度处取一段钻孔进行封隔，然后泵入液体对中间段钻孔施压，加压到钻孔围岩出现破裂缝（此时的压力称破裂压力），立即关闭压力泵，维持裂缝张开（此时的压力称为瞬时关闭压力），最后将压力泵卸压至零。围岩第一次破裂后，重复注液施压至破裂缝继续开裂（这时的压力为重张压力），根据实测压裂过程曲线获得压裂参数，计算测段（铅直孔）岩体最大和最小水平主应力，根据裂缝张开方向确定主应力方向。

5. 表面应变法测试

岩体表面应力测试是通过测量岩体表面应变或位移来计算应力，用于量测岩体表面或地下洞室围岩表面受扰动后重新分布的岩体应力状态。本测试方法包括两种：表面应力解除法和表面应力恢复法。

采用电阻应变计的表面应力解除法，把电阻片粘贴在岩石表面，然后在应变丛周围掏槽，使其应力解除，测量应力解除前后岩壁表面发生的应变变化，根据弹性理论计算出岩体应力。

采用表面应力恢复法，在岩体表面掏槽，测量掏槽引起槽上下岩体发生的相对位移，通过压力枕油压增加逐步使相对位移减少至零，则可认为此时的油压即为岩体表面该方向的初始应力。

该方法多用于围岩二次应力测试。

6. 声发射法测试

20 世纪 50 年代初凯塞在进行金属的声发射研究中，发现了金属材料对受过的应力具有记忆性，这种效应称为"凯塞效应"。20 世纪 70 年代末，对岩石材料的声发射研究中，也发现岩石对受过的力的作用也具有记忆性，这就是说岩石也具有"凯塞效应"。日本吉川等人首先应用凯塞效应测定了真鹤半岛的地应力。

应用声发射的凯塞效应测定地应力的原理是：承受过应力作用的岩石，当再次加载时，如果这一荷载没有超过以前的应力状态，此时没有（或很少）发生声发射（acoustic emission，AE）现象。当施加的力超过原来承受过的应力时，AE 现象将明显增加，所以 AE 现象明显增加的起始点就可认为岩石的先存应力，即地应力。如果我们在三维场中，应用凯塞效应测定了岩石三维场的先存应力，就可以确定岩体中的原始地应力。AE 法和现场应力解除法测定的地应力值和方向基本一致，AE 法测定的地应力值偏高，这是因为 AE 法测定的地应力值包含了构造应力所记忆的历史最大的地应力值，而解除法的测值只是现存的实际应力值。

8.5　工程实例

8.5.1　金沙江长江流域

8.5.1.1　乌东德水电站工程

乌东德水电站为高地应力区，地应力测试采用水压致裂法和孔壁应变法，测试分布区域涵盖河床区、两岸近岸坡区和两岸深部岩体，测点分布最大高程 912m，最低高程 647m。坝址区岩体应力测试共完成了 32 孔（组），其中单孔水压致裂法 16 孔，三维应力解除法测试 12 孔，三孔交汇法测试 4 组，同时开展了水压致裂法和三维应力解除法测试成果的对比研究。左岸近岸区、左岸地下厂房、右岸近岸区、右岸地下厂房、河床等各部位测试成果统计见表 8.7～表 8.13。

表 8.7　　　　　　左岸近岸区（左坝肩）单孔水压致裂法地应力测试成果表

工程部位	测试孔编号及位置			试段位置及成果							
	钻孔编号	横河向埋深（m）	孔口上覆岩体厚度（m）	试段孔深（m）	试段高程（m）	σ_H		σ_h	σ_Z	λ	在厂房底板以下深度（m）
						量值（MPa）	方位（°）	量值（MPa）	量值（MPa）	σ_H/σ_Z	
左坝肩	ZK141	64.9	200	42.7	813.1	4.9		4.4	6.6	0.7	在厂房开挖范围内
				46.5	809.3	5.6		4.0	6.7	0.8	
				51.9	803.9	5.7	318	3.8	6.8	0.8	
				59.6	796.2	6.5		4.0	7.0	0.9	
				72.3	783.5	5.1	324	4.2	7.4	0.7	
				75.9	779.9	6.7		5.1	7.4	0.9	
				89.4	766.4	5.3	—	4.5	7.8	0.7	
				97.1	758.7	7.6		5.2	8.0	1.0	7.0
				108.6	747.3	11.5	—	7.4	8.3	1.4	18.4
				112.4	743.4.	12.6	—	8.6	8.4	1.5	22.3
				120.1	735.7	11.4	—	7.9	8.6	1.3	30.0
				123.9	731.9	12.7	79	9.3	8.7	1.5	33.8
				127.8	728.0	13.0	68	8.1	8.9	1.5	37.7
				134.6	721.2	10.6	—	7.7	9.0	1.2	44.5
				143.6	712.2	9.1	—	6.0	9.3	1.0	53.5
				150.8	705.0	12.0	—	7.5	9.5	1.3	60.7
				154.6	701.2	10.5	—	7.8	9.6	1.1	64.5
				162.3	693.5	8.4	51	6.5	9.8	0.9	72.2
				173.8	682.0	9.7	—	6.3	10.1	1.0	83.7
				181.0	674.8	9.7	—	6.9	10.3	0.9	90.9
				184.6	671.2	11.6	53	7.7	10.4	1.1	94.5

注　厂房底板开挖高程以 765.7m 计。

358

表8.8　左岸厂房区三维地应力测试成果表

| 工程部位 | 测试孔编号及位置 | | | | | 试段位置及成果 | | | | | | | | | | | | | | | | |
	钻孔编号	横河向埋深(m)	孔口上覆岩体厚度(m)	试段孔深(m)	试段高程(m)	σ_H 量值(MPa)	σ_H 方位(°)	σ_h 量值(MPa)	σ_z 量值(MPa)	λ σ_H/σ_z	σ_1 量值(MPa)	σ_1 方向α(°)	σ_1 倾角β(°)	σ_2 量值(MPa)	σ_2 方向α(°)	σ_2 倾角β(°)	σ_3 量值(MPa)	σ_3 方向α(°)	σ_3 倾角β(°)	在厂房底板以下深度(m)	备注
左岸地下厂房	SPZK8	353.8	490	7.1	867	9.8	52	6.6	9.2	1.1	11.9	226	42	7.4	90	39	6.3	339	24		
				8.6		10.3	64	6.6	11.2	0.9	13.7	258	50	8.3	35	32	6.0	139	22		
				14.3		13.2	50	7.8	10.3	1.2	14.6	251	35	11.6	10	35	5.2	131	36		
				17.3		11.7	36	6.1	13.4	1.0	14.9	46	56	10.4	208	32	5.9	303	8		
				22.6		11.8	48	6.3	12.2	1.1	13.7	53	48	10.4	222	42	6.2	317	5		
				23.4		10.7	55	7.9	11.4	1.1	13.6	266	52	9.7	26	22	6.6	129	30		
				23.7		13.3	42	9.8	11.0	1.1	14.6	277	45	13.1	23	15	6.4	127	41		浅孔三维解除
	SPZK9	353.8	490	7.4	867	13.3	48	10.6	12.3	1.1	14.4	66	38	12.2	189	34	9.6	305	33	皆在厂房开挖范围内	
				8.8		11.5	42	7.7	12.3	0.9	12.5	61	68	11.4	218	21	7.6	311	8		
				10.4		11.8	38	7.8	10.1	1.2	12.0	43	18	10.5	166	59	7.2	305	24		
				12.6		12.4	53	8.6	12.5	1.0	14.7	210	49	11.3	80	29	7.5	334	26		
				13.7		11.2	45	6.8	10.2	1.1	11.3	43	7	10.6	312	71	6.5	136	18		
				16.6		11.4	46	9.2	10.5	1.1	12.3	66	39	10.5	187	33	8.2	303	34		
	ZK207/SPZK8/SPZK9	353.8	490	—	—	11.3	57	7.7	9.3	1.2	11.8	261	33	10.7	20	36	5.8	142	36		三孔交汇

续表

测试孔编号及位置				试段位置及成果																	备注
工程部位	钻孔编号	横河向埋深(m)	孔口上覆岩体厚度(m)	试段孔深(m)	试段高程(m)	σ_H 量值(MPa)	σ_H 方位(°)	σ_h 量值(MPa)	σ_z 量值(MPa)	λ σ_H/σ_z	σ_1 量值(MPa)	σ_1 方向α(°)	σ_1 倾角β(°)	σ_2 量值(MPa)	σ_2 方向α(°)	σ_2 倾角β(°)	σ_3 量值(MPa)	σ_3 方向α(°)	σ_3 倾角β(°)	在厂房底板以下深度(m)	
左岸地下厂房	ZK518	134.1	290	8.4	848.9	7.4	88	3.6	7.3	1.0	8.4	67	50	6.9	−75	34	3.1	181	19		浅孔三维解除
				11.0	846.3	6.9	94	5.7	8.5	0.8	8.2	43	72	6.2	−75	9	5.2	193	16		
				15.9	841.4	7.0	88	3.6	8.8	0.8	9.3	88	64	6.5	−89	26	3.6	179	3		
				18.4	838.9	7.0	89	3.6	9.4	0.7	9.9	129	72	6.8	263	13	3.3	356	13		
	ZK519	134.1	290	13.8	847.6	7.6	92	4.9	7.5	1.0	8.3	274	43	6.9	88	46	4.9	181	3		管在厂房开挖范围内
				18.2	844.5	6.6	92	5.5	6.6	1.0	7.2	82	48	6.1	69	38	5.4	189	15		
				19.4	843.6	6.2	89	3.8	7.9	0.8	8.9	256	59	5.4	103	28	3.6	6	12		
				22.4	841.5	6.8	94	4.0	7.9	0.9	9.7	267	52	5.2	112	35	3.9	13	12		
	ZK520	134.1	290	10.8	849.7	6.9	85	3.5	6.3	1.1	8.4	271	41	5.0	59	45	3.3	167	17		
				12.9	848.2	6.4	94	3.2	7.8	0.8	8.2	293	67	6.1	89	21	3.1	182	8		
				17.7	844.8	6.3	89	4.6	6.3	1.0	8.2	272	45	4.7	25	21	4.4	132	38		
	ZK207/SPZK8/SPZK9	134.1	290	—	—	6.0	91	3.8	7.4	0.8	8.5	257	56	5.1	109	30	3.6	10	14		三孔交汇

注 厂房三大洞室顶、底板开挖高程分别以886.5m、765.7m计。

360

表 8.9 左岸厂房区单孔水压致裂法地应力测试成果表

工程部位	测试孔编号及位置			试段位置及成果							
	钻孔编号	横河向埋深（m）	孔口上覆岩体厚度（m）	试段孔深（m）	试段高程（m）	σ_H		σ_h	σ_Z	λ	在厂房底板以下深度（m）
						量值（MPa）	方位（°）	量值（MPa）	量值（MPa）	σ_H/σ_Z	
左岸地下厂房	DZK1	98.6	220	57.5	890.5	6.6	—	4.2	7.5	0.9	在厂房顶板附近
				86.3	961.7	6.8	276	5.0	8.3	0.8	在厂房开挖范围内
				94.7	853.3	8.9	—	6.1	8.5	1.1	
				107.9	840.1	6.2	—	4.0	8.9	0.7	
				116.4	831.6	8.1	—	4.5	9.1	0.9	
				125.0	823.0	7.0	—	4.1	9.3	0.7	
				134.6	813.4	12.7	272	7.4	9.6	1.3	
				151.8	796.2	5.9	—	4.2	10.0	0.6	
				163.9	784.1	13.7	—	9.4	10.4	1.3	
				184.5	763.5	14.4	339	8.8	10.9	1.3	2.2
				191.2	756.8	9.1	—	5.9	11.1	0.8	8.9
	ZK204	301.9	440	13.6	848.4	7.6	—	4.4	12.2	0.6	在厂房开挖范围内
				19.3	842.7	10.5	—	6.9	12.4	0.8	
				29.0	833.0	9.6	333	6.1	12.7	0.8	
				32.8	829.2	9.4	—	6.5	12.8	0.7	
				38.5	823.5	9.7	—	5.3	12.9	0.7	
				48.2	813.8	10.6	—	5.9	13.2	0.8	
				60.2	801.8	11.0	19	7.2	13.5	0.8	
				68.1	793.9	12.2	—	8.9	13.7	0.9	
				75.8	786.2	11.2	—	7.2	13.9	0.8	
				82.8	779.2	11.0	—	7.1	14.1	0.8	
				89.0	773.0	11.9	352	7.3	14.3	0.8	
				93.3	768.7	11.9	—	8.4	14.4	0.8	
				101.3	760.7	12.3	—	7.6	14.6	0.8	5.0
				107.5	754.5	14.7	13	8.2	14.8	1.0	11.2
				113.8	748.2	13.0	—	7.8	15.0	0.9	17.5
				120.0	742.0	14.9	11	9.5	15.1	1.0	23.7
				126.0	736.0	15.0	—	8.6	15.3	1.0	29.7
				133.3	728.7	17.9	—	9.9	15.5	1.2	37.0
				138.9	723.1	20.5	—	11.9	15.6	1.3	42.6
				142.4	719.6	20.9	23	12.1	15.7	1.3	46.1

工程部位	测试孔编号及位置			试段位置及成果							
	钻孔编号	横河向埋深（m）	孔口上覆岩体厚度（m）	试段孔深（m）	试段高程（m）	σ_H		σ_h	σ_Z	λ	在厂房底板以下深度（m）
						量值（MPa）	方位（°）	量值（MPa）	量值（MPa）	σ_H/σ_Z	
左岸地下厂房	ZK207	353.8	490	12.9	852.7	10.8		6.5	13.6	0.8	
				16.8	848.8	12.3	69	6.7	13.7	0.9	
				20.1	845.5	7.3	—	5.1	13.8	0.5	
				26.4	839.2	11.1	—	6.1	13.9	0.8	
				30.4	835.2	10.2	—	5.7	14.1	0.7	
				37.4	828.2	10.6	55	5.9	14.2	0.7	
				40.9	824.7	11.3		6.8	14.3	0.8	
				46.5	819.1	12.0	—	6.6	14.5	0.8	在厂房开挖范围内
				50.5	815.1	11.4	—	6.9	14.6	0.8	
				57.4	808.2	8.1	—	5.2	14.8	0.5	
				67.8	797.8	10.9		6.4	15.1	0.7	
				74.9	790.7	7.6	—	5.0	15.3	0.5	
				82.8	782.8	8.5	—	5.4	15.5	0.6	
				92.3	773.3	7.1	—	5.7	15.7	0.5	
				99.7	765.9	7.9	—	5.4	15.9	0.5	
				113.4	752.2	11.8	—	7.2	16.3	0.7	13.5
				118.3	747.3	14.1	—	8.0	16.4	0.9	18.4
				124.7	740.9	13.5	45	7.9	16.6	0.8	24.8
				130.8	734.8	13.4	—	7.6	16.8	0.8	30.9
	ZK518	134.1	290	14.6	842.7	7.1	—	4.7	8.2	0.9	
				17.9	839.4	6.2	94	4.3	8.3	0.7	
				20.0	837.3	6.3	—	4.2	8.4	0.8	
				28.1	829.2	6.9	86	4.4	8.6	0.8	
				38.9	818.4	7.2	—	4.5	8.9	0.8	
				43.2	814.1	7.1	—	4.4	9.0	0.8	
				47.5	809.8	7.1	—	4.8	9.1	0.8	
				55.8	801.5	7.6	77	5.3	9.3	0.8	在厂房开挖范围内
				63.8	793.5	7.5	68	5.5	9.6	0.8	
				73.5	783.8	7.5	—	5.6	9.8	0.8	
				79.4	777.9	7.1	—	4.8	10.0	0.7	
				86.1	771.2	9.3		5.6	10.2	0.9	
				90.2	767.1	8.4	71	5.5	10.3	0.8	
				93.4	763.9	10.2	65	6.3	10.4	1.0	1.8

表 8.10　　　　右岸近岸区（右坝肩）单孔水压致裂法地应力测试成果表

工程部位	测试孔编号及位置			试段位置及成果							
	钻孔编号	横河向埋深（m）	孔口上覆岩体厚度（m）	试段孔深（m）	试段高程（m）	σ_H		σ_h	σ_Z	λ	在厂房底板以下深度（m）
						量值（MPa）	方位（°）	量值（MPa）	量值（MPa）	σ_H/σ_Z	
右坝肩	ZK158	66.3	115	23.8	844.7	1.2	—	1.0	3.7	0.3	在厂房开挖范围内
				61.4	807.1	2.6	327	2.2	4.8	0.5	
				64.5	803.9	3.9		2.9	4.8	0.8	
				80.2	788.3	4.0	315	2.8	5.3	0.8	
				92.7	775.7	4.2	—	3.2	5.6	0.7	
				105.6	762.9	4.8	—	3.4	6.0	0.8	2.8
				114.7	753.8	5.3	—	3.9	6.2	0.9	11.9
				117.8	750.7	7.8	—	5.2	6.3	1.2	15.0
				124.1	744.4	8.7	—	6.5	6.5	1.3	21.3
				127.9	740.5	11.2	83	7.4	6.6	1.7	25.2
				131.8	736.7	6.3	—	4.6	6.7	0.9	29.0
				135.6	732.9	8.4	71	5.9	6.8	1.2	32.8
				143.3	725.2	6.6	—	5.2	7.0	0.9	40.5
				147.2	721.3	7.3	—	5.9	7.1	1.0	44.4
				162.4	706.0	7.4	—	5.6	7.5	1.0	59.7
				166.3	702.2	7.1	—	5.9	7.6	0.9	63.5
				173.9	694.5	7.5	58	5.1	7.8	1.0	71.2
				177.8	690.7	7.4	—	5.3	7.9	0.9	75.0
				181.6	686.9	8.3	—	6.0	8.0	1.0	78.8

表 8.11　右岸厂房区三维地应力测试成果表

工程部位	钻孔编号	横河向埋深 (m)	孔口上覆岩体厚度 (m)	试段孔深 (m)	试段高程 (m)	σ_H 量值 (MPa)	σ_H 方位 (°)	σ_h 量值 (MPa)	σ_z 量值 (MPa)	λ σ_H/σ_z	σ_1 量值 (MPa)	σ_1 方向 α(°)	σ_1 倾角 β(°)	σ_2 量值 (MPa)	σ_2 方向 α(°)	σ_2 倾角 β(°)	σ_3 量值 (MPa)	σ_3 方向 α(°)	σ_3 倾角 β(°)	在厂房底板以下深度 (m)	备注
右岸地下厂房	DZK3	143.6	180	6.2		5.6	341	4.4	5.2	1.1	5.6	341	11	5.2	173	78	4.4	72	2		浅孔三维解除
				8.6	893.5	5.7	345	4.7	5.4	1.1	5.7	166	4	5.5	269	70	4.6	75	20		
				9.2		6.0	324	5.6	5.4	1.1	6.0	144	9	5.6	235	4	5.3	353	80		
	DZK5	143.6	180	7.6	886.8	4.9	11	4.1	6.0	0.8	6.6	181	60	4.4	33	27	4.0	296	14	在厂房顶板附近	
				9.2	885.7	5.6	39	3.7	5.2	1.1	6.1	223	35	4.7	23	53	3.6	126	10		
				9.9	885.2	5.4	26	3.8	5.2	1.0	5.6	24	37	4.9	213	53	3.8	117	4		
				10.6	884.7	5.7	353	3.8	5.4	1.1	6.5	166	40	4.8	16	46	3.7	269	15		
	DZK6	143.6	180	7.8	884.4	4.6	306	3.9	6.4	0.7	6.5	332	77	4.5	121	11	3.9	212	7		
				8.8	883.1	4.1	321	3.4	5.7	0.7	5.7	284	80	4.1	144	8	3.3	53	6		
				10.4	881.8	4.5	312	4.0	6.0	0.8	6.0	321	80	4.5	131	10	4.0	221	2		
				12.0	880.2	4.1	329	3.7	5.7	0.7	5.8	300	79	4.1	155	9	3.7	64	6		
	DZK3/DZK5/DZK6			—	—	5.0	310	3.6	5.9	0.8	6.5	290	60	4.5	146	25	3.4	49	15		三孔交汇
	ZK210	397.7	400	18.5	823.1	6.5	42	4.2	8.4	0.8	9.0	126	71	6.5	221	2	3.6	311	19	厂房开挖范围	深孔三维解除
				58.2	783.4	9.1	46	6.5	12.9	0.7	13.0	156	83	9.1	47	2	6.4	316	6		
				61.1	780.5	5.8	51	4.1	9.3	0.6	9.3	338	88	5.7	231	1	4.0	141	2		
				83.5	758.1	8.1	89	5.1	12.6	0.6	12.9	107	78	7.9	266	11	5.1	357	4	7.6	

续表

测试孔编号及位置						试段位置及成果																
工程部位	钻孔编号	横河向埋深(m)	孔口上覆岩体厚度(m)	试段孔深(m)	试段高程(m)	σH 量值(MPa)	σH 方位(°)	σh 量值(MPa)	σz 量值(MPa)	λ σH/σz	σ1 量值(MPa)	σ1 方向α(°)	σ1 倾角β(°)	σ2 量值(MPa)	σ2 方向α(°)	σ2 倾角β(°)	σ3 量值(MPa)	σ3 方向α(°)	σ3 倾角β(°)	在厂房底板以下深度(m)	备注
右岸地下厂房	ZK506	205.6	300	11.4	827.4	5.1	13	3.1	6.2	0.8	6.7	219	63	4.8	3	22	2.9	98	14		浅孔三维解除
				13.7	824.5	4.9	345	3.5	6.5	0.8	6.6	0	74	4.8	162	15	3.5	253	5		
				17.3	820.9	5.6	6	3.2	6.4	0.9	7.0	184	57	5.0	8	33	3.2	277	2		
				19.2	819.0	6.1	0	4.9	6.5	0.9	7.3	157	52	5.6	27	26	4.5	284	25		
	ZK522	266.5	340	7.5	834.6	4.2	76	2.2	7.7	0.5	8.8	242	64	3.3	91	23	2.0	356	11	在厂房开挖范围内	
				9.8	832.9	4.9	85	4.4	8.1	0.6	9.2	340	65	4.8	74	2	3.3	165	25		
				11.5	831.7	5.0	88	3.6	8.0	0.6	9.4	317	62	4.7	66	10	2.5	161	25		
	ZK523	266.5	340	8.6	833.3	5.9	77	4.6	5.7	0.6	8.3	85	44	4.6	181	7	3.2	278	45		
				14.3	828.9	6.1	84	4.6	7.1	0.6	8.5	91	50	4.6	192	9	3.7	290	39		
				17.1	826.7	5.5	88	3.8	6.3	0.6	8.8	84	49	3.9	185	9	3.0	283	39		
	ZK521/ZK522/ZK523	266.5		—	—	6.3	79	4.0	5.9	1.1	9.0	251	43	4.2	147	14	2.9	44	43		三孔交汇

注　厂房三大洞室洞顶、底板开挖高程分别以 886.5m、765.7m 计。

表 8.12　　　　　　　　右岸厂房区单孔水压致裂法地应力测试成果表

工程部位	测试孔编号及位置			试段位置及成果							
	钻孔编号	横河向埋深（m）	孔口上覆岩体厚度（m）	试段孔深（m）	试段高程（m）	σ_H		σ_h	σ_Z	λ	在厂房底板以下深度（m）
						量值（MPa）	方位（°）	量值（MPa）	量值（MPa）	σ_H/σ_Z	
右岸地下厂房	DZK6	143.6	180	7.5	884.7	5.3	290	3.8	5.1	1.0	在厂房顶板附近
				10.1	882.1	5.4	—	3.1	5.1	1.1	
				12.0	880.2	2.3		1.8	5.2	0.4	
				32.5	859/7	5.5	320	3.9	5.7	1.0	在厂房开挖范围内
				36.4	855.8	6.3		5.6	5.8	1.1	
				39.0	853.2	5.4		4.6	5.9	0.9	
				73.7	818.5	9.4	310	5.5	6.8	1.4	
	DZK2	169.4	100	60.5	912.4	4.4	25	3.2	4.3	1.4	在厂房顶板附近
				80.2	892.7	10.3	—	6.3	4.9	2.1	
				102.0	870.9	4.3		2.6	5.5	0.8	
	ZK504	312.9	300	11.3	827.7	4.8	—	3.8	8.4	0.6	在厂房开挖范围内
				18.6	820.4	5.4		4.1	8.6	0.6	
				26.0	813.0	5.5	277	4.3	8.8	0.6	
				33.7	805.3	5.6		3.6	9.0	0.6	
				37.7	801.3	4.3	—	3.0	9.1	0.5	
				41.8	797.2	6.7		3.9	9.2	0.7	
				46.3	792.7	5.4		3.4	9.4	0.6	
				50.0	789.0	4.4		3.3	9.5	0.5	
				58.7	780.3	5.5		3.8	9.7	0.6	
				65.2	773.8	7.1	75	4.4	9.9	0.7	
				68.4	770.6	5.9		3.7	9.9	0.6	
				71.5	767.5	7.2		4.4	10.0	0.7	
				77.8	761.2	8.6		5.5	10.2	0.8	4.5
				85.9	753.1	8.9	87	5.5	10.4	0.9	12.6
				90.1	748.9	9.3	—	5.8	10.5	0.9	16.8
	ZK210	397.7	400	15.5	826.1	7.3	—	4.8	11.2	0.7	在厂房开挖范围内
				26.7	814.9	6.9	—	5.2	11.5	0.6	
				28.2	813.5	7.6		4.1	11.6	0.7	
				30.0	811.5	9.4	40	5.3	11.6	0.8	
				52.4	789.2	7.3		4.6	12.2	0.6	
				56.4	785.3	9.1	43	5.4	12.3	0.7	
				64.6	777.0	8.7	—	5.1	12.5	0.7	

工程部位	测试孔编号及位置			试段位置及成果							
	钻孔编号	横河向埋深（m）	孔口上覆岩体厚度（m）	试段孔深（m）	试段高程（m）	σ_H		σ_h	σ_Z	λ	在厂房底板以下深度（m）
						量值（MPa）	方位（°）	量值（MPa）	量值（MPa）	σ_H/σ_Z	
右岸地下厂房	ZK210	397.7	400	76.7	764.9	9.7	—	6.3	12.9	0.8	0.8
				83.7	758.0	8.6	—	5.6	13.1	0.7	7.7
				92.3	749.4	11.0	—	6.3	13.3	0.8	16.3
				94.2	747.4	11.8	288	7.4	13.3	0.9	18.3
				95.7	745.9	13.6	—	9.0	13.4	1.0	19.8
	ZK506	205.6	300	6.0	832.2	6.4	—	4.2	8.3	0.8	在厂房开挖范围内
				12.4	925.8	4.9	—	3.8	8.4	0.6	
				17.3	820.9	5.8	353	4.1	8.6	0.7	
				21.9	816.3	4.5	348	3.1	8.7	0.5	
				26.8	811.4	4.8	—	3.6	8.8	0.5	
				33.4	804.8	5.3	—	3.7	9.0	0.6	
				39.5	798.7	5.8	—	4.9	9.2	0.6	
				44.6	793.6	5.4	14	4.0	9.3	0.6	
				52.6	785.6	5.1	—	4.1	9.5	0.5	
				59.2	779.0	6.0	—	4.0	9.7	0.6	
				68.7	769.5	7.4	27	4.4	10.0	0.7	
				76.5	761.7	5.9	—	4.8	10.2	0.6	4.0
				84.9	753.3	6.4	35	5.3	10.4	0.6	12.4
				92.1	746.1	8.0	41	5.4	10.6	0.8	19.6
				96.7	741.5	6.2	—	5.6	10.7	0.6	24.2
	ZK521	266.5	340	14.4	825.5	5.1	—	3.4	9.3	0.6	在厂房开挖范围内
				22.7	817.2	6.4	84	4.7	9.5	0.7	
				26.7	813.2	5.8	—	4.2	9.6	0.6	
				30.6	809.3	5.6	—	4.5	9.7	0.6	
				38.8	801.1	5.7	77	3.5	10.0	0.6	
				42.0	797.9	4.7	—	3.6	10.0	0.5	
				49.8	790.1	6.2	—	3.8	10.3	0.6	
				64.0	775.9	5.8	—	4.9	10.6	0.6	
				67.0	772.9	6.3	74	4.5	10.7	0.6	
				73.6	766.3	5.7	—	4.1	10.9	0.6	
				79.9	760.0	7.0	63	4.7	11.1	0.7	5.7
				83.0	756.9	6.8	—	5.0	11.2	0.7	8.8
				88.8	751.1	8.3	—	5.9	11.3	0.8	14.6
				94.0	745.9	8.5	68	5.4	11.4	0.8	19.8

注　厂房三大洞室顶、底板开挖高程分别以886.5m、765.7m计。

表8.13　　　　　　　　　　　河床区单孔水压致裂法地应力测试成果表

工程部位	测试孔编号及位置		试段位置及成果								
	钻孔编号	横河向埋深(m)	试段在河床基岩顶面以下深度(m)	试段孔深(m)	试段高程(m)	σ_H		σ_h	σ_z	λ	在坝基底板以下深度(m)
						量值(MPa)	方位(°)	量值(MPa)	量值(MPa)	σ_H/σ_z	
河床	ZK3	0	12.8	68.0	731.2	4.2	74	3.0	2.0	2.1	在坝基底板以上
			20.3	75.4	723.7	4.7	—	3.1	2.2	2.1	
			34.8	90.0	709.2	8.0	—	6.8	2.6	3.1	8.8
			42.1	97.3	701.9	5.8	—	4.9	2.8	2.1	16.1
			51.4	106.5	692.6	9.7	—	6.7	3.0	3.2	25.4
			59.8	115.0	684.2	11.7	—	8.0	3.2	3.6	33.8
			66.7	121.9	677.3	20.7	51	11.4	3.4	6.0	40.7
			79.3	134.5	664.7	9.5	—	6.7	3.8	2.5	53.3
			87.9	143.1	656.1	11.1	27	6.7	4.0	2.8	61.9
			96.6	151.8	647.4	13.0	—	7.7	4.2	3.1	70.6
	ZK35	0	69.8	117.1	687.0	14.1	24	9.4	3.3	4.3	31.0
			80.8	128.2	676.0	16.5	—	10.5	3.6	4.6	42.0
			95.0	142.3	661.8	16.9	357	10.8	4.0	4.3	56.2
			99.1	146.4	657.7	10.3	—	7.8	4.1	2.5	60.3
			102.7	150.0	654.1	13.8	—	9.0	4.2	3.3	63.9
			105.5	152.8	651.3	9.0	14	6.8	4.2	2.1	66.7
	ZK34	0	41.2	110.4	689.8	12.0	—	7.6	3.1	3.8	28.2
			50.7	119.9	680.3	19.4	33	10.6	3.4	5.7	37.7
			60.8	130.0	670.2	12.9	—	9.0	3.6	3.5	47.8
			64.0	133.2	667.0	12.2	—	7.1	3.7	3.3	51.0
			72.1	141.3	658.9	16.9	22	9.9	3.9	4.3	59.1

注　坝基底板高程以718m计。

测试成果和分析表明：

（1）左岸岩体最大主应力（σ_1）最大值为19.5MPa，倾角集中为40°～70°，方位角主要分布范围为NNE～EW向；最小主应力（σ_3）最大值为11.7MPa，倾角集中为0°～20°，方位角主要为NW向和SEE～SE向。右岸岩体最大主应力（σ_1）最大值为13.0MPa，倾角集中为40°～70°；最小主应力（σ_3）一般为3～5MPa，倾角集中为0°～20°。

右岸受近坝断层、金沙江河谷应力隔断、岩体埋深浅等因素的影响，其应力值较左岸总体低30%～40%。

（2）乌东德坝址区最大水平主应力（σ_H）集中在8～16MPa，最大值20.9MPa。最大水平主应力（σ_H）方向按测点高程统计，高程在870m以上的测点最大水平主应力方向主要为NW～SN向，与河流走向近乎平行；高程在750～870m范围测点主要为NNE～EW

向；高程在 750～700m 集中为 NNE～NEE 向；高程在 700m 以下集中为 NNE～NE 向。最小水平主应力（σ_h）集中在 4～9MPa，最大值为 12.1MPa。其中河谷右岸被近坝断层和金沙江河谷合围，另受岩体埋深浅等影响，其应力总体较左岸低 30%～40%。

（3）坝址区应力分布存在河床及坡脚部位的高应力区和两岸岩体的"驼峰"应力分布。

受乌东德河谷之上宽谷地形影响，两岸岩体"驼峰"应力曲线形态与标准形态有所不同，其"尾部"岩体应力未稳定，随埋深增加而增加。

8.5.1.2　白鹤滩水电站工程

白鹤滩坝址区位于川滇菱形块体东侧，由于印度洋板块向北推挤俯冲，导致中国西南地区地壳南北向缩短、东西向伸展，青藏高原物质向东挤出，进而在西昌—宁南一带形成 NWW 向挤压应力场。

1. 坝区高地应力现象

（1）岩芯饼裂。白鹤滩坝段属中山峡谷地貌，河床及两岸主要由坚硬的玄武岩组成。勘探过程中，河床部位在基岩面以下 20m 开始出现饼状岩芯，但在河床基岩面以下 90～180m 最为发育。饼状岩芯在隐晶质玄武岩、杏仁状玄武岩、斜斑玄武岩、角砾培岩内均出现，柱状节理密集的玄武岩内则未见。两岸边坡仅在较深的地应力测试孔内见饼状岩芯。

（2）平洞片帮。勘探平洞掘进至距岸坡 250m 山体内，见片帮现象，片帮厚度一般 0.5～2cm，最厚 7cm。右岸较左岸强烈。

2. 地应力测试成果分析

白鹤滩水电站为高地应力区，部分探洞片帮现象严重，主要出现在顶拱部位。岩体应力测试共完成了 17 组，其中单孔水压致裂法测试 3 组，三孔水压致裂法测试 9 组，三孔应力解除法测试 3 组（9 孔）、单孔应力解除法测试 2 孔（组），各部位测试成果及统计见表 8.14。

表 8.14　各部位大、小水平主应力量值及方向统计表

岸别	部位	统计项	大水平主应力 S_H（MPa）			小水平主应力 S_h（MPa）	S_H/S_h	S_H/γ_H
			大小 MPa	方位角（°）	优势方位角（°）			
左岸	岸坡区	最大值	14.99	170	130～154	11.42	1.86	3.88
		最小值	3.01	128		2.70	1.01	0.72
		平均值	7.72	145		6.25	1.24	1.37
		大值平均	10.26	—		8.35		
	厂房区	最大值	33.39	158	128～137	19.77	1.96	2.77
		最小值	3.90	80		3.08	1.01	0.43
		平均值	15.40	125		10.62	1.42	1.43
		大值平均	21.96	—		14.36		
河谷	河谷区	最大值	28.26	107	75～100	17.09	1.85	10.13
		最小值	3.90	40		3.40	1.01	1.86
		平均值	13.48	80		9.67	1.39	4.70
		大值平均	18.71	—		12.58		

岸别	部位	统计项	大水平主应力 S_H（MPa）			小水平主应力 S_h（MPa）	S_H/S_h	S_H/γ_H
			大小 MPa	方位角（°）	优势方位角（°）			
右岸	岸坡区	最大值	19.85	68	19~32	12.06	1.65	2.02
		最小值	2.92	3		2.26	1.00	0.36
		平均值	6.03	25		4.62	1.27	0.84
		大值平均	10.80			7.58	—	—
	厂房区	最大值	30.99	36	12~22	18.21	1.97	2.06
		最小值	4.68	8		3.59	1.23	0.32
		平均值	15.14	21		9.14	1.00	1.05
		大值平均	23.84	—		13.66	—	—

注　γ 取 28kN/m³。

根据测试成果统计，左岸岸坡区大水平主应力最大值为 14.99MPa，最小值为 3.01MPa，平均值为 7.72MPa，大值平均值为 10.26MPa。

左岸厂房区大水平主应力最大值为 33.39MPa（位于 1 号圆筒尾水调压室上游侧约 90m 处），最小值为 3.90MPa，平均值为 15.40MPa，大值平均值为 21.96MPa。

左岸地下厂房以 1 号尾水调压室上游侧约 50m 处（左岸 1 号冲沟上游侧陡坎）为界，其上游区（南区）为陡坎，埋深较大，一般为 340~460m；1 号尾水调压室下游（北区）埋深相对较浅，一般为 210~320m。因埋深的差异，两个区域地应力量值存在较大的差异，其地应力测试成果见表 8.15。

表 8.15　　　　　　左岸地下厂房南、北区二维水压致裂法测试成果统计表

分区	统计值	大水平主应力（MPa）	小水平主应力（MPa）	大主应力方向（°）
南区	最大值	33.39	19.77	—
	最小值	15.14	10.14	—
	平均值	23.99	15.02	140
	大值平均值	28.86	17.87	—
北区	最大值	29.96	17.96	—
	最小值	3.45	3.08	—
	平均值	13.15	9.47	122
	大值平均值	17.79	12.69	—

南区大值平均值为 28.86MPa，最大值为 33.39MPa；北区大值平均值为 17.79MPa，最大值为 29.96MPa，该部位地应力量值较高测试段主要位于 C2 层间错动带下部 30m~50m 范围内。两个区域的地应力方向基本一致，为 N30°~60°W。

河谷区的大水平主应力最大值为 28.26MPa，最小值为 3.92MPa，平均值为 13.48MPa，大值平均值为 18.71MPa。河谷区存在应力释放和应力集中现象，其中应力集中区约在河床埋深 70～140m 范围内。地应力方向为近 EW 向。

右岸岸坡区大水平主应力最大值为 19.95MPa，最小值为 2.92MPa，平均值为 6.03MPa，大值平均值为 10.80MPa。

右岸厂房区大水平主应力最大值为 30.99MPa，最小值为 4.68MPa，平均值为 15.14MPa，大值平均值为 23.84MPa。地应力方向为 NNE 向。

大水平主应力优势方向：左岸厂房区为 NW 向、左岸岸坡区为 NW～NNW 向，河谷区为近 EW 向，右岸岸坡区为 NNE～NE 向、右岸厂房区为 NNE 向。因此，工程区大水平主应力优势方向自左岸厂房到右岸厂房有 NW→NNW→EW→NE→NNE 的变化规律。

8.5.1.3　溪洛渡水电站工程

溪洛渡坝区共作了孔径应变法地应力测试 18 组（包括空心包体法空间地应力测试 1 组），水压致裂法空间地应力测试 10 组，水压致裂法平面应力测试 12 组。各测点的平面分布见图 7.8。18 组孔径法空间地应力测试均由成都院科研所完成，采用 3 孔交汇孔径应变法，单孔深 10～15m。其中 11 组分布在两岸地下厂区勘探平洞内（PD18 和 PD45），高程 410～424m，水平埋深 243～625m，垂直埋深 319～494m。另外 7 组分布于大坝中低高程抗力体部位，水平埋深 88～230m，垂直埋深 41～286m。

10 组水压致裂法空间地应力测试由中国地震局地壳应力研究所完成，采用 3 孔交汇法，垂直孔深 100m，水平和斜孔各深 30m，单孔测取平面应力，然后交汇计算获得空间应力。其中 6 组布置在两岸地下厂区勘探平洞内（PD18 和 PD45），水平埋深 350～580m，垂直埋深 375～460m。另外 4 组中有 2 组分布于高程 467～482m（PD36 和 PD75）抗力体部位，水平埋深 40～175m，垂直埋深 115～132m；2 组分布于高程 564m（PD38 和 PD49）的抗力体部位，水平埋深 50～88m，垂直埋深 40～42m。

12 组单孔水压致裂法平面应力测试均由中国地震局地壳应力研究所完成，其中 6 孔为河床水上孔，另外 6 孔布置在两岸谷底部位。单孔深度 8 孔为 180～200m；3 孔为 150m；1 孔为 100m。共完成了 124 段平面应力测试，47 段主应力方向印模测试。试点均分布在河床坝基及下游二道坝东南部，试段高程多在 180～350m。

这些地应力测点分布于坝区河谷谷底、两岸斜坡浅部和两岸山体中，基本能够反映坝区地应力的实际情况。

1. 测试成果初步分析

(1)孔径法空间地应力测试成果分析。从 18 组孔径法空间地应力测试成果（见表 8.16、表 8.17）来看，σ_7-1 由于采用的是空心包体法，测试成果偏差较大；σ_{49}-1、σ_{36}-1 测点由于埋深较浅，受地形影响较大，成果偏差也较大；其他 15 组成果规律性较好，具有以下特点：

1）从测试点位置分析，水平和垂直埋深大多已超过 250m，已跨过河谷浅表卸荷松弛带。从测试结果看，三向应力值 σ_1=14.79～21.06MPa，平均值为 17.94MPa；σ_2=10.05～15.85MPa，平均值为 13.10MPa；σ_3=4.05～7.59MPa，平均值为 5.73MPa。三向应力之比为 σ_1/σ_2=1.37，σ_1/σ_3=3.14，σ_2/σ_3=2.29。σ_2 倾角较陡，σ_1、σ_3 倾角平缓。这表明在埋深较大的状态下，天然地应力场仍以近水平的构造应力为主，且自重应力仍起了较大的作用。

2）坝区应力场方向，两岸深埋平洞内 13 组试点测得 σ_1 的方向中，有 7 组方向为 N30°～50°W；6 组方向为 N50°～80°W。总体方向以 NW～NWW 向为主，近水平，与岸坡呈 10°～30°的夹角。σ_2 的方向中有 7 组方向为 S14°～78°W；6 组方向为 N10°～68°W，倾角均大于 60°。σ_3 的方向中有 10 组方向为 N35°～55°E；2 组方向为 N10°～25°E；1 组方向为 N15°W，倾角均小于 30°。

3）地应力量值有随埋深增加而增加的趋势，相对而言，垂直埋深较水平埋深对地应力值影响大些，但超过一定深度后（约 250m），水平埋深对地应力值的影响就不明显了。

（2）水压致裂法空间地应力测试成果分析。从 10 组水压致裂法空间地应力测试成果（见表 8.18）分析，可以得到如下一些认识：

1）除 σ_{49}-2、σ_{75}-2、σ_{38}-2、σ_{36}-2 四个测点位于斜坡浅部，受地形影响数值较低外，地下厂区深埋部位三向地应力值一般为 σ_1=10.18～20.80MPa；σ_2=6.73～13.61MPa；σ_3=5.01～7.92MPa。三向应力之比为：σ_1/σ_2=1.51～3.09，σ_1/σ_3=2.03～4.15，σ_2/σ_3=1.34～2.72。最大主应力方向较为分散，以 NW～NWW 向为主，部分为 NE 向。

2）各测点的数据比较分散，存在一定的差异，这与各测点部位的埋深大小、岩体结构和地质构造紧密相关。σ_{45}-4、σ_{18}-4 二个测点成果代表深埋坚硬完整岩体，裂隙不发育，该类岩体内，受机窝开挖扰动的影响较大，在围岩浅表出现明显的应力集中，其最大主应力值 σ_1 一般为 18.0MPa 左右，中间主应力值约 σ_2=10～14MPa，最小主应力值约 σ_3=7.5～8MPa。σ_{45}-5、σ_{45}-6、σ_{18}-3、σ_{18}-5 四个测点成果代表深埋完整性较差岩体，受错动带影响。

3）裂隙较为发育，该类岩体内局部应力值本身偏低，但受开挖扰动较小，未见明显的应力集中现象。

4）右岸 5 个测点 σ_1 的优势方向为 N70°～80°W，倾角 20°左右，倾向河床下游方向。σ_2 的优势方向为 S20°～30°E，倾角 60°左右，倾向河床上游。σ_3 的方向比较离散，总体呈近 SN 向，并以 20°～30°倾角倾向河床上游。左岸 5 个测点 σ_1 的优势方向为 N60°～70°W，除 σ_{18}-4 的倾角为 70°左右外，其他为 20°左右，倾向 SW。σ_2 的方向为 NW～NWW，除 σ_{18}-4 倾角为 20°左右以外，其他四个测点倾角为 50°～70°。σ_3 的方向为 NNE 或 SSW，倾向 SSW 或 NNE，倾角为 20°左右。溪洛渡水电站厂、坝区地应力测试点位置分布如图 8.8 所示。

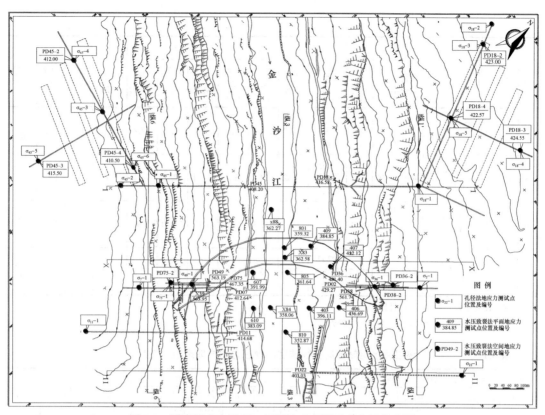

图 8.8 溪洛渡水电站厂、坝区地应力测试点位置分布图

表 8.16 溪洛渡水电站坝区孔径法空间地应力测试成果表（右岸）

序号	测点编号	测点位置		埋深		层位岩性	σ_1			σ_2			σ_3			测试方法
		桩号（m）	高程（m）	水平（m）	垂直（m）		量值（MPa）	方向 α（°）	倾角 β（°）	量值（MPa）	方向 α（°）	倾角 β（°）	量值（MPa）	方向 α（°）	倾角 β（°）	
1	σ_7-1	PD7（0+280）	415	270	361	P2β6 斑状玄武岩	19.55	257	71	16.76	123	14	13.31	30	13	空心包体法
2	$\sigma_{11}-1$	PD11（0+440）	416	439	441	P2β6 斑状玄武岩	18.23	305.1	0.5	12.29	213.8	67.3	6.99	35.3	22.7	孔径法
3	$\sigma_{45}-1$	PD45 主洞（0+255）	410	253	336	P2β5 致密状玄武岩	15.87	313.4	17.2	10.05	338.5	−71	5.37	45.7	7.5	孔径法
4	$\sigma_{45}-2$	PD45 主洞（0+365）	411	364	427	P2β5 致密状玄武岩	18.35	323.8	6.2	15.85	221.5	62.9	4.23	56.9	26.2	孔径法
5	$\sigma_{45}-3$	PD45 支3洞（0+240）	413	410	431	P2β4 角砾熔岩	18.23	319.1	7.0	12.38	183.8	80.1	6.51	50	7.0	孔径法
6	$\sigma_{45}-4$	PD45 支3洞（0+424）	412	500	450	P2β4 含斑玄武岩	20.49	326.4	−12.6	15.52	257.3	58.0	6.73	49.3	28.9	孔径法

序号	测点编号	测点位置		埋深		层位岩性	σ_1			σ_2			σ_3			测试方法
		桩号(m)	高程(m)	水平(m)	垂直(m)		量值(MPa)	方向α(°)	倾角β(°)	量值(MPa)	方向α(°)	倾角β(°)	量值(MPa)	方向α(°)	倾角β(°)	
7	$\sigma_{45}-5$	PD45支5洞(0+255)	415	625	465	P2β4角砾熔岩	18.20	281.3	-12.6	12.79	292	77.2	6.05	11.9	-2.3	孔径法
8	$\sigma_{45}-6$	PD45支3洞(0+65)	410	350	375	P2β5致密状玄武岩	17.82	324.6	3.0	15.61	222.3	76.0	5.01	55.4	13.7	孔径法
9	$\sigma_{49}-1$	PD49(0+80)	564	88	41.4	P2β10致密状玄武岩	7.92	192.3	54.9	4.93	285.0	1.9	2.78	16.3	35.1	孔径法
10	$\sigma_{75}-1$	PD75(0+165)	467	175	115.7	P2β7含斑玄武岩	17.56	343.8	16.5	5.03	187.5	72.1	3.62	75.9	6.8	孔径法

注 1. α角以北为0，顺时针转。

2. β角以水平面向上投影为正，向下为负。

表 8.17　　　　溪洛渡水电站坝区孔径法空间地应力测试成果表（左岸）

序号	测点编号	测点位置		埋深		岩性	σ_1			σ_2			σ_3			测试方法
		桩号(m)	高程(m)	水平(m)	垂直(m)		量值(MPa)	方向α(°)	倾角β(°)	量值(MPa)	方向α(°)	倾角β(°)	量值(MPa)	方向α(°)	倾角β(°)	
1	σ_2-1	PD2(0+230)	434	230	286	P₂β₇含斑玄武岩	18.44	268	19	13.33	119	68	6.96	2	11	孔径法
2	$\sigma_{18}-1$	PD18主洞(0+240)	419	243	319	P₂β₆斑状玄武岩	14.79	321.1	6.6	10.42	303.3	-83.3	4.56	40.9	-1	孔径法
3	$\sigma_{18}-2$	PD18支3洞(0+495)	423	526	494	P₂β₆斑状玄武岩	16.01	328	-10.5	13.64	333.2	79.5	7.59	58.1	-0.9	孔径法
4	$\sigma_{18}-3$	PD18支3洞(0+415)	423	500	460	P₂β₆斑状玄武岩	19.10	302.4	6.8	11.11	78.1	80.6	4.5	31.6	-6.5	孔径法
5	$\sigma_{18}-4$	PD18支6洞(0+225)	422	580	445	P₂β₇含斑玄武岩	21.06	276.0	12.0	14.28	22.3	52.8	6.24	375.6	-34.6	孔径法
6	$\sigma_{18}-5$	PD18支3洞(0+225)	424	400	400	P₂β₆斑状玄武岩	16.76	317.2	-24.7	10.89	292.1	63.1	4.45	42.5	10.0	孔径法
7	$\sigma_{22}-1$	PD22(0+435)	407	438	354	P₂β₇含斑玄武岩	17.13	288.3	-16.2	12.21	350.8	57.9	5.09	26.8	-26.9	孔径法
8	$\sigma_{36}-1$	PD36(0+135)	482	140	100	P₂β₈含斑玄武岩	7.33	324.7	0.1	6.65	55.0	65.6	3.35	54.6	-24.4	孔径法

注 1. α角以北为0，顺时针。

2. β角以水平面向上投影为正，向下为负。随着埋深增加地应力逐渐增大，其最大主应力值σ_1一般为10~14MPa，中间主应力值约$\sigma_2=7~10$MPa，最小主应力值σ_3约6.5MPa左右。

表 8.18　　　　　　　　　　　溪洛渡坝区水压致法空间地应力测试成果表

测点名称	分组	计算空间地应力的深度（m）	σ_1			σ_2			σ_3		
			数值（MPa）	方向（°）	倾角（°）	数值（MPa）	方向（°）	倾角（°）	数值（MPa）	方向（°）	倾角（°）
$\sigma_{45}-4$	1	5.0 左右	17.28	284.69	31.45	14.22	162.90	65.58	7.78	19.68	20.00
	2	15.0 左右	17.81	307.84	39.29	13.61	121.74	50.55	7.92	215.39	2.99
	3	25.0 左右	12.97	291.05	10.41	11.59	37.20	56.56	6.41	194.62	31.37
$\sigma_{45}-5$	1	10.0～15.0	13.72	283.21	24.24	9.45	64.70	60.09	7.12	185.57	16.45
	2	20.0 左右	10.18	277.33	28.40	7.45	42.28	46.65	5.87	169.39	29.67
$\sigma_{45}-6$	1	10.0 左右	11.16	72.73	25.31	6.73	270.36	63.61	5.07	166.06	6.99
	2	15.0～20.0	15.09	70.26	8.31	9.56	171.86	53.98	6.63	334.44	34.75
	3	25.0 左右	14.90	65.92	3.07	11.11	160.70	57.25	6.38	333.96	32.57
$\sigma_{18}-3$	1	平均值	12.04	118.34	9.33	10.68	290.99	80.59	6.59	28.14	1.18
$\sigma_{18}-4$	1	5.0 左右	15.64	182.06	77.24	8.03	293.25	4.68	5.01	24.23	11.84
	2	15.0 左右	20.80	118.61	67.20	9.94	307.51	22.56	7.64	216.20	3.18
	3	25.0 左右	18.50	118.58	74.68	10.18	306.49	15.19	7.72	215.96	1.93
$\sigma_{18}-5$	1	10.0 左右	13.39	281.59	39.14	7.63	60.78	42.92	6.92	172.60	21.78
	2	20.0 左右	11.23	288.75	13.94	7.31	5.99	69.34	5.57	194.96	14.95
$\sigma_{49}-2$	1	10.0	7.40	274.85	67.83	5.99	125.11	19.39	3.68	31.43	10.34
	2	15.0～30.0	10.73	299.83	43.88	5.41	117.21	46.09	4.20	208.57	1.31
$\sigma_{75}-2$	1	10.0～20.0	14.54	270.00	59.66	5.27	134.77	22.40	3.78	36.44	19.37
	2	20.0～30.0	9.36	279.00	13.00	7.55	160.00	64.80	4.52	14.06	21.40
$\sigma_{38}-2$	1	平均值	9.07	121.58	33.69	6.22	248.57	42.06	3.69	9.36	29.57
$\sigma_{36}-2$	1	20.0 左右	8.91	114.51	23.40	6.61	247.89	57.83	4.36	15.06	20.77
	2	25.0～30.0	11.10	99.14	18.56	6.73	213.00	50.28	5.61	356.22	33.65

　　（3）水压致裂法平面地应力测试成果分析。根据坝址区 12 个钻孔的平面应力测量结果（表 8.19～表 8.24）分析，整个坝区应力场整体是均衡的。从河床部位的 801、805、810、X83、X84、X88 钻孔测试成果分析，在河床以下 30～40m（高程 332.87～322.87m），岩体完整性较差，实测 S_h 约 4.0MPa，S_H 约 6.0MPa，表明浅部岩体受风化卸荷影响，应力值有所降低。河床 40m（高程 322.87m）以下至 P2βn 层，应力值随深度增加而增大，在高程 270m 左右应力值比较高，S_h 为 8.0MPa 左右，S_H 为 14.0MPa 左右。进入 P_{1y} 灰岩地层后，饼芯十分发育，从其测试结果看，地应力值较高，S_h 一般为 7.0～10.0MPa，S_H 一般为 12.0～16.0MPa，最高达 18.21MPa。

表 8.19 坝址区钻孔水压致裂法地应力测试成果表

序号	407 孔测量结果					805 孔测量结果				
	试段深度(m)	应力值（MPa）		S_H/S_h	S_H 方向	试段深度(m)	应力值（MPa）		S_H/S_h	S_H 方向
		S_h	S_H				S_h	S_H		
1	34.48～38.82	2.84	4.18	1.47	—	74.65～75.29	4.24	7.25	1.71	—
2	52.50～53.16	3.52	5.89	1.67	—	92.13～92.79	8.41	14.42	1.71	N47°W
3	58.42～59.08	6.08	10.45	1.72	—	101.9～102.56	6.00	11.01	1.84	—
4	64.05～64.71	5.13	8.99	1.75	—	103.9～104.56	6.01	11.02	1.83	N74°W
5	72.00～72.66	5.71	10.08	1.77	—	120.37～121.00	5.68	10.19	1.79	—
6	86.83～87.49	8.36	15.22	1.82	N80°W	141.73～142.40	7.39	12.40	1.68	—
7	92.81～93.47	5.42	9.79	1.81	—	144.69～145.40	7.42	12.43	1.68	N45°W
8	108.0～108.66	6.16	10.92	1.77	—	150.98～151.6	8.49	15.50	1.83	N58°W
9	118.16～118.8	7.76	13.53	1.71	—	158.5～159.16	9.56	17.07	1.79	N46°W
10	128.2～128.84	7.26	13.63	1.88	—	162.08～162.70	7.09	12.10	1.71	—
11	148.08～148.7	7.96	14.34	1.80	N53°W	166.4～167.07	6.14	10.65	1.65	—
12	157.26～157.9	9.04	15.91	1.76	N32°W	170.63～171.30	7.68	13.69	1.78	—
13	173.54～174.1	8.21	14.08	1.71	N30°W	177.30～177.96	7.73	13.24	1.72	—

表 8.20 坝址区钻孔水压致裂法地应力测试成果表

序号	801 孔测量结果					810 孔测量结果				
	试段深度(m)	应力值（MPa）		S_H/S_h	S_H 方向	试段深度(m)	应力值（MPa）		S_H/S_h	S_H 方向
		S_h	S_H				S_h	S_H		
1	36.00～36.66	3.36	5.38	1.6	—	38.25～38.91	3.37	5.38	1.64	—
2	57.47～58.13	4.07	6.59	1.62	N60°W	50.09～50.75	3.99	6.00	1.50	—
3	62.19～62.85	4.62	7.14	1.55	—	57.00～57.66	3.06	4.58	1.50	N76°W
4	72.82～73.48	5.72	9.24	1.62	—	58.00～58.66	4.07	5.08	1.70	—
5	98.00～98.66	4.96	8.48	1.71	—	65.82～66.48	5.65	10.17	1.80	N55°W
6	102.0～102.66	6.50	11.52	1.77	N54°W	69.30～69.96	4.18	6.20	1.48	N64°W
7	110.43～111.1	7.59	13.11	1.73	N68°W	70.65～71.31	—	—	—	N67°W
8	133.42～134.1	6.81	11.83	1.74	—	75.65～76.31	6.24	10.25	1.64	—
9	136.37～137.0	7.34	12.36	1.68	—	80.60～81.26	4.79	7.82	1.63	N55°W
10	141.0～141.66	7.39	12.91	1.75	N45°W	87.00～87.66	5.86	10.37	1.77	—
11	145.24～145.9	6.44	10.96	1.70	—	92.00～92.66	8.40	14.41	1.62	—
12	156.73～157.4	9.54	15.56	1.72	—	—	—	—	—	—
13	172.0～172.66	10.19	18.21	1.79	N55°W					

表 8.21　　　　　　　　　　坝址区钻孔水压致裂法地应力测试成果表

序号	403 孔测量结果					409 孔测量结果				
	试段深度（m）	应力值（MPa）		S_H/S_h	S_H方向	试段深度（m）	应力值（MPa）		S_H/S_h	S_H方向
		S_h	S_H				S_h	S_H		
1	44.87～45.53	—	—	—	N80°W	30.04～30.70	3.80	6.44	1.69	—
2	54.45～55.11	4.54	7.29	1.61	—	40.62～41.28	3.90	6.54	1.68	—
3	65.17～65.83	4.14	6.39	1.54	—	59.82～60.48	4.59	6.73	1.47	N75°W
4	73.83～74.49	6.23	9.48	1.52	N65°W	73.40～74.06	4.23	6.88	1.63	—
5	78.77～79.43	6.28	10.03	1.68	N70°W	92.53～93.19	5.91	10.55	1.79	N60°W
6	83.50～84.16	5.82	10.07	1.73	—	102.53～103.2	6.00	9.13	1.61	N73°W
7	97.00～97.66	6.46	11.21	1.73	—	117.4～118.06	5.15	8.78	1.70	—
8	112.4～113.07	7.61	13.86	1.82	N70°W	133.74～134.4	7.82	13.46	1.72	N60°W
9	115.14～115.8	9.63	18.38	1.91	N68°W	177.3～177.96	9.74	17.88	1.83	N50°W
10	123.1～123.76	8.21	14.46	1.76	—	187.1～187.76	12.34	20.98	1.70	—
11	130.03～130.7	8.28	14.53	1.75	—	197.0～197.66	11.43	20.56	1.80	—
12	143.64～144.3	7.92	14.19	1.79	—	—	—	—	—	—

表 8.22　　　　　　　　　　坝址区钻孔水压致裂法地应力测试成果表

序号	406 孔测量结果					610 孔测量结果				
	试段深度（m）	应力值（MPa）		S_H/S_h	S_H方向	试段深度（m）	应力值（MPa）		S_H/S_h	S_H方向
		S_h	S_H				S_h	S_H		
1	20.95～21.61	2.71	4.34	1.60	—	19.41～20.07	2.70	4.32	1.60	—
2	37.81～38.47	2.88	4.51	1.77	—	30.00～30.66	3.80	5.92	1.56	—
3	58.94～59.60	4.08	7.21	1.63	N85°W	53.17～53.83	3.03	4.15	1.40	—
4	66.37～67.03	4.16	6.73	1.63	N90°W	56.42～57.08	4.06	6.18	1.52	—
5	74.50～75.16	4.74	7.38	1.56	—	70.94～71.60	3.70	6.21	1.48	N77°W
6	83.48～84.14	6.82	10.95	1.61	—	79.05～79.71	3.78	5.90	1.56	—
7	98.60～99.26	6.97	10.10	1.45	—	89.08～89.74	6.38	11.48	1.67	N62°W
8	114.1～114.77	5.12	9.25	1.81	—	92.00～92.66	4.91	8.53	1.74	—
9	122.64～123.3	6.21	11.34	1.83	N83°W	96.24～96.90	4.45	8.07	1.81	N73°W
10	130.5～131.13	5.29	9.43	1.78	—	104.43～105.1	6.03	11.15	1.84	N76°W
11	141.82～142.5	9.90	17.54	1.77	—	117.72～118.4	6.15	9.26	1.51	—
12	146.92～147.6	10.45	18.09	1.73	N80°W	123.42～124.1	7.22	13.34	1.85	—
13	—	—	—	—	—	140.5～141.16	6.88	11.94	1.74	N90°W

表 8.23　　　　　　　　　坝址区钻孔水压致裂法地应力测试成果表

序号	607 孔测量结果					X83 孔测量结果				
	试段深度（m）	应力值（MPa）		S_H/S_h	S_H 方向	试段深度（m）	应力值（MPa）		S_H/S_h	S_H 方向
		S_h	S_H				S_h	S_H		
1	98.35～99.01	5.47	9.50	1.74	N45°W	51.18～51.78	4.63	6.63	1.43	N86°W
2	100.35～101.0	6.49	11.52	1.78	N56°W	96.22～96.82	5.08	7.58	1.49	—
3	106.06～106.7	6.55	10.08	1.67	—	101.5～102.1	4.14	6.64	1.60	—
4	115.2～115.86	7.64	12.64	1.65	N70°W	106.6～107.2	4.69	6.69	1.43	N87°W
5	121.96～122.6	8.70	13.22	1.52	—	114.4～115.5	4.77	8.27	1.73	—
6	—	—	—	—	—	139.0～139.6	4.31	6.91	1.60	—
7	—	—	—	—	—	147.9～148.5	5.10	8.60	1.69	—
8	—	—	—	—	—	185.1～185.5	5.97	9.47	1.59	—
9	—	—	—	—	—	189.2～189.8	5.01	8.01	1.60	N78°W

表 8.24　　　　　　　　　坝址区钻孔水压致裂法地应力测试成果表

序号	X88 孔测量结果					X84 孔测量结果				
	试段深度（m）	应力值（MPa）		S_H/S_h	S_H 方向	试段深度（m）	应力值（MPa）		S_H/S_h	S_H 方向
		S_h	S_H				S_h	S_H		
1	37.92～38.52	4.5	7.0	1.56	N61°W	34.00～34.66	2.50	4.00	1.60	—
2	45.43～46.03	3.78	6.18	1.63	—	39.85～40.45	3.54	5.54	1.56	—
3	82.07～82.67	4.94	7.44	1.51	N83°W	78.55～79.15	2.74	4.54	1.66	—
4	88.92～89.52	3.81	6.41	1.68	—	101.3～101.92	4.66	7.66	1.64	N60°W
5	95.78～96.38	4.78	8.48	1.77	—	102.8～103.35	4.88	7.28	1.49	—
6	109.2～109.84	6.21	10.71	1.72	—	106.65～107.3	4.72	8.22	1.74	N58°W
7	114.88～115.5	8.77	15.27	1.74	N57°W	113.1～113.73	5.28	8.28	1.57	—
8	119.9～120.5	7.82	14.32	1.83	—	146.4～147.02	4.61	7.11	1.54	—
9	127.87～128.5	9.40	15.90	1.69	—	149.55～150.2	4.65	7.65	1.65	—
10	139.2～139.86	7.01	12.51	1.78	—	154.55～155.1	4.50	7.30	1.62	—
11	144.92～145.5	7.57	13.07	1.73	—	165.9～166.55	6.81	11.31	1.66	—
12	—	—	—	—	—	187.9～188.50	7.53	12.03	1.60	N76°W

在河谷部位左右岸进行了 6 个钻孔（406、407、403、409 和 607、610 孔）应力测试，总体上水平应力值随地层深度增加（高程降低）而增大，但由于受岩体结构、岩石条件及地形的影响，应力值的分布比较离散，呈阶梯状随埋深增加而增大。在岸坡浅表高程 436.69～376.69m，应力值较低，S_h 约 3.0MPa，S_H 约 4.0MPa，反映谷坡浅部卸荷作用应力值降低。向下从高程 376.69m 至 230m 的 P2βₙ 层上部，水平主应力值随深度增加而显著增大，S_h 从 5.0MPa 增至 10.0MPa，S_H 由 7.0MPa 增加至 18.0MPa，在 P2βₙ 层附近达到

最高而产生局部应力集中。在 $P2\beta_n$ 层界面以下 P_{1y} 灰岩地层内，饼芯较发育，说明地应力较高，实测 S_h 为12.0MPa左右，S_H 近20.0MPa，S_H 与 S_h 之间的差值较大，即剪切应力较高，这与灰岩地层中饼芯发育这一地质现象相吻合。

在溪洛渡坝区，水平主应力值总的变化趋势是随深度增加而增大（见图8.9～图8.11）。为了研究坝区水平主应力值随深度的变化关系，对两岸和河床6个钻孔进行了线性回归分析，其关系式见表8.25。

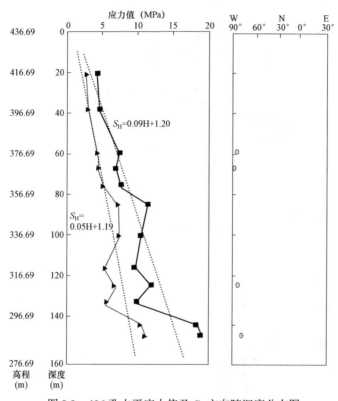

图8.9 406孔水平应力值及 S_H 方向随深度分布图

表8.25　　　　　　　　　　两岸与河床水平主应力值随深度变化关系式

部位	钻孔名称	孔位	高程/孔深(m)	数据个数 S_h	数据个数 S_H	关系式及线性相关系数
河床	801	Ⅰ8线与纵3线交点	359.32/180.39	13	13	$S_h=0.04H+1.79$　$\gamma_h=0.92$ $S_H=0.08H+2.36$　$\gamma_h=0.90$
左岸	403	Ⅰ11线河边	396.11/150.0	12	12	$S_h=0.05H+1.91$　$\gamma_h=0.96$ $S_H=0.11H+1.27$　$\gamma_h=0.86$
左岸	409	左岸Ⅰ8线	384.85/220	11	11	$S_h=0.05H+1.29$　$\gamma_h=0.95$ $S_H=0.09H+1.40$　$\gamma_H=0.95$
左岸	406	PD68号平洞洞口	436.69/150.50	12	12	$S_h=0.05H+1.19$　$\gamma_h=0.87$ $S_H=0.09H+1.20$　$\gamma_H=0.84$
左岸	407	PD82号平洞洞口	412.12/180.19	13	13	$S_h=0.04H+2.74$　$\gamma_h=0.84$ $S_H=0.07H+4.48$　$\gamma_H=0.84$
右岸	610	Ⅰ11线河边	383.09/150.50	13	13	$S_h=0.04H+1.80$　$\gamma_h=0.88$ $S_H=0.07H+2.23$　$\gamma_H=0.85$

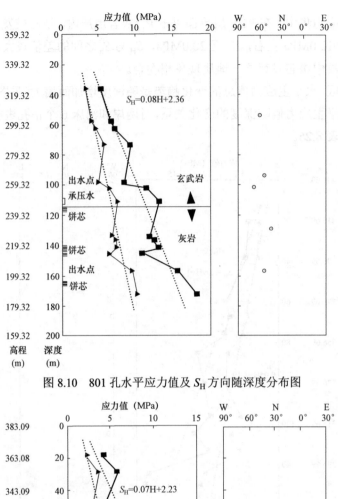

图 8.10　801 孔水平应力值及 S_H 方向随深度分布图

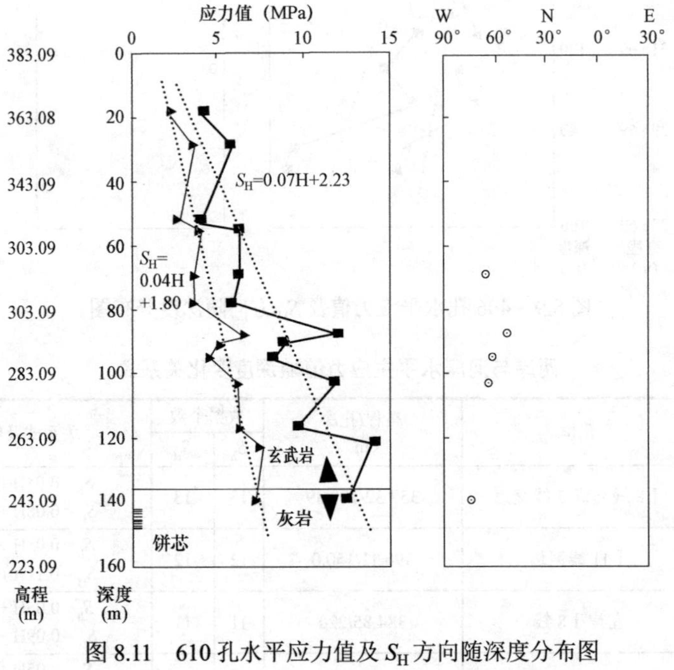

图 8.11　610 孔水平应力值及 S_H 方向随深度分布图

　　从回归结果看出，河床及两岸谷坡低高程的地应力总体趋势是随深度增加而增大，但受地形条件、岩体结构及构造等因素影响，呈阶梯状增大。最大水平主应力 S_H 较最小水平主应力 S_h 随深度变化要大，两岸略较河床部位递增大些。

　　两岸探洞内 10 个测试孔均在玄武岩及角砾集块熔岩内，从表 8.26～表 8.30 结果分析，应力的量值与岩体的完整性关系密切，在岩体完整部位水平应力值较高；在裂隙发育、岩体完整性差部位应力值相对较低。应力值随深度变化不明显，少数钻孔水平主应力力值随深度增加而增大，多数随深度变化不大。S_h 一般为 9.0～10.0MPa，S_H 一般为 15.0MPa 左右，最高近 20.0MPa，S_H/S_h =1.5～2.0。

表 8.26　　　　　　　　　平洞内钻孔水压致裂法地应力测试成果表

序号	PD45-2 孔测量结果					PD45-3 孔测量结果				
	试段深度（m）	应力值（MPa）		S_H/S_h	S_H 方向	试段深度（m）	应力值（MPa）		S_H/S_h	S_H 方向
		S_h	S_H				S_h	S_H		
1	5.00～5.66	8.55	17.10	2.00	N72°W	4.64～5.30	3.55	6.60	1.86	—
2	6.50～7.16	7.57	14.14	1.87	—	7.86～8.52	3.57	7.14	2.00	—
3	8.78～9.44	10.09	18.68	1.85	—	9.88～10.54	7.60	12.70	1.67	N80°W
4	12.75～13.41	7.83	15.66	2.00	N52°W	11.10～11.76	5.61	11.22	2.00	—
5	18.17～18.83	6.68	13.34	2.00	—	16.71～17.37	8.17	15.34	1.88	EW
6	22.91～23.57	7.73	15.46	2.00	N73°W	21.10～21.76	5.71	10.92	1.91	—
7	25.00～25.66	7.75	15.50	2.00	N88°W	25.00～25.66	5.25	10.00	1.90	—
8	29.00～29.66	5.79	11.58	2.00	—	28.28～28.94	5.28	10.06	1.91	N85°W
9	34.90～35.56	10.34	19.12	1.85	N80°W	43.00～43.66	4.93	9.72	1.97	—
10	59.16～59.82	7.08	13.84	1.95	N70°W	56.00～56.66	12.56	21.86	1.74	N80°W
11	83.54～84.20	5.83	10.12	1.74	N87°E	59.01～59.67	10.58	17.37	1.64	—
12	88.60～89.26	5.37	10.15	1.89	—	74.38～75.04	6.24	11.54	1.85	—
13	90.40～91.06	8.89	14.67	1.65	—	77.00～77.66	5.76	11.05	1.92	N86°W
14	92.49～93.15	5.41	10.19	1.88	—	80.60～81.26	5.80	11.10	1.91	N70°W
15	97.48～98.14	5.96	11.24	1.89	—	90.00～90.66	6.39	11.68	1.83	N56°W
16	—					96.01～96.67	5.45	9.74	1.79	—

表 8.27　　　　　　　　　平洞内钻孔水压致裂法地应力测试成果表

序号	PD45-4 孔测量结果					PD49-2 孔测量结果				
	试段深度（m）	应力值（MPa）		S_H/S_h	S_H 方向	试段深度（m）	应力值（MPa）		S_H/S_h	S_H 方向
		S_h	S_H				S_h	S_H		
1	4.00～4.66	3.04	6.08	2.00	—	7.78～8.45	3.57	6.14	1.72	N60°W
2	5.50～6.16	4.56	7.62	1.67	N80°E	10.00～10.67	3.60	6.20	1.72	—
3	7.05～7.71	5.07	10.14	2.00	N73°E	17.56～18.23	5.67	8.84	1.56	N63°W
4	11.00～11.66	4.61	8.72	2.10	—	21.02～21.69	5.20	8.90	1.71	N65°W
5	17.60～18.26	7.68	15.33	2.00	N70°E	25.00～25.67	4.25	7.50	1.76	—
6	20.00～20.66	7.70	15.34	2.00	—	27.00～27.67	4.26	7.52	1.77	—

序号	PD45-4 孔测量结果					PD49-2 孔测量结果				
	试段深度（m）	应力值（MPa）		S_H/S_h	S_H 方向	试段深度（m）	应力值（MPa）		S_H/S_h	S_H 方向
		S_h	S_H				S_h	S_H		
7	24.51~25.17	7.75	14.89	1.92	N65°E	35.90~36.57	3.86	6.72	1.74	—
8	29.70~30.36	4.80	8.95	1.86	N68°E	58.34~59.01	4.30	7.95	1.85	
9	36.21~36.87	5.36	10.01	1.78	—	94.68~95.35	5.30	9.97	1.88	N55°W
10	43.31~43.97	4.93	9.57	1.94	—	109.0~109.67	5.44	9.64	1.77	—
11	45.21~45.87	4.95	9.10	1.84	—	119.23~119.9	6.17	10.46	1.7	—
12	64.60~65.26	4.64	8.27	1.78	—	133.5~134.17	5.08	9.54	1.88	—
13	82.36~83.02	5.31	9.93	1.87	N73°W	145.0~145.67	6.10	11.25	1.84	N66°W
14	86.40~87.06	4.85	8.48	1.75	—	—	—	—	—	—
15	94.50~95.16	4.93	9.06	1.84						

表 8.28　　　　　　　　　平洞内钻孔水压致裂法地应力测试成果表

序号	PD75-2 孔测量结果					PD18-2 测量结果				
	试段深度（m）	应力值（MPa）		S_H/S_h	S_H 方向	试段深度（m）	应力值（MPa）		S_H/S_h	S_H 方向
		S_h	S_H				S_h	S_H		
1	11.65~12.32	4.10	6.70	1.63	N60°W	12.78~13.44	7.63	11.64	1.53	N56°W
2	13.20~13.87	4.13	7.26	1.76	—	16.80~17.46	6.67	11.18	1.68	N63°W
3	17.62~18.27	4.17	7.34	1.76		21.50~22.16	5.72	10.74	1.88	—
4	20.60~21.27	5.20	9.40	1.80	N78°W	24.00~24.66	5.74	10.75	1.87	N65°W
5	27.60~28.27	4.76	8.52	1.80	N76°W	26.15~26.81	7.26	14.27	1.97	—
6	29.34~30.01	5.29	9.58	1.81	—	36.50~37.16	6.36	11.87	1.87	—
7	50.83~51.50	5.50	10.00	1.82	N53°W	40.00~40.66	5.40	10.42	1.97	N65°W
8	76.10~76.77	5.75	11.00	1.91	—	44.35~45.01	6.44	11.45	1.78	EW
9	93.00~93.67	6.91	13.27	1.92	—	49.03~49.69	6.49	11.51	1.77	—
10	108.65~109.3	7.06	12.33	1.75	—	58.89~59.55	5.58	10.09	1.81	—
11	134.09~134.7	7.81	14.17	1.81	N79°W	76.10~76.76	9.25	16.26	1.76	—
12	146.2~146.87	8.93	14.30	1.60		82.70~83.36	6.82	12.84	1.88	N73°W

表 8.29　　　　　　　　　平洞内钻孔水压致裂法地应力测试成果表

序号	PD18-3 测量结果					PD18-4 测量结果				
	试段深度（m）	应力值（MPa）		S_H/S_h	S_H 方向	试段深度（m）	应力值（MPa）		S_H/S_h	S_H 方向
		S_h	S_H				S_h	S_H		
1	3.50~4.16	4.03	8.07	2.00	—	3.46~4.12	4.03	8.06	2.00	—
2	6.80~7.46	4.07	7.14	1.75	N53°W	13.10~13.76	4.63	9.26	2.00	N87°W

续表

序号	PD18-3 测结果					PD18-4 测量结果				
	试段深度 (m)	应力值 (MPa) S_h	S_H	S_H/S_h	S_H 方向	试段深度 (m)	应力值 (MPa) S_h	S_H	S_H/S_h	S_H 方向
3	17.26~17.92	6.17	11.34	1.84	N66°W	16.00~16.66	4.66	8.82	1.89	N75°W
4	18.90~19.56	6.68	10.36	1.55	N60°W	20.70~21.36	5.21	10.42	2.00	—
5	21.80~22.46	7.21	11.92	1.65	—	30.78~31.44	6.80	12.10	1.78	—
6	29.80~30.46	5.30	10.10	1.90	—	37.69~38.35	5.87	10.74	1.83	N88°W
7	41.80~42.46	6.41	12.76	1.99	N69°W	39.69~40.35	6.39	11.27	1.76	—
8	46.30~46.96	6.45	13.80	2.14	—	43.80~44.46	4.93	8.80	1.78	—
9	62.50~63.16	7.11	12.46	1.75	N71°W	66.10~66.76	5.15	9.52	1.85	—
10	80.50~81.16	8.29	14.14	1.70	N50°W	78.00~78.66	9.77	16.15	1.65	N78°W
11	85.00~85.66	8.83	14.18	1.60	—	82.40~83.06	10.31	17.18	1.67	—
12	—	—	—	—	—	86.00~86.66	13.31	23.16	1.74	N60°W
13	—	—	—	—	—	90.80~91.46	10.89	19.26	1.77	N67°W

表 8.30　　　　　平洞内钻孔水压致裂法地应力测试成果表

序号	PD38-2 孔测量结果					PD36-2 孔测量结果				
	试段深度 (m)	应力值 (MPa) S_h	S_H	S_H/S_h	S_H 方向	试段深度 (m)	应力值 (MPa) S_h	S_H	S_H/S_h	S_H 方向
1	6.02~6.69	4.06	7.12	1.75	—	16.40~17.07	3.64	6.78	1.86	—
2	7.02~7.69	7.57	11.14	1.49	N73°W	24.20~24.87	3.24	5.98	1.84	—
3	9.80~10.47	7.60	11.70	1.54	—	28.14~28.81	3.78	7.06	1.87	N66°W
4	15.12~15.79	5.15	9.30	1.80	—	31.50~32.67	4.32	8.14	1.88	—
5	34.00~34.67	6.83	10.16	1.49	N68°W	33.63~34.30	4.83	9.16	1.90	N85°W
6	45.60~46.27	4.95	8.90	1.80	—	35.77~36.44	6.36	11.72	1.84	—
7	56.50~57.17	6.06	9.62	1.59	N83°W	60.90~61.57	6.60	11.70	1.77	N75°W
8	65.60~66.27	5.64	8.78	1.56	N85°W	89.00~89.67	4.88	8.76	1.80	—
9	72.50~73.16	5.21	8.92	1.71	—	100.7~101.44	5.99	11.42	1.90	—
10	87.80~88.46	4.85	8.70	1.79	—	104.93~105.6	6.53	11.96	1.83	—
11	94.75~95.42	4.93	8.86	1.80	—	110.56~111.2	12.09	22.02	1.82	N70°W
12	99.75~100.42	5.98	9.46	1.58	—	117.0~117.67	13.15	22.57	1.72	—
13	104.42~105.1	6.51	9.52	1.46	—	128.8~129.47	12.26	19.18	1.56	N65°W
14	111.34~112.0	5.58	10.16	1.82	—	144.8~145.47	6.93	12.36	1.78	—
15	115.36~116.0	6.62	11.24	1.70	N82°W	146.9~147.57	7.45	13.85	1.86	—
16	125.12~125.8	6.23	10.96	1.76	—	—	—	—	—	—

2. 坝区地应力的初步认识

（1）溪洛渡坝区位于雷波—永善三角形块体的中部，构造活动微弱，从实测地应力结果看，坝区为中等地应力区，地应力场分布总体较均衡，应力值有随埋深增大而增加的趋势。相对而言，垂直埋深较水平埋深对应力值的影响大些。在深埋平洞内，水平埋深对应力值影响不明显，而在河谷浅表，水平埋深的增加对应力的增大影响较大。坝区以近水平向的构造应力为主，表现为潜在走滑型，谷坡浅表部自重应力场作用明显。测量域内未见明显的应力集中区，地应力的大小受地形条件、岩体结构和局部构造影响较大。

（2）深埋平洞地应力测试点其水平和垂直埋深大多已超过 250m，已跨过谷坡卸荷带而进入应力正常区。从测试结果看，三向应力值 $\sigma_1=14.79\sim18.44MPa$，$\sigma_2=10.05\sim15.85MPa$，$\sigma_3=4.23\sim7.59MPa$，$\sigma_2$ 倾角较陡，σ_1 和 σ_3 倾角平缓。建议深埋地下工程部位设计与评价中的最大主应力 σ_1 采用 $15\sim20MPa$，方向为 N60°～70°W。

（3）河床与地表水压致裂测试结果显示，除浅表受卸荷影响应力释放较明显外，往下未见明显的应力集中区。河床部位一般浅表 60m，对应高程 300m 以上，最大水平应力 $S_H=4\sim6MPa$，最小水平应力 $S_h=3\sim4MPa$；往下增加至 100m 时，最大水平应力达到 10MPa；在测试深度 180m 内，最大水平应力为 18.21MPa，最小水平应力 $S_h=6\sim10MPa$。两岸低高程的测试孔位于坡脚与河床之间，测试结果总体与河床部位相近，但在同一高程上，两岸的应力值较河床部位要高。在 300m 高程附近，河床部位测得的 S_H 约 6.0MPa，两岸地表测得的 S_H 为 $10\sim13MPa$。高程 200m 附近，河床部位测得 S_H 为 $12\sim15MPa$，两岸为 20.98MPa。

（4）地应力值与岩性和岩体的完整性关系密切。水压致裂法测试值总体上有随深度增加而增加的趋势，但在上部玄武岩与下部灰岩之间的 $P2\beta_n$ 层泥页岩地层上下一定范围内，应力值普遍下降，805 孔最明显。此外在玄武岩地层中，下部坚硬致密的玄武岩又较上部的角砾集块熔岩相对高些。最为显著的是岩体结构及完整性对应力值的影响，凡遇裂隙发育或错动带附近，应力值均有所下降。

（5）两种测试方法应力值的比较。一般认为水压致裂法测得的应力值为孔径法的 70%～80%，但水压致裂法测得的是平面主应力，且对岩体的完整性要求不是很高，而孔径法测得的是三维空间主应力，要求测点岩体很完整。对 PD45、PD18 洞内两种方法的空间应力值作比较，水压致裂法测得的最大主应力 σ_1 大约为 $15\sim17MPa$，相同部位孔径法测得的最大主应力 σ_1 大约为 $17\sim20MPa$，两者相差约 10%。

8.5.1.4 三峡水利枢纽工程

三峡水利枢纽工程的地应力测量，采用了表面应力测量、浅钻孔应力测量和深钻孔应力测量，在左岸永久船闸区、左厂坝区和右岸地下电站区共完成 10 个深孔和 12 个浅孔的地应力测试，其中深孔应力解除法 4 孔，最深 303.m（300 号孔）；深孔水压致裂法 6 孔，最大测深 204m（2446 号孔）；浅孔应力解除法 11 孔、浅孔水压致裂法 1 孔。

测试成果表明，地应力分布特征如下：

（1）测试成果表明，坝址区地应力量级不高，属于中等偏低应力区（见表 8.31～

表 8.34）。

坝址区地面以下 40～60m、60～100m、110～190m、190～240m，大主应力量值依次为 5～8MPa，7～10MPa，9～12MPa，1～13MPa。

高程 125～190m 间大主应力量值为 6～8.5MPa；高程 25～125m 间为 7～11.5MPa；高程−75～25m 间为 10～13MPa。

（2）水平主压应力方向在地表浅部受局部地形、地质条件的影响，一般为 NE 向，自地表向深部则有从 NE 向渐转为 NW 向的趋势，转向高程因地貌单元及岩体卸荷深度的不同而变化。以左岸船闸区（原 I 线）300 号孔为例，从水平面上最大主应力（σ_H）和最小主应力（σ_h）随深度变化曲线分析，方位角变化转折点（或拐点）在深度 150m，在该深度以上主压应力方向为 NE～NEE 向，其下主压应力方向为 NNW～NWW 向。

（3）地下电站厂房部位最大主应力方向为 NW 向，倾角近于水平。在厂房洞顶拱所在高程的岩体中，最大水平主应力方向平均为 302°，与主厂房中心线成 78.5°夹角，最大与最小水平主应力差值为 3～5MPa。顶拱至机窝段最大水平主应力为 11.2～12.25MPa，最小水平主应力 7～9.05MPa，中间主应力 4～5.7MPa。

表 8.31　　　　　船闸区 300 号钻孔地应力实测成果（应力解除法）

测段深度(m)	σ_1			σ_2			σ_3		
	大小(MPa)	倾角(°)	方位角(°)	大小(MPa)	倾角(°)	方位角(°)	大小(MPa)	倾角(°)	方位角(°)
40.8	8.51	18	223	4.02	34	120	−0.89	50	336
76.0	7.85	31	85	2.IT	52°	306	0.31	20	188
93.1	12.50	15	60	3.13	48	168	−3.16	38	318
126.0	9.10	22	50	5.50	46	296	2.68	36	157
150.6	10.21	25	342	5.94	65	168	2.17	2	73
181.8	9.13	9	165	2.88	29	260	1.94	60	60
224.1	7.93	45	302	4.87	5	37	1.49	44	132
260.6	11.54	62	142	9.47	15	261	8.27	23	357
303.3	10.90	70	271	8.31	7	162	2.76	19	70

表 8.32　　　　　船闸区 2347 号钻孔地应力实测成果（应力解除法）

序号	高程(m)	孔深(m)	σ_1		σ_2		σ_3	
			量值(MPa)	倾角/方位角(°)	量值(MPa)	倾角/方位角(°)	量值(MPa)	倾角/方位角(°)
1	203.53	57.47	9.68	21/114	7.18	17/212	3.92	62/−24
2	179.30	81.70	7.47	17/−54	5.28	53/194	4.07	32/48
3	152.07	108.93	10.62	3/134	8.46	29/43	6.04	61/231
4	122.50	138.50	10.09	18/126	9.60	31/26	6.36	60/243
5	67.50	193.50	10.70	14/115	7.92	34/16	6.60	52/224
6	42.50	218.50	11.89	4/154	10.17	6/245	7.27	83/31
7	16.88	244.12	11.45	9/−55	10.98	4/215	8.06	80/101

表 8.33　　　　　　　　船闸区 2514 号钻孔地应力实测成果（水压致裂法）

序号	高程（m）	孔深（m）	水平大主应力 σ_H（MPa）	水平小主应力 σ_h（MPa）	垂直应力 γ_h（MPa）	方位角（°）
1	154.09	44.97	7.2	6.30	1.21	
2	149.06	50.00	7.75	6.40	1.35	30
3	137.13	61.93	8.64	7.13	1.67	
4	121.60	77.46	9.59	6.83	2.09	2
5	115.11	83.9S	9.09	6.13	2.27	
6	107.04	92.02	9.9	7.0	2.49	
7	100.21	98.85	10.4	6.7	2.67	−22
8	94.23	104.87	11.3	7.5	2.83	

表 8.34　　　　右岸地下电站区地应力实测成果（浅孔水压致裂法，高程 98～100m）

| 测孔 | σ_1 | | | σ_2 | | | σ_3 | | | σ_H（MPa） | σ_h（MPa） | σ_z（MPa） | β_H（°） |
	量值（MPa）	方位角（°）	倾角（°）	量值（MPa）	方位角（°）	倾角（°）	量值（MPa）	方位角（°）	倾角（°）				
2446	—	—	—	—	—	—	—	—	—	11.2	8.00	3.63	315
D_2	9.80	292	1	4.00	202	15	3.94	26	75	9.80	4.00	4.00	292
D_3	9.80	300	4	4.00	208	23	3.80	39	67	9.80	4.00	3.90	300
D_4	9.30	302	4	4.20	218	60	3.90	30	30	9.30	4.00	4.10	302
D_5	9.90	294	4	5.70	198	55	4.60	27	35	9.80	5.00	5，40	295
D_6	10.80	295	2	5.60	208	64	4.80	24	26	9.90	4.90	5.00	295
D_7	8.10	316	6	5.20	234	43	4.20	41	45	8.00	4.60	4.90	314
D_8	7.20	303	7	4.70	204	56	3.70	35	34	7.20	4.10	4.40	303

注　β_H 为 σ_H 的方位角。

8.5.2　雅砻江流域

8.5.2.1　锦屏一级水电站工程

锦屏一级水电站工程地处青藏高原向四川盆地过渡之斜坡地带，一方面随着青藏高原的快速隆升并向东部扩展推移，使得坝址区现今构造应力场为 NW～NWW 向主压应力场；另一方面坝区谷坡高陡，相对高差达 1500～2500m，自重应力量值高。上述两种应力叠加造成坝区天然状态下地应力高；同时，由于河流快速下切，谷坡表浅一定范围内地应力释放，使得卸荷带岩体松弛拉裂，地应力值降低；卸荷带以里则出现饼芯、片帮等应力集中现象。

为了查明坝区岩体地应力的大小、方向及分布规律，为地下洞室围岩稳定分析和大坝设计提供依据，共作了 24 组孔径法空间地应力测试，10 孔水压致裂法平面应力测试。各测点的平面分布见图 8.12。孔径法测点主要分布在坝区两岸高程为 1649～1830m、水平深度 28～500m 的平洞内，其中 9 组分布于地下厂房部位，15 组分布于大坝中低高程坝基和抗力体位置。

1. 坝区高地应力现象

坝址区勘探钻孔岩芯饼裂，平洞洞壁片帮、弯折内鼓，现场测试岩体波速高于室内岩块波速等现象均表明坝址区为高地应力区。

（1）岩芯饼裂。河床坝基钻孔饼芯的调查统计结果表明，饼芯开始出现的深度一般在基岩面以下 20～40m（高程 1580～1560m），最深在基岩面以下达 105m（高程 1495m）附近，最浅只有 1.39m（高程 1590m）。饼芯形状以不规则灯盏状为主，可见明显向上的凹面，一般厚 0.5～1.5cm，个别厚达 4～5cm。

在垂直方向上钻孔饼状岩芯分布具有分带性的趋势，一般有 2～3 个密集带，基岩面以下深度分别为 25～70m、90～125m、150～170m，对应高程为 1575～1535m、1510～1475m、1440～1420m（见表 8.35）。

（2）平洞片帮弯折内鼓。坝区两岸不同方向的平洞中多处发现片帮或弯折内鼓现象。片帮现象在左岸 1720m 高程以下平洞中，水平深度 150m 以里；在右岸 1800m 高程以下，水平深度 100m 以里多见。一般发育在平洞下游壁或顶拱部位。片帮发育段岩性主要为厚层块状大理岩，岩石新鲜完整，片帮形成的岩片厚一般 1～5cm，呈边缘薄中间厚的特点，破裂面成弧形，平整、无阶坎、粗糙，表明以剪破裂为主兼有劈裂性破坏。

弯折内鼓现象在右岸 1800m 高程以下，水平深度 100m 以里多见。主要见于薄层状大理岩及绿片岩中。

（3）岩石物理力学指标测试所反映的高地应力现象。坝址区新鲜完整的大理岩室内岩块声波速度、弹性模量测试结果平均值分别为 4650m/s、30GPa，现场测试成果平均值分别为 5800m/s、35GPa，均显示现场岩体参数高于室内岩块的异常情况。据岩石三轴试验研究表明，岩石声波速度、弹性模量等参数与环境应力水平密切相关，这些参数均随围压增加而增加。因此，锦屏坝区岩体力学试验和弹性波测试成果，也从一个侧面表明了岩体内存在较高的地应力。坝区地应力测试各测点平面位置示意图如图 8.12 所示。

2. 孔径法空间地应力测试成果分析

24 组孔径法空间地应力实测成果汇总于表 8.36。

（1）左岸。左岸共有 7 组实测空间地应力，测点分布高程 1650～1830m，水平深度 35～200m，最大主应力 σ_1 分布上呈现出以下显著特点：

1）水平深度 200m 以外最大主应力值波动较大（见图 8.13），如 $\sigma_{14}-1$ 测点位于 IV 勘探线，1780m 高程水平深度 120m 处，该测点前均有深部裂缝，导致应力明显松弛，σ_1 量值仅为 5.84MPa。$\sigma_{50}-3$ 测点位于 II 勘探线，1670m 高程水平埋深仅 28m，σ_1 量值为 20.72MPa。水平深度 200 附近应力集中明显，最大主应力 σ_1 量值达 21.49～40.04Mpa。

2）随岸坡高程增加，岩体应力降低，如左岸 1649m 高程 PD2 平洞 224～236m 处 σ_1＝40.4MPa，1680m 高程 PD50 平洞 215m 处 σ_1＝34.14MPa，1780m 高程 PD40 平洞 200m 处 σ_1＝27.42MPa，1783m 高程 PD14 平洞 190～200m 处 σ_1＝27.23MPa，1830m 高程 PD54

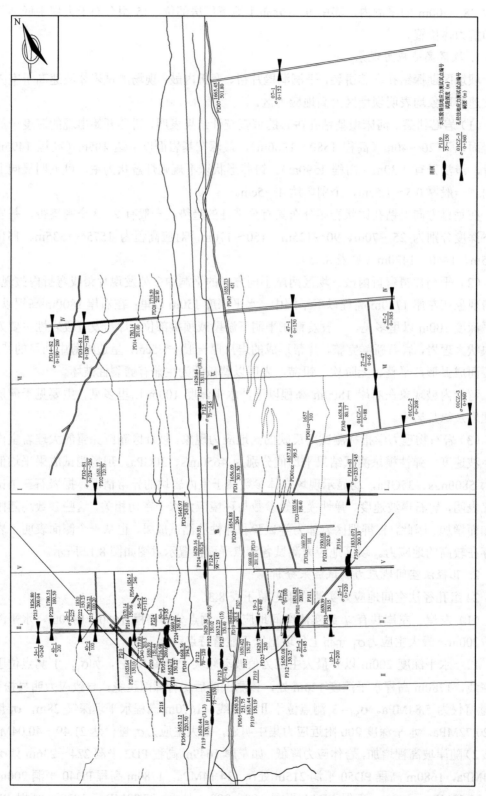

图 8.12　坝区地应力测试各测点平面位置示意图

平洞 245m 处 σ_1 =21.49MPa。

表 8.35　　　　　　　　　　　河床坝基钻孔饼芯发育特征统计表

孔号	孔口高程（m）	基岩顶板高程（m）	饼芯位于基岩面下最小埋深（m）	高程（m）	饼芯密集带位于基岩面下深度（m）	高程（m）	饼芯一般特征
P118	1629.56	1602.92	27.26	1575.66	—	—	不规则灯盏状，厚 2.5～3cm
P119	1630.44	1599.11	35.66	1563.48	35.66～44.78	1563.48～1554.36	—
					104.27～105.62	1494.84～1493.52	
P104	1628.94	1598.91	1.78	1597.13	43.98～47.19	1554.93～1551.72	不规则灯盏状，一般厚 0.5～1.5cm，最厚 4cm
P105	1628.56	1595.93	28.97	1566.56	28.97～35.85	1566.56～1560.08	不规则灯盏状，饼芯厚 0.5～1.5cm
P106	1630.50	1619.10	54.01	1565.09	54.01～56.10	1565.09～1563.00	不规则灯盏状，饼芯厚 1～2cm
					92.60～95.20	1526.50～1523.90	
					117.63～122.96	1501.47～1496.14	
P121	1630.20	1597.10	38.00	1559.10	38.00～51.40	1559.10～1545.70	灯盏状，厚 1～2cm
					105.69～107.27	1491.41～1489.83	
P122	1629.38	1598.53	39.85	1558.68	39.85～60.38	1558.68～1538.15	多呈不规则灯盏状，厚 1～2cm，少量 3～4cm
					90.00～90.20	1508.53～1508.33	
P123	1632.23	1617.23	47.76	1569.47	47.76～73.73	1569.47～1543.50	厚 1～4cm，呈不规则灯盏状
P115	1627.38	1591.03	1.39	1589.64	1.39～47.27	1589.64～1543.76	厚 1～4cm，呈不规则灯盏状
					66.80～74.61	1524.23～1516.43	
					125.75～150.60	1465.28～1440.43	
P116	1626.32	1592.57	29.33	1563.24	56.20～59.40	1536.37～1533.17	厚 1～4cm，呈不规则灯盏状
P117	1627.64	1615.39	48.25	1567.14	85.15～91.25	1530.24～1524.14	厚 1～4cm，呈不规则灯盏状
					157.03～166.19	1458.36～1449.20	

表 8.36　　　　　　　　锦屏一级水电站坝区孔径法岩体应力测试成果表

测点编号	测点位置	测点高程(m)	水平埋深(m)	垂直埋深(m)	测点岩性	σ_1			σ_2			σ_3		
						量值(MPa)	α	β	量值(MPa)	α	β	量值(MPa)	α	β
右岸测点														
$\sigma_{01}-1$	PD01 0+240m	1656	233	299	角砾状大理岩	35.7	134°	26°	25.6	15°	45°	22.2	243°	34°
$\sigma_{27}-1$	PD01cz 0+88m	1659	248	307	浅灰色条纹大理岩	16.13	150.9°	51.6°	9.45	294.9°	32.6°	4.14	36.8°	17.9°
$\sigma_{27}-2$	PD01cz 0+208m	1659	369	404	杂色角砾状大理岩	27.11	137.4°	29.0°	21.20	332.2°	60.1°	13.39	50.9°	-6.4°
$\sigma_{27}-3$	PD01cz 0+360m	1659	526	690	白色粗晶大理岩	23.02	100.7°	21.9°	16.42	263.9°	67.2°	7.19	8.3°	5.9°
$\sigma_{27}-4$	PD01cz 0+54m	1659	240	280	角砾状大理岩（夹绿片岩）	17.43	150.7°	50.7°	7.35	345.7°	38.4°	5.62	249.8°	7.4°
$\sigma_{27}-5$	PD27 0+142m	1658	150	210	杂色角砾状大理岩（夹绿片岩）	23.21	147.8°	40.5°	17.67	350.9°	47.1°	10.59	248.0°	11.7°
$\sigma_{39}-1$	PD39 0+400m	1660	400	433	条纹状大理岩	24.10	109.1°	24.1°	15.03	262.4°	63.4°	10.86	14.3°	10.6°
$\sigma_{19}-1$	PD19 0+200m	1650	200	298	灰白大理岩	22.90	151.5°	48.9°	9.79	305.6°	38.2°	5.76	46.1°	13.0°
$\sigma_{19}-2$	PD19 0+100m	1650	100	225	灰白大理岩	29.27	126.5°	44.4°	18.15	317.4°	45.0°	6.81	221.9°	5.5°
$\sigma_{19}-3$	PD19 0+40m	1650	40	180	灰白大理岩	15.42	112.8°	2.6°	9.61	15.0°	71.4°	6.00	203.7°	18.4°
$\sigma_{27-47}-1$	PD27-47 0+65m	1660	—	—	条带状大理岩	21.98	126.4°	46.7°	9.40	344.7°	36.5°	6.01	239.1°	20.0°
$\sigma_{47}-1$	PD47 0+150m	1657	150	214	杂色角砾状大理岩	21.27	154.1°	29.6°	9.47	326.9°	60.2°	6.05	62.3°	3.1°
$\sigma_{47}-2$	PD47 0+385m	1657m	385	523	条带状大理岩	25.32	139.0°	-3.0°	17.96	209.5°	81.1°	11.34	49.4°	8.3°
$\sigma_{07}-1$	PD07 0+152m	1666m	152	215	灰色角砾大理岩（夹绿片岩）	15.08	107.9°	45.0°	10.68	226.4°	25.5°	6.59	335.3°	34.1°
$\sigma_{45}-1$	PD45 0+200m	1714m	260	300	角砾大理岩	24.49	134.2°	19.8°	10.99	305.4°	70.0°	5.91	43.2°	2.8°
$\sigma_{25}-1$	PD25 0+220m	1830m	123	144	角砾状大理岩	18.44	145.4°	4.5°	12.70	47.3°	60.6°	5.80	237.9°	29.0°
$\sigma_{25}-2$	PD25 0+85m	1830m	85	63	角砾状大理岩	12.96	120.6°	21.2°	10.53	296.7°	68.8°	3.26	30.1°	1.3°
左岸测点														
$\sigma_{02}-1$	PD02 0+230m	1646m	196	269	大理岩	40.4	304°	3°	37.3	207°	69°	12.5	35°	21°
$\sigma_{50}-1$	PD50 0+215m	1670m	222	160	条纹状大理岩	34.14	292.6°	63.5°	18.40	67.8°	19.5°	16.42	164.1°	17.2°

续表

测点编号	测点位置	测点高程（m）	水平埋深（m）	垂直埋深（m）	测点岩性	σ_1			σ_2			σ_3		
						量值（MPa）	α	β	量值（MPa）	α	β	量值（MPa）	α	β
$\sigma_{50}-3$	PD50 0+35m	1670m	28	30	条纹状大理岩	20.72	265.2°	9.4°	16.08	14.3°	63.2°	4.78	170.8°	24.8°
$\sigma_{14}-1$	PD14 0+120m	1783m	120	170	条纹状大理岩	5.84	85.6°	6.1°	2.50	184.7°	55.9°	1.76	351.5°	33.4°
$\sigma_{14}-2$	PD14 0+195m	1783m	190	260	条纹状大理岩	27.23	309.4°	57.1°	14.44	117.0°	32.2°	8.25	210.5°	5.6°
$\sigma_{40}-1$	PD40 0+200m	1778m	200	200	变质细砂岩	27.42	332.0°	44.1°	10.12	208.2°	29.9°	6.74	97.9°	31.2°
$\sigma_{54}-1$	PD54 0+245m	1825m	161	170	粉砂质板岩	21.49	356.9°	29.7°	9.34	212.5°	54.9°	6.25	96.9°	16.9°

注　各 σ 量值以 MPa 计；α 为 σ_1 方向，以方位角表示；β 为 σ_1 倾角，以仰角为正。

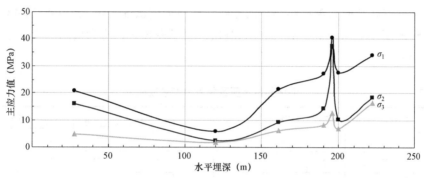

图 8.13　坝址区左岸岩体主应力与水平埋深关系

3）左岸水平埋深大于 200m 的测点，σ_1 方向介于 N3°～65°W，平均 N42°W，与岸坡走向近于垂直，σ_1 倾角最小 3°，最大 63°，平均约 39°。

（2）右岸。右岸共 17 组实测空间地应力，测点分布高程 1650～1830m，水平深度 40～500m，最大主应力 σ_1 分布上呈现出以下特点：

1）随水平深度增大地应力量值逐渐提高（见图 8.14）。在水平深度 100m 以外，最大主应力 σ_1 为 12.96～15.42MPa；100～350m 最大主应力 σ_1 为 16.13～35.7MPa；350m 以里应力趋于平稳，最大主应力 σ_1 为 23.02～27.11MPa。

2）随岸坡高程增加岩体应力降低，如Ⅱ$_1$ 勘探线 1650m 高程 PD19 平洞 200m 处 σ_1=22.9MPa，1830m 高程 PD25 平洞 220m 处 σ_1=18.44MPa。

3）最大主应力 σ_1 方向介于 N28.5°～79.3°W，平均 N48°W，与岸坡走向近于垂直，σ_1 的倾角最小 4.5°，最大 78.9°，平均约 16°。

4）在同一高程同一水平深度，应力量级随岩性、岩体的完整性差异而出现一定的变化。如 $\sigma_{27}-1$、$\sigma_{27}-4$ 测点位于 F$_{14}$ 断层附近，岩体完整性相对较差，σ_1 量级分别为 16.13MPa 和 18.44MPa；而相对完整的厚层状大理岩内的 $\sigma_{01}-1$、$\sigma_{19}-4$ 测点，最大主应力 σ_1 量级达 35.7MPa 和 22.9MPa。

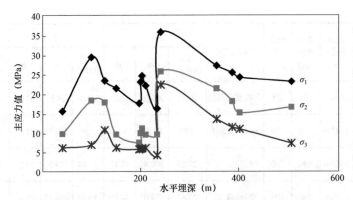

图 8.14　坝址区右岸岩体主应力值与水平埋深关系

3. 水压致裂法平面地应力测试成果分析

水压致裂法平面地应力测试，河床部位 5 孔，左右岸坝肩中低高程 5 孔。

（1）河床谷底地应力测试结果。河床谷底地应力测试 5 个钻孔内共测试 43 点，试段深度在谷底地面以下 70～150m，地应力测试成果见表 8.37，应力值随深度的变化曲线见图 8.15、图 8.16。

表 8.37　　　　　　　　　　　　　河床部位水压致裂应力测量成果表

孔号	序号	测试段深度 (m)	应力值（MPa）		σ_H 方向 (°)	孔号	序号	测试段深度 (m)	应力值（MPa）		σ_H 方向 (°)
			σ_H	σ_h					σ_H	σ_h	
P119	1	74.67～75.27	9.32	5.30	—	P122	1	71.20～72.30	10.29	5.77	—
	2	82.56～83.16	18.45	9.87	N56°W		2	77.00～78.10	14.85	8.33	—
	3	88.23～88.83	31.45	16.93	—		3	87.80～88.90	23.96	12.44	N36°W
	4	96.78～97.38	24.05	12.53	N42°W		4	98.61～99.72	23.04	12.02	N35°W
	5	108.07～108.67	22.67	12.15	—		5	105.00～106.10	28.15	15.13	—
	6	130.56～131.16	20.89	11.87	N40°W		6	116.14～117.24	22.71	12.22	—
	7	135.46～136.06	20.41	11.39	—		7	123.30～124.40	22.31	11.79	N41°W
	8	140.99～141.59	22.97	12.95	—		8	125.23～126.33	24.33	14.31	—
	9	146.07～147.22	21.05	11.53	N60°W		9	133.40～134.50	21.91	11.89	—
							10	141.00～142.10	23.49	12.47	—
P123	1	83.00～83.80	21.38	11.37	N60°W	P124	1	89.60～90.40	25.98	15.97	N58°W
	2	85.50～86.30	23.95	12.91	N51°W		2	97.30～98.10	20.55	11.04	—
	3	87.00～87.80	21.90	11.90	—		3	104.40～105.20	35.13	18.62	N52°W
	4	96.00～96.80	30.53	16.51	N62°W		4	112.70～113.50	37.21	21.40	—
	5	97.58～98.38	32.52	17.51	—		5	124.40～125.20	36.09	19.80	N61°W
	6	102.00～102.80	31.09	16.06	—		6	129.30～130.10	34.25	18.30	—
	7	112.80～113.60	23.67	13.65	—		7	136.80～137.60	30.77	17.70	N49°W
	8	126.00～126.80	28.80	16.28	—		8	142.00～142.80	32.62	17.80	—

孔号	序号	测试段深度（m）	应力值（MPa）		σ_H 方向（°）	孔号	序号	测试段深度（m）	应力值（MPa）		σ_H 方向（°）
			σ_H	σ_h					σ_H	σ_h	
P123	9	130.03～130.83	20.30	10.82	—	P125	1	73.61～74.41	18.82	9.81	—
	10	133.00～133.80	21.36	11.84	—		2	109.90～110.77	35.18	18.67	N69°W
	11	139.46～140.26	24.96	13.94	N35°W		3	125.10～125.90	25.66	12.83	N50°W
							4	131.90～132.78	28.40	15.39	N70°W
							5	141.90～142.70	17.50	9.49	—

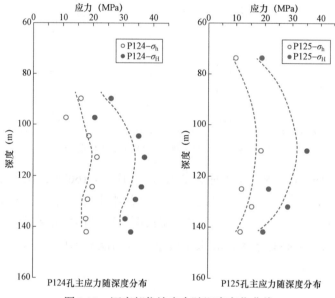

图 8.15　河床部位地应力随深度变化曲线

河床谷底地应力测试成果表明：

1）在基岩面以下 40m 范围内，由于岩体卸荷，地应力不同程度释放，岩体完整性较差，多数孔段无实测值，仅有的少量测点水平最大主应力值（σ_H）也相对较低，一般小于 15MPa；

2）在基岩面以下 50～80m，出现明显的应力集中（即应力包），水平最大主应力（σ_H）一般为 20～36 MPa。孔深 130m 以下，为应力平稳区，最大水平主应力值为 25 MPa 左右；

3）实测水平主应力（σ_H）方向为 N40°W 左右，范围值为 N36°～55°W。

（2）坝区左岸地应力测试结果。左岸完成了 P213 和 P224 钻孔的应力测量，成果见表 8.38。

P213 位于 PD54 平洞内，水平埋深 240m，孔口高程 1830m，试段岩性为砂板岩，因岩层较破碎，仅取得了 4 段资料，水平最大主力值（σ_H）为 5.52～7.71MPa，相对偏低。实测水平最大主应力方向为 N50°～55°W。

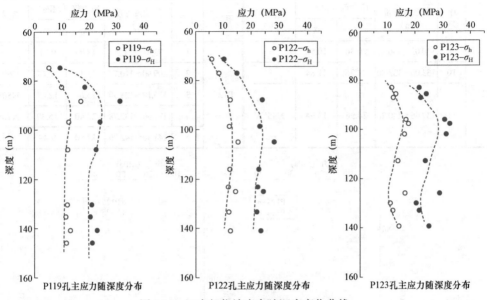

图 8.16　河床部位地应力随深度变化曲线

P224 位于 PD50 平洞内，水平埋深 30m，孔口高程 1669m。在孔深 36.78～42.61m（1633～1627m 高程）的三段应力值偏低，其水平最小主应力 σ_h = 3～4MPa，水平最大主应力 σ_H = 7MPa 左右，该深度相当河床覆盖层顶面附近（1627m 高程）。孔深 72～139m 水平主应力随孔深增加略有增大，其水平最小主应力 σ_h = 9MPa 左右，水平最大主应力 σ_H = 15MPa 左右。

表 8.38　　　　　　　　　坝区左岸水压致裂地应力测试结果

孔号	序号	测试段深度（m）	应力值（MPa）		σ_H方向（°）	孔号	序号	测试段深度（m）	应力值（MPa）		σ_H方向（°）
			σ_H	σ_h					σ_H	σ_h	
P213	1	53.04～53.84	8.54	5.52	—	P224	1	36.78～37.58	7.68	3.86	—
	2	65.35～66.15	9.28	6.64	N50°W		2	40.46～41.26	7.70	4.39	—
	3	89.60～90.40	12.07	7.38	N55°W		3	41.81～42.61	6.23	3.41	—
	4	123.50～124.30	13.87	7.71	—		4	72.00～72.80	14.52	8.71	N70°W
							5	79.12～79.92	13.16	6.78	
							6	114.80～115.60	15.44	9.13	N45°W
							7	138.40～139.26	17.16	9.86	N68°W

（3）右岸地应力测试成果。在右岸完成了 P319、P327 和 P316 共 3 个钻孔的应力测量。地应力测试成果见表 8.39。

P319、P327 孔位于 1650m 高程坡脚部位，应力状态如下：

1）在孔深 70～90m 以上（高程 1560～1580m），受卸荷影响应力值较低，水平最小主应力（σ_h）4～8MPa，水平最大主应力（σ_H）8～14MPa；以下应力值呈增大趋势，水平最小主应力（σ_h）= 13～16MPa，水平最大主应力（σ_H）20～30MPa。

2）两孔实测水平最大主应力的方向为 N40°～50°W。

P316 孔位于 PD25 平洞内，水平埋深约 200m，孔口高程 1830m。该孔 100m 深处穿过 f_{13} 断层，断层上盘应力值较高，其水平最小主应力 σ_h = 12MPa 左右，水平最大主应力 σ_H = 22MPa 左右。断层下盘在孔深 119～200m 的 9 段测量结果显示，水平最小主应力 σ_h = 8～9MPa，水平最大主应力 σ_H = 16～17MPa。水平应力值"浅高深低"的主要原因是断层上部岩石完整，深部裂隙发育，局部陡倾裂隙中充填角砾、黄泥。该孔实测水平最大主应力的方向为 N40°～60°W。

表 8.39　　　　　　　　　　　　右岸钻孔水压致裂应力测量结果

孔号	序号	测试段深度（m）	应力值（MPa）		σ_H 方向（°）	孔号	序号	测试段深度（m）	应力值（MPa）		σ_H 方向（°）
			σ_H	σ_h					σ_H	σ_h	
P316	1	62.97～63.77	22.01	11.62	N50°W	P319	1	25.50～26.30	7.72	4.16	—
	2	85.90～86.70	22.74	13.84	—		2	46.00～46.80	10.12	5.46	—
	3	119.00～119.89	17.55	10.17	—		3	69.98～70.78	12.85	7.19	—
	4	126.9～126.78	17.11	9.74	N53°W		4	90.50～91.30	18.53	10.89	N50°W
	5	131.70～132.50	15.66	8.79	—		5	99.50～100.30	15.12	8.48	N53°W
	6	151.30～152.17	15.38	8.48	N43°W		6	115.90～116.70	17.30	9.64	N43°W
	7	165.00～165.80	13.99	8.12	—		7	125.74～126.54	21.35	11.23	N60°W
	8	175.70～176.52	16.08	9.72	—		8	130.00～130.80	27.41	14.27	—
	9	182.80～183.60	15.65	8.79	—		9	141.00～141.80	30.50	16.38	—
	10	185.70～186.54	16.18	9.32	—						
	11	193.50～194.36	15.87	8.90	—						
P327	1	69.00～69.80	10.36	5.68	—	P327	6	132.60～133.40	20.48	11.30	N55°W
	2	72.00～72.80	13.85	7.71	—		7	137.46～138.26	23.00	14.35	N48°W
	3	77.60～78.40	18.39	9.76	—		8	141.00～141.80	22.49	12.39	—
	4	93.34～94.14	21.02	11.91	N63°W		9	147.64～148.44	22.88	12.45	—
	5	108.30～109.10	19.67	11.06	—						

4. 右岸地下厂房部位水压致裂法三维应力状态

在右岸 PD27 平洞内，水平埋深 138～370m，垂直埋深 210～407m，采用水压致裂法测量了 3 组三维应力，成果见表 8.40。

表 8.40　　　　　　　　　　PD27 平洞水压致裂法三维应力计算成果

编号	水平埋深（m）	垂直埋深（m）	高程（m）	σ_1			σ_2			σ_3		
				数值（MPa）	方向	倾角	数值（MPa）	方向	倾角	数值（MPa）	方向	倾角
P338	138.0	210.0	1656.5	18.56	141°	8°	15.88	43°	45°	5.56	238°	44°
P339	216.0	282.5	1657.5	21.90	132°	22°	17.72	11°	52°	9.60	236°	29°
P340	370.0	407.0	1658.0	34.35	114°	49°	15.06	14°	9°	10.09	227°	40°

（1）三维主应力值随洞深增加而增大，以埋深最大的 P340 测点最高，其 σ_1 = 34.35MPa，σ_2 = 15.06MPa，σ_3 = 10.09MPa。最大主应力 σ_1 倾角随洞深增加变陡，反映山体内重力在总应力场中的贡献显著。

（2）σ_1 的方位为 N39°～64°W，与坝址区其他部位水平主应力方向的测量结果相接近。三个测点主应力 σ_1、σ_2 和 σ_3 的方位角、倾角相接近，有规律地小幅度变化，反映出地应力测量结果受陡峭山体地貌和局部岩层条件、构造的影响。

5. 坝区地应力分布特征分析

根据坝区所处的大地构造环境、坝区地应力现象及不同方法地应力实测资料分析，锦屏一级水电站坝址区地应力分布具以下特点：一是坝区应力量级较高，属高应力区，岩石强度应力比一般为 2～3；从测试结果来看，各测点 σ_1 量值普遍在 20～30MPa，左岸低高程深部（180m 以里）测点超过 40MPa，右岸局部应力集中点 σ_1 量值超过 35MPa。二是随着河流下切，谷坡一定范围内岩体卸荷强烈，岩体应力急剧降低，特别是左岸应力释放后，岩体利用顺坡向中陡倾角结构面松弛拉裂明显，1700m 高程以上水平深度 200m 以外，基本处于重力场作用之下。三是最大主应力（σ_1）方向较稳定，一般为 N30°～60°W，与区域应力场方向基本一致。

8.5.2.2　锦屏二级水电站工程

1. 与地应力有关的地质现象

锦屏工程区长期以来地壳强烈抬升，雅砻江急剧下切，山高、谷深、坡陡。地貌上属地形急剧变化地带，因此，原储存于深处的大量能量，在地壳迅速抬升后，虽经剥蚀作用使部分能量释放，但残余部分很难释放殆尽，因而本区是地应力相对集中地区，有较充沛的弹性能储备。从区域上说，工程区位于川藏交界处，临近主要的构造带，构造应力强度较高，施工过程中出现岩爆这一事实说明，锦屏工程区有较高的地应力，地应力的释放将导致围岩的破坏，从而影响围岩的稳定性。

以大水沟厂址长探洞（3m×3m 的城门洞形）开挖发生的岩爆为例：岩爆均发生在岩体完整、地下水不发育的洞段；几处连续岩爆均发生在左拱和左壁；岩爆以片板状的松脱剥落型为主，局部伴有少量弹射；岩爆坑大小不一，最大的达 80～130cm。岩爆发生的活跃期通常在掘进后的几小时内，即距掌子面 1～3m 范围，随着掌子面的推进，岩爆的持续期一般在 24h 内，但有的部位持续期长达几个月后仍有岩爆声音和岩片剥落现象。

2．地应力测试成果分析

（1）实测地应力成果。在探洞内不同洞深采用了多种测试手段，如应力解除孔径法、孔壁法、水压致裂法，以及岩块声发射法、收敛变形反分析法等进行地应力的量测和分析，其成果见表 8.41、表 8.42。

表 8.41　　　　　　　　　PD1 洞及进水口应力测试成果

测试部位	埋深 (m)	主应力									应力分量（MPa）						测试方法
(m)		σ_1			σ_2			σ_3			σ_x	σ_y	σ_z	τ_{xy}	τ_{yz}	τ_{zx}	
		值(MPa)	方位角(°)	倾角(°)	值(MPa)	方位角(°)	倾角(°)	值(MPa)	方位角(°)	倾角(°)							
PD1深洞	600	463	46.6	260.1	−4.8	18.87	17.9	−79.8	15.6	169.3	−9.0	45.48	16.61	18.99	5.24	−0.10	2.38	应力解除法
	600	463	32.4	289.0	30.0	28.0	72.0	57.0	23.7	184.0	21.0							AE 法
	600	463	14.38	47.48	−6.45	10.03	152.41	−66.31	5.67	134.77	22−69	10.15	10.49	9.44	−4.00	−1.46	−0.77	水压致裂法
	658.1	534	—	—	—	—	—	—	—	—	—	25.8	18.4	—	—	—	—	收敛变形反分析
	674.7	539	—	—	—	—	—	—	—	—	—	29.7	18.8	—	—	—	—	收敛变形反分析
	692.5	538	—	—	—	—	—	—	—	—	—	28.6	19.1	—	—	—	—	收敛变形反分析
	708.4	552	—	—	—	—	—	—	—	—	—	42.4	19.4	—	—	—	—	收敛变形反分析
	1200	960	32.21	20.47	47.65	18.20	75.73	−27.45	11.53	148.69	29.42	20.08	17.61	24.24	−4.33	0.69	−8.97	水压致裂法
	1800	1182	38.02	120.69	57.97	27.26	110.01	−31.58	17.49	22.97	4.80	19.83	28.02	34.92	4.81	3.84	3.22	水压致裂法
	2700	1599	36.93	136.38	57.04	34.86	115.03	−31.13	18.87	30.99	9.76	23.77	31.04	35.86	7.16	−0.73	2.97	水压致裂法
	3005	1843	42.11	116.80	75.40	26.00	119.54	−14.59	19.06	29.36	−0.67	20.94	25.15	41.08	3.38	3.55	1.70	水压致裂法
景峰桥进水口	43	74	5.5	58	−35	4.6	73	54	4.2	117	−7	—	—	—	—	—	—	水压致裂法

注　应力解除法应力倾角向下为负；水压致裂法应力倾角向下为正。

表 8.42　　　　　　　　　　辅助洞应力测试成果

测试部位	埋深 (m)	主应力									应力分量（MPa）						测试方法
(m)		σ_1			σ_2			σ_3			σ_x	σ_y	σ_z	τ_{xy}	τ_{yz}	τ_{zx}	
		值(MPa)	方位角(°)	倾角(°)	值(MPa)	方位角(°)	倾角(°)	值(MPa)	方位角(°)	倾角(°)							
东端第1横通洞	550	11.11	126	−24	7.7	1	−52	5.17	50	27	7.85	8.39	7.74	2.33	−1.81	−0.08	水压致裂法

测试部位	埋深 (m)	主应力									应力分量（MPa）						测试方法
		σ_1			σ_2			σ_3			σ_x	σ_y	σ_z	τ_{xy}	τ_{yz}	τ_{zx}	
		值 (MPa)	方位角 (°)	倾角 (°)	值 (MPa)	方位角 (°)	倾角 (°)	值 (MPa)	方位角 (°)	倾角 (°)							
东端第2横通洞	840	19.11	148	58	9.97	146	−31	7.19	56	1	10.93	8.74	16.6	2.41	2.11	3.5	
东端第3横通洞	970	40.69	146	49	18.81	75	−16	12.82	177	−36	21.34	21.77	29.21	4.17	6.24	11.81	
东端第4横通洞	1229	41.92	148	59	29.8	100	−22	18.67	18	21	23.32	29.74	37.32	4.31	1.66	8.04	水压致裂法
西端第1横通洞	1008	28.14	126	51	13.28	124	−39	11.69	35	1	14.2	16.69	22.23	3.53	5.9	4.25	
西端第2横通洞	1152	10.69	144	−51	7.81	100	30	6.89	24	−22	7.88	8.07	9.43	0.83	−0.7	−1.43	
西端第4横通洞	1305	44.18	142	70	27.98	129	−20	20.72	39	1	24.48	26.06	42.33	4.48	3.71	3.58	

注 倾角水平向下为正。

（2）地应力测试成果分析。

1）最大主应力、中间主应力和最小主应力均随埋深增加而增加，递增关系呈非直线型关系，其中洞深 1800m 处，地应力（无论最大、中间、最小主应力）值明显较大，综合地层、构造分析，可能与背斜构造的核部有关，背斜核部"中和面"上部的应力场中 σ_1 为垂直，σ_2 平行褶皱轴向，σ_3 垂直褶皱轴向。表明褶皱构造发育的地区，存在局部应力场，在漫长的地史期释放过程中，尚留有残余的局部构造应力。按洞深 1800m，上覆岩层 1182m 计，自重应力值 31.3MPa，实测值 38.02MPa，因此可以认为局部构造应力 6.72MPa，约占实测值的 18%。

2）σ_1/σ_3 地应力比是地应力场特征指标，随洞深的变化也有一定规律性，地应力比值随洞深的增加而减小，即最小主应力随洞深的增加速率大于最大主应力随洞深增加速率。

3）最大主应力方位角为 20°～50° 和 120°～140°，显示工程区的主地应力场随埋深增加由 NE 转为 SEE，与此前分析成果吻合，即与区域构造应力场相吻合。

4）最大主应力倾角，随埋深增加，自 6.45° 增至 75.4°。表明随着埋深增加，地应力从岸坡局部应力状态转变为以垂直为主的自重应力状态。

8.5.2.3 官地水电站工程

1. 与地应力有关的地质现象

在坝址区河床和右岸（凹岸）出现饼状岩芯。

地下厂房探洞水平埋深 270～360m、垂直埋深 260～340m 处，见片帮剥落现象。

2. 地应力测试成果

左岸测试成果见表 8.43，因左岸为凸岸，三面临空，且距 F_8 断层较近，地应力量级较低，最大主应力 $\sigma_1 = 13.0 \sim 22.1$MPa，方向为 N46°～70°W。

表 8.43　　　　　　　　　　　岩体地应力测试成果表（孔径法）

勘探线	试点编号	试点位置(m)	水平埋深(m)	垂直埋深(m)	岩性	应力值			方向（α）			倾角（β）			备　注
						σ_1	σ_2	σ_3	σ_1	σ_2	σ_3	σ_1	σ_2	σ_3	α角以投影方位角表示；β角从水平面上向水平面投影为正；σ_1 为最大主应力，σ_2 为中间主应力，σ_3 为最小主应力
I 线左岸 1230m 高程	S-4	XD01 加深 0+255	240	236	P2β₁$^{5-2}$角砾集块熔岩	22.1	13.1	5.27	N46°W	N10°W	N50°E	-23°	62°	-15°	
I 线左岸 1230m 高程	S-5	XD01 0+145	145	158	P2β₁$^{5-2}$角砾集块熔岩	13.0	8.4	7.22	N70°W	N54°W	N23°E	-24°	65°	-6°	

右岸及地下厂房孔径法和孔壁法测试成果分别见表 8.44、表 8.45，孔径法测试最大主应力 σ_1 为 25.0～35.17MPa，方向 N27.3°～53°W，平均 N35.4W°；孔壁法测试最大主应力 σ_1 为 15.94～39.63MPa，方向 N14.2°～55.0°W，平均 N35.8°W。两种方法成果基本一致。

表 8.44　　　　　　　　　　　厂区岩体应力测试成果表（孔径法）

测点高程	试点编号	试点位置(m)	水平埋深(m)	垂直埋深(m)	岩性	σ_1			σ_2			σ_3		
						量值	方向(α)	倾角(β)	量值	方向(α)	倾角(β)	量值	方向(α)	倾角(β)
I 线右岸 1233m 高程	S-1	XD02 0+145～150	140～145	103	P₂β₁$^{5-2}$角砾集块熔岩	32.40	N22ºW	-30°	17.1	N30ºE	48º	7.15	N85ºE	-27°
右岸地下厂房 1235m 高程	S-3	XD02 下支 0+170～180	270	264	P₂β₁$^{5-2}$角砾集块熔岩	25.0	N53ºW	-3°	10.6	N30ºE	70°	3.9	N38ºE	-19°
右岸地下厂房 1235 高程	S-2	XD02 下支 0+240～245	330	303	P₂β₁$^{5-2}$角砾集块熔岩	30.1	N72ºW	-13°	13.7	N32ºE	-45°	7.11	N6ºE	42°
右岸地下厂房 1235 高程	S-2F (S2复核)	XD02 下支 245	330	303	P₂β₁$^{5-2}$角砾集块熔岩	35.17	N28.7ºW	-41.5°	13.98	10.7°	41.1º	9.46	81.2º	-21°
右岸 1238m	S-6	XD42 0+145m	365	340	辉斑玄武岩（Ⅱ）	26.31	N30.5ºW	-17.4°	13.26	37.7°	49.8°	7.06	72.1°	-34.9°
右岸 1239m	S-7	XD44 0+142m	370	350	角砾集块熔岩（Ⅱ）	32.79	N34.7ºW	-4.5°	18.5	60.4°	-48.3°	8.81	51.4°	41.3°
右岸 1241m	S-8	XD60 0+295m	515	470	角砾集块熔岩（Ⅱ）	38.49	N32.2ºW	-0.2°	17.9	58.0°	-49.8°	10.91	57.7°	40.2°
右岸 1241m	S-8 复核	—	—	—	—	30.82	N30.4ºW	-6.2	14.99	56.1	28.9	6.35	70.6	-60.3

注　α角以投影方位角表示，β角从水平面上向水平面投影为正，σ_1 为最大主应力（MPa），σ_2 为中间主应力（MPa），σ_3 为最小主应力（MPa）。

表 8.45 厂区岩体应力测试成果表（孔壁法）

测点编号	σ_1			σ_2			σ_3			备注
	量值(MPa)	倾角(°)	方向(°)	量值(MPa)	倾角(°)	方位角(°)	量值(MPa)	倾角(°)	方位角(°)	与孔径法对应点位
S9-1	16.94	-25.7	N 24.2 W	12.11	12.3	71.8	8.86	61.1	185.1	原 S--6
S9-2	22.68	30.9	N 39.9 W	10.80	31.7	251.8	6.57	42.7	16.5	原 S--6
S9-3	20.18	8.9	N 34.6 W	10.62	59.9	39.7	6.49	28.5	240.3	原 S--6
S10-1	19.17	-9.6	N 29.0 W	11.36	45.5	231.1	9.35	42.9	70.0	原 S6~S3
S10-2	21.02	-1.4	N 46.9 W	15.96	23.2	43.7	10.32	66.6	219.9	原 S6~S3
S10-3	25.52	9.9	N 31.4 W	10.24	35.8	51.4	9.99	52.4	251.8	原 S6~S3
S11-1	24.64	10.3	N 55.0 W	10.51	51.3	228.2	7.41	36.8	27.1	原 S--3
S11-2	18.32	20.5	N 41.5 W	9.92	46.9	24.9	8.79	35.9	244.2	原 S--3
S11-3	18.20	12.6	N 50.1 W	13.43	32.9	31.6	9.49	54.2	237.9	原 S--3
S12-1	15.94	30.7	N 39.6 W	11.42	58.8	152.5	8.16	4.9	233.3	原 S--7
S12-2	24.52	-12.7	N 27.8 W	11.58	74.3	115.7	8.75	9.0	240.2	原 S--7
S12-3	21.38	-0.20	N 29.5 W	14.52	55.10	240.20	8.57	34.90	60.70	原 S--7
S13-1	19.30	26.7	N 16.2 W	15.37	17.5	262.9	13.22	57.3	22.2	原 S--8
S13-2	18.40	-31.2	N 17.6 W	13.94	42.9	218.2	11.46	31.2	93.9	原 S--8
S13-3	25.94	-28.7	N 14.2 W	15.61	46.1	218.2	14.05	31.2	93.9	原 S--8
S2-1	39.63	-5.6	N 43.8 W	14.92	56.5	251.9	4.34	43.9	75.4	原 S--2
S2-2	30.07	-5.6	N 50.2 W	15.81	44.6	214.3	9.05	44.9	45.4	原 S--2
S2-3	31.24	11.8	N 52.4 W	11.62	53.0	201.6	9.91	34.5	45.9	原 S--2

8.5.2.4 二滩水电站工程

二滩坝址位于川滇南北向构造带中段西侧，由雅砻江断裂带、西番田断裂带、金河～箐河断裂带、华坪～渡口东西向隐伏构造带所包围的共和断块上、地质构造运动形成的高应力区。

1. 坝区高地应力现象

（1）岩芯饼裂。在枢纽区勘探钻孔中，特别是在河床及两岸谷坡下部钻孔中，较普遍地出现饼状岩芯，并具有以下特点：

1）在枢纽区 203 个钻孔中，发现有饼状岩芯的钻孔 84 个，占全部钻孔孔数的 41.4%。在出现有饼状岩芯的 84 个钻孔中，有 45 个分布在河床及谷坡的下部，占出现岩饼钻孔的 53.6%，且 95% 以上的岩饼分布在微风化—新鲜岩体中。

2）饼状岩芯的破裂面均垂直钻进方向，通常成串、成带出现。带厚不等，一般 0.2～0.5m，次为 0.5～1.0m，最厚可达 13.53m，带内饼状岩芯最多可以连续出现 500 个以上。

3）据有饼状岩芯的 84 个钻孔统计，共有饼状岩芯 416 带、共计饼状岩芯 8752 个。其分布高程最高见于 1085m、最低在 799m 仍有出现（相应孔底高程为 797.25m），但在

930～970m 高程间较为集中。

4）饼状岩芯在垂直方向上常成带随机相间出现，在水平方向上是不连续的。例如：相距 3m 的 224 孔和小 1 孔均有饼状岩芯出现，但各带在水平方向上无对应关系。

5）在出现饼状岩芯的 416 带中，正长岩为 330 带，占总数的 79%，其他在变质玄武岩中出现 86 带，占总数的 21%，二、三层玄武岩中少见。

6）饼状岩芯呈规则的、厚度基本一致的饼状，饼面与孔轴垂直，由于勘探孔多数为垂直孔，故岩饼多数呈水平状，成串出现。岩饼在立面上呈上部直径稍小、下部直径稍大的微锥形，平面上呈有明显长、短轴之分的椭圆形，相邻成串岩饼重叠在一起，它们的长短轴方向一致，上微凹、下微凸呈灯盏状，凹槽轴与长轴一致。面新鲜、粗糙，有断裂的擦痕，擦痕方向与长轴方向平行，岩饼上还有阶坎，阶坎与长轴和擦痕方向垂直。岩饼厚度大致均匀，其值与钻孔孔径有关。

岩芯饼化现象是特定高地应力环境下产生的独特的地质现象。从岩饼的形态（饼面微向上凹，既具拉坎又有擦痕）分析，其破坏机制应属拉剪破坏的产物。当地应力以水平应力为主、垂直应力较小时，三向主应力差异性显著，可能产生饼面以擦痕剪切破坏机制为主；当垂直地应力远大于水平应力时，则以拉坎拉断破坏机制为主。

（2）平洞岩爆。勘探平洞曾出现过岩爆现象。

1）在探洞掘进中，爆破刚结束后，曾听到声如炒豆的爆裂声，延续时间不长，一般在随之洒水后即消失，这种现象多发生在埋深较大的部位。

2）在洞壁见有葱皮状剥落和片帮现象：前者仅分布在洞壁的表面，呈泥卷状，厚度一般小于 1mm，松软、手触即脱落；后者多分布在洞壁的突出部位，特别是在洞室的角点处，岩片形状不规则，一般直径约 20～40cm，厚 1～3cm，它们多分布在平行河流的探洞或垂直河流但深埋的探洞中。

（3）原位岩体抗剪试验试件加工过程中产生的岩爆现象。

1）在 1 号探洞深 80～91m 变质玄武岩中加工抗剪试验试件（50×50cm）过程中，由于试件周围随着加工逐渐临空，地应力释放导致原来结构面比较发育、岩体完整性较差的试件全部松弛呈干砌块石状。

2）在 2 号探洞 3 支洞深 18～32m 处的正长岩中加工抗剪试件（50×50cm）并当试件周围刻槽至 5～13cm 深时，都产生不同程度的爆裂，其中三块在加工中开始有微弱的迸裂声，随后突然发出清脆响亮的爆裂声，岩石开裂呈片状，并且有小块岩片飞出，爆裂时站在试件上的人明显感到上抬产生的冲力，爆起的岩片面新鲜、粗糙且不规则。事后在该处进行一组空间地应力测试，测得最大主应力方位为 N34°E（基本垂直河床），最大主应力 σ_1 =26MPa。

2. 地应力测试成果分析

可行性设计阶段采用孔径变形法进行了大量的现场应力测量。现场应力测量的测点布置在拟议中的坝轴线和地下厂房所在的岩体内。在二号洞的中粒正长岩和四号洞的玄武岩内进行三孔交会的空间应力测量和少量的单孔平面应力测量。在河床基处布置了两个深度约 60m 的深孔应力测量。测试方法包括孔径法、压磁法和孔壁法，各测点采用的测试手段及提供资料情况、测试成果见图 8.17 和表 8.46～表 8.49。

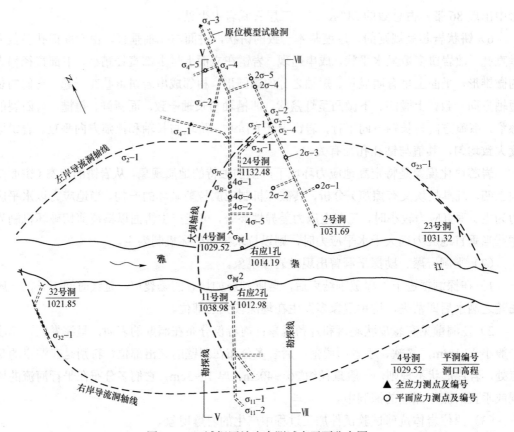

图 8.17　二滩坝区地应力测试点平面分布图

表 8.46		二滩坝区现场应力测试状况总表	
测点号	测试仪器	测试方法	提供资料情况
1～2	36-2 型钻孔变形计	单孔、平面应力测量	走向 SN 向铅直平面上的应力
3	36-2 型钻孔变形计	三孔交会空间应力测量	三个主应力的大小和方向
4	36-2 型钻孔变形计	三孔交会空间应力测量	三个主应力的大小和方向
5	YJ-73 型压磁应力计	三孔交会空间应力测量	三个主应力的大小和方向
6～9	YJ-73 型压磁应力计	三孔交会空间应力测量	三个主应力的大小和方向
10～11	36-2 型钻孔变形计	深孔应力解除	河床深部不同深度上的应力
12～14	36-2 型钻孔变形计	单孔平面应力测量	走向 SN 向铅直平面上的应力

表 8.47　　　　　　　　　　二滩水电站岩体空间应力测试成果表

测点编号	测点位置(m)	岩石名称	σ_1 应力值(MPa)	α(°)	β(°)	σ_2 应力值(MPa)	α(°)	β(°)	σ_3 应力值(MPa)	α(°)	β(°)	测试方法
σ_2-1	2号3支洞 0+27～0+37	正长岩	26.0	34	23	9.0	140	33	2.5	277	48	孔径法
σ_2-2	2号洞0+280	正长岩	18.8	31	45	7.5	141	19	-1.9	245	34	孔径法
σ_2-3	2号洞0+275	正长岩	19.5	20	57	6.7	160	27	5.7	260	18	压磁法
σ_2-4	2号洞0+265	正长岩	23.6	35	22	16，0	115	-19	6.3	169	56	孔壁法
σ_4-1	4号5支洞 0+155～0+159	变质玄武岩	29.6	359	-8	11.7	76	57	7.4	275	32	压磁法
σ_4-2	4号6支洞 0+33～0+42	变质玄武岩	38.4	22	26	17.3	111	-3	10.4	195	63	压磁法
σ_4-3	4号洞0+523	正长岩	25.6	39	-7	24.4	137	-47	11.1	123	42	压磁法
σ_4-4	4号洞0+403	辉长岩	29.5	18	40	22.1	155	42	18.7	267	24	压磁法
σ_4-5	4号2支洞 0+35	辉长岩	22.3	13	9	9.8	52	-78	5，6	104	7	孔径法
$\sigma_{24}-1$	24号洞0+102	正长岩	9.6	353	31	4.5	163	58	4.3	261	4	压磁法
$\sigma_{23}-1$	23号洞0+220	玄武岩	26.6	16	27	16，8	101	-10	10.8	172	61	压磁法
$\sigma_{11}-1$	11号洞0+261	玄武岩	30.3	11	-24	22.0	95	12	4.1	341	63	孔径法
$\sigma_{11}-2$	11号洞0+261	玄武岩	32.6	48	-8	14.8	132	27	9.3	343	63	孔壁法
$\sigma_{32}-1$	32号洞 0+139～0+159	正长岩	10.9	28	-24	4.2	123	-10	1.4	54	64	孔径法

注　α 为主应力在水平面上投影方位角，以北为0，顺时针转；β 为主应力倾角，仰角为正。

表 8.48　　　　　　　　　　平面应力实测成果汇总表

测点编号	测点位置(m)	岩石名称	σ_1' (MPa)	σ_2' (MPa)	ϕ (°)	测试方法
σ_4-1	4号洞0+143	正长岩	40.4	4.6	43	孔径法
σ_4-2	4号洞0+49		10.0	0.5	54	
σ_4-4	4号洞0+88.9		33.9	11.2	52	
σ_4-5	4号3支0+42.5		6.7	0.8	128	
σ_2-1	2号1支洞0+49		24.5	2.9	31	
σ_2-2	2号2支洞0+66		16.9	1.7	46	
σ_2-3	2号洞0+200		31.5	10.6	29	
σ_2-4	2号洞0+370		19.8	2.2	27	
σ_2-5	2号洞0+415		20.7	5.3	45	
σ河1	左岸应1孔高程955～976		49.4～65.9	20.2～32.0	NE28～50	
σ河2	右岸应2孔高程959～968		39.4～40.7	22.6～24.8	NE12～32	

注　1. 代表主应力为垂直于钻孔轴的平面上的主应力，以 σ_1'、σ_2' 表示。

　　2. 平洞中测点的 φ 为铅直面上 σ_1' 与水平面的夹角，河床孔的 φ 为 σ_1' 的方位角。

表 8.49 河床深孔地应力测试成果

孔深（m）	左岸应 1 孔（孔口高程 1014.19m）			孔深（m）	右岸应 2 孔（孔口高程 1012.98m）		
	σ_1'（MPa）	σ_2'（MPa）	φ		σ_1'（MPa）	σ_2'（MPa）	φ
17.6	1.8	0.5	N78°W	21.9	1.5	−1.0	N6°E
24.5	5.0	1.2	N78°E	26.8	1.1	−2.0	N32°E
30.0	18.0	3.0	N80°E	38.0	14.5	12.6	
37.5	65.0	29.1	N34°E	45.0	39.4	24.8	N12°E
40.5	65.9	25.9	N50°E	53.4	40.7	22.6	N32°E
45.0	49.40	20.2	N28°E	—	—	—	—
55.3	60.0	31.5	—	—	—	—	—
59.4	61.0	32.0	N50°E	—	—	—	—

从上述测试成果可以得到如下认识：

（1）测试成果表明，本区属高地应力分布区。其应力量级由谷坡上部至河床、由表至里逐渐增大。地应力分布随所处部位和离河谷周边埋深不同具有分区性，宏观上大致可分以下三区：

1）应力释放区：此区位于河谷周边的表浅层，岩体大部分属弱风化中、上段，裂隙有不同程度的张开并充填泥质，其分布底界深度大致是 30～50m。在该范围内实测最大主应力值均在 1～10MPa 间。

2）应力集中区：河床钻孔岩饼集中分布在 930～970m 高程，而河床钻孔地应力实测成果与岩饼分布深度十分吻合，河床左侧应力集中区顶面高程为 976.7m，$\sigma_1 = 49.4$～65.9MPa；河床右侧应力集中区顶面高程为 968.0m，$\sigma_1 = 39.4$～40.7MPa。

3）应力平稳区：除河床应力集中区及表浅层应力释放区以外的弱风化下段—新鲜岩体均属此区，区内岩体完整均一、以整体块状～块状岩体为主、岩块间嵌合紧密、裂隙间硬质接触、甚少软弱物质充填，实测最大主应力（σ_1）在 18.8～38.4MPa。

（2）最大主应力（σ_1）方位较为稳定，多在 N10°～30°E，平均为 N23°E；倾角绝大多数在 30° 以下，平均 22°。

（3）14 组空间地应力测试表明，最大主应力 σ_1 无论量级、方位均较稳定，中间主应力（σ_2）次之，最小主应力（σ_3）量级、方位均不稳定。三向应力的平均比值大致是：$\sigma_2/\sigma_1 = 0.52$～0.60，$\sigma_3/\sigma_1 = 0.27$～0.36。

（4）应力高低和岩性有关：正长岩和玄武岩最大主应力量级有一定差异，在应力平稳区内，正长岩在 20～25MPa，玄武岩在 30～35MPa。

（5）水平应力大于垂直应力，垂直应力大于上覆岩体自重：根据实测成果换算的地应力参数见表 8.50。从该表可以看出：枢纽区处于三向不等的压应力状态，85%的测点水平应力大于垂直应力；上覆岩体自重仅为实测垂直应力平均值的 47%；无论以最大水平应力还是以最小水平应力算出的侧压比 λ 都远大于按泊松比算出的侧压系数 K。λ_1 一般为 $1.17\sim2.90$，λ_2 一般为 $0.78\sim2.23$，表明实测最大水平应力是理论计算水平应力的 $5.9\sim14.5$ 倍，实测最小水平应力也是理论计算水平应力的 $3.9\sim11.2$ 倍。

（6）实测和回归成果表明，河谷地应力的最大主应力（σ_1）方向为 N10°～30°E，基本垂直河流，两岸相向倾向河床，倾角小于 30°，基本与岸坡坡面平行，远远偏离 NW～NWW 的现代区域构造应力场的最大主应力方向，说明深切河谷的地形地势对坝址区河谷浅部地应力场的影响是很显著的。

表 8.50　　　　　　　　　　　　　　　　地应力参数换算成果表

序号	测点编号	$\lambda_1 = \sigma_x/\sigma_z$	λ_1/K	$\lambda_2 = \sigma_y/\sigma_z$	λ_2/K	γ_h（MPa）	σ_z（MPa）	γ_h/σ_z
1	σ_2-1	2.9	14.5	0.8	4.0	5.1	8.0	0.64
2	σ_2-2	0.98	4.9	0.56	2.8	5.4	9.6	0.56
3	σ_2-3	0.63	3.15	0.40	2.0	5.4	15.6	0.35
4	σ_2-4	2.27	11.35	1.62	8.1	5.4	9.3	0.58
5	σ_4-1	2.19	10.95	1.28	6.4	5.8	10.9	0.53
6	σ_4-2	2.09	10.45	1.12	5.6	6.2	15.7	0.40
7	σ_4-3	1.39	6.95	0.93	4.65	9.4	18.4	0.51
8	σ_4-4	1.00	5.00	0.78	3.9	7.5	25.2	0.29
9	$\sigma_{11}-1$	2.90	14.5	2.23	11.15	6.2	9.2	0.67
10	$\sigma_{11}-2$	2.76	13.8	1.39	6.95	6.2	11.8	0.56
11	$\sigma_{24}-1$	1.17	5.85	1.00	5.00	1.6	5.8	0.28
12	$\sigma_{23}-1$	1.63	8.15	1.18	5.90	3.4	14.2	0.24

8.5.3　大渡河流域

8.5.3.1　双江口水电站工程

从板块理论及断块学说的角度分析，印度洋板块向北北东与欧亚板块的俯冲顶撞产生的强大水平挤压，使工程区所在的川青断块西部壳幔物质向 SE～SEE 方向移动挤出及地壳大幅度增厚从而产生 NWW～近 EW 向区域构造应力场。

多次地震的震源机制解得出，工程所在区域主压应力优势方向以 NWW、NW 或近 EW 向为主，近于水平。

因此坝区区域构造应力场方向基本认识为 NWW～近 EW 向。

1. 坝区高地应力现象

（1）岩芯饼裂。花岗岩成生于燕山期，岩体致密坚硬完整，抗变形性能强，故容易蓄集较高的应变能，应力相对集中而地应力较高。表现在河床钻孔中饼状岩芯发育，岩芯多在 1～3 天内裂成厚 0.5～2.0cm 的薄饼状（见图 8.18）。坝址河床钻孔饼状岩芯多发育在基岩面下 9.80～64.48m 深度范围（高程 2165～2195m）；饼芯最大深度为 SZK43 孔基岩下约 85m 处。

图 8.18　双江口钻孔岩芯饼裂

（2）平洞片帮。在两岸平洞勘探中，洞壁也出现了片帮剥离现象。

SPD9 洞深 105～165m 段下游侧壁至顶拱片帮十分严重，400～490m、530～570m、630～640m 段片帮也很明显。

SPD10（洞口高程 2279.68m）洞深 400m 处，机窝上游侧拱及与其斜对称的下游侧拱处岩石呈葱皮状剥落。

（3）导流洞片帮。1 号导流洞布置于左岸傍岸，进口底板高程 2261m，出口高程 2247m，隧洞全长 1522.61m，为城门洞型，断面尺寸 15m（宽）×19m（高），轴线方向由 N80°E 转为 S67°E 向。隧洞围岩主要为似斑状黑云钾长花岗岩，伟晶岩脉发育，二者多呈焊接接触，岩体新鲜坚硬，大部分洞身段埋深均大于 150m，在施工过程中共发生大小岩爆 30 余次。

岩爆发生的部位在 150～750m 洞段，埋深 150～250m，90% 发生在顶拱右侧（靠近河谷），其余在左顶拱和顶拱中心；岩爆发生部位的岩体完整性很好，呈整体状，洞壁干燥，且一般发育有伟晶岩脉；岩爆形态均为在顶拱呈层状或片状剥落，剥落的岩块断面新鲜，岩块厚 10～30cm，最厚不超过 60cm，形状呈不规则状，长边最长达 5m，以劈裂破坏为主，破裂面呈弧面或平面；岩爆发生的时间大多滞后开挖约 2～3 月。

2. 地应力测试成果分析

坝址区岩体应力测试共完成了 15 组，其中 10 组测试主要针对左右两岸拟选地下厂房。测试方法采用应力解除孔径变形法。

测试成果见表 8.51、表 8.52。

表 8.51　　　　　　　　　　坝区岩体应力测试成果汇总表

测点编号	测点位置	测点高程	水平埋深	垂直埋深	测点岩性（岩类）	σ_1 量值	α	β	σ_2 量值	α	β	σ_3 量值	α	β	测试方法
					上坝址左岸										
$\sigma_{SPD5}-1$	SPD5 0+200m	2405m	195m	185m	钾长花岗岩（Ⅱ）	15.88	78.3°	23.8°	10.38	335.5°	26.7°	5.14	203.9°	52.8°	
$\sigma_{SPD3}-1$	SPD3 0+148~155m	2272m	150m	183m	二长花岗岩（Ⅱ）	14.88	30.6°	23.2°	10.19	138.8°	36.2°	7.50	275.4°	44.8°	
$\sigma_{SPD9}-4$	SPD9 0+115m	2268m	115m	107m	钾长花岗岩（Ⅱ）	15.98	325.6°	30.1°	8.53	81.8°	37.3°	3.14	208.5°	38.1°	
$\sigma_{SPD9}-3$	SPD9 0+205m	2268m	205m	173m	钾长花岗岩（Ⅱ）	22.11	332.0°	30.1°	11.63	84.0°	32.9°	5.86	210.1°	42.3°	
$\sigma_{SPD9}-2$	SPD9 0+301~305m	2268m	301m	238m	钾长花岗岩（Ⅱ）	19.21	323.0°	−23.5°	13.61	49.2°	8.6°	5.57	300.4°	64.8°	孔径变形法
$\sigma_{SPD9}-1$	SPD9 0+400~405m	2268m	400m	308m	钾长花岗岩（Ⅱ）	37.82	331.6°	46.8°	16.05	54.1°	−7.0°	8.21	137.7°	42.3°	
$\sigma_{SPD9}-6$	SPD9 0+470m	2268m	470m	357m	钾长花岗岩（Ⅱ）	27.29	310.4°	−3.5°	18.27	36.8°	45.6°	8.49	223.8°	44.2°	
SYZK1	SPD9 0+540m	2268m	540m	431m	钾长花岗岩（Ⅱ）	16.91	357°	19°	10.32	92°	14°	8.01	216°	66°	
$\sigma_{SPD9}-5$	SPD9 0+570m	2268m	570m	470m	钾长花岗岩（Ⅱ）	28.96	325.0°	27.2°	18.83	72.5°	30.3°	10.88	201.4°	47.0°	
SYZK2	SPD9 0+640m	2268m	640m	549m	钾长花岗岩（Ⅱ）	24.56	349°	18°	20.37	92°	35°	10.52	237°	49°	
					下坝址右岸										
$\sigma_{XPD4}-1$	XPD4 0+142~148m	2250m	145m	140m	二长花岗岩（Ⅱ）	26.11	174.3°	48.1°	23.83	302.3°	28.8°	10.67	48.9°	27.4°	孔径变形法
					上坝址右岸										
$\sigma_{SPD6}-1$	SPD6 0+215m	2398m	215m	199m	钾长花岗岩（Ⅱ）	8.39	86.5°	42.3°	6.17	288.2°	45.6°	2.31	186.7°	11.0°	孔径变形法
$\sigma_{SPD4}-1$	SPD4 0+150~155m	2325m	150m	201m	钾长花岗岩（Ⅲ）	11.67	213.7°	25.4°	5.28	81.8°	54.6°	1.06	135.3°	22.9°	

测点编号	测点位置	测点高程	水平埋深	垂直埋深	测点岩性（岩类）	σ_1			σ_2			σ_3			测试方法
						量值	α	β	量值	α	β	量值	α	β	
$\sigma_{SPD10}-1$	SPD10 0+400m	2281m	400m	491m	钾长花岗岩（Ⅱ）	32.91	280.6°	0.2°	24.24	190.5°	28.6°	16.41	10.9°	61.4°	孔径变形法
$\sigma_{SPD10}-2$	SPD10 0+300m	2281m	300m	388m	钾长花岗岩（Ⅱ）	23.05	294.9°	28.4°	11.37	146.8°	57.5°	4.40	32.9°	14.5°	

注　σ 量值以 MPa 计；α 为 σ_1 在水平面上投影方位角；β 为 σ_1 倾角，以仰角为正。

表 8.52　　　　　测点处水平面上平面主应力及铅直应力分量结果

测点编号	测点高程	水平埋深	垂直埋深	σ_H		σ_h		铅直应力分量 σ_H（MPa）
				量值（MPa）	方向	量值（MPa）	方向	
左岸								
$\sigma_{SPD5}-1$	2405 m	195m	185m	14.49	N87.8°E	8.96	N2.2°W	7.95
$\sigma_{SPD3}-1$	2272m	150m	183m	13.96	N24.4°E	9.02	N65.6°W	9.58
$\sigma_{SPD9}-1$	2268m	400m	308m	22.35	N19.7°W	15.65	N70.3°E	24.07
$\sigma_{SPD9}-2$	2268m	301m	238m	17.13	N29.2°W	13.33	N60.8°E	7.92
$\sigma_{SPD9}-3$	2268m	205m	173m	18.80	N36.5°W	9.15	N53.5°E	11.65
$\sigma_{SPD9}-4$	2268m	115m	107m	13.65	N44.3°W	5.65	N45.7°E	8.35
$\sigma_{SPD9}-5$	2268m	570m	470m	26.01	N44.9°W	15.97	N45.1°E	16.69
$\sigma_{SPD9}-6$	2268m	470m	357m	27.25	N48.4°W	13.25	N41.4°E	13.55
右岸								
$\sigma_{XPD4}-1$	2250m	145m	140m	24.52	N38.5°W	13.79	N51.5°E	22.30
$\sigma_{SPD6}-1$	2398m	215m	199m	7.35	N85.8°W	2.47	N4.2°E	7.04
$\sigma_{SPD4}-1$	2325m	150m	201m	10.41	N38.4°E	1.79	N51.6°W	5.82
$\sigma_{SPD10}-1$	2281m	400m	491m	32.91	N79.4°W	22.44	N10.6°E	18.20
$\sigma_{SPD10}-2$	2281m	300m	388m	20.32	N61.7°W	4.91	N28.3°E	13.58

注　为有别于空间主应力，平面最大最小主应力分别用 σ_1'、σ_2' 来表示。

坝址区河谷深切，谷坡陡峻，天然岩体应力较高，两岸岩体向河谷临空方向卸荷强烈，同时坝区花岗岩岩体致密坚硬完整，抗变形性能强，具有较好蓄能条件。两岸勘探平洞中，洞壁出现片帮剥离现象，河床钻孔中饼状岩芯发育，部分钻孔中岩芯饼化相当密集，在 $\sigma_{SPD9}-1$ 测点和 $\sigma_{SPD9}-2$ 测点的试验钻孔中也都出现了岩芯饼化。这些客观现象反映了坝区为高应力区。

坝区两岸有应力集中现象，其中下坝址右岸坡脚约在水平埋深 150m 以里出现应力集中；上坝址左岸坡脚应力集中区约在水平埋深 200～450m；上坝址右岸受 F1 断层影响，应力集中区部位可能相对深一些。在两岸应力集中区以里进入应力正常区，应力量值有所降低，一般不超过 30MPa。

各测点主应力倾角有高有低，总体而言，σ_1 倾角相对较缓，σ_2 倾角缓于 σ_3 的倾角，σ_3 倾角相对较陡。各测点地应力在水平面上投影方位角，在左岸 σ_1 以 NNW 向为主，右岸 σ_1 则以 NWW 为主，均与岸坡地形有一定关系，且量值大于自重应力，表明地应力以构造应力为主，并叠加自重应力。

3. 应力场分析

上坝址左岸共进行了 8 组测试，除在 SPD3 和 SPD5 平洞中进行的两测点 σ_1 方向相差较大外，其余在 SPD9 平洞中进行的 6 个测点 σ_1 方向稳定，为 N28°～49.6°W，且主要在 N28°～37°W（5 个测点），另一测点（位置 470m）σ_1 方向为 N49.6°W，该测点进行了一个孔复核测试，复核结果 σ_1 方向为 N50.2°W，与原测试结果非常接近。因此左岸 σ_1 优势方向为 N28°～50°W，量级 20～30MPa，个别应力集中点位超过 30MPa，达 38MPa。图 8.19 为左岸测点主应力量值与水平埋深的关系图，从图中可看出随水平埋深的增加，σ_2、σ_3 量值逐级增大，σ_1 量值应力集中区位表现较为明显，且有两处集中现象。

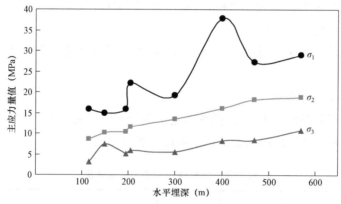

图 8.19　左岸测点主应力量值与水平埋深的关系图

上坝址右岸共进行了 4 组测试，受 F1 断层影响及可尔因沟的切割，σ_{SPD4}-1 测点（σ_1 方向为 N33.7°E）处在一个孤体上，σ_{SPD6}-1 测点（σ_1 方向为 N86.5°E，近 EW 向）虽然在 F1 断层以里，但距断层仅约 12m，因此两测点测值较小，代表测点处局部应力的特点，余下在 SPD10 平洞中进行的两个测点 σ_1 方向稳定，方向域为 N65.1°～79.4°W，即 NWW 向，量级大于 20MPa，这两测点水平埋深在 300m 以里，远离了 F1 影响，因此代表了右岸深部应力状况。

坝址区河谷属高山深切峡谷，发育于花岗岩体中，两岸山体雄厚，河谷深切，谷坡陡峻，临河坡高 1000m 以上，自然坡度左岸 35°～50°、右岸 45°～60°。高程 2800m 以下呈略不对称的"V"形峡谷，从而导致谷底基岩应力集中，河床钻孔岩芯饼裂发育。河床钻孔 SZK43 水压致裂法地应力测试成果表明,最大水平主应力 8～20MPa,方向为 N64°～68°W,与区域构造应力方向一致。

综上,坝区应力场两岸 σ_1 方向有差异,但同岸方向差异小,左岸 σ_1 方向为 N28°～49.6°W,平均为 N37.1°,量级 15～30MPa,水平埋深 200m 以里量级 20MPa 以上,个别应力集中点位超过 30MPa,右岸深部 σ_1 方向与河床近一致,为 NWW 向,量级 20MPa 以上,集中点位超过 30MPa;两岸应力构成复杂,是多种应力综合叠加的结果。

8.5.3.2 猴子岩水电站工程

据工程区及外围地区的二郎山、长河坝、雅江和宝兴锅巴岩等处原地应力测量资料统计,其现代主应力场最大主应力方向总体为 N56°～80°W,丹巴则为 N24.2°±9.0°W。又据震源机制解、地壳形变测量等资料统计表明,区内现今构造应力场主压应力轴的优势方位为 NW～NWW 向。

1. 坝区高地应力现象

(1)岩芯饼裂。在河床 SZK7 等 12 个钻孔中见有饼状岩芯发育,岩芯多在 1～3 天内裂成 0.5～4cm 的薄饼状,发育深度在孔深 100m 以下,说明该深度内有应力集中现象。

(2)平洞片帮。前期勘探揭示,在平洞水平埋深 250m 以后,洞壁有片帮、弯折内鼓等现象。特别是在 SPD1-4 支洞 236m(水平埋深 385m)处,洞壁表面有脱落、剥落现象,地应力钻孔饼状岩芯发育。

施工开挖过程中在引水隧洞、地下厂房、尾水洞等深埋部位围岩也表现片帮劈裂等现象。

2. 地应力测试成果分析

岩体应力测试共完成了 13 组,其中选定上坝址左岸完成了 3 组,右岸完成了 6 组,厂房开挖过程中开展 3 组地应力测试,下坝址 1 组(见表 8.53)。

表 8.53　　　　　猴子岩电站岩体空间应力测试成果

测试方法	岸别	测点编号	测点位置	测点高程(m)	水平埋深(m)	垂直埋深(m)	测点岩性	σ_1 量值(MPa)	σ_1 α(°)	σ_1 β(°)	σ_2 量值(MPa)	σ_2 α(°)	σ_2 β(°)	σ_3 量值(MPa)	σ_3 α(°)	σ_3 β(°)	备注
孔径变形法	上坝址左岸	$\sigma_{SPD08}-1$	SPD08 洞 0+250m	1705	250	205	变质灰岩	14.47	251.9	-52.9	7.59	9.0	-19.0	6.29	110.7	-30.5	—
		$\sigma_{SPD08}-2$	SPD08 洞 0+345m	1705	345	300	变质灰岩	20.17	299.7	-38.9	16.62	130.4	-49.4	7.28	37.8	-9.9	—
		$\sigma_{SPD08}-3$	SPD08 洞 0+530m	1705	530	495	变质灰岩	27.45	304.7	3.9	14.16	37.4	34.7	9.89	209.1	55.0	—

续表

测试方法	岸别	测点编号	测点位置	测点高程(m)	水平埋深(m)	垂直埋深(m)	测点岩性	σ_1 量值(MPa)	σ_1 α(°)	σ_1 β(°)	σ_2 量值(MPa)	σ_2 α(°)	σ_2 β(°)	σ_3 量值(MPa)	σ_3 α(°)	σ_3 β(°)	备注
孔径变形法	上坝址右岸	σ_{SPD01}-1	SPD01 0+253m	1708	250	390	变质灰岩	21.33	315.7	21.5	12.06	147.6	68.0	6.98	47.3	4.1	局部裂隙发育
		σ_{SPD01}-2	SPD01 0+400m	1708	400	560	变质灰岩	29.06	290.1	42.5	18.44	15.6	-4.9	13.85	100.3	47.1	—
		σ_{SPD01}-3	SPD01 下支洞 0+106m	1708	400	570	变质灰岩	28.07	305.5	47.5	22.85	21.2	-12.8	16.11	100.4	39.7	—
		σ_{SPD01}-4	SPD01 0+525m	1708	525	780	变质灰岩	33.45	285.3	54.3	22.62	352.9	-15.3	14.12	73.3	31.4	—
		σ_{SPD01}-5	SPD1 平洞4 支洞 0+236m	1708	385	576	变质灰岩	36.43	319.3	44.5	29.8	3.3	-36.2	22.32	74.7	23.6	洞壁有片帮现象
		σ_{SPD09}-1	SPD09 0+250m	1708	250	440	变质灰岩	21.46	286.2	47.1	17.59	96.7	42.5	6.20	11.1	-4.8	—
	厂区	σ_{SG}-1	第二层排水廊道厂横 0+41m	1703	330	500	变质灰岩	24.67	301.3	67.6	11.04	33.5	0.9	4.83	123.9	22.4	开挖后的二次应力
		σ_{SG}-2	第二层排水廊道厂横 0+90m	1703	280	480	变质灰岩	22.67	288.0	54.2	18.54	169.4	19.0	9.65	68.4	29.0	开挖后的二次应力
		σ_{SG}-3	2号尾水洞上游壁 0+59m	1667	430	450	变质灰岩	34.77	270.0	34.5	19.76	170.5	13.5	12.26	62.5	52.2	复核原岩应力
	下坝址右岸	σ_{KPD11}-1	KPD11 0+320m		320		变质灰岩	16.35	309.2	-20.6	10.33	86.2	-62.8	6.53	32.6	17.0	—

注　α 为主应力在水平面上投影方位角，正北为零，顺时针旋转；β 为主应力倾角，仰角为正。

右岸测试成果表明，水平埋深 250m 两测点，σ_1 测值分别为 21.33MPa、21.46MPa；埋深 400m 两测点，σ_1 测值分别为 29.06MPa、28.07MPa；埋深 525m 测点，σ_1 测值为 33.45MPa。可见，随测点埋深增大，σ_1 量值不断增加（见图 8.20）。从图中可以看出，应力集中的深度较大。

图 8.21 为各测点 σ_1 方向在水平面投影区域（阴影区），从图中可看出，5 组测点 σ_1 方向虽具一定的离散性，但总体相对比较集中。σ_1 方向为 N44.3°～74.7° W，取方向算术平均值为 N63.4° W，与区域构造应力场方向基本一致。

各测点 σ_1 倾角均较大，倾角为 21.5°～54.3°。右岸 2000m 高程以下地形坡度一般 55°～60°，以上为 40°～50°，测点 σ_1 倾角与上覆山体地形坡度基本一致，这反映了岩体应力中自重应力占了相当大的比例，也反映了坝区岩体应力场构成的复杂性。

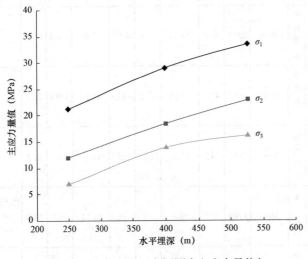

图 8.20　右岸 SPD01 主洞测点主应力量值与
水平埋深关系图

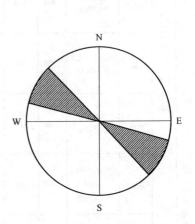

图 8.21　右岸测点最大主应力
方向在水平面投影区域

左岸测试成果表明，水平埋深 250m、垂直埋深 205m 的测点，σ_1 测值为 14.47MPa；埋深 345m、垂直埋深 300m 的测点，σ_1 测值为 20.17MPa；埋深 530m、垂直埋深 495m 的测点，σ_1 测值为 27.45MPa。随测点埋深增大，σ_1 量值不断增加。左右岸相同水平埋深的测点，右岸 σ_1 量值要高于左岸。表 8.54 为左右岸 σ_1 量值比较表，从表中可知，相同水平埋深的测点，右岸 σ_1 量值要高出左岸 6.00～6.99MPa，这是因为：① 相同水平埋深测点左岸垂直埋深要比右岸为小，使得左岸测点岩体自重应力相对右岸有所减小；② 左岸出露 F_0 断层及 F_8-2 断层，使得左岸测点岩体应力有一定程度释放。

表 8.54　　　　　　　　　　　左右岸相同埋深测点 σ_1 量值比较表

水平埋深（m）	左岸 σ_1 量值（MPa）	右岸 σ_1 量值（MPa）	左右岸 σ_1 差值（MPa）
250	14.47	21.33，21.46	6.86，6.99
345	20.17	—	—
400	—	29.06，28.07	—
530	27.45	33.45	6.00

左岸 3 组测点 σ_1 方向分别为 N71.9° E、N60.3° W、N55.3° W，取方向算术平均值为 N62.5° W。

综上所述，坝区岩体应力具有如下特点：

1）岩体应力随测点埋深增大，σ_1 量值不断增加。相同埋深的测点其 σ_1 量值相差不大。

2）岩体应力量值属高应力。右岸水平埋深 380m 以里、垂直埋深 570m 以里测点应力测试结果 σ_1 量值可达 33～36MPa，σ_2 量值可达 23～30MPa，σ_3 量值可达 12～22MPa，反映了坝区存在高地应力。

3）σ_1 方向总体为 NWW 向，与区域构造应力场方向基本一致。σ_1 倾角与上覆山体地形坡度基本一致，大多倾向山体外侧或向上下游有一定偏转。

8.5.3.3 大岗山水电站工程

大岗山工程区位于川滇南北向构造带北段，为南北向与北西向、北东向等多组构造的交汇复合部位。大地构造部位属扬子准台地西部二级构造单元康滇地轴范畴，坝区和库首段处于由磨西断裂、大渡河断裂和金坪断裂所切割的黄草山断块上。大岗山坝区两岸山体雄厚，谷坡陡峻，花岗岩基岩裸露，自然坡度一般为 40°～65°，相对高差一般在 600m 以上，河谷为典型的"V"形嵌入河曲。上述区域构造的发育和地形的切割，形成坝区较为复杂的应力环境。

坝区完成 7 组孔径法空间地应力和 6 孔水压劈裂法平面应力测试。7 组孔径法空间地应力测试点布置在地下厂房部位，具体位于 PD3、PD3cz 和 PD7 平洞；6 孔水压劈裂法平面应力测试 4 孔布置在拱坝坝基河床，2 孔布置在两岸低高程部位。

1. 坝区高地应力现象

（1）岩芯饼裂与平洞片帮。坝区位于澄江期花岗岩地区，岩性较单一，岩质坚硬，在钻孔、探洞中有岩芯饼化及片帮的发生。

据统计坝区共有 59 个钻孔发现饼状岩芯，河床钻孔岩芯饼化大致发育在基岩面下 35～306m，两岸部分钻孔也有饼状岩芯出现，但谷底较岸坡明显。

左岸 970m 高程的 PD3 平洞 88～240m 和 1080m 高程的 PD203 平洞 60～140m 中微新岩体出现轻微片帮。

（2）坝基高地应力现象。左、右岸及河床坝基开挖均可见高地应力引起的卸荷回弹现象，如板裂、沿原有结构面的松弛、平缓面差异回弹位错等，分布于两岸中低高程坝基和河床坝基。

1）板裂现象：坝基开挖卸荷应力快速调整，在完整岩体表层出现平行于开挖面的薄层岩体脱离，其厚度一般不超过 20cm。此类现象主要见于左岸低高程Ⅱ类岩体大面积分布区域（图 8.22）。

2）沿原有刚性结构面的松弛、开裂：建基面开挖后，应力的调整使得结构面回弹张开、宏观显现，其厚度一般不超过 50cm。此类现象主要发生在Ⅱ～Ⅲ$_2$ 类岩体中（图 8.23）。

3）沿平缓结构面的位错：坝区岩体中发育的缓倾结构面，在建基面开挖后上盘产生向临空方向的差异回弹，其厚度一般不超过 50cm（图 8.24）。

(a)   (b)

图 8.22　板裂现象

（a）左岸坝基 960m 高程；（b）左岸拱肩槽上游坡 970～1010m 高程

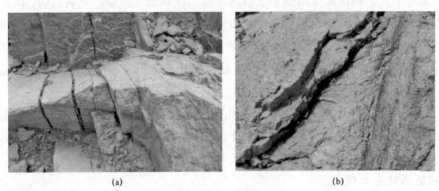

(a)   (b)

图 8.23　沿原有结构面的松弛、开裂

（a）左岸下游边坡 950～940m 高程；（b）右岸坝基 950～940m 高程

(a)   (b)

图 8.24　沿平缓结构面的位错

（a）左岸坝基 963m 高程；（b）右岩坝基 950～930m 高程

2. 孔径法空间地应力测试成果分析

7 组孔径法空间地应力测试点布置在 PD3、PD3cz 和 PD7 平洞（见图 8.25、表 8.55）。现场测试成果表明：

（1）σ_1、σ_2、σ_3 均表现出随埋藏深度的增加而增大的特征，以及受岩体完整程度的影响。

（2）河谷左岸低高程水平埋深约 300m 的完整岩体中$\sigma_1 = 11.37\sim 22.19$MPa，方向为

N18.15°～60.95°E，仰角 0.19°～38.62°，表明 σ_1 的方向受地形影响明显，但其量级又远大于自重应力，且倾角较小，即地形的强烈切割使最大主应力（σ_1）方向发生偏转，大致与左岸 NE 向山脊一致。

右岸低高程水平埋深约 240m 处完整性较差的岩体中 σ_1=7.67MPa，方向为 N75.67°W，近东西向，仰角 6.38°，表明 σ_1 的方向受地形影响明显，其量级略大于自重应力，且倾角较小，即地形的强烈切割使最大主应力（σ_1）方向发生偏转，基本与右岸 "Ω" 形河湾 SEE 向岸坡倾向一致。

因此，测试成果反映出大岗山坝区应力场是构造应力和自重应力叠加的应力场，而构造应力是坝区特别是左岸应力场的主要组成部分。

（3）地下厂房区 σ_1=11.37～19.28MPa，平均值约 14.5MPa，相对于湿抗压强度 70～80MPa，且完整性系数 0.60～0.75 的岩体而言，围岩强度应力比略小于 4。因此，总体以中等应力为主，局部偏高。

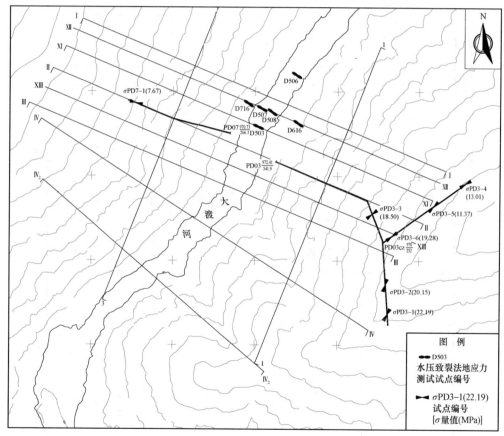

图 8.25　大岗山坝区地应力测试点平面示意图

3. 水压致裂法平面地应力测试成果分析

坝区完成 6 孔水压劈裂法平面应力测试，其中 4 孔布置在拱坝坝基河床，2 孔布置在两岸低高程部位（见图 8.25、表 8.56）。现场测试成果表明：

表 8.55 　　　　　大岗山水电站孔径变形法岩体应力测试成果表

测试方法	测点位置				σ_1			σ_2			σ_3			备注
	测点编号	洞号及洞深	高程 (m)	测点岩性	量值 (MPa)	方向 α(°)	倾角 β(°)	量值 (MPa)	方向 α(°)	倾角 β(°)	量值 (MPa)	方向 α(°)	倾角 β(°)	
孔径变形法	σPD3-1	PD03 0+516m	约980	黑云二长花岗岩	22.19	29.37	6.56	15.51	148.38	70.57	9.73	297.00	18.20	测点岩体中地下水较丰富
	σPD3-2	PD03 0+446m			20.15	18.15	9.14	13.70	161.00	64.50	7.12	278.60	21.60	测点岩体相对较完整，局部岩体有地下水渗出
	σPD3-3	PD03 0+273m			18.50	52.84	1.03	10.01	168.34	87.62	4.75	322.80	2.13	测点处岩体相对较差（裂隙发育），地下水较丰富
	σPD3-4	PD03cz 0+245m			13.01	60.95	38.62	10.10	53.03	-51.11	2.43	327.85	-3.88	测点附近岩体相对较差
	σPD3-5	PD03cz 0+150m			11.37	44.91	23.46	9.96	91.53	-57.71	2.90	324.43	-20.86	测点处岩体较完整
	σPD3-6	PD03cz 0+25m			19.28	54.30	0.19	10.70	146.33	84.55	4.58	324.28	5.44	测点附近岩体相对较差，裂隙较发育
	σPD7-1	PD07 0+244m	975		7.67	284.33	6.38	5.95	203.88	-56.00	3.39	10.13	-33.23	

注：α 为主应力在水平面上投影方位角，以北为 0，顺时针转；β 为主应力倾角，仰角为正。

表 8.56　　　　　　　大岗山水电站水压致裂法岩体应力测试成果表

孔号	序号	测试段深度（m）	应力值（MPa） σ_H	应力值（MPa） σ_h	σ_H 方向（°）	孔号	序号	测试段深度（m）	应力值（MPa） σ_H	应力值（MPa） σ_h	σ_H 方向（°）
D507	1	66.53～67.13	3.61	2.55	—	D503	1	38.08～38.88	3.27	2.22	—
	2	70.75～71.35	3.65	2.59	—		2	42.00～42.80	6.11	4.71	—
	3	78.99～79.59	3.88	2.60	—		3	51.49～52.29	6.90	4.10	—
	4	88.05～88.65	4.39	2.95	—		4	60.00～60.80	13.99	7.69	N60°W
	5	95.77～96.37	4.66	3.22	—		5	73.80～74.60	14.82	8.17	N63°W
	6	124.08～124.68	4.93	3.50	—		6	80.31～81.11	9.99	6.49	—
	7	149.45～150.05	8.60	5.64	N62°W		7	89.16～89.96	13.57	7.97	—
	8	162.48～163.08	8.73	5.77	N56°W		8	90.16～90.96	11.48	6.58	—
	9	171.83～172.43	9.20	6.24	N54°W		9	104.50～105.30	10.22	5.67	—
D508	1	79.38～79.98	6.05	4.65	—		10	120.55～121.35	14.58	8.28	—
	2	86.30～86.90	6.46	5.03	—		11	137.04～137.84	13.34	7.74	N75°W
	3	98.89～99.49	10.76	7.81	—		12	144.00～144.80	12.01	6.76	—
	4	100.96～101.56	9.07	6.31	N52°W		13	150.36～151.16	8.57	5.07	—
	5	109.17～109.77	9.34	6.39	N61°W	D506	1	45.45～46.05	8.05	4.55	—
	6	115.44～116.04	9.78	6.83	—		2	112.56～113.16	3.72	3.22	—
	7	123.83～124.43	9.86	6.91	N50°W		3	117.86～118.46	15.27	9.27	N63°W
	8	143.37～143.97	7.59	5.02	—		4	121.63～122.23	14.31	8.31	N55°W
	9	165.92～166.52	7.81	5.43	—		5	125.30～125.90	18.34	11.34	—
	10	169.98～170.58	7.85	5.47	—		6	129.03～129.63	22.88	12.88	—
D616	1	75.76～76.36	4.74	3.24	—		7	133.15～133.75	18.92	10.42	N56°W
	2	79.60～80.20	6.78	4.78	N52°W		8	141.63～142.23	26.51	14.51	—
	3	87.69～88.29	8.36	5.86	—	D716	1	67.99～68.59	6.79	5.17	—
	4	91.82～92.42	9.65	7.15	—		2	75.63～76.23	7.36	5.24	—
	5	108.36～108.96	9.56	7.06	—		3	83.81～84.41	7.19	5.07	N58°W
	6	116.52～117.12	9.14	6.64	—		4	94.49～95.09	7.05	4.93	—
	7	121.68～122.28	8.94	6.44	N63°W		5	102.47～103.07	8.78	5.75	—
	8	127.86～128.46	9.75	6.75	—		6	114.90～115.50	8.45	5.63	N60°W
	9	146.34～146.94	9.93	6.93	N54°W		7	121.31～121.91	6.61	4.29	N52°W
							8	125.39～125.99	6.40	4.08	—
							9	133.83～134.43	6.89	4.71	—

（1）河床部位大致在基岩面至以下 50～80m，实测岩体水平应力值相对较低，说明河谷浅表部岩体有卸荷，地应力有不同程度的释放；大致在谷底基岩面以下 60～150m 深度范围，出现了应力集中，最大水平应力的数值一般集中在 9～15MPa，最高达 18～26MPa（D506 孔），最小水平应力的数值一般集中在 5～8MPa，最高为 10～14MPa（D506 孔）。总体看来，地应力量级中等，三向应力之间的大小关系表现为：$\sigma_H > \sigma_h > \sigma_V$，这表明坝址区所在的河谷底部水平构造应力占主导地位。

（2）河床部位最大水平应力方向较为稳定，介于 N50°～N75°W，与区域构造应力大体一致。

8.5.4　澜沧江流域小湾水电站工程

1. 坝区高地应力现象

小湾枢纽区山高谷深，区域构造挤压强烈，属高地应力区，在河谷底部有高应力集中区。从前期勘探钻孔、平洞和工程开挖等揭露的情况分析，河床及坝基左岸低高程部位存在应力集中现象，河床部位的钻孔中发现有饼状岩芯；PD78、PD80、PD64 及 PD90 等探洞开挖过程及开挖以后均出现有轻微岩爆现象或葱皮剥离现象；导流洞、泄洪洞开挖到 2 号山梁部位时也产生轻微岩爆现象，局部洞壁产生剥皮、掉块；招标设计阶段在 PD14 中进行弹模孔钻孔时，出现饼状岩芯。

坝基开挖过程中也出现了葱皮、岩爆现象，低高程部位坝基固结灌浆检查孔也有饼状岩芯，见图 8.26。

图 8.26　17 号坝段检查孔的饼状岩芯

2. 地应力测试成果分析

为研究枢纽区山体和岸坡地应力状态，前期在坝址地段不同部位、深度和不同岩体中进行了大量的地应力测试工作，共完成平面应力测量（横河向垂直剖面）26 点，深孔平面应力测量 2 个孔，空间应力场测量 27 组，其测试成果见表 8.57～表 8.59。

地应力测试和分析成果表明：

（1）坝址区的现今残余构造应力为近南北向压应力场，空间应力场受残余构造应力和自重应力的双重控制，这二者在不同高程不同部位因其相对强弱不同起着不同程度的控制作用，因而导致地应力方向在不同部位也不相同。

（2）两岸岸坡在水平埋深 50～120m，当无特殊地质构造影响的情况下最大主应力 σ_1 一般为 8.2～11.2MPa；水平埋深 120～220m，σ_1 一般为 16.3～17.3MPa；水平埋深 220m 以里，σ_1 一般为 16.4～28.0MPa。最大主应力 σ_1 的方位：浅部为 NE 向，随着埋深的增加，方位逆时针变化，至一定深度后（＞200m）变成 NW 向。

（3）河床两侧孔在 85m 左右深度均出现饼状岩芯，河床最大主应力 σ_1 一般为 22～35MPa，方向 N50°～70°W；局部出现应力集中现象，$\sigma_1 = 44～57MPa$，随深度增加有增大趋势。

（4）地下厂房地段三组实测地应力值、方位的规律性较好，$\sigma_1 = 16.4～26.7MPa$，方位 $\alpha = N49°～64°W$，倾角 49°～53°，为高地应力区。

表 8.57　　　　　　　　　　　平面地应力测试成果汇总表

位置	编号	测点位置	σ_H（MPa）	σ_h（MPa）	α（°）
左岸	σ_8-1	PD8 右壁 30m	0.33	−0.19	16
	σ_8-2'	PD8 右壁 50m	3.10	0.58	68
	σ_8-3	PD8 右壁 75m	3.60	0.49	65
	$\sigma_{14}-1$	PD14 右壁 39m	8.50	0.36	50
	$\sigma_{14}-2$	PD14 右壁 62m	25.20	0.25	27
	$\sigma_{14}-2'$	PD14 左壁 62m	15.70	−1.46	15
	$\sigma_{14}-3$	PD14 右壁 90m	12.10	5.90	69
	$\sigma_{16}-1$	PD16 洞底（102m）	7.20	1.90	47
	$\sigma_{16}-2$	PD16 右壁 100m	7.20	3.30	30
	$\sigma_{64}-1$	PD64 左壁 50m	10.50	2.10	51
	$\sigma_{64}-2$	PD64 左壁 70m	11.90	1.45	39
	$\sigma_{64}-3$	PD64 左壁 90m	13.60	3.76	42
	$\sigma_{82}-1$	PD82 左壁 80m	6.70	1.40	—
	$\sigma_{82}-2$	PD82 左壁 130m	4.60	0.37	76
	$\sigma_{104}-1$	PD104 左壁 50m	8.33	0.22	46
	$\sigma_{104}-2$	PD104 左壁 70m	8.78	2.10	20
右岸	σ_7-1	PD7 右壁 63m	5.20	1.40	−80
	σ_7-1'	PD7 右壁 98m	2.00	0.50	−58
	σ_7-2	PD7 右壁 80m	5.20	−0.35	−67
	σ_7-2'	PD7 洞底（100m）	15.00	2.30	5
	$\sigma_{13}-1$	PD13 右壁 28m	1.26	−2.65	−58
	$\sigma_{13}-2$	PD13 右壁 58m	10.20	2.40	−43
	$\sigma_{13}-3$	PD13 右壁 83m	20.10	2.80	−49
	$\sigma_{57}-1$	PD57 左壁 48m	10.00	3.60	−26
	$\sigma_{57}-2$	PD57 左壁 58m	17.80	6.70	−60
	$\sigma_{57}-3$	PD57 左壁 73m	10.80	4.70	−54

注　α 代表最大主应力 σ_1 与水平面的夹角，逆时针旋转为正。

表 8.58　　　　　　　　　　　　　空间地应力测试成果汇总表

位置	编号	测点位置	最大主应力 σ_1			中间主应力 σ_2			最小主应力 σ_3		
			大小（MPa）	方位（°）	倾角（°）	大小（MPa）	方位（°）	倾角（°）	大小（MPa）	方位（°）	倾角（°）
左岸	PD8	PD8 右壁 105m	8.20	56	61	4.50	146	−1	0.80	236	28
	PD14	PD14 右壁 125m	17.30	351	11	4.60	254	23	3.80	93	61
	PD64	PD64 左壁 78.4m	11.94	167	27	1.43	42	−50	9.63	93	29
	PD78	PD78 右壁 76.5m	3.43	20	3	0.50	108	−36	3.04	115	54
	PD92	PD92 右壁 88.8m	10.90	73	52	2.48	115	−30	6.66	12	−21
	PD98	PD98 上支右壁 15.6m	8.43	166	45	4.40	95	−18	6.50	21	40
	PD102	PD102 左壁 104m	13.48	134	−34	3.35	25	26	5.78	85	−45
	PD104	PD104 左壁 100m	11.20	136	42	6.60	223	−3	0.80	309	47
右岸	PD5	PD5 下支洞底	12.16	7	2	2.14	98	28	7.08	93	−62
	PD7	PD7 右壁 117m	11.10	21	27	6.20	61	−55	0.40	121	18
	PD13	PD13 右壁 120m	16.30	186	23	10.40	297	42	4.00	76	39
	PD13−1	PD13 上支左支⊥F11	13.81	19	−13	6.43	95	45	4.80	121	−12
	PD13−2	PD13 上支左壁 66.7m	11.71	122	4	4.27	26	55	3.27	36	34
	PD13−3	PD13 上支左壁 63.2m	17.30	83	−10	6.30	5	47	4.97	164	41
	PD13−4	PD13 上支左壁 58.4m	2.40	52	4	1.47	131	−69	1.09	144	21
	PD15	PD15 右壁 225m	28.00	188	1	14.60	276	−60	5.90	278	29
	厂主1	厂房洞右壁 298m	26.70	296	52	19.70	219	−10	6.90	137	35
	厂主2	厂房洞左壁 166m	16.40	311	53	10.80	220	0	8.70	129	36
	厂支	厂房支洞右壁 65m	21.20	309	49	15.00	221	−2	10.10	133	40
	PD57−1	PD57 下支右壁 24m	16.50	36	1	9.22	119	−50	7.80	121	40
	PD57−3	PD57 下支右壁 18.4m	10.90	80	51	6.72	18	−21	0.79	121	−31
	PD57−4	PD57 下支右壁 14m	17.95	170	−11	11.63	76	−21	5.47	106	66
	PD57−5	PD57 下支右壁 11m	18.42	12	1	9.35	103	22	6.84	99	−68
	PD57−6	PD57 下支右壁 7m	20.69	6	−4	12.25	93	40	6.51	101	−49
	PD77	PD77 下支右壁 9.8m	17.08	20	−3	2.11	110	17	8.54	119	−73
	PD83	PD83 右壁 120.5m	4.70	38	−15	−4.64	131	−11	2.14	76	71

注　1. 应力倾角以水平面向上为正，向下为负。

　　2. 应力方位以 N 为起点，顺时针旋转。

表 8.59 岸边深孔地应力测试成果汇总表

左岸测孔				右岸测孔			
孔深（m）	σ_H（MPa）	σ_h（MPa）	ϕ（°）	孔深（m）	σ_H（MPa）	σ_h（MPa）	ϕ（°）
4.49	1.77	−0.78	N8°W	28.92	11.25	3.01	N43°E
22.70	12.36	7.26	N54°W	32.01	19.14	7.38	N89°E
25.00	11.67	8.43	N65°W	33.38	18.50	7.23	N47°E
31.64	26.48	21.67	N58°W	45.88	20.70	13.60	N52°W
37.27	27.07	15.40	N24°W	46.64	26.20	17.80	N53°E
39.95	24.52	21.87	N60°W	48.21	25.00	13.70	—
44.96	28.93	24.52	N80°E	48.65	27.78	14.08	N9°E
50.03	20.10	17.16	N61°W	53.13	16.70	6.10	N30°W
54.09	26.97	21.57	N61°W	53.54	22.10	7.30	N86°W
64.59	27.07	24.61	N51°W	54.03	16.38	8.20	N76°W
64.94	44.72	40.70	N70°W	58.76	22.09	11.51	—
73.43	26.87	10.40	N58°W	64.25	27.80	25.10	N30°W
75.91	35.01	12.36	N65°W	78.28	22.40	16.20	—
85.28	57.37	13.04	N20°W	79.56	19.50	7.80	—
				80.05	18.10	12.60	—
				86.08	17.90	6.00	N70°W

8.5.5 黄河流域拉西瓦水电站工程

根据拉西瓦坝区应力场的专题研究，以及区域构造格架、区域构造震源机制解、数值模拟分析等成果，区域构造应力场主压应力方向为 NE 向，范围为 NE30°～50°。利用黄河上游龙羊峡、拉西瓦、李家峡三处 34 个实测成果，进行平面有限元反演分析，得出拉西瓦地区区域构造应力量值 $\sigma_1=9.6$MPa，$\sigma_3=1.95$MPa，$\tau_{max}=3.8$MPa。

1. 坝区高地应力现象

（1）岩芯饼裂。岩饼的发育深度一般在河床基岩面以下 20～200m，以 30～70m、100～200m 较为集中。分布最浅的是河床 25 号孔，覆盖层下基岩面处即出现岩饼。分布最深的是 2 号孔，在 314～326m 处，共发现有 39 块岩饼。从总体看，岩饼在深度上的分布规律性不强。

（2）平洞片帮与岩爆。

1）部分勘探洞洞壁新鲜坚硬花岗岩出现片状剥落，断层带出现板状劈裂。片状剥落的延续时间自开挖后 2～3 年内均可产生，以后逐渐减小并消失，但在其他部位又可能出现。从特征上看，片状剥落呈千枚状薄片，手捏呈碎末，剥落总深度 3～5cm。断层带板状劈裂呈2～4cm薄板，各劈裂面平行、规则，表面粗糙。断层带中这种现象形成时间短、结束时间快，约在开挖后数月即告完成。

2）部分平洞开挖时出现岩石爆裂声响及岩片（块）弹落，用声发射监测仪可测出岩石中的声响。

2. 地应力测试成果分析

1984—1989年，在坝址花岗岩中共进行了12组地应力测量，其中三维应力测量10组，二维（水压致裂法）应力测量2组，测试方法及成果见表8.60～表8.62。测试成果表明：

（1）三维测试中，最大主压应力σ_1为8.8～29.7MPa，10组中有6组超过20MPa，且大多在2300m高程以下。4组低于15MPa。最小主应力σ_3为2.2～13.1MPa，σ_1/σ_3为1.7～4.0。

（2）最大主应力倾角19°～55°，大多在40°左右，近于平行岸坡，且均向岸外倾斜。其主应力方向孔径法以NE向为主，压磁法以NNW向为主。

（3）水平最大主应力与上覆岩体自重应力之比均大于1，且随距边坡距离增大而减小，近岸坡处最大达3.9，稳定值1.7。各试点处铅直应力远大于自重应力，一般在2倍以上，铅直应力和最大水平构造应力大体相当。

（4）两岸坡脚地带主压应力值明显受地形影响，影响深度约150m。

表8.60　　　　　　　　　　拉西瓦坝址花岗岩体地应力实测成果表

序号	测点编号	测点位置高程（m）	岩体厚度（m）		σ_1		σ_2		σ_3		σ_1/σ_3	测试方法	测试单位	测试时间	备注
			垂直	水平	应力值（MPa）	方位角倾向、倾角	应力值（MPa）	方位角倾向、倾角	应力值（MPa）	方位角倾向、倾角					
1	ND-1	2号洞 0+283m 2250	272	254	22.9	NW350° NW∠41°	13.3	NE60° SW∠41°	9.5	NW327° SE∠46°	2.4	A	Ⅰ	1984.5	
2	ND-2	2号洞 0+150m 2248.5	236	150	22.7	NW338° NE∠33°	18.6	NE88° NE∠27°	13.1	NE28° SW∠45°	1.7	A	Ⅰ	1984.5	1）测点处花岗岩体味风化—新鲜，裂隙较少，岩体相对较完整。 2）测试方法： A：压磁法； B：孔径法； C：水压致裂法。 3）测试单位： Ⅰ：北京地壳所； Ⅱ：西北院
3	ND-3	2号洞 0+60m 2284	158	60	20.5	NE12° NE∠39°	14	NE82° SW∠22°	5.7	NW331° SE∠42°	3.6	B	Ⅱ	1984.10	
4	ND-4	14-1号洞 0+100m 2284	125	85	14.6	NW302° NW∠51°	9.5	NE66° NE∠25°	3.7	NW350° SE∠27°	4.0	A	Ⅰ	1985.6	
5	ND-5	11号洞 0+70m 2262	120	70	9.5	NW320° SE∠54°	6	NE86° SW∠23°	2.7	NE9° NE∠26°	3.5	A	Ⅰ	1985.6	
6	ND-6	1号洞 0+60m 2259	160	60	8.8	NE65° SE∠28°	5.5	NE28° NE∠55°	2.2	NW326° SE∠17°	4	B	Ⅱ	1985.11	
7	ND-7	5-2号洞 0+160m 2323	220	160	21.7	NE63° SW∠19°	13	NW336° NW∠6°	7.5	NE83° SW∠69°	2.9	B	Ⅱ	1985.11	

续表

序号	测点编号	测点位置高程（m）	岩体厚度（m）		σ₁		σ₂		σ₃		σ₁/σ₃	测试方法	测试单位	测试时间	备注
			垂直	水平	应力值（MPa）	方位角 倾向、倾角	应力值（MPa）	方位角 倾向、倾角	应力值（MPa）	方位角 倾向、倾角					
8	ND-8	14号洞 0+364m 2286	320	364	21.5	NE9° NE∠35°	13.8	NE41° SE∠43°	5.8	NE78° SW∠28°	3.7	A	I	1987.10	
9	ND-9	14号洞 0+255m 2285	258	255	29.7	NW357° NW∠27°	20.6	NE73° SW∠27°	9.8	NW307° SE∠28°	3	A	I	1987.10	1) 测点处花岗岩体味风化—新鲜，裂隙较少，岩体相对较完整。 2) 测试方法： A：压磁法； B：孔径法； C：水压致裂法。 3) 测试单位： I：北京地壳所； II：西北院
10	ND-10	J₁号洞 0+140m 2365	200	140	10.8	NE44° SW∠55°	6.7	NE68° NE∠33°	4.1	NW330° SE∠12°	2.6	A	I	1988.11	
11	ND-12	72号孔 2241	38.04~204.27（8段）		σH平均20.60，最大30.88，最小8.98	NE5°	—	—	平均11.1，最大16.04，最小6.85	—	1.9	C	I	1989.11	
12	ND-13	30号孔 2262.7	26.72~179.74（10段）		σH平均16.20，最大32.92，最小4.94	NE44°	—	—	平均9.3，最大16.75，最小3.91	—	1.7	C	I	1989.11	

表 8.61　　　　坝址花岗岩水压致裂应力测量成果表 ZK30（左岸边）

序号	压裂段孔深（m）	应力值（MPa）		σH 方位
		最大水平主应力σH	最小水平主应力σh	
1	26.72~27.66	4.94	4.07	—
2	40.67~41.61	5.51	3.91	NE61°
3	66.66~67.60	6.47	5.17	NE21°
4	88.80~89.54	8.79	5.09	—
5	94.36~95.30	15.25	8.95	NE41°
6	107.30~108.24	17.87	9.91	—
7	134.73~135.67	12.14	8.19	—
8	151.53~152.45	31.31	16.35	—
9	164.95~165.88	32.92	16.75	NE53°
10	178.81~179.74	26.49	14.59	—

表 8.62　　　　　　　　　　坝址花岗岩水压致裂应力测量成果表
ZK72（右岸边）

序号	压裂段孔深（m）	应力值（MPa）		σ_H 方位
		最大水平主应力σ_H	最小水平主应力σ_h	
1	38.04～38.97	30.88	14.88	—
2	44.83～45.76	11.05	7.65	NE17°
3	72.23～73.16	29.45	14.02	NW302°（裂隙）
4	94.72～95.65	13.75	7.30	—
5	125.7～126.63	18.51	10.26	—
6	146.8～147.73	8.98	6.85	—
7	164.84～165.77	22.25	11.65	NW354°
8	203.34～204.27	29.54	16.04	—

8.5.6　广州抽水蓄能电站

1. 工程背景

广州抽水蓄能电站地处南昆山脉北侧花岗岩体构成的中高山区，该电站分两期建设，装机容量各 1200MW，共用上、下水库，落差 529.8m，为高水头蓄能电站。电站枢纽由上、下水库的拦河坝、引水系统和地下厂房等组成。电站一、二期工程中进行了 9 个钻孔的水压致裂法地应力测试，同时对 4 个钻孔进行了配套的 SSPB 水下深孔孔壁应力解除法地应力测试。

2. 测量方法和测量结果

一期工程共进行了 3 个垂直孔的水压致裂试验，压裂的深度 100～200m，总计完成 21 段压裂试验，即获得 24 个点的水平面次主应力数据。

二期工程完成了 6 个孔的水压致裂试验。其中最深的孔达 550m，在该孔共做 18 段压裂试验，获得平面最大主应力 σ_H 和最小主应力 σ_h 随孔深（H，单位为 m）变化关系为：

$$\sigma_H = 6.7 + 0.0155H（MPa）$$

$$\sigma_h = 4.24 + 0.0105H（MPa）$$

6 个孔中，ZK02-1、ZK02-2、ZK02-3 三个孔为一组钻孔，倾角分别为 90°，45° 和 0°，目的是通过三孔水压致裂测量确定一点的三维应力状态。

一期完成 1 个孔 6 个测段 9 个测点的 SSPB 水下深孔孔壁应力解除法测试。其测试成果与水压致裂法测试成果对比。二期完成 3 个孔的 SSPB 水下深孔孔壁应力解除法测试，位置和二期三维水压致裂法测的三个孔相接近，以便两种方法的三维测试成果进行比较。具体比较见表 8.63 和表 8.64。

表 8.63 广蓄电站两种方法平面应力测试成果比较

钻孔号	测段埋深（m）		致裂法测值（MPa）		σ_H方位（°）	解除法测值（MPa）		σ_H方位（°）
	致裂	解除	σ_H	σ_h		σ_H	σ_h	
PD-ZK1（一期）	403.44	401.25	12.13	7.28	280	6.62	5.10	351.2
	428.45	427.45	5.03	4.03	342	6.71	5.48	308.6
	486.51	497.50	10.55	7.50	347	10.69	9.08	316.6
ZK02-1（二期）	446.17	454.18	13.86	7.46	310	8.00	6.10	320.4
	466.27	472.10	15.64	8.13	323	8.70	7.20	296.9

表 8.64 广蓄电站两种方法三维应力测试成果比较

测量方法	最大主应力σ_1			中间主应力σ_2			最小主应力σ_3		
	数值（MPa）	方向（°）	倾角（°）	数值（MPa）	方向（°）	倾角（°）	数值（MPa）	方向（°）	倾角（°）
水压致裂法	15.5	137	32.9	7.09	-22	63.2	2.67	248	189.8
应力解除法	12.8	78.0	25.9	8.4	11.0	6.1	6.1	4.0	53.6

3. 广蓄电站地应力分布特征

（1）电站附近最大水平应力方向自上而下为 NNE 至 NW，在高压岔管及地下厂房部位平均为 N50°W，三向主应力值随测深增加而增大。应力测值受岩性影响，通常坚硬完整岩体内测值较高，反之则较低。

（2）地下洞室群附近的原始地应力状态表现为上部σ_H（NNE）>σ_h（NNW）>σ_V，下部以σ_H（NNW）>σ_V>σ_h（NEE）为主，局部σ_V>σ_H（NW）>σ_h（NE），总体而言，水平构造应力仍起主导作用。

（3）水压致裂法与应力解除法进行同步测试成果表明，两种方法测得的二维水平应力值和方向均较为接近；两种方法的三维应力测试成果在数值上也较为接近，仅测得的最大主应力一个位于水平方向，一个位于垂直方向，有些差距。

（4）地下洞室群周围存在局部次生应力场，其分布规律为：由洞壁往岩体内 0～4m 为应力松动圈；4～15m 为应力集中圈；超过 15m 受原岩应力控制，局部应力场的影响基本消失。

参 考 文 献

[1] 王思敬，杨志法，傅冰骏. 中国岩石力学与工程世纪成就 [M]. 南京：河海大学出版社，2004.

[2] 徐志英. 岩石力学（第三版）[M]. 北京：水利电力出版社，1993.

[3] 彭土标，袁建新，王惠明. 水力发电工程地质手册 [M]. 北京：中国水利水电出版社，2011.

[4] 《工程地质手册》编委会. 工程地质手册（第五版）[M]. 北京：中国建筑工业出版社，2018.

[5] 水利水电科学院、水利水电规划设计总院、水利电力情报研究所、水利水电岩石力学与工程情报网
合编. 岩石力学参数手册. 北京：水利电力出版社，1991.

[6] 孔德坊. 工程岩土学 [M]. 北京：地质出版社，1992.

[7] 钱家欢. 殷宗泽. 土工原理与计算 [M]. 2版. 北京：中国水利水电出版社，1996.

[8] 张倬元，王士天，王兰生，等. 工程地质分析原理（第四版）[M]. 北京：地质出版社，2016.

[9] 钱家欢. 土力学 [M]. 南京：河海大学出版社，1995.

[10] 水利电力部水利水电规划设计院. 水利水电工程地质手册 [M]. 北京：水利电力出版社，1985.

[11] 潘家铮，谢树庸. 中国水力发电工程地质·工程地质卷 [M]. 北京：中国电力出版社，2000.

[12] 林宗元. 岩土工程试验监测手册 [M]. 北京：中国建筑工业出版社，2015.

[13] 铁道部第一铁路设计院. 铁路工程地质手册（1999修订版）[M]. 北京：中国铁道出版社，1999.

[14] 国际岩石力学学会实验室和现场试验标准化委员会. 郑雨天，傅冰骏，卢世宗，等译. 岩石力学
试验建议方法 [M]. 北京：煤炭工业出版社，1982.

[15] 谷德振. 岩体工程地质力学基础 [M]. 北京：科学出版社，1979.

[16] 潘家铮，何璟. 中国大坝50年 [M]. 北京：中国水利水电出版社，2000.

[17] 周建平，钮新强，贾金生. 重力坝设计二十年 [M]. 北京：中国水利水电出版社，2008.

[18] 南京水利科学研究院土工研究所. 土工试验技术手册 [M]. 北京：人民交通出版社，2003.

[19] 韩晓玉，黄孝泉，李永松，等. 乌东德水电工程河谷地应力场分布规律 [J]. 长江科学院院报，
2015，32（11）：34−39.

[20] 金长宇，冯夏庭，张春生. 白鹤滩水电站初始地应力场研究分析 [J]. 岩土力学，2010，31（3）：
845−855.

[21] 靳晓光，王兰生，李晓红. 二郎山隧道围岩二次应力场特征分析 [J]. 煤田地质与勘探，2001，
29（4）：42−44.

[22] 刘宁，张春生. 深埋隧洞开挖围岩应力演化过程监测及特征研究 [J]. 岩石力学与工程学报，2011，
30（9）：1729−1737.

[23] 马亢，徐进，张志龙，等. 基于二次应力实测值的初始应力场反分析法及其工程应用 [J]. 四川
大学学报（工程科学版），2008，40（6）：51−55.